医用电气设备安全标准汇编

（第二版）

上

中国标准出版社第一编辑室　编

中国标准出版社

北　京

图书在版编目（CIP）数据

医用电气设备安全标准汇编. 上/中国标准出版社第一编辑室编. —2 版. —北京：中国标准出版社，2010

ISBN 978-7-5066-5732-7

Ⅰ.①医… Ⅱ.①中… Ⅲ.①医用电气机械-安全标准-汇编-中国 Ⅳ.①TH772-65

中国版本图书馆 CIP 数据核字（2010）第 032334 号

中国标准出版社出版发行
北京复兴门外三里河北街 16 号
邮政编码：100045
网址 www.spc.net.cn
电话：68523946 68517548
中国标准出版社秦皇岛印刷厂印刷
各地新华书店经销
*
开本 880×1230 1/16 印张 43.25 字数 1 316 千字
2010 年 4 月第二版 2010 年 4 月第二次印刷
*
定价（上下册共） 450.00 元

出版说明

医用电气设备安全是保障医疗服务安全的基础，医用电气设备安全标准是医用电气设备生产企业、检测机构、监管部门日常工作的重要技术依据。

本汇编第一版出版后，又有大量新的标准批准发布，同时第一版中收录的标准有的也进行了修订，故我们重新整理收录了截至2009年10月底批准发布的医用电气设备安全方面的国家标准32项，行业标准11项。由于篇幅原因分为上、下两册出版，本册为上册，内容包括通用标准、高频手术设备、微波治疗设备、心脏除颤器安全专用要求等。

本汇编的出版，将对提高医用电气设备的安全水平，确保广大使用者的人身安全具有重要意义。

编　者

2009年12月

目 录

ICS 11.040
C 30

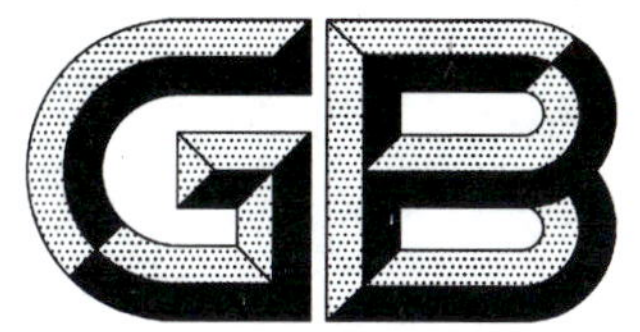

中华人民共和国国家标准

GB 9706.1—2007/IEC 60601-1:1988
代替 GB 9706.1—1995

医用电气设备 第1部分:安全通用要求

Medical electrical equipment—
Part 1:General requirements for safety

(IEC 60601-1:1988,IDT)

2007-07-02 发布　　　　2008-07-01 实施

中华人民共和国国家质量监督检验检疫总局
中国国家标准化管理委员会　发布

前　言

《医用电气设备》的安全系列标准由两部分构成：

——第 1 部分：安全通用要求；

——第 2 部分：安全专用要求。

其中第 1 部分除本安全通用要求标准外还包括若干并列标准，目前由 IEC 国际标准等同转化为我国标准的有：

GB 9706.12—1997　医用电气设备　第一部分：安全通用要求　三、并列标准：诊断 X 射线设备辐射防护通用要求（idt IEC 60601-1-3:1994）；

GB 9706.15—1999　医用电气设备　第一部分：安全通用要求　1.并列标准：医用电气系统安全要求（idt IEC 60601-1-1:1995）；

YY 0505—2005　医用电气设备　第 1-2 部分：安全通用要求　并列标准：电磁兼容　要求和试验（IEC 601-1-2:2001,IDT）。

本部分为 GB 9706 的第 1 部分。

本部分等同采用 IEC 60601-1:1988《医用电气设备——第 1 部分：安全通用要求》（英文版）及其修改件 1:1991 和修改件 2:1995。本部分与 IEC 60601-1 相比，主要差异如下：

——按照 GB/T 1.1 对一些编排格式进行了修改；

——对于标准中引用的其他国际标准，若已转化为我国标准，本部分将引用的国际标准号替换为相应的国家标准号，并在附录 L 中注明采用关系；

——IEC 60601-1 修改件 2 的 4.10 的第一自然段与倒数第二自然段中对 IPX8 设备或设备部件的试验要求在描述上有矛盾，基于附录 A 的说明，在本次修订中进行了统一，即 IPX8 设备或设备部件不进行潮湿预处理试验；

——在附录 A 6.1z)中增加有关甲基化酒精的配比，以供参考；

——增加了附录性质的说明。

本部分代替 GB 9706.1—1995《医用电气设备　第一部分：安全通用要求》。

本部分与 GB 9706.1—1995 相比主要变化如下：

——将 IEC 60601-1 修改件 2(1995)的内容加入本部分中：

- 对应用部分的识别取决于它在正常使用时与接触患者身体的可能性有关的要求，而不是考虑它的电气特性；单个的患者连接由它在正常使用时与患者的电气接触有关的要求来定义；
- 电击防护程度的分类(CF/BF/B 型)不再联系设备这个词，而是明确与单独的应用部分相关。这样更为合理，因为防护程度实际上由应用部分来决定；这意味着没有另外的要求和试验，但对所需操作要有更多的鉴别和说明；
- 对在应用部分上标以防除颤器放电电压标志且无专用标准的设备增加了通用要求；
- 在患者漏电流中增加了对直流分量的限制，以便与患者辅助电流的要求相一致；
- 通过使用 IP 代码来澄清有关防进液的等级，如基础安全标准 GB 4208 的详细说明，是一个进步；
- 在 GB 9706.1—1995 版中的有些“不采用”以“无通用要求”代替，以避免误解。这意味着如认为有必要的话，专用标准可规定要求；
- 引用标准增加了 GB 9706.1 现行的并列标准：GB 9706.15、YY 0505—2005、GB 9706.12 和 IEC 60601-1-4(见附录 L)；

- 增加了必须由制造商提供的有关资料的附加要求，以便促进符号和单位的国际认可并提供更多有关设备预期用途的资料；这些资料因为与性能安全方面有关联，所以是必需的；
- 某些要求和试验方法已与其他现有的国家标准或 IEC 标准相一致；
- 鉴于已有一些报道，因使用者错误使用生物电位连接器（如附有导线的电极，导线的另一端接有外露 2 mm 金属针的连接器）而引起事故，故引入了一些附加要求，以防止这类事故在任何类型的设备上重现。

——对 GB 9706.1—1995 中部分文字做了编辑性修改；

——根据 GB/T 1.1 的要求，增加了附录 L；

——增加了 GB 9706.1—1995 标准中遗漏的 57.9.1 b）中的内容；

——根据 GB/T 1.1 的要求，增加了标准的前言部分；

——根据 GB/T 1.1 的要求，将原标准中的助动词“必须”（shall）、“应该”（should）、“可以”（may）改为“应”、“宜”、“可”；

——本部分第 2 章中的术语在文中用五号黑体表示。

本标准的附录 D、附录 G、附录 K、附录 L 是规范性附录，附录 A、附录 B、附录 C、附录 E、附录 F、附录 H、附录 J 是资料性附录。

本部分由国家食品药品监督管理局提出。

本部分由全国医用电器标准化技术委员会归口。

本部分起草单位：上海市医疗器械检测所。

本部分主要起草人：俞西萍、何骏、何爱琴、葛筱森。

本部分所代替标准的历次版本发布情况为：

——GB 9706.1—1988、GB 9706.1—1995。

医用电气设备
第1部分:安全通用要求

第一篇 概述

1* 适用范围和目的

1.1 适用范围

本标准适用于**医用电气设备**(见2.2.15的定义)的安全。

虽然本标准主要涉及安全问题,但它也包括一些与安全有关的可靠运行的要求。

本标准涉及的**设备**预期生理效应所导致的**安全方面危险**未被考虑。

除非标准正文中明确指明外,标准中的附录内容不要求强制执行。

1.2 目的

本标准的目的是规定**医用电气设备**的安全通用要求,并作为**医用电气设备**安全专用要求标准的基础。

1.3* 专用标准

专用标准优先于本通用标准。

1.4 环境条件

见第二篇。

1.5 并列标准

在**医用电气设备**系列标准中,并列标准规定安全通用要求应适用于:

——一组**医用电气设备**(例如:放射设备);

——在通用安全标准中未充分陈述的,所有**医用电气设备**的某一特性(例如电磁兼容性)。

若某一并列标准适用于某一专用标准,则专用标准优先于此并列标准。

2 术语和定义

本标准中下列术语和定义适用。

——"电压"和"电流"是指交流、直流或复合的电压或电流的有效值。

——助动词

"应"表示为要符合本标准应强制执行的某项要求或某项试验。

"宜"表示为要符合本标准建议执行的某项要求或某项试验,但不是强制性的。

"可"用来说明为达到某项要求或某项试验所容许的方法。

2.1 设备部件、辅件和附件

2.1.1

调节孔盖 access cover

外壳或防护件上的部件,通过它才可能接触到**设备**的某些部件,以达到调整、检查、更换或修理目的。

2.1.2

可触及金属部分 accessible metal part

不使用**工具**即可接触到的**设备**上的金属部分。参见2.1.22。

文中有"*"的条款的说明见附录A总导则和编制说明。

2.1.3

附件　accessory

为实现**设备**的预期用途,或为实现**设备**的预期用途提供方便,或为改善**设备**的预期用途,或为增加**设备**的附加功能,所必需的和(或)适合于与**设备**一起使用的选配件。

2.1.4

随机文件　accompanying documents

随**设备**或**附件**所附带的文件,其内容包含对**设备**的**使用者**、**操作者**、安装者或装配者来说是全部重要的资料,特别是有关安全的资料。

2.1.5*

应用部分　applied part

正常使用的**设备**的一部分:

——**设备**为了实现其功能需要与**患者**有身体接触的部分;或

——可能会接触到**患者**的部分;或

——需要由**患者**触及的部分。

2.1.6

外壳　enclosure

设备的外表面,包括:

——所有**可触及金属部分**、旋钮、手柄及类似部件;

——可触及的轴;

——为试验目的而紧贴在低导电率材料或绝缘材料制成的部件外表面上有规定尺寸的金属箔。

2.1.7

F型隔离(浮动)应用部分(以下简称为**F型应用部分**)　**F-type isolated(floating)applied part**

与**设备**其他部分相隔离的**应用部分**,其绝缘达到,当来自外部的非预期电压与**患者**相连,并因此施加于**应用部分**与地之间时,流过其间的电流不超过**单一故障状态**时的**患者漏电流**的容许值。

F型应用部分不是**BF型应用部分**就是**CF型应用部分**。

2.1.8

不采用。

2.1.9

内部电源　internal electrical power source

包含在**设备**内并提供**设备**运行所必需的电能的电源。

2.1.10

带电　live

指一个部分所处的状态。当与该部分连接时,便有超过容许**漏电流**值的电流(在19.3中规定)从该部分流向地或从该部分流向该**设备**的其他**可触及部分**。

2.1.11

不采用。

2.1.12

网电源部分　mains part

设备中旨在与**供电网**作**导电连接**的所有部件的总体。就本定义而言,不认为**保护接地导线**是**网电源部分**的一个部分(见图1)。

2.1.13

不采用。

2.1.14

不采用。

2.1.15*

患者电路　patient circuit

含有一个或多个**患者连接**的任何电路。

患者电路包括所有与**患者连接**的绝缘达不到电介质强度要求(见第20章)的导电部件,或者与**患者连接**的隔离达不到**爬电距离**和**电气间隙**的要求(见57.10)的导电部件。

2.1.16

不采用。

2.1.17

防护罩　protective cover

外壳的一部分或防护件,用以防止意外地接触到可能有危险的部件。

2.1.18

信号输入部分　signal input part

设备的一个部分,但不是**应用部分**,用来从其他设备接收输入信号的电压或电流,例如为显示、记录或数据处理之用(见图1)。

2.1.19

信号输出部分　signal output part

设备的一个部分,但不是**应用部分**,用来向其他设备输出信号的电压或电流,例如为显示、记录或数据处理之用(见图1)。

2.1.20

不采用。

2.1.21

供电设备　supply equipment

向**设备**的一个或多个装置提供电能的设备。

2.1.22

可触及部分　accessible part

不用**工具**即可触及到的**设备**部分。

2.1.23*

患者连接　patient connection

应用部分中每一个独立部分,在**正常状态**或**单一故障状态**下,电流能通过它在**患者**与**设备**之间流动。

2.1.24*

B型应用部分　type B applied part

符合本标准规定的对于电击防护的要求,尤其是关于**漏电流**容许值的要求的**应用部分**。并用附录D中表D.2的符号1来标记。

注:**B型应用部分**不适合**直接用于心脏**。

2.1.25*

BF型应用部分　type BF applied part

符合本标准规定的对于电击防护程度高于**B型应用部分**要求的**F型应用部分**。并用附录D中表D.2的符号2来标记。

注:**BF型应用部分**不适合**直接用于心脏**。

2.1.26*

CF型应用部分　type CF applied part

符合本标准中规定的对于电击防护程度高于**BF型应用部分**要求的**F型应用部分**。并用附录D中表 D.2 的符号 3 来标记。

2.1.27*

防除颤应用部分　defibrillation-proof applied part

具有防护心脏除颤器对**患者**的放电效应的**应用部分**。

2.2　设备类型(分类)

2.2.1

不采用。

2.2.2

AP 型设备　category AP equipment

结构、标记以及文件都符合规定要求,以免在**与空气混合的易燃麻醉气**中形成点燃源的**设备**或**设备**部件。

2.2.3

APG 型设备　category APG equipment

结构、标记以及文件都符合规定要求,以免在**与氧或氧化亚氮混合的易燃麻醉气**中形成点燃源的**设备**或**设备**部件。

2.2.4

Ⅰ类设备　class Ⅰ equipment

对电击的防护不仅依靠**基本绝缘**,而且还提供了与固定布线的**保护接地导线**连接的附加安全预防措施,使**可触及金属部分**即使在**基本绝缘**失效时也不会**带电**的**设备**(见图 2)。

2.2.5

Ⅱ类设备　class Ⅱ equipment

对电击的防护不仅依靠**基本绝缘**,而且还有如**双重绝缘**或**加强绝缘**那样的附加安全预防措施,但没有保护接地措施,也不依赖于安装条件的**设备**(见图 3)。

2.2.6

不采用。

2.2.7

直接用于心脏　direct cardiac application

指**应用部分**可与**患者**心脏作直接**导电连接**的使用。

2.2.8

不采用。

2.2.9

不采用。

2.2.10

不采用。

2.2.11

设备　equipment

参见 2.2.15。

2.2.12

固定式设备　fixed equipment

固定在建筑物或运输**工具**的某特定地方,且只能用**工具**拆卸的**设备**。

2.2.13

手持式设备　hand-held equipment

正常使用时需用手握持着的**设备**。

2.2.14

不采用。

2.2.15

医用电气设备(以下简称为**设备**)　**medical electrical equipment**

与某一专门**供电网**有不多于一个的连接,对在医疗监督下的**患者**进行诊断、治疗或监护,与**患者**有身体的或电气的接触,和(或)向**患者**传送或从**患者**取得能量,和(或)检测这些所传送或取得的能量的电气**设备**。

设备包括那些由制造商指定的,能使**设备正常使用**所必需的**附件**。

2.2.16

移动式设备　**mobile equipment**

在使用的间隔期间,可以靠其自身的轮子或通过类似的方法从一个地方移到另一个地方的**可移动式设备**。

2.2.17

永久性安装设备　**permanently installed equipment**

与**供电网**用永久性连接方式作电气连接的**设备**,这种连接方式只有使用**工具**才能将其断开。

2.2.18

可携带式设备　**portable equipment**

在使用时或在使用的间隔期间,可由一个人或几个人携带着从一个地方移到另一个地方的**可移动式设备**。

2.2.19

不采用。

2.2.20

不采用。

2.2.21

非移动式设备　**stationary equipment**

是**固定式设备**,或是不打算从一个位置移到另一个位置的**设备**。

2.2.22

不采用。

2.2.23

可移动式设备　**transportable equipment**

不论是否与电源相连,均能从一个位置移到另一个位置,且移动范围没有明显限制的**设备**。

例:移动式设备和可携带式设备。

2.2.24

不采用。

2.2.25

不采用。

2.2.26

不采用。

2.2.27

不采用。

2.2.28

不采用。

2.2.29

内部电源设备 **internally powered equipment**

能以**内部电源**进行运行的**设备**。

2.3 绝缘

2.3.1

电气间隙 **air clearance**

两个导体部件之间的最短空气路径。

2.3.2*

基本绝缘 **basic insulation**

用于**带电**部分上对电击起基本防护作用的绝缘。

2.3.3

爬电距离 **creepage distance**

沿两个导体部件之间绝缘材料表面的最短路经。

2.3.4*

双重绝缘 **double insulation**

由**基本绝缘**和**辅助绝缘**组成的绝缘。

2.3.5

不采用。

2.3.6

不采用。

2.3.7*

加强绝缘 **reinforced insulation**

用于**带电**部分的单绝缘系统,它对电击的防护程度相当于本标准规定条件下的**双重绝缘**。

2.3.8

辅助绝缘 **supplementary insulation**

附加于**基本绝缘**的独立绝缘,当**基本绝缘**失效时由它来提供对电击的防护。

2.4 电压

2.4.1

高电压 **high voltage**

任何超过1 000 V交流或1 500 V直流或1 500 V峰值的电压。

2.4.2

网电源电压 **mains voltage**

多相**供电网**中两相线之间的电压,或单相**供电网**中相线与中性线之间的电压。

2.4.3*

安全特低电压 **safety extra-low voltage(SELV)**

在用**安全特低电压变压器**或等效隔离程度的装置与**供电网**隔离,当变压器或变换器由**额定**供电电压供电时,在不接地的回路中,导体间交流电压不超过25 V或直流电压不超过60 V**名义**电压。

2.5 电流

2.5.1

对地漏电流 **earth leakage current**

由**网电源部分**穿过或跨过绝缘流入**保护接地导线**的电流。

2.5.2

外壳漏电流 **enclosure leakage current**

在**正常使用**时，从**操作者**或**患者**可触及的**外壳**或**外壳**部件（**应用部分**除外），经外部**导电连接**而不是**保护接地导线**流入大地或**外壳**其他部分的电流。

2.5.3

漏电流 **leakage current**

非功能性电流。下列**漏电流**已经定义：**对地漏电流**、**外壳漏电流**和**患者漏电流**。

2.5.4*

患者辅助电流 **patient auxiliary current**

正常使用时，流经**应用部分**部件之间的**患者**的电流，此电流预期不产生生理效应。例如放大器的偏置电流、用于阻抗容积描记器的电流。

2.5.5

不采用。

2.5.6

患者漏电流 **patient leakage current**

从**应用部分**经**患者**流入地的电流，或是由于在**患者**身上出现一个来自外部电源的非预期电压而从**患者**经 **F 型应用部分**流入地的电流。

2.6 **接地端子和接地导线**

2.6.1

不采用。

2.6.2

不采用。

2.6.3

功能接地导线 **functional earth conductor**

接至**功能接地端子**的导线（见图 1）。

2.6.4*

功能接地端子 **functional earth terminal**

直接与测量供电电路或控制电路某点相连的端子，或直接与为功能目的而接地的屏蔽部分相连的端子（见图 1）。

2.6.5

不采用。

2.6.6

电位均衡导线 **potential equalization conductor**

设备与电气装置电位均衡汇流排相连的导线。

2.6.7

保护接地导线 **protective earth conductor**

保护接地端子与外部保护接地系统相连的导线（见图 1）。

2.6.8

保护接地端子 **protective earth terminal**

为安全目的与 **I 类设备**导体部件相连接的端子。该端子预期通过**保护接地导线**与外部保护接地系统相连接（见图 1）。

2.6.9

保护接地 **protectively earth**

为保护目的用符合本标准的方法与**保护接地端子**相连接。

2.7 电气连接(装置)

2.7.1

设备连接装置 **appliance coupler**

不使用**工具**即可将软电线与**设备**进行连接的装置,由两个部件组成:**网电源连接器**和**设备电源输入插口**(见图5)。

2.7.2

设备电源输入插口 **appliance inlet**

设备连接装置中与**设备**合成一体或固定在**设备**上的部件(见图1和见图5)。

2.7.3

不采用。

2.7.4

辅助网电源插座 **auxiliary mains socket-outlet**

设备上带有**网电源电压**的插座,不使用**工具**即可向另外**设备**或向本**设备**的其他分离部件提供网电源。

2.7.5

导电连接 **conductive connection**

能够流过超过**漏电流**容许值的电流的连接。

2.7.6*

可拆卸电源软电线 **detachable power supply cord**

通过适当的**设备连接装置**与**设备**相连的软电线(见图1、图2、图5及57.3)。

2.7.7

外部接线端子装置 **external terminal device**

用来与其他**设备**进行电气连接的**接线端子装置**。

2.7.8

固定的网电源插座 **fixed mains socket- outlet**

安装在建筑物或运输**工具**上的固定布线系统中的**网电源输出插座**(见图5)。

2.7.9

互连端子装置 **interconnection terminal device**

设备内部或**设备**各部件之间实现互连的**接线端子装置**。

2.7.10

网电源连接器 **mains connector**

设备连接装置中的部件,它与**供电网**相连的软电线合成一体或与其连接。**网电源连接器**被用来插进**设备**上的**设备电源输入插口**之中(见图1、图5及57.2)。

2.7.11

网电源插头 **mains plug**

与**设备**的**电源软电线**合成一体或固定连接的部件。用它插入**固定的网电源插座**(见图5)。

2.7.12

网电源接线端子装置 **mains terminal device**

与**供电网**实现电气连接用的**接线端子装置**(见图1)。

2.7.13

不采用。

2.7.14

不采用。

2.7.15

不采用。

2.7.16

接线端子装置 terminal device

实现电气连接用的**设备部件**,它可以有几个独立的连接点。

2.7.17

电源软电线 power supply cord

为连接网电源而固定或装在**设备**上的软电线。

2.8 变压器

2.8.1

不采用。

2.8.2

不采用。

2.8.3

安全特低电压变压器 safety extra-low voltage transformer

设计成提供**安全特低电压**回路的变压器。其输出绕组至少以**基本绝缘**与地及变压器壳体在电气上隔离,并至少以相当于**双重绝缘**或**加强绝缘**的绝缘与输入绕组在电气上隔离。

2.8.4

不采用。

2.8.5

不采用。

2.8.6

不采用。

2.9 控制装置和限制装置

2.9.1

(控制装置或限制装置的)可调设定 adjustable setting(of a control or limiting device)

操作者不用**工具**即可改变的设定。

2.9.2

不采用。

2.9.3

不采用。

2.9.4

(控制装置或限制装置的)固定设定 fixed setting(of a control or limiting device)

不打算由**操作者**改变和只有用**工具**才能改变的设定。

2.9.5

不采用。

2.9.6

不采用。

2.9.7

过电流释放器　over-current release

当装置中的电流超过预置值时，使电路延时断开或立即断开的保护装置。

2.9.8

不采用。

2.9.9

不采用。

2.9.10

自动复位热断路器　self-resetting　thermal cut-out

在**设备**的有关部分冷却后能自动重新接通电流的**热断路器**。

2.9.11

不采用。

2.9.12

热断路器　thermal cut-out

在不正常运行时，以自动切断电路或减小电流来限制**设备**或其部件温度的装置，该装置在结构上使其设定值不能由**操作者**改变。

2.9.13

恒温器　thermostat

温度敏感控制器，预期用来在正常运行状态下使温度保持在两特定值之间，可带有供**操作者**设定装置。

2.10　设备的运行

2.10.1

冷态　cold condition

设备断电后，经足够长时间达到环境温度时所具有的状态。

2.10.2

连续运行　continuous operation

额定负载下不超过规定温度限值的无时间限制的运行。

2.10.3

间歇加载连续运行　continuous operation with intermittent loading

设备一直和**供电网**相连接运行，规定的容许加载时间很短，以致不会达到长时间负载运行的温度；而随后的间歇时间又不够长，不足以使**设备**冷却到长时间空载运行的温度。

2.10.4

短时加载连续运行　continuous operation with short-time loading

设备一直和**供电网**相连接运行，规定的容许加载时间很短，以致不会达到长时间负载运行的温度；而随后的间歇时间相当长，足以使**设备**冷却到长时间空载运行的温度。

2.10.5

持续率　duty cycle

运行时间与运行时间和随后的间隔时间之和的比。若运行时间和间隔时间是变化的，则按一个足够长时间内的平均值来计算。

2.10.6

间歇运行　intermittent operation

由一系列规定的相同周期组成的运行状态，每一周期均包括一个温度极限不超过规定值的**额定**负载运行期和随后的**设备**空转或切断的间歇期。

2.10.7

正常状态 **normal condition**

所有提供的安全防护措施都处于完好的状态。

2.10.8

正常使用 **normal use**

按使用说明书运行,包括由**操作者**进行的常规检查和调整以及待机状态。

2.10.9

正确安装的 **properly installed**

制造商在**随机文件**中规定的各种有关安全方面的要求至少都得到遵守的状态。

2.10.10

短时运行 **short-time operation**

在规定周期内和**额定**负载条件下,从**冷态**开始的运行状态,且温度不超过规定值,各运行周期间的间歇时间相当长,足以使**设备**冷却到**冷态**。

2.10.11

单一故障状态 **single fault condition**

设备内只有一个**安全方面危险**的防护措施发生故障,或只出现一种外部异常情况的状态(见3.6)。

2.11 **机械安全**

2.11.1

水压试验压力 **hydraulic test pressure**

为符合第45章要求,用来试验容器或其部件的**压力**。

2.11.2*

最大容许工作压力 **maximum permissible working pressure**

由制造商或检验机构或有资质的人员在最近的检验报告中所规定的压力。

2.11.3

最小断裂载荷 **minimum breaking load**

符合虎克定律的最大载荷。

2.11.4

压力(过压) **pressure(overpressure)**

超过大气压(表压)的**压力**。

2.11.5

安全工作载荷 **safe working load**

遵循安装和使用说明书要求,由**设备**或**设备**部件的供应者所声明的**设备**或**设备**部件上所容许的最大载荷。

2.11.6

安全装置 **safety device**

防止**患者**和(或)**操作者**受到因超行程或在悬挂装置失灵时悬挂物坠落所产生危险力的装置。

2.11.7

静态载荷 **static load**

除因质量加减速所引起的载荷以外部件所受的最大载荷。当载荷分布在几个平行的支承件上,且其分布情况不能明确时,应考虑最不利的可能性。

2.11.8

安全系数 **safety factor**

最小断裂载荷与**安全工作载荷**之比。

2.11.9

总载荷　total load

静态载荷与在**正常状态**下由加速或减速所产生的力的和。

2.12　**其他**

2.12.1

不采用。

2.12.2*

型式标记(型号)　model or type reference(type number)

数字组合、文字组合或两者兼用的组合,用以识别**设备**的某种型式。

2.12.3

名义(值)　nominal(value)

与认可的允许配合使用的基准值,例如**网电源电压**的**名义值**,螺钉的**名义**直径。

2.12.4

患者　patient

接受医学或牙科检查或治疗的生物(人或动物)。

2.12.5

不采用。

2.12.6

不采用。

2.12.7

不采用。

2.12.8

额定(值)　rated(value)

制造商对**设备**所规定的特征量的值。

2.12.9

序号　serial number

识别某种型号**设备**的每个个体的数字和(或)其他代号。

2.12.10

供电网　supply mains

永久性安装的电源,它也可以用来对本标准范围外的**设备**供电。

也包括在救护车上永久性安装的电池系统和类似的电池系统。

2.12.11

不采用。

2.12.12

工具　tool

用来紧固或松开紧固件或作调整用的人体外的器具。

2.12.13

使用者　user

使用和维护**设备**的负责者。

2.12.14

急救车　emergency trolley

用来为心脏-呼吸急症**患者**承载、运输、维持生命和复苏用的车辆。

2.12.15

与空气混合的易燃麻醉气　flammable anaesthetic mixture with air

在规定条件下,可能达到引燃浓度的易燃麻醉气与空气的混合气。按国家或地方法规规定,易燃的消毒剂或清洁剂的蒸气与空气的混合气,可视为**与空气混合的易燃麻醉气**。

2.12.16

与氧或氧化亚氮混合的易燃麻醉气　flammable anaesthetic mixture with oxygen or nitrous oxide

在规定条件下,可能达到引燃浓度的易燃麻醉气与氧或氧化亚氮的混合气。

2.12.17

操作者　operator

操作**设备**的人。

2.12.18

安全方面危险　safety hazard

直接由**设备**引起的对**患者**、其他人、动物或周围环境的潜在有害影响。

3　通用要求

3.1　按制造商的说明,当运输、贮存、安装、**正常使用**和保养**设备**时,**正常状态**和**单一故障状态**下,**设备**应不会引起可以合理预见到的危险,也不会引起同预期应用目的不相关的**安全方面危险**。

3.2　无通用要求。

3.3　无通用要求。

3.4　所用材料或结构形式不同于本标准中所规定的**设备**或部件,如能证明它们达到同等的安全程度,应予以认可。参见第 54 章。

3.5　无通用要求。

3.6*　下列**单一故障状态**在本标准中有特定的要求和试验:

a)　断开一根**保护接地导线**(见第三篇);

b)　断开一根电源导线(见第三篇);

c)*　**F 型应用部分**上出现一个外来电压(见第三篇);

d)　**信号输入部分**或**信号输出部分**出现一个外来电压(见第三篇);

e)　**与氧或氧化亚氮混合的易燃麻醉气外壳**的泄漏(见第六篇);

f)　液体的泄漏(见 44.4);

g)　可能引起**安全方面危险**的电气元件故障(见第九篇);

h)　可能引起**安全方面危险**的机械零件故障(见第四篇);

j)　温度限制装置故障(见第七篇)。

若一个**单一故障状态**不可避免地导致另一个**单一故障状态**时,则两者被认为就是一个**单一故障状态**。

3.7　本标准认为下列现象不大可能发生:

a)　**双重绝缘**完全电气击穿;

b)　**加强绝缘**电气击穿;

c)　固定的永久性安装的**保护接地导线**断开。

3.8　**患者**接地被认为是**正常状态**。

3.9　除使用说明书另有规定外,不应要求**设备**能在拆开防尘盖或无菌盖情况下工作(见 52.5.5)。

当达到本标准中有关的检查和试验的指标时,即认为符合本章要求。

4* 试验的通用要求

4.1* 试验

本标准中规定的试验都是型式试验。仅仅对那些在**正常状态**或**单一故障状态**下一旦损坏就会引起**安全方面危险**的绝缘、元件和结构特性才应试验。

4.2 重复试验

除非本标准中另有规定，不应重复试验。这特别适合于在制造商或检测实验室进行的电介质强度试验。

4.3* 样品数量

型式试验用一个能代表同类被测项的样品来进行试验。

特殊情况可要求另加样品。

4.4 元器件

一旦出现故障就可能引起**安全方面危险**的所有元器件，均应能承受**设备**在**正常使用**时要受到的应力，并符合本标准中有关章条的要求。

通过检查来检验这些元器件的**额定值**是否符合使用要求。

如元器件或**设备**部件的**额定值**已超过**设备**在使用中所需值，则不必再在更大的范围内进行试验（参见 56.1）。

4.5 环境温度、湿度、大气压

a） 当被试**设备**已按**正常使用**状态（按 4.8 规定）准备好之后，除非制造商另有规定，在 10.2.1 规定的环境条件范围内进行试验。

对于基准试验（如试验结果取决于环境条件），表 1 中规定的一组大气条件是公认的。

表 1 规定的大气条件

温度/℃	23±2
相对湿度/%	60±15
大气压力	860 hPa～1 060 hPa （645 mmHg～795 mmHg）

b） **设备**应与其他干扰（如气流）相隔离，以免影响试验的正确性。

c） 在环境温度不能保持的情况下，试验条件随之改变，试验结果要相应地修正。

4.6 其他条件

a） 除非本标准另有规定，**设备**要在最不利的规定工作条件下进行试验，但仍需符合使用说明书的规定。

b） 运行值可由**操作者**调整或控制的**设备**，在试验时应将运行值调至对相应试验而言最不利的值，但仍需符合使用说明书的规定。

c） 如试验结果会受冷却液进水口的压力和流量或化学成分的影响时，试验应按技术说明书规定的条件进行。

d） 进行**单一故障状态**下的试验时，每次只能有一个故障（见 3.6）。

e） 需要用冷却水的地方，应采用饮用水。

4.7 供电电压和试验电压、电流类型、电源类别、频率

在本标准中，**网电源电压**可以有波动，这些波动在“**额定**”的术语概念中不考虑。

a） 当供电电压偏离其**额定**值而影响到试验结果时，应考虑这种偏离的影响。

试验时供电电压的波形应按 10.2.2 a）的要求。

低于交流 1 000 V、直流 1 500 V 或峰值 1 500 V 的试验电压,不应偏离规定值的 2%以上。等于或高于交流 1 000 V、直流 1 500 V 或峰值 1 500 V 的试验电压,不应偏离规定值的 3%以上。

b) 仅能用交流电的**设备**,其**额定**频率在 0～100 Hz 时,应采用其额定频率(若标明)±1 Hz 交流电试验。**额定**频率在 100 Hz 以上时,用**额定**频率±1%的交流电试验,标有**额定**频率范围的**设备**,应以该范围内最不利的频率进行试验。

c) 设计有一个以上**额定**电压或交、直流两用的**设备**,应在最不利的电压值和电源类别,例如相数(单相电源除外)和电流类型的条件(在 4.6 中叙述的)下进行试验。

d) 仅能用直流电的**设备**,应采用直流电试验。按照使用说明书,应考虑极性对**设备**运行可能产生的影响。

e) 除非本标准或专用标准另有规定,**设备**应在相应电压范围内的最不利的**额定**电压下进行试验。为确定这最不利的电压,可能有必要进行多次的试验。

f) 由制造商规定可替换使用的**附件**或元件的**设备**,应采用那些会出现最不利条件的**附件**或元件来进行试验。

g) 规定要和特定电源,例如在对地电压、对地电容、对地绝缘电阻等方面有规定要求的电源一起使用的**设备**,应与该指定的电源一起进行试验。

h) 应采用不会明显影响被测值大小的仪器来测量电压和电流。

4.8* 预处理

开始试验前,**设备**应在不工作的情况下,放置在试验场所至少 24 h。在实际的一系列试验之前,按使用说明书在**额定**电压下运转**设备**直至能进行试验。

4.9 修理和改进

在试验过程中由于发生了故障或为了防止以后可能发生故障而应进行修理和改进时,检测单位和**设备**供应者可以商定:应提供一个新样品重新进行全部试验、或做全部必要的修理和改进后,应只对有关项目重新进行试验。

4.10* 潮湿预处理

在进行 19.4 和 20.4 试验之前,不属于 IPX8(见 GB 4208 对连续浸水影响的防护)的所有**设备**或**设备**部件应进行潮湿预处理。

设备或**设备**部件应完整地装好(或必要时分成部件),运输和贮存时用的罩、盖应拆除。

仅对那些在受到该试验所模拟的气候条件影响时可能发生**安全方面危险**的**设备**部件才应进行这一试验。

参见附录 A 的相关编制说明。

不用**工具**即可拆卸的部件应拆下,但应与主件一同处理。

不用**工具**即可打开或拆卸的门、抽屉和**调节孔盖**,应打开和拆下。

潮湿预处理应在空气相对湿度为 93%±3%的潮湿箱中进行。箱内能放置**设备**的所有空间里的空气温度,应保持在 20℃～32℃这一范围内任何适当的温度值 t±2℃之内。**设备**在放入潮湿箱之前,应置于温度 t～t+4℃之间的环境里,并至少保持此温度 4 h,方可进行潮湿预处理。

设备和**设备**部件应置于潮湿箱中达:

——2 d(48 h)标有 IPX0 的**设备**(未防护的);

——7 d(168 h)标有 IPX1 至 IPX7 的**设备**。

如需要,处理后的**设备**可重新组装起来。

4.11 试验顺序

建议按附录 C 中规定的顺序进行全部试验。而第 C.23 章～第 C.29 章的试验则应按规定的顺序进行。

5* 分类

设备和其**应用部分**应采用第6章中规定的标记和(或)识别标志来分类。这包括:

5.1* 按防电击类型分类:

a) 由外部电源供电的**设备**:

——Ⅰ**类设备**;

——Ⅱ**类设备**。

b) **内部电源**供电**设备**。

5.2 按防电击的程度分类:

——**B型应用部分**;

——**BF型应用部分**;

——**CF型应用部分**。

5.3 按GB 4208中规定的对进液的防护程度分类[见6.1 l)]。

5.4 按制造商推荐的消毒、灭菌方法分类。

5.5 按在**与空气混合的易燃麻醉气**或**与氧或氧化亚氮混合的易燃麻醉气**情况下使用时的安全程度分类:

——不能在有**与空气混合的易燃麻醉气**或**与氧或氧化亚氮混合的易燃麻醉气**情况下使用的**设备**;

——**AP型设备**;

——**APG型设备**。

5.6 按运行模式分类:

——**连续运行**;

——**短时运行**;

——**间歇运行**;

——**短时加载连续运行**;

——**间歇加载连续运行**。

5.7 无通用要求。

5.8 无通用要求。

6 识别、标记和文件

对本章而言,下列含义应适用于识别和标记:

——永久贴牢的:

只能用**工具**或用较大的力才能取下且符合6.1的要求。

——清楚易认的:

- 用于警告性说明、指导性说明或图表时:贴在显著的位置,且使在**操作者**位置上视力正常者能看清。
- 对于**固定式设备**:当**设备**安装在**正常使用**位置时能看清。
- 对于**可移动式设备**和未固定的**非移动式设备**:在**正常使用**时,或在**设备**从它所靠的墙壁移开后,或当**设备**从它的**正常使用**位置转向后,以及从机架上拆下可拆单元后,均能看清。

——主件:

- 对**设备**内、外表面上的警告性说明:标在控制面板上或其附近,或标在有关部件上或其附近。
- 对于**型式标记**和与**供电网**有关的所有标记(如输入功率、电压、电流、频率、分类、运行模式等):通常标在包括**供电网**连接的部件外表上,且最好靠近连接点。

6.1 设备或设备部件的外部标记

a) 电网供电的**设备**

电网供电的**设备**,包括**网电源部分**的分离元件,应至少在**设备**的"主件"上具有表2第3列中所规定的"永久贴牢的"和"清楚易认的"标记。

b) **内部电源设备**

内部电源设备,应至少在**设备**的"主件"上具有表2第4列中所规定的"永久贴牢的"和"清楚易认的"标记。

c) 特定电源供电的**设备**

由特定电源(不是**供电网**,且与**供电网**隔离)供电的**设备**,不管该电源是否是**设备**的一部分,应至少在**设备**上具有表2第5列中所规定的"永久贴牢的"和"清楚易认的"标记。

如果该特定电源不是**设备**的一部分,则**设备**使用说明书还应另外给出该特定电源的型式标记。如果涉及安全问题,应把该特定电源的型式标记永久性地标在**设备**的外部,并在使用说明书中加以说明。

表2 设备外部标记

条款要求	内 容	电网供电的**设备**[见6.1 a)]	**内部电源设备**[见6.1 b)和14.5]	特定电源供电的**设备**[见6.1 c)]
6.1 e)	制造商、供应者	×	×	×
6.1 f)	**型式标记**	×	×	×
6.1 g)	与电源连接	×2)	—	—
6.1 h)	电源频率(Hz)	×2)	—	—
6.1 j)	输入功率	×2)	—	—
6.1 k)	网电源功率输出	×1)	—	—
6.1 l)	分类	×1)	×1)	×1)
6.1 m)	运行模式	×1)	×1)	×1)
6.1 n)	熔断器	×1)	×1)	×1)
6.1 p)	输出	×1)	×1)	×1)
6.1 q)	生理效应	×1)	×1)	×1)
6.1 r)	**AP/APG型设备**	×1)	×1)	×1)
6.1 s)	**高电压接线端子装置**	×1)	×1)	×1)
6.1 t)	冷却条件	×1)	×1)	×1)
6.1 u)	机械稳定性	×1)	×1)	×1)
6.1 v)	保护性包装	×1)	×1)	×1)
6.1 y)	接地端子	×1)	×1)	×1)
6.1 z)	可拆卸的保护装置	×1)	×1)	×1)

注:×表示需要的标记。

1) 如适用;

2) 如标在**设备**内部,不适用于**永久性安装设备**。参见6.2 a)。

d) **设备**和可更换部件上标记的最低要求

如果6.1所述的**设备**的尺寸或**外壳**特征不容许将所规定的标记全部标上时,至少应标上6.1 e)、6.1 f)、6.1 g)(**永久性安装设备**除外)、6.1 l)和6.1 q)(如适用)所规定的标记,而其余的标记应在**随机文件**中完整地记载。无法做标记之处，应在**随机文件**中详细写明。

e) 制造商、供应者

声称**设备**符合本标准要求的制造商或供应者的名称和(或)商标。

f)* **型式标记**。

g) 与电源的连接

——**设备**可连接的**额定**供电电压或电压范围。

——电源类别，如相数(单相电源除外)和电流类型。

h) 电源频率

以 Hz 为单位的**额定**频率或**额定**频率范围。

j) 输入功率(见第 7 章)

额定输入应以安或伏安表示，或当功率因素大于 0.9 时，以用瓦表示。

当**设备**有一个或几个**额定**电压范围，若这(些)范围超出给定范围平均值±10%时，应标明这(些)范围输入功率的上、下限。

若电压范围的极限未超出其平均值±10%，则只需标明平均值输入功率。

若**设备**标称值同时包括了长期的和瞬时的电流或伏安值，标记应同时包括长期和瞬时伏安标称值，并在**随机文件**中清楚地分别予以表明。

若**设备**附有供其他**设备**的电源连接装置，则**设备**所标的输入功率应包括对这些**设备**的**额定**(并标明)输出在内。

k) 网电源功率输出

设备的**辅助网电源插座**应标明最大容许输出值。

l) 分类

——若合适(见附录 D 表 D.1 符号 10)，作**Ⅱ类设备**符号。

——用字母 IP 后接上 X 及按 GB 4208 中外壳对有害进液防护程度来区分的特征数字(1 至 8)，作为防进液**设备**的符号。

——对 **B 型**、**BF 型**和 **CF 型应用部分**，按防电击程度分类标示**应用部分**类型的符号(见附录 D，表 D.2，符号 1，符号 2 和符号 3)。

为了清楚区别于符号 2，不应采用将符号 1 标识在方框内的做法。

若**设备**具有一个以上以不同程度防护的**应用部分**，应在这些**应用部分**上，或者在相关的输出端(连接点)或其附近清楚标上相应的符号。

防除颤应用部分应采用相应的符号标识(见附录 D，表 D.2，符号 9，符号 10 和符号 11)。

——如果**患者**电缆具有对心脏除颤器放电效应的防护，则应在靠近相应输出端的电缆上标记附录 D，表 D.1 中的符号 14。

m) 运行模式

如果没有标记，可认为该**设备**适合**连续运行**。

n)* 熔断器

从**设备**外部能触及的熔断器，应在熔断器座旁标明其型号及标称。

p) 输出

——**额定**输出电压、电流或功率(如适用)；

——输出频率(如适用)。

q) 生理效应(符号和警告性声明)

会产生可能对**患者**和(或)**操作者**造成危险生理效应的**设备**，应有相应危险的适当标记，应标在明显位置，并保证在**设备**安装后仍能清楚可见。

若适合，对特殊危险符号，应采用 GB/T 5465.2 所规定的符号。对非电离辐射(如高功率微波)应使用附录 D 表 D.2 的符号 8。

对其他危险,若无规定的符号可用时,应使用附录 D 中表 D.1 的符号 14。

r) **AP/APG 型设备**

对标记的要求,见第 38 章。

s) **高电压端子装置**

在**设备**外部不用**工具**便可触及到的**高电压端子装置**,应标以"危险电压"标记(见附录 D 中表 D.2 的符号 6)。

t) 冷却条件

对**设备**冷却装置的要求(例如供水或供气),应做出标记。

u) 机械稳定性

对具有有限的机械稳定性的**设备**的要求,见第 24 章。

v) 保护性包装

若在运输或贮存中要采取特别措施,在包装上应做出相应的标记(见 6.8.3 d)、10.1 及 GB/T 191)。

如果过早地拆开**设备**或**设备**部件的包装会造成**安全方面危险**,则在包装上应做出相应标记。

设备或**附件**的无菌包装应有无菌标志。

w) 无通用要求。

x) 无通用要求。

y) 接地端子

——与**电位均衡导线**相连的端子,应标有附录 D 中表 D.1 的符号 9[(见 18 e)]。

——功能接地端应以附录 D 中表 D.1 的符号 7 做标记。

z)* 可拆卸的保护装置

如果**设备**具有需拆掉保护装置才能启动其他应用的特殊功能时,应在该保护装置上标明当该特殊功能不应用时应将它还原的标记。若有联锁装置时则不需要标记(参见 6.8)。

用下列方法检验是否符合 6.1 要求:

——检查**设备**外部是否有所要求的标记。

——试验标记的耐久性。

为测定耐久性,用手工不施过大压力摩擦标记,先用蒸馏水浸过的布擦 15s,再用甲基化酒精浸过的布在室温下擦 15s,最后用异丙醇浸过的布擦 15s。

在本标准所有试验完成后(见附录 C 的第 C.36 章),标记应清楚易认。粘贴的标记不应松动或卷角。

在评定耐久性时,还应考虑到**正常使用**对标记的影响。

6.2 设备或设备部件的内部标记

a) **设备**或**设备**部件的内部标记应和 6.1 所规定的那样"清楚易认",考虑到内部标记的永久贴牢性不应进行 6.1 中规定的摩擦试验。

永久性安装设备的**名义**供电电压或电压范围的标记,可标在**设备**的内部或外部,最好标在电源接线端子附近。

b) 电热元件或加热灯的灯座的最大负载功率,应在发热器上或在其附近做出清楚、持久的标记。

不打算由**操作者**更换且仅在使用**工具**时才能更换的电热元件或加热灯的灯座,用一个在**随机文件**资料说明中提到的识别标记就可以了。

c) 有**高电压**部件时,应标以"危险电压"的符号(见附录 D 中表 D.2 的符号 6)。

d) 应标明电池的型号及其装入方法(如适用)[见 56.7 b)]。

对于不打算由**操作者**更换且仅在使用**工具**时才能更换的电池,用一个在**随机文件**资料说明中提到的识别标记就可以了。

e)* 只有使用**工具**才能触及到的熔断器,应在熔断器附近标上其型号和标称值,或至少标上一个参照标记,例如用能与说明型号和标称值的技术说明书相关联系的图号。

f) 除非**保护接地端子**按 GB 17465.1 规定的要求装在**设备电源输入插口**中,**保护接地端子**应标以规定的符号(见附录 D 中表 D.1 的符号 6)。

g) **功能接地端子**应标以规定的符号(见附录 D 中表 D.1 的符号 7)。

h) 在**永久性安装设备**中,专门用来连接电源中性线的端子,应标以规定的符号(见附录 D 中表 D.1 的符号 8)。

j) 6.2 f)、h)、k)及 l)所要求的标在电气连接点上或其附近的标记,不应标在接线时要拆动的零件上。接好线后,它们应仍能可见。

在端子上或其附近的标记,应符合 GB/T 4026。

k) 除非互换接线也不会造成**安全方面危险**,否则应用接线端子标记来清楚标明电源导线正确的接线方法,该标记宜在接线端子附近。

若**设备**太小,无法在接线端子做标记的,则可在**随机文件**中说明。若需标出接至三相电源的供电源导线连接的标记,应按 GB/T 4026 的要求。

l) 对永久性连接的**设备**,如果电源接线箱和/或供电端子盒内任一接点上(包括导线本身),在正常温度试验时温度达 75℃以上,**设备**应标有以下的或与之等效的说明:

"采用至少能适应……℃的布线材料供电源连接用"。该声明应标在将进行电源导线连接点处或其附近,并应在完成接线后仍清楚识别。

m) 无通用要求。

n) 电容器和(或)所接的电路元件,应按 15 c)的要求标记。

用 6.1 规定的试验和准则来检验是否符合 6.2 的要求,但摩擦试验除外。

6.3 控制器和仪表的标记

a) 电源开关应能清楚地识别。"通"、"断"位置,应按附录 D 中相应符号(表 D.1 的符号 15 和符号 16)来标记,或用一个邻近的指示灯,或其他明显的方法来表示。

b) **设备**上控制装置和开关的各档位置,应以数字、文字或其他直观方法表明,例如用表 D.1 中的符号 17 和符合 18 表明。

c) 在**正常使用**中,如控制器设定值的改变会对**患者**造成**安全方面危险**,这些控制器应配备:

——相应的指示装置,例如仪表或标尺,或

——功能量值变化方向的指示。参见 56.10 c)。

d) 无通用要求。

e) 无通用要求。

f) **操作者**操作的控制器和指示器的功能应能识别。

g) 参数的数值指示,应采用 GB 3100 的国际单位制及下列补充单位来表示:

可用于**设备**上的非国际单位制的单位:

——平面角单位:

- 转(r)
- 冈(g)
- 度(°)
- 角度的分(′)
- 角度的秒(″)

——时间单位:

- 分钟(min)

• 小时(h)

• 天(日)(d)

——能量单位:

• 电子伏(eV)

——血压和其他体液压力:

• 毫米汞柱(mmHg)

通过检查并用6.1的耐久性试验来检验是否符合6.3要求。

6.4* 符号

a) 如适用,按6.1~6.3用作标记的符号应与附录D要求相一致。参见6.1 q)。

b) 如适用,用于控制器和表示性能的符号应与IEC/TR 60878相一致。

通过检查和进行6.1的耐久性试验来检验是否符合要求。

6.5 导线绝缘的颜色

a) **保护接地导线**的整个长度都应以绿/黄色的绝缘为识别标志。

b) **设备**内部将**可触及金属部分**或其他具有保护功能的**保护接地**部件与**保护接地端子**相连的导线上的绝缘体应至少在导线终端用绿/黄色来识别。

c) 用绿/黄色绝缘作识别仅适用于:

——**保护接地导线**[见18 b)];

——6.5 b)中规定的导线;

——**电位均衡导线**[见18 e)];

——18 l)中规定的**功能接地导线**。

d) **电源软电线**中要同电源系统中性线相连的导线绝缘,应按GB 5013.1或GB 5023.1中的规定,采用浅蓝色的绝缘。

e) **电源软电线**中导线绝缘的颜色,应符合GB 5013.1或GB 5023.1的规定。

f) 在**设备**部件之间使用多芯电线时,若只采用绿/黄色导线而保护接地电阻超过最大容许值时,可将该电线中其他导线同绿/黄色导线并联使用,但并联导线末端要标以绿/黄色。

通过检查来检验是否符合6.5的要求。

6.6 医用气瓶及其连接的识别

a) 在医疗领域内作为电气**设备**的一部分使用的气瓶内气体的识别,应符合GB 7144。并参见56.3 a)。

b) 气瓶的连接点,应在**设备**上做出识别,以免更换时发生差错。

通过检查瓶内的气体及气瓶连接点的识别来检验是否符合6.6的要求。

6.7* 指示灯和按钮

a) 指示灯的颜色

在**设备**上红色应仅用于指示危险的警告和(或)要求紧急行动。

点阵和其他字母——数字式显示不作指示灯来考虑。

表3 设备指示灯推荐的颜色及其含义

颜色	含义
黄	需要小心或注意
绿	准备运转
其他颜色	除红或黄色含义外的其他含义

b) 不带灯按钮的颜色。

红色应只用于紧急时中断功能的按钮。

c) 无通用要求。

d) 无通用要求。

通过检查来检验是否符合 6.7 的要求。

6.8 随机文件

6.8.1* 概述

设备应附有至少包括使用说明书、技术说明书和供**使用者**查询的地址在内的文件。**随机文件**被视为**设备**的组成部分。

若使用说明书和技术说明书是分开的,则在第 5 章中规定的所有适用的分类都应包含在两个说明书中。

如果制造商没有把 6.1 规定的所有标记永久贴牢在**设备**上,则应完整无缺地包含在**随机文件**中,见 6.1 d)。

警告性声明和(标在**设备**上的)警告性符号的解释应在**随机文件**中给出。

6.8.2 使用说明书

a)* 一般内容

——使用说明书应说明**设备**的功能和预期用途。

——使用说明书应提供能使**设备**按其技术条件运行的全部资料。它应包括各控制器、显示器和信号的功能说明。操作顺序、可拆卸部件及**附件**的装、卸方法及使用过程中消耗材料的更换等的说明。

——使用说明书应向**使用者**或**操作者**提供有关存在于该**设备**与其他装置之间的潜在的电磁干扰或其他干扰的资料,以及有关避免这些干扰的建议。

——如果使用别的部件或材料会降低最低安全度,应在使用说明书中对被认可的**附件**、可更换的部件和材料加以说明。

——使用说明书应向**使用者**和**操作者**详细说明由他们自己来进行的清洗、预防性检查和保养,以及保养的周期。

这类说明书应提供安全地执行常规保养的资料。

此外,使用说明书还应提出哪些部件应由其他人进行预防性检查和保养,以及适用的周期,但不必包括执行这种保养的具体细节。

——**设备**上的图形、符号、警告性声明和缩写,应在使用说明书中说明。

b)* 制造商的责任

无通用要求(见附录 A)。

c) **信号输入部分**和**信号输出部分**

只打算将**信号输入部分**和**信号输出部分**与符合本标准要求的规定**设备**相连接时,应在使用说明书中予以说明[见 19.2 b)和 19.2 c)]。

d) 与**患者**接触部件的清洗、消毒和灭菌

在**正常使用**时要与**患者**接触的**设备**部件,使用说明书应包括有关可使用的清洗、消毒或灭菌方法的细节(参见 44.7),或在必要时规定合适的消毒剂,并列出这些**设备**部件可承受的温度、压力、湿度和时间的限值。

e) 带有附加电源的电网供电**设备**

对带有附加电源的电网供电**设备**,若其附加电源不能自动地保持在完全可用的状态,使用说明书应提出警告,规定应对该附加电源进行定期检查和更换。如果某 **I 类设备**既可接至**供电网运行**,也可改由**内部电源**运行,则使用说明书应明确提出:如果外部的保护导线在安装或其布线的完整性有疑问时,**设备**应由**内部电源**来运行。

f) 一次性电池的取出

配有一次性电池的**设备**,除非不存在产生**安全方面危险**的风险,使用说明书中应有警告:若在一段时间内不可能使用**设备**时,应取出这些电池。

g) 可充电电池

配有可充电电池的**设备**,在使用说明书中应有如何安全使用和保养的说明。

h) 有特定供电电源或电池充电器的**设备**

使用说明书应规定特定电源或电池充电器需保证符合本标准要求。

j) 环境保护

使用说明书应:

——指明有关废弃物、残渣等以及**设备**和**附件**在其使用寿命末期时的处理的任何风险;

——提供把这些风险降至最小的建议。

6.8.3 技术说明书

a)* 概述

技术说明书应提供为安全运行必不可少的所有数据。包括:

——在 6.1 中提到的数据;

——**设备**的所有特性参数,包括显示值或能够看到的指示的范围,准确度和精确度。

除了使用说明书已包括的内容外,技术说明书还应指明为安装**设备**和将**设备**投入使用时要采取的一些特别措施和特别条件。

b) 熔断器和其他部件的更换

——在不能根据**设备**的标称电流和运行模式来决定连接在**永久性安装设备**之外的电源电路中的熔断器型号和标称值时,所要求的熔断器型号和标称值至少应在技术说明书中予以指明。

——技术说明书应包括在**正常使用**时会损坏的可更换部件和(或)可拆卸部件的更换说明。

c) 电路图、元器件清单等

技术说明书应声明供应者可将按要求提供电路图、元器件清单、图注、校正细则,或其他有助于**使用者**的合格技术人员修理由制造商指定可修理的**设备**部件所必需的资料。

d) 运输和贮存的环境条件

技术说明书应规定运输和贮存时的允许环境条件,这些条件在**设备**包装的外部应重复给出[见 6.1 v)]。

6.8.4 无通用要求。

6.8.5 无通用要求。

通过对**随机文件**的检查来检验是否符合 6.8 要求。

7 输入功率

7.1 在**额定**电压、稳态工作温度和制造商规定的工作设定时,**设备**的稳态电流和功率输入超出 6.1 j)要求标出的标称值的值不应大于:

a) 输入功率主要由电动机驱动引起的**设备**:

额定输入功率小于或等于 100 W 或 100 VA 时,+25%;

额定输入功率大于 100 W 或 100 VA 时,+15%。

b) 其他**设备**

额定输入功率小于或等于 100 W 或 100 VA 时,+15%;

额定输入功率大于 100 W 或 100 VA 时,+10%。

通过检查和下列试验来检验是否符合 7.1 要求:

——**设备**应按使用说明书运行,直至输入功率达到稳定值。

应测量电流或输入功率,并与标出值或**随机文件**中的规定值相比较。

测量值应不超过本条所要求的限值。

——标有一个或几个**额定**电压范围的**设备**,试验在每一范围的上、下限进行;但如果**额定**输入标定值与有关电压范围平均值相关,则试验可在电压为该范围平均电压下进行。

——应采用真有效值表来测量稳态电流,例如用热电式仪表。

输入功率若用伏安表示,应采用伏安计来测量,或以稳态电流(如前所述)和供电电压的乘积来确定。

7.2 无通用要求。

第二篇 环境条件

注:本篇代替 GB 9706.1—1988 中的第二篇“安全要求”。

8 基本安全类型

GB 9706.1—1988 第 8 章内容现已移至附录 A A1.1。

9 可拆卸的保护装置

无通用要求。以 6.1z)的内容代替。

10 环境条件

本章在 GB 9706.1—1988 中的标题“特殊环境条件”和相应的内容不再采用。

10.1 运输和贮存

在运输或贮存的包装状态下,**设备**应能放置于制造商规定的环境条件下[见 6.8.3 d)]。

10.2 运行

当**设备**在下列条件最不利的组合环境下**正常使用**运行时,它应符合本标准的所有要求。

10.2.1* 环境(参见 4.5)

a) 环境温度范围:+10℃~+40℃。

b) 相对湿度范围:30%~75%。

c) 大气压力范围:700 hPa~1 060 hPa。

d) 水冷**设备**进水口水温,不高于 25℃。

10.2.2* 电源

a)* **设备**应适用下列电源:

——**额定**电压不超过:

- **手持式设备**,250 V;
- **额定**视在输入功率至 4 kVA 的**设备**,单相交流 250 V 或直流、多相交流 500 V;
- 所有其他**设备**,500 V;

——足够低的内阻抗(可由专用标准规定);

——电压波动不超过**名义**电压的±10%,超过−10%而时间短于 1 s 的瞬间波动除外,例如 X 射线发生器或类似**设备**的工作所引起的不规则时间内的波动;

——系统的任何导线之间或任何导线与地之间,没有超出**名义值**+10%的电压;

——电压波形实质上是正弦波,且构成实质上是对称电源系统的多相电源;

——频率不超过 1 kHz;

——**名义值**小于等于 100 Hz 的频率误差不超过 1 Hz,**名义值**在 100 Hz 至 1 kHz 时的频率误差不大于**名义值**的 1%;

——保护措施按GB 16895.21的规定。

b) **内部电源**如可更换,应由制造商规定。

用本标准中的试验来检验是否符合10.2的条件。

11 无通用要求

12 无通用要求

GB 9706.1—1988此章内容移至3.6。

第三篇 对电击危险的防护

13 概述

设备应设计成能尽可能避免在**正常使用**和**单一故障状态**时发生电击危险。

如**设备**满足本篇的有关要求,即可认为该**设备**已符合要求。

14 有关分类的要求

14.1 Ⅰ类设备

a) 在为实现**设备**功能而应接触电路导电部件的情况下,**Ⅰ类设备**可具有**双重绝缘**或**加强绝缘**的部件,或可有由**安全特低电压**运行的部件,或者可有用保护阻抗来防护的**可触及部分**。

b)* 如果规定用外接直流电源**设备**的**网电源部分**与**可触及金属部分**之间的隔离是**基本绝缘**,则应提供独立的**保护接地导线**。

14.2 Ⅱ类设备

a) **Ⅱ类设备**应是下列类型之一:

1) 带绝缘**外壳**的**Ⅱ类设备**:

这种**设备**有一个耐用、实际上无孔隙,并把所有导电部件包围起来的绝缘**外壳**,但一些小部件如铭牌、螺钉及铆钉除外,这些小部件至少用相当于**加强绝缘**的绝缘与**带电**部分隔离。绝缘封闭的**Ⅱ类设备**的**外壳**,可构成**辅助绝缘**的一部分或全部;

2) 带金属**外壳**的**Ⅱ类设备**:

这种**设备**有一个实际上无孔隙的导电**外壳**,在这种**设备**中,整个**网电源部分**采用**双重绝缘**(除因采用**双重绝缘**显然行不通而采用**加强绝缘**外);

3) 由上述1)和2)两类型综合的**设备**。

b) 如**设备**装有使其从Ⅰ类防护转为Ⅱ类防护的装置,下列要求应全部满足:

——转换装置应明确指出所选类别;

——应需使用**工具**方能转换;

——**设备**在任何时候应符合所选用防护类别的全部要求;

——在**Ⅱ类设备**工作位置上,该转换装置应切断**保护接地导线**与**设备**的连接,或把它转变成符合第18章要求的**功能接地导线**。

c) **Ⅱ类设备**可备有**功能接地端子**或**功能接地导线**。参见18 k)和l)。

14.3 无通用要求

14.4 Ⅰ类和Ⅱ类设备

a) 除**基本绝缘**外,**设备**应按**Ⅰ类**或**Ⅱ类设备**要求配备附加保护(见图2和图3)。

b) 规定由外接直流电源供电的**设备**(例如,在救护车上使用),当极性接错时应不发生**安全方面危险**。

14.5 内部电源设备

a) 无通用要求。

b)* 具有与**供电网**相连的装置的**内部电源设备**,当其与**供电网**相连时应符合Ⅰ**类**或Ⅱ**类设备**的要求,当其未与**供电网**相连时应符合**内部电源设备**的要求。

14.6* B型、BF型和CF型应用部分

a) 无通用要求。

b) 无通用要求。

c) 在**随机文件**中指明适合**直接用于心脏**的**应用部分**应为**CF型**。

d) 无通用要求。

14.7 无通用要求

通过检查和有关试验来检验是否符合第14章的要求。

15 电压和(或)能量的限制

a) 无通用要求。

b) 用插头与**供电网**连接的**设备**,应设计成在拔断插头之后1 s时,各电源插脚之间以及每一电源插脚与**外壳**之间的电压不超过60 V。

通过下列试验来检验是否符合要求:

设备在**额定**电压或**额定**电压范围上限的电压上运行。

用拔断插头的方法使**设备**与**供电网**断开,且**设备**电源开关置于"通"或"断"中最不利的位置上。

在断开电源后1 s时,用一个内阻抗不影响测量值的仪表来测量插头各电源插脚间及电源插脚与**外壳**间电压。

测得的电压不应超过60 V。

试验应进行10次。

若采用了干扰抑制电容器,且每一线对地的电容量在**额定**电压小于或等于250 V时小于3 000 pF或**额定**电压小于或等于125 V时小于5 000 pF,则不应进行每一线与**外壳**之间的试验。

当线间接入的干扰抑制电容器其电容量小于或等于0.1μF时,也不应进行线间试验。

c) 在**设备**电源切断后立即打开在**正常使用**时用的**调节孔盖**就可触及的电容器或与其相连的电路**带电**部分上的剩余电压,不应超过60 V,若电压超过此值,则剩余能量不应超过2 mJ。

如果不能自动放电且仅在使用**工具**时才能打开**调节孔盖**,则允许在**设备**中设有手工放电装置。对这些电容器和(或)与其相连的电路,应加以标识。

用下述试验来检验是否符合要求:

在**额定**电压下运行**设备**,然后断开电源。在正常情况下以尽可能快的速度打开**正常使用**时用的**调节孔盖**。立即测量可触及的电容器或电路部件上的剩余电压,并计算残留的电能。如果制造商规定了一个非自动放电装置,应通过检查来弄清其内部情况和标识。

16* 外壳和防护罩

a) **设备**应制造和封闭得能防止与**带电**部分以及在**单一故障状态**下可能**带电**的部分接触。

本要求适用于当**设备**以**正常使用**条件运行时,甚至在不用**工具**或按使用说明书打开盖子和门以及拆卸部件之后,**设备**所有的可触及部位。

若不用**工具**就能更换灯泡时,应保证在装、卸灯泡时防止与灯的**带电**部分接触。

应用本要求时应注意以下各点:

1) 本要求不适用于一般在**正常使用**中应与**患者**身体直接或间接连接的**设备应用部分**电极的**带电**部分。

2) 漆层、珐琅层、氧化层和类似的防护层以及用于在预计工作温度下(包括消毒温度)会重新变软的可塑密封层,不应视为能防止与**带电**部分接触的防护**外壳**。

3) 无通用要求。

4) 无通用要求。

5)* 在**正常使用**时,当不用**工具**就可触及的部分在与**患者**之间不可能发生**导电连接**(直接的或通过**操作者**身体)的情况下,可假定当其**基本绝缘**失效时该部件对地电压不超过交流 25 V 或直流 60 V。

使用说明书应指明**操作者**不要同时触及该部件和**患者**。

通过检查并用图 7 所示标准试验指,以弯曲或伸直姿势试验,检验是否符合 16 a)要求。此外,除了通向插头、连接器和插座中**带电**部分的孔外,**设备**上的孔都用图 8 所示的试验针进行试验。

除了落地使用且在任意工作状态下其质量都超过 40 kg 的**设备**不应翘起检查外,其他**设备**将标准试验指和试验针轻轻插入各个可能的位置。按照技术说明书准备安装在箱内的**设备**,应按其最终安装位置作试验。

对于用图 7 所示的标准试验指插不进的孔,应采用一个相同尺寸的无关节的直试验指,以30 N 的力进行机械试验。如果直试验指能插入,应采用图 7 所示的标准试验指重新试验,如有必要,把试验指推入孔内。

标准试验指或试验针应不可能接触到**基本绝缘**、裸露的**带电**部分或仅用清漆、瓷漆、普通纸、棉纱、氧化膜、瓷珠或密封剂作防护的**带电**部分或仅用**基本绝缘**与**网电源部分**隔离但未**保护接地**的部件。

为了显示与**带电**部分的接触,建议使用一个灯泡且试验电压至少为 40 V。

如果试验钩(见图 9)能够插入**设备**的孔,应采用试验钩进行机械试验。

将试验钩插入所有各有关孔中,接着以 20 N 的力在大致垂直于孔表面的方向拉 10 s。应没有**带电**部分变成可触及的,且**带电**部分的**爬电距离**和**电气间隙**都不应降至 57.10 所规定的值以下。

通过检查及用标准试验指试验来检验是否符合要求。

b) **外壳**顶盖上任何孔的位置或尺寸,都应使直径为 4 mm,长度为 100 mm 的试验棒在整个长度都进入孔内自由垂直悬挂时,仍不会触及到**带电**部分。

是否符合要求,应在**正常使用**时将直径为 4 mm,长度为 100 mm 的金属试验棒插入孔中进行检验。试验棒自由垂直悬挂,插入深度为棒的全长。该试验棒不应变成**带电**状态,也不应触及到**基本绝缘**或仅用**基本绝缘**与**网电源部分**隔离又未**保护接地**的任何部件。

c)* 当取下手柄、旋钮、控制杆等之后,就能触及控制器操作机构的导体部件时,应:

——当用开路试验电压不超过交流 50 V,试验电流不低于 1A 测量时,测得的上述导体部件至**设备保护接地端子**的电阻值不应大于 0.2 Ω,或

——应采用 17 g)中的一种方法与**带电**部分隔离。

本条要求不适用于次级回路中至少用**基本绝缘**与**网电源部分**隔离的且具有**额定**回路电压小于或等于交流 25 V、直流或峰值 60 V 的控制器。在这些情况下,轴及类似部件可仅以**基本绝缘**与电路部件相隔离。

用电流值和压降值来计算电阻值,以检验是否符合要求。不应超过规定值。另外,应检查证实其有充分的隔离。

d)* **设备外壳**内带有交流 25 V 或直流 60 V 以上线路电压的各部件,如果不能由一随时可触及的

外部电源开关或插头装置与电源断开(例如室内照明、主开关遥控等电路),应采用附加罩盖防护,从而即使在**外壳**打开后(例如为了保养)也可防止接触,或在空间互相隔开排列的情况下,应清晰地做出"**带电**"标记。

通过对所要求的罩盖或警告标志(如果有)进行检查来检验是否符合要求,如有必要,用图7所示标准试验指进行检验。

e)* 防止与**带电**部分接触的**外壳**应仅用工具才能移开,否则应采用一个自动装置在打开或移开**外壳**时,使这些部件不**带电**。

下列部件除外:

1) 不用**工具**便可移开的**外壳**或**设备**部件和允许**操作者**在**正常使用**时触及的一些**带电**部分,这些**带电**部分的电压不应超过交流25 V、直流或峰值60 V,且由17 g)1)~5)所述的一种方法与**供电网**相隔离的电源供电。

可适用的例子为:

——带灯按钮罩;

——指示灯罩;

——记录笔罩;

——插入式组件;

——电池箱盖。

2) 在取下灯泡后允许触及的灯座**带电**部分。

在这种情况下,使用说明书应提示**操作者**不要同时接触这类部件和**患者**。

通过检查和下列试验,检验是否符合要求:

——试验自动断电装置或放电装置的有效性;

——用图7标准试验指测量可触及的**带电**部分的电压。

f) 有些预置控制器可由**使用者**在**正常使用**时利用**工具**来调节,为调节这些控制装置而开的孔,应设计成调节**工具**在孔内不能触及**基本绝缘**或任何**带电**部分,或仅用**基本绝缘**与**网电源部分**相隔离又未**保护接地**的任何部件。

是否符合要求,应通过检查并把直径为4 mm、长度为100 mm的试验棒从各可能位置插入孔中进行检验。如有疑问,则施加10 N的力,试验棒不应触及**基本绝缘**或任何**带电**部分或仅用**基本绝缘**与**网电源部分**相隔离又未**保护接地**的任何部件。

g) 无通用要求。

17* 隔离(原标题:绝缘和保护阻抗)

a) 在**正常状态**和**单一故障状态**(见3.6)下,**应用部分**应与**设备**的**带电**部分隔离到**漏电流**容许值(见第19章)不被超过的程度。

采用下述方法之一,本要求可满足:

1) **应用部分**仅用**基本绝缘**与**带电**部分隔离但**保护接地**,且**应用部分**对地有一个低的内阻抗以使**正常状态**和**单一故障状态**时**漏电流**不超过容许值。

2) **应用部分**用一个已**保护接地**的金属部件与**带电**部分隔离,此金属部件可以是一个全封闭的金属屏蔽。

3) **应用部分**未**保护接地**,但用一个在任何绝缘失效时均不产生超过容许值的**漏电流**流向**应用部分**的**保护接地**中间电路与**带电**部分隔离。

4) **应用部分**用**双重绝缘**或**加强绝缘**与**带电**部分隔离。

5) 用元件的阻抗防止超过容许值的**患者漏电流**和**患者辅助电流**流向**应用部分**。

用检查和测量来检验是否符合17 a)的要求。

如果**应用部分**和**带电**部分之间的**爬电距离**和(或)**电气间隙**不符合 57.10 的要求,该**爬电距离**和(或)**电气间隙**应短接。

按 19.4 所述来测量**患者漏电流**和**患者辅助电流**,且不应超过表 4 中给定的**正常状态**时的限值。

如果对上述 17 a)1)的**应用部分**和上述 17 a)2)的**保护接地**的金属部件及上述 17 a)3)的中间电路的检查表明在**单一故障状态**时隔离的有效性可疑时,应在短接**带电**部分与**应用部分**之间的绝缘[上述 17 a)1)]、**带电**部分与金属部件之间的绝缘[上述 17 a)2)]、或**带电**部分与中间电路之间的绝缘[上述 17 a)3)]后测量**患者漏电流**和**患者辅助电流**。

在短路后最初 50 ms 内产生的瞬时电流毋需考虑。在 50 ms 以后,**患者漏电流**和**患者辅助电流**不应超过**单一故障状态**时的容许值。

此外,应对**设备**和(或)其电路进行检验,以确定把**漏电流**和(或)**患者辅助电流**限制在规定值内是否取决于置于**应用部分**与**网电源部分**之间的、**应用部分**与其他**带电**部分之间的,以及 **F 型应用部分**与接地部件之间的半导体器件结的绝缘性能。

如果是取决于半导体器件结的绝缘性能,则应每次短接一个结以模拟关键结的击穿,来检验在**单一故障状态**时容许的**漏电流**和**患者辅助电流**是否被超过。

b) 无通用要求。

c) **应用部分**不应与未**保护接地**的**可触及金属部分**有**导电连接**。

是否符合要求,通过检查和 19.4 的漏电流试验来检验。

d) **Ⅰ类设备**手持式软轴应采用**辅助绝缘**与电动机轴隔离。

由**Ⅰ类**防护电动机驱动的,在**正常使用**时可能与**操作者**或**患者**直接接触,但又不可能**保护接地**的**可触及金属部分**,应采用至少能承受与电动机**额定**电压相应的电介质强度试验且具有足够机械强度的**辅助绝缘**与电动机轴隔离。

通过检查并对手持式软轴和(或)被驱动的**Ⅰ类设备**的**可触及金属部分**与电动机轴之间的绝缘试验,来检验是否符合要求。应采用对**辅助绝缘**规定的试验(见 20.4)。

此外,要检验**爬电距离**和**电气间隙**是否符合要求(见 57.10)。

e) 无通用要求。

f) 无通用要求。

g) 在**正常状态**和**单一故障状态**(见 3.6)下,非**应用部分**的**可触及部分**,应与**设备**的**带电**部分隔离到使**漏电流**不超过容许值(见第 19 章)的程度。

采用下述方法之一,本要求可满足:

1) **可触及部分**仅用**基本绝缘**与**带电**部分隔离,但要**保护接地**。
2) **可触及部分**用**保护接地**的金属部件与**带电**分隔离,此金属部件可以是全封闭的导体屏蔽。
3) **可触及部分**未**保护接地**,但用一任何绝缘失效都不会导致**外壳漏电流**超过容许值的**保护接地**中间电路与**带电**部分隔离。
4) **可触及部分**用**双重绝缘**或**加强绝缘**与**带电**部分隔离。
5) 用元件的阻抗防止超过容许值的**外壳漏电流**流到**可触及部分**。

通过对所要求的隔离作检查以发现哪一处绝缘失效会引起**安全方面危险**来检验是否符合要求。

如果**可触及部分**与**带电**部分之间的**爬电距离**和(或)**电气间隙**不符合 57.10 的要求,则该**爬电距离**和(或)**电气间隙**应短接。

接着应按 19.4 所述测量**外壳漏电流**,且不超过表 4 中**正常状态**时的限值。

如果对上述 17 g)2)中的**保护接地**的金属部件或上述 17 g)3)中的中间电路的检查表明对**单一故障状态**时隔离的有效性有怀疑时,应通过短接**带电**部分与金属部件之间[上述 17 g)2)中],

或**带电**部分与中间电路之间[上述 17 g)3)中]的绝缘来测量**外壳漏电流**。

在短路后最初 50 ms 内产生的瞬态**漏电流**毋需考虑。

在 50 ms 以后,**外壳漏电流**不应超过**单一故障状态**的容许值。

此外,应对**设备**和(或)其电路进行检验,以确定把**漏电流**和(或)**患者辅助电流**限制在规定值内是否取决于置于**可触及部分**与**带电**部分间半导体器件结的绝缘性能。

如果是取决于半导体器件结的绝缘性能,则应每次短接一个结以模拟关键结的击穿,来检验在**单一故障状态**时容许的**漏电流**和**患者辅助电流**是否被超过。

h)* 用于将**防除颤应用部分**与其他部分隔离的布置应设计成:

——在对与**防除颤应用部分**连接的**患者**进行心脏除颤放电期间,危险的电能不出现在:

- **外壳**,包括可触及导线和连接器的外表面;
- 任何**信号输入部分**;
- 任何**信号输出部分**;
- 试验用金属箔,**设备**置于其上,其面积至少等于**设备**底部的面积。

——施加除颤电压后,再经过**随机文件**中规定的任何必要的恢复时间,**设备**应能继续行使**随机文件**中描述的预期功能。

用以下的脉冲电压试验来检验是否符合要求:

——(共模试验)**设备**接至图 50 所示的试验电路。试验电压施加于所有互相连在一起且与地隔离的**患者连接**;

——(差模试验)**设备**接至图 51 所示的试验电路。试验电压依次施加于每一个**患者连接**,其余的所有**患者连接**接地。

注:当**应用部分**只有一个**患者连接**时,不采用差模试验。

在每次试验期间:

——**Ⅰ类设备**的**保护接地导线**接地。没有**供电网**也能运行的**Ⅰ类设备**,如具有内部电池,在断开保护接地连接后再试验一次;

——**设备**应不接通电源;

——**应用部分**的绝缘表面用金属箔覆盖或浸在 19.4 h) 9)中规定的盐溶液中;

——断开任何与**功能接地端子**的连接;当一个部分因功能目的被内部接地时,这类连接应被看作保护接地连接并应符合第 18 章的要求,或者应予以断开;

——本试验方法第一破折号中规定的未**保护接地**的部件接至示波器。

经过操作 S 后,在 Y_1 点和 Y_2 点之间的峰值电压不应超过 1 V。

改变 V_T 极性,重复进行上述每项试验。

经过**随机文件**规定的任何必要的恢复时间后,**设备**应能继续行使**随机文件**中描述的预期功能。

18 保护接地、功能接地和电位均衡

a)* **Ⅰ类设备**中**可触及部分**与**带电**部分间用**基本绝缘**隔离时,应以足够低的阻抗与**保护接地端子**连接。参见 17 g)。

通过检查及 18 f)和 18 g)的试验来检验是否符合要求。

b) **保护接地端子**应适合于经**电源软电线**的**保护接地导线**,以及合适时经适当插头,或经固定的永久性安装的**保护接地导线**,与设施中的保护导线相连。接地连接的结构性要求见第 58 章。

通过检查[见 18 f)]来检验是否符合要求。

c) 无通用要求。

d) 无通用要求。

e) 如果**设备**具有供给**电位均衡导线**连接用的装置，这一连接应符合下列要求：

——容易接触到；

——**正常使用**中能防止意外断开；

——不使用**工具**即可拆下导线；

——**电位均衡导线**不应包含在**电源软电线**中；

——连接装置应标以表 D.1 中的符号 9。

通过检查来检验是否符合要求。

f) 不用**电源软电线**的**设备**，其**保护接地端子**与已**保护接地**的所有**可触及金属部分**之间的阻抗，不应超过 0.1 Ω。

具有**设备电源输入插口**的**设备**，在该插口中的保护接地连接点与已**保护接地**的所有**可触及金属部分**之间的阻抗，不应超过 0.1 Ω。

带有不可拆卸**电源软电线**的**设备**，**网电源插头**中的保护接地脚和已**保护接地**的所有**可触及金属部分**之间的阻抗不应超过 0.2 Ω。

通过下列试验来检验是否符合要求：

用 50 Hz 或 60 Hz、空载电压不超过 6 V 的电流源，产生 25 A 或 1.5 倍于**设备**额定电流，两者取较大的一个(±10%)，在 5 s～10 s 的时间里，在**保护接地端子**或**设备电源输入插口**保护接地连接点或**网电源插头**的保护接地脚和在**基本绝缘**失效情况下可能**带电**的每一个**可触及金属部分**之间流通。

测量上述有关部分之间的电压降，根据电流和电压降确定的阻抗，不应超过本条中所规定的值。

g)* 如**可触及部分**或与其连接的元器件的**基本绝缘**失效时，流至**可触及部分**的连续故障电流值限制在某值之下，以致在**单一故障状态**时**外壳漏电流**不超过容许值时，除在 18 f)中所述之外的保护接地连接阻抗容许超过 0.1 Ω。

通过检查和测量**单一故障状态**的**外壳漏电流**来检验是否符合要求。参见 17 g)。

h) 无通用要求。

j) 无通用要求。

k) **功能接地端子**不应当作保护接地使用。

l) 如果带有隔离的内部屏蔽的Ⅱ**类设备**，采用三根导线的**电源软电线**供电，则第三根导线(与**网电源插头**的保护接地连接点相连)应只能用作内部屏蔽的功能接地，且应是绿/黄色的。

该内部屏蔽和与其相连的所有内部布线的绝缘，应是**双重绝缘**或**加强绝缘**。

在此情况下，这种**设备**的**功能接地端子**应标识得与**保护接地端子**能区别，另外还应在**随机文件**中加以说明。

通过检查和测量来检验是否符合要求。对绝缘应按第 20 章所述要求试验。

19 连续漏电流和患者辅助电流

19.1 通用要求

a) 起防电击作用的电气绝缘应有良好的性能，以使穿过绝缘的电流被限制在规定的数值内。

b) 连续的**对地漏电流**、**外壳漏电流**、**患者漏电流**及**患者辅助电流**的规定值适合于下列条件的任意组合：

——在 19.4 所规定的工作温度下和 4.10 中所规定的潮湿预处理之后。

——在**正常状态**下和在规定的**单一故障状态**下(见 19.2)。

——**设备**已通电处于待机状态和完全工作状态，且**网电源部分**的任何开关处于任何位置。

——在最高**额定**供电频率下。

——电压为110%的最高**额定网电源电压**下。

测量值不应超过19.3中给定的容许值。

c) 规定接至SELV电源的**设备**,仅在该电源符合本标准要求,且**设备**与该电源组合起来试验符合容许**漏电流**要求时,才能认为符合本标准的要求。

对这种**设备**和**内部电源设备**应测量**外壳漏电流**,但仅限于19.4 g)3)所述。

d)* Ⅰ**类设备外壳漏电流**的测量应仅限于:

——未**保护接地外壳**的每一部分(如有)到地;

——未**保护接地外壳**的各部分(如有)之间。

e) 应测量的**患者漏电流**(见附录K):

——对**B型应用部分**,从连在一起的所有**患者连接**,或按制造商的说明对**应用部分**加载进行测量;

——对**BF型应用部分**,轮流地从**应用部分**的同一功能的连在一起的所有**患者连接**,或按制造商的说明对**应用部分**加载进行测量;

——对**CF型应用部分**,轮流地从每个**患者连接**点进行测量。

如果制造商为**应用部分**的可拆卸部件规定了选用件(例如,**患者**电线和电极),**患者漏电流**应采用最不利的规定可拆卸部件来测量。

f) **患者辅助电流**应在任一**患者连接**点与连在一起的所有其他**患者连接**之间进行测量。

g) 具有多个**患者连接**的**设备**应通过检验,以确保在**正常状态**下当一个或多个**患者连接**处于以下状态时**患者漏电流**和**患者辅助电流**不超过容许值:

——不与**患者**连接;和

——不与**患者**连接并接地。

如果对**设备**电路的检查表明,在上述条件下**患者漏电流**或**患者辅助电流**可能增加至超出容许值时,应进行试验,且实际测量宜限于几种有代表性的组合。

19.2 单一故障状态

a)* **对地漏电流**、**外壳漏电流**、**患者漏电流**及**患者辅助电流**,应在下列**单一故障状态**下进行测量:

——每次断开一根电源导线;

——断开一根**保护接地导线**(在**对地漏电流**时不适用)。若是固定的永久性安装的**保护接地导线**,不需进行这一测量;

——参阅17 a)和17 g)。

b) 此外,**患者漏电流**应在下列**单一故障状态**下测量:

——将最高**额定网电源电压**值的110%的电压加到地与任一**信号输入部分**或**信号输出部分**之间。

本要求不适用于下列情况:

1) 制造商规定的**信号输入部分**或**信号输出部分**与不存在外部电压风险情况的**设备**相连时(见GB 9706.15)。

2) **B型应用部分**,对其电路和物理布局的检查表明不存在**安全方面危险**;

3) 对**F型应用部分**。

——将最高**额定网电源电压**值的110%的电压加到任一**F型应用部分**与地之间。

——将最高**额定网电源电压**值的110%的电压加到地与任一未**保护接地**的**可触及金属部分**之间。

本要求不适用于:

1) **B型应用部分**,对其电路和物理布局的检查表明不存在**安全方面危险**;

2) 对**F型应用部分**。

c) 此外,应将最高**额定网电源电压**值的110%的电压加到地与**信号输入部分**或**信号输出部分**之间来测量**外壳漏电流**。

这一要求仅适用于制造商规定**信号输入部分**或**信号输出部分**与存在外部电压风险情况的**设备**相连时(见GB 9706.15)。

19.3* 容许值

a) 在表4中给出了直流、交流及复合波形的连续**漏电流**和**患者辅助电流**的容许值。除非另有说明,其值均为直流或有效值。

b) 表4所列的容许值适用于流经图15网络并按该图示(或按图15测量电流频率特性的装置)进行测量的电流。

另外,在**正常状态**或**单一故障状态**下,不论何种波形和频率,**漏电流**有效值不应超过10 mA。

c) 无通用要求。

d) 无通用要求。

e) 无通用要求,但见表4的注3)和注4)。

表4 连续漏电流和患者辅助电流的容许值*

单位为毫安

电流		B型		BF型		CF型	
		正常状态	单一故障状态	正常状态	单一故障状态	正常状态	单一故障状态
对地漏电流(一般**设备**)		0.5	1[1]	0.5	1[1]	0.5	1[1]
按注2)、注4)的**设备对地漏电流**		2.5	5[1]	2.5	5[1]	2.5	5[1]
按注3)的**设备对地漏电流**		5	10[1]	5	10[1]	5	10[1]
外壳漏电流		0.1	0.5	0.1	0.5	0.1	0.5
按注5)的**患者漏电流**	d.c.	0.01	0.05	0.01	0.05	0.01	0.05
	a.c.	0.1	0.5	0.1	0.5	0.01	0.05
患者漏电流(在**信号输入部分**或**信号输出部分**加**网电源电压**)		—	5	—	—	—	—
患者漏电流(**应用部分**加**网电源电压**)		—	—	—	5	—	0.05
按注5)**患者辅助电流**	d.c.	0.01	0.05	0.01	0.05	0.01	0.05
	a.c.	0.1	0.5	0.1	0.5	0.01	0.05

(参见附录A中表4**患者漏电流**的编制说明)

表4的注:

1) **对地漏电流**的唯一**单一故障状态**,就是每次有一根电源导线断开[见19.2 a)和图6]。

2) **设备**的**可触及部分**未**保护接地**,也没有供其他**设备**保护接地用的装置,且**外壳漏电流**和**患者漏电流**(如适用)符合要求。

例:

某些带有屏蔽的**网电源部分**的计算机。

3) 规定是永久性安装的**设备**,其**保护接地**导线的电气连接只有使用**工具**才能松开,且紧固或机械固定在规定位置,只有使用**工具**才能被移动。

这类**设备**的例子是:

- X射线**设备**的主件,例如X射线发生器、检查床或治疗床。
- 有矿物绝缘电热器的**设备**。
- 由于符合抑制无线电干扰的要求,其**对地漏电流**超过表4第一行规定值的**设备**。

4) 移动式X射线**设备**和有矿物绝缘的**移动式设备**。

5) 表4中规定的**患者漏电流**和**患者辅助电流**的交流分量的最大值仅是指电流的交流分量。

19.4 试验

a)* 概述

1) **对地漏电流**、**外壳漏电流**、**患者漏电流**及**患者辅助电流**的测量，在：

——**设备**达到符合第七篇所要求的工作温度之后，和

——在4.10规定的潮湿预处理之后。

将**设备**置于温度约等于 t℃(t 为潮湿箱内的温度)，相对湿度在45%～65%的环境里，并应在潮湿处理之后1 h才开始测量。

应先进行**设备**不通电的测量。

2) **设备**接到电压为最高**额定网电源电压**的110%的电源上。

3) 能适用单相电源试验的三相**设备**，将其三相电路并联起来作为单相**设备**来试验。

4) 对**设备**的电路排列、元器件布置和所用材料的检查表明无任何**安全方面危险**可能性时，试验次数可减少。

5) 无通用要求。

b)* 测量供电电路

1) 规定与有一端大约为地电位的**供电网**相连的**设备**，以及对电源类别未予规定的**设备**，连接到图10所示电路。

2) 规定接到相线对中线之间电压近似对称而电压方向相反的**供电网**的**设备**，连接到图11所示电路。

3) 规定与多相(例如三相)网电源连接的多相或单相**设备**，连接到图12、图13所示电路之一。

4) 规定使用指定的Ⅰ类单相网电源的**设备**，连接到图14所示电路。

试验时应依次断开和闭合开关 S_8。

然而，若所指定电源具有固定的永久性安装的**保护接地导线**，试验时应闭合开关 S_8。

5) 规定使用指定的Ⅱ类单相网电源的**设备**连接到图14所示电路，但不使用保护接地连接和 S_8。

c) **设备**与测量供电电路的连接

1) 配有**电源软电线**的**设备**用该软电线进行试验。

2) 具有**设备电源输入插口**的**设备**，用3 m长或长度和型号由制造商规定的**可拆卸电源软电线**连接到测量供电电路上进行试验。

3) 规定要**永久性安装**的**设备**，用尽可能短的连线和测量供电电路相连来进行试验。

d)* 测量布置

1) 建议把测量供电电路和测量电路放在尽可能远离无屏蔽电源供电线的地方，并(除以下条文另有规定外)避免把**设备**放在大的接地金属面上或其附近。

2) 然而，**应用部分**的外部部件包括**患者**电线(如有)在内，应放在介电常数约为1的(例如，泡沫聚苯乙烯)绝缘体表面上，并在接地金属表面上方约200 mm处。

e) 测量装置(MD)

1) 对直流、交流及频率小于或等于1 MHz的复合波形来说，测量装置应给**漏电流**或**患者辅助电流**源加上约1 000 Ω的阻性阻抗。

2) 如果采用了按图15或具有相同频率特性的类似电路作测量装置，就自动得到了按19.3 a)和b)的电流或电流分量的评价。这就允许用单个仪器测量所有频率的总效应。

很可能出现频率超过1 kHz，数值超过10 mA的电流和电流分量，这就应采用其他适当的手段来测量。

3) 无通用要求。

4)* 图 15 所示的测量仪表对从直流到小于或等于 1 MHz 频率的交流都应有一约 1 MΩ 或更高的阻抗。它应指示测量阻抗二端的直流、或交流、或有频率从直流或交流或有频率从小于或等于 1 MHz 频率分量的复合波形电压的真有效值,指示的误差不超过指示值的 ±5%。

其刻度可指示通过测量装置的电流,包括对 1 kHz 以上频率分量的自动测定,以便能将读数直接与表 4 比较。

如能证实(例如,用示波器)在所测的电流中,不会出现高于上限的频率,则对百分指示误差的要求和校准要求可限于其上限低于 1 MHz 的范围。

f) **对地漏电流**的测量

1) **Ⅰ类设备**,不论其有无**应用部分**,按图 16 用图 10、图 11、图 12 或图 13 中相应的测量供电电路试验。

2) 规定使用指定的Ⅰ类单相电源的**设备**,按图 17 用图 14 的测量供电电路试验。若**设备**已**保护接地**,还应采用 MD2 进行测量。

g) **外壳漏电流**的测量

1) **Ⅰ类设备**,不论其有无**应用部分**,按图 18 用图 10、图 11、图 12 或图 13 中相应的测量供电电路试验。

用 MD1 在地和未**保护接地外壳**的每个部分之间测量。

用 MD2 在未**保护接地外壳**的各部分之间测量。

2) **Ⅱ类设备**,不论其有无**应用部分**,按图 18 用图 10、图 11、图 12 或图 13 中相应的测量供电电路试验,但不使用保护接地连接和 S_7。

用 MD1 在**外壳**和地之间或当**外壳**有几个部分时,在**外壳**每一部分与地之间测量。

用 MD2 在**外壳**的各部分之间或当不止有一个**外壳**时,在任意两个**外壳**之间测量。

3) 规定与 SELV 电源相连的**设备**及**内部电源设备**,流过**外壳**不同部分之间的**外壳漏电流**用图 18 中测量装置 MD2 试验。

4) 规定使用指定的Ⅰ类单相供电电源的**设备**,不论其有无**应用部分**,按图 19 用图 14 的测量供电电路试验。

规定使用指定的Ⅱ类单相供电电源的**设备**,不论其有无**应用部分**,应按图 19 用图 14 的测量供电电路试验,但不使用保护接地连接和 S_8。

仅当**设备**本身是**Ⅰ类设备**时,才使用**设备**的保护接地连接和 S_8。

Ⅰ类电源和(或)与之相连的**Ⅰ类设备**的试验,在 19.4 g)1)中"**Ⅰ类设备**"中叙述。

Ⅱ类电源和(或)与之相连的非**Ⅰ类设备**的试验,在 19.4 g)2)中"**Ⅱ类设备**"中叙述。

5) 若**设备外壳**或**外壳**的一部分是用绝缘材料制成的,应将最大面积为 20 cm×10 cm 的金属箔紧贴在绝缘**外壳**或**外壳**的绝缘部分上。

为此,可用约 0.5 N/cm^2 的力压在绝缘材料上。

如有可能,移动金属箔以确定**外壳漏电流**的最大值。应注意,金属箔不要接触到可能已**保护接地**的任何**外壳**金属部件;然而,未**保护接地**的**外壳**金属部件,可用金属箔部分地或全部地覆盖。

要测量**单一故障状态**下的**外壳漏电流**时,金属箔可布置得与**外壳**的金属部件相接触。

当**患者**或**操作者**与**外壳**表面接触的面积可能大于正常人手的尺寸时,金属箔的尺寸按接触面积相应增加。

6) 如适用,除上述外按 17 g)进行测量。

h)* **患者漏电流**的测量

对**应用部分**的连接,见 19.1 e)和附录 K。

1) 有**应用部分**的Ⅰ类**设备**，按图 20 用图 10、图 11、图 12 或图 13 中相应的测量供电电路试验。

2) 有 **F 型应用部分**的Ⅰ类**设备**，另外再按图 21 用图 10、图 11、图 12 或图 13 中相应的测量供电电路试验。

设备中未永久接地的**信号输入部分**与**信号输出部分**应接地。

图 21 中变压器 T_2 所设定的电压值应等于**设备**最高**额定网电源电压**的 110%。

3) 有**应用部分**和**信号输入部分**和(或)**信号输出部分**的Ⅰ类**设备**，需要时[见 19.2 b)]，还应按图 22 用图 10、图 11、图 12 或图 13 中相应的测量供电电路试验。

变压器 T_2 所设定的电压值应等于**设备**最高**额定网电源电压**的 110%。除非制造商规定要接负载，**信号输入部分**和**信号输出部分**要短接。在接负载的情况下，试验电压依次加到**信号输入部分**和**信号输出部分**的所有各极上。

4) Ⅱ类**设备**按上述试验 1)～3)作Ⅰ类**设备**进行试验，但不用保护接地连接和 S_7。

有 **F 型应用部分**的Ⅱ类**设备**的**患者漏电流**，在金属**外壳**(若有)接地并在**应用部分**加上外来电压后进行测量。

若Ⅱ类**设备外壳**用绝缘材料制成，则在任何正常使用位置时，将**设备**放在尺寸至少等于**外壳**水平投影且接地的平坦金属面上。

5) 有**应用部分**、规定用指定的单相供电电源的**设备**，用图 14 的测量供电电路试验，但是若所指定的单相供电电源是Ⅱ类，则不使用保护接地连接和 S_8。

——若**设备**本身属Ⅰ类，按上述试验 1)作为Ⅰ类**设备**试验。

——若**设备**本身属Ⅱ类，按上述试验 4)作为Ⅱ类**设备**试验。

——若指定的单相供电电源属Ⅰ类，则在测量时仅 S_8 应断开(**单一故障状态**)和闭合，而 S_1、S_2、S_3 和 S_{10}(如有)是闭合的。

6) **内部电源设备**，按图 23 进行试验。

外壳用绝缘材料制成的，应采用 19.4 g)5)中所述的金属箔。

7) 有 **F 型应用部分**的**内部电源设备**，还要按图 24 进行试验。变压器 T_2 所设定的电压值应为供电频率下的 250 V[见 19.1 b)]。

做此试验时，**设备**金属外壳和**信号输入部分**及**信号输出部分**要接地。

外壳用绝缘材料制成的**设备**，在任何**正常使用**位置时，将**设备**放在尺寸至少等于**外壳**水平投影且接地的平坦金属面上。

8) 有**应用部分**和**信号输入部分**和(或)**信号输出部分**的**内部电源设备**，如适用，按 19.2 b)，再按图 25 进行试验。变压器 T_1 所设定的电压值应是供电频率下的 250 V[见 19.1 b)]。

作此试验时，**设备**置于 19.4 d)或 19.4 h)7)中所述的较为不利的**正常使用**位置上。

9) **应用部分**的表面由绝缘材料构成时，用 19.4 g)5)中所述金属箔进行试验。或将**应用部分**浸于盐溶液中。这些箔或盐溶液应视为相关**应用部分**的唯一的**患者连接**。

应用部分与**患者**接触的面积远大于 20 cm×10 cm 的箔面积时，箔的尺寸增至相应的接触面积。

10) 若制造商规定要对**应用部分**加载，则测量装置应依次接到负载(**应用部分**)的所有极上。

11) 如果适用，除上述外，再按 17 a)进行测量。

j) **患者辅助电流**的测量

对**应用部分**的连接，见 19.1 e)和附录 K。

1) 有**应用部分**的Ⅰ类**设备**，按图 26 用图 10、图 11、图 12 或图 13 中相应的测量供电电路试验。

2) 有**应用部分**的Ⅱ类**设备**作为上述的Ⅰ类**设备**进行试验，但不用保护接地连接和 S_7。

3) 有**应用部分**，规定使用指定单相供电电源的**设备**用图 14 测量供电电路试验，若所指定的单相供电电源属Ⅱ类，则不用保护接地连接和 S_8。

若**设备**本身是Ⅰ类，按上述 1)中Ⅰ类**设备**试验。

若**设备**本身是Ⅱ类，按上述 2)中Ⅱ类**设备**试验。

若所指定单相供电电源属Ⅰ类，则

——S_8 应断开(**单一故障状态**)和 S_1、S_2 及 S_3 应闭合；

——另外，S_8 应闭合和 S_1、S_2 或 S_3 应依次断开(**单一故障状态**)。

在上述三项测量过程中，应将 S_5 和 S_{10} 置于所有可能组合的位置。

4) **内部电源设备**，按图 27 进行试验。

20 电介质强度

仅仅是具有安全功能的绝缘需要承受试验。

20.1 对所有各类设备的通用要求

应试验电介质强度(参见附录 E)：

A-a_1 在**带电部分**和已**保护接地**的**可触及金属部分**之间。

这种绝缘应是**基本绝缘**。

A-a_2 在**带电部分**和未**保护接地外壳**部件之间。

这种绝缘应是**双重绝缘**或**加强绝缘**。

A-b 在**带电部分**和以**双重绝缘**中的**基本绝缘**与**带电部分**隔离的导体部分之间。

这种绝缘应是**基本绝缘**。

A-c 在外壳和以**双重绝缘**中的**基本绝缘**与**带电部分**隔离的导体部分之间。

这种绝缘应是**辅助绝缘**。

A-d 无通用要求。

A-e 在非**信号输入部分**或**信号输出部分**的**带电部分**和未**保护接地**的**信号输入部分**或**信号输出部分**之间。

应采用 17 g)1)至 5)中所示的办法之一来实现隔离。

如果在**正常状态**和**单一故障状态**下出现在**信号输入部分**(SIP)和(或)**信号输出部分**(SOP)的电压不超过**安全特低电压**，就不需单独检验。

A-f* 在**网电源部分**相反极性之间。

这种绝缘应相当于**基本绝缘**。

只有在检查了绝缘的数量和尺寸，包括按 57.10 的**爬电距离**和**电气间隙**，并确定其不能完全符合要求之后，才应检查 A-f 部分的电气绝缘。

如果为检验 A-f 部分需拆开电路或元件的防护，不可能不损坏**设备**时，制造商和试验室应商定任何其他能满足检查目的的方法。

A-g 在用绝缘材料作内衬的金属**外壳**(或罩盖)和为试验目的用来与内衬内表面相接触的金属箔之间。当通过内衬测得**带电**部分与**外壳**(或罩盖)之间的距离小于 57.10 所要求的**电气间隙**时，可用这种内衬。

当**外壳**(或罩盖)已**保护接地**，要求的**电气间隙**是按**基本绝缘**考虑的，内衬应按**基本绝缘**处理。

当**外壳**(或罩盖)未**保护接地**，要求的**电气间隙**按**加强绝缘**考虑。

若**带电**部分和内衬内表面距离不小于按**基本绝缘**要求的**电气间隙**，那个距离应当作**基本绝缘**处理。内衬应当作**辅助绝缘**。

若上述距离小于按**基本绝缘**的要求，则内衬应按**加强绝缘**处理。

A-h 无通用要求。

A-j 在**电源软电线**绝缘失效时会**带电**的未**保护接地**的**可触及部分**和进线入口处套管内的、电线保护套内的、电线固定件内的或类似物件内的**电源软电线**上所缠绕的金属箔之间，或(和)插在软电线位置处其直径与软电线相同的金属杆之间。

这种绝缘应是**辅助绝缘**。

A-k 依次在**信号输入部分**、**信号输出部分**和未**保护接地**的**可触及部分**之间。

这种绝缘应是**双重绝缘**或**加强绝缘**。

如果至少满足下列条件之一，这种绝缘就不需单独检验：

a) 在**正常使用**时出现在**信号输入部分**或**信号输出部分**上的电压不超过**安全特低电压**。

b) **信号输入部分**或**信号输出部分**内任一元件失效时，**漏电流**不超过**单一故障状态**时的容许值。

c) **信号输入部分**、**信号输出部分**和未**保护接地**的**可触及部分**，已用**保护接地**屏蔽或**保护接地**中间电路有效隔离。

d) 制造商规定**信号输入部分**或**信号输出部分**只能与不存在外部电压风险的**设备**相连(见GB 9706.15)。

20.2 对有应用部分的设备的要求

对于有**应用部分**的**设备**，也应试验电介质强度(参见附录E)：

B-a 在**应用部分**(**患者电路**)和**带电**部分之间。

这种绝缘应是**双重绝缘**或**加强绝缘**。

若上述部件如17 a)1)、2)或3)中所述那样有效地隔离了，则此绝缘不需单独检验。在此情况下，试验由B-c和B-d中的试验来代替。

当**应用部分**和**带电**部分之间的总隔离由一个以上的电路绝缘组成时，这些电路实际上可能具有不同的工作电压，应注意到隔离措施的每一部分承受的是从有关基准电压导出的合适的试验电压。这意味着试验B-a可由两个或更多个在隔离措施中各个隔离部分上的试验来代替。

B-b 在**应用部分**各部件之间和(或)在**应用部分**与**应用部分**之间。

见专用标准。

B-c 在**应用部分**和仅用**基本绝缘**与**带电**部分隔离的未**保护接地**部件之间。

这种绝缘应是**辅助绝缘**。

若上述部件如17 a)1)、2)或3)中所述那样有效地隔离了，则此绝缘不需单独检验。

B-d 在**F型应用部分**(**患者电路**)和包括**信号输入部分**及**信号输出部分**在内的**外壳**之间。参见20.3和20.4 j)。

这种绝缘应是**基本绝缘**。参见B-e。

B-e 在**正常使用**，包括该**应用部分**的任何部件接地时，如**F型应用部分**上有电压使其与**外壳**之间的绝缘受到应力，则在**F型应用部分**(**患者电路**)和**外壳**之间。

这种绝缘应是**双重绝缘**或**加强绝缘**。

B-f 无通用要求(见B -a)。

20.3* 试验电压值

在工作温度和经潮湿预处理及所要求的消毒步骤(见44.7)后，电气绝缘的电介质强度应足以承受在表5中所规定的试验电压。

表5中所用基准电压(U)，是在**正常使用**时当**设备**施加**额定**供电电压或制造商所规定的电压二者中较高电压时，**设备**有关绝缘可能受到的电压。

双重绝缘中每一绝缘的基准电压(U)，等于该**双重绝缘**在**正常使用**、**正常状态**和**额定**供电电压时。**设备**施加前一段条文中所规定的电压时，每一绝缘部分所承受的电压。

对于未接地**应用部分**的基准电压(U)，**患者**接地(有意或无意的)被认为是一种**正常状态**。

对两个隔离部分之间或一个隔离部分与接地部分之间的绝缘，其基准电压(*U*)等于两个部分的任何两点间最高电压的算术和。

F型应用部分和**外壳**之间绝缘的基准电压(*U*)，取包括**应用部分**中任何部位接地的**正常使用**状态时，该绝缘上出现的最高电压。然而，基准电压应不低于最高**额定**供电电压，或在多相**设备**时不低于相对中线的电压，或**内部电源设备**时不低于250 V。

对**防除颤应用部分**，基准电压(*U*)的确定不考虑可能出现的除颤电压[参见17 h)*]。

表5 试验电压

被试绝缘	对基准电压 *U* 相应的试验电压/V					
	U≤50	50<*U*≤150	150<*U*≤250	250<*U*≤1 000	1 000<*U*≤10 000	10 000<*U*
基本绝缘	500	1 000	1 500	2*U*+1 000	*U*+2 000	1)
辅助绝缘	500	2 000	2 500	2*U*+2 000	*U*+3 000	1)
加强绝缘和双重绝缘	500	3 000	4 000	2(2*U*+1 500)	2(*U*+2 500)	1)
1) 如有必要，由专用标准规定。						

注1：表6和表7，不采用。

注2：**正常使用**中相应绝缘所受的电压是非正弦交流电时，可用50 Hz正弦试验电压进行试验。在这种情况下，试验电压值应由表5来确定，基准电压(*U*)等于测得的电压峰-峰值除以$2\sqrt{2}$。

20.4 试验

a)* 单相**设备**和按单相**设备**来试验的三相**设备**的试验电压，应按表5规定施加在如20.1和20.2所述的绝缘部分上历时1 min：

——在**设备**升温至工作温度后，立即用接入线路已闭合的电源开关断开**设备**电源后，或

——对于电热元件，当升温至工作温度后使用图28的电路使**设备**保持在工作状态下，和

——在潮湿预处理(如4.10所述)之后，让**设备**保留在潮湿箱内，在不通电的情况下立即进行，和

——**设备**不通电并在所有要求的消毒程序(见44.7)之后。

开始，应施加不超过一半规定值的电压，然后应在10 s期间将电压逐渐增加到规定值，应保持此值达1 min，之后应在10 s期间将电压逐渐降至规定值一半以下。

b)* 试验电压的波形和频率，应使绝缘体上受的电介质应力至少等于在**正常使用**时以相同波形和频率的电压施加于各部分上时所产生的电介质应力。

c) 无通用要求。

d) 无通用要求。

e) 无通用要求。

f) 试验时不应发生闪络或击穿。如发生轻微的电晕放电，当试验电压暂时降到较低的值，但必须高于基准电压(*U*)时，放电现象停止，且这种放电现象不会引起试验电压的下降，则这种电晕放电可不考虑。

g)* 注意施加于**加强绝缘**上的电压不使**设备**中的**基本绝缘**或**辅助绝缘**受到过分的应力。

h) 使用金属箔时，按19.4 g)5)进行。

注意要适当放置金属箔，以免绝缘内衬边缘产生闪络。若适用，移动金属箔以使表面的各个部位都受到试验。

j)* 与被试绝缘并联的功率消耗和电压限制器件，从电路的接地侧断开。

进行试验时，若有需要，可把灯泡、电子管、半导体器件或其他自动调节器取下，或使其停止工作。

接在**F型应用部分**和**外壳**间的保护装置，如在试验电压时或低于试验电压时会动作，则断开

(见 59.3)。

k) 除 20.1A-b,20.1A-f,20.1A-g,20.1A-j,和 20.2B-b 等所述的绝缘试验外,**网电源部分**、**信号输入部分**、**信号输出部分**和**应用部分**(如适用)的接线端子,在试验时要各自短接。

l) 配有电容器且可能在电动机绕组和电容器的连接点与对外接线的任一端子之间产生谐振电压 U_c 电动机,应在绕组和电容器连接点与外壳或仅用**基本绝缘**隔离的导体部件之间,加 $2U_c+$ 1 000 V的试验电压。

试验中,上面没有提到的其他部件要断开,电容器应短接。

第四篇　对机械危险的防护

21　机械强度

概述

对**设备**设计和制造的通用要求见第 3 章和第 54 章。

设备包括形成其部件的任何**调节孔盖**及其所有零件,应有足够的强度和刚度。

用下述试验检验是否符合要求:

a) **外壳**或**外壳**部件及其所有零件的刚度试验,用 45 N 直接向内的力加在面积为 625 mm^2 的任何表面上,不应造成任何显而易见的损伤或使**爬电距离**和**电气间隙**降低到 57.10 规定值以下。

b) **外壳**或**外壳**部件及其所有零件的强度试验,用附录 G 所示并说明的弹簧冲击试验装置,对试样施加冲击能量为 0.5 J±0.05 J 的撞击。

释放机构的弹簧调整到能施加足够的压力以保持释放爪处于啮合位置。

把击发球形柄拉到释放爪与锤柄上的槽口啮合为止,于是释放杆把释放机构打开,让锤头往下打。

设备要牢固地支撑,应对**外壳**上可能的每个薄弱点撞击三次。对手柄、控制杆、旋钮、显示装置和类似装置以及信号灯及其灯罩也应施加压力,但对信号灯或灯罩仅在其高出**外壳** 10mm 以上或其面积超过 4 cm^2 时才进行。装在**设备**内部的灯及灯罩仅对**正常使用**时容易损坏的进行试验。

试验后,所受的任何损伤应不产生**安全方面危险**;特别是**带电**部分应不会变成可触及的,以致不再符合第三篇、第 44 章和 57.10 的要求。若在上述试验后,对**辅助绝缘**或**加强绝缘**的完整性有疑问,则只应对有关的绝缘(而不是对**设备**的其余部分)进行第 20 章所规定的电介质强度试验。

对光洁度损伤、不使**爬电距离**和**电气间隙**降到 57.10 中规定值以下的凹痕,以及不影响防电击或防潮的小裂口,应忽略。

肉眼看不见的裂纹,纤维增强模制件表面裂纹及类似损伤均应忽略。

如果内盖外衬有装饰盖,只要在取下装饰盖后内盖能经得起试验,装饰盖上的裂纹应忽略。

c) **可携带式设备**上的提拎把手或手柄,应能承受下列加载试验:

把手及其固定用零件承受等于**设备**重量四倍的力。

均匀地加力于把手中心处 7 cm 的长度上,不要猛拉,在 5 s～10 s 内从零开始逐渐加大到试验值,并保持 1 min。

设备装有一个以上把手时,力应分布在把手之间,应根据**设备**在正常提拎位置时所测定的每个把手所承受**设备**质量的百分比来确定力的分布。**设备**若装有一个以上把手,但设计成易于仅用一个把手提拎,则每一把手应能承受总的力。把手与**设备**间不应松动,也不应出现任何永久变形、开裂或其他损坏现象。

21.1　无通用要求。

21.2 无通用要求。

21.3 **设备**中用于支承和(或)固定**患者**的各部件,应设计、制造成使身体损伤和固定件意外松动的危险减到最小。

支承成年**患者**的部件应按**患者**有 135 kg 的质量(正常载荷)设计。

当制造商规定用于特殊情况,例如儿童用时,正常载荷应减少。

当**患者**支承断裂会造成**安全方面危险**时,应遵照第 28 章的规定。

用下列试验来检验是否符合要求:

患者支承系统应水平放置,并处于符合使用说明书规定的最不利位置,加载重量均匀分布在包括全部侧面轨道的支承面上,荷重应逐渐加在系统直到所要求的载荷各得其所为止。

试验时,未被考虑为受试系统部件的构件可备有附加支承。

所加重量应等于所要求的**安全系数**(见第 28 章)乘以规定的正常载荷。未规定正常载荷时,应考虑施加一个 1.35 kN 力的重量作为试验的正常载荷。在支承系统上满载荷作用时间应达 1 min。

不应损坏支承系统的部件,如链条、夹紧器、绳索、绳索的终端和连接件、皮带、轴、滑车及对**安全方面危险**防护有影响的类似器件。

加上全部试验载荷后的 1 min 内,支承系统应处于平衡状态。

踏脚板和椅子,应按相同程序试验,但试验力应为所规定的最大正常载荷的两倍,当最大正常载荷未作规定时,应用 2.7 kN 的试验力。试验力应均匀分布在 0.1 m^2 表面上达 1 min。

试验后,踏脚板和椅子应不会出现导致**安全方面危险**的损坏。

21.4 无通用要求。

21.5* **正常使用**时,手持的**设备**或**设备**部件,不应因为从 1m 高处自由坠落在硬性表面上而出现**安全方面危险**。

通过下列试验来检验是否符合要求:

试样应从 1 m 高处以三个不同起始姿态自由坠落到平放于硬质基础(混凝土)上的 50 mm 厚的硬木(例如,>700 kg/m^3 的硬木)板上各一次。

试验后,**设备**应符合本标准要求。

21.6* **可携带式设备**或**移动式设备**,应能承受由于粗鲁搬运而产生的应力。

通过下列试验来检验是否符合要求:

a) 50 mm 厚的硬木板(见 21.5)上方,把**可携带式设备**举到如表 8 所规定的高度。木板尺寸应至少是**设备**尺寸的 1.5 倍,且应平放在硬质基础(混凝土)上。**设备**从**正常使用**可能放置的每种姿态坠落三次。

表 8 坠落高度

设备质量/kg	坠落高度/cm
$m \leqslant 10$	5
$10 < m \leqslant 50$	3
$m > 50$	2

试验后,**设备**应符合本标准要求。

b) 对于**移动式设备**,尽可能接近地面的一点上用力推动**设备**,使**设备**以 0.4 m/s±0.1 m/s 的速度按正常运动方向,在一梯级高度为 20 mm 的斜坡上推下,该斜坡固定安装在另外的平坦地面上。对自动推进式**设备**采用其最大速度来推动。

试验进行 20 次后,该**设备**应符合本标准要求。

本试验不需对**设备**和**设备**部件按 21.5 或 21.6 a)进行试验。

22* 运动部件

22.1 无通用要求。

22.2 **设备**在运行时不需敞露,但一旦敞露后可能造成**安全方面危险**的运动部件:

a) 在**可移动式设备**中,应配备足够的防护件,这些防护件应是形成**设备**整体的一个部分,或

b) 在**固定式设备**中,除非技术说明书中制造商提供的安装说明要求那些防护件或等效的防护物将另外提供外,应同样地配备防护件。

通过检查来检验是否符合要求。

22.3 缆绳(绳索)、链条和皮带应被限制不会脱离或跳出其导引装置,或应有其他方法防止**安全方面危险**。为此保护目的而采用的机械装置仅用**工具**才能移开。

通过检查来检验是否符合要求。

22.4 **设备**或**设备**部件的运动如可能伤害**患者**,就应只能由**设备**部件的**操作者**对控制器件进行连续的开动。

通过检查来检验是否符合要求。

22.5 无通用要求。

22.6 受机械磨损可能引起**安全方面危险**的部件,应可接触,以便检查。

通过检查来检验是否符合要求。

22.7 ——若电动的机械运动会造成**安全方面危险**,应提供容易识别和易于接触的安全措施,使**设备**有关部分紧急切断。

如果对**操作者**出现明显的紧急形势,并考虑到**操作者**的反应时间,则这些措施应只能被认为是**安全装置**。

——紧急开关或停止装置的启动,应不会引起其他**安全方面危险**,也不应影响为排除原来**安全方面危险**所必需的全部工作。

——紧急装置应能切断有关电路的满载电流,包括可能堵转的电动机电流等。

——制动装置应一个动作就起作用。

通过检查来检验是否符合要求。

23 面、角和边

可能造成损伤的粗糙表面、尖角及锐边,都应避免或予以覆盖。

应特别注意凸缘或机架的边缘和毛刺的清除。

通过检查来检验是否符合要求。

24 正常使用时的稳定性

24.1 在**正常使用**时,将**设备**倾斜 10°,应不失衡,或应满足 24.3 的要求。

24.2 无通用要求。

24.3 当倾斜到 10°时,**设备**如失去平衡,则应满足下述所有要求:

——除运输外,在**正常使用**的任何位置倾斜到 5°时,**设备**不应失衡。

——**设备**应有警告性标志说明宜仅在某一位置时进行搬运,且应在使用说明书中清楚说明或在**设备**上用图例表示。

——在规定的搬运位置,当**设备**倾斜到 10°时不应失衡。

用下列试验来检验是否符合要求,试验时**设备**不应失衡。

a) **设备**接好所有规定的连接线(**电源软电线**和互连线)。将可能拆卸的部件和附件按最不利的情况组合。

具有**设备电源输入插口**的**设备**,接好规定的**可拆卸电源软电线**。

连接线应放在最不利于稳定的倾斜面[见试验 b)和 c)]。

b) 如果没有规定提高稳定性的运输位置,将**设备**以**正常使用**的任何可能位置放在与水平面成10°倾斜的面上。

若**设备**装有脚轮,应把它们暂时固定在最不利的位置上。

应把门和抽屉及其类似物放在最不利的位置上。

c) 如果规定了并在**设备**上标志了提高稳定性的专用运输位置,则在进行上述试验时,仅将**设备**以规定的运输位置放在与水平面成 10°倾斜的面上。

此外,该**设备**还应如本条所述,以**正常使用**的任何可能位置进行试验,但倾斜角应限制到 5°。

d) 带有液体容器的**设备**,在容器装满或装一部分或不装液体中最不利的状态下试验。

24.4 无通用要求。

24.5 无通用要求。

24.6 把手或其他提拎装置

a) 质量超过 20 kg 且**正常使用**时要搬动的**设备**或**设备**部件,应备有合适的提拎装置(如把手、起重环等),或在**随机文件**中应指明**设备**可安全起吊的位置或安装时宜如何搬运。

搬运方法清楚且不会产生**安全方面危险**时,不要求专门的解释和说明。

通过称重(如必要)及检查**设备**和(或)**随机文件**来检查是否符合要求。

b) 质量超过 20 kg,且被制造商规定为**可携带式设备**,应有合理布置的携带用把手,以便**设备**可能由两人或更多的人携带。

通过称重(如必要)和携带来检验是否符合要求。

25 飞溅物

25.1 如果飞溅物能引起**安全方面危险**,应采取防护措施。

通过检查有无防护措施来检验是否符合要求。

25.2 屏幕最大尺寸大于 16 cm 的显像管,对内爆和机械冲击的影响应是固有安全的,或**设备外壳**应对管子内爆影响提供足够的防护。

非固有安全的显像管,应备有不用**工具**不能拆除的有效防护屏;若采用分离的玻璃屏,则其不应与显像管表面直接接触。

除非提供有检验合格证,否则应按 GB 8898 中有关规定进行检验。

26* 振动与噪声

无通用要求。

27 气动和液压动力

无通用要求。

28 悬挂物

28.1 概述

下述各要求,关系到有悬挂质量(包括**患者**)的**设备**部件,悬挂装置的机械故障可能造成**安全方面危险**。

任何活动部件,还应符合第 22 章的要求。

28.2 无通用要求。

28.3 有安全装置的悬挂系统

——当悬挂的牢固性取决于例如弹簧的部件，由于其制造过程可能有隐性缺陷，或有的部件的**安全系数**不符合 28.4 的要求，除断裂时有超程限制者外、应备有**安全装置**。

——**安全装置**的**安全系数**应符合 28.4 的规定。

——在悬挂装置失效和**安全装置**(例如备用缆绳)启用后，**设备**仍能使用时，应向**操作者**显示**安全装置**已被启用。

28.4 无安全装置的金属悬挂系统

如果不提供**安全装置**，则悬挂系统的结构应符合下列要求：

1) **总载荷**应不超过**安全工作载荷**。

2) 当磨损、腐蚀、材料疲劳和老化不可能损害支承的性能时，所有支承件的**安全系数**应不低于 4。

3) 当预计到磨损、腐蚀、材料疲劳和老化可能损害支承的性能时，有关的支承部件**安全系数**应不低于 8。

4) 当使用断裂延伸率低于 5%的金属作支承零件时，则上述 2)和 3)中所述的**安全系数**应乘以 1.5。

5) 滑轮、链轮、皮带轮和导向装置，应设计和制造成使悬挂系统能保持本条规定的**安全系数**。并在规定更换绳索，链条和皮带的最短寿命期内维持不变。

通过对设计数据和全部维护说明书的检查来检验是否符合 28.3 和 28.4 的要求。

28.5* 动态载荷

无通用要求。

28.6 无通用要求。

第五篇 对不需要的或过量的辐射危险的防护

概述

来自在医疗监督下以诊断、治疗为目的用于**患者**的**医用电气设备**的辐射，可能超过人类通常可接受的限值。

应对**患者**、**操作者**、其他人员以及**设备**附近的灵敏装置采用足够的防护装置，以使他们免受来自**设备**的不需要的或过量的辐射。

对供诊断或治疗用的**设备**所产生辐射的限值，由专用标准规定。

有关要求和试验方法见第 29 章～第 36 章。

29 X 射线辐射

29.1 ——对诊断用 X 射线**设备**，见并列标准 GB 9706.12(见附录 L)；

——对放射治疗**设备**，无通用要求，见相关的专用要求。

29.2 所产生的 X 射线不打算用于诊断和(或)治疗目的的**设备**，由激励电压超过 5kV 的真空管所发出的电离辐射，在距离**设备**任何可触及表面 5 cm 的地方，每小时不应超过 130 nC/kg(0.5 mR)。

用适合于所发射的辐射能量的辐射检测器来测量辐射量和辐射率，以检验是否符合要求。为了得到窄射束在一个适当面积上的辐射量平均值，检测器应有一个约 10 cm^2 的入射窗。

装在**设备**内部和外部的，为改变**高电压**源电压值的控制器和调节器，置于发射 X 射线为最大值处。会造成最不利状况的元器件的单个故障，要依次模拟。

有关元器件故障的详细要求，可由专用标准规定。

30 α、β、γ、中子辐射和其他粒子辐射

无通用要求。

31 微波辐射

无通用要求。

32 光辐射(包括激光)

无通用要求。

33 红外线辐射

无通用要求。

34 紫外线辐射

无通用要求。

35 声能(包括超声)

无通用要求。

36* 电磁兼容性

见 YY 0505—2005(见附录 L)。

第六篇 对易燃麻醉混合气点燃危险的防护

注:这一篇已部分重写并重新编号。

37 位置和基本要求

37.1 无通用要求。

37.2 无通用要求。

37.3 无通用要求。

37.4 无通用要求。

37.5 **与空气混合的易燃麻醉气**

由于**与氧或氧化亚氮混合的易燃麻醉气**从外壳泄漏或释放,产生了**与空气混合的易燃麻醉气**,被认为是扩散到距泄漏点或释放点 5 cm～25 cm 围绕该点容积内。

37.6 **与氧或氧化亚氮混合的易燃麻醉气**

与氧或氧化亚氮混合的易燃麻醉气,可能存在于全部或部分封闭的**设备**部件中以及**患者**的呼吸道内。这种混合气被认为扩散到距封闭部件的泄漏点或释放点 5 cm 的范围内。

37.7 规定在 37.5 所定义的位置上使用的**设备**或部件,应是 **AP 型设备**或 **APG 型设备**,且应符合第 39 章及第 40 章的要求。

37.8 规定在 37.6 所定义的位置上使用的**设备**或部件,应是 **APG 型设备**,且应符合第 39 章及第 41 章的要求。

APG 型设备的部件中有**与空气混合的易燃麻醉气**发生时,应是 **AP 型设备**或 **APG 型设备**,且应符合第 38 章、第 39 章和第 40 章的要求。

通过检查及第 39 章、第 40 章和第 41 章中相应试验来检验是否符合要求。

这些试验应在 44.7 适用的试验后进行。

38 标记、随机文件

38.1 无通用要求。

38.2 应在**APG型设备**的显著位置上，以至少2 cm宽、上面印有“APG”字样的绿色色带做标记，字样应经久不掉、清楚易认(见附录D和第6章)。绿色色带长度应至少为4 cm。特殊情况下，该标记的尺寸应尽可能大。如果无法做这种标记，应在使用说明书中给出有关信息。

38.3 无通用要求。

38.4 应在**AP型设备**的显著位置上，以直径至少2 cm、上面印有“AP”字样的绿色圆做标记，字样应经久不掉、清晰易认(见附录D和第6章)。

特殊情况下，该标记的尺寸应尽可能大。如果无法做这种标记，应在使用说明书中给出有关信息。

38.5 当**设备**的主件为**AP型**或**APG型**时，则38.2和38.4中所规定的标记，应标在**设备**的主件上。在仅能与有标记的**设备**一起使用的可拆卸部件上，不必重复标记。

38.6 **随机文件**应包括对**使用者**的指示，使他们能区别**AP型设备**的部件和**APG型设备**的部件。

通过检查(见6.8)来检验是否符合要求。

38.7 在只有某些部件是**AP型设备**或**APG型设备**上，这种标记应清晰地指明哪些部件是**AP型**的或**APG型**的。

通过检查来检验是否符合要求。

38.8 无通用要求。

39 对AP型和APG型设备的共同要求

39.1 电气连接

a) **电源软电线**连接点之间的**爬电距离**和**电气间隙**，应是按57.10表16中提供的**辅助绝缘**之值。

b) 除在40.3和41.3中所述电路之外，连接点应能防止在**正常使用**时的意外脱开，或应设计成只有用**工具**才能进行连接和(或)脱开。

c) 除非电路符合40.3或41.3要求，**AP型**和**APG型设备**不应配备**可拆卸电源软电线**。

通过检查和(或)测量来检验是否符合要求。

39.2 结构说明

a) 防止气体或蒸气进入**设备**或其部件用的**外壳**，应只能用**工具**才能打开。

通过检查来检验是否符合要求。

b) 为防止外物侵入**外壳**而可能引起的燃弧和火花：

——**外壳**的顶盖不应有孔；用于控制器的孔如已被控制旋钮覆盖时，则是允许的；

——**外壳**侧面上孔的尺寸，应不让直径为4mm以上的圆柱形固体物穿入；

——底板上孔的尺寸，应不让直径为12 mm以上的圆柱形固体物穿入。

用圆柱型试验棒来检验是否符合要求，侧面孔用4 mm直径的和底板孔用直径12 mm的试验棒不甚用力地从所有可能方向都不应穿入**外壳**。

c) 当电线的**基本绝缘**可接触到内有**与氧或氧化亚氮混合物的易燃麻醉气**或单纯的易燃气体或氧气的部件时，这些导线间的短路或一根导线与内有气体或混合气的导电容器间的短路，都不应降低该部件的完整性或引起不能容许的温度，或使该部件发生**安全方面危险**[见41.3 a)]。

通过检查来检验是否符合要求。如有疑虑，应作短路试验(无爆炸性气体)，如有可能应测量有关部件上的温度。如果开路电压(V)与短路电流(A)的乘积不超过10，则不必做短路试验。

39.3 静电预防

a) 在**AP型**和**APG型设备**上，应采用适当措施的组合来预防静电，例如：

——采用如39.3 b)规定的有限电阻值的抗静电材料,及

——提供从**设备**或**设备**部件至导电地板,或至保护接地系统,或至电位均衡系统、或通过轮子至医用房间的抗静电地板的电气导电通路。

b) 麻醉管道、褥子、垫子、脚轮轮胎及其他抗静电材料的电阻限值应符合ISO 2882的要求:

通过按GB/T 2941、GB/T 2439和GB/T 11210的测量来检验是否符合ISO 2882中给出的容许电阻限值。

39.3 c)至j) 无通用要求。

39.4 电晕

运行在交流2 000 V以上或直流2 400 V以上的**设备**部件或元器件,且未置于符合40.4或40.5所要求**外壳**的内部,应设计成不会发生电晕。

通过检查和测量来检验是否符合要求。

40 对AP型设备及其部件和元器件的要求和试验

40.1 概述

在**正常使用**和**正常状态**下,**设备**、**设备**部件或元器件应不会点燃**与空气混合的易燃麻醉气**。

设备、**设备**部件或元器件,只要符合40.2至40.5中的一条要求,就被认为符合本条要求。

设备、**设备**部件或元器件符合GB 3836.5、GB 3836.7或GB 3836.6及本标准(不包括40.2~40.5)的要求时,即被认为符合**AP型设备**的要求。

40.2 温度极限

不会产生火花的**设备**、**设备**部件或元器件,在环境温度为25℃时,测量其在**正常使用**和**正常状态**下与混合气接触的表面的工作温度。若在垂直空气对流受限制时工作温度不超过150℃;在垂直空气对流不受限制时工作温度不超过200℃,则该**设备**、**设备**部件或元器件就被认为符合40.1的要求。

工作温度的测量在第七篇所述的试验中进行。

40.3* 低能量电路

在**正常使用**和**正常状态**下可能产生火花的**设备**、**设备**部件或元器件(例如开关、继电器、不用**工具**就能拆掉的插头连线、包括**设备**内部未充分锁紧或固定的连接及有电刷的电动机),应符合40.2的温度要求;另外,考虑到电容 C_{max} 和电感 L_{max},在其电路中可能出现的电压 U_{max} 和电流 I_{max} 应符合以下要求:

给定电流为 I_{zR} 时,$U_{max} \leqslant U_{zR}$,见图29,和

给定电容为 C_{max} 时,$U_{max} \leqslant U_{zC}$,见图30,和

给定电压为 U_{zR} 时,$I_{max} \leqslant I_{zR}$,见图29,和

给定电感为 L_{max},且 $U_{max} \leqslant 24$ V时,$I_{max} \leqslant I_{zL}$,见图31。

——图29、图30和图31的曲线,是按附录F中的试验装置,用最易燃的乙醚蒸气与空气混合气体(乙醚容积百分比为4.3%±0.2%)在 10^{-3} 的点燃概率下(未考虑安全系数)获得的。

——图29的曲线容许推断的电流和相应电压的组合值,为 $I_{zR} \cdot U_{zR} \leqslant 50$ W。

电压大于42 V时推断无效。

——图30的曲线容许推断的电容和相应电压组合值在下述限值内:

$$\frac{C}{2}U^2 \leqslant 1.2\text{mJ}$$

电压大于242 V时推断无效。

如果等值电阻 R 小于8 000 Ω,U_{max} 要由实际电阻 R 另行确定。

——图31曲线容许推断的电流和相应电感的组合值在下述限值内:

$$\frac{L}{2}I^2 \leqslant 0.3\text{ mJ}$$

电感大于 900 mH 时推断无效。

——电压 U_{max}取在火花触点断开时受试电路中出现的最高供电电压，并考虑到 10.2.2 中要求的**网电源电压**变化。

——电流 I_{max}取在火花触点闭合时受试电路中流过的最大电流，并考虑到 10.2.2 中要求的**网电源电压**电压变化。

——电容 C_{max}和电感 L_{max}取在受试**设备**中发生火花的元器件所具有的值。

——若电路由交流供电，要考虑到峰值。

——如果电路复杂且包括一个以上的电容器、电感器和电阻或其组合，则计算出等值电路以确定等值最大电容量、等值最大电感量，以及另外确定等值的 U_{max}和 I_{max}的直流值或交流峰值。

通过测量温度，确定 U_{max}、I_{max}、R、L_{max}和 C_{max}；利用图 29、图 30 和图 31 或检查设计数据来检验是否符合要求。

40.4* 内部过压且向外通风

装在以内部过压且向外通风的**外壳**的**设备**、**设备**部件或元器件，应符合以下要求：

a) 在接通**设备**或**设备**部件以前，应采用通风装置将可能已进入**设备**或**设备**部件外壳**的与空气混合的易燃麻醉气**排除，而后应充入不包含易燃气或蒸发气的空气，或用生理上可接受的惰性气体(例如氮气)，以保持**设备**或**设备**内部过压，来防止易燃气或蒸发气的空气在工作期间进入**设备**或**设备**部件的外壳内。

b) 在**正常状态**，外壳内的过压应至少为 0.75 hPa。即便空气或惰性气体可能通过**设备**或**设备**部件正常工作所必需的外壳上的孔逸出，在有潜在点燃可能的位置应保持过压。

只有在所要求的最小过压已保持一段时间，足以使有关**外壳**通风，使得替换的空气或惰性气体的体积至少为外壳体积的 5 倍后，方能使**设备**通电(然而，如果过压是连续地保持时，则**设备**可随时或重复通电)。

c) 如果在工作过程中，过压降到 0.5 hPa 以下，应采用一装置自动切断点燃源。该装置应置于不受第 40 章的要求和试验规定所限制的地方，或其本身符合第 40 章的要求。

d) 测量保持内过压的外壳外表面温度，在环境温度为 25℃、**正常状态**和正常工作时，测得的工作温度不应超过 150℃。

通过对温度、压力和流量的测量和对压力监视装置的检查，来检验是否符合 40.4 a)、40.4 b)、40.4 c)的要求。

40.5 限制通气的外壳

装在限制通气的外壳内的**设备**、**设备**部件或元器件，应符合以下要求：

a)* 限制通气的外壳，应设计成当外壳周围存在着高浓度的**与空气混合的易燃麻醉气**，而外壳内外无压差时，至少在 30 min 内不会在外壳内形成**与空气混合的易燃麻醉气**。

b) 如果用密封垫和(或)密封物得到了所要求的密封性，则所用材料应能抗老化。

按 GB 2423.2 在温度为 70℃±2℃下，持续试验 96 h，来检验是否符合要求。

c) 若外壳上有软电线的进线口，当电线受到弯曲或拉伸应力时，进线口应仍能保持气密性。电线应配用适当的零件固定以限制这些应力[见 57.4 a)]。

用下列试验来检验是否符合 40.5 a)、40.5 b)和 40.5 c)的要求：

在完成 40.5 b)的试验后，如合适，形成 4 hPa 的内过压，对每一软电线按表 9 所给值交替地沿进线口轴向和最不利的垂直方向共拉动 30 次，每次不要猛拉，持续 1 s。在试验结束时，内过压不应降到 2 hPa以下。

当**设备**部件或元器件的外壳是密封的或是气密性的，对外壳符合上述要求无疑问时，只用检查来试验外壳。

在环境温度为 25℃时，测得外壳外表面的工作温度，不应超过 150℃。还应测量外壳稳态工作温度。

表 9 电线进线口处气密性

设备质量/kg	拉力/N
$m \leqslant 1$	30
$1 < m \leqslant 4$	60
$m > 4$	100

41 对 APG 型设备及其部件和元器件的要求和试验

41.1 概述

设备、**设备**部件或元器件应不会点燃**与氧或氧化亚氮混合的易燃麻醉气**。不论是在**正常使用**时还是在如 3.6 所述的任何可适用的**单一故障状态**时,本要求均适用。

对不符合 41.3 要求的**设备**、**设备**部件或元器件,要在达到热稳定状态后(但通电之后时间不长于 3 h),在乙醚-氧混合气(乙醚容积百分比为 12.2%±0.4%)中进行 10 min 以上的连续运行试验。

41.2* 电源

工作在**与氧或氧化亚氮混合的易燃麻醉气**中的 **APG 型设备**部件或元器件,应由至少用**基本绝缘**与地隔离,并由用**双重绝缘**或**加强绝缘**与**带电**部分隔离的电源供电。

通过对电路图的检查和测量来检验是否符合要求。

41.3* 温度和低能量电路

在**正常使用**、**正常状态**和**单一故障状态**下(见 3.6),**设备**、**设备**部件或元器件只要符合下述条件,不应进行 41.1 所规定的试验,即可被认为符合 41.1 的要求:

a) 不会产生火花,并且温度不超过 90℃,或

b) 不超过 90℃的温度极限,**设备**或**设备**部件中的元器件,在**正常使用**、**正常状态**和适用的**单一故障状态**下可能产生火花,但考虑到电容 C_{max} 和电感 L_{max},其电路中可能出现的电压 U_{max} 和电流 I_{max} 符合以下条件:

给定电流为 I_{zR} 时,$U_{max} \leqslant U_{zR}$,见图 32,和

给定电容为 C_{max} 时,$U_{max} \leqslant U_{zL}$,见图 33,以及

给定电压为 U_{zR} 时,$I_{max} \leqslant I_{zR}$,见图 32,和

给定电感为 L_{max},且 $U_{max} \leqslant 24$ V 时,$I_{max} \leqslant I_{zL}$,见图 34。

——图 32、图 33 和图 34 的曲线,是按附录 F 中的试验装置,用最易燃的乙醚蒸气和氧的混合气(乙醚容积百分比为 12.2%±0.4%)在 10^{-3} 的点燃概率下获得的。I_{zR}(图 32),U_{zC}(图 33)和 I_{zL}(图 34)的最大容许值包括了安全系数 1.5。

——图 32、图 33 和图 34 中曲线的推论限于所指定的区域内。

——考虑到 10.2.2 所要求的**网电源电压**的变化,电压 U_{max} 取受试电路中出现的最高空载电压。

——考虑到 10.2.2 所要求的**网电源电压**的变化,电流 I_{max} 取流过受试电路的最大电流。

——电容 C_{max} 和电感 L_{max} 取有关电路上的发生值。

——如果图 33 中的等值电阻小于 8 000 Ω,U_{max} 要由实际电阻 R 另行确定。

——若电路由交流供电,要考虑到峰值。

——如果电路复杂且包括一个以上电容器、电感器和电阻器或其组合,则计算出等值电路以确定等值最大电容量、等值最大电感量、以及另外确定等值的 U_{max} 和 I_{max} 直流值或交流峰值。

——如果在电路中使用电压限制装置和(或)电流限制装置来防止电感和(或)电容所产生的能量超过图 32 和(或)图 33 和(或)图 34 中所规定的限值,则应采用二套独立的元器件装置,以便即使在其中一套元器件初次失效(短路或断路)时,也能按要求限制电压和(或)电流值。

本要求不适用于按本标准设计制造的变压器,也不适用于能在断线时防止绕线松开的线绕式限流电阻器。

通过检查、温度测量,与设计数据比较和(或)测量 U_{max}、I_{max}、R、L_{max} 和 C_{max},并利用图 32、图 33 和图 34,来检验是否符合要求。

41.4 加热元件

对**与氧或氧化亚氮混合的易燃麻醉气**加热用的**设备**、**设备**部件和元件,应配备非**自动复位热断路器**,作为防止过热的附加保护。通过 56.6 a)中相应的试验来检验是否符合要求。

加热元件的载流部分,不应直接接触到**与氧或氧化亚氮混合的易燃麻醉气**。

通过检查来检验是否符合要求。

41.5 潮化器

见 ISO 8185。

第七篇 对超温和其他安全方面危险的防护

42 超温

42.1* 在**正常使用**和**正常状态**下,并在 10.2.1 规定的环境温度范围内,具有安全功能的**设备**部件及其周围的温度不应超过表 10 a)给定值。

表 10 a) 容许的最高温度[1)]

部件	最高温度/℃
绕组及与绕组接触的铁芯,如绕组的绝缘材料是:	
——A 级材料[2) 3)]	105
——B 级材料[2),3)]	130
——E 级材料[2),3)]	120
——F 级材料[2),3)]	155
——H 级材料[2) 3)]	180
具有 *T* 标记[4),5)]的开关和**恒温器**附近的空气	*T*
具有 *T* 标记[4),6)]的内外线布线和软电线的天然橡胶或聚氯乙烯绝缘	*T*
具有最高工作温度标记(*tc*)的电动机用电容	*tc* −10
与闪点为 *t*℃ 的油相接触的部件	*t*−25
电池(**内部电源**)	[7)]
不用工具即可触及的部件,除电热器及其**防护罩**、灯、和在**正常使用**的由**操作者**握持的手柄外	85
在**正常使用**时,**操作者**持续接触的所有**设备**的控制杆、旋钮、手柄等类物件的可触及表面:	
——金属材料	55
——瓷质或玻璃材料	65
——模制材料、橡胶或木材	75
在**正常使用**时,仅由**操作者**短时接触的控制杆、旋钮、手柄和类似物件(如开关)的可触及表面:	
——金属材料	60
——瓷质和玻璃材料	70
——模制材料,橡胶或木材	85
在**正常使用**中,可能与**患者**短时接触的**设备**部件	50

42.2* 当**设备**在**正常使用**和在 25℃ 环境温度的**正常状态**下运行时,**设备**部件及其周围的温度不应超过表 10 b)给定值。

表 10 b） 容许的最高温度[1]

部 件	最高温度/℃
设备电源输入插口的插脚：	
——对热环境[8]	155
——对其他环境	65
连接外部导线的所有接线端子(见 57.5)[9]	85
无 *T* 标记的开关和**恒温器**周围的空气[4]	55
内外布线和软电线的天然橡胶或聚氯乙烯绝缘：	
——如导线被弯曲或很可能被弯曲	60
——如导线未弯曲或不大可能被弯曲	75
部件用的天然橡胶，其磨损或老化对安全有影响：	
——当用作**辅助绝缘**或**加强绝缘**时	60
——用于其他情况	75
用作**辅助绝缘**的软电线护套	60
不作导线或绕组绝缘的电气绝缘材料：	
——浸渍过的或浸过漆的织物、纸或压制板	95
——层压板：	
• 用密胺甲醛树脂、苯酚甲醛树脂或苯酚糠醛树脂粘合的	110
• 用脲醛树脂粘合的	90
——模制件：	
• 带纤维素充填料的苯酚甲醛	110
• 带矿物充填料的苯酚甲醛	125
• 密胺甲醛	100
• 脲醛	90
——热塑性材料[10]	
——玻璃纤维增强聚酯	135
——硅橡胶及其烃似物[11]	
——聚四氟乙烯	290
——纯云母和烧结致密的陶瓷材料用作**辅助绝缘**或**加强绝缘**时	425
——其他材料[13]	
用作隔热及与热金属接触的材料：	
——层压板：	
• 用密胺甲醛树脂、苯酚甲醛树脂或苯酚糠醛树脂粘合的	200
• 用脲醛树脂粘合的	175
——模制件：	
• 带纤维素充填料的苯酚甲醛	200
• 带矿物充填料的苯酚甲醛	225
• 密胺甲醛	175
• 脲醛	175
——其他材料[13]	
一般木材[12]	90
无 *tc* 标记的电解电容器	65
无 *tc* 标记的其他电容器	90
42.3 的试验中所叙述的试验角的支架、墙壁、天花板和地板	90

表 10 b)(续)

部　　件	最高温度/℃
表 10 a)和表 10 b)的说明： 1) 放在绝缘油里的并不与空气或氧气接触的绝缘材料，有较高的最高容许温度是公认的。 2) 分类按 GB 11021 进行。 A 级材料举例： ——浸渍过的棉纱、丝绸、人造丝和纸；油树脂或聚酰胺树脂基瓷漆。 B 级材料举例： ——玻璃纤维、密胺树脂和苯酚甲醛树脂。 E 级材料举例： ——带纤维素充填料的模制件，用密胺甲醛树脂、苯酚甲醛树脂，或苯酚糠醛树脂作粘合剂的棉织层压板和纸层压板； ——交键聚酯、三乙酸纤维素薄膜、聚乙烯对钛酸盐薄膜； ——以油改性醇酸树脂漆粘合的涂聚乙烯对钛酸盐的织物； ——聚乙烯醇缩甲醛瓷漆、聚氨苯甲酸酯瓷漆或环氧树脂瓷漆。 F 级材料举例： ——玻璃纤维； ——涂漆玻璃、玻璃纤维织物、组合云母(有或无支承材料)，这些材料是浸渍过的，或用醇酸环氧树脂、交键聚酯或具有高度热稳定性的聚氨基甲酸酯，或用硅醇酸树脂粘合。 H 级材料举例： ——玻璃纤维； ——浸渍过的或用适当的硅树脂或硅弹性体粘合的涂漆玻璃纤维； ——组合云母(有或无支承材料)，玻璃纤维层压板，这些材料是浸渍过的或用适当的硅树脂粘合的。 3) 电动机需有绝缘等级标志或制造商的证明。全封闭式的 A、B、E、F 和 H 级绝缘的电动机的最高温度值可比规定值高 5℃。 4) T 表示最高工作温度。 5) 如果**设备**制造商要求将带有 T 标记和最高温度限值的开关和**恒温器**视为无 T 标记的。在此情况下，表 10 b)适用。 6) 仅当这些导线是国家标准中规定的耐高温导线和软电线时，此极限值才适用。 7) **内部电源**的工作温度不应达到会引起**安全方面危险**的值。该值应与**内部电源**制造商商定。 8) 正在考虑是否可能降低**设备电源输入插口**中的插脚在热环境时的最高温度限值。参见 GB 17465.1。 9) **可移动式设备**或**手持式设备**的接线端子除外。 10) 对热塑性材料没有规定专门限值，然而，这些材料必须符合耐热、防火或抗漏电起痕的要求，为此目的必须测定最高温度。 11) 由材料供应者规定。 12) 该限值涉及木材的劣化而未计及表面光洁度的劣化。 13) 可能使用不是由表 10 a)和表 10 b)所给出的电绝缘或热绝缘材料，只要制造商证明这些材料适用于预定的用途即可。	

42.3 不向**患者**提供热量的**设备**的**应用部分**，其表面温度不应超过 41℃。

通过运行**设备**和测量温度来检验是否符合 42.1～42.3 的要求，具体如下：

1) 定位和散热

——将电热**设备**放在试验角里。试验角由二块相互垂直的板壁和一块地板组成，必要时再加一块天花板。全部采用厚 20mm 的无光黑色胶合板。试验角的直线尺寸至少应为受试**设备**相应直线尺寸的 115%。

受试**设备**按下述规定放在试验角内：

a) 如制造商对**设备**使用无特殊规定，则通常放在地板上或桌子上的**设备**，要尽可能地靠近板壁。

b) 如制造商对**设备**安装无特殊规定，则通常固定在墙上的**设备**，要象在**正常使用**时那样安装在一面板壁上，并尽可能靠近另一面板壁和地板或天花板。

c) 如制造商对**设备**安装无特殊规定，则通常固定在天花板上的**设备**，要象在**正常使用**时那样固定在尽量靠近板壁的天花板上。

d) 其他**设备**应按**正常使用**的位置进行试验。

- **手持式设备**按通常位置静止地悬吊在空中。
- 打算安装在箱柜内或墙内的**设备**，按安装说明书的要求装入，用 10 mm 厚无光黑色胶合板模拟箱柜的板壁（若安装说明书如此规定），用 20 mm 厚无光黑色胶合板模拟建筑物的墙壁。

——一般说，受试**设备**在通常的环境温度下运行，该温度值是测量过的。若试验期间环境温度有变化，应记录。如果对散热措施的有效性有疑问，则可能需要在最不利的环境温度下进行试验，而这一环境温度一定要在本标准 10.2 中所规定的环境温度范围之内，如果在试验时使用冷却液，应按 10.2 的条件。

2) 供电

——有电热元件的**设备**按**正常使用**运行，所有电热元件除开关连锁阻断外均通以电流，供电电压等于最高**额定**电压的 110%。

——由电动机驱动的**设备**，在正常负载和正常负载**持续**率下运行，使用从最低**额定**电压的 90%到最高**额定**电压的 110%之间最不利的电压。

——由电动机驱动并和电热元件组合的**设备**及其他**设备**应在最高额定电压的 110%和最低**额定**电压的 90%两种电压下进行试验。

3) **持续率**

设备被运行于：

——**短时运行设备**，运行于其**额定**运行时间；

——**间歇运行设备**，其“通”和“断”的周期按**额定**的“通”、“断”周期连续运行，直至达到热平衡状态；

——**连续运行设备**

a) 一直工作到按下述试验 4)所测得的每小时温度增长不大于 2℃时为止；

b) 连续工作达 2.5 h，取二者中时间较短者。

4) 温度测量

除非绕组是不均匀的，或为测量电阻需要进行十分复杂的接线，用电阻法测定绕组温度。

在此情况下，所用测量仪器的选用和位置的放置，均不应对受试部件温度有不可忽略的影响。

用来测量试验角的板壁、天花板和地板表面温度的装置，应被嵌在被测表面或附在直径为 15 mm、厚为 1 mm 涂成黑色的铜或黄铜小圆板的背面，此背面和被测表面要紧贴。

设备尽可能安放得使可能达到最高温度的部件接触小圆板。

铜绕组温升值按下式计算：

$$\Delta t = \frac{R_2 - R_1}{R_1}(234.5 + t_1) - (t_2 - t_1)$$

式中：

Δt——温升，单位为摄氏度（℃）；

R_1——试验开始时绕组的电阻值，单位为欧（Ω）；

R_2——试验结束时绕组的电阻值，单位为欧（Ω）；

t_1——试验开始时室温，单位为摄氏度(℃)；

t_2——试验结束时室温，单位为摄氏度(℃)。

试验开始时，绕组处于室温。建议在断开电源后尽快地测量试验刚结束时绕组的电阻值，然后每间隔一短时间再测，这样就能绘出电阻值与时间关系曲线，以确定切断电源瞬时的电阻值。

除绕组绝缘外的电气绝缘的温度，一旦电气绝缘发生故障会引起短路、**带电**部分与**可触及金属部分**接触、绝缘短接、**爬电距离**或**电气间隙**降低至57.10规定值以下，则要在该电气绝缘的表面上测定。

多芯电线芯的分离点处和在绝缘线进入灯座处，都是可测量温度的地方。

5) 试验准则

在试验过程中，**热断路器**应处于工作状态且不应动作。试验结束测定表10 a)所列各部件最高温度时，要考虑到试验环境的环境温度、受试件的温度及10.2所规定的环境温度范围。

表10 b)所列**设备**各部件在试验时所测得的温度值，如有必要，应修正为工作在环境温度为25℃时相对应的温度值。

42.4 无通用要求。

42.5 防护件

防止与热的可触及表面接触用的防护件，应采用**工具**才能拆下。

通过检查来检验是否符合要求。

43 防火

43.1 强度和刚度

设备在使用过程中可能由于滥用造成部分或全部损坏而引起失火危险，因此**设备**应有足以防止失火危险的强度和刚度。

通过对**外壳**机械强度的试验来检验是否符合要求(见第21章)。

43.2* 富氧空气

无通用要求。

44 溢流、液体泼洒、泄漏、受潮、进液、清洗、消毒、灭菌和相容性

44.1 概述

设备的结构应确保对由于溢流、液体泼洒、泄漏、受潮、进液、清洗、消毒和灭菌而造成**安全方面危险**有足够的防护能力。

44.2 溢流

设备的水槽或贮液器可能被装得太满或在正常工作中有溢流，则从水槽或贮液器中溢流出的液体应不应弄湿易受其危害的电气安全绝缘，也不应引起**安全方面危险**。除非有标记或使用说明书的限制，否则当**可移动式设备**倾斜15°时，应不会产生**安全方面危险**。

通过将贮液器全部装满，接着再在1 min内将容量为贮液器容量15%的液体匀速加入的试验，来检验是否符合要求。

随后要把**可移动式设备**从**正常使用**的位置向着最不利的一个或几个方向倾斜15°(必要时可再将贮液器装满)。

这些程序之后，**设备**中无绝缘的**带电**部分或可能引起**安全方面危险**的电气绝缘部分，不应有任何受潮痕迹。若对绝缘有疑问，应进行第20章所述电介质强度试验。

44.3 液体泼洒

正常使用中要用液体的**设备**，应制造成液体泼洒时不会弄潮可能会引起**安全方面危险**的部件。

用下列试验来检验是否符合要求：

设备置于4.6 a)规定的位置。将200 mL水从不高于**设备**顶部表面5 cm处,在大约15s时间内,匀速地倒在**设备**顶部表面的任意一点。

试验后,在**正常状态**下**设备**应符合本标准的所有要求。

44.4* 泄漏

设备应制造成在**单一故障状态**下泄漏的液体不会引起**安全方面危险**(参见52.4.1*)。

封闭的可再充电的电池免除这一要求,因为它们泄漏时仅漏出少量液体。

用下列试验来检验是否符合要求:

用滴管把水滴到管接头、密封口以及可能破裂的软管上,运动的部件可处于运动状态或静止状态中最不利的状态。

这些程序之后,**设备**应符合本标准在**单一故障状态**下所有的要求。

44.5 受潮

在**正常使用**时易受潮湿影响的**设备**包括任何可拆卸的部件,都应对潮湿有充分防护。

通过预处理和试验来检验是否符合要求(见4.10)。

44.6 进液

设计成给定防护程度以防止有害进水的**外壳**,应提供按GB 4208分类的防护。

通过GB 4208的试验来检验是否符合要求:

设备应能承受第20章中规定的电介质强度试验。检查应证明可能进入**设备**的水没有有害影响,特别是在57.10规定的**爬电距离**的绝缘上没有水迹。

44.7 清洗、消毒和灭菌

正常使用时与**患者**接触的部件,见6.8.2 d)。

设备或**设备**部件,包括**应用部分**和**患者**呼气部件,应能承受在**正常使用**时可能遇到的或由制造商在使用说明书中规定的清洗、消毒和灭菌,而又不损坏或影响其安全防护性能。

如果使用说明书对整个**设备**或其某些部件规定了特殊的清洗、消毒或灭菌方法,则只应使用这些方法。参见6.8.2 d)。

按照规定的方法对**设备**或**设备**部件进行20次消毒或灭菌来检验是否符合要求。若没有规定的消毒或灭菌方法,则用温度为134℃±4℃的饱和蒸气作20次试验,每次持续20min(间隔时间以**设备**冷却到室温为准)。不应出现可觉察的变质迹象。处理完毕充分冷却和干燥之后,**设备**或其部件应经得起第20章中所规定的电介质强度试验。

44.8* 设备所用材料的相容性

无通用要求。

45* 压力容器和受压部件

本章要求适用于一旦破裂会造成**安全方面危险**的压力容器和受压部件。

45.1 无通用要求。

45.2* 若压力容器的**压力**容积值大于200 kPa·L,且**压力**大于50 kPa,就应承受**水压试验压力**。

用下列试验来检验是否符合要求:

试验**压力**应是**最大容许工作压力**乘上从图38得到的一个系数。

将**压力**逐渐增至规定的试验值,并保持此值达1 min。试样应不破裂,也不永久(塑性)变形,也不泄漏。试验时密封垫圈处,除非在压力低于所要求试验值的40%或低于**最大容许工作压力**时两者中较大值发生泄漏,否则不作为故障。

装有毒、易燃或其他危险物质的压力容器,不容许泄漏。

当提供的管道布置和配件(如钢制的和铜制的)是按国家标准制造的,可认为它们有足够的强度。

未标记的压力容器和管道不能做水压试验时,应采用其他合适的试验,例如与水压试验中试验**压力**

相同的合适气体的气压试验来检验其完整性。

45.3* 部件在**正常状态**和**单一故障状态**下所能承受的最大**压力**，应不超过其**最大容许工作压力**。

使用中的最大**压力**应考虑到下述压力中最大的一个：

a) 外源的**额定**最大供应**压力**；

b) 作为组件一个部件的压力释放装置的设定**压力**；

c) 作为组件一个部分的空气压缩机可能产生的最大**压力**，除非此**压力**受压力释放装置的限制。

通过检查来检验是否符合要求。

45.4 无通用要求。

45.5 无通用要求。

45.6 无通用要求。

45.7 可能产生过压的**设备**应配有压力释放装置，压力释放装置应符合下列所有要求：

a) 压力释放装置应尽可能地靠近压力容器或系统中受它保护的部件；

b) 它的安装位置应易于接触，以便检查，保养和修理；

c) 不使用**工具**就应不可能对它进行调整或使它不起作用；

d) 其排放口的位置和方向应合适，使排放物不会直接朝向任何人；

e) 其排放口的位置和方向应合适，使该装置工作时不致把物质沉积到会引起**安全方面危险**的部件上；

f) 应有足够大的释放能力，以保证当供给**压力**的控制装置失效时，它所连接的系统的**压力**不超过**最大容许工作压力** 10%；

g) 在压力释放装置和受其保护的部件之件，不应有关闭阀；

h) 除爆破片外，最小工作循环数应为 100 000 次。

通过检查和功能试验来检验是否符合要求。

负责限制容器**压力**的控制装置，应在**额定**载荷下完成 100 000 次工作循环，并应防止在**正常使用**的任何状态下**压力**超过压力释放装置设定值的 90%。

45.8 无通用要求。

45.9 无通用要求。

45.10 无通用要求。

46* 人为差错

无通用要求。

47 静电荷

无通用要求。

48 生物相容性

预期与生物组织、细胞或体液接触的**设备**部件和**附件**的部分，应按照 GB/T 16886.1 中给出的指南和原则进行评估和形成文件。

通过检查制造商提供的资料来检验是否符合要求。

49* 电源供电的中断

49.1 如果由于自动复位会造成**安全方面危险**，则不应使用**自动复位热断路器**和**过电流释放器**。

通过功能试验来检验是否符合要求。

49.2* **设备**应设计成当电源供电中断后又恢复时，除预定功能中断外，不会发生**安全方面危险**。

通过中断并恢复有关电源来检验是否符合要求。

49.3 应有当电源中断时消除**患者**身上的机械束缚的措施。

通过功能试验来检验是否符合要求。

49.4 无通用要求。

第八篇 工作数据的准确性和危险输出的防止

50 工作数据的准确性

50.1 控制器件和仪表的标记

无通用要求。见6.3。

50.2 控制器件和仪表的准确度

无通用要求。

51 危险输出的防止

51.1* 有意地超过安全极限

无通用要求。

51.2* 有关安全参数的指示

无通用要求。

51.3 元件的可靠性

无通用要求[参见3.6 f)]。

51.4 意外地选成过量的输出

一台多功能**设备**,设计成能按不同治疗要求提供低强度或高强度的输出时,应采用适当措施以减少误选高强度输出的可能性,例如为慎重操作而设的联锁、分开的输出端子。

通过检查来检验是否符合要求。

51.5* 不正确的输出

无通用要求。

第九篇 不正常的运行和故障状态;环境试验

注:本篇内容已扩充并重新编排,以包括较大范围的危险及其可能的起因。

52 不正常的运行和故障状态

52.1 **设备**应设计制造成甚至在**单一故障状态**时也不存在**安全方面危险**(见3.1和第13章)。

除非在下述试验中另有规定,均假定**设备**按**正常使用**情况运行。另外,对于包含可编程电子系统的**设备**的安全,采用并列标准IEC 60601-1-4(见附录L)中的规则进行检查。

如果一次引入52.5所述任一个**单一故障状态**而不会直接引起52.4所述的任何**安全方面危险**时,则认为符合要求。

52.2 无通用要求。

52.3 无通用要求。

52.4 应考虑下列安全方面危险:

52.4.1* ——喷出火焰、熔化金属、达到危险量的有毒或可燃物质;

——**外壳**变形到有碍于符合本标准的程度;

——在52.5.10 d)~52.5.10 h)的试验时,温度超过表11给出的最大值。这些温度适用于25℃的环境温度。

表 11　故障状态下的最高温度

部分	最高温度/℃
试验角的板壁、墙和天花板[1)]	175
供电电线[1)]	175
非热塑性材料的**辅助绝缘**和**加强绝缘**	表 10 b)中值的 1.5 倍减去 12.5℃
1) 无电热器的电动机驱动的**设备**,不进行这些温度的测量。	

温度应按 42.3.4)的规定测量。

对元件、结构或在**单一故障状态**下功率消耗小于或等于 15 W 的供电电路,52.1 的要求和相应的试验可不必执行。

在 52.5.10 d)至 52.5.10 h)的试验之后,**网电源部分**和**外壳**之间的绝缘冷却至室温左右时,应承受相关的电介质强度试验。

然而按照本条要求的试验应按附录 C(第 C.23 章、第 C.25 章、第 C.26 章、第 C.27 章)所指定的顺序执行。

对热塑性材料的**辅助绝缘**和**加强绝缘**,在进行 59.2 b)中规定的球压试验时,其试验温度比这些试验已测得的温度值高 25℃。

正常使用时浸入或充满导电液的**设备**,在电介质强度试验前,其试样浸入或充满导电液或水达 24h。

本篇规定的试验之后,应对**热断路器**和**过电流释放器**进行检查,以确定它们的设定无明显改变(由于受热、振动或其他原因)而影响其安全功能。

52.4.2　——超过 19.3 中表 4 规定的**单一故障状态漏电流**的限值;

——在 16 a)5)中指出的部件上的电压,超过**单一故障状态**(在**基本绝缘**上)的电压限值。

52.4.3　运动部件的启动、中断或制动,特别是支承、提升或移动质量(包括**患者**)的**设备**(部件)以及**患者**附近的悬挂质量的系统。参见第 21 章、第 22 章和第 49 章。

52.5　下列单一故障状态是规定的要求和试验的主题

在每次只引入一个故障时,由本标准规定的**电气间隙**和**爬电距离**若小于规定值时,应同时或相继地短接起来,以造成最不利结果的组合。参见 17 a)和 17 g)。

52.5.1　设备的电源变压器过载

试验在 57.9 中规定。

52.5.2　恒温器失灵

选择**恒温器**被短路或断开中较不利的情况。参见有关过载情况的 52.5.10 和 56.6。

52.5.3　短接双重绝缘的任一组成部分

单独短接**双重绝缘**的每一组成部分。

52.5.4　中断保护接地导线

试验在 19.4 中规定。

52.5.5　散热条件变差

不按使用说明书所述,而是模拟实际使用中可能出现的散热条件变差的情况,例如:

——唯一的通风风扇持续地受阻;

——顶盖和侧板上孔洞的通风,因下述原因而减弱;

· **外壳**顶上的孔被盖住,或

· **设备**贴墙放置;

——模拟过滤器受堵;

——冷却剂流动中断。

温度应不超过1.7乘以第42章中表10 a)和10 b)中的值减去17.5℃。尽可能用第42章中的试验条件。

52.5.6 活动部件被制住

活动部件被制住是由于**设备**：

——有易被卡住的可触及运动部件，或

——可能在无人看管情况下运行(这包括**设备**是自动控制或遥控的)，或

——有一台或几台堵转转矩小于满载转矩的电动机。

如果**设备**有一个以上的上述运动部件，每次只卡住一个部件。进一步的试验要求见52.5.8。

52.5.7* 断开和短接电动机的电容器

辅助绕组回路有电容器的电动机，将转子堵住依次短接或断开电容器运行。

如果电动机的电容器符合GB/T 3667.1中规定的要求，且不是在无人看管下(包括自动控制或遥控)使用的**设备**，短接电容器的试验可免做。

进一步的试验见52.5.8。

52.5.8* 电动机驱动的设备的附加试验

考虑到52.4.1提到的免试情况，在52.5.6和52.5.7的每一**单一故障状态**试验中，由电动机驱动的**设备**应在**额定**电压或额定电压范围的上限电压下，从**冷态**开始运行下述的时间周期：

a) 30 s

——**手持式设备**；

——用手保持开关接通的**设备**；

——用手维持实际加载的**设备**；

b) 不打算无人看管运行的其他**设备**为5 min；

c) 不是a)或b)所指的，若采用定时器来停止运行的**设备**，为定时器的最长设定时间；

d) 对其余的**设备**，按达到热稳定状态所需的时间。

注：自动控制或遥控的**设备**，被认为是无人看管使用的**设备**。

温度按42.3 4)中的规定进行测量。

在规定试验周期结束时或熔断器、**热断路器**、电动机保护装置及类似装置动作时确定绕阻的温度。

温度应不超过表12的限值。

表12 电动机绕组的温度极限　　单位为摄氏度(℃)

设备类型	绝缘等级				
	A级	B级	E级	F级	H级
带定时器且不打算无人看管使用的**设备**和运行30 s或5 min的**设备**	200	225	215	240	260
其他**设备**					
——用阻抗保护的，最大值	150	175	165	190	210
——若所用保护装置在第一小时内就动作，最大值	200	225	215	240	260
——在第一小时后动作，最大值	175	200	190	215	235
——在第一小时后动作，平均值	150	175	165	190	210

52.5.9 元件的故障

一次模拟一个会引起52.4所述**安全方面危险**的元件故障。

这一要求和有关的试验不应用于**双重绝缘**或**加强绝缘**的故障。

连接在网电源相反极性部分之间的符合GB/T 14472要求的电容(X1和X2)，不需模拟这些电容的故障。

注：关于X1和X2的资料，见GB/T 14472—1998的1.5.3。

52.5.10 **过载**

a) 有电热元件的**设备**用下述试验来检验是否符合要求：

1) 用**恒温器**控制的有电热元件且打算按照装入式运行或无人看管运行的**设备**，或有未用熔断器保护的电容器或类似器件并联在**恒温器**触点两端的**设备**，用 52.5.10 c)和 52.5.10 d)中的试验；

2) 有短时工作的电热元件的**设备**，用 52.5.10 c)和 52.5.10 e)中的试验；

3) 其他有电热元件的**设备**，用 52.5.10 c)中的试验。

如果对同一台**设备**有一个以上适用的试验时，这些试验应连贯地进行。

如果在任何一个试验中，一个非**自动复位热断路器**动作，一个电热元件或一个有意做得脆弱的部件断裂或其他原因而使电流中断，且在达到热稳定状态前不能自动恢复时，加热周期被终止。然而，如果因电热元件或有意做得脆弱的部件断裂而使电流中断时，应在第二个试样上重新试验。第二试样的电热元件或有意做得脆弱的部件断开时，对元部件本身不会引起不符合标准要求的故障。两个试样都应符合 52.4.1 规定的条件。

b) 有电动机的**设备**用下列试验来检验是否符合要求：

1) **设备**的电动机部分，用 52.5.5 至 52.5.8 和 52.5.10 f)至 52.5.10 h)的适用的试验；

2) 有电动机又有电热元件的**设备**，应在规定电压下，让电动机部分和电热元件部分同时运行所产生的最不利条件下进行试验。

3) 如果对同一台**设备**有一个以上适用的试验时，这些试验应连续进行。

c) 有电热元件的**设备**按第 42 章规定的条件试验，但不充分散热，供电电压取为额定供电电压的 90%或 110%中较不利的值。

如果一非**自动复位热断路器**动作，或在达到热稳定状态前电流中断而不能自动恢复时，运行周期被中止。如果电流不会中断，当达到热稳定状态时应立即切断**设备**电源，并应允许冷却到接近室温。

短时工作的**设备**，试验的时间应等于其**额定**的运行时间。

d) **设备**的电热部件按下列所有条件试验：

1) 按第 42 章规定；

2) **设备**在**正常状态**下；

3) 供电电压为**额定**供电电压的 110%；

4) 除**热断路器**外，让第七篇中要求限制温度用的任何控制器不起作用。

5) 如**设备**有一个以上的控制器，轮流地使它们不起作用。

e) **设备**的电热部件另外按下列所有条件试验：

1) 按第 42 章的规定；

2) **设备**在**正常状态**下；

3) 供电电压为**额定**供电电压的 110%；

4) 不让第七篇中要求的任何限制温度用的控制器不起作用；

5) 一直达到热稳态，不考虑**额定**运行时间。

f) 检验电动机的过载保护，当电动机是：

1) 打算遥控或自动控制时，或

2) 当无人看管时易于连续运行的。

在**额定**电压或**额定**电压范围上限电压下，让**设备**在正常载荷状态运行直到热稳态(见第七篇)。然后增大载荷使电流按相应步骤增加，电压仍维持起始值。

当达到热稳态时，再增大载荷。以适当的步骤逐渐地增大载荷，直到过载保护装置动作，或直到温度不再进一步增加时。

电动机绕组温度在每一稳态时测定，所记录的最大值不应超过以下限度：

绝缘等级	A	B	E	F	H
最大温度/℃	140	165	155	180	200

如果**设备**的载荷不能按相应的步骤变化，为了进行试验，将电动机从**设备**上拆下进行试验。

g) 短时运行或**间歇运行**的**设备**，除了：

——**手持式设备**；

——用手保持开关接通的**设备**；

——用手维持实际加载的**设备**；

——带定时器和备用系统的**设备**；

在**额定**电压或**额定**电压范围上限电压下，让**设备**带正常载荷运行，直到热稳态或保护装置动作。

在热稳态下或保护装置即将动作前，测定电动机绕组温度，不应超过 52.5.8 规定的温度值。

若在**正常使用**时**设备**的减载装置动作，让**设备**空转继续试验。

h) 有三相电动机的**设备**带正常载荷运行，接至三相供电网并断开一相，运行的周期按 52.2.8。

53 环境试验

见 4.10 和第 10 章。

第十篇 结构要求

54* 概述

第十篇的下述要求，规定了有关**设备**安全的电气和机械结构的细节。

目的是规定出一些要求，以便制造商在设计和制造**设备**时，有尽可能广泛的选择。

如 3.4 所允许的，若能达到同等的安全程度，制造商可采用与本篇的规定不相同的材料和结构。本篇的要求只是达到所要求的安全程度的一种方法，对所用“应”这个词，宜作相应的理解。

54.1* 按功能排列

无通用要求。

54.2* 维修方便

无通用要求。

54.3* 设定值的意外改变

无通用要求。

55 外壳和罩盖

无通用要求。见第 16 章、第 21 章和第 24 章。

55.1* 材料

无通用要求。

55.2* 机械强度

无通用要求。

55.3 调节孔盖

无通用要求。

55.4 把手和其他提拎装置

无通用要求。移到 21 c)和 24.6 中。

56 元器件和组件

56.1 概述

a) 无通用要求。

b)* 元器件的标记

元器件的标称值与其在**设备**中的使用条件不应相违。

网电源部分和**应用部分**中的所有元器件，应有标记或另加识别，以便能弄清其标称值。

标记可就标在元器件上，或者可在参考结构图、零件表及**随机文件**中做出标记。

检查元器件的标称值，弄清这些标称值与元器件在**设备**中的使用条件是否相违来检验是否符合要求。

c) 元器件的支承

无通用要求。

d) 元器件的固定

元器件不必要的活动会引起**安全方面危险**时，应牢固地安装，以防止这类活动。

通过检查来检验是否符合要求。

e) 元器件的抗震性

无通用要求。

f) 电线的固定

导线和连接器应固定妥善和(或)绝缘良好，使意外的拆卸不会引**安全方面危险**。如因它们的连接点松开且绕它们的支承点活动，而可能触及到引起**安全方面危险**的电路时，就认为它们未被妥善固定。

松开的例子应被认为是**单一故障状态**。

通过检查来检验是否符合要求。

56.2 螺钉和螺母

无通用要求。

56.3 连接——概述

网电源部分的连接和连接器见 57.2 和 57.5。

a) 连接器的构造

电气、液压、气动和气体的连接端及连接器的设计和制造，应能防止可触及的连接器的不正确连接，以及不用**工具**装卸时所引起的**安全方面危险**。

——连接器应符合 17 g)的要求。

——除非能证明不会引起**安全方面危险**，否则，**患者电路**导线连接用的插头，应设计成插不进同一**设备**上供其他用途的插座。

——**正常使用**时，**设备**上供不同医用气体的连接头，应不得互换。参见 6.6 和 JB 3339。

通过检查来检验是否符合要求，如有可能，将连接头互换，以证实不存在**安全方面危险**(**漏电流**超过**正常状态**时的值、移动、温度、辐射等)。

b) **设备**各部分之间的连接。参见第 58 章。

设备各部分之间互连用的可拆卸软电线，应有这样的连接措施，使得即使其中有一个连接装置松动或连接中断时，**可触及金属部分**仍不会**带电**。

通过检查和测量来检验是否符合要求，如有必要，用标准试验指按 16 a)试验。

c)* 在与**患者**有**导电连接**的导线上的任何连接器应按以下方式构造，即在**患者**远端的上述连接器部分的**导电连接**不应接地或接触可能有危险的电压。

通过检查和使用以下试验中适用于上述连接器部分的**导电连接**的试验来检验是否符合要求：

——所述部分不应触及到直径不小于 100 mm 的导电平面；

——对于单极点连接器，采用与图 7 所示标准试验指直径相同的笔直的、无铰接的试验指，在对可触及开口处施加 10 N±2 N 的力时，在最不利的位置上不应与所述部分有电气接触；

——所述部分如果能插入网电源插座，应通过至少有 1.0 mm 的**爬电距离**和 1 500 V 的电介质强度的绝缘方式来防止与带有网电源电压的部件接触。

56.4* 电容器的连接

——电容器损坏时会引起**可触及部分**变成**带电**状态时，电容器不应接在**带电**部分和未**保护接地**的**可触及部分**之间。

——直接接在**网电源部分**和**保护接地**的**可触及金属部分**之间的电容器，应符合 GB/T 14472 的要求或等效的要求。

——接至**网电源部分**且仅有**基本绝缘**的电容器外壳，应不应直接固定在未**保护接地**的**可触及金属部分**上。

——电容器或其他火花抑制器，不应接在热断路器的触点之间。

通过检查来检验是否符合要求。

56.5 保护装置

设备不应配备靠产生的短路电流使过电流保护装置动作而切断**设备**与**供电网**连接的保护装置。参见 59.3。

通过检查来检验是否符合要求。

56.6 温度和过载控制装置

a) 应用

——**设备**不应配备这种具有安全功能的**热断路器**，该**热断路器**是通过焊接后才能复位的，且焊接后可能会影响动作值的。

——当需要防止工作温度超过第九篇和 57.9 规定的限值时，应配备热安全装置。

——当**恒温器**的故障会形成**安全方面危险**时，应另外配备一个独立的非**自动复位热断路器**。该附加装置的动作温度应高于正常控制装置在最大设定值时所达到的温度，但不应超过预期功能所需的安全温度限值。

——当**热断路器**动作引起**设备**功能消失而存在**安全方面危险**时，应发出音响警报。

通过检查和下列试验（如适用）来检验是否符合要求：

热安全装置可与**设备**分开试验。

热断路器和**过电流释放器**的试验，应在**设备**按第九篇规定的条件运行时进行。

自动复位热断路器和自动复位过**电流释放器**应动作 200 次。

非自动复位**过电流释放器**应动作 10 次。

试验时，可用强制冷却和间歇周期运行来防止**设备**的损坏。试验后，试样应没有影响继续运行的损伤。

若无液体时会出现危险的过热，则配有装满液体的容器且有加热液体的电热装置的**设备**，应有安全装置以防止当容器内无液体时接通电热元件。

让有关**设备**在容器空着时运行来检验是否符合要求。不应出现过热引起**设备**损坏而造成**安全方面危险**。

b) 温度设定

——当**恒温器**配有可调的温度设定装置时,温度设定应清楚地表明。

——**热断路器**的动作温度,应清楚地表明。

通过检查来检验是否符合要求。

56.7 电池

a) 电池罩壳

充电或放电时可能从电池罩壳有气体逸出时,应进行通风以减少积聚和点燃的危险。

电池箱应设计得能避免电池发生引起**安全方面危险**的意外短路。

通过检查来检验是否符合要求。

b) 连接

如果不正确的连接或更换电池可能引起**安全方面危险**时,**设备**应配备防止极性接错的装置。参见 6.2 d)。

通过下述方法来检验是否符合要求:

1) 确定是否有接错电池的可能性。

2) 如果有上述可能性存在,确定接错电池的影响。

c)* 电池状态

无通用要求。

56.8 指示器

除非对位于正常操作位置的**操作者**另有显而易见的指示,否则应安装指示灯,用于:

——指示**设备**已通电[见 6.3 a)]。

——**设备**装有不发光的电热器如会产生**安全方面危险**时,指示电热器已工作。

这对记录用的热笔不适用。

——当输出电路意外的或长时间的工作可能引起**安全方面危险**时,指示处于输出状态。

指示灯的颜色见 6.7。

设备中有**内部电源**充电装置时,充电工作状态应明显地指示给**操作者**。

通过检查在**正常使用**位置时指示灯及指示装置的指示是否可见来检验是否符合要求。

56.9 预置的控制器

无通用要求。

56.10 控制器的操作部件

a) 防电击

电气控制器的**可触及部分**应符合 16 c)的要求。

b) 固定、防止误调

——所有操作用部件,应紧固得在**正常使用**时不能被拔出或松动。

——在**设备**使用中进行调节可能对**患者**或**操作者**发生**安全方面危险**的控制器,应紧固得使所指示的刻度与控制器的位置始终相对应。

在这种情况下,指示是指“通”或“断”的位置指示、刻度标记指示或其他的位置指示。

——若指示器和有关元件之间的连接不用**工具**即可拆开,则应用适当的结构来防止指示器和有关元件之间的不正确连接。

通过检查和手动试验来检验是否符合要求。对于旋转的控制器,应以表 13 所示的扭矩加在旋钮与转轴之间,每一方向轮流加不少于 2 s 的时间。试验应重复 10 次。

旋钮与转轴间不应相对转动。

如果在**正常使用**时可能受到轴向拉力,则应对电气元件施加 60 N 的轴向力和对其他元器件施加 100 N 的轴向力达 1 min 以检验是否符合要求。

表 13 旋转控制器的试验扭矩

控制旋钮的握持直径 d/mm	扭距/Nm
$10 \leqslant d < 23$	1.0
$23 \leqslant d < 31$	1.8
$31 \leqslant d < 41$	2.0
$41 \leqslant d < 56$	4.0
$56 \leqslant d \leqslant 70$	5.0

c) 限制移动

当需要防止所控制的参数意外地从最大变到最小，或从最小变到最大而造成**安全方面危险**时，应对控制器中转动或移动的零部件配备机械强度足够的定位器。

通过检查和手动试验来检验是否符合要求。对旋转控制器，应按表 13 给出的扭矩，轮流在每个方向施加不少于 2 s 的时间。试验应重复 10 次。

在**正常使用**时可能受到的轴向力不应引起**安全方面危险**。

应对电气元器件施加 60 N 的轴向力和对其他元器件施加 100 N 的轴向力达 1 min 时间，以检验是否符合要求。

56.11 有电线连接的手持式和脚踏式控制装置

a) 工作电压的限制

手持式和脚踏式控制装置及连接电线，其导线和元器件，都应使用以 17 g)规定的措施之一与**网电源部分**隔离的交流电压不超过 25 V，直流及峰值电压不超过 60 V。

通过检查和测量电压(如有必要)来检验是否符合要求。

b) 机械强度

——手持式控制装置应符合 21.5 的要求和试验。

——脚踏式控制装置应能承受一个成人的重量。

通过在脚踏式控制装置的**正常使用**位置上施加 1 350 N 的作用力达 1 min，来检验是否符合要求。力施加在 625 mm^2 的面积上。该控制装置不应有会引起**安全方面危险**的损伤。

c) 疏忽的操作

手持式和脚踏式控制装置，当疏忽地放在非**正常使用**位置时，应不会改变它们的控制设定。

通过翻转控制装置将它们以各种可能的非正常位置放于支承面上，来检验是否符合要求。不应有任何控制设定的意外变化而引起**安全方面危险**。

d) 进液

——脚踏式控制装置应至少达到 GB 4208 的 IPX1 的要求。

通过 GB 4208 的试验来检验是否符合要求。

——制造商规定用于手术室的**设备**，其脚踏控制装置的电气开关部件的结构应达到 GB 4208 的 IPX8 的要求。

通过 GB 4208 的试验来检验是否符合要求。

e) 连接用电线

接至手持式或脚踏式控制装置的软电线，在控制装置进线口处的连接和固定，应符合 57.4 中对**电源软电线**规定的要求。

通过 57.4 规定的试验来检验是否符合要求。

57 网电源部分、元器件和布线

57.1 与供电网的分断

a) 分断

——**设备**应有一个能使所有各极同时与**供电网**在电气上分断的装置。这一分断应包括每一**带电**的供电导线，但接至多相**供电网**的**永久性安装设备**可能配有的不切断中性导线的分断装置除外，后者仅限于如局部安装条件使得**正常状态**下中性线上的电压不超过特低电压时。

——分断装置应是或者装在**设备**上，或者装在**设备**外，后者应在**随机文件**中说明(见 6.8.3)。

b) 无通用要求。

c) 无通用要求。见 57.1 a)。

d) 按 57.1 a)要求使用的开关应符合 GB 15092.1 中所规定的对**爬电距离**和**电气间隙**的要求。

e) 无通用要求。

f) 电源开关不应装在**电源软电线**或任何其他外部软线上。

g) 按 57.1 a)要求使用的开关，其操作部件的动作方向应符合 GB/T 4205 的要求。

h) 非**永久性安装设备**中用来与**供电网**分断的合适的插头装置，应被认为是符合 57.1 a)的要求的。

设备连接装置和带**网电源插头**的软电线，都是合适的插头装置。

j) 无通用要求。见 57.1 a)。

k) 无通用要求。

l) 无通用要求。

m) 在本条的概念中，熔断器和半导体器件不应当作分断装置用。

通过检查来检验是否符合要求。

表 14 无通用要求。

57.2 网电源连接器和设备电源输入插口等

a) 无通用要求。

b)* 结构

无通用要求。

c) 无通用要求。

d) 无通用要求。

e)* 非**永久性安装设备**上用来向另外**设备**或本**设备**的分离部分提供网电源的**辅助网电源输出插座**，应是**网电源插头**插不进的型式。参见 56.3。

本要求不适用于**急救车**，在**急救车**上这种插座数应限制为 4 个。

这些**辅助网电源输出插座**应有适当的标记[6.1 k)]。

通过检查来检验是否符合要求。

f) 无通用要求。

g)* 除了需要提供功能接地的地方，**Ⅰ类设备**的**设备电源输入插口**不应用于**Ⅱ类设备**。

57.3 电源软电线

a) 应用

——**设备**与特定**供电网**之间不应有一个以上的连接。

——如果有换接至不同供电系统例如外部电池的装置，当一个以上的连接同时接通时，不应发生**安全方面危险**。

——**网电源插头**不应配备一根以上的**电源软电线**。

——不打算与固定布线系统作永久性连接的**设备**,应配有**电源软电线**,或者配有一个**设备电源输入插口**。

通过检查来检验是否符合要求。

b) 类型

电源软电线的耐用性,不应低于普通耐磨橡胶护套软电线(GB 5013.1 中的规定)或普通聚氯乙烯护套软电线(GB 5023.1 中的规定)的要求。

除非温度是**额定**的[参见表 10 b)],否则,如果**设备**外表金属部件温度超过 75℃,且在**正常使用**时这些金属部件又可能被电线碰到时,在这种**设备**上就不应使用聚氯乙烯绝缘的**电源软电线**。

通过检查和测量来检验是否符合要求。

c) 导线的截面积

电源软电线导线的**名义**截面积,不应小于表 15 中的规定。

通过检查来检验是否符合要求。

表 15 电源软电线的名义截面积

设备的**名义**电流 A	**名义**截面积(铜)/mm²	**设备**的**名义**电流 A	**名义**截面积(铜)/mm²
$I \leqslant 6$	0.75	$25 < I \leqslant 32$	4
$6 < I \leqslant 10$	1	$32 < I \leqslant 40$	6
$10 < I \leqslant 16$	1.5	$40 < I \leqslant 63$	10
$16 < I \leqslant 25$	2.5	—	—

d) 导线的准备

绞线用任何夹紧件固定时不应搪锡。

通过检查来检验是否符合要求。

57.4 电源软电线的连接

a) 电线固定用的零件

——配有**电源软电线**的**设备**和**网电源连接器**,都应有固定电线用的零件,以防导线在**设备**与**网电源连接器**的接线处受到拉力和扭力的影响,并防止导线的绝缘磨损。将电线打结,或用线把电线末端系住等免除应力的方法均不应使用。

——供软电线固定用的零件应:

1) 用绝缘材料制成,或

2) 用金属材料制成,与未**保护接地**的可触及导体部件之间用**辅助绝缘**来绝缘,或

3) 金属材料制成并有绝缘衬垫,用于一旦**电源软电线**的绝缘失效时会使未**保护接地**的可触及导体部件**带电**的情况。除非该衬垫是构成本条所规定的电线防护部分的软套管,否则衬垫应固定在软电线的固定用零件上,并符合**基本绝缘**的要求。

——**电源软电线**固定用的零件应设计成不是用螺钉直接压在软电线的绝缘上来固定软电线。

——在更换**电源软电线**时如有要拧动的螺钉,则该螺钉除作固定用零件外,不应用来固定其他任何元器件。

——**电源软电线**中的导线应安排得当软电线固定用零件失效时,只要相线与其接线端子还接触时,**保护接地**导线不应受应力作用。

通过检查和下列试验来检验是否符合要求:

设计由**电源软电线**供电的**设备**,用制造商供给的软电线试验。

如有可能,**电源软电线**宜从**设备**的电源接线端子或**网电源连接器**断开。

软电线应经受对其护套动作 25 次拉动,拉力值见表 18。

拉力应施于最不利的方向,但不要猛拉,每次拉 1 s 时间。

紧接着,软电线还应承受表 18 中扭矩达 1 min。

注:表 17 不采用,GB 9706.1—1988 的表 16 和表 17 合并为表 16[见 57.10 a)]。

表 18 固定软电线用零件的试验

设备的质量/kg	拉力/N	扭矩/Nm
$m \leqslant 1$	30	0.1
$1 < m \leqslant 4$	60	0.25
$m > 4$	100	0.35

试验后,软电线护套纵向位移应不大于 2 mm,导线端子离正常连接位置的位移应不大于 1 mm。**爬电距离**和**电气间隙**应不会降至 57.10 的规定值以下。

在试验前,为了测量纵向位移,在电线拉直的情况下,电线上离电线固定用的零件大约 2 cm 或其他适当的位置处做一记号。

在试验后,在电线拉直的情况下,电线护套上的记号相对电线固定用的零件或上述其他适当位置的位移。

应不可能将软电线过度推向**设备**内部至使软电线或**设备**内的部件被损坏。

b) 软电线防护套

非移动式设备除外的其他**设备**的**电源软电线**,在**设备**进线口处应采用绝缘材料制成的防护套加以保护,以防过分弯曲。

此外,**设备**出线口的形状,应使所用的**电源软电线**即使没有护套也能通过下述的柔软性试验。

通过检查、测量和下列试验来检验是否符合要求:

设计使用**电源软电线**的**设备**,配有软电线防护套或开口,**电源软电线**应外露 100 mm 左右的长度。在软电线不受应力影响时,**设备**应使软电线防护套的轴线在软电线出口处对水平上翘 45°。

然后,在软电线的自由端系上一个质量等于 $10D^2$g 的物体。D 是随**设备**一起提供的圆形**电源软电线**的外径,或为扁形软电线的较小尺寸,单位为 mm。

如果软电线防护套对温度敏感,则试验在 23℃±2℃温度下进行。

扁线要向其各芯线轴线所形成的平面相垂直的方向弯曲。

在刚系上质量为 $10D^2$g 的物体后,软电线任何位置的曲率都不应小于 1.5D,用直径为 1.5D 圆柱形短棒进行检验。

不能通过以上尺寸试验的防护套,应通过 GB 4706.1—1998 中 25.14 的试验。

c) 便于连接

设备内部设计用来固定布线的或供可重新接线的**电源软电线**用的空间,应足以允许导线方便地引入和接线,若有盖子,在盖上盖子时应不会发生损坏导线或其绝缘的危险。应有可能在盖上盖子以前对导线已经正确连接和定位做检验。

通过检查和做一次安装试验来检验是否符合要求。

57.5 网电源接线端子装置和网电源部分的布线

a)* 网电源接线端子的通用要求

打算与固定布线永久性连接的**设备**,以及打算用可重新接线的不可拆卸**电源软电线**连接的**设备**,应具有**网电源接线端子装置**,其连接应用螺钉、螺母、焊接、夹持、导线缠绕或其他等效的方法。

除非在导线断裂时有隔档使**带电**部分与其他导体部件间的**爬电距离**和**电气间隙**不会降至

57.10中的规定值以下时，不应仅仅依靠接线端子来保持导线的位置。

除接线板外的元器件上的接线端子，如符合本条要求且有符合 6.2 h)、j)和 k)要求的正确标记时，可用来作为外部导线的接线端子。

固定外部导线用的螺钉、螺母，不应兼用来固定其他任何元器件，如果内部导线安排得在连接电源导线时不会被移动，则也可兼用来固定内部导线。

通过检查来检验是否符合要求。

b) **网电源接线端子装置**的布置

——有可重新接线的软电线且备有接线端子同外部软线或**电源软电线**相连接的**设备**，其接线端子和**保护接地端子**应排列得尽量靠近，以保证接线方便。

——关于**保护接地导线**连接的细节见第 58 章。

——关于**网电源接线端子装置**的标记见 6.2。

——即便**网电源接线端子装置**的**带电**部分是触及不到的，该端子装置在不用**工具**时也应触及不到。

通过检查来检验是否符合要求。

——**网电源接线端子装置**应布置适当，或者有必要的防护，以保证即使在安装就绪后绞线中有一根导线脱出在外时，在**带电**部分和**可触及部分**之间也不会出现意外接触的危险，对**Ⅱ类设备**来说，在**带电**部分和仅用**辅助绝缘**与**可触及部分**相隔离的导体部件之间，不会发生意外接触的危险。

通过检查来检验是否符合要求。若有疑问时，需进行下列试验来检验：

在具有 57.3 c)的表 15 中所规定的**名义**截面积的软电线的末端，剥去 8 mm 长的绝缘。

只让绞线中的一根导线离散在外，其余的全部塞入接线端子。

把离散在外的导线朝各个可能的方向弯曲，但不要把绝缘护套向后拉动，也不要绕分隔层急剧地弯曲。

接在**带电**的接线端子上的绞线的离散导线，不应碰到任何**可触及部分**，或碰到与**可触及部分**相连的部件，或在**Ⅱ类设备**中不应碰到仅用**辅助绝缘**与**可触及部分**相隔离的导体部件。

接到**保护接地端子**上的绞线的离散导线，不应碰到任何**带电**部分[见 57.5 a)]。

c) 网电源接线端子的固定

设备的接线端子应固定得使在夹紧和松开接线时，内部布线不会受到应力，也不会使**爬电距离**和**电气间隙**降低到 57.10 所规定的值以下。

通过检查，并对所规定的最大截面积的导线夹紧或松开 10 次之后进行测量，来检验是否符合要求。

d)* 与网电源接线端子的连接

——对于用夹紧方法连接可重新接线的软电线的**设备**，软电线的接线端子不应要求对软电线进行专门的准备就可进行正确接线；接线端子应设计合理并且位置适当，使在拧紧固定螺钉或螺母时，导线不会损伤，也不会脱出。

——对**电源软电线**和**可拆卸电源软电线**限制导线准备工作的另外要求，见 57.3 d)。

通过对按 57.5 c)规定的试验后的接线端子和软电线的检查，来检验是否符合要求。

e) 布线的固定

无通用要求。见 56.1 f)。

57.6 网电源熔断器和过电流释放器

对于**Ⅰ类设备**和有一个按 18 l)规定的功能接地的**Ⅱ类设备**，每根导线都应配有熔断器或**过电流释放器**；其他单相**Ⅱ类设备**，至少有一根导线要配有熔断器或**过电流释放器**。

网电源熔断器和**过电流释放器**的电流标称值，应使它们能可靠地流过正常工作电流，并不应大于载有电网供电电流的电源电路中任何元、器件的电流标称值。

——**保护接地导线**不应装熔断器。

——**永久性安装设备**的中性导线不应装熔断器。

通过检查来检验是否符合要求。

57.7* 网电源部分中干扰抑制器的位置

无通用要求。

57.8 网电源部分的布线

a) 绝缘

网电源部分中的单根导线的绝缘,至少应在电气特性上与符合 GB 5023.1 或 GB 5013.1 所要求的供电软电线中的单根导线是等效的,否则应认为该导线是一根裸导线。

通过以下试验来检验是否符合要求:

如果绝缘能承受 2 000 V,1 min 的电介质强度试验,则该绝缘被认为在电气特性上是等效的。在电线样品上包裹长为 10 cm 的铝箔,将试验电压施加在导线和铝箔之间。

b) 截面积

——**网电源接线端子装置**至保护装置之间的**网电源部分**内部布线的截面积,不应小于 57.3 c)规定的**电源软电线**要求的最小截面积。

通过检查来检验是否符合要求。

——**网电源部分**其他布线的截面积,以及所有印刷电路的线路尺寸,都应足以在可能的故障电流时,能防止发生着火危险。

如果对过电流保护的有效性有疑问,则应把**设备**接到一个规定的当**网电源部分**发生故障时可取得预料的最严重的短路电流值的**供电网**,来检验是否符合要求。

然后,模拟**网电源部分**某单个绝缘的故障,使故障电流为最不利的数值时,不应发生**安全方面危险**。

57.9* 网电源变压器

网电源变压器应符合下列要求:

57.9.1 过热

——用于**医用电气设备**的网电源变压器,应防止其**基本绝缘**、**辅助绝缘**和**加强绝缘**在任何输出绕组短路或过载时过热。

通过 57.9.1 a)和 57.9.1 b)规定的试验来检验是否符合要求。

——变压器外部的或变压器**外壳**外部的防止过热的保护装置,如熔断器、**过电流释放器**、**热断路器**等保护装置,应连接成当保护装置至变压器间的布线之外的任何元器件损坏时,不会造成保护装置不起作用。

通过检查来检验是否符合要求。

表 19 环境温度为 25℃ 时网电源变压器绕组过载和短路状态下容许的最高温度

部件	最高温度/℃
绕组和与其接触的铁芯叠片,如绕组绝缘为:	
——A 级材料	150
——B 级材料	175
——E 级材料	165
——F 级材料	190
——H 级材料	210

a) 短路

用在第 42 章中规定条件下的下列试验来检验是否符合要求。

——带有限制绕组温度保护装置的网电源变压器，接到最低**额定**供电电压的 90%至最高**额定**供电电压的 110%之间或**额定**供电电压范围内的最不利的电压上。轮流短路每一个次级绕组，除初级绕组外的其他各绕组均按**正常使用**加载。

——次级绕组的所有保护装置应动作。

——在表 19 的最高温度被超出之前，保护装置应动作。

——在热稳态下，初级保护装置未动作时，应不超过表 19 给出的最高温度。

b） 过载

网电源变压器包括它们的保护装置（如有的话），按正常工作条件来试验：

——按第 42 章规定的条件，直到达到热稳态；

——供电电压保持在 90%或 110%的**额定**供电电压，或保持在 110%**额定**供电电压范围的最高值，取最不利的电压值；

——轮流对每一绕组或抽头段进行试验，其他绕组或抽头段按有关**设备正常使用**加载；

——按下述要求对变压器的抽头段和绕组进行过载加载：

- 用符合 GB 9364 和 IEC 60241 的熔断器作保护装置的电源变压器，分别加载 30 min 和 1 h，流过熔断器电路的试验电流按表 20，并将熔断器以可忽略阻抗的连线代替。
- 用不同于 GB 9364 和 IEC 60241 的熔断器作保护装置的网电源变压器，加载 30 min，流过熔断器的试验电流尽可能采用熔断器制造商提供的特性中最大值，但不能造成熔断器动作。熔断器应采用可忽略阻抗的连线代替。

表 20 电源变压器试验电流

保护熔断丝（片）**额定**电流的标示值/A	试验电流与熔断丝（片）**额定**电流之比
$I \leqslant 4$	2.1
$4 < I \leqslant 10$	1.9
$10 < I \leqslant 25$	1.75
$I > 25$	1.6

- 如果短路电流小于上述的试验电流，则将变压器抽头段或绕组短路直至到达热稳定状态。
- 用**热断路器**作保护装置的网电源变压器，将流过变压器抽头段或绕组的电流加载到**热断路器**不致于动作的最大值，试验继续到达热稳定状态。
- 对用**过电流释放器**作保护装置的网电源变压器加载，使电路中的试验电流尽可能接近制造商规定的跳闸电流，但不引起释放动作，持续试验直至达到热稳定状态。试验中**过电流释放器**应用可忽略的阻抗连接线来代替。
- 无保护装置限制绕组温度的网电源变压器，应将会引起最不利结果的次级绕组或次级绕组抽头段的输出端短路，试验应继续直至到达热稳定状态。

为达到这些试验的目的，跳闸电流按下述设定：

——无延时的**过电流释放器**：引起释放动作的最低电流值；

——有延时的**过电流释放器**：从室温开始，经最大延时或经 1h，两者中取较短时间，引起释放动作的电流值。

试验时，温度不应超过表 19 给定值。

57.9.2 电介质强度

网电源变压器初级绕组和其他绕组、屏蔽及铁芯之间的电气绝缘，假设在组装的**设备**中按第 20 章规定已进行过电介质强度试验，则不应重复试验。

网电源变压器初级和次级绕组的匝间和层间绝缘的电介质强度，应在潮湿预处理（见 4.10）后，通过下列试验：

——任一绕组的**额定电压**不超过 500 V 的变压器，用其绕组**额定电压**的 5 倍或其绕组**额定电压**范围上限值的 5 倍、而频率不低于**额定**频率 5 倍的电压加在绕组的二端。

——任一绕组的**额定电压**超过 500 V 的变压器，用其绕组**额定电压**的两倍或其绕组**额定电压**范围上限的两倍、而频率不低于**额定频率**两倍的电压加在绕组的二端。

然而，在上述两种情况下，如果该绕组的**额定电压**被认为是基准电压 U 时，变压器任何绕组的匝间和层间绝缘的应力，应使得有最高**额定电压**的绕组上出现的电压，不超过 20.3 表 5 中对**基本绝缘**规定的电压。为此，初级绕组上的试验电压应相应减低。试验频率可采用让铁芯中产生约为**正常使用**时所有的磁感应值的频率。

——三相变压器可用三相试验装置试验，或用单相试验装置依次试验三次。

——关于铁芯以及初、次级绕组间的任何屏蔽的试验电压，应按有关变压器的规范选用。如果初级绕组有一个有标记的与**供电网**中性线的连接点，除非铁芯（和屏蔽）规定接至电路的非接地部分，该点应与铁芯相连（有屏蔽时也与屏蔽相连）。将铁芯（和屏蔽）接到对标记连接点有相应电压和频率的电源上来进行模拟。

如果该连接点没有标记，除非铁芯（和屏蔽）规定接至电路的非接地部分，应轮流将初级绕组的每一端和铁芯相连（有屏蔽时也与屏蔽相连）。

应将铁芯（和屏蔽）轮流接至对初级绕组每一端有相应电压和频率的电源上来进行模拟。

——试验时，所有不打算与**供电网**相连的绕组应空载（开路），除非铁芯规定接至电路的非接地部分，打算在一点接地或让一点在近似地电位运行的绕组，应将该点与铁芯相连。

将铁芯接到对这些绕组有相应电压和频率的电源上来进行模拟。

——开始应施加不超过一半规定的电压，然后应用 10 s 时间升至满值，并保持此值达 1 min，之后应逐渐降低电压并切断电路。

——不在谐振频率下进行试验。

——试验时，绝缘的任何部分不应发生闪络或击穿。试验后，不应有可觉察到的变压器损坏现象。当试验电压暂时降低到比基准电压（U）高的较低值时，轻微电晕放电现象即停止，且放电不引起试验电压的下降，则此轻微电晕放电不考虑。

57.9.3 罩壳

无通用要求。

57.9.4 结构

a) 初级绕组与对**应用部分**或未**保护接地**的**可触及金属部分**有**导电连接**的次级绕组之间的隔离，应采用下列方法之一得到：

——绕在分开的绕线管筒或线圈架上；

——绕在同一个绕线管筒或线圈架上，线圈之间用无孔隙的绝缘层隔开；

——同心地绕在同一个绕线管筒或线圈架上，线圈之间用无孔隙的、厚度不低于 0.13 mm 的保护铜屏蔽。

——同心地绕在同一个绕线管筒上，线圈之间用**双重绝缘**或**加强绝缘**隔离。

通过检查来检验是否符合要求。

b) 无通用要求。

c) 应有防止端部线匝移动到绕组间绝缘之外的措施。

d) 若保护接地屏蔽只有一匝，它应有不小于 3 mm 长的绝缘重叠。屏蔽的宽度应至少等于初级绕组的轴向长度。

e) 具有**加强绝缘**或**双重绝缘**的变压器，其初级和次级绕组之间的绝缘应是：

——总厚度至少为 1 mm 的绝缘层，或

——总厚度至少不低于 0.3 mm 的两层绝缘，或

——三层绝缘,每两层的组合能承受**加强绝缘**的电介质强度试验。

f) 符合 57.9.4 a)的变压器,初级和次级绕组间的**爬电距离**应符合**加强绝缘**的要求(57.10 中表 16 的 A-e),并有下列的修正:

——绕组线上的瓷漆或清漆被认为各对这些**爬电距离**提供了 1 mm 的距离。

——**爬电距离**是通过一绝缘隔档两部分之间的连接线来测量的,除了当:

- 形成连接的两部分用热封接形成,或对重要的连接处用其他类似的封接方法形成;
- 或在连接处的必要地方完全充满胶合剂,和用胶粘剂粘在绝缘隔档表面,以使潮气不致被吸入连接处。

——如果能证明模制变压器内没有气泡,且在涂瓷漆或涂清漆的初级绕组与次级绕组之间的绝缘,当基准电压 U 不超过 250 V 时,绝缘厚度至少为 1 mm,而且绝缘厚度随较高的基准电压成比例地增加时,则认为模制变压器内部不存在**爬电距离**问题。

g) 环形铁芯变压器内部绕组的导线引出线,应有两层符合**双重绝缘**要求的、总厚度至少为 0.3 mm的套管,并伸出绕组外至少 20 mm。

通过检查来检验是否符合 57.9.4 c)至 57.9.4 g)的要求。

57.10* 爬电距离和电气间隙

a) 数值

——**爬电距离**和**电气间隙**应至少符合表 16 所规定的值。

对一些绝缘来说 20.1 和 20.2 适用。

——基准电压(U)的值已在 20.3 中给出。如果基准电压值在表 16 所规定的两个数值之间,应采用两者中的较高值。

基准电压高于交流 1 000 V 或直流 1 200 V 时的数值,正在考虑中。

——对电动机的槽绝缘,应容许**爬电距离**自表 16 的值减至 50%,在 250 V 时最小值为 2 mm。

——在**防除颤应用部分**和其他部分之间,**爬电距离**和**电气间隙**应不小于 4 mm。

b) 应用

——对**网电源部分**相反极性之间的绝缘(见 20.1 A-f),若轮流短接其中一个**爬电距离**和**电气间隙**,不会造成**安全方面危险**时,则可不要求最小的**爬电距离**和**电气间隙**。

保护装置动作不应认为是**安全方面危险**。

——任何宽度不足 1 mm 的槽或空气隙的**爬电距离**,应只考虑其宽度(见图 39~图 47)。

带电部分之间所要求的**电气间隙**,不应用于**恒温器**、**热断路器**、**过电流释放器**、微动开关等的开关触点之间的空气隙,或**电气间隙**随触头移动而变化且其标称值已被证明这些装置的载流部件之间的空气隙是足够的。

——在估算**爬电距离**和**电气间隙**时,金属**外壳**或罩盖里的绝缘衬垫的作用应考虑在内。

——如因相对定位而使有关部件保持刚性,并通过模制件得到定位,或在设计上使间隙不可能因有关部件的变形和移动而缩小时,才可仅用**电气间隙**作为**带电**部分之间的、**应用部分**和未**保护接地**的**可触及部分**之间的隔离。

如果有关部件发生有限移动是正常的或是可能的话,则在计算最小间隙时应考虑这一点。

c) 无通用要求。

d) **爬电距离**和**电气间隙**的测量

通过参照图 39~图 47 的规则进行测量来检验是否符合要求。

对具有**设备电源输入插口**的**设备**,用一个合适的连接器插入进行测量。对配有**电源软电线**的其他**设备**,要接上所规定的最大截面积的电源导线进行测量,还要不接导线进行测量。

活动部件置于最不利的位置,螺母和非圆头螺钉拧紧到最不利的位置。

接线端子和**可触及部分**之间的**电气间隙**和**爬电距离**,也是把螺钉或螺母尽可能旋松后进行测量;此时**电气间隙**应不低于表 16 所示值的 50%。

通过外部部件的槽或开口的**爬电距离**和**电气间隙**应用图 7 所示的标准试验指来测量。

如有必要,在裸导线的任一点上,以及在金属**外壳**的外面加力,以便尽量减小测量时的**爬电距离**和**电气间隙**。

用图 7 所示标准试验指尖加力,其值为:

对裸导线　　2 N;

对**外壳**　　30 N。

表 16[1)]　爬电距离和电气间隙

	直流电压/V	15	36	75	150	300	450	600	800	900	1 200	
	交流电压/V	12	30	60	125	250	400	500	660	750	1 000	
相反极性部分间等同于**基本绝缘**	A-f	0.4	0.5	0.7	1	1.6	2.4	3	4	4.5	6	**电气间隙**
		0.8	1	1.3	2	3	4	5.5	7	8	11	**爬电距离**
基本绝缘或**辅助绝缘**	A-a_1, A-b A-c, A-j B-d, B-c	0.8	1	1.2	1.6	2.5	3.5	4.5	6	6.5	9	**电气间隙**
		1.7	2	2.3	3	4	6	8	10.5	12	16	**爬电距离**
双重绝缘或**加强绝缘**	A-a_2, A-e, A-k B-a, B-e	1.6	2	2.4	3.2	5	7	9	12	13	18	**电气间隙**
		3.4	4	4.6	6	8	12	16	21	24	32	**爬电距离**

1) 本表代替了 GB 9706.1—1988 中的表 16 和表 17。

58　保护接地——端子和连接

58.1　固定的电源导线或**电源软电线**的**保护接地端子**的紧固件,应符合 57.5 c)的要求。不借助**工具**应不可能将它松动。内部保护接地连接用的螺钉应完全盖住或防止从**设备**外部意外地使它松动。

58.2　对于内部的保护接地连接,允许用螺钉、焊锡、钳压、缠绕、熔焊或可靠的压力接触。

58.3　无通用要求。见 57.5 b)。

58.4　无通用要求。

58.5　无通用要求。

58.6　无通用要求。

58.7　如果用**设备**电源输入插口作**设备**的电源连接,则**设备电源输入插口**中的接地脚应被看作是**保护接地端子**。

58.8　**保护接地端子**不应用来作**设备**不同部分之间的机械连接,或用来固定与保护接地或功能接地无关的任何元件。

58.9　**保护接地连接**

由**操作者**通过插头和插座作网电源导线和**设备**之间的连接或**设备**各分离部分之间的连接时,保护接地的连接应在电源接通前先接通,在电源断开后再断开。这一要求对可互换的部件与保护接地的连接也适用。参见 57.1、57.2 和 57.3。

通过对材料和结构的检查、手工试验以及 57.5 的试验,来检验是否符合第 58 章的要求。

59　结构和布线

59.1　**内部布线**

有关**网电源部分**和**应用部分**布线的固定,见 56.1 f)。

a)　机械防护

——如果有部件与电缆或布线之间有相对运动,则这些电缆和布线应有足够的防护,以防止与运动部件接触,或防止与锐利的角和边摩擦。

——仅有**基本绝缘**的布线,在它直接与金属部件接触的地方,和**正常使用**时可能承受相对运动,而在相对运动中它会直接与金属部件接触的地方,应采用一个附加的固定套管或其他类似物作保护。

——**设备**应设计成使得在正常安装程序时,或盖上盖子时,或打开和关闭检查孔盖时,布线、电线束或元件都不可能受损伤。

通过检查,合适时通过手工试验,来检验是否符合要求。

b) 弯曲

导线导向轮的尺寸,应使得**正常使用**时运动的导线的弯曲半径不小于导线外径的 5 倍。

通过检查和对有关尺寸进行测量,来检验是否符合要求。

c) 绝缘

——如果内部布线需要用绝缘套管,该绝缘套管应充分地固定。如果绝缘套管只有在其本身断裂或切割后才能去除掉,或绝缘套管的二端均固定时,该绝缘套管被认为已充分固定。

——**设备**内软电线本身的护套,在不会受到过分的机械应力或热应力,及其绝缘性能不低于 GB 5013.1 或 GB 5023.1 的规定时,应只能当作**辅助绝缘**使用。

——**正常使用**时承受的温度超过 70℃的绝缘导线,如果符合本标准要求可能因绝缘老化而损坏时,应采用耐热材料作绝缘。

通过检查,必要时通过专门试验来检验是否符合要求。应按第 42 章的规定测定温度。

第二条破折线中提到的护套按以下内容来检验是否符合要求:

绝缘应能承受 2 000 V、1 min 的电介质强度试验。试验电压加在插入护套样品的金属棒和包裹在绝缘外长为 10 cm 的金属箔之间。

d) 材料

不应使用截面积小于 16 mm^2 的铝导线。

通过检查来检验是否符合要求。

e)* 电路的隔离

无通用要求。见第 17 章。

f) 可适用的要求

设备部件之间的连接软电线,例如 X 射线装置,或病人监护装置、或数据处理装置、或它们的组合的部件之间的连接软电线,应认为是属于**设备**本身的,而不受电气装置(医院里或其他地方)布线要求的限制。

通过本标准有关试验来检验是否符合要求。

59.2 绝缘

本条涉及**设备**的部件,不包括布线的绝缘,后者包括在 59.1 c)中。

a) 固定

无通用要求。

b)* 机械强度、耐热和耐火性

各种类型的绝缘,包括绝缘隔板,即使在延长的使用过程中都应保持绝缘性能、机械强度以及耐热性和耐火性。

通过检查,必要时结合下列试验一起来验证是否符合要求。

——耐潮湿试验等(见第 44 章);

——电介质强度试验(见第 20 章);

——机械强度试验(见第 21 章)。

耐热性通过下列试验进行验证,若能提供符合要求的充分证明,则可不进行试验:

1) 对若受损伤就可能影响**设备**安全的**外壳**部件和其他外部的绝缘部件,通过球压试验进行验证：

除软电线的绝缘外，有绝缘材料制成的**外壳**和其他外部部件，使用图 48 所示的试验装置进行球压试验。将受试件表面置于水平位置，用一个直径为 5 mm 的钢球以 20 N 的力对受试表面加压。试验在温度为 75℃±2℃ 的加热箱中进行，或在比该绝缘材料部件的温升（在第 42 章所述试验时测得）高 40℃±2℃ 的加热箱中进行，两者中取较高的温度值。

在 1 h 后退出钢球，测量钢球压痕的直径。压痕直径不应大于 2 mm。陶瓷材料制的部件不进行这一试验。

2) 用于支撑未绝缘的**网电源部分**的绝缘材料部件，其老化将影响**设备**安全时，通过球压试验进行验证。

试验如上述 1）项所述，但在温度为 125℃±2℃，或在比该绝缘材料部件的温升（在第 42 章所述试验时测得）高 40℃±2℃ 的温度下进行，两者中取较高的温度值。

对陶瓷材料部件、换向器的绝缘部件、炭刷帽等类似部件以及不作为**加强绝缘**的线圈架和软线的绝缘，都不进行这一试验。

注：对热塑性材料的**辅助绝缘**和**加强绝缘**，参见 52.4.1。

c) 防护

基本绝缘、**辅助绝缘**和**加强绝缘**应设计或防护得使**设备**内部部件的磨损而产生的粉末或尘土不能积沉致使**爬电距离**和**电气间隙**降低到 57.10 规定值以下。

烧结不紧密的陶瓷材料及类似的材料、以及仅仅使用绝缘珠均不应作**辅助绝缘**和**加强绝缘**使用。

在Ⅱ**类设备**中作**辅助绝缘**用的天然橡胶或合成橡胶件，应耐老化，其布置和尺寸都要合适，以便即使在有裂纹时，**爬电距离**也不会降低至 57.10 规定值以下。

包裹在加热导体外的绝缘材料，应被认为是**基本绝缘**，不应作**加强绝缘**使用。

通过检查和测量，对于橡胶还要通过下列试验来检验是否符合要求：

将橡胶件放在加压氧气中进行老化处理。试样自由悬挂在氧气瓶中，气瓶的有效容积至少 10 倍于试样体积。将气瓶注满商用氧气，氧气纯度不低于 97%，压力为 210 N/cm^2±7 N/cm^2。

试样放在温度为 70℃±2℃ 的气瓶内达 96 h。接着立即把试样从气瓶中取出，置于室温下达 16 h。试验后，对试样进行检查，试样上不应有肉眼可见的任何裂纹。

59.3 过电流和过电压保护

——见 57.6。

——对于**设备内部电源**，如果由于内部布线的截面积和布置，或由于接入的元件的标称值，而可能在短路时发生着火危险时，应配有适当**额定值**的保护装置，以防过电流时造成着火危险。

通过检查保护装置的存在以及必要时对设计数据的检查来检验是否符合要求。

——不打开**设备外壳**即可更换的熔断器，应完全封闭在熔断器座里。当不用**工具**即可更换熔断器时，与熔断器座连在一起的无绝缘**带电**部分应有防护物，以免在更换熔断器时发生**安全方面危险**。

通过检查及用标准试验指试验来检验是否符合要求。

——接在 **F 型应用部分**和**外壳**之间为防止过电压目的保护装置，不应在低于 500 V 有效值的电压下动作。

通过对保护装置动作电压的试验来检验是否符合要求。

——对**热断路器**和**过电流释放器**见 56.6 a）。

59.4 油箱

——**可携带式设备**的油箱应充分地密封，以防止在任何位置时油的流失。油箱应设计得能容许油的膨胀。

移动式设备的油箱应密封，以防止在搬运**设备**时油的流失，但在油箱上可安装一个在**正常使用**时能起作用的压力释放装置。

——部分密封的充油**设备**或**设备**部件，应配备油位观察装置。

通过对**设备**和技术说明书的检查以及人工试验来检验是否符合要求。

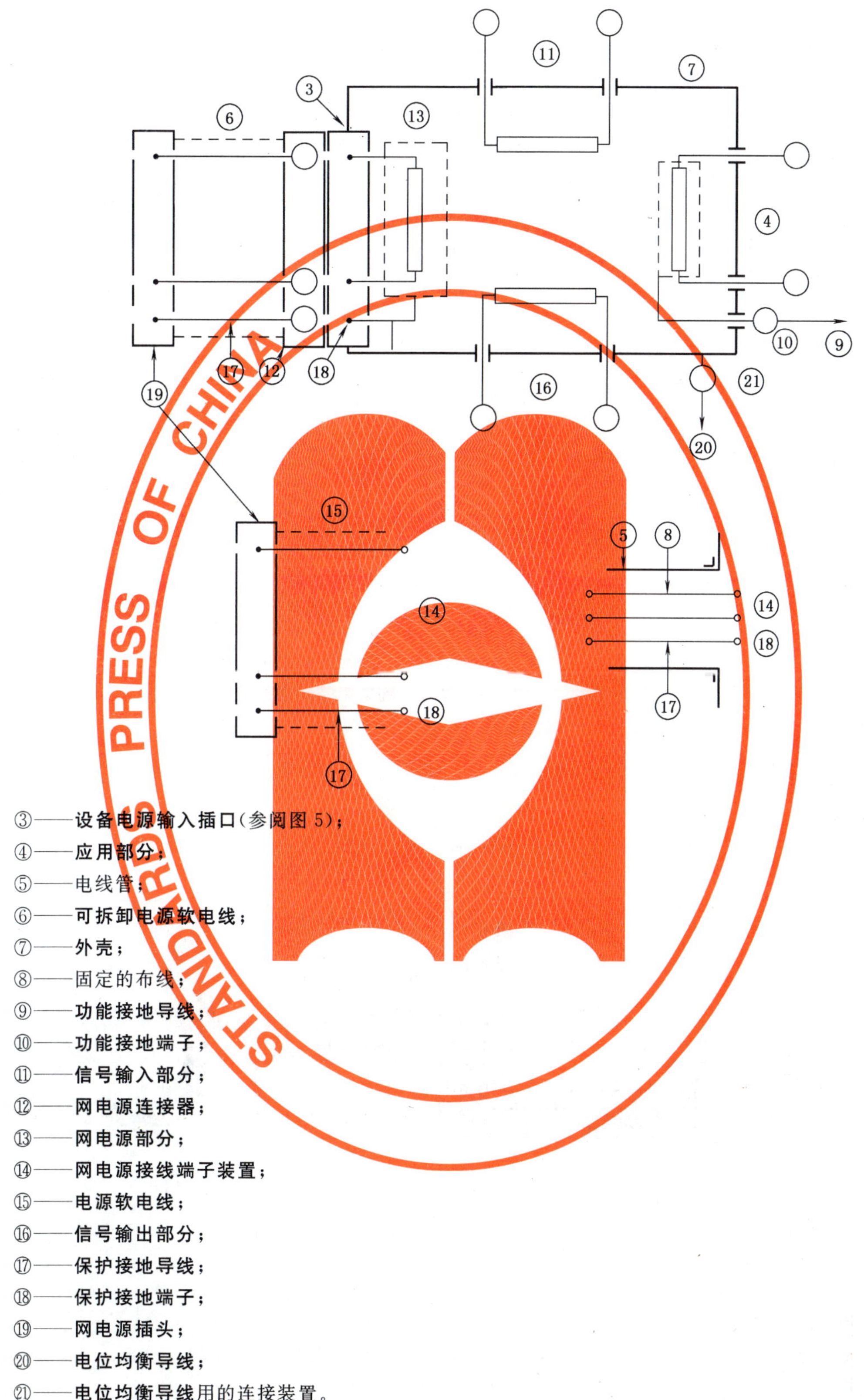

③——**设备电源输入插口**(参阅图 5);
④——**应用部分**;
⑤——电线管;
⑥——**可拆卸电源软电线**;
⑦——**外壳**;
⑧——固定的布线;
⑨——**功能接地导线**;
⑩——**功能接地端子**;
⑪——**信号输入部分**;
⑫——**网电源连接器**;
⑬——**网电源部分**;
⑭——**网电源接线端子装置**;
⑮——**电源软电线**;
⑯——**信号输出部分**;
⑰——**保护接地导线**;
⑱——**保护接地端子**;
⑲——**网电源插头**;
⑳——**电位均衡导线**;
㉑——**电位均衡导线**用的连接装置。

图 1　规定的接线端子和导线的图例(见第 2 章)

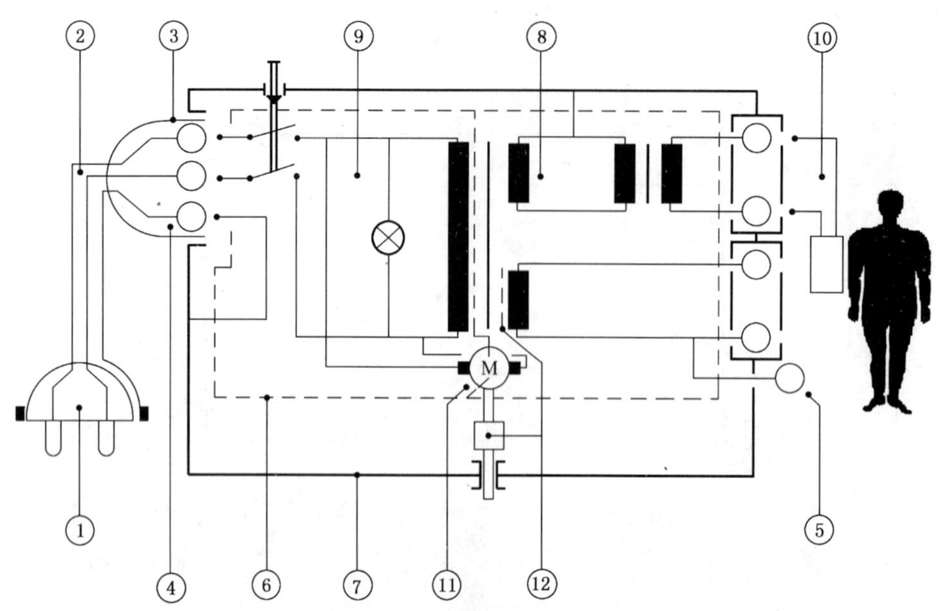

①——护接地接点的插头；
②——可拆卸电源软电线；
③——设备连接装置；
④——保护接地用接点和插脚；
⑤——功能接地端子；
⑥——基本绝缘；
⑦——外壳；
⑧——中间电路；
⑨——网电源部分；
⑩——应用部分；
⑪——有可触及轴的电动机；
⑫——辅助绝缘或保护接地屏蔽。

图 2　Ⅰ类设备的图例(见 2.2.4)

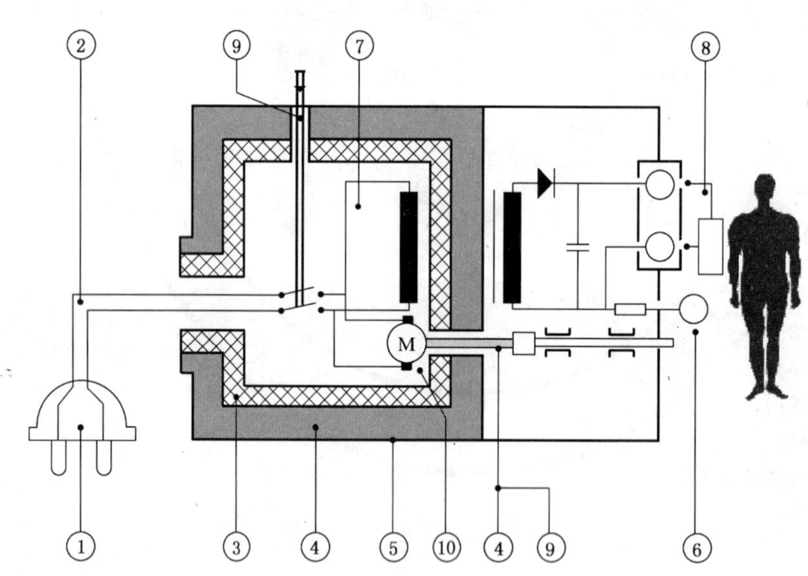

①——网电源插头；
②——电源软电线；
③——基本绝缘；
④——辅助绝缘；
⑤——外壳；
⑥——功能接地端子；
⑦——网电源部分；
⑧——应用部分；
⑨——加强绝缘；
⑩——有可触及轴的电动机。

图 3　带金属外壳Ⅱ类设备的图例(见 2.2.5)

图 4 无通用要求。

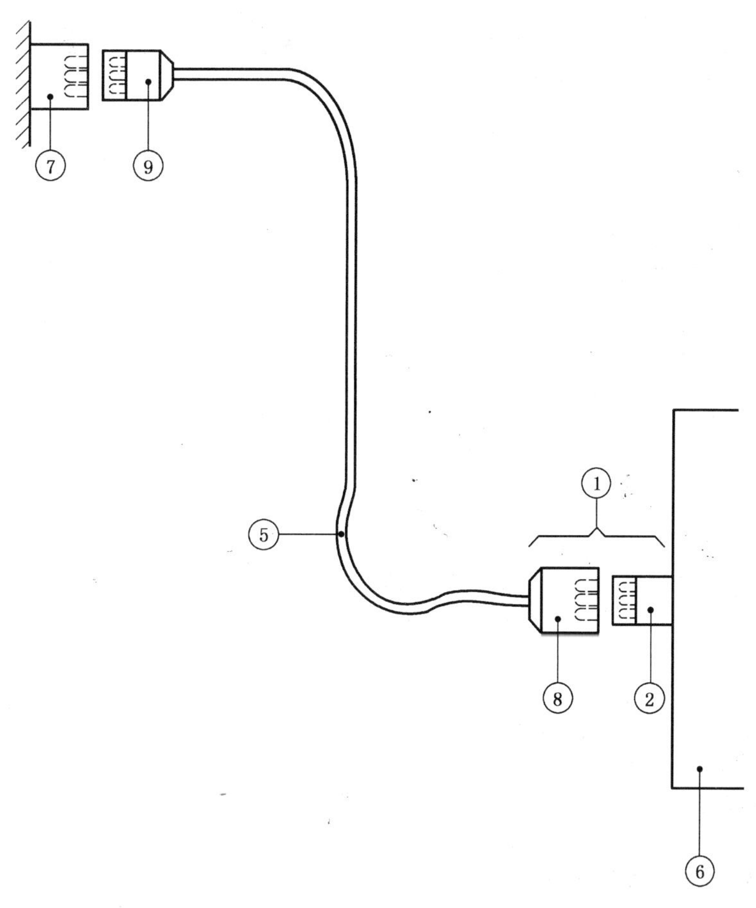

①——设备连接装置；
②——设备电源输入插口；
⑤——可拆卸电源软电线；
⑥——设备；
⑦——固定的网电源插座；
⑧——网电源连接器；
⑨——网电源插头。

图 5 可拆卸的网电源连接(见第 2 章)

图 6 无通用要求。

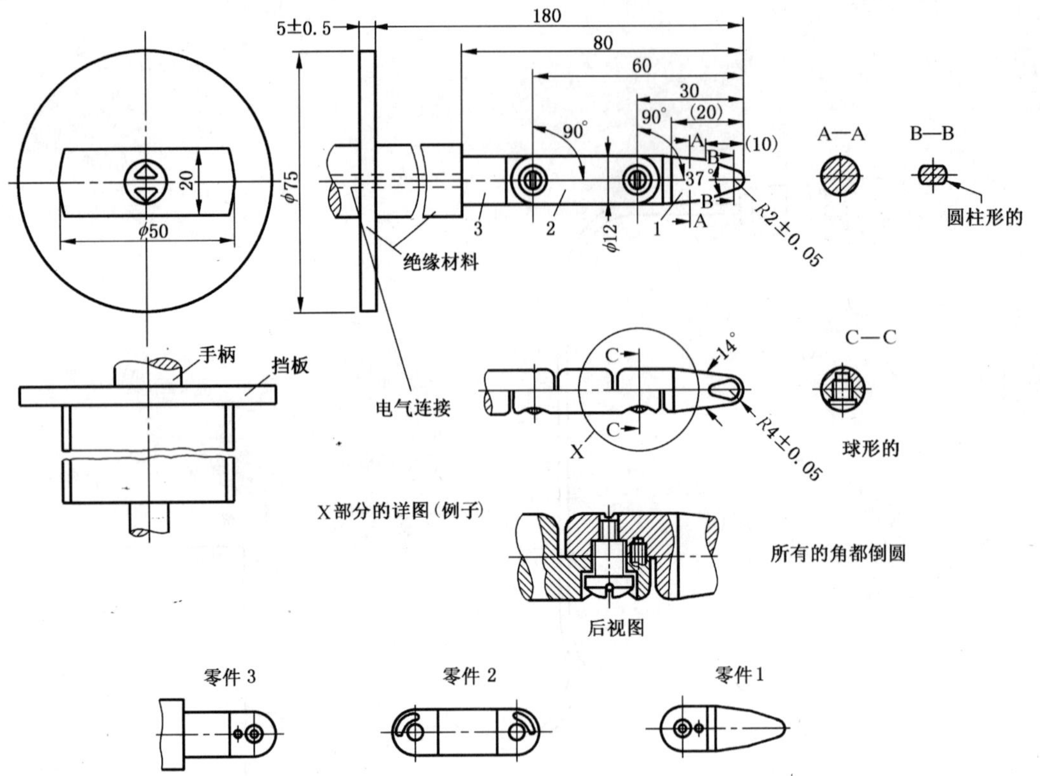

直线尺寸单位为毫米

未注公差要求的尺寸公差:角度:$_{-10^\circ}^{0^\circ}$;不大于25 mm的直线尺寸:$_{-0.05}^{0}$;

大于25 mm的直线尺寸:±0.2。

零件1、2和3的材料为金属(例如热处理钢)。

试验指的两个铰点可弯至$90^{\circ}{}_{0^\circ}^{+10^\circ}$,但只能往同一个方向弯。

为限制弯曲的角度为90°,用销钉和槽来解决。为此,这些零件图中未给出有关销钉和槽的尺寸及公差。实际设计必须保证弯曲角度的公差为0°~10°。

图7 标准试验指(见第16章)

尺寸单位为毫米

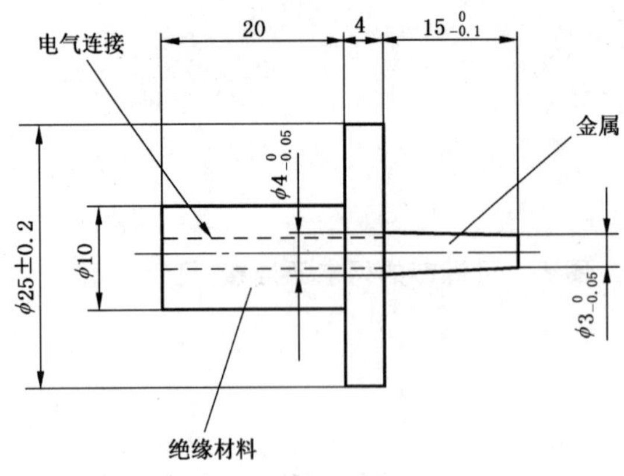

图8 试验针(见第16章)

尺寸单位为毫米
材料:钢

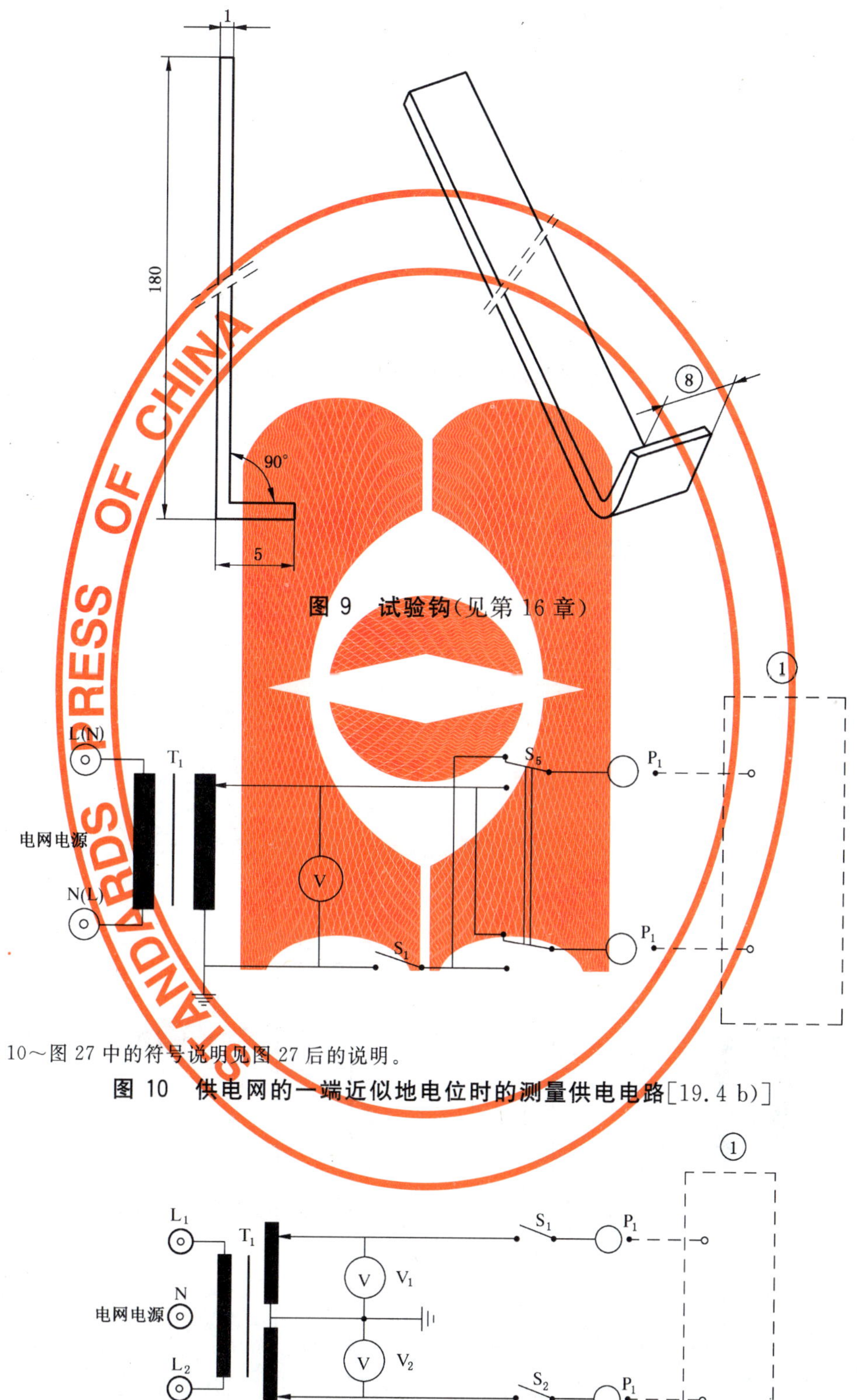

图 9 试验钩(见第 16 章)

注:图 10~图 27 中的符号说明见图 27 后的说明。

图 10 供电网的一端近似地电位时的测量供电电路[19.4 b)]

图 11 供电网对地电位近似对称时的测量供电电路[19.4 b)]

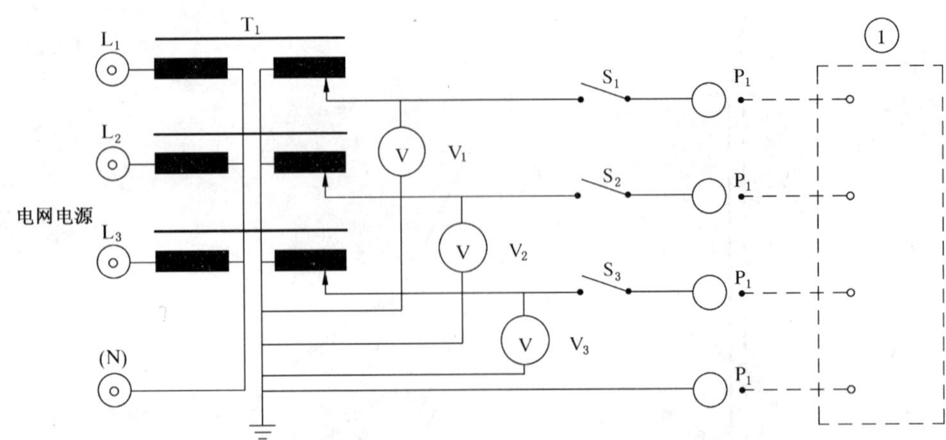

图 12 规定接至多相供电网的多相设备的测量供电电路[19.4 b)]

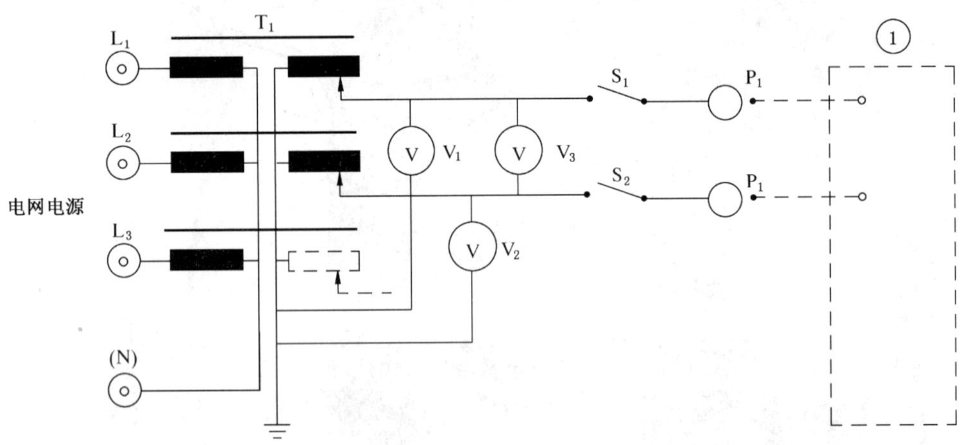

图 13 规定接至多相供电网的单相设备的测量供电电路[19.4 b)]

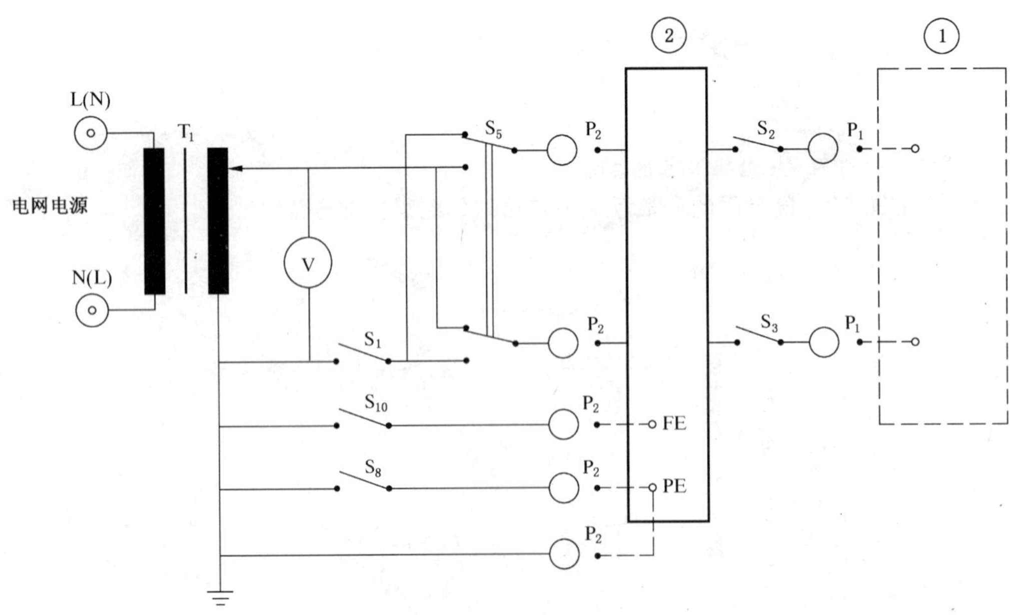

图 14 由规定按Ⅰ类或Ⅱ类单相电源供电的设备的测量供电电路

在Ⅱ类时，不使用保护接地连接和 S_8[19.4 b)]

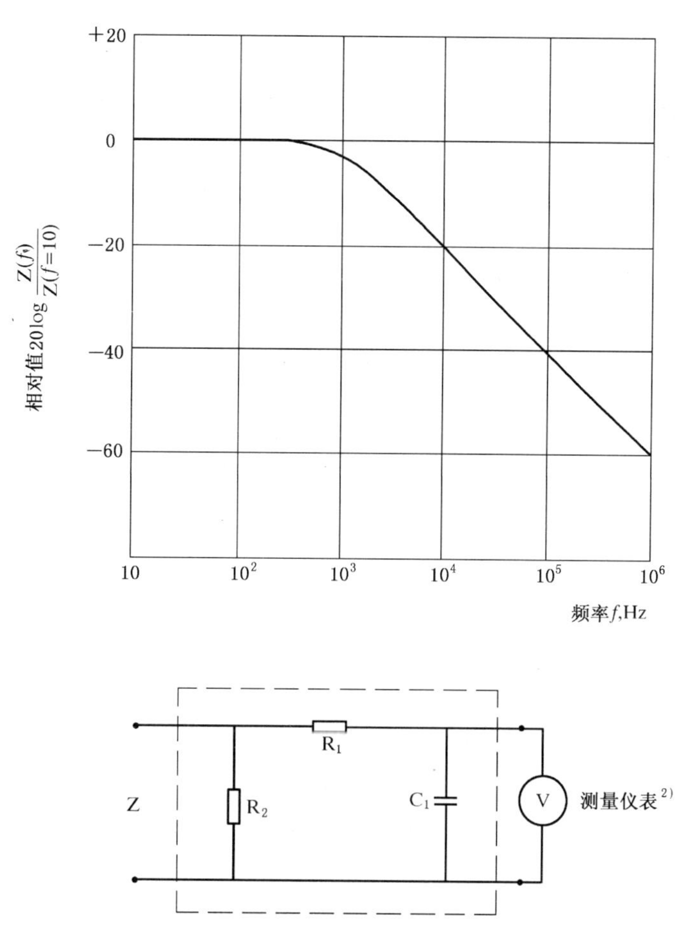

R_1=10 kΩ±5%[1)]

R_2=1 kΩ±1%[1)]

C_1=0.015 μF±5%[1)]

1) 无感元件。

2) 仪表阻抗≫测量阻抗 Z。

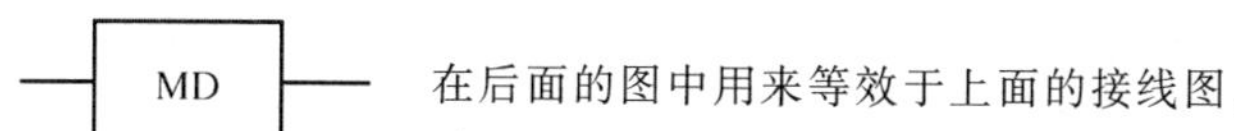

在后面的图中用来等效于上面的接线图。

图 15 测量装置的图例及其频率特性[见 19.4 e)]

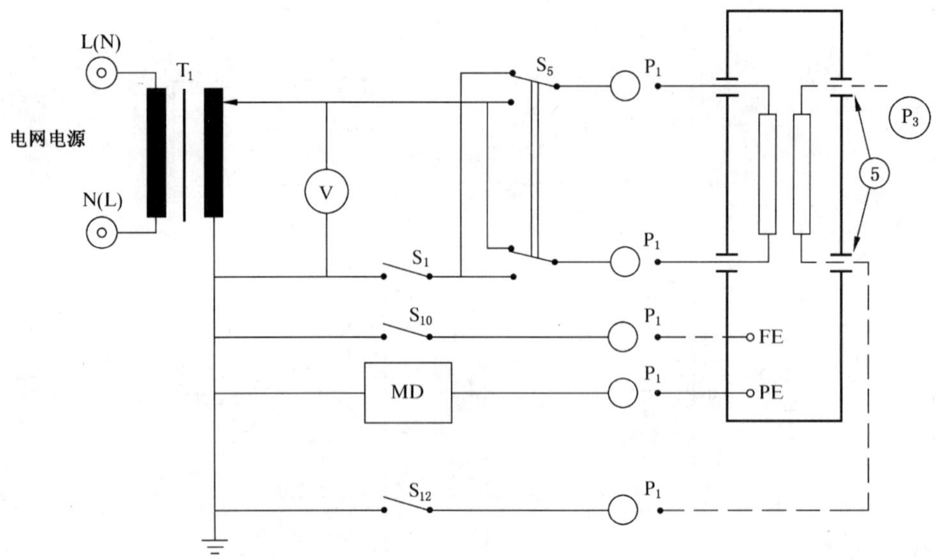

测量时，将 S_5、S_{10} 和 S_{12} 的开、闭位置进行所有可能的组合：

S_1 闭合（**正常状态**），和

S_1 断开（**单一故障状态**）

按照 19.4 a)、表 4 及其注 1)～4)进行测量。

S_1 断开（**单一故障状态**）。

图 16 具有或没有应用部分的Ⅰ类设备对地漏电流的测量电路[19.4 f)和表 4 的注]

用图 10 的测量供电电路的图例

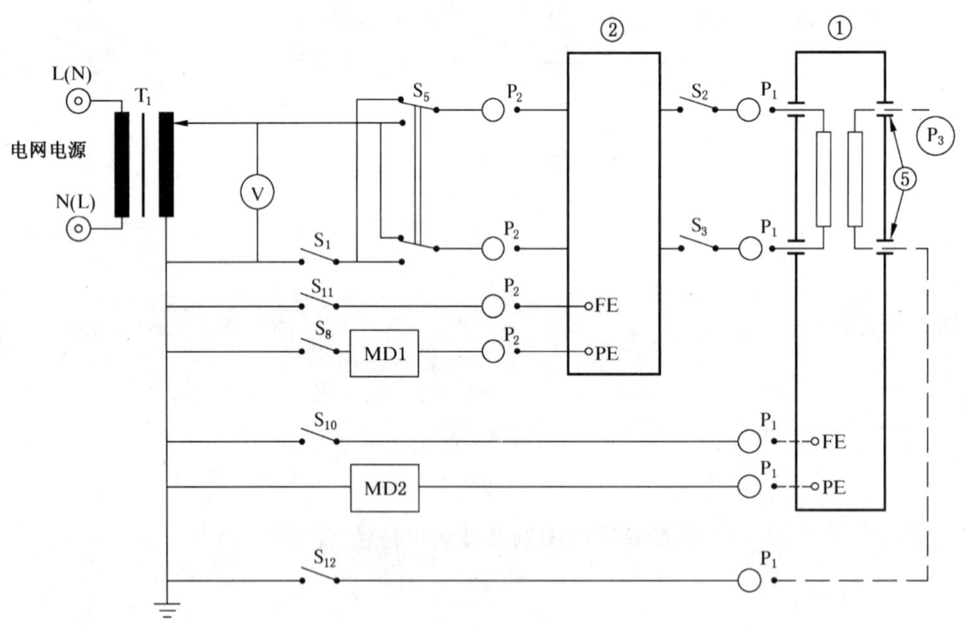

用 MD1 和 MD2 进行测量，闭合 S_8、S_1、S_2 和 S_3，并将 S_5、S_{10}、S_{11} 和 S_{12} 的开、闭位置进行所有可能的组合（**正常状态**）。

如果规定电源已**保护接地**，闭合 S_1、S_2 和 S_3，在 S_5、S_{10}、S_{11} 和 S_{12} 的开、闭位置进行所有可能的组合的情况下断开 S_8（**单一故障状态**）用 MD2 进行测量。

另外，将 S_8 闭合，而轮流断开 S_1、S_2 或 S_3 之一（**单一故障状态**），但仅按表 4 的注进行测量。

图 17 使用规定的Ⅰ类单相电源，具有或没有应用部分的设备对地漏电流的测量电路[19.4 f)4 的注]

采用图 14 的测量供电电路

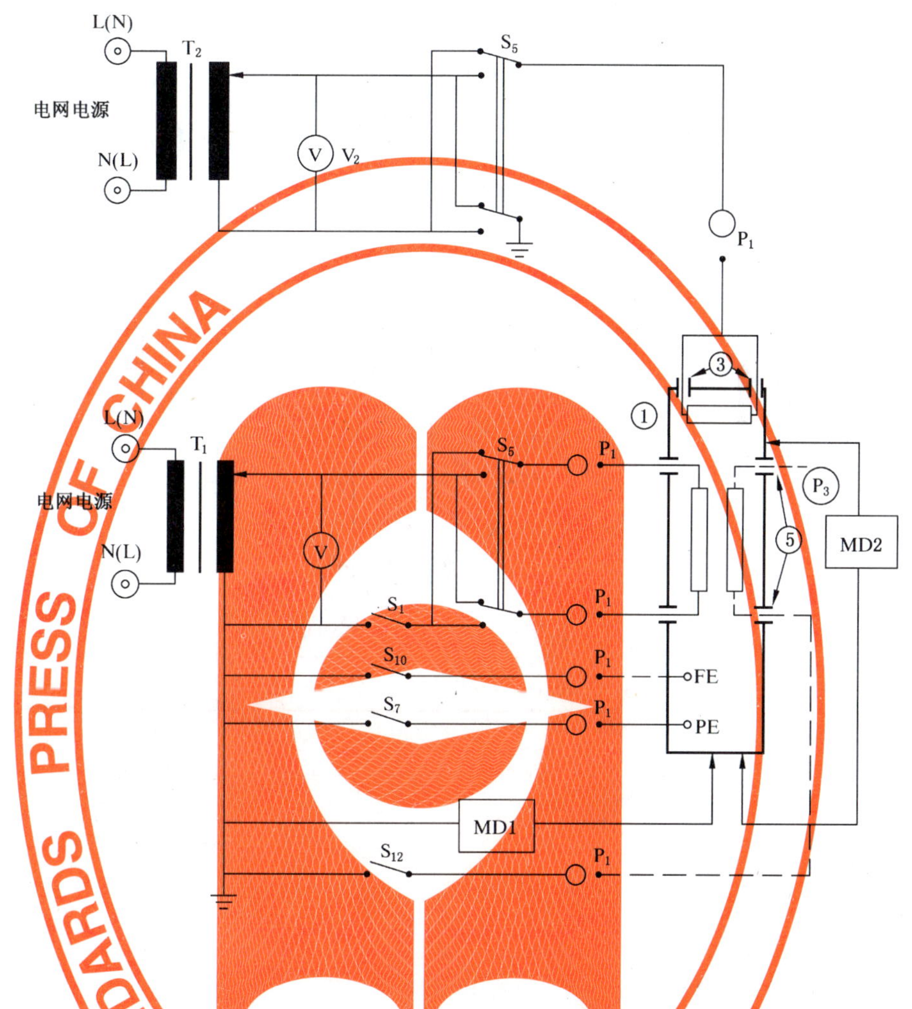

测量时，将 S_1、S_5、S_9、S_{10}和 S_{12}的开、闭位置进行所有可能的组合(如果是**Ⅰ类设备**，则闭合 S_7)。

其中 S_1 断开时为**单一故障状态**。

仅为**Ⅰ类设备**时，闭合 S_1 和断开 S_7(**单一故障状态**)在 S_5、S_9、S_{10}与 S_{12}的开、闭位置进行所有可能组合的情况下，进行测量。

图 18 外壳漏电流的测量电路

对Ⅱ类设备，不使用保护接地连接和 S_7

采用图 10 的测量供电电路的图例[见 9.4 g)]

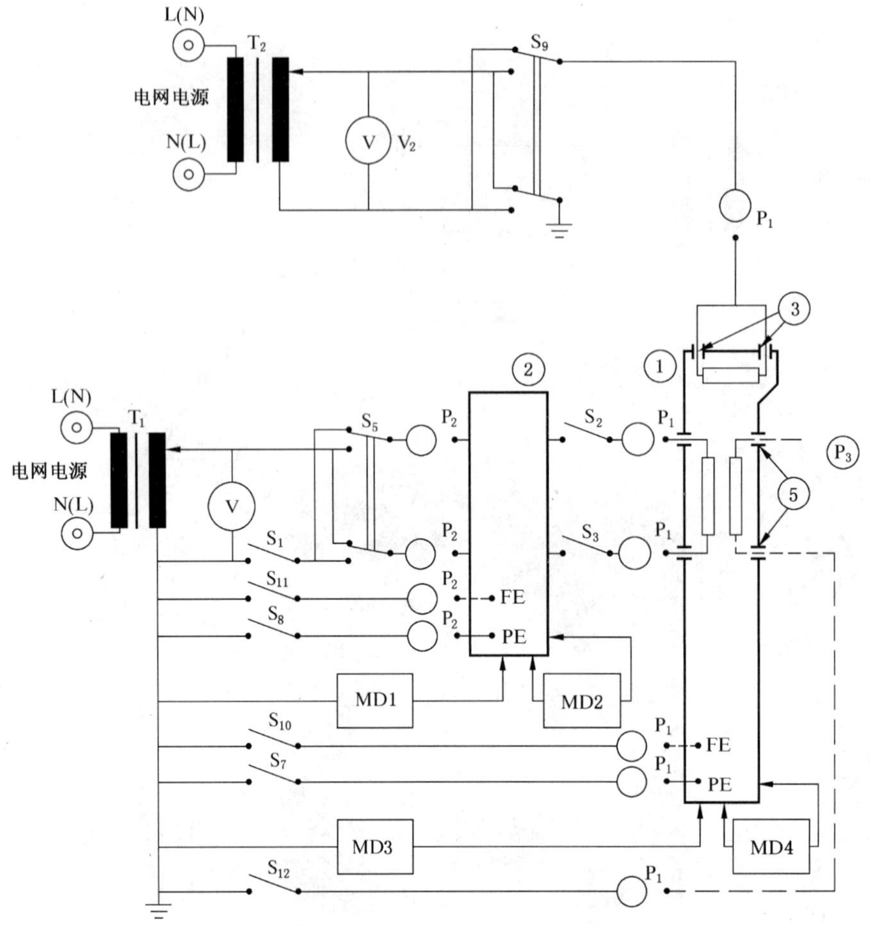

在 S_1、S_5、S_9 和 S_{11} 的开、闭位置进行所有可能组合的情况下，用 MD1 和 MD2 进行测量（如果规定的电源属Ⅰ类，则闭合 S_8）。其中 S_1 断开为**单一故障状态**。

若规定的电源仅为Ⅰ类时：

在 S_5、S_9 与 S_{11} 的开、闭位置进行所有可能组合的情况下，闭合 S_1 并断开 S_7（**单一故障状态**），用 MD1 和 MD2 进行测量。

用 MD3 和 MD4 进行测量（如果本身属**Ⅰ类设备**，则闭合 S_7；如果规定的电源属Ⅰ类，则闭合 S_8），并在闭合 S_1、S_2、S_3 时（**正常状态**），以及在 S_5、S_9、S_{10}、S_{11} 和 S_{12} 的开、闭位置进行所有可能组合的情况下，断开 S_1 或 S_2 或 S_3 时（**单一故障状态**）。

用 MD3 和 MD4 测量下列每一个**单一故障状态**：

当**设备**属于Ⅰ类时断开 S_7，或

（当规定的电源属Ⅰ类）时断开 S_8 在 S_5、S_9、S_{10}、S_{11} 和 S_{12} 的开、闭位置进行所有可能组合的情况下，并闭合 S_1、S_2 和 S_3。

图 19 使用规定的单相电源具有或没有应用部分的设备外壳漏电流的测量电路

规定为Ⅱ类单相电源供电时，不使用保护接地连接和 S_7。

采用图 14 的测量供电电路的图例[见 19.4 g)]

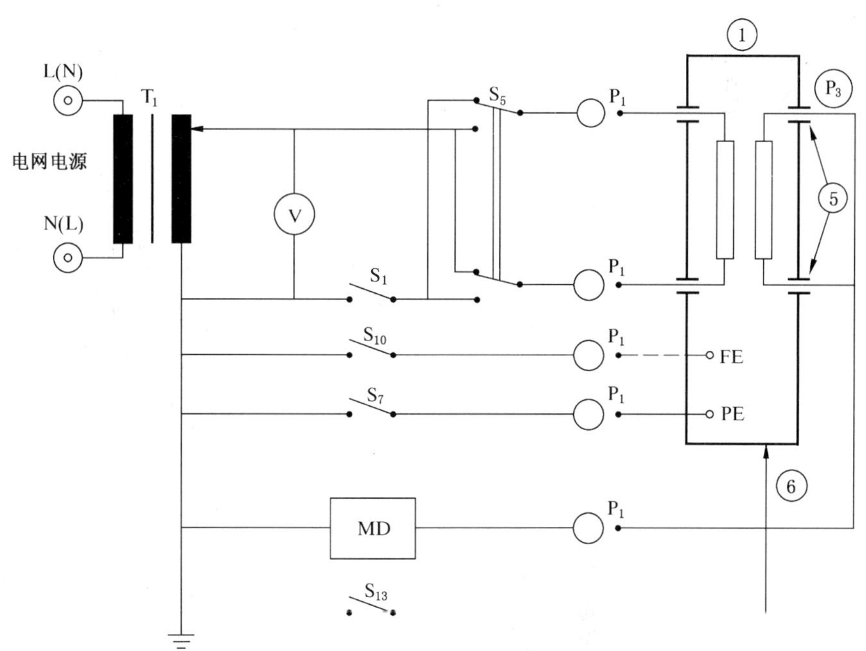

在 S_1、S_5、S_{10} 的开、闭位置进行所有可能组合的情况下测量(如果是Ⅰ**类设备**则闭合 S_7)。

S_1 断开时是**单一故障状态**。

如仅为Ⅰ**类设备**时:

若可行,进行 17 a)所要求的试验(**单一故障状态**)。

在 S_5、S_{10} 与 S_{13} 的开、闭位置进行所有可能组合的情况下闭合 S_1 并断开 S_7(**单一故障状态**)进行测量。

图 20 从应用部分至地的患者漏电流的测量电路

对Ⅱ类设备则不使用保护接地连接和 S_7

采用图 10 的测量供电电路的图例[见 19.4 h)]

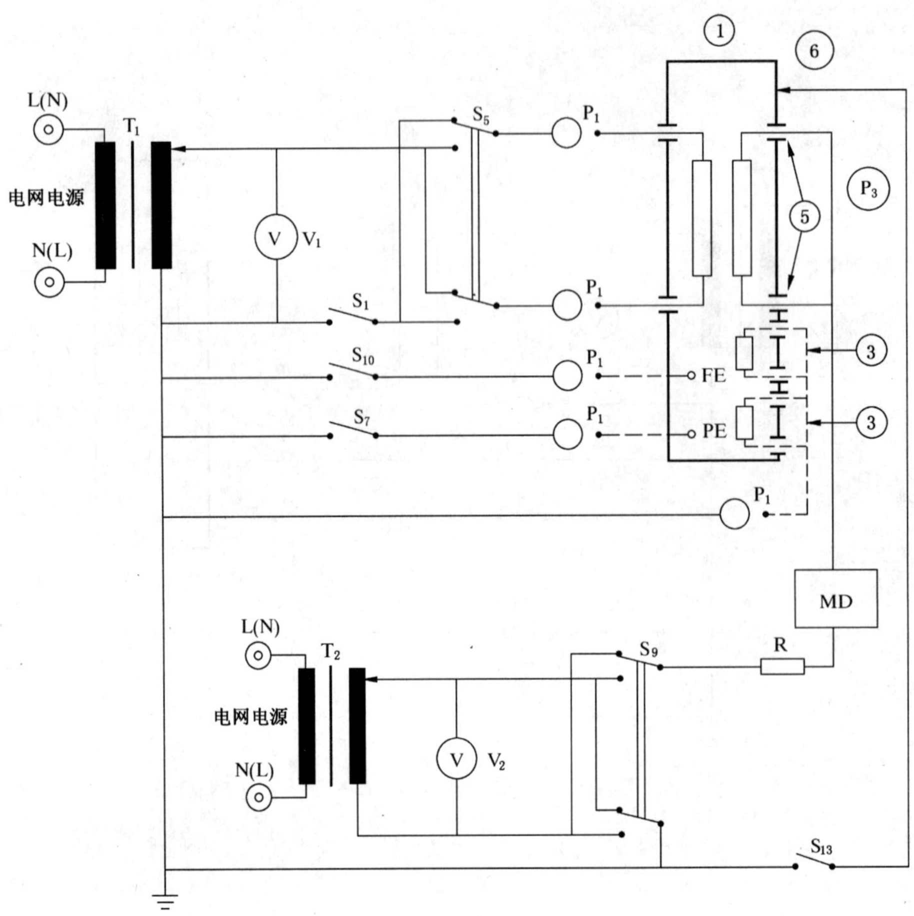

在 S_5、S_9、S_{10} 和 S_{13} 的开、闭位置进行所有可能组合的情况下，闭合 S_1 进行测量(如果是Ⅰ类设备，还要闭合 S_7)(单一故障状态)。

图 21　由应用部分上的外来电压所引起的从 F 型应用部分至地的患者漏电流的测量电路

对Ⅱ类设备时不使用保护接地连接和 S_7

采用图 10 的测量供电电路的图例[见 19.4 h)]

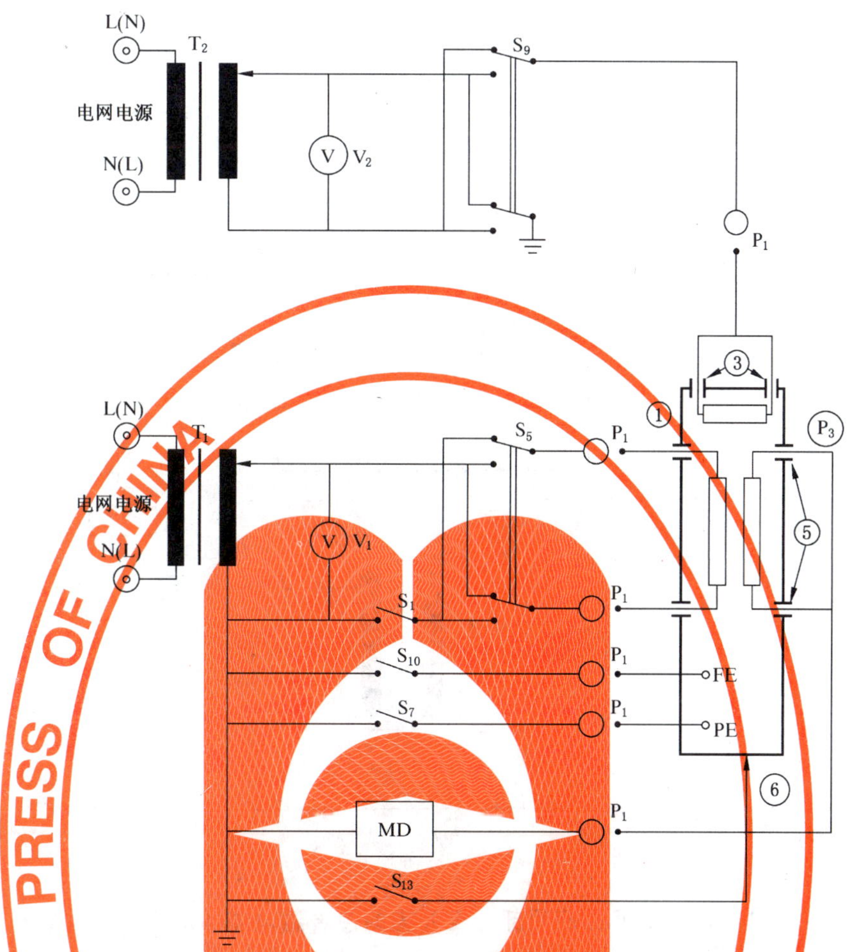

在 S_5、S_9、S_{10} 和 S_{13} 的开、闭位置进行所有可能组合的情况下，闭合 S_1 进行测量(如果是Ⅰ类设备，还要闭合 S_7)(单一故障状态)。

图 22 由信号输入部分或信号输出部分上的外来电压引起的从应用部分至地的患者漏电流的测量电路

对Ⅱ类设备时不使用保护接地连接和 S_7

采用图 10 的测量供电电路的图例[见 19.4 h)]

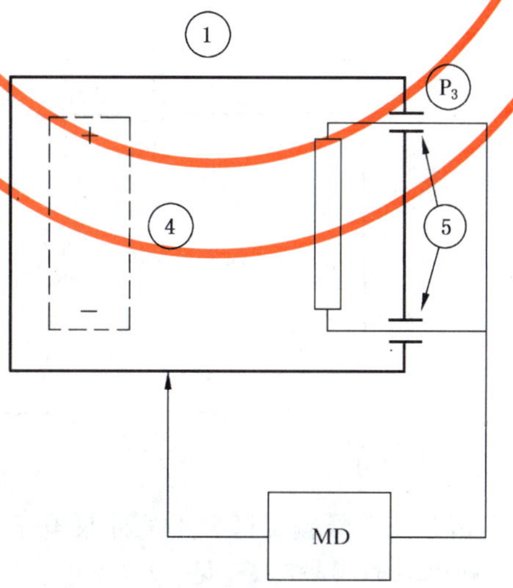

在应用部分和设备外壳之间测量(正常状态)。若适用，进行 17 a)所要求的试验。

图 23 内部电源供电设备从应用部分至外壳的患者漏电流的测量电路[见 19.4 h)]

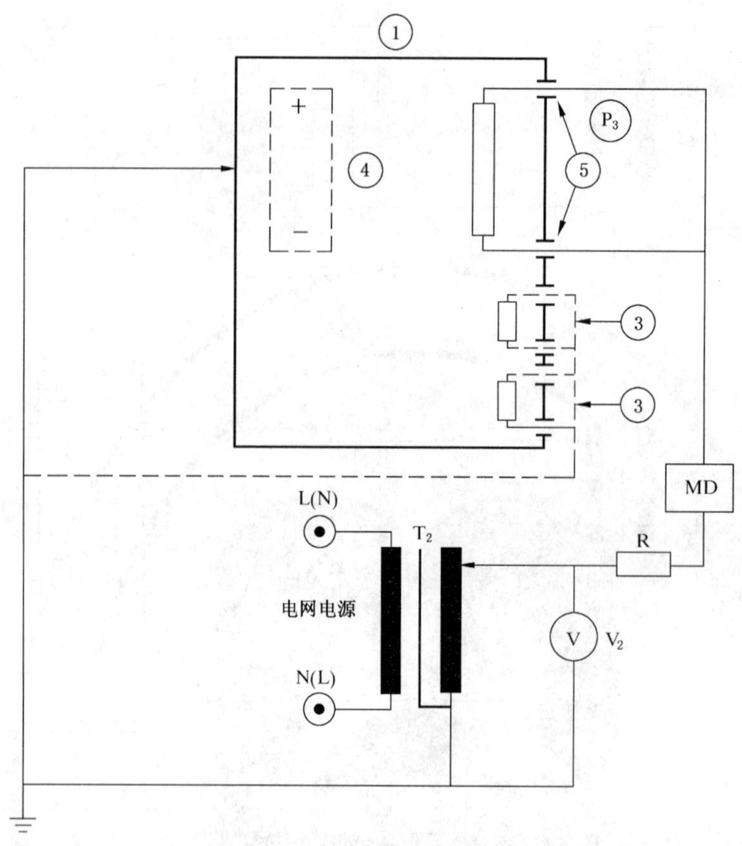

图 24 内部电源供电设备从 F 型应用部分至外壳的患者漏电流的测量电路[见 19.4 h)]

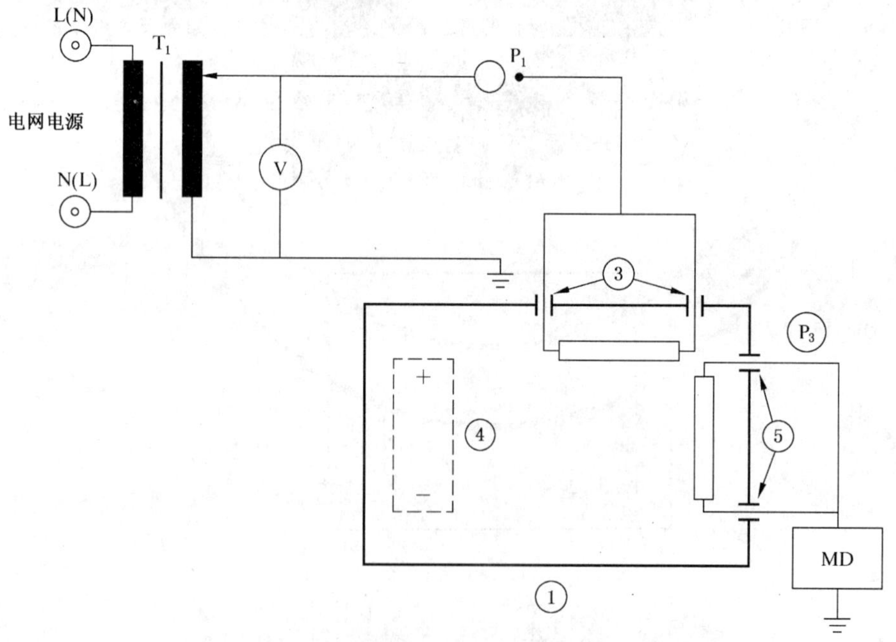

图 25 内部电源设备,由信号输入部分或信号输出部分上的外来电压引起的从应用部分至地的患者漏电流的测量电路[见 19.4 h)]

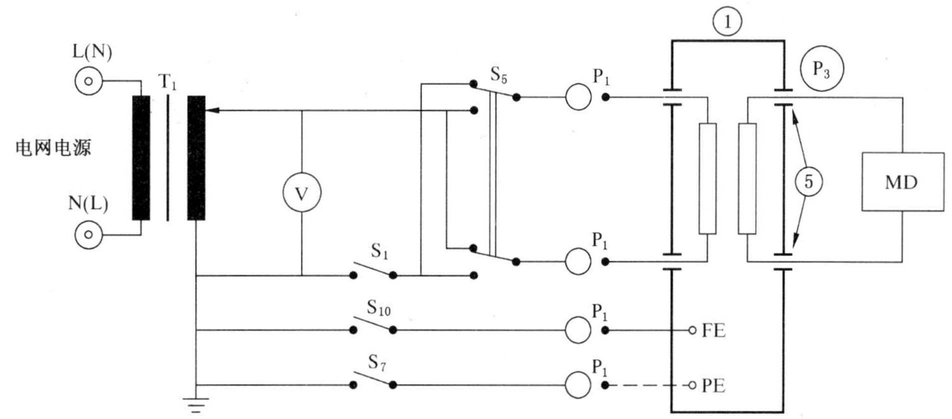

在 S_1、S_5、S_{10} 的开、闭位置进行所有可能组合的情况下进行测量(如果是 I **类设备**,要闭合 S_7)。

S_1 断开时是**单一故障状态**。

若仅为 I **类设备**时:

在 S_5、S_{10} 的开、闭位置进行所有可能组合的情况下,闭合 S_1 并断开 S_7 进行测量(**单一故障状态**)。

图 26 患者辅助电流的测量电路

对Ⅱ类设备则不使用保护接地连接和 S_7

采用图 10 的测量供电电路的图例[见 19.4 j)]

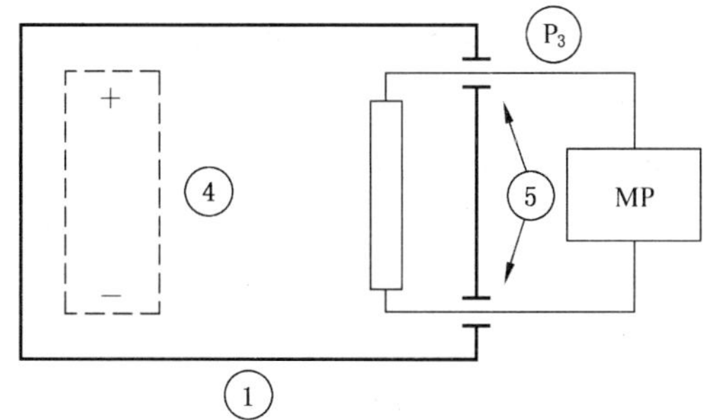

图 27 内部电源供电设备的患者辅助电流的测量电路[见 19.4 j)]

图 10～图 27 的符号说明:

①——**设备外壳**

②——规定的电源

③——短接了的或加上负载的**信号输入部分**或**信号输出部分**

④——**内部电源**

⑤——**应用部分**

⑥——非**应用部分**且未**保护接地**的**可触及金属部分**

T_1、T_2——具有足够功率标称和输出电压可调的单相、两相、多相隔离变压器

V(1、2、3)——指示有效值的电压表。如可能,可用一只电压表及换相开关来代替

S_1、S_2、S_3——模拟一根电源导线中断(**单一故障状态**)的单极开关

S_5、S_9——改变**网电源电压**极性的换相开关

S_7、S_8——模拟一根**保护接地导线**断开(**单一故障状态**)的单极开关

S_{10}、S_{11}——将**功能接地端子**与测量供电电路的接地点连接的开关

S_{12}——将 **F 型应用部分**与测量供电电路的接地点连接的开关

S_{13}——非**应用部分**且未**保护接地**的**可触及金属部分**的接地开关

P_1——连接**设备**电源用的插头、插座或接线端子

P_2——连接到规定电源用的插头、插座或接线端子

P_3——连接到**患者**的插头、插座或接线端子

MD(1、2、3、4)——测量装置(见图 15)

FE——**功能接地端子**

PE——**保护接地端子**

---- ——可选择的连接

R——试验装置上**使用者**的保护阻抗

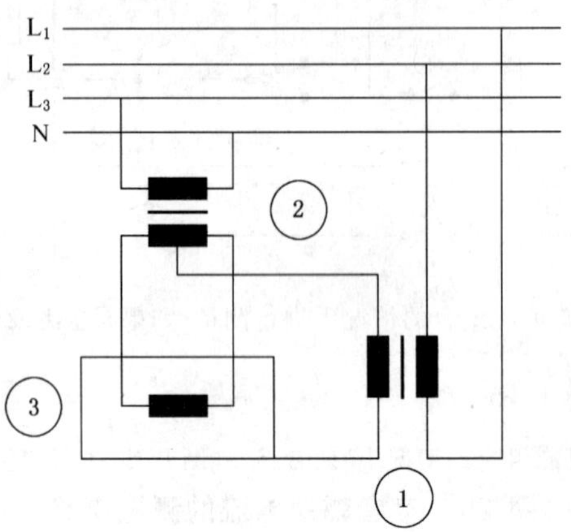

①——试验用变压器；

②——隔离变压器；

③——受试**设备**。

图 28 电热元件在工作温度下电介质强度试验电路图例(见 20.4)

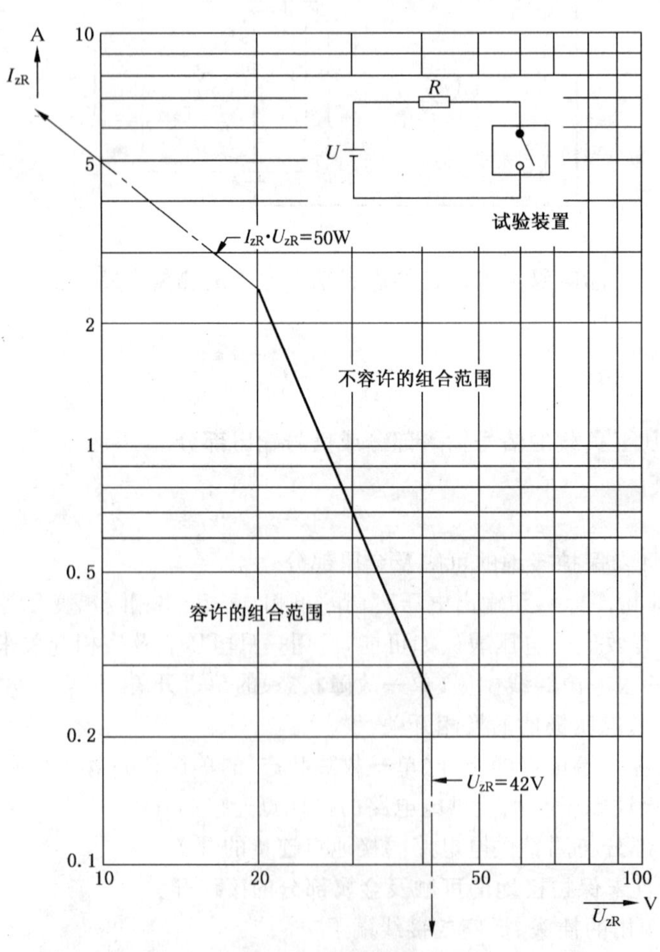

图 29 在乙醚蒸气和空气混合成的最易燃气体中纯电阻电路上测得的最大容许电流 I_{zR} 和最大容许电压 U_{zR} 的函数关系(见 40.3)

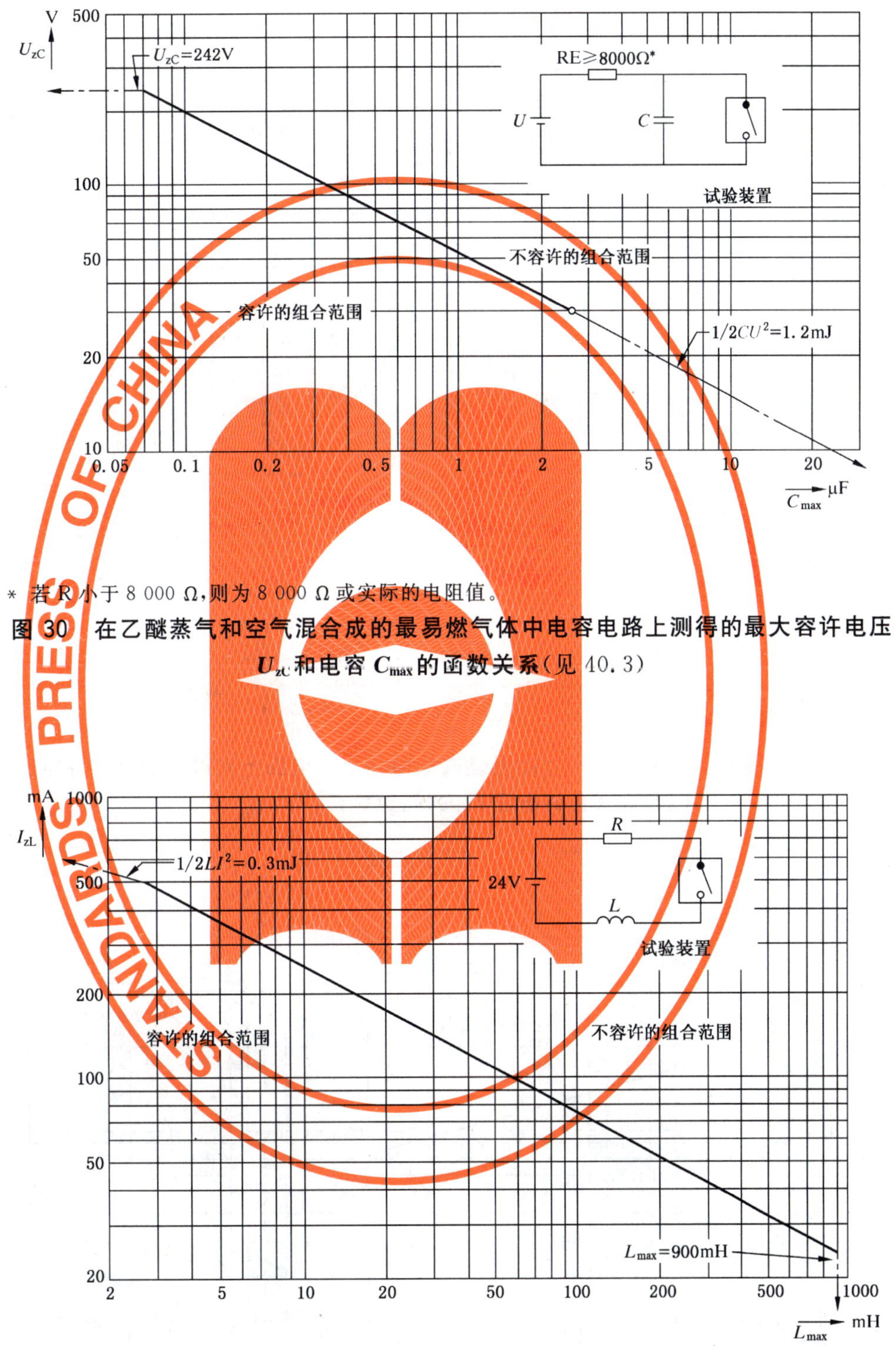

* 若 R 小于 8 000 Ω，则为 8 000 Ω 或实际的电阻值。

图 30 在乙醚蒸气和空气混合成的最易燃气体中电容电路上测得的最大容许电压 U_{zC} 和电容 C_{max} 的函数关系(见 40.3)

图 31 在乙醚蒸气和空气混合成的最易燃气体中电感电路上测得的最大容许电流 I_{zL} 和电感 L_{max} 的函数关系(见 40.3)

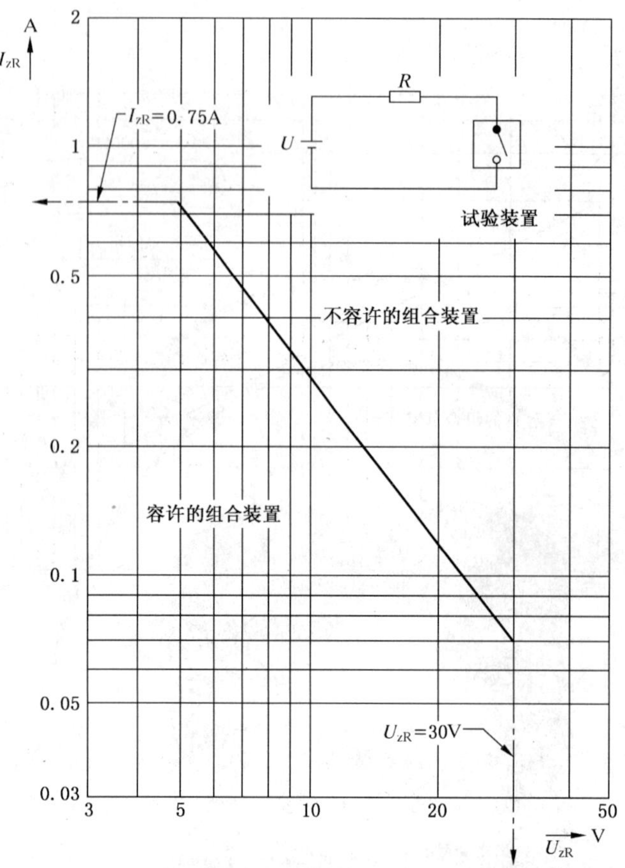

图 32 在乙醚蒸气和氧混合成的最易燃气体中纯电阻电路上测得的最大容许电流 I_{zR} 和最大容许电压 U_{zR} 的函数关系(见 41.3)

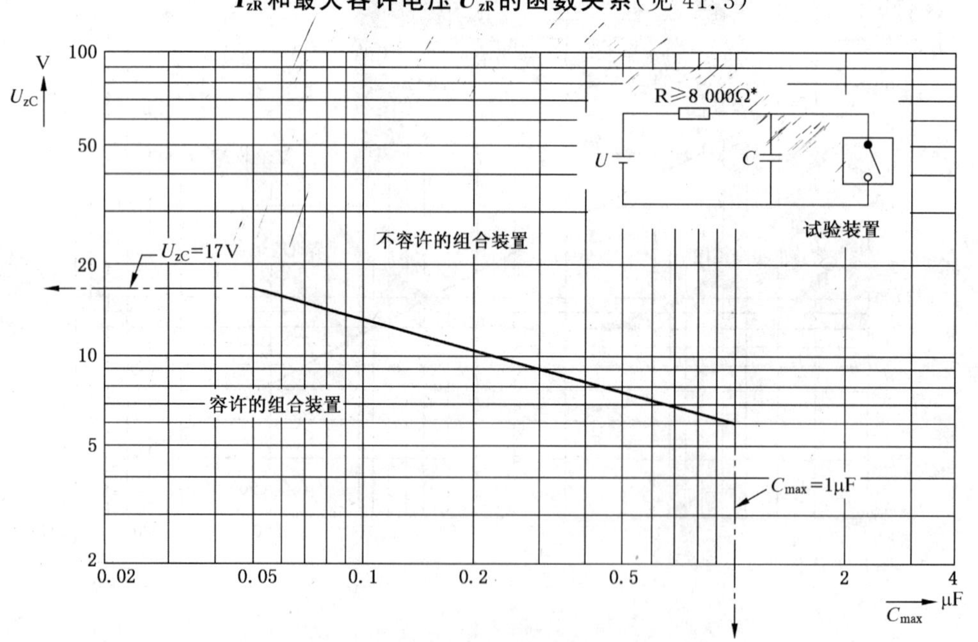

* 若 R 小于 8 000 Ω,则为 8 000 Ω 或实际的电阻值。

图 33 在乙醚蒸气和氧混合成的最易燃气体中电容电路上测得的最大容许电压 U_{zC} 和电容 C_{max} 的函数关系(见 41.3)

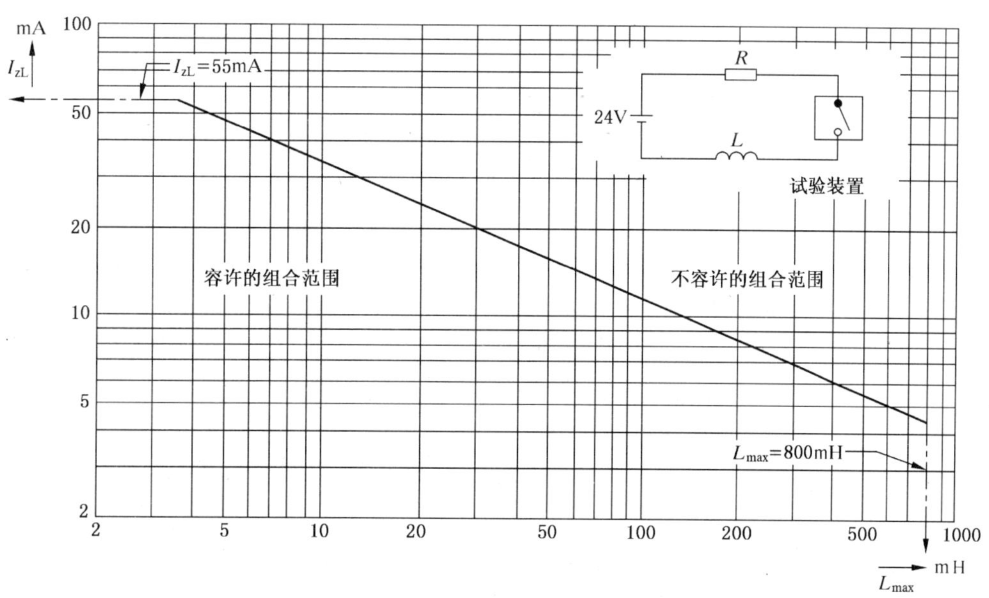

图 34 在乙醚蒸气和氧混合成的最易燃气体中电感电路上测得的最大容许电流 I_{zL} 和电感 L_{max} 的函数关系(见 41.3)

图 35 无通用要求。

图 36 无通用要求。

图 37 无通用要求。

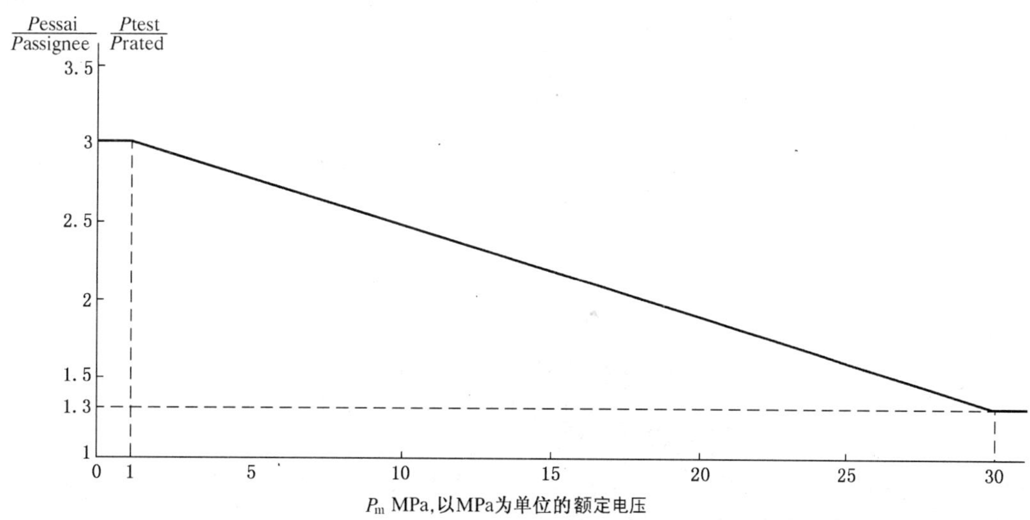

图 38 水压试验压力与最高容许工作压力的比例关系

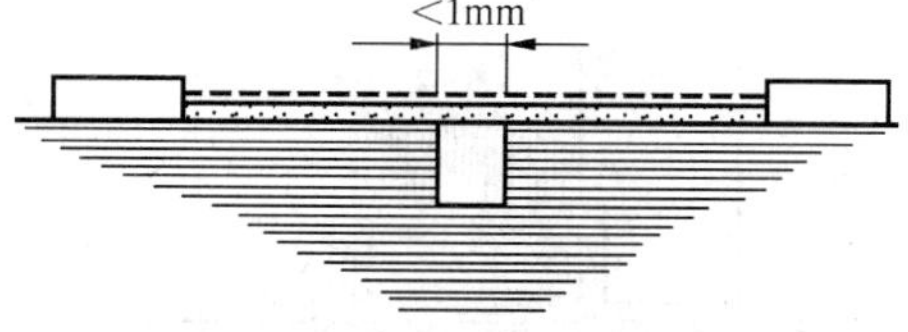

条件:考虑的距离包括一个两侧平行或两侧收敛而宽度小于 1 mm 任意深度的槽。

规则:如图所示,直接跨过槽测量**爬电距离**和**电气间隙**。

注:图 39～图 47 的说明,见图 47 后的说明。图中的**电气间隙**和**爬电距离**,按下列图例:

------- 电气间隙 ▒▒▒ 爬电距离

图 39 例 1(见 57.10)

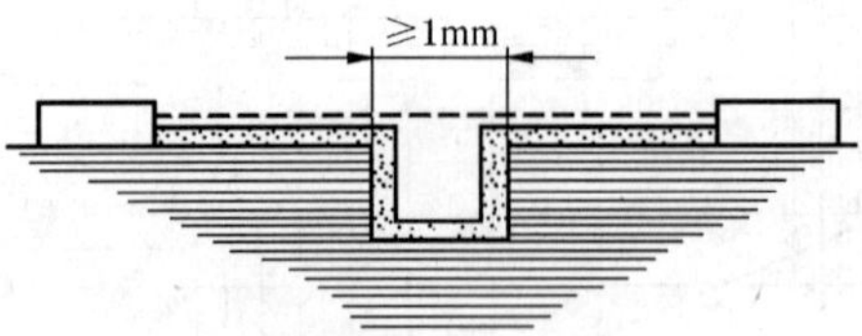

条件:考虑的距离包括一个两侧平行,宽度等于或大于 1 mm 任意深度的槽。

规则:直线距离为**电气间隙**;**爬电距离**则沿着槽的轮廓。

图 40　例 2(见 57.10)

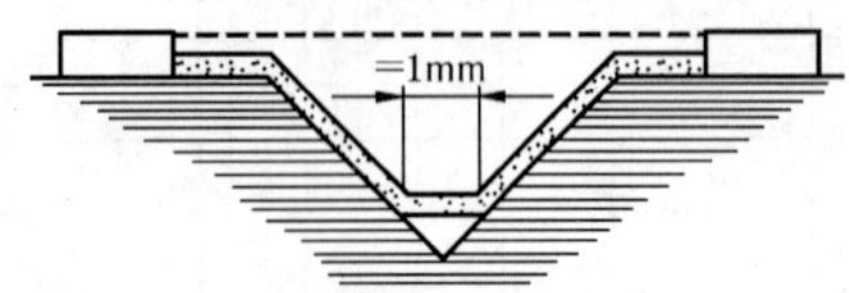

条件:考虑的距离包括一个槽宽度大于 1 mm 的 V 形槽。

规则:**电气间隙**是直线距离;**爬电距离**则沿着槽的轮廓。但用一段长 1 mm 的线段将槽底“短接”,该线段被视为**爬电距离**。

图 41　例 3(见 57.10)

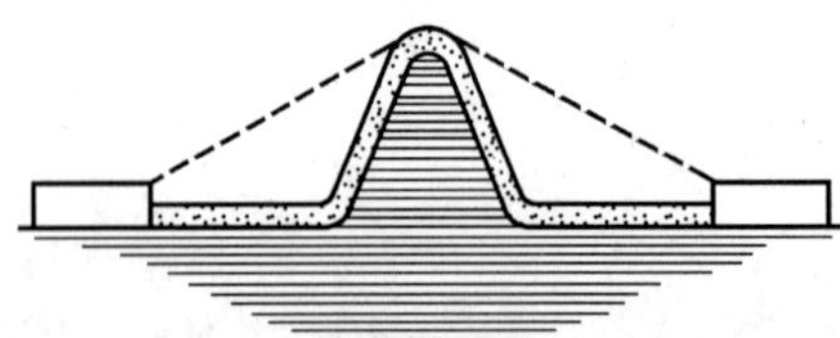

条件:考虑的距离包括一个加强肋。

规则:**电气间隙**是加强肋顶部最短的直接空间距离;**爬电距离**沿着加强肋的轮廓。

图 42　例 4(见 57.10)

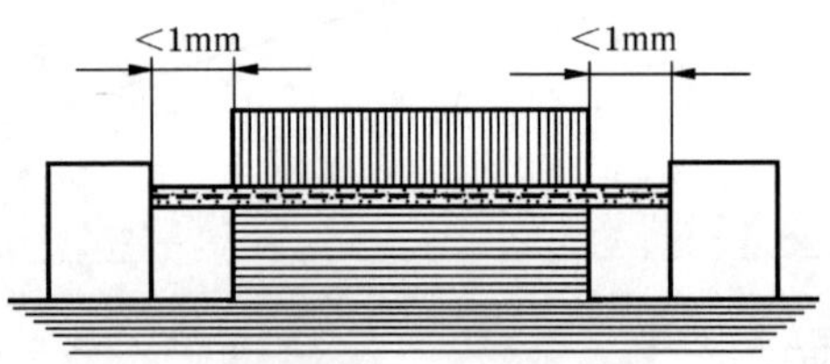

条件:考虑的距离包括一个未粘合的连接,且每边各有一个宽度小于 1 mm 的槽。

规则:如图所示,**爬电距离**和**电气间隙**都是直线距离。

图 43　例 5(见 57.10)

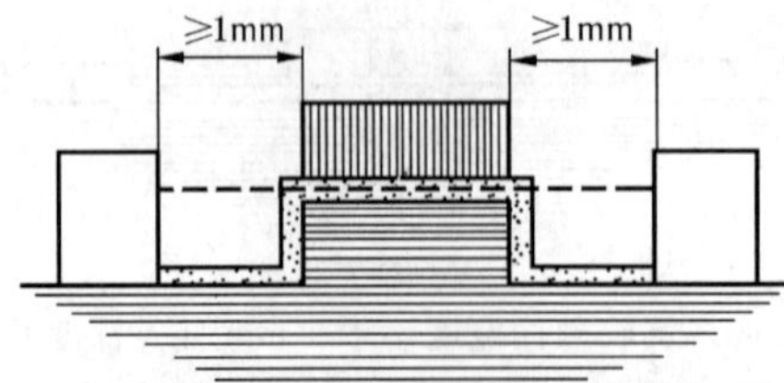

条件:考虑的距离包括一个未粘合的连接,且每边各有一个宽度大于或等于 1 mm 的槽。

规则:**电气间隙**是直线距离;**爬电距离**则沿着槽的轮廓。

图 44　例 6(见 57.10)

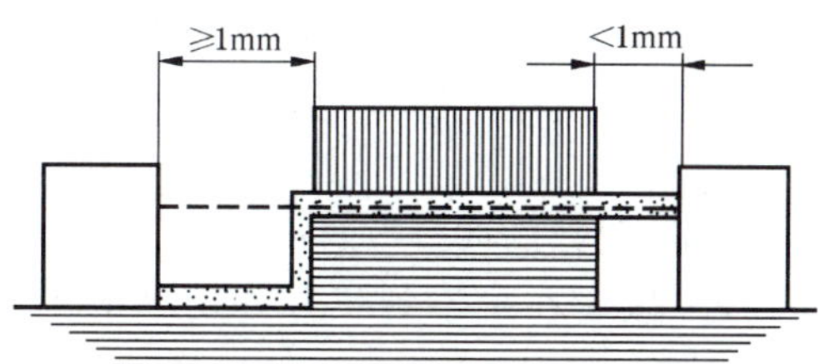

条件:考虑的距离包括一个未粘合的连接,其一边有一个宽度小于 1 mm 的槽,另一边有一个宽度大于或等于 1 mm 的槽。

规则:**电气间隙**和**爬电距离**如图所示。

图 45 例 7(见 57.10)

条件:螺钉头与凹座壁之间的间隙宽到足以要考虑的程度。

规则:**电气间隙**和**爬电距离**如图所示。

图 46 例 8(见 57.10)

条件:螺钉头与凹座壁之间的间隙狭到不必考虑的程度。

规则:**爬电距离**是从螺钉到壁的距离为 1 mm 的地方测定的。

图 47 例 9(见 57.10)

图 39～图 47 的说明(见 57.10):

1) 下列决定**爬电距离**和**电气间隙**的方法,将用来说明本标准的要求。

这些方法不区分间隙和槽,也不区分绝缘类型。

假设:

a) 横断槽的两侧可是平行的、收敛的或分散的;

b) 任何小于 80°的内角,可假定在最不利位置处用一根 1 mm 的绝缘连线桥接起来(见图 41);

c) 当跨过槽顶的距离大于或等于 1 mm 时,**爬电距离**就不应直接跨过该槽顶(见图 40);

d) 有相对移动的两部件之间的**爬电距离**和**电气间隙**,被认为是在最不利位置时测得的;

e) 算出的**爬电距离**总不会小于所测得的**电气间隙**;

f) 在计算总的**电气间隙**时,不考虑任何宽度小于 1 mm 的空气隙(见图 39～图 47)。

2) 只涂漆、涂釉或被氧化的**带电**部分,被认为是裸露的**带电**部分。然而,任何绝缘材料制的覆盖层在其电气特性、热特性和机械性能方面相当于一层厚度均匀的绝缘膜时,该覆盖层则可被认为是绝缘层。

3) 如果**爬电距离**或**电气间隙**被浮动的导体部件所阻断,则各段之和不应小于表 16 中所规定的最小值。各段中小于 1 mm 的距离则不予考虑。如果基准电压高于 1 000 V,则宜注意到由电容分布引起的电压分配。

4) 如果在**爬电距离**中有横断槽,则只有在槽宽大于或等于 1 mm(见图 40)时,槽壁才被看作**爬电距离**。在所有其他情况下,则不予考虑。

5) 在绝缘物的表面上或凹座中有阻挡物,则只有该阻挡物是固定得使水分和尘土都不能侵入接合部或凹座时,才按爬过阻挡物来测量**爬电距离**。

6) 宜尽可能避免与可能有的爬电路径方向相同的,且只有十分之几毫米宽的狭隙,因为在这种狭隙中可能沉积尘土和水分。

7) 在图 43 到图 45 中,例 5 到例 7 中提到未粘合的连接。对于粘合的连接,见本标准的 57.9.4 f)的第二个破折号。

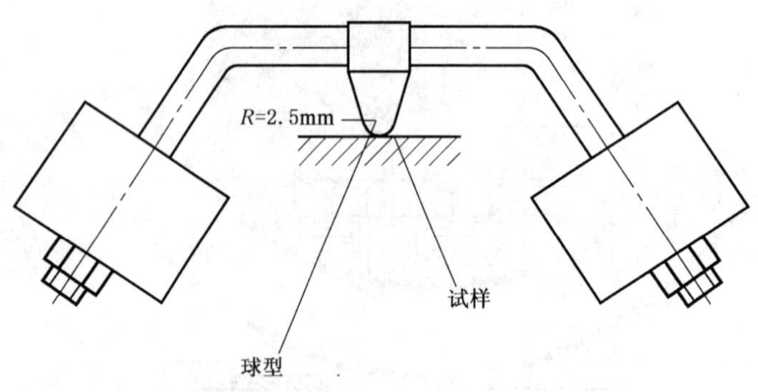

图 48 球压试验装置(见 59.2)

图 49 无通用要求。

增补新图50和图51：

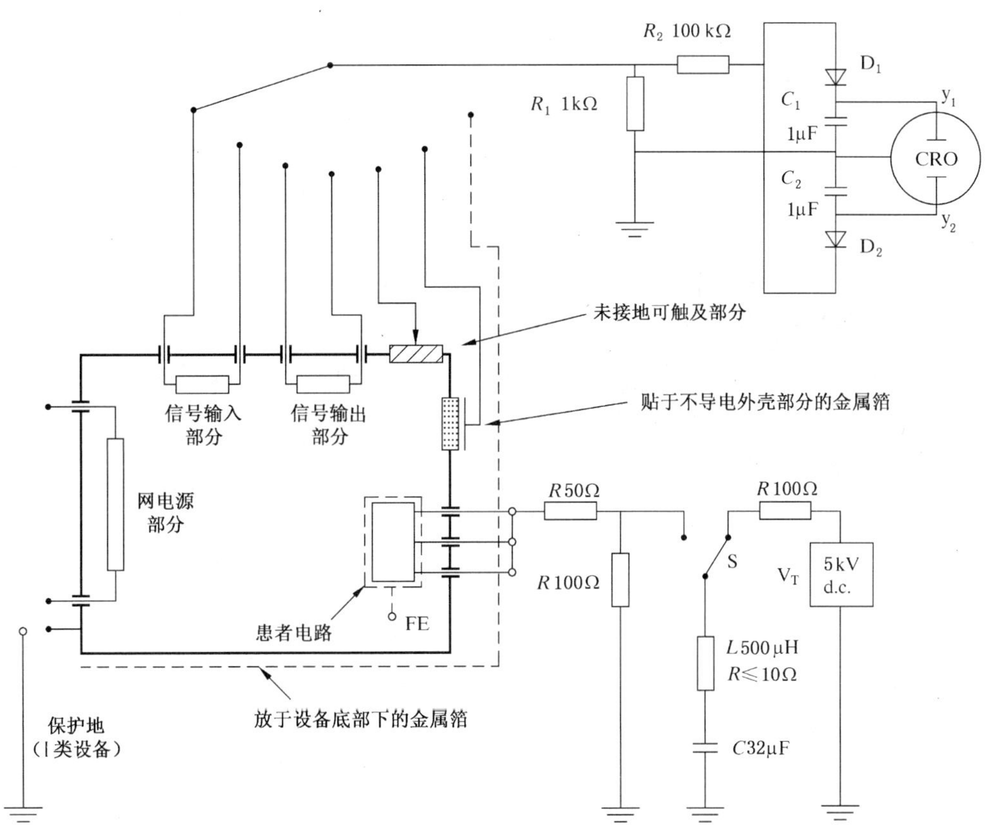

V_T——测试电压；

S——用于提供测试电压的开关；

R_1、R_2——误差2%，不低于2 kV；其他元件误差5%；

CRO——阴极射线示波器(Z_{in}≈1 MΩ)；

D_1、D_2——小信号硅二极管。

图50 测试电压施加于防除颤应用部分跨接的患者连接处[见17 h)]

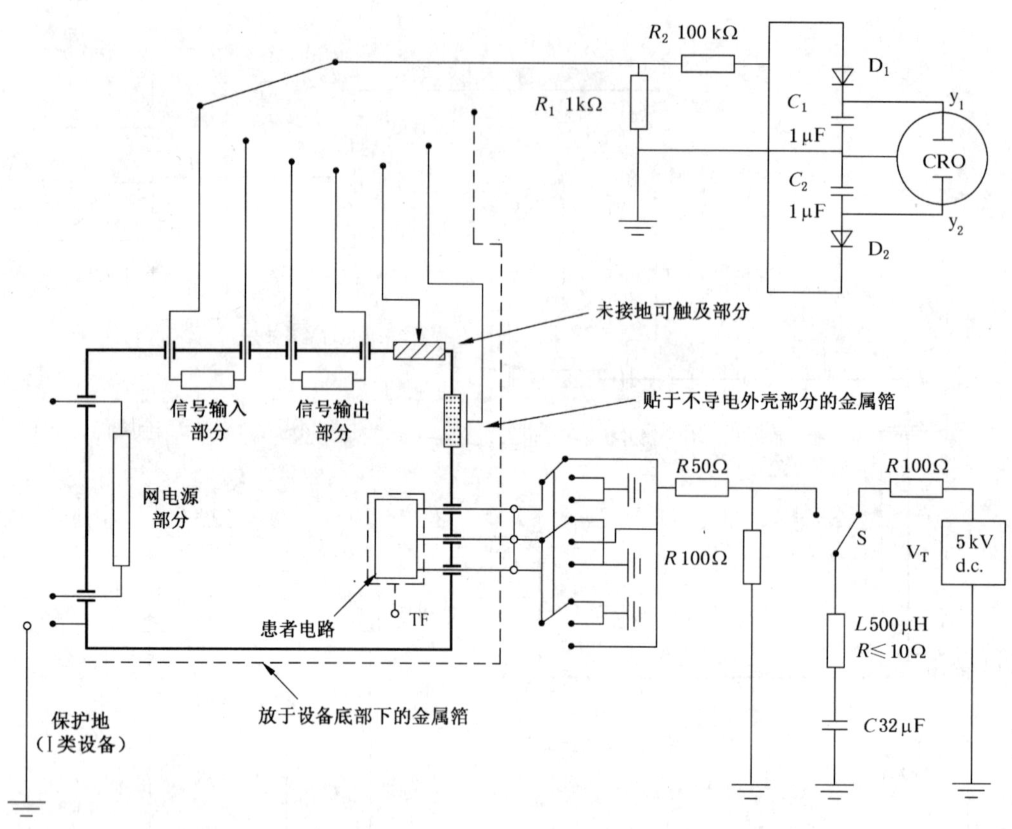

V_T——测试电压；

S——用于提供测试电压的开关；

R_1、R_2——误差 2%，不低于 2 kV；其他元件误差 5%；

CRO——阴极射线示波器($Z_{in}\approx 1\ M\Omega$)；

D_1、D_2——小信号硅二极管。

图 51　测试电压施加于防除颤应用部分的单个患者连接处[见 17 h)]

附 录 A
(资料性附录)
总导则和编制说明

A.1 总导则

鉴于**医用电气设备**与**患者**、**操作者**及周围环境之间存在着特殊关系,本通用标准是必需的。下列几个方面在此关系中起重要作用:

a) **患者**或**操作者**不能觉察存在着某些潜在危险,如电离或高频辐射等。

b) **患者**可能因生病、不省人事、被麻醉、不能活动等原因而无正常反应。

c) 当**患者**皮肤因被穿刺或接受治疗而使皮肤电阻变得很低时,**患者**皮肤对电流无正常防护能力。

d) 生命机能的维持或替代可能取决于**设备**的可靠性。

e) **患者**同时与**设备**的多个部分相连接。

f) 高功率**设备**和灵敏的小信号**设备**经常是特定的组合。

g) 通过与皮肤接触和(或)向内部器官插入探头,将电路直接应用于人体。

h) 环境条件,特别是在手术室里,可能同时存在着湿气、水分和(或)由空气、氧或氧化亚氮与麻醉剂或清洁剂组合的混合气,所引起火灾或爆炸危险。

A.1.1 如 IEC 513 出版物所述,**医用电气设备**的安全是总体安全的一个部分,包括**设备**安全、医疗器械的医用房间内的设施安全和使用安全。

在**正常使用**和**正常状态**及**单一故障状态**下,都要求**设备**安全。对于生命维持**设备**,以及中断检查或治疗会对**患者**造成**安全方面危险**的**设备**,其运行可靠性被认为是一个安全因素。

用来防止人为差错的必要结构和布置,都被认为是安全因素。

如果安全防护措施提供了足够的防护,而对正常功能又无不适当的限制,则该措施被认为是可接受的。

一般来说,**设备**总是由有资格的或经批准的人员来操作的,**操作者**有专门的医疗应用技能,并按使用说明书操作。

设备的总体安全可包括:

——与**设备**连成一体的防护措施(无条件安全)。

——附加的防护措施,如使用防护屏蔽或防护罩(有条件安全)。

——使用说明书中对运输、安装和(或)定位、连接、投入运行、操作以及**操作者**和助手使用**设备**时的相应位置做出的限制(说明性安全)。

一般情况,安全防护措施假定是按这里说的顺序实行的。它们可以利用可靠的工程学(它包括生产方法的知识以及制造、运输、贮存和使用时的环境条件知识),通过采用冗余技术和(或)机械的或电气原理的防护装置来实现。

本标准只参照引用了那些有通用意义的标准,而不是只限制适合于专门类型**设备**。在其他情况下,原封不动地或稍加修改地采用了一些要求和试验,不再注明来源。

A.1.2 GB 9706.1—1995 的指南

在 GB 9706.1—1995 中,GB 9706.1—1988 的一些条文已被删除,例如未给出试验要求,或指明“无通用要求”。

为指明有关主题,保持了原有题名,以便专用标准可参考这一条文。

有关专用标准内容的段落,已从第 1 章移至本附录中(A.2 的 1.3)。

过去 1.4 里规定的环境条件,现改在第 10 章中作为对**设备**的要求提出,并指明:当说到符合这些操作要求时，即认为已用本标准中的试验检验过。

适用范围(1.1)的新规定考虑到**医用电气设备**的新定义，该定义更加恰当和更加切合实际(见2.2.15)。

引入了"保护性接地"的新定义概念。

"**安全方面危险**"这一术语及其定义，将便于在本标准中引用这一术语(见2.12.18)。

现在的标准对**设备**的**操作者**和被认为对**设备**的正确使用和维护保养负有责任的**使用者**作了区分(见2.12.17和2.12.13)。

第14章中各条的顺序已合理调整。自IEC 60536《电气和电子设备防电击保护划分的等级》(1976)出版物中引出的叙述性段落已删除。

对**应用部分**和**带电**部分之间电气隔离的要求，也适用于**可触及部分**和**带电**部分之间的电气隔离(见第17章)。当**爬电距离**和**电气间隙**低于57.10中的值时，**患者**电流容许值由**单一故障状态**时的值改为**正常状态**时的值。

18 e)中对**电位均衡导线**的连接装置的要求已取消，并以对这种连接器(如**设备**上配有)的结构要求来代替。

所有提及附加**保护接地导线**之处均已删除，因为这样一种导线的保护功能不再被认可。

第18章的各条顺序，已合理调整。

增加了说明在测量**患者漏电流**和**患者辅助电流**时，**应用部分**连接方法的附录[见附录K和19.1 e)]。

有**CF型应用部分**的**设备正常状态**时**外壳漏电流**的容许值，由0.01 mA改为0.1 mA。

为符合抑制射频干扰的要求，**设备**有大的**对地漏电流**值是容许的。

19.4 a)和20.4 a)均做了修改。

指示有效值的仪表，被认为是测量漏电流的适用仪表。

第20章中有些方面重新作了安排：

——**网电源部分**和其他部分之间的绝缘要求，已被扩展用到所有**带电**部分，但仅限于会引起**安全方面危险**的情况。

——对每一专门绝缘，均补充说明该绝缘是**基本绝缘**、**辅助绝缘**、**双重绝缘**或是**加强绝缘**。

——所有**设备**分类(**Ⅰ类**、**Ⅱ类**、**内部电源**)资料都去掉，并用一个新列的简单的表5来代替原来的表5、表6和表7。对基准电压超过10 000 V时的试验电压，由专用标准规定。

——对**F型应用部分**和**设备外壳**之间的绝缘进行了重新规定，以便确定该**应用部分**是否会有一旦绝缘失效而使**患者带电**的电压(见新的B-d和B-e类别)。

——20.1、20.2、20.3和20.4均重新做了安排，使所述内容只和其标题有关。

——第20章的新的写法，使第十篇57.10(**爬电距离**和**电气间隙**)大为简化。

A.1.3 对电击危险的防护

为防止不是由**设备**规定的物理现象引起的电流所导致的电击，可采用下列措施的组合来达到：

——用**外壳**、**防护罩**或安装在碰不着的位置等方法，来防止**患者**、**操作者**或第三者的身体与**带电**部分或绝缘损坏时可能**带电**的部分接触。

——限制**患者**、**操作者**或第三者可能有意或无意接触的部件上的电压或电流。这些电压和电流可能在**正常使用**或**单一故障状态**下出现。

通常，采用下列措施的组合来达到这一防护：

——限制电压和(或)能量，或保护接地(见第15章、第18章)；

——**带电**部分加**外壳**和(或)**防护罩**(见第16章)；

——采用质量和结构均能满足要求的绝缘(见第17章)；

——流经人体或动物身体、能引起某种程度刺激作用的电流值，按照与身体连接的方式以及所加电流的频率和持续时间，随不同的个体而不同。

直接流入或流经心脏的低频电流大大地增加了心脏室颤的危险。中频或高频电流电击的危险较小或危险可忽略，但烧伤危险仍然存在。

人体或动物对电流的敏感性，取决于与**设备**接触的程度和性质，并导致分类方式影响**应用部分**所提供的防护程度和防护质量（分成B型、BF型和**CF型应用部分**）。**B型**和**BF型应用部分**一般适用于与**患者**除心脏之外的体外或体内的接触。**CF型应用部分**宜**直接用于心脏**。

结合**设备**的分类，已提出对容许**漏电流**的要求。关于导致人的心脏室颤的电流的敏感性的科学数据是不足的，这个问题依然存在。

尽管如此，工程师们已经拥有可供他们设计**设备**用的数据，所以就目前而言，这些要求被认为是代表了宜要考虑的安全要求。

确定**漏电流**要求时，考虑到了：

a) 室颤的可能性同时受电气参数之外的其他因素的影响；

b) 出于统计学的考虑，**单一故障状态**下的容许**漏电流**值，宜在顾及安全的要求下尽可能高些；

c) **正常状态**时的值，与**单一故障状态**时的值比较，需有足够高的安全系数，以保证在所有情况下都是安全的。

已经叙述了一种可以使用简单的仪器来实现**漏电流**测量的一种方法，以避免对某一给定的情况做出不同的解释，并指明**使用者**进行定期检查的可能性（在应用法规中叙述）。

电介质强度的要求也被包括在内，以便检验用于**设备**不同部位的绝缘材料的质量。

A.1.4 对机械危险的防护

第四篇的要求被分成几个部分。一部分叙述**设备**损坏或劣化（机械强度）引起的**安全方面危险**，另外几个部分叙述由**设备**引起的机械性危险（由运动部件、粗糙表面、尖角锐边、不稳定、飞溅物、振动和噪声、**患者**支承部件和**设备**部件悬挂装置的断裂造成的伤害）。

由于受到如炸裂、压力、冲击、振动等机械应力，因固体粒子、灰尘、液体、湿气和侵蚀气体的侵入，因热应力和动态应力，因受腐蚀，因运动部件或悬挂质量的紧固件松动和因受辐射，而使**设备**部件受损或劣化，**设备**可能变得不安全。

机械过载的后果，材料的断裂或磨损，可用下列装置避免：

——一旦出现过载就能立即中断运行或停止供能，或使之变为无危险的装置（例如熔断器、压力阀）；

——能防备或截住可能引起**安全方面危险**的飞溅物或坠落物（因材料断裂、磨损或过载而造成的）的装置。

可配备冗余的部件或安全制动装置，以防止**患者**支承架或悬吊架断裂。

打算拿在手中或放在床上的**设备**部件，应足够坚固以免跌坏。它们不仅在运输中而且在车辆中使用时也要承受振动和冲击。

A.1.5 对不需的和过量的辐射危险的防护

医用电气设备的辐射可能以物理学已知的各种形式出现。安全要求涉及到不需要的辐射。对**设备**和环境应有防护装置，确定辐射量的方法应标准化。

在由医务主管人员负责的特定应用情况下，可能超过**设备**的限值。至于电离辐射，IEC的要求一般是符合国际辐射防护委员会（ICRP）推荐的标准的。它们的目的是向设计者和**使用者**提供可立即使用的数据。

只有对**设备**的操作方法和操作的持续时间，以及**操作者**及其助手的位置进行充分研究之后，才能对它们做出评估，因为最不利条件下的应用可能会导致产生妨碍正常诊断和治疗的情况。

国际辐射防护委员会（ICRP）最近的出版物向**操作者**指出了如何限制故意辐照的正确方法。

A.1.6 对易燃麻醉混合气点燃危险的防护

A.1.6.1 适用性

当**设备**在使用易燃麻醉剂和（或）易燃消毒剂和（或）皮肤清洁剂的地方使用时，如果这些麻醉剂或消毒剂与空气或氧或氧化亚氮混合,就可能存在爆炸危险。

这些混合气可能由火花或因接触有高温表面的部件而点燃。

开关、连接器、熔断器或**过电流释放器**等类似装置,在断开或闭合电路时都可能产生火花。

电晕可在**高电压**部件中产生火花,静电放电也会产生火花。

这些麻醉混合气点燃的可能性,取决于它们的浓度、所需的最低点燃能量、表面高温的存在和火花的能量。

点燃所引起的危险,取决于混合气所在的位置和相对数量。

A.1.6.2 工业**设备**和元件

一般地说,由于一系列的理由,GB 3836《爆炸性气体环境用电气设备》标准中对结构的要求,并不适用于**医用电气设备**:

a) 关于尺寸、重量或设计等结构原因,不适合于医用和(或)消毒的需要;

b) 某些结构允许在外壳内部爆炸,但要求能防止爆炸传播到**外壳**外。这种可能是固有安全的结构在手术室中连续运行的**设备**是不受欢迎的;

c) 工业上的要求是对与空气混合的易燃剂而制定的。它们不适用于氧或氧化亚氮混合的医用混合气;

d) 医疗实践中易燃麻醉混合气仅是相对很小的量。

然而,GB 3836《爆炸性气体环境用电气设备》标准中所述的某些结构,可容许用于 **AP 型设备**(见 40.1)。

A.1.6.3 对**医用电气设备**的要求

易燃麻醉混合气的位置说明:

——对本标准第 37 章所述的,遵守规定的最低排放和吸收条件的**设备**结构来说,做了尽可能必要的说明;

——对**设备**的配置和 GB 16895《建筑物电气装置》中电气设施的结构,做了尽可能必要的说明。

该标准还提供了一些易燃剂的易燃浓度、它们的常用浓度、点燃温度、最低点燃能量和闪点的资料。有关场地的通风和排放的要求、最低相对湿度的要求、和某些区域内允许使用的某些**设备**类型,都可由地方(医院)或国家来规定,可能的话,通过法律做出决定。

本篇的要求、限制和试验,都是以乙醚蒸气与空气和氧气混合的最易燃混合气,使用附录 F 中的试验仪器作试验所得的统计研究结果为依据的。这是因为在常用的麻醉剂和清洁剂中,与乙醚的组合物的点燃温度和点燃能量都是最低的。

在**与空气混合的易燃麻醉气**环境中使用的**设备**的温度或电路参数超过容许限值,且不能避免火花时,有关部件和电路可装在用惰性气体或清洁空气增压的**外壳**内,或装在限制通气的**外壳**内。

限制通气的**外壳**,延迟了点燃浓度的形成。它们之所以被认可,是因为已设定,**设备**在**与空气混合的易燃麻醉气**环境中使用一段时间后,接着是一段使危险浓度消失的通风换气时间。

对于含有或使用于**与氧或氧化亚氮混合的易燃麻醉气**环境中的**设备**,有关要求、限值和试验则更严格。

正如 3.6 指出的那样,各要求不仅适用于**正常状态**,而且也适用于**单一故障状态**。仅在无火花和温度被限制或温度被限制且电路参数也被限制这两种情况下,才许可不进行点燃试验。

A.1.7 对超温和其他**安全方面危险**的防护

——温度(见第 42 章)

温度极限要求几乎适用于一切类型的电气**设备**,其目的是防止绝缘迅速老化,防止在触及**设备**或操作**设备**时感到不适,或防止**患者**可能触及**设备**部件而受到伤害的危险。

可插入体腔内的**设备**部件,通常是暂时性的,但有时却是永久性的。

对接触**患者**的情况,规定了专门的温度限值。

——防护火灾危险(见第 43 章)

除 **AP 型**和 **APG 型设备**外，**医用电气设备**的对火灾危险的防护可由专用标准规定要求。

工作温度的正常限值及过载保护的要求可适用。

——压力容器(见第 45 章)

当无地方性规程可循时，请注意对压力容器和受压部件的有关要求。

——供电电源的中断可能(见第 49 章)

供电电源的中断可能引起**安全方面危险**。

A.1.8 工作数据的准确性和对不正确输出的防止

GB 9706.1 是所有专用标准的指导原则，为此应包括某些较通用性的要求。所以在第八篇中提出某些通用性的要求是必要的。

目前，由于各种原因，还不能对一些类型的**医用电气设备**提出甚至是急需的标准。

各种标准化机构，包括那些非 IEC 范围内的标准化机构，为了有一个唯一的标准体系、采用了 IEC 60601-1出版物(GB 9706.1)的体系。在此情况下，最重要的是在该篇中给出指导原则，以有助于实现"功能性的"**患者**安全。

A.1.9 不正常的运行和故障状态；环境试验

设备或**设备**部件由于不正常运行，可能发生超温或其他**安全方面危险**。因此，对这些不正常运行和故障状态应进行探讨。

A.1.10 应用部分和外壳——概述

预期接触**患者**的部分会比**外壳**的其他部分存在更大的危险，因此这些**应用部分**将受到更严的要求，例如，对温度限制和(按 **B/BF/CF 型**分类)对漏电流的要求。

注：对**医用电气设备外壳**上的其他**可触及部分**比对其他类**设备外壳**的**可触及部分**更有测试的需要，因为**患者**可能接触这些部分，或**操作者**可能同时接触这些部分和**患者**。

为了确定哪些要求是适用的，应区分**应用部分**和仅被简单当作**外壳**的部分。但是要做到这一点会有一定的困难，特别是对那些在某些情况下可能会接触**患者**，但对**设备**实现其功能并非应接触的部分。区分**应用部分**还是**外壳**有二个准则。首先，如果对**设备**的**正常使用**接触是必需的，这部分就要受控于对**应用部分**的要求。

如果接触对于**设备**的功能实现是偶然发生的，这部分就要依据接触是由**患者**还是**操作者**的蓄意活动引起的来分类。若接触是偶然发生的，且是由**患者**的动作引起的，**患者**在大多数情况下都不比其他人蒙受更大的风险，此时就适用于对**外壳**的要求。

为了评估哪些部分是**应用部分**、**患者连接**和**患者电路**，要依次采用以下步骤：

a) 判别**设备**是否有**应用部分**，如果有，则要识别**应用部分**的范围(这些决定是基于非电的考虑)。

b) 如果没有**应用部分**，则不存在**患者连接**和**患者电路**。

c) 如果有一个**应用部分**，则可能有一个或一个以上的**患者连接**。若**应用部分**的一个导电部件不直接接触**患者**，但未与**患者**隔离，且电流可通过此部件流入或流出**患者**，那么这部件就要按一个独立的**患者连接**来处理。

d) **患者电路**就由这些**患者连接**和不适当的绝缘/隔离的任何其他导电部件所组成。

注：相关的隔离要求包括与**应用部分**有关，且应符合第 20 章中的电介质强度试验及 57.10 的**爬电距离**和**电气间隙**的要求。

A.2 某些章条的编制说明

第 1 章

专用标准可在补充条文中规定专门的标题，并且宜完全分清哪些是涉及通用标准的，哪些是涉及专用标准的。

只有那些与**患者**关系十分密切以致会影响**患者**安全的试验室**设备**，才包括在本标准的范围内。

IEC 第 66E 分技术委员会(测量、控制和试验室**设备**的安全)所包括的试验室**设备**，不属本标准范围由**使用者**开发的**设备**组合，即使组合的单独**设备**是符合本标准要求的，而该组合可以不符合本标准要求。

1.3

专用标准可以规定：

——不加修改采用通用标准中的某条；

——不采用通用标准的某章或某条(或它们中的一部分)；

——以专用标准的某章或某条代替通用标准的某章或某条(或它们中的一部分)；

——任何补充章条。

专用标准可以包括：

a) 提高安全程度的要求；

b) 比本通用标准的要求降低的要求，如果本通用标准的要求因为某些原因做不到时，例如**设备**输出功率的原因；

c) 关于性能、可靠性、相互关系等要求；

d) 工作数据的准确度；

e) 环境条件的扩展和限制。

2.1.5

本通用标准包含一个对**应用部分**的定义，使得在大多数情况下能清楚地确定**设备**的哪些部分需按**应用部分**来处理，并遵守相对于**外壳**来说更严格的要求。

除那些只可能因**患者**的不必要动作而发生接触的部分外，例如：

——红外线治疗灯，由于不需与**患者**进行直接接触，因此没有**应用部分**；

——X射线**设备**唯一的**应用部分**是**患者**躺着的台面；

——同样，在MRI扫描仪中，唯一的**应用部分**是支撑**患者**的台子和其他必需与**患者**直接接触的部分。

此定义并不总能清楚确定一种特殊类型**设备**的一个独立部分是否是**应用部分**。这类情况需要根据上述编制说明加以考虑，或者参考能明确识别特殊类型**设备**中的**应用部分**的专用标准。

2.1.15

当**应用部分**具有**患者连接**时，这些**患者连接**宜与**设备**内指定的**带电**部分充分隔离，且对**BF**和**CF型应用部分**还要与地充分隔离。对相关绝缘进行的电介质强度试验和对**爬电距离**和**电气间隙**进行的评估被用来验证是否符合这些准则。

患者电路的定义是用来确定**设备**中所有易于向**患者连接**提供电流，或从**患者连接**接受电流的部件。对于**F型应用部分**，**患者电路**是从**患者**向**设备**内部看，一直向内延伸到所规定的绝缘处和/或保护阻抗处为止。

对于**B型应用部分**，**患者电路**可与保护接地相连。

2.1.23

与**应用部分**使用有关的潜在危险之一，是**漏电流**可以通过**应用部分**流经**患者**这一事实。在**正常状态**下和各种故障状态下，对这些电流的大小都有专门的限制。

注：在**应用部分**的不同部分之间流经**患者**的电流，称为**患者辅助电流**。流经**患者**并到地的**漏电流**称为**患者漏电流**。

对**患者连接**的定义是为了确保对**应用部分**的每一个独立部分的识别，在其之间流过的电流是**患者辅助电流**，且**患者漏电流**可能通过其流至一个接地的**患者**。

在某些情况下，需进行**患者漏电流**和**患者辅助电流**的测量以确定**应用部分**中的哪些部分是独立的**患者连接**。

患者连接并不总是可触及的。**应用部分**中任何与**患者**发生电气接触的导电部件，或者是那些仅通过不符合本标准规定的相关电介质强度试验或**电气间隙**和**爬电距离**要求的绝缘或空气间隙来防止与**患者**电气接触的部件，就是**患者连接**。

包括以下例子：

——支撑**患者**的台面是**应用部分**。床单不能提供足够的绝缘，因此台面的导电部分被划分为**患者**

连接。

——注射控制器的给药组件或针是**应用部分**。控制器中与(潜在导电的)注射液以不充分绝缘相隔离的导电部件是**患者连接**。

当**应用部分**具有绝缘材料的表面时,19.4 h) 9)规定要用金属箔或盐溶液进行试验,因此这部分被认为是**患者连接**。

2.1.24

在所有各类**应用部分**中 **B 型应用部分**提供最低限度的**患者**防护,且不宜**直接用于心脏**。

2.1.25

BF 型应用部分提供了比 **B 型应用部分**更高的**患者**防护。这种防护是通过对**设备**的接地部分及其他**可触及部分**的绝缘来实现的,因此在**患者**万一接触其他**带电设备**时限制可能流过**患者**的电流大小。

但是,**BF 型应用部分**不宜直接用于心脏。

2.1.26

CF 型应用部分提供最高程度的**患者**防护。这种防护是通过对**设备**的接地部分或其他**可触及部分**的进一步绝缘来实现的,进一步限制了可能流经**患者**的电流大小。**CF 型应用部分**适宜**直接用于心脏**。

2.1.27

防除颤应用部分仅能防止按照 IEC 60601-2-4 设计的除颤器的放电。有时在医院中会使用其他结构的除颤器,例如具有更高电压和脉冲的除颤器。这类除颤器也可能损坏防**除颤应用部分**。

2.3.2

本定义不必包括专门用于功能目的的绝缘。

2.3.4

如需要,**基本绝缘**和**辅助绝缘**可分开试验。

2.3.7

术语"绝缘系统"并不意味者绝缘应为同质体。它可包括几层,但不能象**辅助绝缘**或**基本绝缘**那样分开来试验。

2.4.3

这一定义是根据 GB 16895.21 和 IEC 60536 而定的。

2.5.4

该术语需区别于以前称之为"**患者**功能性电流"的电流。这种电流是打算产生生理效应的,例如对神经和肌肉刺激、心脏起搏、除颤、高频外科手术所需要的。

2.6.4

在**医用电气设备**中,功能接地连接可能由**操作者**可触及的**功能接地端子**的方式来实现。或者本标准也允许Ⅱ**类设备**经由**电源软电线**中的绿黄导线作为功能接地连接使用。在这种情况下,相关部分应与**可触及部分**绝缘[见 18 l)]。

2.7.6

电线组件,属于 IEC 60320《家用和类似用途的电器连接器》标准的范围。

2.11.2

最大容许工作压力,参照原设计参数、制造商规定的标称值、容器的现状和使用情况,由有资质的人员来决定。

在有些国家,这一数值有时可降低。

2.12.2

型式标记旨在确立与商业性或技术性出版物及与**随机文件**的关系,以及与**设备**分离部件之间的关系。

3.6

如 3.1 所述,**设备**在**单一故障状态**下仍要求保持安全。因此,单独一个保护措施发生故障是容许的。

两个单一故障同时发生的概率被认为是相当小的,可忽略不计。

只有具备下列条件之一,这种状况才能得以保证:

a) 单一故障的概率是小的,因为有足够的设计裕度,或有双重保护防止第一个单一故障的发展。或

b) 一个单一故障引起安全装置(例如:熔断器、**过电流释放器**、安全制动装置等)动作,以防止发生**安全方面危险**,或

c) 一个单一故障能通过一个被**操作者**一眼就看出来、明白无误、清晰易辨的信号显示出来,或

d) 一个单一故障经由使用说明书上规定的周期检查和维护保养所发现并修好。

在上述 a)至 d)范畴中的一些例子,如:

a) **加强绝缘**或**双重绝缘**;

b) **基本绝缘**失效的**I 类设备**;

c) 显示装置显示不正常,备用的悬挂绳索故障引起过量噪音或摩擦;

d) **正常使用**时要移动的柔性**保护接地**连接损坏。

3.6 c)

由同时连接至一个**患者**并符合本标准要求的其他一些**设备**的保护装置的双重故障,或由一个不符合本标准要求的**设备**的保护装置的单一故障,都能在(可能与**信号输入部分**或**信号输出部分**有**导电连接**的)**F 型应用部分**上造成出现外来电压的情况。在良好的医疗实践过程中,像这样的情况是很少会有的。

然而,因为带 **F 型应用部分设备**的主要安全措施是**患者**不通过与**设备**连接而接地,**F 型应用部分**对地的电气隔离必须有最低的质量要求。这里假设有一等于对地最高供电电压的供电频率的电压,即使存在于**患者**环境且出现于**应用部分**上时,**患者漏电流**也不应超过限值的要求为保证的。

在此假定情况下,**患者**被假设未接至**应用部分**。

第 4 章

设备中可能有很多绝缘、元器件(电气的和机械的)以及结构件,其中有一个发生故障,即使**设备**性能因此受到影响或失效,但对**患者**、**操作者**或周围的人不会产生**安全方面危险**。

4.1

为保证每一台单独生产的**设备**符合本标准要求。即使未对制造或安装过程中的每一台**设备**进行全面测试,制造商和(或)安装者在制造和(或)安装装配时,为保证每一台**设备**都符合所有要求宜进行的测试。

这些测试的形式可以是:

a) 与安全有关的质量的生产方法(保证产品合格出厂和质量稳定);

b) 对每一台产品进行产品试验(例行试验);

c) 对生产的试样进行生产试验,其结果将能证明有足够的置信度。

生产试验可不同于型式试验,但可与制造条件相适应,且可能对绝缘质量或其他安全的重要特性产生较少的危险性。

当然,生产试验将限于会引起最不利情况的设定状态(可在型式试验时确定)。

依照**设备**的性质、生产方法和(或)试验,可涉及到**网电源部分**的、**应用部分**的关键绝缘,以及这些部件之间的绝缘和(或)隔离。

漏电流和电介质强度可作为试验参数提出。

若适用,**保护接地**的连续性可作为主要试验参数。

4.3

试样是否有代表性,由试验室和制造商决定。

4.8

目的是检验**设备**是否正常运行。

4.10

a) **医用电气设备**的潮湿预处理及处理后的试验，常在适合于对家用和类似电器作处理和试验的试验室里进行。

为避免这些试验室的不必要的投资和费用，预处理和试验宜尽可能地安排得切实可行。

b) 按照 GB 4208，标明 IPX8 的**设备**的**外壳**在规定条件下，防止会引起**安全方面危险**的一定量的水进入某些部位。

试验条件和允许的进水量及进水部位，在专用标准中规定。如果不允许进水（封闭式**外壳**），进行潮湿预处理是不适合的。

对湿度敏感的部件，通常用于受控制的环境内且不影响安全性，不需进行此项试验。例如：基于计算机系统中使用的高密度存储介质，如磁盘和磁带驱动器等。

c) 为防止**设备**在放入潮湿箱时出现冷凝，箱中温度应等于或稍低于放入箱中**设备**的温度。为避免箱外房间里的空气应用恒温系统，在处理时，箱内空气温度在+20℃～+32℃范围内与箱外空气温度相适应，然后被"稳定"在起始值上。虽然大家承认箱中温度会影响对湿度的吸收程度，但是都认为试验结果的重现性并未受到实质性影响，而费用则大为降低了。

d) 防滴**设备**和防溅**设备**可用在湿度高于普通**设备**使用环境湿度的环境中。

因此，这类**设备**要在潮湿箱中放 7 d（见 4.10 第 7 段）。

第 5 章

设备可有多种分类。

5.1

Ⅲ类**设备**的安全完全依赖于设施和与之相连的其他Ⅲ类**设备**。这些因素是**操作者**控制不了的，这对**医用电气设备**来说是不能接受的。另外，限制电压不足以保证**患者**安全。为此 GB 9706.1—1995 去掉了Ⅲ类**设备**。

6.1 **f)**

虽然**型式标记**通常表示某些性能规范，但它可能表明不了包括所用元件和材料的确切构造。如果有此要求，**型式标记**可能还需加一个**序号**。该**序号**也可用于其他目的。

如果某些地区要求各个识别，只有制造**序号**的表示可能还不够。

6.1 **n)**

对于符合 GB 9364 的熔断器，其类型和标称值的标识也宜符合要求。标识举例：T315L 或 T315mAL，F1.25H 或 F1.25AH。

6.1 **z)**

用蒸馏水、甲基化酒精和异丙醇进行摩擦试验。

异丙醇作为试剂在欧洲药典中被规定如下：

C_3H_8O（分子量 60.1）——丙醇、异丙醇。无色澄清液化，有特臭，可混溶于水和酒精。相对密度在 20℃下为 0.785，沸点在 1013 hPa 下为 82.5℃。

为使摩擦试验具有可重复性，名词"甲基化（酒精）"由下列体积比的各成分组成：

乙醇：90.0%

甲醇：9.5%

吡啶（嘧啶）：0.5%

注：此配比摘自加拿大的《医用电气设备　第 1 部分：安全通用要求》。

6.2 **e)**

对于符合 GB 9364 的熔断器，其类型和标称值的标识也宜符合要求。标识举例：T315L 或 T315mAL，F1.25H 或 F1.25AH。

6.4

不要求专用的颜色。

6.7

指示灯用的颜色，参见 IEC 73 出版物《用颜色和辅助手段标记指示设备和调节器》。

6.8.1

用于标记和**随机文件**的语种问题，IEC 解决不了。即使要求识别标记和**随机文件**都用本国语言，也得不到世界范围的支持。

6.8.2 a)

——重要的是要确保**设备**不被误用于未预期的应用。

——干扰的例子包括：

电源瞬变、磁场干扰、机械干扰、振动、热辐射、光辐射。

6.8.2 b)

制造商的责任

使用说明书可指出，只有在以下几种情况下，制造商，装配者、安装者或进口商才认为自己对**设备**的安全性、可靠性和性能方面受到的影响负有责任：

——装配、增设、调试、改动或维修都是由他认可的人员进行的；

——有关房间内的电气设施是符合有关要求的，以及

——**设备**是按使用说明书要求使用的。

6.8.3 a)

在本通用标准中不可能定义准确度和精确度。这些概念在专用标准中给出。

10.2.1

这些环境条件是按无空调**设备**的建筑物，在环境温度偶尔达到 40℃的天气确定的。

按照本标准，**设备**在 10.2 的条件下运行宜是安全的，但只需按**随机文件**中制造商规定的条件就完全可行了(见**正常使用**的定义)。

本标准范围内的**设备**，不适宜在压力舱内使用。

10.2.2

因为本标准范围内的**医用电气设备**面很广，不可能规定**网电源电压**和频率波动对每一特定类型**设备**性能的容许影响。

本标准中，这些影响包含在一些安全试验中。

按法蒂司克(Fortescue)理论，任何不平衡多相系统可分解为三个平衡的相位系统：

——一个有同等幅值和相位角，但相序与原系统相反的所谓正序分量；

——一个有同等幅值和相位角，但相序与原系统相同的所谓负序分量；

——一个有同等幅值而无相互的相位角(同相的)，且无相序(静止向量)的所谓零序分量。无中性线的系统，没有零序电流分量。

零序电流可以三相电流之和除以 3 来确定。

因此，中线电流是零序电流的 3 倍。

文献：

——电力系统分析基础

W. D 小斯蒂文逊

麦克格朗希尔(Mc Graw Hill)出版(第 272 页)

——IEEE 第 37 卷第Ⅱ部分(1918)

第 1329 页

——现代电力系统

纽恩丝文德

第 183 页零序的测量

10.2.2 a)

除非另有说明，当交流电压波形的任一瞬时值与理想波形同一时刻的瞬时值的差值，不超过理想波形峰值的±5%时，认为此交流电压实际上是正弦的；

如果多相电压系统的负序分量和零序分量的幅值，都不超过其正序分量幅值的 2%，则此多相电压系统被认为是对称系统；

当由对称电压系统供电的多相供电系统，所形成的电流系统是对称的，则该多相供电系统即被认为是对称的。这就是说，无论是负序分量还是零序分量，它们的电流幅值都不超过正序分量电流幅值的 5%。

14.1 b)

规定使用外部直流电源(例如用于救护车上)的**设备**，应满足Ⅰ**类**或Ⅱ**类设备**的所有要求。

14.5 b)

如果**内部电源设备**具有连接网电源的独立的电池充电器或供电装置，则认为该电池充电器或供电装置是**设备**的一部分，并适用这些要求。

这些要求不适用于不可能同时连接网电源和**患者**的**设备**(包括任何独立的供电装置或电池充电器)。

14.6

预期**直接用于心脏**，具有一个或几个 **CF 型应用部分**的**设备**，可同时使用另外一个或几个附加的 **B 型**或 **BF 型应用部分**[参见 6.1 l)]。

类似的**设备**可以是有一个 **B 型**和 **BF 型应用部分**的混合体部分。

第 16 章

外壳和**防护罩**用来防护人与**带电**部分接触，或防止与保护绝缘故障后可能**带电**的部分接触，它们同时也用来防止其他危险(机械的、热的、化学的等)。

"意外接触"指的是，在**正常使用**时，人不用工具也不甚用力便可触及到部件。

除了如病人支承物和水床等特殊情况外，一般假设是通过以下途径与**设备**接触的：

——手，用 10 cm×20 cm 的金属箔来模拟(或当整个**设备**较小时，用小面积的金属箔来模拟)；

——自然状态下伸直或弯曲的手指，用有挡板测试指来模拟；

——拿在手里的笔，用导向测试针来模拟；

——项链或类似的悬挂物，用悬挂在盖孔上的金属试验棒来模拟；

——**操作者**调节已预调的控制装置时用的螺丝刀，用插入柄的金属试验棒来模拟；

——一个能往外拉出的小片，或小片拉出后手指便可进入的孔，用试验钩和试验指的组合来模拟。

除了必需用来供符合性检验用的那些装置外，其他装置均不允许。

16 a)5)

本条还旨在包括通常用多芯软电缆与**设备**主机架连接的，用手持控制盒控制的**设备**。

通常控制电路使用特低电压；甚至使用**安全特低电压**。控制电流和导线截面一般都很小。

控制盒**外壳**的保护接地，不一定很有效(高电阻的)。

双重绝缘会占用大量空间和重量，而**加强绝缘**对小型控制开关和按钮是不适用的。

若**正常使用**时不大可能同时接触到控制盒和**患者**，用金属**外壳**或绝缘材料**外壳**的控制盒，可仅用**基本绝缘**制作。

绝缘可按特低电压来设计。

16 c)

设备可触及金属部分保护接地的符合性试验[18 f)]是用足够低的电压(不超过 6 V)提供 10 A～25 A 之间的电流进行的。电流至少保持 5 s。这些要求的理由是,该连接能承受**基本绝缘**损坏时产生的故障电流,它才能实现它的保护功能。

这一电流被假设有足够的幅值引起电气**设备**中的保护装置(熔断器、断路器、**对地漏电流**断路器等)在相当短的时间内动作。

设定试验电流通过的最短时间的要求,是为了暴露出连接件的部件因为布线太细或接触不良而产生的过热现象。这样的"薄弱点"只用测量电阻值的方法是发现不了的。

电气控制装置操作机构的导体部件被**保护接地**时,要求的最大电阻值是 0.2 Ω,最小的试验电流是 1 A,最大的电源电压是 50 V,除了试验仪器读数需要的时间外,没有最短时间的要求。

这一放宽的理由是:

a) 操作机构是脆弱的,不能流过 10 A～25 A 的试验电流,它们通常是二次回路的一部分,流过连接部分的故障电流将受到限制。

b) 与此相关的是,由于它形成故障电路总阻抗的一个较小部分,最大电阻值可能增大。由于电源电压和试验时间数值不太严格,烧断保护连接是不大可能的。

16 d)

使用附录 D 中表 D.1 的符号 14"注意! 查阅**随机文件**"是不够的,在**设备**外表注上警告性说明才能达到要求。

16 e)

提供绝缘和限制电压的组合被认为是对电击危险的附加防护措施。

第 17 章

空气可形成**基本绝缘**和(或)**辅助绝缘**的一部分或全部。

17 h)

一个或另一个除颤极板,在实际临床应用时可以接地或至少以地为基准。

当除颤器用于**患者**时,高电压可能因此被加在**设备**的一个部分与另一部分之间,也可能加在所有这些部分与地之间,因此**可触及部分**能与**患者电路**充分隔离,或当**应用部分**的绝缘由电压限制装置保护时被**保护接地**。

而且,尽管在错误使用时也不可能危及安全,在没有专用标准时,通常要求标以防除颤标记的**应用部分**能经受除颤电压,且对**设备**在随后的医疗保健使用中不会有任何不利的影响。

该试验确保:

a) **设备**、**患者**电缆、电缆连接器等的任何未**保护接地**的**可触及部分**,不会因除颤电压的闪络而**带电**;且

b) 在施加除颤电压后**设备**将能继续行使其功能。

正常使用包括**患者**与**设备**连接时被除颤和**操作者**或其他人员同时接触**外壳**的情况。损坏保护接地连接所引起的**单一故障状态**,在同一时间内发生的可能性非常小,可忽略不计。然而,不符合第 18 章要求的功能接地连接的中断很有可能发生,因此需要进行这些试验。

在除颤器放电期间,一个人接触**可触及部分**后所受电击的严重性,被限制在一个可以被感觉到,可能不令人愉快,但不危险的值内(相当于 100 μC 的放电)。

信号输入部分和**信号输出部分**也包括在内,因为通过信号线会给远处的**设备**带来可能有危险的能量。

本标准中图 50 和图 51 的试验电路设计成通过对跨接的试验电阻(R_1)上出现的电压积分来简化试验。

为了充分试验这种综合的保护方式,在图 50 和图 51 的试验电路中的电感 L 值要选择得能提供比

正常更短的上升时间。

脉冲试验电压的原理说明

当除颤电压加在**患者**的胸部，通过外部的应用极板（或除颤电极），**患者**的身体组织处在极板附近且在极板之间形成一分压系统。

电压的分布可用三维场理论进行粗略地估计，但是因为局部组织电导率不均匀，理论结果要进行修改。

如果另一类**医用电气设备**的电极在除颤器极板的大致范围内用于**患者**，该电极所承受的电压取决于其位置，但通常要小于加载时的除颤电压。

遗憾的是不可能说出小多少，因为上述电极可置于此区域中的任何位置，包括紧靠除颤器的一个极板。在无相关专用标准的情况下，必须要求这一电极和与其相连的**设备**能承受全部除颤电压，而且必须是空载电压，因为除颤器的一个极板可能会与**患者**接触不良。

为此本通用标准修订本规定，在无相关专用标准的情况下，5 kV 为适当的值。

18 a)

通常，**Ⅰ类设备**的**可触及金属部分**应以足够低的阻抗与**保护接地**端子永久性地连接。

然而，**Ⅰ类设备**可以有这样的与**网电源部分**隔离的**可触及部分**，即在**正常状态**时和在**网电源部分**的绝缘或保护接地出现**单一故障状态**时，从这些**可触及部分**至地的漏电流也不超过表 4 的值（见第 19 章）。

在此情况下，这些**可触及部分**不必接至**保护接地端子**，但它仍可接至例如功能接地端子，或让它们浮动。

可触及金属部分与**网电源部分**的隔离，可用**双重绝缘**、用金属屏蔽、用已**保护接地**的**可触及金属部分**、或用已**保护接地**的次级回路，将**可触及金属部分**与**网电源部分**完全隔离。

装饰层覆盖的金属部件，当装饰层不符合机械强度试验要求时，被认为是**可触及金属部分**。

18 g)

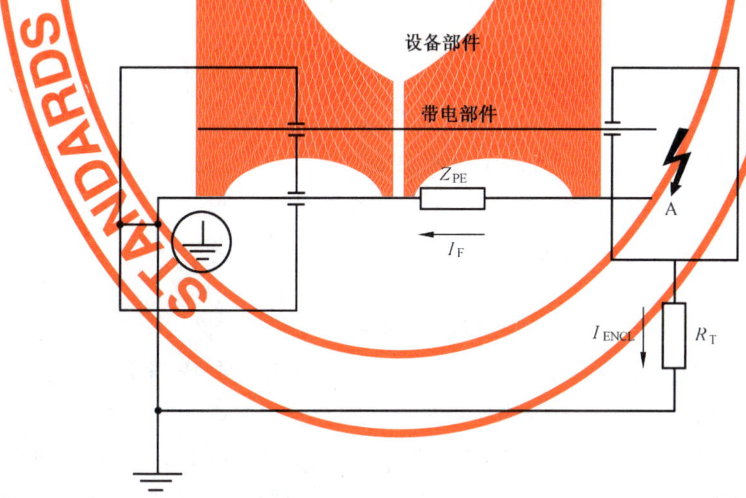

符号说明

A＝两点之间的短路。

ZPE＝保护接地连接阻抗，Ω，（超过 0.1 Ω）。

I_F＝对地绝缘的单一故障引起的保护接地连接中最大连接预期故障电流，A。

I_{ENCL}＝**单一故障状态下外壳漏电流**的容许值。

R_T＝试验电阻（1 kΩ）。

由于固有阻抗或电源的性质，例如供电系统是不接地的，或通过高阻抗接地，故障电流可被限制为相对低的值。

在这类情况下，保护接地连线的截面积，可主要由机械上的考虑来决定。

19.1 d)

正常状态下，Ⅰ**类设备**来自**保护接地**部分的**外壳漏电流**可忽略不计。

19.2 a)

Ⅰ**类设备基本绝缘**击穿一般不能作为**单一故障状态**看待，因为在熔断器或过**过电流释放器**动作之前，这种情况下的**漏电流**不能保持在容许限值(表4)之内。例外的是，在对**设备**内部保护接地连接的有效性有疑问时[见17 a)和17 g)]，将**基本绝缘**短接起来测量**漏电流**。

19.3 和表 4

频率在1 kHz内(包括1 kHz)的交、直流复合波时的连续**漏电流**和**患者辅助电流**的容许值。

——一般说来室颤或心泵衰竭的危险随着流过心脏的电流值或流过的时间最多几秒钟增长而增加。心脏的某些区域比其他区域更敏感。就是说，某一电流值若加于心脏的某一部分会引起室颤，而加于心脏的其他部分时则可能没有影响。

——对从10 Hz～200 Hz范围的频率来说，危险性最大，且对各种频率的危险差不多是一样的。直流时危险较小，降低近5倍，在1 kHz约降低1.5倍。超过1 kHz，危险迅速下降[1]。表4中的值覆盖直流到1 kHz的频率范围。50 Hz和60 Hz的供电网频率是在最危险的范围内。

——虽然一般规律是通用标准中的要求不像专用标准中的要求那么严格，但表4中一些容许值的确定是合适的，所以：

a) 大多数类型的**设备**能达到，和

b) 它们能适用于无专用标准的大多数**设备**类型(现有的和将有的)。

对地漏电流

——**对地漏电流**的容许值不是临界值，用来防止流过供电设施保护接地系统电流的显著增加。

——表4注2)说明如果内部的导体部件不会被触及时，哪些情况下较高的**对地漏电流**是容许的。

——表4注3)说明有固定的和永久性安装的**保护接地导线**的**设备**，因**保护接地导线**不大可能意外断开，可有较高的容许**对地漏电流**。

外壳漏电流

根据下列考虑确定限值：

a) 有**CF型应用部分**的**设备正常状态**下的**外壳漏电流**，增加至与有**B型**与**BF型应用部分**的**设备**相同的值，因为这些**设备**可能同时用于一个**患者**。

b) 进入胸腔的1 A电流在心脏部位产生的电流密度为50 $\mu A/mm^2$[8]。进入胸腔500 μA的电流(**单一故障状态**的最大容许值)在心脏部位产生的电流密度为0.02 5$\mu A/mm^2$，比所考虑的值低得多。

c) **外壳漏电流**流经心脏引起室颤或心泵衰竭的概率。

如果在操作心内导线或充满液体的导管时不当心，可以想象**外壳漏电流**会达到心内某一部位。对这些装置宜始终都非常小心地操作，并使用干的橡皮手套。

心内装置和**设备外壳**直接接触的概率被认为是非常低的，可能是1%。通过医务人员间接接触的概率被认为稍微高些，比如说10次中有1次。**正常状态**的最大容许**漏电流**为100 μA，它本身就有引起室颤的0.05的概率。若间接接触的概率为0.1，则总的概率就是0.005。虽然这个概率看来是比较高，宜提醒的是，如果正确操作心内装置，这一概率可降低到单纯机械性刺激的概率水平，即0.001。

在维护条件差的部门，**外壳漏电流**增至最大容许值500 μA时(**单一故障状态**)的概率，被认为是0.1。

该电流引起室颤的概率取作1。意外地直接和**外壳**接触的概率如前所述，考虑为0.01，就得到总概率为0.001，等于单纯机械性刺激时的概率。

通过医务人员将最大容许值500 μA的**外壳漏电流**(**单一故障状态**)引入一个心内装置的概率

是 0.01(**单一故障状态**为 0.1,意外接触为 0.1)。因为这一电流引起室颤的概率是 1,所以总概率也是 0.01。这一概率也是高的,然而能采取相应措施使它降低到单纯机械性刺激的 0.001 的概率。

d) **患者**可感知的**外壳漏电流**的概率

当用夹持电极接触完好的皮肤时[1]、[2],男性对 500 μA 能感知到的概率为 0.01,女性为0.014。电流通过黏膜或皮肤伤口时有较强的感觉[2]。因为分布是正态的[1],存在着某些**患者**能感知非常小的电流的概率。曾报道某人能感知流过黏膜的 4 μA 电流[2]。

B、**BF** 和 **CF 型应用部分**的**设备**的**外壳漏电流**规定是相同的,是因为所有这些类型的**设备**可能同时用于同一**患者**。

患者漏电流

有 **CF 型应用部分**的**设备**,**正常状态**时**患者漏电流**的容许值是 10 μA,当这一电流流经心内小面积部位时,引起室颤或心泵衰竭的概率为 0.002。

即使电流为零时,也曾观察到机械性刺激能引起室颤[4]。10 μA 限值是容易达到的,在心内操作时不会明显地增加室颤的危险。

有 **CF 型应用部分**的**设备**,**单一故障状态**时最大容许值 50 μA,是以临床得到的、极少可能引起室颤或干扰心泵的电流值为依据。

对于可能与心肌接触的直径为 1.25 mm~2 mm 导管,50 μA 电流引起室颤的概率接近 0.01(见图 A.1 及其说明)。用于造影的小截面(0.22 mm^2 和 0.93 mm^2)导管,如直接置于心脏敏感区,则引起室颤或心泵衰竭的概率较高。

单一故障状态时**患者漏电流**引起室颤的总概率为 0.001(单一故障的概率为 0.1,50 μA 电流引起室颤的概率为 0.01)等于单纯机械性刺激的概率。

单一故障状态时容许的 50 μA 电流,不大可能达到足以刺激神经肌肉组织的电流密度,如果是直流也不会达到引起组织坏死的电流密度。

有 **B 型**与 **BF 型应用部分**的**设备**,在**单一故障状态**时最大容许**患者漏电流**为 500 μA,因为这一电流不直接流过心脏,对**外壳漏电流**的解释可适用。

网电源电压出现在**患者**身上的概率被认为极小。只有出现下列故障时才会出现这种情况:

a) **Ⅰ类设备保护接地**失效(概率为 0.1);

b) **基本绝缘**失效。按经验这一概率小于 0.01。

这就得出**患者**身上出现**网电源电压**的概率为 0.001。

对有 **CF 型应用部分**的**设备**,**患者漏电流**将限于 50 μA,不比前面讨论的**单一故障状态**更坏。

对 **BF 型应用部分**的**设备**,在这些条件下,最大的**患者漏电流**是 5 mA。即使这一电流进入胸腔,也只会在心脏产生 0.25 μA/mm^2 的电流密度。这一电流极易为**患者**所感知,然而它出现的概率是极低的。

当外部电压作用于 **BF 型应用部分**时,在**单一故障状态**下允许 5 mA 的**患者漏电流**,因为有害生理影响的风险较小,且**网电源电压**出现在**患者**身上的情况是不太可能的。

因为存在**患者**接地是**正常状态**,不仅**患者辅助电流**,而且**患者漏电流**都可能持续流动很长时间。在这种情况下,同样需要一个低值的直流电流以避免组织坏死。

患者辅助电流

患者辅助电流的容许值,适用于阻抗体积描记器之类的**设备**,用于频率不低于 0.1Hz 的电流。对直流规定了较低的值,以防长时间使用时组织坏死。

---

[1]、[2]、[4]、[8]见本附录中的列出的参考文献。

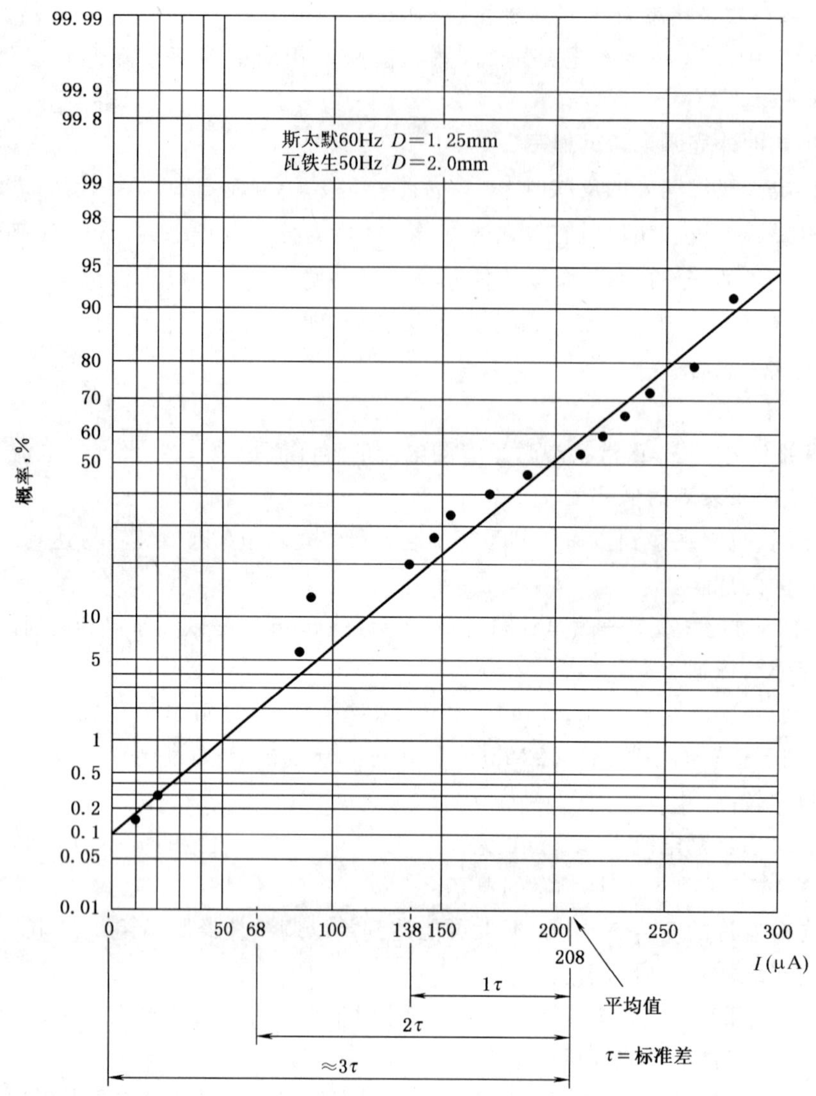

注:参考斯太默[6]和瓦铁生[7]论文中实验数据整理。

图 A.1 室颤概率

图 A.1 的解释

斯太默[6]和瓦铁生[7]的论文,提供了 50 Hz 和 60 Hz 电流**直接用于心脏**病人群的心脏引起室颤的数据。室颤概率是作为电极直径(D)和电流幅值的函数获得的。对于直径为 1.25 mm 和 2 mm 的电极、电流直至 0.3 mA 时,室颤的分布呈正态。于是,将此分布外推到包括为评估**患者**危险而通常使用的值(数值注明在图 A.1 中)。从这一推论可以看出:

a) 任何电流值,即使很小,仍有引起室颤的可能性,和

b) 常用值概率比较低约为 0.002~0.01。

因为室颤受许多因素(**患者**状态、电流进入心肌较灵敏区域的概率,室颤随电流或电流密度、生理现象、电场)支配,所以,用统计方法来确定各种条件下发生危险的可能性是合理的。

参考文献

[1] 致命的重新评估

Charles F. Dalziel; Re-evaluation of lethal electric currents, IEEE Transactions on Industry and General Applications, Vol. 1UGA-4, No. 5, 1968-09~10.

[6]、[7]见本附录中的列出的参考文献。

[2] 电力传输频率对人类电击的阈值

Kohn C. Keesey, Frank S. Letcher; Human thresholds of electric shock at power transmission frequencies; Arch. Environ. Health, Vol. 21 1970-10.

[3] 60 Hz 室颤和心律阈值及非起搏心内导管

O. Z. Roy; 60Hz Ventricular fibrillation and rhythm thresholds and the non-Pacing intracardiac cathether ; Medical and Biological Engineering, 1975-03.

[4] 心血管研究

E. B. Rafferty, H . L . Green, M . H . Yacoub; Cardicvascular Redearch; Vol . 9, No. 2, pp. 263-265, 1975-03.

[5] 电气安全专题报告

H. L. Green; Electrical Safety Symposium Report; Department of Health and Social Security; United Kingdom, 1975-10.

[6] 电流密度与电气导致的室颤

C. Frank Starmar, Robert E. Whalen; Current density and electrically induced ventricular fibrillation; Medical Instrumentation; Vol. 7 No. 1, 1973-01～02.

[7] 人类室颤的电阈值

A. B. Watson, J. S. Wright; Electrical thresholds for ventricular fibrillation in man; Medical Journal of Australia; 1973-06-16.

[8] 医用检测仪器(摘要)

A. M. Dolan, B. M. Horacek, P. M. Rautaharaju; Medical Instrumentation (abstract) 1953-01-12, 1978.

19.4 a)

虽然公认绝缘吸潮对绝缘电阻的影响远大于对其电容的影响,但电阻测量的结果受到电阻测量所选定的时间的严重影响。这种结果可能因而变得没有重现性。

为进一步改善重现性,提出保留**漏电流**的试验,并在潮湿预处理结束后 1 h 开始试验。已考虑到如果绝缘电阻的劣化会造成**安全方面危险**,它也会在增大了的**漏电流**中明显看出,同时在电介质强度试验结果中明显看出。

19.4 b)

图 10、图 11、图 12 和图 13 中的开关 S_1 或 S_1+S_2 或 $S_1+S_2+S_3$ 可省略,有关导线可用其他方法断开。

图 10、图 11、图 12、图 13 和图 14 中可调输出电压的单相或多相隔离变压器,可用固定输出电压的隔离变压器和可调输出电压的自耦变压器的组合来代替。

19.4 表 4

在 **B 型应用部分**中,因**应用部分**带有外来电压,从**应用部分**流至地的电流容许值定为 5 mA,这是因为产生有害生理效应的风险较小,而且**患者**身上出现 220 V 电压的可能性是极小的。

19.4 d)

虽然将**设备**置于接地的金属物体上或接地的金属环境中使用的可能性不是没有,但这样一种情况相当难以规定得使试验结果具有重现性。因此,19.4 d)1)的规定被视作是一种通例。

患者电缆有大的对地电容值的可能性通常是很大的,并且这种对地电容很可能对试验结果产生相当大的影响。因此,规定了一个可提供重现结果的位置。

19.4 e)4)

测量装置代表了考虑到电流通过人体包括心脏时产生的生理效应的测量方法。

19.4 **h)**

宜注意，要使测量装置和其连接线的对地电容和对**设备外壳**的电容保持尽可能低的值。

可用固定输出电压的隔离变压器和可调输出电压的自耦变压器的组合，代替可调输出电压的隔离变压器 T_2。

20.1 **A-f**

与定义 2.3.2“**基本绝缘**：用于**带电**部分上对电击起基本防护作用的绝缘”相反，绝缘 A-f 不提供这类防护，但如果试验是必需的，就要采用与**基本绝缘**相同的试验电压值。

20.3

设备中要按第 20 章规定进行电介质强度试验的元器件，类似熔断器座、按钮、开关等，将承受相应的试验电压。如果这些元器件因其技术条件不能满足这些要求，可在**设备**中采取附加措施(例如用附加的绝缘材料)(参见 4.4 和 56.1)。

在表 5 中规定的电介质强度试验电压适用于通常需经受连续基准电压 U 和瞬变过电压的绝缘。

对于**防除颤应用部分**，在等于除颤峰值电压的基准电压 U 的基础上推算出的试验电压，对在**正常使用**中只是偶尔经受脉冲电压的绝缘来说是很高的，此脉冲通常小于 10 ms 且没有附加过电压。

在 17 h)中描述的专用试验是用来确保对承受除颤脉冲有足够的防护，不需要另外的电介质强度试验。

20.4 **a)**

因为 20.4 a)中的电介质强度试验是在潮湿预处理后，**设备**仍留在潮湿箱中立即进行的，需有充分的防护措施来保护试验室的人员。

20.4 **b)**

试验电压可用变压器、直流电源或**设备**内的变压器提供，在最后一种情况时，为防止过热，试验电压的频率可高于**设备**的**额定**频率。

对基准电压等于或高于交流 1 000 V，或直流 1 500 V，或峰值 1 500 V 的试验程序和持续时间，可由专用标准另作规定。

20.4 **g)**

这是可避免的，例如在变压器中，采用抽头连接到铁芯或其他适当的接点相连接的电压分压器，以保证在实际绝缘上有正确的电压分压，或采用两个相位同步的变压器。

20.4 **j)**

设计用来限制电压的元器件，在电介质强度试验中可能因功率消耗而损坏时，在进行试验时可拆下。

21.5

手持式设备或**设备**部件的试验，与便携式和**移动式设备**的试验不同，是因为它们实际使用中有差别。

21.6

与通常设想正相反，**医用电气设备**可能在逆境中使用。紧急情况下，**设备**要放在推车上过门坎和进入电梯，可能要承受冲击和震动。对某些**设备**来说，**正常使用**实际上就可能是这种情况。

第 22 章

对运动部件的**外壳**和防护件所要求的防护程度，取决于**设备**的总体设计和**设备**的预定用途。在判断敞露的运动部件是否合格时，考虑的因素可以是敞露的程度、运动部件的形状、意外接触的可能性、运动的速度以及手指、手臂或衣服被轧进运动部件的可能性(例如齿轮啮合处、皮带与皮带轮接合处或活动部件的钳夹或剪切闭合处)。

在**正常使用**以及在任何调节装置进行设定时，或在更换附件和配件时，都需要考虑这些因素，可能还要包括安装说明书，因为安装时可能还要提供不作为单台**非移动式设备**一个部分的防护件。

防护件的特点可考虑包括：

——只有使用**工具**才能拆卸；

——能够拆卸，以便维修和更换；

——强度和刚度；

——完整性；

——由于诸如清洗等维护保养的需要增多而必需进行的额外操作所产生的额外危险（例如夹紧点）。

参见 6.8.2 b)的原理说明。

第 26 章

在工厂和车间，过强的噪音可能引起疲劳或甚至损伤听力，防止听力损伤的限值，在国家标准中有规定。

在医用房间中为了**患者**和医务人员的舒适，需要特别低的限值。**设备**噪声的实际影响受到房间的声学特性、房间之间的隔音状况以及**设备**部件之间的相互作用的强烈影响。

28.5

悬挂质量的加速和减速引起的力（动态载荷）常常是难以计算的，因为一些部件的柔性会严重影响到加速或减速，而这些部件的组合作用是难以预料的。对于使用终端挡块的手动运动尤其是这样。对于电动机驱动的运动，对电动机控制电路故障状态的影响可能应予以考虑。

有关交变应力（包括导向装置和导向轮的尺寸）的要求，在考虑中。

第 36 章

通常只有在足够能量水平下，例如由透热治疗**设备**和手术**设备**发出的频率在 0.15MHz 以上的高频辐射才是直接有害的。然而，甚至发生的能量水平相当低的高频辐射，也有可能扰乱灵敏的电子装置的功能和引起对无线电和电视接收的干扰。

结构性的要求很难给出，但限值和测量方法已由 CISPR（国际无线电干扰特别委员会）出版物规定。

设备对外来干扰的灵敏度（电磁场、供电电压的扰动）在考虑中。

40.3

图 29、图 30 和图 31 中的曲线，是为了帮助设计出毋需进行点燃试验便能满足 **AP 型设备**规定值要求的电路。

推论到更高的电压是无效的，因为在较高的电压下，气体的点燃条件已变化。这里引入了电感的限值，因为高电感值通常产生**高电压**。

40.4

假定从**设备**泄漏逸出的空气或惰性气体的量，被限制在不会明显干扰医用房间的卫生条件的程度。

在 40.4 和 40.5 中“**外壳**”这个术语，可表达为 2.1.6 中定义的**外壳**，或是一个分开的隔离物或罩壳。

40.5 a)

因为**正常使用**中的平均条件是不太严格的，所以这个要求被认为足以防止**正常使用**的几个小时运行一个周期内发生点燃。

41.2

这个要求防止引入高于 41.3 所容许的电压。这种电压会存在于接地线上。

41.3

图 32、图 33 和图 34 中的曲线，是为了帮助设计出毋需进行点燃试验便能满足 **APG 型设备**规定值要求的电路。

42.1 和 42.2

表 10 a)和 10 b)来自 GB 4706.1。在表 10 a)中所列温度限值,供**可触及部分**、有 T 标记的元器件和分级的绕组绝缘用。在表 10 b)中列出了温度会影响**设备**寿命的材料和元器件。

43.2

富氧空气的存在增加了许多物质的易燃性,尽管其不是易燃混合物。

预期在富氧空气中操作的**设备**宜设计得使易燃材料着火的可能性降至最低。

如适用,专用标准宜规定相关要求。

44.4

泄漏被认为是一种**单一故障状态**。

44.8

设备、**附件**及其部件在设计时宜考虑到它们与**正常使用**时将要接触的物质一起使用的安全性。

如适用,专用标准宜规定相关要求。

第 45 章

本章的要求不是国家规范或标准的最严格的组合。

在某些国家,这些规范或标准适用。

45.2

假设若**压力**乘以容积等于或小于 200 kPaL 或**压力**值等于或小于 50 kPa,则不需要进行水压试验。

图 38 包含的安全系数高于那些通常用于试验容器的安全系数。然而,仅管水压试验通常是用来检查压力容器是否有生产缺陷或严重损伤的方法,设计上的合理性则是用其他方法来确定的,而现在讲的水压试验却是在不能用其他方法时被用来检查设计上的合理性的。

本标准删除了 GB 9706.1—1988 中引用的国家标准,是为了避免国家标准的要求服从于地方法规的情况。可以设想,没有与国家标准相抵触的地方法规时,**设备**有时不得不满足两种规定的要求。或满足更多的规定的要求。

45.3

如何确定使用时的最大**压力**视各种情况而定。

第 46 章

GB 9706.1—1988 中本章内容只论及连接的互换性,现在这些内容已被移到 56.3 中。

第 49 章

对于**患者**的安全性依赖于供电连续性的**设备**,专用标准宜包括有关供电故障报警或其他预防措施的要求。

49.2

要注意供电中断是否会引起意外移动、是否会影响压力的消除,以及是否会影响到**患者**从危险位置的移开。

51.1

如果**设备**的控制范围内出现某一部分的输出量与无危险输出量有显著差异时,宜提供一些措施来防止这类不安全设定,或向**操作者**指明(例如,在控制器设定完毕或联锁器旁通时使用有显著附加阻力的装置或者使用有附加专用信号或可听信号的装置)所选的设定值已超过安全的极限。

如适用,专用标准宜规定安全的输出水平。

51.2

任何向**患者**传送能量或物质的**设备**宜指示可能的危险输出,最好是预先指示,例如能量,速率或容量。

如适用,专用标准宜规定相关要求。

51.5

任何向**患者**传送能量或物质的**设备**宜提供一报警,当任何与指定的传送水平有重大偏离时宜向**操作者**警告。

如适用,专用标准宜规定相关要求。

52.4.1

——向**患者**或周围环境意外地释放达危险量的能量和物质的问题,可由专用标准规定。

有毒或易燃气体的危险量,取决于气体种类、浓度、散发的位置等。

功率耗散在 15 W 及以下时,不存在失火危险。

——会对**患者**造成直接的**安全方面危险**的功能不**正常状态**和运行故障问题(例如维持生命的**设备**中未辨出的故障、未辨出的测量误差、**患者**数据的置换),可在专用标准中规定。

52.5.7

离心开关工作的影响可预考虑。因为某些**带电**容器电动机的能否起动,会引起不同的后果,所以规定了电动机的堵转状态。

52.5.8 表 12 的最后一行

设备内电动机绕组温度限值在第一小时后用算术平均值来确定,因为试验室的经验表明,**间歇运行设备**可能会达到暂时与最大值不一样的各种值。

因此要求一个较低的温度限值。

第 54 章

在第十篇中,规定用检查方法来检验是否符合要求的地方,可通过分析制造商给出的有关文件来进行。

54.1

与**设备**特定功能有关的控制装置、仪表、指示灯等,宜放在一起(见第八篇)。

54.2

经常更换或调节的部件,宜安装和固定得可进行检查、维护、更换或调节而不会损坏或影响相邻的部件或配线。

54.3

控制装置的设定值,如发生意外的改变而影响安全时,则宜设计成或防护成不可能发生设定值的意外改变。

生命维持**设备**和其他关键**设备**的电源开关及其他主要控制装置,宜设计成或防护成不可能发生设定值的意外切换或改变。这种**设备**宜由专用标准确定。

与**设备**特定功能有关的控制装置、仪表、指示灯及类似装置宜按 6.1 清楚地标出它们的功能,并布置得使意外的或不正确的调节尽可能地减少。当控制装置的不正确调节会造成危险时,宜采取相应措施防止这种可能,如采用一个联锁装置或附加安全控制。

55.1

除**电源软电线**和其他必需的互连线外,至少所有的**带电**部分宜包裹在不助燃的材料中。

这不排除使用其他材料的**外壳**覆盖在符合上述推荐要求的内壳上。

易燃性试验见 GB/T 5169。

55.2

机械强度在第四篇中叙述。

56.1 b)

一般是检验**网电源部分**和**应用部分**的元器件是否符合要求。

56.3 c)

有两种情况需加以防止:

——首先,对于**BF型**和**CF型应用部分**,宜无**患者**偶然经由任何可能从**设备**脱开的导线接地的可能性;即使是**B型应用部分**,不需要的接地也可能对**设备**的操作带来不利的影响。

——其次,对于所有类型的**应用部分**,应无**患者**偶然连接任何**带电**部分或危险电压的可能性。

“可能的危险电压”既可能指**医用电气设备**的**带电**部分,也可能指在附近的其他导电部件上有超过**漏电流**容许值的电流流过的电压。

连接器所用绝缘材料的强度通过用试验指对连接器按压来检查。

这要求也能防止连接器插入网电源插座或**可拆卸电源软电线**末端的插座。

患者与**网电源连接器**的某些组合有可能不经意将**患者**连接器插入网电源插座。

这种可能性不能通过尺寸的要求来合理地解决,因为如果这样做会使单极连接器做得过大。通过对**患者**连接器的绝缘要求来避免这一类事故的发生,该连接器的绝缘的**爬电距离**至少为1.0 mm和电介质强度至少为1 500 V。仅仅采用1 500 V的防护要求是不够的,因为1 500 V的防护只要用薄的塑料片就可轻易达到,它不能承受日常的磨损或可能反复插入电网插座的动作。基于这个原因,就能理解连接器的绝缘宜是耐久而又坚固。

“任何连接器”宜理解为包括多触点连接器、数个连接器和串联连接器。

100 mm直径的尺寸并不重要,只起到指明导电平面大小的作用。任何大于此要求的导电材料片均适用。

56.4

这类电容器不可能构成**双重绝缘**或**加强绝缘**。

56.7 c)

如果**安全方面危险**可能因电池耗尽而逐渐扩大时,宜提供预警这种情况的方法。

如适用,专用标准宜规定相关要求。

57.2 b)

当不经意的断开可能引起危险时,可能需要带有锁定装置的**设备连接装置**。

57.2 e)

这一要求减少了其他会引起过量**漏电流**的**设备**被接入的可能性。

急救车不受此约束,以便能在急救时迅速替换**设备**。

57.2 g)

本要求旨在避免**电源软电线**误用的可能性[参见18 l)]。

57.5 a)

除接线端子板外的元器件的接线端子,可用来作为外部导线的接线端子。

通常不宜鼓励采用这种做法,但在特殊情况下,端子布置适当(可触及并有清楚标记)且符合本标准要求时,允许使用。这种情况,例如在电动机的启动器上可能发生。

57.5 d)

“对导线进行专门准备”一词,包含对绞线进行锡焊、使用软线接线耳、配以冲孔片等,但不包括导线在穿进接线端子前的整形或绞线端头的绞紧。

57.7

干扰抑制器可接在**设备**电源开关的**网电源**侧,或接在电源熔断器或**过电流释放器**的**网电源**侧。

57.9

GB 13028和GB 9706.1的适用范围是不同的。很多类型用于**医用电气设备**的变压器,不属于GB 13028的范围。

为了**患者**的安全,对这些变压器的结构必须增添要求,例如限制流至**患者电路**的**漏电流**。

第一版中附录J的内容,现移至57.9。

要进一步开展工作,参照GB 13028中给出的安全隔离变压器的值,给出例如变压器内部的**爬电距**

离和**电气间隙**的合理值。

对开关型电源的要求,在考虑中。

57.10

爬电距离和**电气间隙**受下列因素影响:

a) 20.3 规定的基准电压。

b) 假设绝缘材料有低的抗电起痕电阻率,按 GB/T 4207 中的起痕试验,可指示较低的间距值,但这一试验的实用值,直到 IEC 664 出版物的可行性研究完成以前,一直处于考虑中。

c) 即使按 20.3 电介质强度的试验电压不相同,**辅助绝缘**的间距与**基本绝缘**的间距是相同的,**双重绝缘**和**加强绝缘**的间距值则是**基本绝缘**的两倍。

d) 对**外壳**和 **F 型应用部分**之间的绝缘有一些特殊的规定:

1) 当 **F 型应用部分无带电**部分时,即使在**应用部分**接地的情况下,只有在接到**患者**的其他**设备**发生**单一故障状态**时,**应用部分**与**外壳**之间的绝缘才会受到**网电源电压**的电应力作用。这一状态很少发生;此外这一绝缘一般不受在**网电源部分**中形成的瞬时过压作用。综上所述,**应用部分**与**外壳**之间所需的绝缘,只需要满足**基本绝缘**的要求。

2) 当 **F 型应用部分**包含有电位差的部件时,**应用部分**的部件通过接地的**患者**(**正常状态**)接地,这就会在**应用部分**形成**带电**部分。

这些**带电**部分与**外壳**之间的绝缘,在最不利的情况下(当**应用部分**的某一部分通过**患者**接地)可能会承受**应用部分**内的全部电压。

因为这一电压是在**正常状态**下出现的,既使不是经常发生,有关绝缘也必须满足**双重绝缘**或**加强绝缘**的要求。鉴于出现这种状态的可能性不大,表 16 中给出的**爬电距离**和**电气间隙**被认为是合适的。

3) 适用的值是上述 d) 1)和 d) 2)获得的最高值。

防除颤应用部分

从 IEC 60664 的表 2 可见,4 mm 的距离对于持续时间短于 10 ms 的 5 kV 脉冲而言是足够的,这类电压是来自除颤器使用的典型电压,具有合理的安全裕度。

为了确保**设备**通过除颤器试验以及保持以后的安全和正常功能,该裕度的有效性来自三个因素:

——IEC 60664 中的值已经有了一个内在的安全裕度;

——在实践中,施加在**患者**胸部的电压远小于假设的 5 kV 开路电压,因为除颤器是加载的,它具有一个明显的内部阻抗和增加该阻抗的一个串联电感;

——IEC 60664 允许严重玷污的表面,而**医用电气设备**的内表面是清洁的。

59.1 **e**)

导线可用有足够标称值的分开的护套软线布线。不同电路类型的导线布在同一软线、线槽板,线管、或连接装置中时,用导线绝缘的足够标称值以及用符合 57.10 要求的足够的**电气间隙**和**爬电距离**来实现连接装置中各导体部件间的充分隔离。

59.2 **b**)

关于材料易燃性试验,在 GB/T 11020 中规定。

附 录 B
（资料性附录）
制造和(或)安装时的试验

无通用要求。见对 4.1 的说明。

附 录 C
（资料性附录）
试 验 顺 序

C.1 概述

除非专用标准另有规定,如合适宜按下述顺序进行试验。顺序上标有 * 的是强制要求的。参见 4.11。

然而,当初步检查表明某一项试验有可能导致失败时,也可先进行该项试验。

C.2 通用要求

见 3.1 和第 4 章。

C.3 标记

见 6.1～6.8。

C.4 输入功率

见第 7 章。

C.5 设备分类

见第 14 章。

C.6 电压和(或)能量的限制

见第 15 章。

C.7 外壳和防护罩

见第 16 章。

C.8 隔离

见第 17 章。

C.9 保护接地、功能接地和电位均衡

见第 18 章、第 58 章。

---

* 这些试验顺序是强制的。

C.10 机械强度

见第21章。

C.11 活动部件

见第22章。

C.12 面、角和边

见第23章。

C.13 稳定性和可搬移性

见第24章。

C.14 飞溅物

见第25章。

C.15 悬挂物

见第28章。

C.16 辐射危险

见第五篇。

C.17 电磁兼容性

见国际无线电干扰委员会CISPR推荐标准和对第36章的说明。

C.18 压力容器和受压部件

见第45章。

C.19 人为差错

见第46章。

C.20 温度——防火

见第42章、第43章。

C.21 供电电源的中断

见第49章。

C.22 工作数据的准确度和不正确输出的防止

见第50章、第51章。

C.23* 不正常运行、故障状态、环境试验

见第52章、第53章。

C.24* 工作温度下的连续漏电流和患者辅助电流

见19.4。

C.25* 工作温度下的电介质强度试验

见20.4。

C.26* 潮湿预处理

见4.10。

C.27* 电介质强度试验(冷态)

见20.4。

C.28* 潮湿预处理之后的漏电流

见19.4。

C.29* 溢流、液体泼洒、泄漏、受潮、进液、清洗、消毒和灭菌

见第44章但不包括44.7。
见第C.34章。

C.30 外壳和罩盖

见第55章。

C.31 元器件和组件

见第56章。

C.32 网电源部分、元器件和布线

见第57章。

C.33 无通用要求。包括在第C.9章中。

C.34 结构和线路布局

见第59章和44.7。

C.35 AP型和APG型设备

见第37章～第41章。

C.36 标记的检验

见6.1最后一段。

附 录 D
（规范性附录）
标记用符号
（见第 6 章）

引言

为避免语言上的差异和便于理解有时标在有限面积内的标记或指示，在**设备**上往往优先采用符号而不采用文字。

如果根据本标准需要使用符号时，宜使用本附录的符号。见 IEC 417 和 IEC 878 出版物。

本附录中未列入的符号，可首先参照 IEC 或 ISO 的符号。如需要，可将两个或两个以上的符号组合在一起表示一个特定的含义，并且只要基本符号主要表达的含义不变，在图形设计方面允许有某种自由。

表 D.1

序号	符 号	IEC 出版物	GB 编号	含 义
1		417-5032	5465	交流电
2	3	335-1	4706.1	三相交流电
3	3N	335-1	4706.1	带中性线的三相交流电
4		417-5031	5465	直流电
5		417-5033	5465	交、直流电
6		417-5019	5465	保护接地（大地）
7		417-5017	5465	接地（大地）
8	N	445	4026	**永久性安装设备**的中性线连接点
9		417-5021	5465	等电位
10		417-5172	5465	**Ⅱ类设备**
14		348	—	注意！查阅**随机文件**
15		417-5008	5465	断开（总电源）
16		417-5007	5465	接通（总电源）
17		417-5265	5465	断开（仅用在**设备**的一个部分）
18		417-5264	5465	接通（仅用在**设备**的一个部分）

表 D.2

序号	符　号	IEC 出版物	GB 编号	含　义
1		417 878 -02-02	—	**B 型应用部分**
2		417-5333 878 -02-03	5463.2	**BF 型应用部分**
3		417-5335 878-02-05	5465	**CF 型应用部分**
4		878-02-07	—	**AP 型设备**
5		878-02-08	—	**APG 型设备**
6		878-03-01	—	危险电压
7	—	—	—	无通用要求
8		878-030-04	—	非电离辐射
9		417…… 878……	5465	防除颤 **B 型应用部分**
10		417-5334 878 -02-04	5465	防除颤 **BF 型应用部分**
11		417-5336 IEC 878-02-06	5465	防除颤 **CF 型应用部分**

注 1：符号 1 将在今后的 GB 5465(IEC 417)中介绍，1，2 和 3 号符号的含义将在 IEC 878 中修改。

注 2：符号 9 将在今后的 GB 5465(IEC 417)和 IEC 878 中介绍，10 和 11 号符号的含义将在 IEC 878 中修改。

附　录　E
（资料性附录）
绝缘路径的检验和试验电路
（见第 20 章）

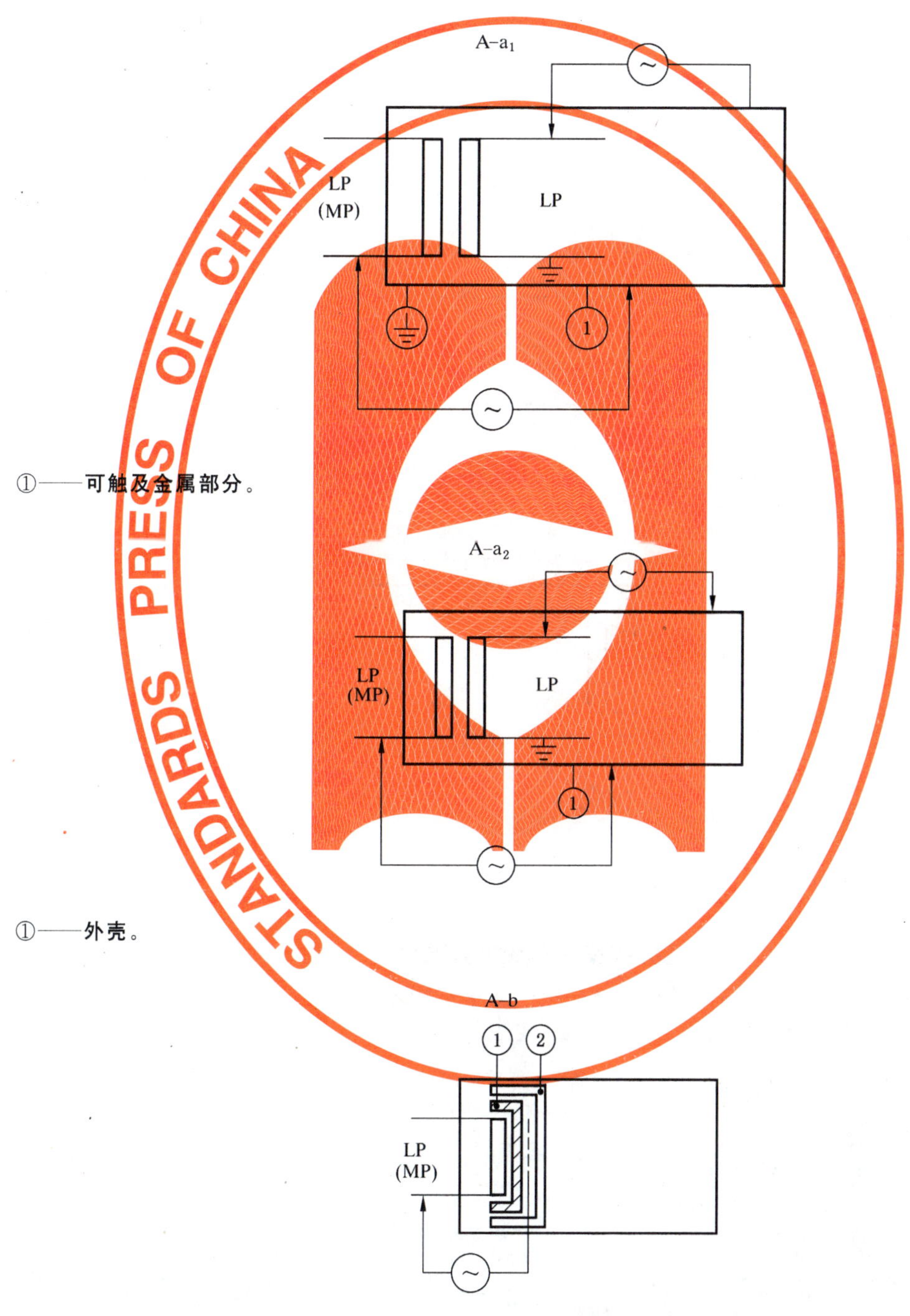

①——可触及金属部分。

①——外壳。

A-b
1
2
LP
(MP)

①——基本绝缘；
②——辅助绝缘。

A-c

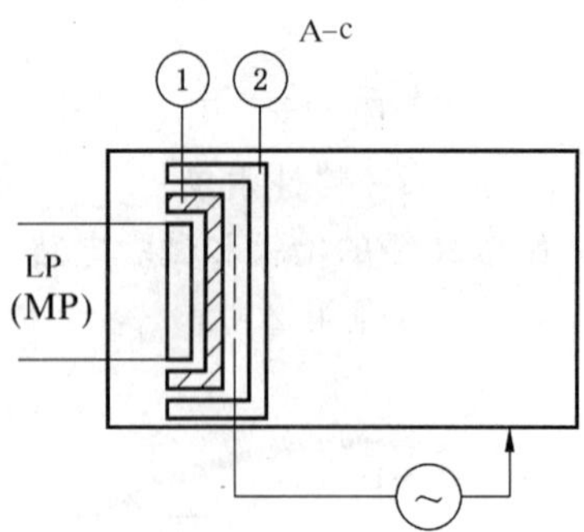

①——基本绝缘;

②——辅助绝缘。

A-e

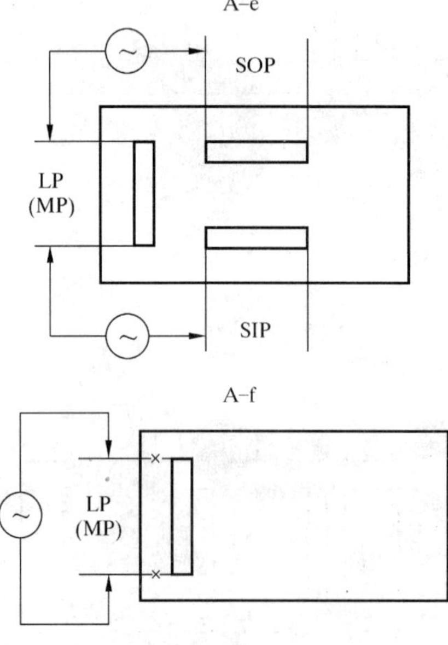

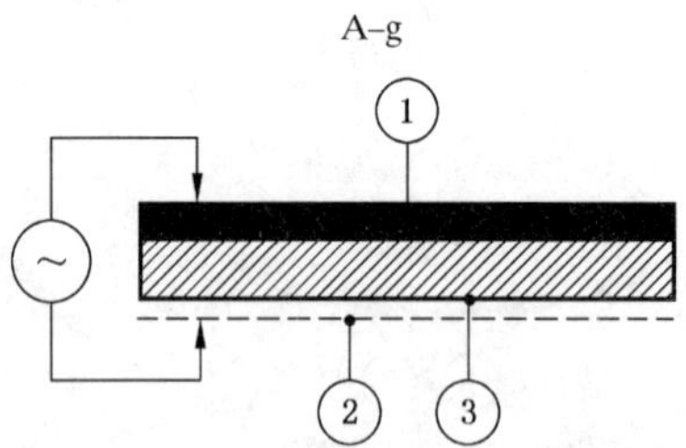

①——金属外壳;

②——金属箔;

③——绝缘内衬。

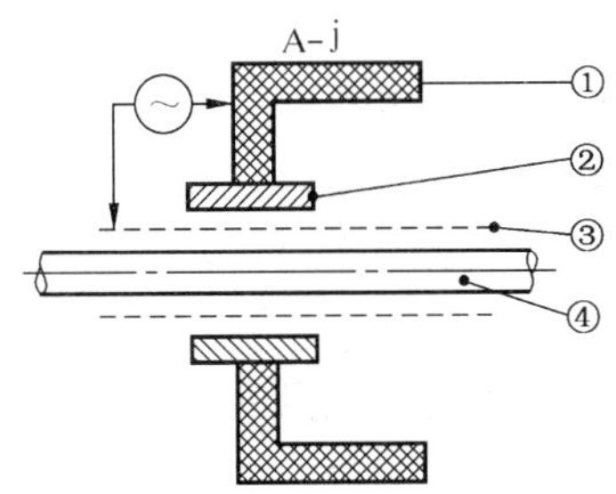

①——可触及部分；

②——套管；

③——金属箔；

④——电源软电线或金属杆。

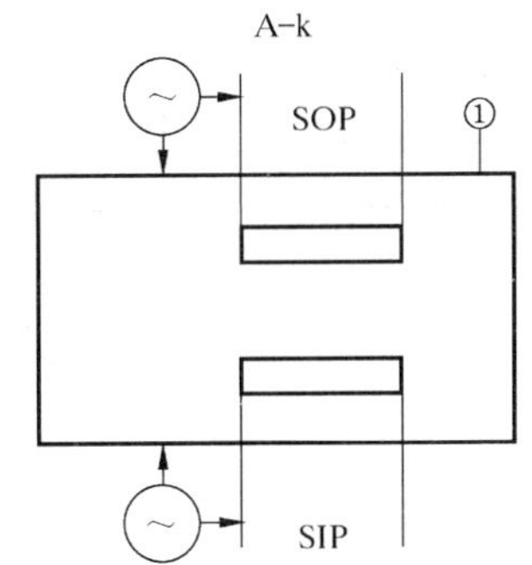

①——未保护接地的可触及部分。

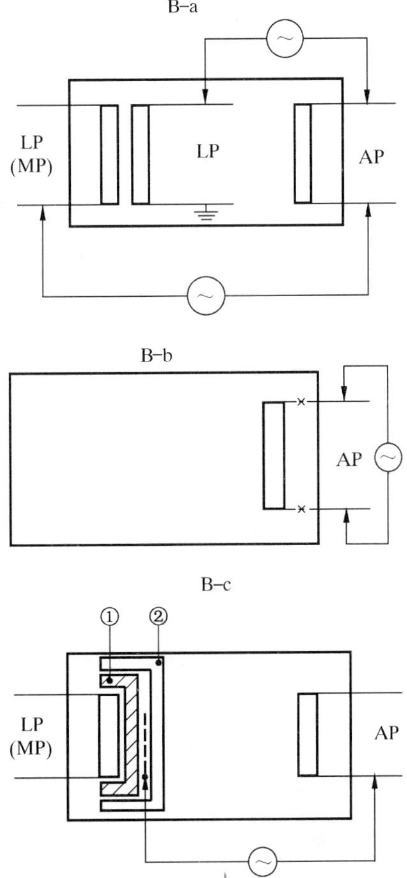

①——基本绝缘；

②——辅助绝缘。

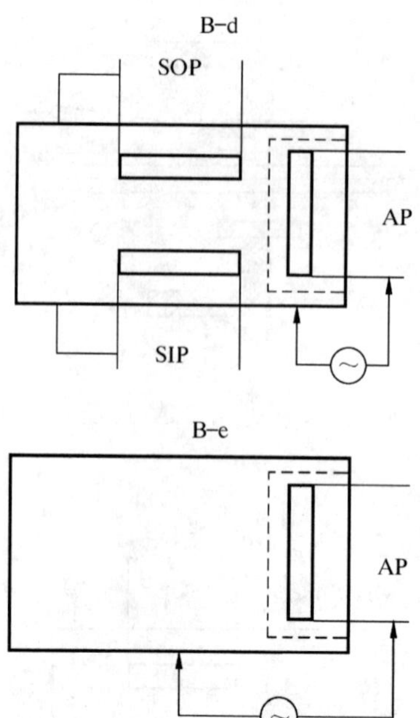

符号说明：

MP=**网电源部分**

SOP=**信号输出部分**

SIP=**信号输入部分**

AP=**应用部分**

LP=**带电部分**

×为测量目的而断开的电路

附 录 F
（资料性附录）
易燃混合气的试验装置
（见附录 A 中 A.1.6.3）

该试验装置包括一个点燃室和一个触点装置。点燃室容积至少为 250 cm^3，内装规定的气体或混合气，触点装置通过断开和闭合来产生火花（见图 F.1）。

触点装置由一带两个槽的镉盘和另一带四根 0.2 mm 直径钨丝的盘组成；第二盘在第一盘上滑动。钨丝的自由长度是 11 mm 。接有钨丝盘的轴以 80 r/min 的转速旋转。

连接镉盘的轴与连接钨丝盘的轴呈反向转动。

与钨丝相连的轴和另一根轴的转速比是 50：12。

这两根轴互相绝缘，并与设备机架绝缘。

点燃室应能承受 1.5 MPa 的内超压。

通过该触点装置，将受试电路闭合或断开，检查火花是否会点燃受试的气体或混合气。

尺寸单位为毫米

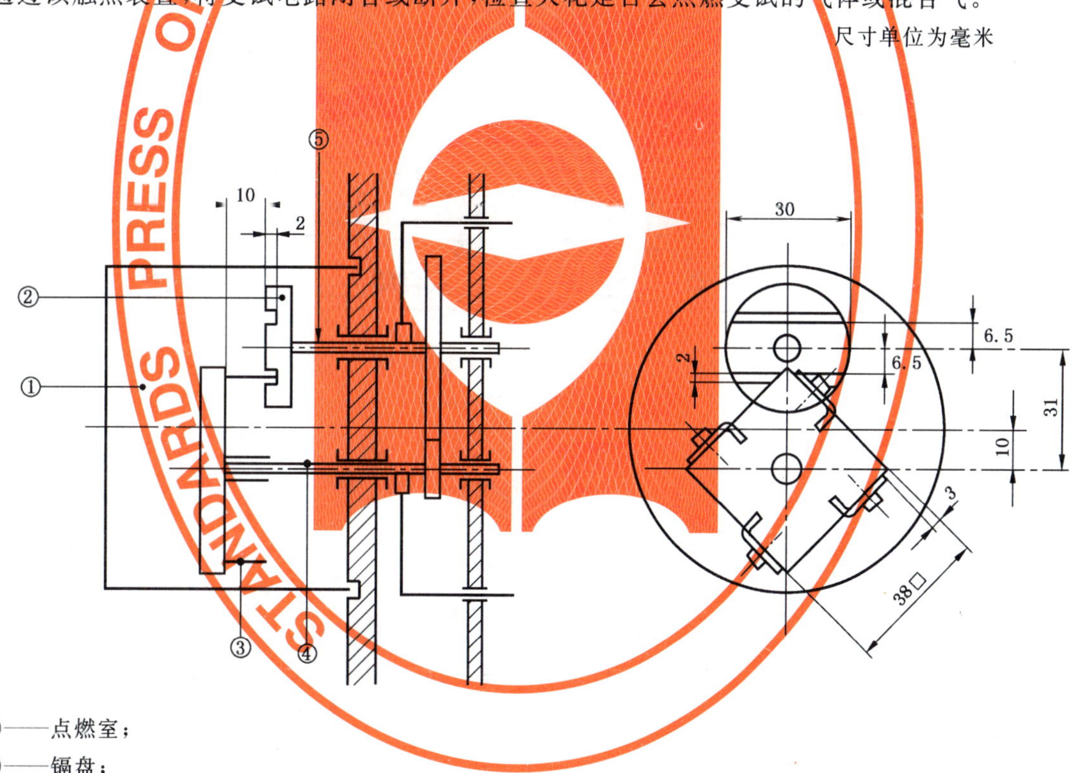

①——点燃室；

②——镉盘；

③——钨丝；

④——钨丝盘的轴；

⑤——带槽圆盘的轴。

图 F.1 试验装置

附 录 G
(规范性附录)
冲击试验装置

该试验装置(见图 G.1)有三大主要部分:主体,冲击件和带弹簧的释放圆锥体。

主体包括外壳、冲击件导向装置、释放机构和刚性固定在主体上的各部件。

主体组件的质量为 1 250 g。

冲击件包括锤头、锤柄轴和击发球形柄,这一套组件的质量是 250 g。用聚酰胺制的锤头呈半球形面,其半径为 10 mm,洛氏硬度为 HRC100;将锤头固定在锤柄轴上,要使锤头的顶端在冲击件即将释放时与圆锥体前端面相距 20 mm 。

圆锥体质量为 60 g,当释放爪正要释放冲击件时,锥体弹簧能施出 20 N 的力。

锥体弹簧被调节到使压缩的行程(以 mm 为单位)与施出的力(以 N 为单位)之乘积等于 1 000,而压缩行程约为 20 mm。这样调节后,冲击能量为 0.5 J±0.05 J 。

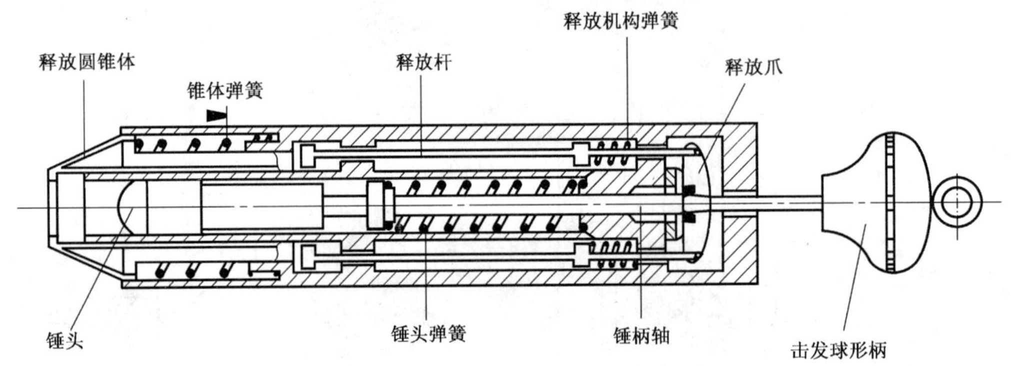

图 G.1 冲击试验装置(见第 21 章)

附 录 H
(资料性附录)
用螺纹连接的接线端子

无通用要求。

附 录 J
(资料性附录)
电源变压器

条文移至 57.9。

附 录 K
（规范性附录）
测量患者漏电流时应用部分连接示例
（见第 19 章）

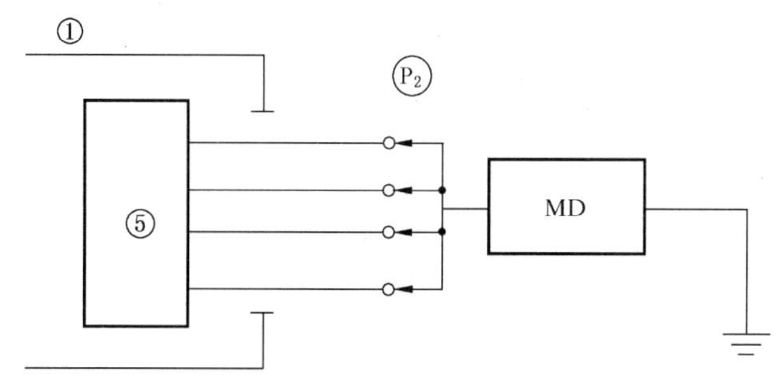

带 **B 型应用部分**的**设备**

从连在一起的所有**患者连接**线测

图中的符号说明见图 27 后的说明。

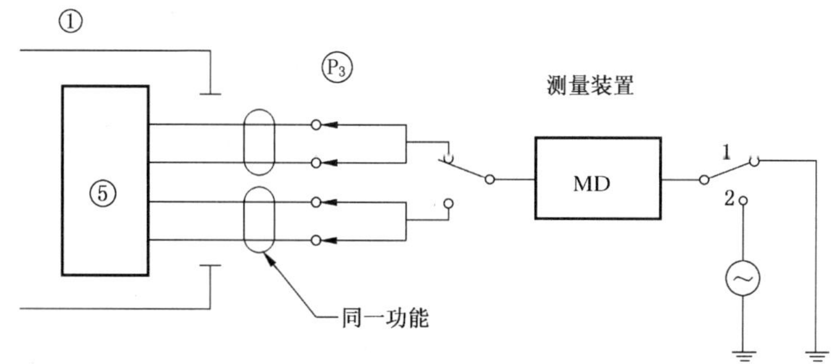

带 **BF 型应用部分**的**设备**

轮流地从**应用部分**的同一功能连在一起的所有**患者连接**线测

图中的符号说明见图 27 后的说明。

在 GB 9706.1—1988 中，本附录题名为"医用隔离变压器"，现已被删去，并以现在的附录来代替。

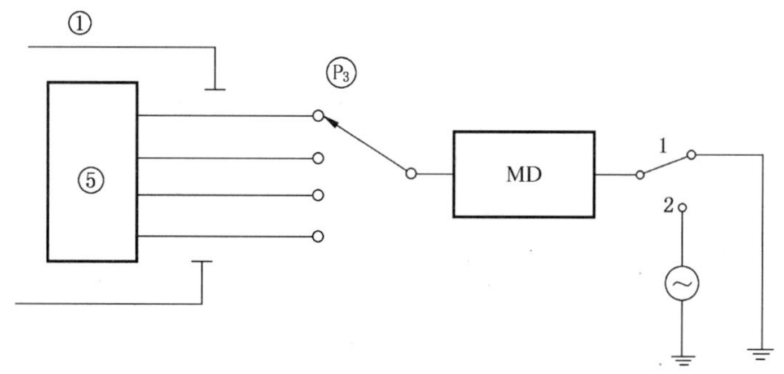

带 **CF 型应用部分**的**设备**

轮流地从每一**患者连接**线测

图中的符号说明见图 27 后的说明。

测量患者辅助电流时应用部分连接的示例（说明见图 27 后的说明）

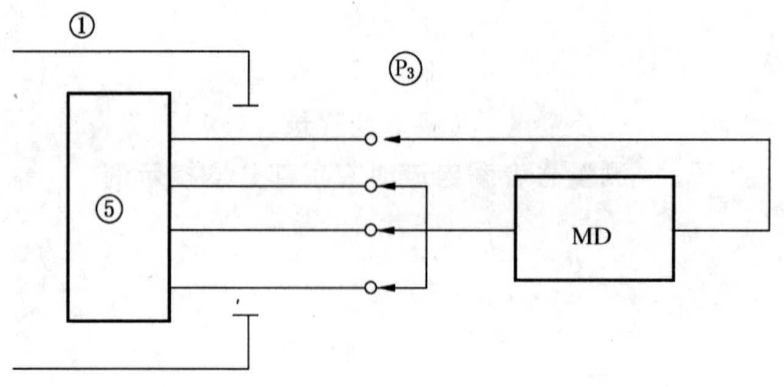

带 B、BF、**CF** 型**应用部分**的设备

在任一**患者连接**点和连在一起的所有其他**患者连接**点之间测

图中的符号说明见图 27 后的说明。

附 录 L
（规范性附录）
规范性引用文件

下列文件中的条款通过标准的引用而成为本部分的条款。凡是注日期的引用文件，其随后所有的修改单(不包括勘误的内容)或修订版均不适用于本部分，然而，鼓励根据本部分达成协议的各方研究是否可使用这些文件的最新版本。凡是不注日期的引用文件，其最新版本适用于本部分。

GB/T 191 包装储运图示标志(GB/T 191—2001,eqv ISO 780:1997)

GB/T 2423.2 电工电子产品环境试验 第2部分:试验方法 试验B:高温(GB/T 2423.2—2001,idt IEC 60068-2-2:1974)

GB/T 2439 硫化橡胶或热塑性橡胶 导电性能和耗散性能电阻率的测定(GB/T 2439—2001,idt ISO 1853:1998)

GB/T 2941 橡胶试样环境调节和试验的标准温度、湿度及时间(GB/T 2941—1991,eqv IEC 60471:1983)

GB 3100 国际单位制及其应用(GB 3100—1993, eqv ISO 1000:1992)

GB/T 3667.1 交流电动机电容器 第1部分:总则——性能、试验和定额——安全要求——安装和运行导则(GB/T 3667.1—2005,IEC 60252-1:2001,IDT)

GB 3836.5 爆炸性气体环境用电气设备 第5部分:正压外壳型“p”(GB 3836.5—2004,IEC 60079-2:2001,MOD)

GB 3836.6 爆炸性气体环境用电气设备 第6部分:油浸型“o”(GB 3836.6—2004,IEC 60079-6:1995,IDT)

GB 3836.7 爆炸性气体环境用电气设备 第7部分:充砂型“q”(GB 3836.7—2004,IEC 60079-5:1997,IDT)

GB/T 4205 人机界面(MMI)——操作规则(GB/T 4205—2003,IEC 60447:1993,IDT)

GB/T 4026 人机界面标志标识的基本方法和安全规则 设备端子和特定导体终端标识及字母数字系统的应用通则(GB/T 4026—2004,IEC 60445:1999,IDT)

GB 4208 外壳防护等级(IP代码)(GB 4208—1993, eqv IEC 529:1989)

GB 4706.1 家用和类似用途电器的安全 第一部分:通用要求(GB 4706.1—1998 ,idt IEC 60335-1:1988)

GB 5013.1 额定电压450/750 V及以下橡皮绝缘软电缆 第1部分:一般要求(GB 5013.1—1997, idt IEC 60245-1:1994)

GB 5023.1 额定电压450/750 V及以下聚氯乙烯绝缘电缆 第1部分:一般要求(GB 5023.1—1997, idt IEC 60227-1:1993)

GB/T 5465.2 电气设备用图形符号(GB/T 5465.2—1996, idt IEC 60417:1994)

GB 7144 气瓶颜色标记

GB 8898 音频、视频及类似电子设备 安全要求(GB 8898—2001, eqv IEC 60065:1998)

GB 9364 小型熔断器(IEC 127, IDT)

GB 9706.12 医用电气设备 第1部分:安全通用要求 并列标准 三、诊断X射线设备辐射防护通用要求(GB 9706.12—1997, idt IEC 601-1-3:1994)

GB 9706.15 医用电气设备 第1部分:安全通用要求 1.并列标准:医用电气系统安全专用要求(GB 9706.15—1999,idt IEC 601-1-1:1995)

GB/T 11020 测定固体电气绝缘材料暴露在引燃源后燃烧性能的试验方法(GB 11020—1989,

eqv IEC 60707:1981)

GB/T 11021 电气绝缘耐热性评定和分级(GB/T 11021—1989，eqv IEC 60085:1984)

GB/T 11210 硫化橡胶抗静电和导电制品电阻的测定(GB/T 11210—1989,eqv ISO 2878:1987)

GB/T 14472 电子设备用固定电容器 第14部分:分规范 抑制电源电磁干扰用固定电容器(GB/T 14472—1998,idt IEC 60384-14:1993)

GB 15092.1 器具开关 第1部分:通用要求(GB 15092.1—2003,IEC 61058-1:2000,IDT)

GB/T 16886.1 医疗器械生物学评价 第1部分:评价与试验(GB/T 16886.1—2001,idt ISO 10993-1:1997)

GB 16895.21 建筑物电气装置 第4-41部分:安全防护 电击防护(GB 16895.21—2004,IEC 60364-4-41:2001,IDT)

GB/T 16935.1 低压系统内设备的绝缘配合 第一部分:原理、要求和试验(GB/T 16935.1—1997 ,idt IEC 664-1:1992)

GB 17465.1 家用和类似用途的器具耦合器 第一部分:通用要求(GB 17465.1—1998,eqv IEC 60320-1:1994)

YY 0505 医用电气设备 第1-2部分:安全通用要求 并列标准:电磁兼容 要求和试验(YY 0505—2005,IEC 601-1-2:2001,IDT)

JB 3339 小型医用气瓶 针导轨式阀连接(ISO 407)

IEC 60241:1968 家用和类似用途的熔断器

IEC 60536:1976 电气和电子设备防电击保护划分的等级

IEC 60664:1980 低电压系统中电器设备绝缘配合的一般要求

IEC/TR 60878 医用电气设备用图形符号

IEC 60601-1-4 医用电气设备——第1-4部分:安全通用要求并列标准——可编程医用电气设备

ISO 8185:1997 医用加湿器——湿化系统的一般要求

ISO 2882:1979 硫化橡胶——医院用的抗静电和导电制品——极限电阻值

ICS 11.040.20
C 45

中华人民共和国国家标准

GB 9706.2—2003/IEC 60601-2-16:1998
代替 GB 9706.2—1991

医用电气设备 第2-16部分:血液透析、血液透析滤过和血液滤过设备的安全专用要求

Medical electrical equipment—
Part 2-16: Particular requirements for the safety of haemodialysis, haemodiafiltration and haemofiltration equipment

(IEC 60601-2-16:1998,IDT)

2003-10-09 发布　　　　2004-06-01 实施

中华人民共和国
国家质量监督检验检疫总局　发布

前　言

GB 9706 本部分的全部技术内容为强制性。

本部分等同采用 IEC 60601-2-16《医用电气设备　第 2-16 部分:血液透析、血液透析滤过和血液滤过设备的安全专用要求》(1998 年 2 月第二版)。

本部分应与 GB 9706.1—1995(idt IEC 60601-1:1988)《医用电气设备　第一部分:安全通用要求》配合使用。本部分的要求优先适用于该部分的相应要求。

与 GB 9706.2—1991 相比,本部分在技术内容上已从“血液透析”扩展为“血液透析、血液透析滤过和血液滤过”。本部分还给出附录 AA(资料性附录)。

对一些与非常重要的要求所相适应的原理,在附录 AA 中作出说明。

本部分的附录 L 是规范性附录,附录 AA 为资料性附录。

本部分从实施之日起,代替 GB 9706.2—1991《医用电气设备　血液透析装置安全专用要求》。

本部分由国家药品监督管理局提出。

本部分由全国医用体外循环设备标准化技术委员会归口。

本部分起草单位:国家药品监督管理局广州医疗器械质量监督检验中心。

本部分主要起草人:莫富诚、王培连、黄志新。

本部分于 1991 年 10 月首次发布,2003 年第一次修订。

IEC 前　　言

1) IEC(国际电工委员会)是一个由所有的国家电工委员会(IEC 国家委员会)组成的世界性标准化组织。IEC 的宗旨是促进对电气和电子领域中所有标准化问题开展国际合作。为此,除进行其他工作外,IEC 还发布国际标准。各项国际标准委托技术委员会制定;任何 IEC 国家委员会若关切所议项目,都可以参加该标准的制定工作。与 IEC 保持联系的各国际组织,官方的或非官方的,也可参加标准的制定工作。IEC 与国际标准化组织(ISO)按双方确定的条件紧密合作。

2) 由于每个技术委员会都有对问题关切的各国家委员会派出的代表,因此,IEC 有关技术问题的正式决定或协议,尽可能表达出国际上对所议项目的一致意见。

3) 所形成的文件是建议性的,供国际上采用,并以标准、技术报告或指南的形式发布。在此意义上,它们已得到各国家委员会认同。

4) 为了促进国际上使用的统一,IEC 各国家委员会同意在其国家标准和地区标准中,鲜明地尽可能采用 IEC 国际标准。若在 IEC 标准与对应的国家标准或地区标准之间出现分歧,应在后者中明确指出。

5) IEC 没有表明其批准的标记程序,也不对任何申明符合其某项标准的设备负责。

6) 请注意,本标准的某些要素有可能属专利内容,但 IEC 对任何一项或所有这样的专利概不负责鉴别。

国际标准 IEC 60601-2-16,由 IEC 医疗实践中的电气设备 62 技术委员会的医用电气设备 62D 分技术委员会制定。

本标准的文本以下述文件为基础:

FDIS(国际标准最终草案)	投票表决报告
62D/254/FDIS	62D/271/RVD

在上表所指的投票表决报告中,可找到有关标准投票表决批准的全部情况。

附录 AA 仅为参考资料。

IEC 引　　言

本专用标准所规定的最低安全专用要求，可看作是对血液透析、血液透析滤过和血液滤过设备的操作规定了安全的实际程度。

本专用标准没有把采用透析液再生系统的特定安全情况考虑在内。

本专用标准对经修正案1号(1991)和修正案2号(1995)修订的IEC 60601-1(第二版，1988)《医用电气设备　第1部分：安全通用要求》，即下称"通用标准"进行修订并作补充(见1.3)。

在各项要求之后是各项相关试验的规定。

根据62D分技委于1979年Washington会议上作出的决议，"通用指南和原理说明"部分在适当处对较重要的要求作了一些注释，已包括在附录AA之中。

标有★号的章节，在附录AA中有注释。

据认为，了解这些要求的依据不仅有助于正确地执行本标准，而且可根据临床实践的变化或技术发展的新成果，及时地促进对标准进行必要的修订。但是，该附录不属本标准的要求部分。

医用电气设备
第2-16部分：血液透析、血液透析滤过和血液滤过设备的安全专用要求

第一篇 概述

本部分等同采用国际电工委员会标准 IEC 60601-2-16:1998(第二版)《医用电气设备 第2-16部分：血液透析、血液透析滤过和血液滤过设备的安全专用要求》。

1 范围和目的

除下述内容外，通用标准的本条款适用：

1.1 范围

增加：

本专用标准规定单人用血液透析、血液透析滤过和血液滤过设备(见2.101条所下定义)的最低安全要求。这些装置供医务人员使用或供在专家监督下使用，包括由患者操作的血液透析、血液透析滤过和血液滤过设备。这些专用要求不适用于

——体外管路，

——透析器，

——浓缩透析液，

——水净化设备，

——腹膜透析设备(IEC 60601-2-39:1999)。

1.3 专用标准

增加：

本专用标准参考经修正案1号(1991)和修正案2号(1995)修订的 GB 9706.1—1995(idt IEC 60601-1:1988)《医用电气设备 第一部分：安全通用要求》。

在本专用标准中，GB 9706.1 简称为“通用标准”或“通用要求”。

本专用标准的篇条编号对应于通用标准的篇条编号。对通用标准文字的更动，规定使用下述词语表示：

“代替”——表示通用标准中的条款已被本专用标准的文字完全代替。

“增加”——表示本专用标准的条款是对通用标准的要求的增添。

“修改”——表示通用标准的条款已作修改，如本专用标准的文字所示。

对通用标准条款或编号的增加以数字标记，从101起，增加的附录以AA,BB等标记；增加的项目则以aa),bb)等标记。

术语“本标准”用于表示通用标准与本专用标准一起使用。

若在本专用标准中无对应篇条，则原封不动地采用通用标准的篇条，尽管可能不够贴切；而通用标准中一些部分尽管可能贴切，但并不准备采用，则在本专用标准中加以说明。

1.5 并列标准

IEC 60601-1-2 适用(见36)。

2 术语和定义

除下述内容外，通用标准的本条款适用：

2.1.5

应用部分 applied part

代替：

体外管路、透析液管路和(或)所有与之有固定传导性连接的部件。

2.2.15

医用电气设备(下称“设备”) medical electrical equipment

增加：

在本专用标准范围内，设备是指血液透析、血液透析滤过和或血液滤过设备。

增加定义：

2.101

血液透析、血液透析滤过和(或)血液滤过设备 haemodialysis, haemodiafiltration and/or haemofiltration equipment

用于进行血液透析、血液透析滤过和(或)血液滤过的系统或数个装置的组合(可参见2.2.15)。

2.102

血液透析 haemodialysis(HD)

一种主要是通过跨越半透膜的弥散作用，纠正患者血液中溶质失衡的方法。

注：此过程通常包括除液(脱水)。

2.103

血液滤过 haemofiltration(HF)

一种主要是通过跨越半透膜的滤过作用，纠正患者血液中溶质失衡的方法。

注：此过程包括了液体交换，而且通常要除液(脱水)。

2.104

血液透析滤过 haemodiafiltration(HDF)

一种通过跨越半透膜同时进行弥散和滤过，纠正患者血液中溶质失衡的方法。

注：此过程包括了液体交换，而且通常要除液(脱水)。

2.105

无缓冲剂血液透析滤过 buffer-free haemodiafiltration

血液透析滤过的一种特别形式，向患者提供透析液时无缓冲剂，而提供置换液。

2.106

透析器 dialyser

在本专用标准中，透析器这一术语用于描述含半透膜、用于进行血液透析/血液透析滤过/血液滤过的器件。

2.107

透析液 dialysing fluid

进行血液透析/血液透析滤过时，经膜与血液交换溶质和(或)水的溶液。

2.108

浓缩透析液 dialyzing fluid concentrate

经适当稀释后，可制成透析液的由各种化学物质组成的溶液。

2.109

置换液 substitution fluid

进行血液滤过和血液透析滤过时，通过体外管路输给患者的液体。

2.110

超滤 ultrafiltration

跨过透析器除去患者血液中液体(脱水)的方法。

2.111

体外管路 extracorporeal circuit

血液管路与其组合在一起的所有辅助件。

2.112

跨膜压 transmembrane pressure(TMP)

跨越半透膜时所施加的液体静水压力。

注:实践中,平均跨膜压通常可表达为二者之一:

a) 透析器的血室出入口间的算术平均值与透析液室出入口间的算术平均值之差,或

b) 血液滤过器或血液浓缩器的血室出入口压力算术平均值和滤过液压力之差。

2.113

漏血 blood leak

因透析器的半透膜破裂,血液从血室泄漏到透析液室。

2.114

动脉压 arterial pressure

在患者与动脉血泵间体外管路中测得的压力。

2.115

静脉压 venous pressure

在患者与透析器出口间体外管路中测得的压力。

2.116

静脉管路部分 venous part

从透析器出口到患者间的体外管路部分。

2.117

防护系统 protective system

为保护患者免遭可能出现安全方面的危险,专门设计能检测出单个(或多个)特定参数或结构特征的自动装置。

3 通用要求

除下述内容外,通用标准的本条款适用:

3.6

增加:

j) 防护系统出现故障(见51.101)。

k) 下述情况不看作是单一故障状态:体外管路中有空气。

6 识别、标记和文件

除下述内容外,通用标准的本条款适用:

6.8.1 **概述**

增加：

随机文件还应包括：

——指出在这些方面应符合当地规程的重要性的表述：在设备中，应有分隔装置把供水水源、虹吸反流和排水口隔离开来。

6.8.2 **使用说明书**

增加：

aa) 使用说明书还必须包括下列内容：

1) 说明安装和使用的设备，其用水和其他适用液体的质量必须符合相应的规程或推荐值；

2) 说明当使用Ⅰ类设备时保护接地安装良好的重要性；

3) 说明应使用一种电位均衡的导线；

4) 描述达到消毒或灭菌的方法；

5) 声明如需要可提供经过验证的消毒或灭菌有效性的试验程序；

6) 说明设备运转所需入口水压(力)、浓缩透析液供给压力、温度和流量的范围；

7) 说明如果制造厂使用一种不同于2.112所规定的跨膜压时，则应对跨膜压作出新的定义；

★8) 说明操作人员要注意采取必要的防范措施，避免患者之间出现交叉感染；

9) 说明操作人员要注意与患者连接和断开时相关的安全方面的危险；

10) 说明操作人员要注意因误接体外管路而可能引起安全方面的危险；

11) 有关由单针治疗的特定参数(如相位敏感性压力变化)引起的可能偏离预设超滤率的资料；

12) 有关单针治疗时与设备预设值相关的单位时间内输血量的资料；

13) 说明若使用的是推荐的控制装置、透析器、瘘管针和导管，如需要可提供有关单针治疗体外管路中血流的预期再循环的意见；

14) 拟与设备一起使用的浓缩透析液的资料；

15) 说明与误选用浓缩透析液相关的安全方面的危险；

16) 说明浓缩液接头的色标表示；

17) 说明反向超滤可能引起安全方面的危险；

18) 说明采用符合51.104条要求的防护系统的限定灵敏度；

19) 说明任何防护系统报警时，操作人员应采取恰当的处置步骤；

20) 说明并指出采用消除报警时，由操作人员负责监测任何被消除报警的防护系统的参数；

21) 说明外部无线电干扰和电磁干扰会影响设备安全操作，可能产生安全方面的危险。

6.8.3 **技术说明书**

增加：

aa) 技术说明书还必须包括下列内容：

1) 安装和开始使用设备时，要进行专门测试或观察其状态。这必须包括对要进行试验的类型和数量的指示；

2) 对含整体化抗凝泵的设备，说明泵的类型，该类泵的流量范围和精度，以及为保持该精度不应超过的压力；

3) 对含整体化血泵的设备，说明该类泵的流量范围和精度，以及为保持该精度所需入口和出口的压力范围；

★4) 符合51.101条要求的防护系统的类型、精度和限值；

5) 符合51.102条要求的防护系统的类型和精度；

6) 符合51.103条要求的防护系统采用的方法、范围、精度和限值；

7) 符合51.104.1条要求的防护系统的类型和精度；

8) 符合51.104.2条要求的防护系统采用的方法，和在规定透析液最小流量及最大流量下防护系统的灵敏度；

9) 符合51.104.3条要求的防护系统的类型；

10) 符合51.105条要求的防护系统的类型和精度；

11) 符合51.106条要求的防护系统采用的方法、和在由制造厂规定的试验条件下的灵敏度；

12) 符合51.111条要求的防护系统的类型；

13) 任何防护系统的被消音时间；

14) 声音报警的静音周期；

15) 任何可调声音警报声源的声压级范围；

★16) 指出所有会与水、透析液和浓缩透析液相接触的材料。

通过检查，检验是否符合要求。

第二篇 环境条件

通用标准本篇的各条款适用。

第三篇 对电击危险的防护

除下述内容外，通用标准的本条款适用：

19 连续漏电流和患者辅助电流

除下述内容外，通用标准的本条款适用：

19.4 试验

h) 患者漏电流的测量

增加：

12) 患者漏电流测量点必须在两根透析液管路连接处或两根体外血液管路连接处，取其最不利的位置。测试期间，电导率为(14±1) mS/cm的试验溶液，在基准温度25℃下必须流过透析液管路和体外管路。所提供的设备必须按制造厂规定充分配置使用。

第四篇 对机械危险的防护

通用标准本篇的各条款适用。

第五篇 对不需要的或过量的辐射危险的防护

除下述内容外，通用标准的本条款适用：

36 电磁兼容性

并列标准IEC 60601-1-2适用。

第六篇 对易燃麻醉混合气点燃危险的防护

通用标准本篇的各条款适用。

第七篇 对超温和其他安全方面危险的防护

除下述内容外，通用标准的本条款适用：

44 溢流、液体泼洒、泄漏、受潮、进液、清洗、灭菌和消毒

除下述内容外，通用标准的本条款适用：

44.3 液体泼洒

代替：

设备必须设计成倘若发生液体泼洒（意外弄湿），也不会产生安全方面的危险。

通过下述试验，检验是否符合要求：

把设备放置在正常使用位置上，进行 3 mm/min 人工降雨 30 s，从离设备的顶部 0.5 m 高处垂直降落。

试验装置如 IEC 60529 图 3 所示。试验用自来水进行，可使用一个阻断装置来测定试验的持续时间。试验一到 30 s，必须立即把设备壳体上可见的水分擦去。

上述试验后立即进行的检查应表明，可能会进入到设备内部的自来水，应未弄湿可能引起安全方面的危险的部件。若有疑问，必须进行通用标准第 20 章所规定的电介质强度试验，设备应能正常工作。

★44.4 泄漏

代替：

设备装载液体的部分必须与电气部分隔离，这样，在正常工作压力下可能泄漏的液体，才不会对患者产生安全方面的危险，例如因爬电距离引起的短路。

通过下述试验，检验是否符合要求：

用吸液管把自来水滴到接头、封口和可能破裂的软管这些处于运转或停止状态的活动部件上，取其较不利的状态。

经这些程序之后，设备易遭受自来水有害影响的无绝缘带电部件或电气绝缘部分，应显示出无潮湿痕迹。若有疑问，设备必须进行通用标准第 20 章所规定的电介质强度试验。

通过检查，检验其他可能发生的安全方面的危险。

若对采用上述合格性试验有疑问，可作下述试验：

采用与设备该部分相适应的液体进行试验。用一个注射器直接喷射液体，对准接头、密封口和可能破裂的软管这些处于运转或停止状态的活动部件，取其较不利的状态。经这些程序之后，设备易遭受自来水有害影响的无绝缘带电部件或电气绝缘部分，应显示出无潮湿痕迹。若有疑问，设备必须进行通用标准第 20 章所规定的电介质强度试验。

44.7 清洗、灭菌和消毒

增加：

对使用非一次性透析液管路的设备，必须提供消毒和（或）灭菌的方法。

通过检查随机文件和设备，检验是否符合要求。

49 供电电源的中断

除下述内容外，通用标准的本条款适用；

增加：

49.5 在设备的供电电源中断情况下，必须实现下列安全条件：

——触发声音报警至少持续 1 min（见 51.107）；

——阻止透析液流向透析器；

——中断任何置换液流动；

——把超滤降到最小值。

通过检查和进行各项功能试验,检验是否符合要求。

第八篇 工作数据的准确性和危险输出的防护

除下述内容外,通用标准的本条款适用:

51 危险输出的防止

除下述内容外,通用标准的本条款适用:

51.2 与安全有关的参数的显示

增加:

若设备可采用各种不同的操作模式,则操作人员所选用的操作模式必须非常清楚明确。

通过检查,检验是否符合要求。

★51.101 透析液的组成成分

a) 设备必须具有独立于任何配液控制系统之外的防护系统,在因透析液的组成成分不当而产生安全方面的危险,阻止透析液流向透析器。

注:例如利用温度补偿(25℃)法测量电导率的防护系统,是一种被认可的符合此项要求的方法举例。

b) 防护系统的运作必须实现下列安全条件:

——触发声和光的警报(见51.107);

——阻止透析液流向透析器。

通过检查随机文件和进行各项功能试验,检验是否符合要求。

★51.102 透析液和置换液的温度

a) 设备必须具有独立于任何温度控制系统之外的防护系统,当在设备的透析液出口处和(或)置换液出口处测得的温度超过41℃时,该防护系统阻止透析液流到透析器,及阻止置换液流进血液。

b) 防护系统的运作必须实现下列安全条件:

——触发声和光的警报(见51.107);

——阻止透析液流向透析器和(或)阻止置换液流进血液。

通过检查随机文件和进行各项功能试验,检验是否符合要求。

★51.103 超滤

a) 设备必须具有的防护系统应独立于任何超滤控制系统之外,防止设备的输出偏离控制参数的设定值而产生安全方面的危险。

进行血液透析滤过或血液滤过时,必须具有独立于任何置换液控制系统之外的防护系统,能避免置换液误输入而产生安全方面的危险。

注:例如利用测量跨膜压、透析液压、超滤/置换液量或速度的防护系统,是符合此项要求的一种合格方法。

b) 防护系统的运作必须触发声和光的报警(见51.107)。

通过检查随机文件和进行各项功能试验,检验是否符合要求。

51.104 体外失血

51.104.1 体外失血到外界

★a) 设备必须具有防止患者体外失血到外界,而产生安全方面的危险的防护系统。

注:例如利用测量静脉压和测量体外管路其他部分压力的防护系统,是符合此项要求的一种合格方法。其他部分被

各阻断部件（血泵、夹等）与静脉部分隔断。

★b) 防护系统的运作必须实现下列安全条件：

——触发声和光的报警（见 51.107）；

——停止各血泵运转；

——中断任何置换液流动；

——夹住静脉回流管；

——把超滤降到最小值。

通过检查随机文件和进行各项功能试验，检验是否符合要求。

51.104.2 漏血

a) 设备必须具有防止患者漏血，避免可能产生安全方面危险的防护系统（见 51.108）。

注：例如采用光电漏血检测器的防护系统，是符合此项要求的一种合格方法。

b) 防护系统的运作必须实现下列安全条件：

——触发声和光的报警（见 51.107）；

——停止血泵运转；

——中断任何置换液流动；

——把超滤降到最小值。

通过对随机文件的检查和用红细胞比积已调节到 0.32±0.02 的人或牛的新鲜全血进行功能试验，检验是否符合要求。试验必须在充有透析液的透析液管路中及规定的透析液流速的最坏条件下进行。

51.104.3 由于血液凝结而引起的体外失血

a) 设备必须具有防止患者因血流中断、血液凝结而引起体外失血，避免可能产生安全方面的危险的防护系统。

注：例如若血泵因意外停转，防护系统应立即开始工作，这是符合此项要求的一种合格方法。

b) 防护系统的运作必须触发声和光的报警（见 51.107）。

通过对随机文件的检查和进行各项功能试验，检验是否符合要求。

★51.105 动脉压

a) 设备必须包括的防护系统应防止患者因动脉压过高/过低而出现安全方面危险。

b) 防护系统的运作必须实现下列安全条件：

——触发声和光的报警（见 51.107）；

——停止血泵运转；

——中断任何置换液流动；

——把超滤降到最小值。

通过检查随机文件和进行各项功能试验，检验是否符合要求。

★51.106 空气进入

a) 设备必须具有防止患者因空气进入而引起安全方面的危险的防护系统。

注：例如采用光电或超声空气检测器的防护系统，是符合此项要求的一种合格方法。

b) 防护系统的运作必须实现下列安全条件：

——触发声和光的报警（见 51.107）；

——停止血泵运转；

——中断任何置换液流动；

——夹住静脉回流管；

——把超滤降到最小值。

通过检查随机文件和进行各项功能试验，检验是否符合要求。

51.107　**报警条件和消除报警**

a)　在治疗的全过程中，所有防护系统都必须在运作。

注1：例外见下述e)项。

注2：本项内治疗的含义是：当患者血液从动脉端引出并回流到患者身上时，治疗可看作是已经开始；当动脉端针头拨开时，治疗可看作已经结束。

★b)　除非本标准另有规定，否则必须同时具有声和光两种报警。光报警必须在整个报警条件下连续保持，而声报警可以静音。

c)　声报警必须符合下列条件：

——除非用特殊的方法(如工具)可以调节，在1 m内产生至少65 dB(A)的声压级；

——如果可以静音，则静音周期不超过2 min。

通过测量A计权声压级，检验是否符合要求。所用测量设备必须符合IEC 60651或IEC 60804规定的对1类器具的要求，及ISO 3744对自由场条件的要求。

d)　下面的报警：

——压力监测(见51.104.1)；

——漏血监测(见51.104.2)；

——动脉压监测(见51.105)；

——空气进入检测(见51.106)。

如在报警静音周期内出现，必须中断静音周期，并且必须实现51.104.1，51.104.2，51.105和51.106规定的安全条件。

e)　在报警期间，暂时的消除报警功能(最长时间2 min)可以分别应用于采用下列测量的各个防护系统：

——压力监测(见51.104.1)；

——漏血监测(见51.104.2)；

——动脉压监测(见51.105)；

——空气进入检测(见51.106)。

若不使用空气检测器时，关闭51.106要求的防护系统消音，允许血液泵入患者，必须把因空气进入而产生的危险减到最小。

注：例如限制血泵速度，以便防止在消除报警期间空气到达患者身上，并因足够慢使操作人员能够检查静脉回流管，这是符合此项要求的一种合格方法。

f)　消除报警的运作必须触发光报警。

g)　对某个防护系统(按51.107规定)，必须不得影响随后的其他报警条件。随后的报警条件必须满足规定的安全条件。在静音周期消逝以后，仍然存在的报警条件必须重新满足规定的安全条件。

注：本项规定消除报警的含义是：消除报警是个便利条件，可以由操作人员有意识地选择暂时使防护系统无效，而让设备在报警条件下继续运作。

通过检查随机文件和进行各项功能试验，检验是否符合要求。

51.108 防护系统

a) 表 1 所列的那些防护系统的故障,操作人员必须清楚在规定限值范围内。

表 1 防护系统检查表

安全方面潜在的危险 起因于	防护系统举例	防护系统检查	防护系统故障导致 安全方面的危险
透析液组成成分(51.101)	电导率测量	A	透析液浓度过高或过低
透析液温度(51.102)	温度测量	A	透析液温度过高
超滤(51.103)	跨膜压测量 透析液压测量 超滤量测量	A	超滤不正确
体外失血的外界 (51.104.1)	静脉压测量	A	失血
动脉压(51.105)	动脉压测量	A	损害血管通路
漏血(51.104.2)	光电血液检测	A	失血
血液凝结引起的 体外失血 (51.104.3)	各血泵转速检测	A	体外管路中血液凝结
空气进入(51.106)	超声或光电空气 检测	a) 触发血泵和 静脉管夹输出: 时间<B b) 血泵和静脉夹: A	空气栓塞
无缓冲剂血液透析滤过 (51.111)	测量透析液和 置换液流速	A	酸碱度平衡不正确

A=至少在每次治疗开始时进行。

$$B=\frac{\text{空气检测传感器和静脉插管间的体外管路的容量}}{\text{最大血流量}^{*}}$$

★可设定的血泵最大速度。

注:符合此项要求的三种合格方法,例如:

——周期性功能校检由操作人员启动和控制所有防护系统;

——周期性功能校检由操作人员启动和由设备控制所有防护系统;

——带设备自校验功能的双重防护系统。

★b) 停止血泵运转和夹紧静脉回流管,必须设计或满足 51.106b)项安全条件的双重保护功能。

通过检查随机文件和进行各项功能试验,检验是否符合要求。

51.109 在清洗、灭菌和(或)消毒期间治疗的防护

当设备处在清洗、灭菌和(或)消毒模式时,绝对不能对患者进行治疗。采用通用标准的 3.6 条和 49.2 条。

通过各项功能试验,检验是否符合要求。

51.110 血泵和(或)置换液泵反向运转

应考虑一种方法,防止血泵和(或)置换液泵在治疗期间意外发生反向运转。

注:例如使用单向泵,是符合此项要求的一种合格方法。

通过检查和进行各项功能试验,检验是否符合要求。

51.111 无缓冲剂血液透析滤过

a) 拟进行无缓冲剂血液透析滤过的设备所必须包括的防护系统应独立于任何液体配送控制系统,避免患者因酸碱度平衡不正确而出现安全方面的危险。

注:例如利用测量透析液和置换液流速的防护系统,是符合此项要求的一种合格方法。

b) 防护系统的运作必须实现下列安全条件:

——触发声和光的报警(见 51.107);

——中断透析液和置换液流动。

通过检查和进行各项功能试验,检验是否符合要求。

51.112 运行模式的选择和变更

必须防止因意外而错选和变更运行模式。

通过检查和进行各项功能试验,检验是否符合要求。

第九篇 不正常的运行和故障状态:环境试验

通用标准本篇的各条款适用。

第十篇 结构要求

除下述内容外,通用标准的本条款适用:

增加:

54 概述

除下述内容外,通用标准的本条款适用:

54.101 设备的浓缩液接头必须使用耐久的颜色标志,避免混淆各种不同的浓缩透析液。色标应当便于操作人员配用接头与不同颜色的浓缩透析液容器。必须使用下列颜色:

——醋酸盐浓缩液接头 白色

——酸性浓缩液接头 红色

——碳酸氢盐浓缩液接头 蓝色

——无缓冲剂血液透析滤过浓缩液接头 绿色

——对于供不同浓缩液公用的接头,每个接头上必须有不同颜色的标记。例如,供醋酸盐浓缩液和酸性浓缩液公用的一个接头,必须有白/红两色标记。

注:目前正在制定一项 ISO 标准*,规定对浓缩透析液容器色标的要求。

通过检查,检验是否符合要求。

54.102 血压传感器用的连接器

与血压传感器系统的外部连接,必须符合 GB/T 1962.2 功能安全方面的要求。

通过检查和进行各项功能试验,检验是否符合要求。

56 元器件和组件

除下述内容外,通用标准的本条款适用:

56.6 温度和过载控制装置

增加:

aa) 透析液温度的防护系统不要求配备非自动复位热断路器。

通过检查,检验是否符合要求。

---

* 现阶段为 ISO 技委会草案 ISO /CD 13958。

57 网电源部分,元器件和布线

除下述内容外,通用标准的本条款适用:

增加:

57.2 网电源连接器和设备电源输入插口等

ee) 若给受控运行的血泵和(或)置换液泵配备辅助网电源输出插座,该插座的类型必须不可互换,且与设备上其他辅助网电源输出插座不可互换。

附　录　L
（规范性附录）
参考文献　本标准提到的出版物

采用通用标准的本附录，增加下述内容：

IEC　标准

增加：

IEC 60513:1994　医用电气设备安全标准的基本要素
Fundamental aspects of safety standards for medical electrical equipment

IEC 60529:1989　（IP 代码）密封提供的保密度
Degrees of protection provided by enclosures(IPCode)

GB 9706.1—1995　医用电气设备　第 1 部分：安全通用要求（IEC 60601-1:1988,IDT）
Medical electrical equipment—Part 1:General requirements for safety
Amendment 1 修正案 1 号（1991 年）
Amendment 2 修正案 2 号（1995 年）

IEC 60601-1-2:1993　医用电气设备　第 1 部分：安全通用要求
2.并列标准：电磁兼容性——要求和试验
Medical electrical equipment—Part 1:General requirements for safety
2. Collateral standard: Electromagnetic compatibility—Requirements and tests

IEC 60651:1979　声级计
Sound level meters
Amendment 1 修正案 1 号（1993 年）

IEC 60801-3:1984　工业-工艺流程测量与控制设备的电磁兼容性　第 3 部分：电磁场辐射要求
Electromagnetic compatibility for industrial-process measurements and control equipment—Part 3:Radiated electromagnetic field requirement

IEC 60804:1985　综合平均式声级计
Integrating-averaging sound level meters
Amendment 1 修正案 1 号（1989 年）
Amendment 2 修正案 2 号（1993 年）

ISO　出版物

增加：

GB/T 1962.2—2001　注射器、注射针及其他医疗器械 6%（鲁尔）圆锥接头　第 2 部分：锁定接头（ISO 594-2:1998,IDT）
Conical fitting with a 6%(Luer) taper for syringers, needles and certain

other medical equipment—Part 2:Lock fittings

ISO 3744:1994 声学　应用声压测定噪声源的声功率级别整个反射平面本质为自由场的工程学方法
Acoustics—Determination of sound power levels of noise sources using sound pressure—Engineering method in an essentially free field over a reflecting plane

附　录　AA
（资料性附录）
通用指南及原理说明

安全概念

本专用标准规定设备的最低安全要求，是以单一故障状态下的安全为基础。对此基本原理更为详细的解释说明，可查阅 IEC 60513。

为了实现安全，要求操作人员在设备操作方面具有一定的熟练技能，并应按说明书要求使用设备。然而应该认识到，患者常常就是操作人员，而患者不可能象专业操作人员那样受到同等程度的熟练技能训练，这一点必须加以考虑。

下面演示的图解，说明设备在单一故障状态下如何实现安全。

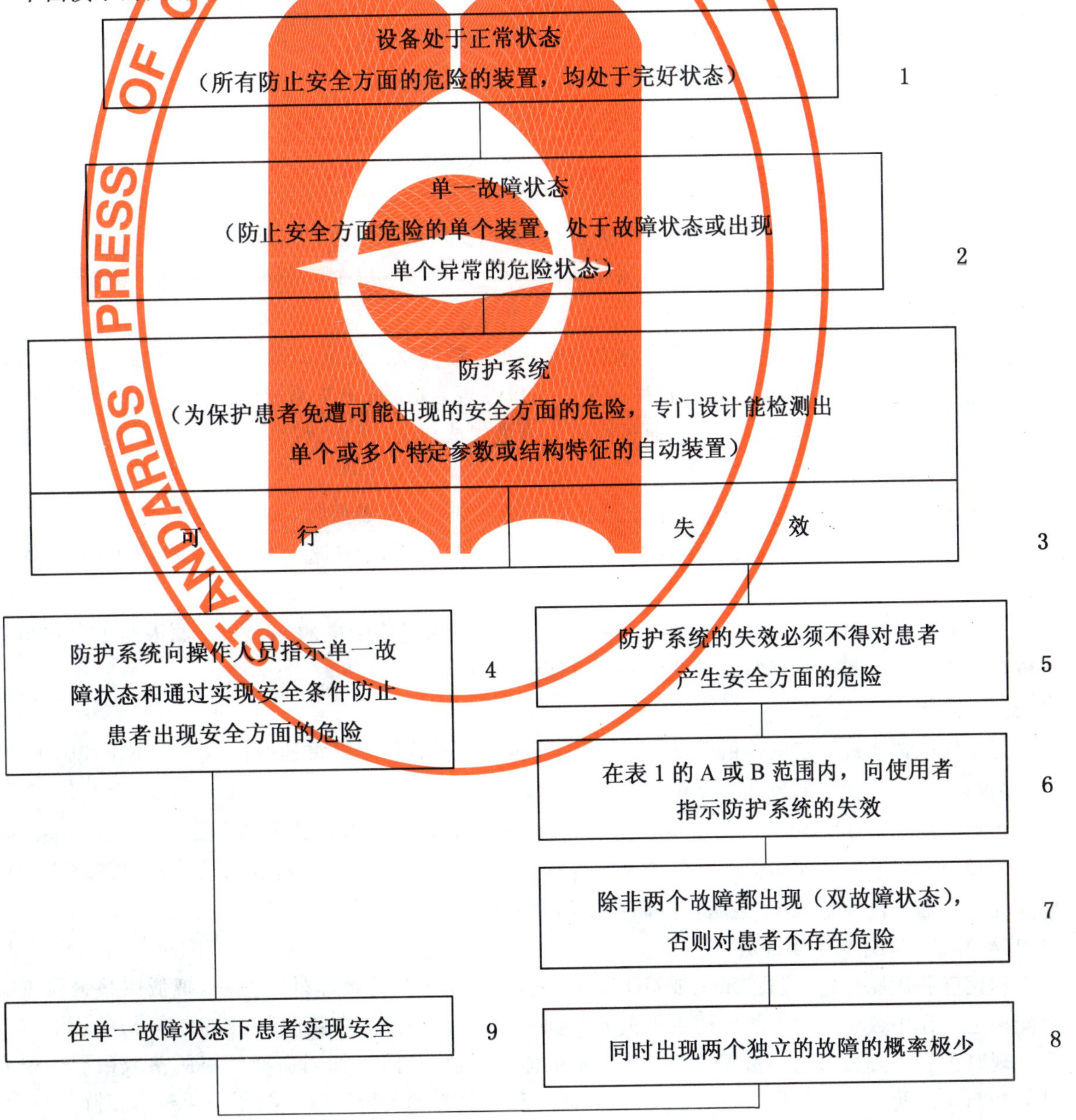

1. 设备处于正常状态（所有防止安全方面的危险的装置，均处于完好状态） 1
2. 单一故障状态（防止安全方面危险的单个装置，处于故障状态或出现单个异常的危险状态） 2
3. 防护系统（为保护患者免遭可能出现的安全方面的危险，专门设计能检测出单个或多个特定参数或结构特征的自动装置）
   可　行 | 失　效 3

- 可行 → 防护系统向操作人员指示单一故障状态和通过实现安全条件防止患者出现安全方面的危险 4 → 在单一故障状态下患者实现安全 9
- 失效 → 防护系统的失效必须不得对患者产生安全方面的危险 5 → 在表 1 的 A 或 B 范围内，向使用者指示防护系统的失效 6 → 除非两个故障都出现（双故障状态），否则对患者不存在危险 7 → 同时出现两个独立的故障的概率极少 8 → 在单一故障状态下患者实现安全 9

特定条款指南及原理说明

6.8.2 aa) 8)对血压传感器采取的防范措施

使用同一台设备治疗一个以上患者时，经过血压传感器可引起患者之间的交叉感染。这种安全方面的危险可通过例如在体外管路中采用疏水性过滤器而避免。

6.8.3 aa) 4)目前用于监测单通式排废液型设备的透析液组成成分的方法，可能检测不出透析液中所有成分的潜在危险程度。须对系统的局限性和组成成分进行独立分析，应在随机文件中加以解释说明。

6.8.3 aa) 16)结构的材料

因设备结构所用材料不当而产生毒性，可能会给患者带来安全方面的危险。人们认识到，患者接受治疗的时间越长，安全方面的危险便越大。

因此，要求指出结构所用的各种材料，使操作人员对某种特定设备潜在性的、安全方面的危险程度能作出有依据的判断。

44.4 泄漏

通用标准 44.4 条的试验不能辨认液体在压力下可能出现的泄漏。本专用标准规定的此项试验虽难于进行和重复，但据认为对此类设备较为合适。

51.101 到 51.103 透析液的组成成分、透析液温度和超滤

单通式排废液型设备若设计为可将水与浓缩透析液混合，制备出成分和温度均到达特定值的透析液，为此，它应具备某些控制系统作为基本设计需要。此外，可能还要有一个控制系统调节超滤。

虽然这样的控制系统可看作是单个防护装置，而且使用这种装置可减少对患者产生安全方面的危险，但据认为，单个防护装置并不足以排除在某种单一故障状态(单个防护装置失效等)出现后可能存在安全方面的危险。

必须提供能够实现安全条件并向操作人员指示单一故障状态的防护系统。这种防护系统失效必须不得引起安全方面的危险，而且任何这样的失效均应在规定时间(防护系统周期检验)内指示给操作人员。据规定，至少应在每次治疗之初，通过测量透析液组成成分、透析液温度和超滤，对各种防护系统进行周期检验。

若使用碳酸氢盐透析液治疗，设计防护系统避免有害透析液成分时，必须考虑到透析液配制系统在任何阶段都可能会失效，除了技术因素外，还可能由于人为差错，如错选、混选浓缩透析液而产生潜在危险状况。

与本专用标准第 1 版(1989 年)相比，现第 2 版没有采用通用标准的 56.6 条，原因是不存在与测量透析温度所用自动复位热断路器有关的安全方面的危险。

51.103 超滤

要想精确地实现规定液体的平衡，不因过高或过低而导致出现严重的低血压或高血压和肺水肿，善于控制超滤液与置换液的流速或流量具有重大意义。

与本专用标准第 1 版(1989 年)相比，现第 2 版把有关反向超滤的要求从原来的 51.7 条(即现 51.103)转为标记要求(见 6.8.2)，目的是对医疗上认可的治疗不作限制，这些治疗没有忽略有关反向超滤安全方面的潜在危险(如透析器反向超滤部分出现漏血)。

51.104.1a) 体外失血到外界

利用静脉压测量值的防护系统被用于检测因静脉管路脱落导致体外失血时，把低限报警设置得尽可能接近工作中或运行中的静脉压极为重要，这必定能检测出静脉管路脱落引起的静脉压变化。

现时没有实际可行的办法完全防止患者发生体外失血到外界(如因血液管路脱落或破裂而引起)。对某些与体外管路相关的压力进行监测，可达到一种可接受的安全等级。为了不再进一步降低安全性，把防护系统的工作极限设定得尽可能接近工作中的压力(例如静脉压低限报警)极为重要。

51.104.1b) **体外失血到外界——安全条件**

要求夹紧静脉回流管是安全条件的基本要素，其作用是防止一旦在血泵和静脉管夹之间出现破裂时，逆行漏血引起安全方面的危险。

51.105 **动脉压**

基于目前采用的血液流速较快，使患者的脉管管路面临安全方面的危险增大，故认为，监测动脉压是保护患者的一种合格的、必要的方法。

51.106 **空气进入**

在体外管路中出现空气并不被看作是一种单一故障状态。而且，并不存在一种固有的单个防护装置。体外管路中出现空气时，防护系统会向操作人员指示。通过要求防护系统实现安全条件，使患者减少安全方面的危险。

防护系统失效（单个防止出现安全方面的危险的装置处于故障状态）变成单一故障状态。单一故障状态可通过不会被误解的和清晰可辨的信号向患者指示，亦可通过周期检查来发现。

对包括血泵和静脉管夹在内的部分防护系统进行周期检查，要求把它们设计成双重功能：这使得两个互不相关的单一故障状态（即在血泵和静脉管夹中）出现的概率变得极少。

此外，在每次治疗开始时对血泵和静脉管夹的寿命作功能检查，亦使得操作人员不熟悉的这两种器件的失效概率及一个治疗周期内体外管路中空气引起安全方面危险的情况变得极少。

对包括初始检测器和电路、直至包括控制血泵和静脉管夹的输出在内的防护系统部分，进行等效周期检查显然是不够的。在这种失效情况下患者没有任何防护手段。因此，要求在一段时间内向操作人员指示这种失效，要让体外管路中出现空气及空气检测失效同时发生的概率变得极少。要想安全，这个时间应当短。此外，它必须与整个防护系统的各种参数相关，因为参数随时会随设计不同而变化。所以，把这个时间 B 规定为：

$$B=\frac{\text{空气检测传感器和静脉管间的体外管路的容量}}{\text{最大血流量}^{\bigstar}}$$

★可设定的血泵最大速度。

空气进入是血液透析/血液透析滤过/血液滤过的主要安全方面的危险，它可能是由于体外管路破裂引起。体外管路的微小破裂形成泡沫（空气/血液混合物），透析液排气不充分也可能是空气进入的因素。

设备应设计成能检出和防止大的气泡以及泡沫（空气/血液混合物）到达患者身上。

目前尚未有足够的数据说明在体外管路内产生的微气栓引起安全方面的危险。但设计设备和体外管路时应把产生的微气栓减到最少。

尽管在有关什么样数目的泡沫和微栓会对患者构成危险方面的数据不多，但指出空气检测系统的检测极限是重要的，可使操作人员对设备作出有依据的判断。

51.107b) 在整个报警状态存在期间，必须对操作人员显示声和光报警，声响报警可以静音间歇，但光报警必须连续显示，直到报警状态被改正为止。在报警状态持续期间，设备必须仍然处于安全状态。

51.108b) 双重功能

构成防护系统安全条件的基本要素是停止血泵运转和夹紧静脉回流管，在这些防护系统中，“双重功能”这一术语指的是从检测装置到血泵和到静脉管夹的输出必须是分离的，并在功能上是独立的。

血泵控制

无论在什么情况下血泵失灵停转，以致静脉管夹关闭，都会对患者产生额外的安全方面的危险。这种情况可能产生过高的体外管路压力，引起透析器半渗透材料破裂或体外管路脱落。

前　　言

本标准等同采用国际电工委员会IEC 60601-2-7:1998《医用电气设备——第2部分:诊断X射线发生装置的高压发生器安全专用要求》。

制定本标准的目的是使我国医用诊断X射线发生装置的高压发生器在组装、生产设计、制造以及质量检验中有一个统一的要求,以确保产品的安全有效。

本标准是对GB 9706.3—1992《医用电气设备　诊断X射线发生装置的高压发生器专用安全要求》的第一次修订,与原标准相比,主要变化如下:

1. 增加了前言和IEC前言。
2. 对本标准中的术语及附录AA中的术语,补充了英文名称。
3. 在1.1中,将适用范围重新进行了描述。
4. 在1.2中,第二段改为注,同时又增加了注2～6。
5. 在1.3.101中,增加了相关的标准。
6. 增加了2.101.1～2.101.4四条术语。
7. 在6.8.2中,删除了基准电流时间积的要求。
8. 在19.3中,将第一段改为注,增加了19.3a)和19.3b)两条。
9. 对29.1.105中的b作了全面修改,增加了具体特性的描述。
10. 增加了足够的加载因素范围的相关内容。
11. 删除了原标准50.101.2中a的全部要求,删除了原标准中c和d中的公式,采用文字描述。
12. 对50.104作了较大修改,删除了部分内容,补充了新的要求。
13. 将原标准50.105～50.114的内容分散到各有关章条中描述。
14. 附录AA改为已定义的术语索引,原附录AA改为附录BB,并作了调整,原附录BB改为附录CC,按新的要求,重新给出加载因素的实例。

诊断X射线发生装置的高压发生器是组成X射线设备的核心部分,本标准在执行时,应与GB 9706.1—1995《医用电气设备　第1部分:安全通用要求》(idt IEC 60601-1:1988)标准配合使用。

本标准自实施之日起,同时代替GB 9706.3—1992。

本标准中的附录AA、附录BB都是标准的附录。

本标准中的附录CC是提示的附录。

本标准由国家药品监督管理局提出。

本标准由全国医用X射线设备及用具标准化分技术委员会归口。

本标准起草单位:辽宁省医疗器械研究所。

本标准主要起草人:王寿民。

IEC 前言

1) IEC(国际电工委员会)是由各国家电工委员会组成的一个世界性的标准化组织,其目的就是为促进电工和电气领域及其相关活动领域的所有问题的国际间的合作。同时出版 IEC 国际标准。其拟定准备工作将由技术委员会承担。对所有感兴趣的问题,任何一个国家的技术委员会都可以参与。另外,同 IEC 有联系、协作关系的国际性的,政府部门的以及非政府部门的任何组织,也可以参与标准的准备工作。IEC 将根据两大国际组织(IEC 与 ISO)之间所确定的约定,同 ISO 保持紧密的合作。

2) 在技术问题上,IEC 的正式草案或协定是由对此有特别兴趣的各国家委员会承担,在其草案或协定中,他们将尽可能的把各国对这一问题的见解和意见充分的给予体现和表述。

3) IEC 标准是以推荐的形式在国际上使用,以标准、技术报告或导则的形式出版,这种认识,已被各国家委员会所接受。

4) 为了促进国际间的统一,IEC 各国家委员会已明确表示,同意在他们的国家和地区的标准中最大程度地采用国际标准。当国家和地区标准同 IEC 相应标准存在分歧时,则应在国家和地区标准中给予清楚的说明。

5) IEC 不提供任何为其认可的标记方式,同时,对声明符合 IEC 标准的任一设备也不负有任何责任。

6) 请注意这种可能,本标准的某些要素可能涉及到专利权的问题,对其,不管标志如何,IEC 都将不负任何责任。

IEC 60601-2-7:1998 这份国际标准,是由 IEC 第 62 技术委员会(医用电气设备)第 62B 分技术委员会(诊断成像设备)负责制定的。

本标准为第二版本,它抵消和取代 1987 年的第一版本,同时对某些技术要求作了必要的修订。

本专用标准的正文以下列文件为基础。

国际标准最终草案	表决报告
62B/329/最终草案	62B/334/表决报告

本标准投票表决的全部资料,可查阅上表中所给出的表决报告。

附录 AA 和 BB 是本标准的一个组成部分。

附录 CC 是提示的附录。

中华人民共和国国家标准

医用电气设备 第2部分：诊断X射线发生装置的高压发生器安全专用要求

GB 9706.3—2000
idt IEC 60601-2-7:1998

代替 GB 9706.3—1992

**Medical electrical equipment—
Part 2:Particular requirements for the safety of high-voltage generators of diagnostic X-ray generators**

第一篇　概　　述

除下述内容外，通用标准中该篇的章和条适用。

1　范围和目的

除下述内容外，通用标准中的本章适用。

1.1　范围

替换：

本专用标准适用于医用诊断X射线发生装置的高压发生器及其附件，包括：

——同X射线管组件成一体的高压发生器；

——放疗模拟机的高压发生器。

有关X射线发生装置的某些要求，如果适用，仅在涉及到相关的高压发生器的功能时才给出。

本标准不包括：

——电容放电式高压发生器(有关内容见IEC 60601-2-15:1988)；

——乳腺高压发生器；

——图像重建体层摄影高压发生器。

1.2　目的

替换：

本标准的目的是制定保证安全的专用要求，并规定验证符合这些要求的方法。

注

1　由于重复性、线性、稳定性和准确性关系到产生的电离辐射的质和量，因此，本标准也给出了对它们的要求，但只限于那些为安全所需的要求。

2　符合的程度以及为确定符合性所规定的试验这两者反映这样一个事实，高压发生器的安全在对性能水平上的一些小的差异并不是敏感的。为此，应对试验中所规定的加载因素的组合在数量上给出限制，但是，这种选择应来自于实践，并适用于大多数场合。从标准化的角度考虑，统一加载因素的选择也是十分重要的，以便能够对不同场合下、不同时间内所做的试验进行相互比对。除了规定的组合之外，对于其他的组合，也可具有同样的技术有效性。

3　本标准中有关安全的基本准则是基于通用标准的前言以及IEC 60513:1994《医用电气设备安全标准的基本方面》。

4　关于防护问题，本标准在准备中已假定：制造厂商和使用者已接受了ICRP 60:1990第112节1)中所声明的通用

国家质量技术监督局2000-07-12批准　　2000-12-01实施

原则[1]，即：

a) 除非辐照能给个体和团体产生足够的益处，并足以补偿由于该辐射所能引起的伤害，否则，有关辐照的实践是绝对不能接受的（实践正当性原则）。

b) 与辐射实践相关的各种情况，包括个体剂量的大小、接受辐射人们的数量以及在不能确定接受辐射却可能遭到辐照的情况等，对此，应做到合理、经济、尽可能的低，同时还应考虑社会的各种因素。当有潜在辐射的情况下，应通过对每一个体剂量的限制（剂量限制）或其风险的限制（风险限制），对该过程加以制约，以减少可能由于内部经济和社会评价所引起的非议（防护最优化原则）。

c) 由所有相关实践的组合所引起的每次曝光，应以剂量的限制为条件，或者当存在潜在辐照的情况下，应以对风险的控制作为条件。所有这些，其目的是保证在任意正常情况下，不会使个体受到已被认定的在实践中不可接受的辐射危害。并非所有的辐射源通过操作都能得到控制。在选择剂量限度之前，有必要对所涉及到的设备的辐射源作出说明（个体剂量与风险限制原则）。

5 X 射线设备及其组件电离辐射的防护要求在 GB 9706.12—1997《医用电气设备　第 2 部分：安全通用要求　三、并列标准　诊断 X 射线设备辐射防护通用要求》(idt IEC 60601-1-3:1994)中给出。

本标准尽管也涉及到辐射防护的某些方面，但主要针对有关高压发生器的电源、控制以及电能指示方面的问题。

6 我们应该看到，多数评价需遵循 ICRP 的通用准则，由使用者去进行而不是由设备的制造者去完成。

1.3 专用标准

增补：

本专用标准（以下称为本标准）是对一组相关的国家标准及 IEC 出版物（以下称为通用标准）的修改和补充，这些标准和出版物包括 GB 9706.1—1995《医用电气设备　第 1 部分：安全通用要求》(idt IEC 60601-1:1988)及其第一次修订(1991)和第二次修订(1995)以及相关的并列标准。本标准的篇、章、条的序号与通用标准的序号相对应。对通用标准条文的改变，使用以下词语表述：

“替换”指通用标准的章或条完全由本标准的条文所代替。

“增补”指在通用标准相应要求的基础上，本标准又有增加和补充的条文。

“更改”指通用标准的章或条按本标准的表述修改。

在通用标准的基础上，增加的章条或图表从 101 开始编号，增加的附录被记作 AA、BB 等，增加的分条为 aa) bb)等。

若本标准中没有对应的篇、章或条，则通用标准中的篇、章或条完全适用。

对通用标准的某些部分，尽管可能相关，但并不适用，对此，本标准给出了说明。

本标准对通用标准给出修改和代替的要求优于通用标准中原条文的要求。

1.3.101 相关标准

本标准要求的高压发生器及其组件应符合 GB 9706.12—1997《医用电气设备　第 1 部分：安全通用要求　三、并列标准　诊断 X 射线设备辐射防护通用要求》标准中适用的技术条件。

注：GB 9706.12—1997(idt IEC 60601-1-3:1994)标准中包括以下内容：

对下列标准中的有关医用诊断 X 射线设备的某些要求，由本并列标准的要求代替。

IEC 60407:1973《10 kV 到 400 kV 医用 X 射线设备的辐射防护》

IEC 60407A:1975，IEC 60407 标准的第一次修订

注意下述现行有效的标准和 IEC 版物：

IEC 60417P:1997　设备用图形符号：索引　测量和单一符号的组合——第 15 次修订

IEC 60601-2-15:1988　医用电气设备　第 2 部分：电容放电式 X 射线发生器安全专用要求

GB 9706.11—1997　医用电气设备　第 2 部分：医用诊断 X 射线源组件和 X 射线管组件安全专用要求(idt IEC 60601-2-28:1993)

GB 9706.14—1997　医用电气设备　第 2 部分：X 射线设备附属设备安全专用要求(idt IEC

1) 国际放射性辐射防护委员会(ICRP)第 60 号出版物，国际放射性辐射防护委员会建议(ICRP 第 21 卷 1～3 号，1990)，Pergamon 出版社出版。

60601-2-32:1994)

YY/T 0064—1991 医用诊断旋转阳极X射线管电热及负载特性(idt IEC 60613:1989)

IEC 60664-1:1992 低电压系统设备的隔离配置——第1部分:原理 要求和试验

IEC 60788:1984 医用放射学——术语

ISO 497:1973 优选数系列及其整定值的选择指南

ISO 3665:1976 摄影技术——口腔内牙科摄影胶片——技术条件

ISO 7000:1989 设备用图形符号——索引及对照表

注：上述相关标准是应引起注意的标准和IEC出版物，其中IEC 60407:1973和IEC 60407A:1975已由IEC 60601-1-3:1994代替，现已转化为GB 9706.12—1997;IEC 60417P:1997和ISO 3665:1976以及IEC 60601-2-15:1988在本标准的条文中并没有涉及到具体的内容;IEC 60788:1984已部分转化为我国标准，有关医用X射线方面的术语，见GB/T 10149—1988《医用X射线设备术语和符号》;IEC 60664-1:1992和ISO 3665:1976以及ISO 7000:1989，在本标准的条文中并没涉及到;ISO 497:1973中所涉及的内容在附录AA中给出。上述相关标准，不影响本标准的贯彻执行。

2 术语和定义

除下述内容外，通用标准中的本章适用。

在2.1之前增补：

在本标准中，使用的术语的定义遵循通用标准和IEC 60788的规定。

本标准所使用的已定义的术语的索引在附录AA中列出。

相关的某些术语的限定用法在2.101中列出。

aa) 在本标准中，除非另有说明，否则

——X射线管电压值指的是峰值，不考虑暂态过程；

——X射线管电流值指的是平均值。

bb) 通用标准中的6.8.2 a)3)和6.8.2 a)4)所述的高压电路的电功率应按下式计算：

$$P = fUI$$

式中：P——电功率；

f——依赖于X射线管电压波形的系数，按下述选择：

a) 单峰和双峰高压发生器 $f=0.74$，或

b) 六峰高压发生器 $f=0.95$，或

c) 十二峰高压发生器和恒定电压高压发生器 $f=1.00$，或

d) 对于其他高压发生器，根据X射线管电压的波形，应使用上面给出三个系数当中最适合的数值，并给出选定值的说明；

U——X射线管电压；

I——X射线管电流。

增补：

2.101 已定义术语的使用条件

2.101.1 标称X射线管电压运行状态 operating conditions for nominal X-ray tube voltage

标称X射线管电压已在IEC 60788标准中给出定义，是在规定的运行状态下所允许的最高的X射线管电压。在本标准中，如果对规定的运行状态没有说明，则应认为这个基准值是无条件的。对所研究的对象，是在正常使用时所允许的那个最高的X射线管电压。上述的这个值不能高于某些分立的组件或部件所允许的值，但有时可能是低的。

2.101.2 恒定电压高压发生器电压的纹波百分率 percentage ripple in constant potential highvoltage generators

除非另有说明，如果某一高压发生器被认为是恒定电压的高压发生器，则其在相关状态下输出的高压纹波百分率不应超过4。

2.101.3 标称最短辐照时间的照射量 radiation quantity for nominal shortest irradiation time

标称最短辐照时间的确定涉及到所要求的照射量的稳定性。在本标准中，所述的照射量指的是空气比释动能。

2.101.4 辐照时间 irradiation time

通常，辐照时间是依据测量加载时间的方法，在如下的加载时间的时间间隔上，通过测量而得到的。这个时间间隔是：

——X射线管电压初次上升到峰值的75%时起至

——最后下降到相同值时止。

对于在一个电子管中或X射线管中通过使用栅极的高电压的电子开关控制加载的系统中，加载时间可以按照这样的一个时间间隔加以确定，即当限时装置从产生开始加载信号时起到限时装置产生终止加载信号时止的时间间隔。

对于一个或者是在高压电路的绕组中或者是在X射线管灯丝的加热电路中通过模拟开关控制加载的系统中，加载时间可以按照这样的一个时间间隔加以确定，即当X射线管电流初次上升到峰值的25%时起到当X射线管电流最后下降到相同值时止的一段时间间隔。

3 通用要求

除下述内容外，通用标准中的本章适用。

3.1 增补

不是为了将其交付正常使用而设计的高压发生器，对任意连接的X射线管组件，其电压应高于实际的X射线管组件的标称X射线管电压。

5 分类

除下述内容外，通用标准中的本章适用。

5.1 替换

高压发生器的分类应是Ⅰ类设备或内部电源设备。

5.6 替换

除非另有规定，否则，高压发生器及其组件的分类必须是适合于在待机状态下，按规定的加载连续同网电源连接，见6.1m)和6.8.101。

6 识别、标记和文件

除下述内容外，通用标准中的本章适用。

6.1 设备或设备部件的外部标记

g) 供电连接

增补：

——对于规定的永久性安装的高压发生器，通用标准6.1g)所要求的内容可以只在随机文件中加以说明。

h) 电源频率

增补：

——对于规定的永久性安装的高压发生器，通用标准6.1h)所要求的内容可以只在随机文件中加以说明。

j) 输入功率

增补：

——对于规定的永久性安装的高压发生器，输入功率的内容可以只在随机文件中加以说明。

输入功率的内容应按照下面的组合加以规定：

1）X射线高压发生装置的额定电网电压(V)，见g)；

2）相数，见g)；

3）频率(Hz)，见h)；

4）供电网电阻的最大允许值(Ω)；

5）供电网所要求的过电流释放特性。

m）运行方式

替换

运行方式(若适合，与最大容许额定值一起)应在随机文件中加以说明，见6.8.101。

n）熔断器

增补：

对于规定的永久性安装的高压发生器，通用标准中的该条不适用，见j)。

p）输出

替换

通用标准中的该条不适用。

t）冷却条件

增补：

高压发生器及其组件安全运行的冷却要求，包括下述相应的内容，应在随机文件中指明。

——对于散热量大于100 W，且在安装时可能单独定位的每一组件应分别给出向周围空气中的最大散热量。

——向强制空冷装置内的最大散热量以及相应的强制空气气流的流速和温升。

——进入冷却介质设备中的最大的散热量以及设备所允许的输入温度范围，最小流速和压力要求。

增补：

aa）符合标准的标记

对于高压发生器及其组件，如果要在设备的外部作出符合本标准的标记，此标记应按下列方式与型号或型式一起给出。

(型号或型式)GB 9706.3—2000

6.7 指示灯和按钮

a）指示灯颜色

在第一段之后增补：

对于高压发生器，指示灯所采用的颜色应遵循如下的规定：

——在控制台上采用的绿色指示灯，指示再一次操作即导致加载状态，见29.1.102 a)；

——在控制台上采用的黄色指示灯，指示加载状态，见29.1.102.b)。

注：指示灯的颜色需要按照所要给出的信息进行选择。因此，设备在相同的运行状态下，根据其指示的位置可能需要同时采用不同颜色的指示，例如，控制台上为绿色而在检查室的入口为红色。

6.8 随机文件

6.8.2 使用说明书

a）一般内容

增补：

应依据6.8.2a)1)～6.8.2a)6)所描述的加载因素，在使用说明书中给出电输出数据的说明。

对于高压发生器的一部分同X射线管组件集为一体的诊断装置(例如X射线管头)，这个所说明的值应针对整个的装置。

应说明下列组合及数据：

1）对于连续方式和间歇方式，标称X射线管电压和高压发生器以其标称X射线管电压运行时可获得的相应的最大X射线管电流。

2）对于连续方式和间歇方式，最大X射线管电流和高压发生器以其最大X射线管电流运行时可获得的相应的最高X射线管电压。

3）对于连续方式和间歇方式，导致最大输出电功率的X射线管电压和X射线管电流的相应组合。

4）在加载时间为0.1 s、X射线管电压为100 kV时，高压发生器所能提供的以kW为单位的最大恒定电功率输出作为给出的标称电功率。如果这个值不能预选，可选用最接近100 kV的X射线管电压值和最接近的加载时间值，但不得短于0.1 s。

标称电功率必须与X射线管电压和X射线管电流以及加载时间的组合一起给出。

5）对于指示预先计算或测量的电流时间积的高压发生器，应给出最低电流时间积或形成最低电流时间积的加载因素的组合。

如果最低电流时间积的数值取决于X射线管电压或某些加载因素的组合，则最低电流时间积可以用表格形式或用能说明这种依赖关系的曲线形式给出。

6）对于配有控制辐照时间的自动曝光控制系统，应给出标称最短辐照时间的说明。

如果标称最短辐照时间取决于加载因素，例如X射线管电压和X射线管电流，应对满足最短辐照时间的那些加载因素的范围作出说明。

对于配有控制X射线管电压和X射线管电流的自动曝光控制系统，在辐照期间的X射线管电压或X射线管电流的最大的可能的偏差，应在使用说明书中给予说明。

6.8.3 技术说明书

a）概述

增补：

技术说明书应包括有关组合的所有资料，如果需要，还应包括能够表明符合50.101和50.102要求的X射线发生装置的各种组件和附件的组合，并给出相应的技术描述，见50.1。

注：要注意，在技术说明书中，下述内容是有用的：

——确定对地漏电流断路器额定值的数据和基本特性，或

——指明能够同高压发生器一起使用的对地漏电流断路器的型式。

增补：

6.8.101 涉及随机文件的条文

随机文件所涉及到的有补充要求的相关内容，在本标准中给出的章和条如下：

运行方式和规定的加载 …… 5.6和6.1m)

供电连接 …… 6.1g)

供电网相数 …… 6.1g)和6.1j)2)

供电网频率 …… 6.1h)和6.1j)3)

输入功率 …… 6.1j)

网电源电压 …… 6.1j)1)

网电源电阻 …… 6.1j)4)和10.2.2

过电流释放器 …… 6.1j)5)

熔断器 …… 6.1n)

冷却条件 …… 6.1t)

电输出数据 加载因素组合 …… 6.8.2a)和50.101

符合性试验的适当组合 …… 6.8.3a)和50.1

6.8.102 符合标准的说明

对于X射线发生装置或高压发生器或高压发生器组件，如果声明符合本标准，这种声明应采用下面的形式：

X射线发生器(型式或型号)GB 9706.3—2000或

高压发生器(型式或型号)GB 9706.3—2000或

(组件的名称)(型式或型号)GB 9706.3—2000。

第二篇 环境条件

除下述内容外，通用标准中的本篇适用。

10 环境条件

除下述内容外，通用标准中的该章适用。

10.2.2 电源

a)

增补：

如果供电网的电阻不超出下面的值，则认为供电网具有适合高压发生器运行的足够低的阻抗。

——表101中的适当的参考值或

——6.1j)4)所规定的值，两者中较大的。

表101 供电网电阻参考值

高压波形	根据6.8.2a)4)标称电功率 kW	供电网电压，V							
		480	440	415	400	240	230	208	120
		供电网电阻，Ω							
单峰	0.5					0.95	0.81	0.70	
	1.0	2.4	2.0	1.79	1.66	0.60	0.55	0.45	0.15
	2.0	1.6	1.3	1.19	1.10	0.40	0.36	0.30	0.10
	4.0	1.0	0.80	0.72	0.66	0.24	0.22	0.18	0.06
	8.0	0.50	0.40	0.36	0.33	0.12	0.11	0.09	0.032
	10.0	0.40	0.34	0.30	0.27				
	16.0	0.24	0.20	0.18	0.17				

表 101(完)

高压波形	根据 6.8.2a)4) 标称电功率 kW	供电网电压,V							
		480	440	415	400	240	230	208	120
		供电网电阻,Ω							
双峰	4.0	1.6	1.3	1.19	1.1	0.40	0.36	0.30	0.10
	8.0	1.0	0.80	0.72	0.66	0.24	0.22	0.18	0.06
	10.0	0.80	0.67	0.60	0.55	0.18	0.18	0.14	0.045
	16.0	0.50	0.40	0.36	0.33	0.12	0.11	0.09	0.032
	20.0	0.40	0.34	0.30	0.27				
	32.0	0.24	0.20	0.18	0.17				
	50.0	0.16	0.14	0.12	0.11				
六峰及十二峰直到恒定电压	16.0	0.83	0.65	0.60	0.55	0.19	0.18	0.14	0.045
	20.0	0.64	0.50	0.48	0.44	0.14	0.15	0.11	0.035
	32.0	0.40	0.34	0.30	0.27				
	40.0	0.32	0.27	0.24	0.22				
	50.0	0.24	0.20	0.18	0.17				
	75.0	0.16	0.14	0.12	0.11				
	100	0.12	0.10	0.09	0.09				
	150	0.08	0.07	0.06	0.056				

由当地发电机供电时，只有经高压发生器的制造厂同意，才被认为适合。

注：如果规定了电网供电系统的标称电压，则表明，在该系统中任何两根导体之间或者导体与地之间不存在比标称电压更高的电压。

如果交流电压波形的任一瞬时值与同一瞬间的理想正弦波形瞬时值的偏差不超过理想正弦波峰值的 2%，则可认为该交流电压在实际上是正弦波形。

如果三相供电网输送的是对称电压，在对称加载时产生的电流也是对称的，则可认为该供电网在实际上是对称的。

当按对称分量法(Fortescue 准则[1])确定电压对称性时，如果负序电压幅值或零序电压幅值都不超过正序电压幅值的 2%，则可认为电压是对称的。

当按对称分量法确定电流对称性时，如果负序电流幅值或零序电流幅值都不超过正序电流幅值的 5%则可认为电流是对称的。

注：本专用标准各项要求基于这样的假定，即三相系统具有对称的对地电网电压，包括中线，并假定单相系统均由该三相系统引起。供电系统在电源端没有接地的情况下，假定已采取了各种适当措施能在合理短的时间内检测，限制和补偿对称性的任何干扰。

只有当高压发生器在不小于表 101 所列的适当参考值和 6.1j)4)中规定的值两者之中较大的数值的供电网电阻条件下能够产生规定的标称电功率时，才认为高压发生器符合本标准的规定。

为此目的，供电网电阻按下式确定：

$$R = \frac{U_0 - U_1}{I_1}$$

式中：U_0——空载电网电压；

U_1——有载电网电压；

I_1——有载电网电流。

电网电压的测量应在下述情况下进行：

——在单相系统中的相与中线之间；

——在两相系统中的相与相之间；

1) C.L.Fortescue，适用于解决多相网络问题的对称坐标法，美国电气工程师学会会报　第 17 卷　1027～1140 页，1918 年。

——在三相系统中的每两相之间。

供电网电阻测量时,应采用施加大致与6.8.2a)4)规定的标称电功率相当、其值不大于30 kW的纯阻性负载的条件下进行。

表101中未包括的电网电压的供电网电阻值可以用插入法或外推法,但应依据参考值与电网电压平方成正比例的原则进行计算。

如果规定的标称电功率介入表101中给出的两个数值之间,则应能满足适用于表101中给出的最临近的较低标称电功率值和所对应的该较低电功率时的供电网电阻的全部要求。

第三篇　对电击危险的防护

除下述内容外,通用标准中该篇的章和条适用。

15　电压和(或)能量的限制

除下述内容外,通用标准中的该章适用。

增补:

aa) 可拆卸的高压电缆连接装置应设计成使用工具才可将它们拆开,或者带有连锁装置,以便在任何时候拆卸保护罩或高压连接装置时:

——高压发生器与电缆断开;

——高压电路中的电容器在接近高压电路所需的最短时间内放电;

——维持放电状态。

是否符合要求,应通过观察和测量加以验证。

bb) 应采取措施,防止在网电源部分内或其他任何低压电路内出现不可接受的高压。

注:对此,可以通过下列措施达到:如

——在高压电路和低压电路之间,加一层与保护接地端子相连接的绕组和导电屏蔽;

——在连接外部装置端子之间跨接电压限制部件,如果外部通路中断,连接外部通路的端子间有可能产生一个过高压。

是否符合要求,应通过对设计数据和结构进行检查加以验证。

16　外壳和防护罩

除下述内容外,通用标准中的该章适用。

增补:

注:有关与X射线管组件相连接的高压电缆的电阻以及易弯曲的导电屏蔽的接地要求,已在GB 9706.11—1997(idt IEC 60601-2-28:1993)中给出。

19　连续漏电流和患者辅助电流

除下述内容外,通用标准中的该章适用。

19.3　容许值

增补:

对于高压发生器及其组件,通用标准表4的B型栏下的对地漏电流行中的正常状态和单一故障状态适用,外壳漏电流行中的正常状态适用,包括通用标准中该表的注。

对X射线设备的每一组件,本身单独接到网电源上或是接到集中的连接点上,对地漏电流的容许值都是适用的,对后者,假使该组件是固定的并永久性安装的。

固定的和永久性安装的集中连接点可以设在高压发生器外壳的内侧或外面或罩内,如果把其他组件,例如X射线源组件或附属设备也接到集中连接点上,在集中连接点与外部保护系统之间的对地漏电流可以超过任何单独连接装置的容许值。

注：在X射线设备规定的环境条件下，对于对地漏电流的限制是期望保证附属部分不会带电和防止对其他设备产生干扰。

对于固定的和永久性安装的设备，采用集中连接点这种措施是可以接受的。保护接地导体中断不认为是一种单一的故障状态。然而，在这种情况下，根据6.8.3a)的要求，必需提供有关组件组合方面的足够资料。

19.3a)，表4，注3)

增补：

对于永久性安装的高压发生器，在正常状态下和单一故障状态下的对地漏电流应不超过10 mA。

19.3a)，表4，注4)

增补：

对于移动设备和携带式设备，在正常状态下的对地漏电流应不超过2.5 mA。在单一故障状态下的对地漏电流应不超过5 mA。在单一故障状态下的外壳漏电流应不超过2 mA。

19.3b)，表4，注3)

增补：

对于永久性安装的高压发生器，如不考虑波形和频率，在正常状态下和单一故障状态下的对地漏电流应不超过20 mA。

20 电介质强度

除下述内容外，通用标准中的该章适用。

20.3 试验电压值

增补：

高压电路绝缘的电介质强度应足以承受住20.4a)和表102中所给出的时间内的试验电压。

试验时不接X射线管，试验电压应为高压发生器标称X射线管电压的1.2倍。

如果高压发生器只能在接X射线管的情况下进行试验，并且X射线管又不允许以1.2倍标称X射线管电压的试验电压试验高压发生器，试验电压应降低，但不得低于标称电压的1.1倍。

增补：

20.3.101 对于单峰高压发生器，如果无载半周的X射线管电压高于有载半周值，则高压电路的试验电压指的是无载半周。

20.3.102 对于在间歇和连续两种方式下运行的高压发生器，并且连续方式下的标称X射线管电压不超过间歇方式下的80%，则高压电路的试验电压指的是间歇方式且试验只在间歇方式下进行。

20.4 试验

a)

增补：

高压发生器的高压电路或其组件，在进行试验时，应根据20.3规定的试验电压，从施加最终值50%的试验电压开始，10 s内升到最终值，然后，维持表102给出的时间。

在电介质强度试验期间，如果试验中的变压器有过热危险，允许以较高的频率进行试验。

表102 电介质强度试验时间

被试验的高压发生器的运行方式	时 间[1]
间歇方式	3 min
连续方式	15 min

1) 带X射线管的试验见20.4aa)1)和20.4aa)2)。

d)

增补：

在电介质强度试验期间，高压电路的试验电压值应在要求值的100%～105%范围内，并且，应尽可能保持在接近100%的要求值上。

f）

增补：

在高压发生器的电介质强度试验期间，如果在高压电路中发生轻微电晕放电，但在试验电压降低到试验条件所指的电压的110%时停止，那么，这种放电现象可以不予考虑。

l）

增补：

旋转阳极X射线管定子及定子电路的电介质强度试验的试验电压应参照定子供电电压降低到其稳定运转后的电压值。

增补：aa）

1）同X射线管组件集于一体的高压发生器或其组件，应同适当加载的X射线管一起进行试验。

2）如果高压发生器没有独立的X射线管电流调节装置，电介质强度的试验时间可以缩短，缩短的程度应使得在电压增高的情况下不会超过X射线管的负载。

3）如果同相联的X射线管一起进行电介质强度试验，且在高压电路中不易接近对施加的试验电压进行测量时，应采取适当的措施，保证试验电压值在20.4d)所要求的范围内。

第四篇　对机械危险的防护

通用标准的该篇章和条适用。

第五篇　对不需要的或过量的辐射危险的防护

除下述内容外，通用标准中该篇的章和条适用。

增补：

注：连接到X射线发生器上的并被认为是附属设备的那些部分，其要求见GB 9706.14—1997标准。

29　X射线辐射

除下述内容外，通用标准中的该章适用。

29.1　替换

29.1　包括高压发生器在内的诊断X射线发生装置产生的X射线辐射

增补：

29.1.101　通用要求

诊断X射线发生装置的高压发生器应符合GB 9706.12—1997标准中适用的要求，见1.3.101。

29.1.102　运行状态的指示

a）间歇方式下的预备状态

应在控制台上提供可见的显示，指示再一次操作该控制台上的控制器将开始以间歇方式对X射线管进行加载。

如果用单功能的指示灯指示间歇方式下的该种状态，必须使用绿色，见6.7a)。

在间歇方式下，应提供一个能远离控制台指示该种状态的连接装置，该要求不适用于移动式X射线发生装置。

注：具有两个连续位置的单一控制动作——如：用于启动旋转阳极和设置其他需要准备的条件——被认为是单一的动作。

b）加载状态

在高压发生器的控制台上，显示加载状态用的指示灯的颜色必须用黄色，见6.7a)，此外，

——在间歇方式下,应在运行的设备的现场位置的操作台上配备音响信号装置的连接设施,用以指示加载终止的时刻。

——在连续方式下,应提供这样的连接装置,使得在远离控制台时,也能指示连续方式下的加载状态,该要求不适用于移动式X射线发生装置。

c) 被选择的X射线源组件的指示

当高压发生器具有可选择的X射线管在一个以上时,则应在X射线管加载之前,对所选择的X射线管在控制台上提供一个指示。

当高压发生器能够从某一个位置对一支以上的X射线管进行加载时,应提供在每个可选择的X射线管上或其附近处给出附加指示的连接装置。

d) 自动方式的指示

对于采用自动控制系统的高压发生器,预选的自动运行方式应在控制台上加以指示。

e) 自动曝光控制的范围

对于以间歇方式运行,并通过改变一个或几个加载因素实现自动曝光控制的高压发生器,应在说明书中给出有关这些加载因素的范围及相互关系的资料。

另外,这些资料应在高压发生器的控制台上或其附近醒目的位置上以适当的形式加以显示。

是否符合要求,通过检查和适合的功能试验加以验证。

29.1.103 辐射输出的限制

a) 应通过固定的或预选的加载因素的适当组合以及运行方式的使用,提供一个能限制输出电能的措施。

但是,对于象透视或电影摄影这类技术所采用的运行方式,加载时间可由操作者连续控制。

b) 应通过一个由操作者进行连续动作的控制装置进行每次加载的开始和维持。

c) 不解除已开始的前一次辐射的控制,就不可能开始其后的任何辐照或连续摄影中的系列摄影。

d) 应提供使操作者在预期工作结束之前的任何时候都能终止每次加载的装置,连续X射线摄影或加载时间为0.5 s或更短的单次加载除外。

在连续X射线摄影期间,操作者应能够在任何时刻终止辐射,然而,也可以配备这样的装置,以容许结束正在进行中的连续X射线摄影中的任意单次加载。

e) 对X射线管加载开始的任何控制,应防止无意识的动作。

注:防止无意识动作仅有的可能情况是防护手套的穿戴或脚踏开关的使用。

是否符合要求,通过检查和功能试验加以验证。

29.1.104 防过量辐射输出的安全措施

a) 在其正常终止失效的情况下,应能通过安全措施终止辐照。

b) 对于连续方式运行的高压发生装置,在整个的过程中,当辐照的时间是由操作者确定时,应配备一个当累计的加载周期结束时能为操作者给出音响报警信号的限时装置。该装置应具有下述特性:

1) 应能够设定装置的限时时间,以便允许接着发生的加载,即使当累计的时间达到了5 min,也不发生任何报警。该装置限时时间的设定也可以短于5 min。对装置没有作出设定所进行的任何加载以及最后设定时间结束之后所持续进行的任何加载,只要加载发生,就应连续地给出可见的报警信号。

2) 如果不影响加载和加载的中断、为了停止报警和使得有可能进行下一个加载周期,在每次加载时间不超过5 min、在累计期间也没给出报警的情况下,应能够在任何时刻对该装置重新设定。

3) 用于设定和重新设定时间周期的任何控制器,应与任一辐射开关分开。

c) 另外,除b)所要求的限时装置外,还应配备一个在连续方式下,万一当某一周期超过10 min尚未中断,加载还在继续的情况下,也能保证自动终止的装置。在正常情况下,万一是由于该装置造成了终止,应能够通过释放和重新启动辐射开关以重新加载。

d) 在间歇方式下,如果正常终止与某一辐射测量无关,根据29.1.103b)的要求,操作者所进行的连续地启动应足以作为a)中所要求的安全措施。

e) 在间歇方式下。如果正常终止依赖于某一辐射测量,则安全措施应包括一旦正常终止失效时用于辐射终止的装置。

X射线管电压、X射线管电流和辐照时间的积应限定在每次辐照不大于60 kJ,或电流时间积应限定在每次辐射不大于600 mAs。

辐射正常终止的系统与用于安全措施的系统应分开,以保证其中的一个发生故障不会影响另外一个系统的终止。

应在控制台上提供可见的指示,以表明一个加载已通过所要求的安全措施被终止。在相同的运行方式下的其他加载应是不可能的,直到在控制台的面板上为重新设定而提供的控制装置已被运行时才能开始其他加载。

f) 对于自动密度控制或自动曝光控制的高压发生器,应为操作者提供验证该控制器功能的方法,并在使用说明书中给出该方法的详细说明。

是否符合要求,通过检查和适当的功能试验加以验证。

29.1.105 外部联锁装置的连接

高压发生器,除牙科和移动式X射线发生装置的高压发生器之外,应配备一个同外部相连接的联锁装置或其他可远离高压发生器也能使X射线发生装置停止辐射和防止X射线发生器开始X射线辐射的电气装置的连接件。

注:作为一个例子,使用该装置时,在透视期间宜确保有防护屏。

是否符合要求,通过检查和适当的功能试验加以验证。

29.1.106 足够的加载因素范围

a) 通用要求

对于高压发生器规定的各种用途,应制定可得到的加载因素组合的足够范围,以避免患者接收不必要的过高的吸收剂量。

b) 加载因素自动控制系统应有足够可预选的加载因素组合范围,使自动控制能在满足通用要求a)所要求的范围内适用。

c) 规定仅供牙科用的高压发生器,X射线管电流或辐照时间或电流时间积的刻度值增量应不得大于25%。

d) 规定供牙科用的高压发生器,并且仅以一种X射线管电压运行时,可得到的电流时间积应能覆盖最高与最低的电流时间积之比至少等于16的范围。

如果使用的X射线管电压不只是一个,电流时间积的值也应覆盖相应的范围。

注:建议使用R′10数系中的分度值,见附录BB。

e) 规定供牙科用的单峰和双峰高压发生器,当辐射时间短于0.063 s时,由于对供电网的依赖性,不可能将几何级数范围内的所有数值全部列入,在这种情况下,对漏掉的数值及所提供的数值之间的不同的几何间隔,在分度盘上应能识别,并在随机文件中作出说明。

f) 在以连续方式对加载因素进行自动控制的系统中,如认为满足a)的通用要求,则应具备:

——至少能选择控制量的两个适用的不同量级,或

——至少能选择一种特性加载因素的两个适用的不同量级或相互依赖的加载因素的不同功能,或

——另外,不用自动控制系统时,手控也是可能的。

g) 为X射线透视而设计的高压发生器,应配置只限于表示连续方式下可得到的加载因素组合的装置,通过该专用装置,对从X射线设备中可以得到的适用的最大空气比释动能加以限制,以符合国家法规的要求。

当配置一个高水平控制时,应有连续的可见信号,指示该控制已被执行。

是否符合要求,通过检查和相应的功能试验加以验证。

36 电磁兼容性

除下述内容外，通用标准中的该章适用。

替换：

IEC 60601-1-2 应适用。

第六篇 对易燃麻醉混合气点燃危险的防护

通用标准中该篇的章和条适用。

第七篇 对超温和其他安全方面危险的防护

除下述内容外，通用标准中该篇的章和条适用。

42 超温

除下述内容外，通用标准中的该章适用。

42.1 增补

对于与油相接触的部件所允许的最高温度的限制，不适用于整体浸入油内的部件。

第八篇 工作数据的准确性和危险输出的防止

除下述内容外，通用标准中该篇的章和条适用。

增补：

注：很多可变的因素对高压发生器的输出特性以及在X射线设备中特殊摄影结果的获取和它们之间的相互关系产生影响，要确定是否符合本标准，在现今的辐射实践中，如果不作修正，不可能期望在一种装置中为某种目的所确定的加载因素就能够被调用到为相同目的的另外一台装置上。

50 工作数据的准确性

除下述内容外，通用标准中的该章适用。

替换：

50.1 概述

对于高压发生器或其组件，使用与本标准相一致的，在随机文件中所规定的X射线发生装置组件的全部组合，在50.104和50.105的条件下，通过运用相关的试验来验证是否符合50.102和50.103的要求应是可以实现的。

高压发生器或其组件是否符合50.102与50.103的要求，应通过在随机文件中为适合于该目的而规定的X射线管和相应的X射线发生装置的一个或多个适当的组合的试验加以验证。

50.101 电和辐射输出的指示

50.101.1 概述

a) 在对X射线管加载之前、加载的过程中以及加载之后，应能向操作者提供有关固定的、永久性地或半永久性地预选的、或其他预定的加载因素或运行方式的适当信息，以便使操作者能够预选适当的辐射条件，并获得能够对患者接收的吸收剂量作出评价所必需的数据，见50.101.2和50.101.3。

当指示的加载因素的分立值与产生的辐射量成正比例关系时，特别是X射线管电流，加载时间和电流时间积的值，应根据有关标准在R′10数系中或R′20数系中选取。

如果指示的加载因素的值符合标准的规定，其理论(计算)值是根据本标准附录BB的要求从R′10系列中选取，那么，应在随机文件中作出说明。

b) 对于牙科摄影中具有受检体程序控制的高压发生器，下面的要求适用于通过控制X射线管电流或辐射时间来补偿记录媒介的不同灵敏度而配置的调节器。

1）可得到的被控参数的调节范围应不小于4至1；

2）调节器相邻设置所引起的控制参数值应取自于R′10数系，其间隔是1.25或1.6。

c）使用的单位应符合下述规定：

——X射线管电压：kV；

——X射线管电流：mA；

——加载时间：s；

——辐照时间：s；

——电流时间积：mA·s；

——在透视的连续方式下，辐照的时间可以用分为单位指示。

d）是否符合50.101.1a）到50.101.1c）的要求，通过检查加以验证。

50.101.2　简化指示

a）以加载因素的一个或几个固定组合运行的高压发生器，可以只在控制台上指示出每一个组合中的一个主要的加载因素值，例如X射线管电压。

这种情况下，应在使用说明书中给出每个组合中与之相关的其他加载因素值的指示。

另外，这些值应在控制台上或其附近的醒目处加以显示。

b）对于以半永久预选加载因素的固定组合方式运行的高压发生器，可以将控制台上的指示限定在能够清楚地识别每一个组合的位置上。

在这种情况下，应采取下列措施，以能够：

——在安装时就在使用说明书中将设定的半永久预选加载因素的每个组合值加以记载。另外，还应能够

——将所列出的这些值在控制台上或其附近的醒目处以适当的方式加以显示。

50.101.3　可变加载因素指示

在透视过程中，具有自动密度控制运行的高压发生器，应在控制台上给出加载因素改变的连续指示。

50.102　重复性、线性和稳定性

注：50.101和50.102包含了诊断X射线发生器工作数据的要求，它被视为X射线发生装置的一个组成部分。这些要求是防止不正确输出所必需的，为了保证总是能获得所期望的诊断水平，常常需要较高性能的高压发生器。

50.102.1　自动曝光控制未被启动时的间歇方式下辐射输出重复性

对加载因素的任何组合，空气比释动能测量值的变异系数应不大于0.05。

是否符合要求，根据50.104和50.105及表105，采用适当的试验组合，通过试验加以验证。

50.102.2　间歇方式下的线性和稳定性

a）在加载因素限定间隔上的空气比释动能线性

对于间歇运行方式，当预选是连续时，对可得到的加载因素的任意两个设置和加载因素的预选值不大于或接近2的任意两档所测得的空气比释动能测定值除以电流时间积的预选值或指示值或X射线管电流与辐照时间的乘积的商的差的绝对值不应大于对应商的平均值的0.2倍。见下式：

$$\left|\frac{\overline{K}_1}{Q_1}-\frac{\overline{K}_2}{Q_2}\right| \leqslant 0.2\,\frac{\dfrac{\overline{K}_1}{Q_1}+\dfrac{\overline{K}_2}{Q_2}}{2} \quad \text{或}$$

$$\left|\frac{\overline{K}_1}{I_1t_1}-\frac{\overline{K}_2}{I_2t_2}\right| \leqslant 0.2\,\frac{\dfrac{\overline{K}_1}{I_1t_1}+\dfrac{\overline{K}_2}{I_2t_2}}{2}$$

式中：$\overline{K}_1$、$\overline{K}_2$——测得的空气比释动能的平均值；

Q_1和Q_2——指示的电流时间积；

I_1 和 I_2——指示的 X 射线管电流；

t_1 和 t_2——指示的辐照时间。

是否符合要求，按照 50.104 和 50.105 及表 105 的规定，采用适当的组合，通过试验加以确定，见 50.1。

b) 自动曝光控制的稳定性

对于以间歇方式采用直接 X 射线摄影技术控制辐射的自动曝光控制运行的高压发生器，在得到的 X 射线照片上的光密度的偏差应不超过：

1) 0.15，在被辐照物体的厚度保持不变时，由 X 射线管电压而引起的；

2) 0.20，在 X 射线管电压不变时，由被辐照物体的厚度而引起的；

3) 0.20，由 X 射线管电压和被辐照物体的厚度两者都发生变化而引起的；

4) 0.10，在不改变 X 射线管电压和保持被辐照物体厚度时。

上述的这些要求对于为牙科全景 X 射线摄影所设计的自动曝光控制不适用。

是否符合要求，通过下述的试验加以验证。

aa) 方法

由水或其他组织等效材料制成的体模的 X 射线照片的光学密度的测量是在自动曝光控制运行时进行的，采用不同的体模厚度和采用不同的 X 射线管电压的试验来确定光学密度的偏差。

bb) 试验的布局

使用具有下述特性的试验布局，同时参见图 102。

1) 焦点到影像接受器之间的距离为 100 cm，这个距离，对一个系列中的所有试验都应保持不变；

2) 用一个 18×24 的 X 射线胶片暗匣作为 X 射线影像接受器。对一个系列中的所有的试验，使用相同的暗匣；

3) 应使用试验条件下的高压发生器所规定的某一型号的 X 射线源组件。X 射线的照射野应被准直，并在暗匣的入射面上将其调到 18×24 的大小，对某一系列中的所有试验，保持该要求不变；

4) 用来固定测量自动曝光控制电离室的装置，其状态和位置应同正常使用时相对应；

5) 10 cm、15 cm 和 20cm 三个不同厚度的体模装置，对于每一个，其尺寸应能完全覆盖暗匣，用于专门适于试验的体模应安装在尽可能靠近暗匣的入射面上；

6) 会聚滤线栅装置应有适合的应用极限；

7) 应有准确的可重复的胶片处理装置和测量被处理过的胶片密度的装置。

cc) X 射线胶片和增感屏

用一个感光度接近 2 的 X 射线胶片和一个在自动曝光控制中适合于正常使用时所规定的增感屏的组合。

对于任意一个系列的试验，应从同一批中选择胶片，因为这些胶片特性的一致性已被验证过。

dd) 设置自动曝光控制

1) 选择自动曝光控制电离室的中心测量区域；

2) 根据使用说明书中所要求的任何调整，对适合于使用中的片-屏组合的型号作出密度修正。以使在被处理的胶片上能产生 1.1 到 1.3 的可被测量的光学密度，在操作时，X 射线管的工作电压为80 kV，使用的体模为 15 cm。

ee) 选择 X 射线管电流

除了试验具有固定辐照时间运行的自动曝光控制外，选择一个 X 射线管电流的值，这个 X 射线管电流应能导致在试验期间的辐照时间超过最短规定辐照时间的 3 倍，但不得超过 1 s，记录下这些所选择的值。

如果没有合适的 X 射线管电流的值可以选择，应使用另外一个焦点到影像接受器的距离，以使得用最接近的可得到的 X 射线管电流就能达到辐照时间规定的范围。

ff）试验加载

作八次试验加载，使用X射线管电压以及表103中所示厚度的体模和四次附加的加载组合，在80 kV下用15 cm的体模。处理胶片，测量和记录每幅图像的光学密度。

表103　自动曝光控制的试验加载

X射线管电压[1)]，kV	体模厚度，cm
60[2)]	10和15
80	15和20
100	15和20
120[2)]	10和15

1）如果这些值不能被选取，使用最接近的可选择的值。

2）如果这个值是在规定的范围之外，使用与规定范围内最接近的值和在被缩小的范围中的尽可能均匀地间隔开的其他值。

gg）符合要求的判定

如果达到了下述指标，则可认为是符合该要求。

1）对于使用15 cm体模所作的四次加载，没有一次光学密度的测量值与四次值平均值的差大于0.15，同时，没有一个值与所用的X射线管电压相邻步长值的差大于0.15。

2）对于在相同的X射线管电压，不同厚度的体模下所作的4对加载中的每一对，没有一个光学密度的测量值和对中其他值的差大于0.2。

3）对于八次加载的整个系列，没有一个光学密度的测量值与八次值的平均值的差大于0.2。

4）对于保持试验参数不变时的五次加载，体模的厚度为15 cm，X射线管电压为80 kV，没有一个光学密度的测量值与五次值的平均值的差大于0.1。

50.103　加载因素的准确性

注：50.101和50.102包含了作为诊断X射线发生装置的一部分的X射线发生器工作数据的要求，这些要求是防止不正确输出所必需的，为了保证总是能获得所期望的诊断水平，常常需要较高性能的高压发生器。

在自动控制系统的X射线发生器中，X射线管电压或X射线管电流、或这两者如果在辐照的期间内打算改变，那么，50.103.1和50.103.2所要求的这种被改变的加载因素的准确性不应考虑。

在高压发生器中，当与相同的加载因素的测量值进行比较时，不管是指示的、固定的还是预选的，该条的这些要求适用于所有加载因素值的准确性。

是否符合要求，按照50.104，通过试验加以验证。

50.103.1　X射线管电压准确性

对X射线发生装置的组件和部件具有任意规定组合运行的高压发生器，其加载因素的任意组合，X射线管电压值的偏差应不大于10%。

在任意两个被指示的设置之间的X射线管电压的增加或减少，应在所指示变化的50%和150%的范围内。

50.103.2　X射线管电流准确性

对X射线发生装置的组件和部件具有任意规定组合运行的高压发生器，其加载因素的任意组合，X射线管电流值的偏差应不大于20%。

50.103.3　加载时间准确性

对X射线发生装置的组件和部件具有任意规定组合运行的高压发生器，其加载因素的任意组合，X射线加载时间值的偏差应不大于±(10%+1 ms)。

50.103.4　电流时间积准确性

对X射线发生装置的组件和部件具有任意规定组合运行的高压发生器，其加载因素的任意组合，X射线管电流时间积值的偏差应不大于±(10%+0.2 mA·s)。

该要求同样适用于当电流时间积是通过计算而推导出来的情况。

50.104 试验条件

是否符合 50.102 和 50.103 所要求的加载因素的试验,应在下述条件下进行。

下述各量最低限度测量所要求的加载因素的组合在附录 CC 中给出。

50.104.1 X 射线管电压

a) 间歇方式

应在 X 射线管电压的值为最低的指示值上,并在该 X 射线管电压下和辐照时间为最短的指示值时可以得到的最高的 X 射线管电流的条件下进行测量。

应在 X 射线管电压的值为最低的指示值上,并在该 X 射线管电压下和接近 0.1 s 的辐照时间上可以得到的最高的 X 射线管电流的条件下进行测量。

应在 X 射线管电压的值为最高的指示值上,并在该 X 射线管电压下和接近 0.1 s 辐照时间上可以得到的最高的 X 射线管电流的条件下进行测量。

b) 连续方式

应在最大的可以得到的 X 射线管电压的 90%和任意的一个 X 射线管电流的条件下进行测量。

应在最大的可以得到的 X 射线管电压的 60%和任意的一个 X 射线管电流的条件下进行测量。

50.104.2 X 射线管电流

a) 间歇方式

应在 X 射线管电流的值为最低的指示值上,X 射线管电压的值为最高的指示值上,辐照时间为最短的指示值的条件下进行测量。

应在 X 射线管电流的值为最低的指示值上,X 射线管电压的值为最高的指示值上,辐照时间在接近 0.1 s 的条件下进行测量。

应在 X 射线管电流的值为最高的指示值上,在这个 X 射线管电流上可以得到的最高的 X 射线管电压值以及辐照时间接近 0.1 s 的条件下进行测量。

b) 连续方式

应在最大的可以得到的 X 射线管电流的 20%和可以得到的最低的 X 射线管电压的条件下进行测量。

应在最大的可以得到的 X 射线管电流的 20%和可以得到的最高的 X 射线管电压的条件下进行测量。

50.104.3 辐照时间

a) 辐照时间的测定

应在辐照时间为最短的指示值上,X 射线管电压为最高的指示值上以及 X 射线管电流为任意的指示值的条件下进行测量。

应在辐照时间为最短的指示值和可以得到的最高的电功率 P 的条件下进行测量。

b) 标称最短辐照时间的确定

在接近 80 kV 上,用一个可以得到的不大于发生器电功率 70%的条件,使用自动曝光控制做一次辐射。调整 X 射线束的衰减(最好是使用水模),在接近 0.1 s 的辐照时间下完成一次辐照,以测定平均空气比释动能。

减少体模的厚度,使用相同的 X 射线管电压和按照上面所提到的发生器的电功率作若干次辐照,按照同样的方法,改变体模的厚度,两次辐射之间的辐射时间的改变不应大于系数 2。

标称最短辐照时间是用辐照时间加以确定:

——在获得平均空气比释动能期间,其任意一次加载与在至少为 50 倍大小的辐照时间上所得到的平均空气比释动能的差应不大于 20%;当是按照 50.105 的要求测量时,和

——这个时间决不短于为符合 50.102.2b)2)所要求的用于稳定性的那个最短辐照时间。

50.104.4 电流时间积

应在电流时间积的值为最低的指示值上和在该电流时间积上可以得到的最高的X射线管电压值的条件下进行测量。

应在电流时间积的值为最高的指示值上和在该电流时间积上可以得到的最低的X射线管电压值的条件下进行测量。

50.105 空气比释动能测量条件

50.105.1 测量布局

按机组随机文件中所规定的适合于试验目的的X射线源组件(如果可能,也可用组成一台X射线发生装置所必需的其他组件)的适当组合,安排高压发生器或其组件。

按照图101,在窄束条件下准直X射线源组件,体模和辐射探测器。

根据图101,安排所需要的衰减材料或按照50.105.2b)的规定选取衰减材料,根据50.105.2a)验证辐射线质。

50.105.2 空气比释动能测量的衰减和辐射量

a) 辐射线质

应确保从X射线源组件发射的X射线束的辐射线质符合正常使用时所规定的条件。如果不是这个规定的条件,应保证X射线源组件中的总滤过符合GB 9706.12—1997中表204所规定的半价层的要求。

表104 空气比释动能测量时的衰减

X射线管电压,kV	铝厚度,mm
40	4
50	10
60	16
70	21
80	26
90	30
100	34
120	40
150	45
注:对于介于X射线管电压中间的那些值,使用下一个较高标称值所给出的厚度值。	

b) 衰减

在空气比释动能的测量期间,为了模拟患者的存在,增加一层足够厚度的铝片用以遮断全部的X射线束,这个厚度应满足下述要求:

——规定牙科用的X射线发生装置,6 mm;

——在其他情况下,按照表104的规定,选取和X射线管电压相应的厚度。

50.105.3 重复性验证试验

在1 h内,作10次空气比释动能的测量。按照表105,作出A、B、C和D的试验设定。

计算测量系列中的每次偏差系数和在C和D试验设置时的平均空气比释动能,根据50.102.1来验证是否符合要求。

50.105.4 线性验证试验

在1 h内,作10次空气比释动能的测量。根据表105,作出E和F的试验设定。

对两个测量的系列计算其空气比释动能的平均值。并用这些平均值和50.105.3的C和D的试验设定的那些值来验证是否符合50.102.2a)中公式的要求。

表 105 重复性和线性验证试验

试验设定	A	B	C	D	E	F
X 射线管电压	最低	最高	最高的 50%	最高的 80%	最高的 50%	最高的 80%
X 射线管电流或电流时间积[1)]	最高	最低	1 μGy～5 μGy		与 C 和 D 相邻的设定	
辐照时间[1)]	0.01 s 和 0.32 s 之间的所有设定					
1）如果可能，应采用前一列所限定的设定。						

51 危险输出的防止

除下述内容外，通用标准中的该章适用。

替换：

符合 29.1.104、50.102 和 50.103 的要求，即可认为具备了对不正确输出的防止。

第九篇 不正常的运行和故障状态；环境试验

除下述内容外，通用标准中该篇的章和条适用。

第十篇 结构要求

除下述内容外，通用标准中该篇的章和条适用。

56 元器件和组件

除下述内容外，通用标准中的该章适用。

56.7 电池

增补：

56.7.101 充电方式的连锁装置

装有电池充电器的移动式 X 射线设备应配有能够进行能量转换的装置并能够在对电池充电时，通过操作装有开关的按钮，在未经许可的情况下，防止 X 射线的发生。

注：符合该要求的一个恰当例子是装有一个可接通和断开的按钮装置，以便仅当使用这个按钮的情况下才可能进行能量的传送和 X 射线辐射的产生。但是，在不使用该按钮时，也能够对电池进行充电。

57 网电源部分、元器件和布线

除下述内容外，通用标准中的该章适用。

57.10 爬电距离和电气间隙

a）数值

增补：

对永久性安装的 X 射线设备的高压发生器，通用标准表 16 中的对 I 类设备的绝缘 A-a1 和 A-a2 的数值最高达到基准电压交流 660 V（有效值）或直流 800 V。

对于更高的基准电压，爬电距离和电气间隙：

——应不低于通用标准中表 16 所给出的 660 V 交流（有效值）或直流 800 V 所对应的数值，并

——应符合通用标准中 20.3 电介质强度的要求。

基准电压	试验电压
$660\ \text{V} < U \leqslant 1\ 000\ \text{V}$	$2U + 1\ 000\ \text{V}$
$1\ 000\ \text{V} < U \leqslant 10\ 000\ \text{V}$	$U + 2\ 000\ \text{V}$

电介质强度试验应按照通用标准 20.4 所描述的环境条件下进行。

注：对安装的 X 射线设备，当其保护接地导体是固定安装或是永久性安装时，可以假定，在保护接地连接的可靠性方面不存在有危险。根据相同的理由，通用标准中的 19.3e）给出了一个相应的说明，即在这种情况下，较高的漏电流是可以接受的，这一点与 IEC 60664-1 中有关爬电距离和电气间隙的说明一致。

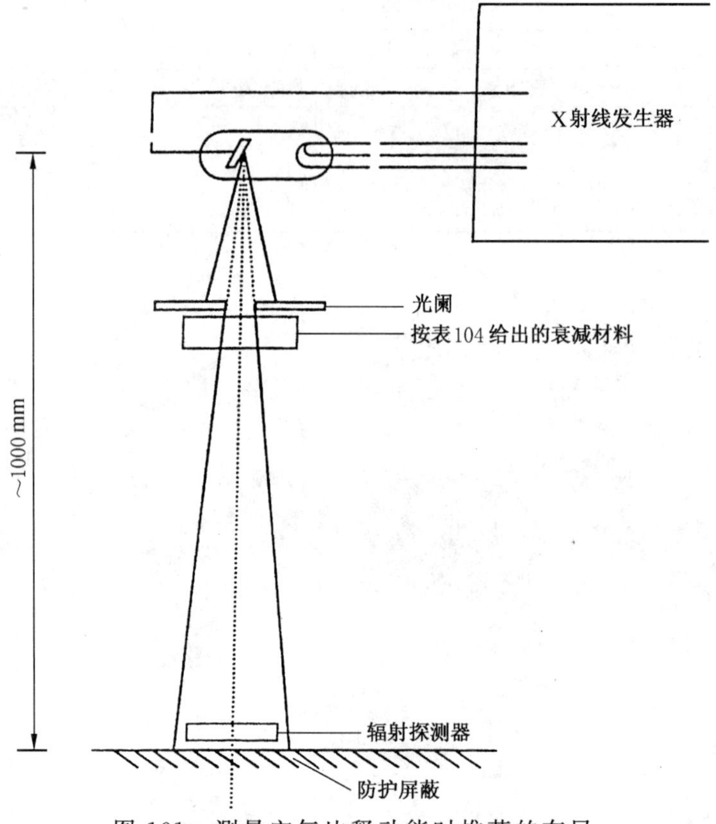

图 101　测量空气比释动能时推荐的布局

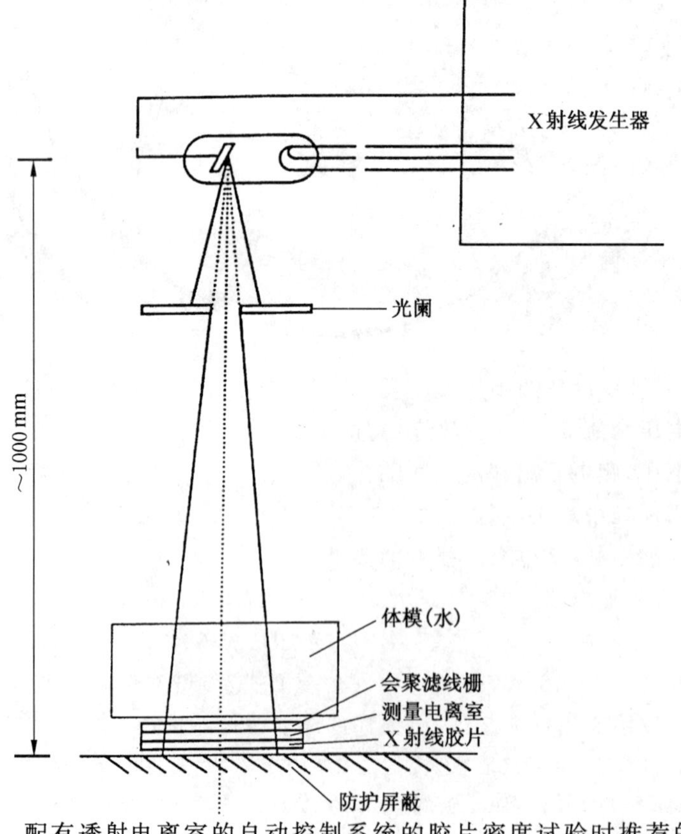

图 102　配有透射电离室的自动控制系统的胶片密度试验时推荐的布局

附 录 AA
（标准的附录）
已定义的术语索引

附　录　BB
（标准的附录）
ISO 497 标准 R′10 和 R′20 数系值

应按照 50.101.1a)和 50.101.1b)的要求使用相应的值，用这些值来标记和指示与所接收的辐射数值基本上具有正比例关系的加载因素的固定分级数，并应按十进位倍数和约数从 R′10 和 R′20 数系中的下列化整值中选取。

计　算　值	R′10	R′20
1.000 0	1.00	1.00
1.122 0	—	1.10
1.258 9	1.25	1.25
1.412 5	—	1.40
1.584 9	1.60	1.60
1.778 3	—	1.80
1.995 3	2.00	2.00
2.238 7	—	2.20
2.511 9	2.50	2.50
2.818 4	—	2.80
3.162 3	3.20	3.20
3.548 1	—	3.60
3.981 1	4.00	4.00
4.466 8	—	4.50
5.011 9	5.00	5.00
5.623 4	—	5.60
6.309 6	6.30	6.30
7.079 5	—	7.10
7.943 3	8.00	8.00
8.912 5	—	9.00

附 录 CC
（提示的附录）
试验时选择的加载因素

在高压发生装置的试验中，在加载时，应使用高压发生器所规定的某一型号的X射线管组件。在实际应用中，应对加载因素的数量进行严格的限制。在试验期间的任意时候应保证不超过X射线管组件的额定功率。这一点，不仅对单次加载是适用的，对在反复加载时的阳极热容量和X射线管组件热容量的累积影响也同样是适用的。为确定是否符合本标准的要求，在进行测量的总的时间里，在各要求的加载之间给出一个冷却的时间可能是应考虑的一个重要因素。因此，如何按照规定的方法去规划试验是十分重要的，即使用一个合理的最低数量的加载就能够验证是否符合要求，另外，还应考虑试验的时间和成本是否过高。当按照本标准给出描述进行试验时，如果没有对使用的加载因素作出任何说明，在这种情况下，可以认为，使用者可以选择任意一个可以得到的加载因素值。然而，建议在试验中所使用的加载因素的组合应包含能表现所预料的最不利的状态。在这些组合中，如果有利于一致性的确定，附加的验证性的测量也可以在其他一个可以得到的加载因素值上进行。作为一个通用性的规则，推荐在任意给定所要求的一致性的范围内的试验点不得超过三点，加上最初的最不利的点。在尽可能的情况下应按选定的加载因素进行测量，为的是考虑到所要求的资料的所有要求，而不是某一次的一个要求。

对于某一给定的要求的一致性的最不利状态可能依赖于设计的技术，为了能减少一致性试验的成本，建议制造商给出可以得到的所有相关的资料，为的是通过使用合理的最低数量的试验点的试验就能完成一致性的验证。在还没有相反意见的情况下，建议使用表CC1和表CC2给出的加载因素的试验组合，用于判断是否符合50.102和50.103的要求。

试验期间使用的网电压宜为额定值的90%，电源的电阻应是最大的规定值或表101中适用的值两者中较大的。

表CC1 用于准确性试验时推荐的加载因素

<table>
<tr><th>试验时的加载因素</th><th>X射线管电压</th><th>X射线管电流</th><th>辐照时间</th></tr>
<tr><td rowspan="3">X射线管电压(间歇方式)</td><td>最低的[1)]</td><td>最高的</td><td>最短的</td></tr>
<tr><td>最低的[1)]</td><td>最高的</td><td>接近0.1 s</td></tr>
<tr><td>最高的[1)]</td><td>最高的</td><td>接近0.1 s</td></tr>
<tr><td rowspan="2">X射线管电压(连续方式)</td><td>最高的90%[1)]</td><td>任意的</td><td>不适用</td></tr>
<tr><td>最高的60%[1)]</td><td>任意的</td><td>不适用</td></tr>
<tr><td rowspan="3">X射线管电流(间歇方式)</td><td>最高的</td><td>最低的[1)]</td><td>最短的</td></tr>
<tr><td>最高的</td><td>最低的[1)]</td><td>接近0.1 s</td></tr>
<tr><td>最高的</td><td>最高的[1)]</td><td>接近0.1 s</td></tr>
<tr><td rowspan="2">X射线管电流(连续方式)</td><td>最低的</td><td>最高的20%[1)]</td><td>不适用</td></tr>
<tr><td>最高的</td><td>最高的20%[1)]</td><td>不适用</td></tr>
<tr><td rowspan="2">辐照时间</td><td>最高的</td><td>任意的</td><td>最短的[1)]</td></tr>
<tr><td colspan="2">最大的电功率</td><td>最短的[1)]</td></tr>
<tr><td rowspan="2">电流时间积</td><td>最高的</td><td colspan="2">最低的电流时间积[1)]</td></tr>
<tr><td>最低的</td><td colspan="2">最高的电流时间积[1)]</td></tr>
<tr><td colspan="4">1) 指的是在试验条件下可以得到的加载因素指示值的设置。在相同的一行中，其他的加载因素值应与试验条件下的可以得到的加载因素的设置一起加以设置。</td></tr>
</table>

表 CC2 空气比释动能测量时的试验设定

试验设定	X 射线管电压	辐射时间	测量的空气比释动能	X 射线管电流或电流时间积
A	最低的	0.01 s～0.32 s		最大的适用的
B	最高的	0.01 s～0.32 s		最小的适用的
C	最高的 50%	0.01 s～0.32 s	1 μGy～5 μGy	按要求设定的
D	最高的 80%	0.01 s～0.32 s	1 μGy～5 μGy	按要求设定的
E	最高的 50%	0.01 s～0.32 s		与 C 相邻的设定
F	最高的 80%	0.01 s～0.32 s		与 D 相邻的设定

注

1 A～D 的设置是用于重复性试验，E 和 F 的设置是用于线性和稳定性的试验。

2 试验的程序要求在 10 次加载时的每一次加载前都应对每次加载因素的组合重新复位到被选定的值上。

在这里，该建议适用于其试验的目的是为了验证由制造商所要求的某一高压发生器是否符合本标准规定的情况。对于其他目的的试验不适用，例如是为了获得某一设计资料的情况或是为了非一致性方面的详细调查。

GB 9706.3—2000《医用电气设备 第 2 部分：诊断 X 射线发生装置的高压发生器安全专用要求》第 1 号修改单

本修改单经国家标准化管理委员会于 2002 年 4 月 17 日以国标委高新函[2002]14 号文批准，自 2002 年 8 月 1 日起实施。

一、1.3.101 中，在“IEC 60601-2-15:1988”之后空一格后增加“医用电气设备 第 2 部分：”。

二、29.1.103d)第 2 段中有两处“X 摄影”改为“X 射线摄影”。

三、50.102.2bb)5)中，“30 cm”改为“20 cm”。

四、附录 CC 中的表 CC1 电流时间积栏中，“最大的电流时间积”改为“最高的电流时间积”。

ICS 11.040.30
C 41

中华人民共和国国家标准

GB 9706.4—2009/IEC 60601-2-2:2006
代替 GB 9706.4—1999

医用电气设备
第2-2部分:高频手术设备安全专用要求

Medical electrical equipment—
Part 2-2:Particular requirements for the safety of high frequency surgical equipment

(IEC 60601-2-2:2006,IDT)

2009-05-06 发布 2010-03-01 实施

中华人民共和国国家质量监督检验检疫总局
中国国家标准化管理委员会 发布

前　言

本部分的全部技术内容为强制性。

医用电气设备标准为系列标准，该系列标准主要由两大部分组成：

——第1部分：医用电气设备的安全通用要求；

——第2部分：医用电气设备的安全专用要求。

本部分为医用电气设备第2部分中的高频手术设备安全专用要求。本部分应与国家标准GB 9706.1—2007《医用电气设备　第1部分：安全通用要求》配套使用。本部分中的要求优先适用于该标准中的相应条款。

本部分等同采用国际标准IEC 60601-2-2:2006《医用电气设备　第2-2部分：高频手术设备安全专用要求》。

为了便于使用，对IEC 60601-2-2:2006做了下列编辑性修改：

——对于标准中引用的其他国际标准，若已转化为我国标准，将引用的国际标准号替换为相应的国家标准号；

——删除IEC 60601-2-2:2006标准中的封面和前言。

本部分代替GB 9706.4—1999《医用电气设备　第二部分：高频手术设备安全专用要求》。

本部分与GB 9706.4—1999相比较，主要差异包括：

——对术语和定义中的内容进行增补；

——在使用说明书中增加了额定附件电压和可监测中性电极的说明要求；

——在高频漏电流中增加了不同高频患者电路之间的横向耦合要求；

——增加了高频手术设备在单一故障状态下不正确输出的要求；

——对56.11的内容做了重新编排和补充；

——将原标准中第101章更换为第59章，并增加了较大篇幅的内容和要求。

本部分附录L、附录AA、附录BB是资料性附录。

本部分由国家食品药品监督管理局提出。

本部分由全国医用电器标准化技术委员会医用电子仪器标准化分技术委员会归口。

本部分起草单位：上海市医疗器械检测所、上海沪通电子有限公司。

本部分主要起草人：许跃民、陆锷、沈积仁。

本部分所代替标准的历次版本发布情况为：

——GB 9706.4—1992、GB 9706.4—1999。

引　言

IEC 60601-2-2 第四版对原先的版本做了广泛的修订，发布这样一个新版本是为了改进可读性和可用性。可以感受到该版提供的技术变化和安全改进范围相当宽广，这对于期望与新版通用标准的协调是十分重要的。

医用电气设备
第2-2部分:高频手术设备安全专用要求

第一篇 概述

除下述内容外,通用标准中本篇适用。

1 适用范围和目的

除下述内容外,通用标准中的本章适用。

1.1* 适用范围

增补:

本专用标准规定了**高频手术设备**和2.1.110中定义的医用**高频附件**的安全要求,这种设备和附件以下称为**高频手术设备**。

额定输出功率不超过50 W的**高频手术设备**(如微型电凝器,或者用于牙科或眼科的设备)被排除于本专用标准的某些要求之外,这些排除会在相关要求中指明。

1.2 目的

替换:

本专用标准的目的是规定**高频手术设备**的安全专用要求。

1.3 专用标准

增补:

本专用标准对以下一组标准和IEC出版物作了修改和增补:

GB 9706.1—2007 医用电气设备 第1部分:安全通用要求(IEC 60601-1:1988,IDT)

GB 9706.15—2008 医用电气设备 第1-1部分:安全通用要求 并列标准:医用电气系统安全要求(IEC 60601-1-1:2000,IDT)

YY 0505—2005 医用电气设备 第1-2部分:安全通用要求 并列标准:电磁兼容性 要求和试验(IEC 60601-1-2:2001,IDT)

IEC 60601-1-4:1996修订1(1999) 医用电气设备 第1部分:安全通用要求 4:并列标准:可编程医用电气系统

为简便起见,在本专用标准中GB 9706.1可称为"通用标准"或"通用要求",而GB 9706.15,YY 0505—2005和IEC 60601-1-4称为"并列标准"。

术语"本标准"包含着与通用标准和任何并列标准一道使用的专用标准。

本标准的篇、章、条的编号与通用标准相对应。对通用标准正文的改变,规定使用以下词语:

"替换"表示通用标准的章或条被本标准的文本完全取代。

"增补"表示本标准的文本是对通用标准的增补(或增加)。

"修改"表示通用标准的章或条被修改为本标准文本所表达的内容。

对通用标准增补的条和附图从101开始编号,增补的附录以AA、BB等标号,增补的项目以aa)、bb)等标号。

有理论说明的章和条标以"*"号。这些理论说明可在资料性附录AA中找到。附录AA可用于确定提出的要求之间的关系,但并不用来建立附加的试验要求。

如果通用标准和并列标准中某些篇、章、条在本标准中未相应列出,则表示无改变地适用。如果通用标准或并列标准中的任何部分，尽管可能相关，但并不打算采用，则本标准对其影响作出说明。

如果本标准的一个要求是替换或修改通用标准或并列标准的相应要求，则专用要求优先于通用要求采用。

2 术语和定义

除下述内容外，通用标准中的本章适用。

增补：

2.1.101

手术附件 **active accessory**

预期由**操作者**使用，以在**患者**的预期部位产生手术效果的**高频附件**，通常由**手术手柄**、手术电缆、**手术连接器**和**手术电极**组成。

2.1.102

手术连接器 **active connector**

预期连接到一个**手术输出端口**的**手术附件**部件，它可含有将一个**指揿开关**连接到**开关检测器**去的一些附加端子。

2.1.103

手术电极 **active electrode**

使**手术手柄**延伸到手术部位的**手术附件**的部件。

2.1.104

手术手柄 **active handle**

预期由**操作者**手持的**手术附件**的部件。

2.1.105*

附属设备 **associated equipment**

与**高频手术设备**不同，但可同**患者电路**有电气连接且预期不单独使用的**设备**。

2.1.106

双极电极 **bipolar electrode**

两只或多只**手术电极**组装于同一支撑物上，在激励时，这种结构使得高频电流主要在两电极之间流动。

2.1.107

接触质量监测器(CQM) **contact quality monitor**

高频手术设备或**附属设备**中，预期连接到**可监测的中性电极**上，当**中性电极**与**患者**接触变差时提供报警的线路。

注：只有使用**可监测的中性电极**时，接触质量监测器才能起作用。

2.1.108

内窥镜用附件 **endoscopically used accessory**

可能是**医用电气设备**的**应用部分**，但不是**内窥镜设备**，同**内窥镜**一样通过相同的孔道引入**患者**体内的一种附件。

2.1.109

指揿开关 **fingerswitch**

通常是包含在一个**手术附件**内的装置，由**操作者**控制可启动高频输出，在释放时能禁止高频输出。

注：预期不用作高频输出启动的类似开关要求还在考虑之中。

2.1.110

高频附件 **HF surgical accessory**

预期用于传输、补充或监测从**高频手术设备**向**患者**施加的**高频**能量的附件。

注：**高频附件**包括高频电极，和将它们连接到**高频手术设备**上去的电缆和连接器，以及打算与**高频手术患者电路**相连接的其他**附属设备**。

2.1.111

可监测中性电极　monitoring NE

预期与**接触质量监测器**一起使用的**中性电极**。

注：只有同**可监测中性电极**一起使用，**接触质量监测器**才能起作用。

2.1.112

中性电极连续性监测器　NE continuity monitor

高频手术设备或**附属设备**中，预期连接到一个**中性电极**（**可监测中性电极**除外）的电路，当**中性电极**电缆或其连接器出现电气中断时提供报警。

注：**中性电极连续性监测器**预期只能用于不**可监测中性电极**。

2.1.113

中性电极（NE）　neutral electrode

用于同**患者**身体相连接的、具有一个相对较大面积的电极，预期为**高频**电流提供一个低电流密度的返回通道，以防止在人体组织中产生不希望的灼伤这类物理效应。

注：**中性电极**还可称为极板、板电极、负电极、返回电极或分散电极。

2.1.114

开关检测器　switch sensor

高频手术设备或**附属设备**的一部分，它响应所连接的**指揿开关**或脚踏开关的操作来控制高频输出的启动。

2.2.101*

高频手术设备　HF surgical equipment

包括相关**附件**在内的**医用电气设备**，预期利用**高频电流**进行外科手术，如对生物组织**切**（割）或**凝**（固）。

2.3.101

手术电极绝缘　active electrode insulation

固定在**手术电极**部件上的电气绝缘材料，预期用来防止对**操作者**或邻近的**患者**组织产生不希望的损伤。

2.4.101*

最大输出电压　maximum output voltage

对于每一个可用的**高频手术模式**，在**患者电路**各连接（点）之间出现的最大可能峰值高频输出电压值。

2.4.102

额定附件电压　rated accessory voltage

单极高频附件和连接到**患者**的**中性电极**之间可被施加的**最大输出电压**。对于**双极高频手术附件**，是施加到相反极性的一对电极之间的**最大输出电压**。

2.7.101

手术输出端子　active output terminal

预期用于**手术附件**与**高频手术设备**或**附属设备**相连接并传递高频电流的部件。

2.12.101*

双极　bipolar

通过多极**手术电极**向**患者**施加高频输出电流的方法。

2.12.102*

凝(固)　coagulation

使用高频电流以提升组织温度,例如减少或中止不期望的出血。

注:**凝**可以是接触(式)**凝**或者非接触(式)**凝**。

2.12.103*

切(割)　cutting

利用**手术电极**上的高密度的**高频**电流使人体组织切除或分开。

2.12.104*

以地为基准的患者电路　earth referenced patient circuit

患者电路中装有为高频电流到地提供低阻通路的元件,如电容。

2.12.105*

电灼(面凝)　fulguration

使用较长电火花(≥0.5 mm),且**手术电极**和组织之间无需机械接触,这样来加热组织浅表面的一种凝模式。

2.12.106

高频绝缘的患者电路　HF isolated patient circuit

患者电路中,没有安装为高频电流提供到地的低阻通路的元件。

2.12.107*

高频手术模式　HF surgical mode

操作者可选择的一组高频输出特性中的任一种,预期在一个连接的**手术**附件上产生专门指定的手术效果,比如**切**、**凝**等。

注:每一种可用的**高频手术模式**可配备一个**操作者**可调节的输出控制器,以设定希望的手术作用强度或速度。

2.12.108*

高频(HF)　high frequency

高于 200 kHz 的频率。

2.12.109*

单极　monopolar

高频输出电流通过一个**手术电极**加到**患者**身体然后经一个分开连接的中性电极或经患者身体对地电容返回**高频手术设备**的方法。

2.12.110

额定负载　rated load

为模拟**患者**电路,使**高频手术设备**每一种**高频手术模式**产生最大高频输出功率的非电抗性负载电阻值。

2.12.111

额定输出功率　rated output power

对置于最大输出设定的每一种**高频手术模式**,当可同时启动的所有**手术输出端口**连接**额定负载**时所产生的以"瓦"计的功率。

2.12.112*

峰值系数　crest factor

高频手术设备输出开路状态下测量的峰值电压除以有效值电压所得到的无量纲比值。

注:计算该值所需的正确测量方法可在附录 AA 中找到专门资料。

3　通用要求

除下述内容外,通用标准中的本章适用。

3.6

补充的单一故障状态：

aa） 可能引起安全危险的**中性电极连续性监测器**或**接触质量监测器**故障(参见 59.101)；

bb） 引起过量低频患者漏电流的输出开关线路失效(见 56.11)；

cc） 引起患者电路非预期激励的任何故障(见 59.102)；

dd） 引起输出功率相对于输出设定明显增大的任何故障(见 51.5)。

4 试验的通用要求

除下述内容外，通用标准中的本章适用。

4.7* 供电电压和试验电压、电流类型、电源类别、频率

增补如下：

i） 在测量高频输出时应特别注意保证精度和安全，其指南参见附录 AA。

5 分类

除下述内容外，通用标准中的本章适用。

5.2* 按防电击的程度分类

修改：

删去 B 型应用部分。

6 识别、标记和文件

除下述内容外，通用标准中的本章适用。

6.1 设备或设备部件的外部标记

l） 分类

增补：

防除颤应用部分标识要求的相关符号应附加到前面板上，不要求加到**应用部分**。

高频手术设备和附属设备上连接**中性电极**引线的连接(点)处应标以下列符号：

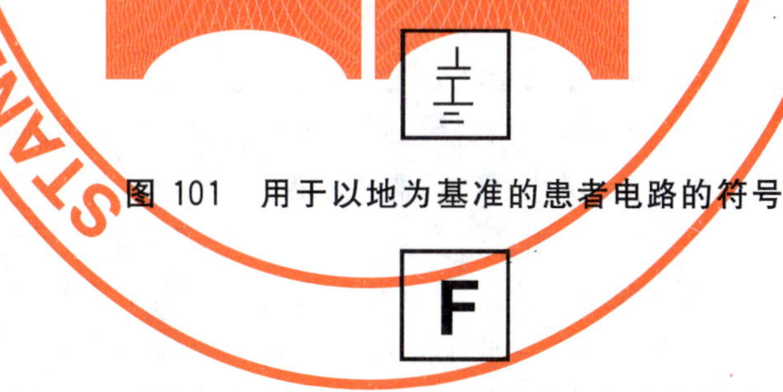

图 101 用于以地为基准的患者电路的符号

图 102 用于高频绝缘的患者电路的符号

注：这两个符号已提交 SC 3，拟在 IEC 60417 中予以认可。

p）* 输出

通用标准该项不适用。

6.3* 控制器和仪表的标记

增补项目：

aa） 输出控制器应具有刻度和/或合适的指示器，用来表示**高频**输出的相对强度。指示器不应标有“瓦(W)”，除非在 6.8.3 中规定的整个负载电阻范围内，指示功率的精度偏差在±20%以内。不应使用数字“0”，除非在这个位置时**手术电极**或**双极电极**释放的功率不超过 10 mW。

注：使用第 50 章的符合性试验验证。

6.7* **指示灯和按钮**

a) 指示灯的颜色

增补：

如果用灯来指示某些功能，则这些指示灯应具有以下颜色：

绿色　电源开关接通；

红色　故障状态，例如**患者电路**中的故障；

黄色　**切**模式启动；

蓝色　**凝**模式启动。

蓝灯和黄灯不应同时用于“混切”模式。

b) 不带灯按钮的颜色

增补：

指揿开关按键或脚踏开关踏板的色彩(符)应与当前被启动的模式指示灯颜色一致。

注：混切输出被看作是一种**切**(割)模式。

6.8 **随机文件**

6.8.2 **使用说明书**

增补项目：

aa)* 对于**高频手术设备**，应包含有选择和使用**高频附件**的资料，以防止不兼容和不安全操作(还可参见 56.103)。

应告知**操作者**：要防止高频输出设定使**最大输出电压**[根据 6.8.2ee)]超过**额定的附件电压**。

应告知选用一个**可监测中性电极**时，要注意与**操作者**可使用的**接触质量监测器**的兼容性。

bb)* 使用**高频手术设备**的注意事项。这些事项应引起**操作者**对某些警告的注意，这些警告对于减少意外灼伤风险是必要的。如果适用，应特别给出以下忠告：

1)* **中性电极**整个面积要可靠贴合到**患者**身体上，并且尽可能靠近手术部位(参见注 1 和注 2)。

2)* **患者**不宜接触接地的或对地具有可观电容的金属物(如：手术台支架等)，为此建议使用抗静电隔板。

3)* 要防止皮肤对皮肤(如**患者**肢体之间)的接触，譬如插入干纱布(参见注 1 和注 2)。

4)* 在同一**患者**身上同时使用**高频手术设备**和生理监护**设备**时，任何监护电极应尽可能远离高频电极，不建议使用针状监护电极。

在所有情况下，建议使用带有高频电流限制装置的监护系统。

5)* 放置手术电极电缆时要防止其与**患者**或其他引线相接触。

暂时不用的**手术电极**要存放于与**患者**隔离的地方。

6)* 对于高频电流可能流经人体较小横截面积部分的外科手术，最好使用**双极**技术，可防止不希望的组织损伤。

7) 对于预期效果，要选择尽可能低的输出功率。某些装置或附件在低功率设定下可出现**安全危险**。例如：在使用氩气束**凝**时，如果高频功率不足以使目标组织上产生一个快速封闭的痂面，则气栓风险就可能出现。

8)* 对于在正常操作设定下正确运行的**高频手术设备**，当出现输出降低或中断时，可表示**中性电极**不正确应用或连接器接触不良。因此，在选择更高输出功率之前，要检查**中性电极**及其连接器的应用情况(参见注 1 和注 2)。

9) 如果在胸部或头部范围进行电外科手术，要防止使用可燃性麻醉剂和氧化性气体如笑气(N_2O)和氧气，除非(手术前)将这些试剂吸除。

如有可能,宜使用不可燃试剂来清洗和消毒。

可以允许用可燃性试剂来清洗和消毒或用作为粘接剂的溶剂,但在高频手术进行之前要蒸发掉这些试剂。**患者**身体或凹槽(如脐眼)以及腔孔(如阴道)存在积聚可燃性试剂危险。在使用**高频手术设备**之前,宜将任何积聚的液体擦除干净。(还)要注意体内气体点燃危险。某些材料如棉花、毛料和纱布,当充满氧气时,可被**高频手术设备正常使用**时产生的火花所点燃。

10) 对于携带心脏起搏器或其他有源植入物的**患者**,可能存在危险,因为可能会产生对起搏器工作的干扰,或者损坏起搏器。如有疑问,要给出合适有效的建议。

11)* 对于具有 46.103b)所述工作模式的**高频手术设备**,应该给出相互影响的警告:来自另一个**手术电极**的输出在使用中可能改变。

注 1:该要求不适用于仅配置双极输出的**高频手术设备**。

注 2:该要求不适用于预期不使用**中性电极**的**高频手术设备**。

cc) 警告:**高频手术设备**运行时产生的干扰可能对其他电子**设备**的运行有不利影响。

dd) 建议**使用者**定期检查**附件**,特别是:电极电缆和**内窥镜使用的附件**要检查其可能的损坏。

ee)* 对于**附属设备**和**手术附件**包括单独提供的它们的零部件,要给出**额定的附件电压**。

ff)* 对于**高频手术设备**,每一种**高频手术模式**的**最大输出电压**和关于**额定附件电压**的说明如下:

i) 在**最大输出电压**(U_{max})≤1 600 V 情况下,应给出说明,**附属设备**和**手术附件**宜选用的**额定附件电压**≥**最大输出电压**。

ii) 在**最大输出电压**(U_{max})>1 600 V 情况下,用公式计算变量 Y:

$$Y=\frac{U_{max}-400\ \text{V}}{600\ \text{V}}$$

取变量 Y 或 6 中较小者。如果计算结果 Y≤该**高频手术模式**的**峰值系数**,应给出说明,**附属设备**和**手术附件**宜选用的**额定附件电压**≥**最大输出电压**。

iii) 在**最大输出电压**(U_{max})>1 600 V 情况下,且**峰值系数**<上面计算的变量 Y,要给予警告:在这种模式或设定下使用的任何**附属设备**和**手术附件**,其额定容量必须能够耐受实际电压和**峰值系数**的组合应力。

如果**最大输出电压**随输出设定而变,则应以图形给出作为输出设定函数的电压值资料。

注:正在考虑建立高频介电强度分级,以便于使用者容易判断附件对输出设定的适应性。

gg)* 警告:**高频手术设备**的故障会引起输出功率非预期的增大。

hh)* 同专用的**可监测中性电极**相容性说明。

警告:如不使用相容的**可监测中性电极**,在**中性电极**与患者之间失去安全接触时,**接触质量监测器**是不会产生可闻报警的。

注 1:该要求不适用于仅配置双极输出的**高频手术设备**。

注 2:该要求不适用于预期不使用中性电极的**高频手术设备**。

ii) 关于**中性电极**有效期的包装:

——如标以**单次**使用,则要标上有效期。

——防止**中性电极**部位灼伤的必要提醒,例如限制输出设定和/或启动时间。

——如仅打算用于小患者,则要标以公斤(kg)数以指明预期使用的**患者**最大体重。(参见 59.104.5)

jj) 关于使用**可监测中性电极**的说明

——对于可监测中性电极,要说明其同专门的**接触质量监测器**的相容性。

kk)* 打算施加患者电流的**高频手术设备**和**高频附件**,如预计电流超过 500 mA、持续时间超过 2 min,持续率>50%,则应附上一些关于正确使用**中性电极**的说明、警告和提醒。

6.8.3* 技术说明书

增补项目：

aa)* 功率输出数据——**单极**输出(对于所有可用的**高频手术模式**,任何可调的“混切”控制器设定在最大位置)

1. 表示全输出控制设定和半输出控制设定下,在负载电阻范围至少为 100 Ω 到 2 000 Ω 的功率输出关系图,必要时这个电阻范围应扩展以包含**额定负载**。
2. 表示在上述负载范围内一个规定负载电阻上的功率输出对输出控制设定的关系图。

bb)* 功率输出数据——**双极**输出(对 aa)项规定的所有**高频手术模式**)

1. 表示全输出控制设定和半输出控制设定下,在负载电阻范围至少为 10 Ω 到 1 000 Ω 的功率输出关系图,必要时这个电阻范围应扩展以包含**额定负载**。
2. 表示在上述负载范围内一个规定负载电阻上的功率输出对输出控制设定的关系图。

cc) 电压输出数据——**单极**和**双极**输出(对所有可用的**高频手术模式**)。

按 6.8.2ee)要求的最大电压数据。

dd)* 按本标准 19.3.101 设计的**应用部分**

如果规定**高频手术设备**不带**中性电极**使用,对此应加以说明。如果**高频手术设备**或**附属设备**设计成只具有单一的、固定的输出设定,那么就可略去所述“半输出控制设定”。

7 输入功率

除下述内容外,通用标准中的本章适用。

7.1

修改：

工作设定应使**高频手术设备**向所有可同时启动的输出端口释放**额定输出功率**。

高频手术设备应按 50.1 试验中规定的方法运行。

第二篇　环境条件

通用标准中本篇适用。

第三篇　对电击危险的防护

除下述内容外,通用标准中本篇适用。

14 有关分类的要求

除下述内容外,通用标准中的本章适用。

14.6 B 型、BF 型和 CF 型应用部分

替换：

高频手术设备的**应用部分**应是 BF **型**或 CF **型应用部分**。

17 隔离

除下述内容外,通用标准中的本章适用。

17h)* 除颤防护

修改：

在本条范围内,**高频手术设备**的患者电路应被看作**应用部分**。

仅用通标 17h)和图 50 所述共模试验来检验其符合性,所用试验电压以 2 kV 替代 5 kV。

试验后,**高频手术设备**应能满足本标准的所有要求和试验,并且能执行**随机文件**中所述预期功能。

18　保护接地、功能接地和电位均衡

除下述内容外，通用标准中的本章适用。

增补：

aa)* 一般情况下，**保护接地导体**不应携带功能性电流。但是对于**额定输出功率**不超过 50 W 且预期不带**中性电极**使用的**高频手术设备**，网电源电缆中的**保护接地导体**可用作功能性**高频**电流的返回通道。

19*　连续漏电流和患者辅助电流

除下述内容外，通用标准中的本章适用。

19.1　通用要求

b)

增补：

——以高频输出不工作，但不影响低频**漏电流**的方式试验。

g)*

修改：

这些试验应以**高频手术设备**电源接通而**患者电路**不启动的方式进行。

19.2　单一故障状态

a)

增补：

——模拟输出开关电路的故障而引起的**患者漏电流**增加(参见 56.11)。

19.3*　容许值

a)和表 4

修改：

与**接触质量监测器**相关的**患者辅助电流**，不应超过 BF 型的允许值。

b)

修改：

10 mA **漏电流**限制不适用于**患者电路**被启动时从**手术电极**和**中性电极**测试的**高频漏电流**(参见 19.3.101)。

增补：

19.3.101　高频漏电流的热作用

为了防止非预期的热灼伤，**患者电路**启动时从**手术电极**和**中性电极**测试的**高频漏电流**，根据其设计，应符合下列要求：

a)* **高频漏电流**

1) **中性电极**以地为基准

患者电路对地绝缘，但**中性电极**利用一些元件(如电容)使其在**高频**下以地为基准(参见图 103)，并能满足 BF **型应用部分**要求。当以下述方法试验时，从**中性电极**经一个 200 Ω 无感电阻流向地的**高频漏电流**不应超过 150 mA。

用下面的试验来检验是否符合要求：

试验 1——依次对带有如图 104 所示的电极电缆和电极的**高频手术设备**的每一个输出进行试验。两电缆间隔为 0.5 m，置于离接地导电平面上方 1 m 的绝缘表面上。输出端带 200 Ω 负载，**高频手术设备**每一个工作模式以最大输出设定运行，测量从**中性电极**经 200 Ω 无感电阻流向地的**高频漏电流**。

试验 2——**高频手术设备**如试验 1 布置，但 200 Ω 负载电阻接在**手术电极**和**高频手术设备**的**接地端子**之间，如图 105 所示，测量从**中性电极**流出的**高频漏电流**。

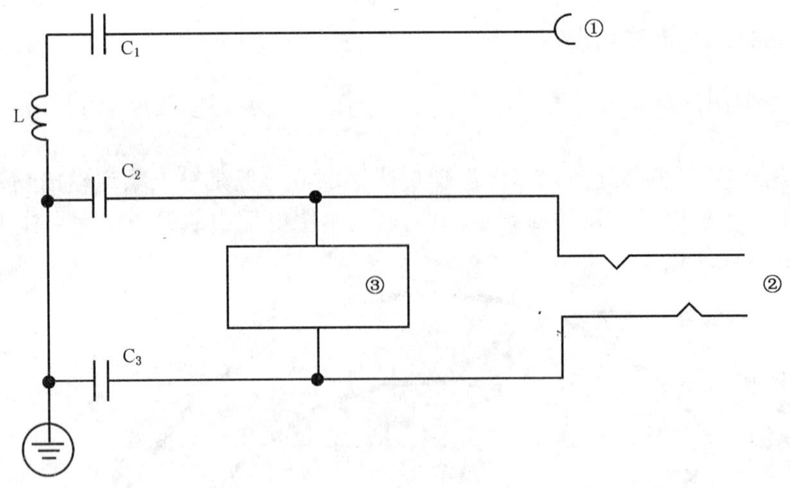

①——**手术电极**连接器；
②——**中性电极**连接器；
③——监测器。
C_1 不超过 0.005 μF；
$C_2=C_3$ 不超过 0.025 μF；
X_{C_2} 和 X_{C_3} 在工作频率下不超过 20 Ω；
Z_L 在 50 Hz 下不超过 1 Ω。

图 103 在工作频率下中性电极以地为基准的患者电路示例
（参见 19.3.101a)1)和 59.105)

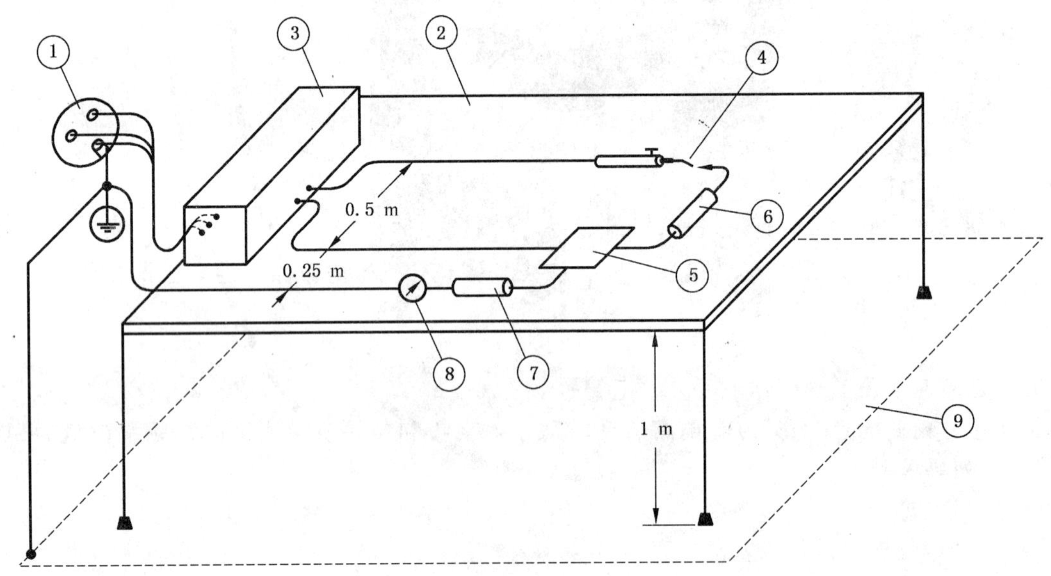

①——**网电源**；
②——绝缘材料制作的台板；
③——**高频手术设备**；
④——**手术电极**；
⑤——**中性电极**，金属或与同样尺寸的金属箔相接触；
⑥——负载电阻 200 Ω；
⑦——测试电阻 200 Ω；
⑧——高频电流表；
⑨——接地的导电平面。

图 104 中性电极以地为基准、电极之间加载时测量高频漏电流

2) **中性电极**在**高频**时与地隔离

无论在高频还是在低频下，**患者电路**均对地绝缘，并且这种绝缘在进行下述试验时，每一个电极经200 Ω无感电阻流向地的**高频漏电流**不应超过150 mA。

用下述试验来检验是否符合要求：

高频手术设备如19.3.101a)1)试验1所述布置，输出不加载或加**额定负载**。

Ⅱ类和**内部电源**供电的**高频手术设备**的任何金属**外壳**应接地。具有绝缘**外壳**的**高频手术设备**在进行该试验(参见图106)时，应放在面积至少应等于设备底板的接地金属(板)上。在**高频手术设备**每一个**高频手术模式**最大输出设定下依次测量每一个电极的**高频漏电流**。

注：以上要求不适用于**额定输出功率**不超过50 W且预期不带**中性电极**使用的**高频手术设备**。

3)* **双极**应用

专门设计作**双极**应用的**患者电路**，无论在高频还是低频下，都应与地及其他**应用部分**绝缘。

在所有输出控制设定为最大值时，从**双极**输出的任一极到地和到**中性电极**分别经200 Ω无感电阻流通的**高频漏电流**，在200 Ω无感电阻上形成的功率不应超过最大**双极额定输出功率**的1%。

用下面的试验来检验是否符合要求：

高频手术设备如图107所示布置，用制造商提供或建议的**双极**和**中性电极**(如适用)引线对**双极**输出的一个电极端进行试验。输出端先不加载然后再加**额定负载**重复试验。测得的电流平方乘上200 Ω应不超出上面的要求。最后再对**双极**输出的另一电极端重复以上试验。

Ⅱ类和**内部电源**供电的**高频手术设备**的任何金属**外壳**应接地。具有绝缘**外壳**的**高频手术设备**在进行该试验时，应放在面积至少等于**高频手术设备**底板的接地金属(板)上。

在**高频漏电流**的所有测量中，**高频手术设备**的**电源电缆**应折扎成长度不超过40 cm的线束。

注：以上1)、2)和3)的要求对具有BF型和CF型**应用部分**的**高频手术设备**均适用。**高频外壳漏电流**的要求在考虑之中。

b)* 直接在**高频手术设备**端口测量的**高频漏电流**

当直接在**高频手术设备**端口测量**高频漏电流**时，前面的a)中1)和2)的限值改变为100 mA，而3)的在200 Ω上的**双极额定输出功率**的1%的限制不变，且不得超过100 mA。用类似于19.3.101a)所述的试验测量来检验是否符合要求，但不带电极电缆，试验中用于将负载电阻、测试电阻和电流测量仪表连接到**高频手术设备**上去的引线要尽可能短。

c) 不同**高频患者电路**之间的横向耦合

1) 一个未启动的**单极患者电路**分别经200 Ω负载到地和到**中性电极**均不应产生150 mA以上**高频**电流。

2) 一个未启动的**双极患者电路**在跨接于两输出端上的200 Ω负载上，或者两输出端子短接后各经一个200 Ω负载分别到地和到**中性电极**不应产生50 mA以上的高频电流(两个电流应相加，参见图107)。

此时，其他**患者电路**应以所有可用工作模式在最大输出设定下启动。

用19.3.101b)中所述试验安排和如图105(**单极**)或图107(**双极**)所示的**高频手术设备**布置进行测量来检验是否符合要求。

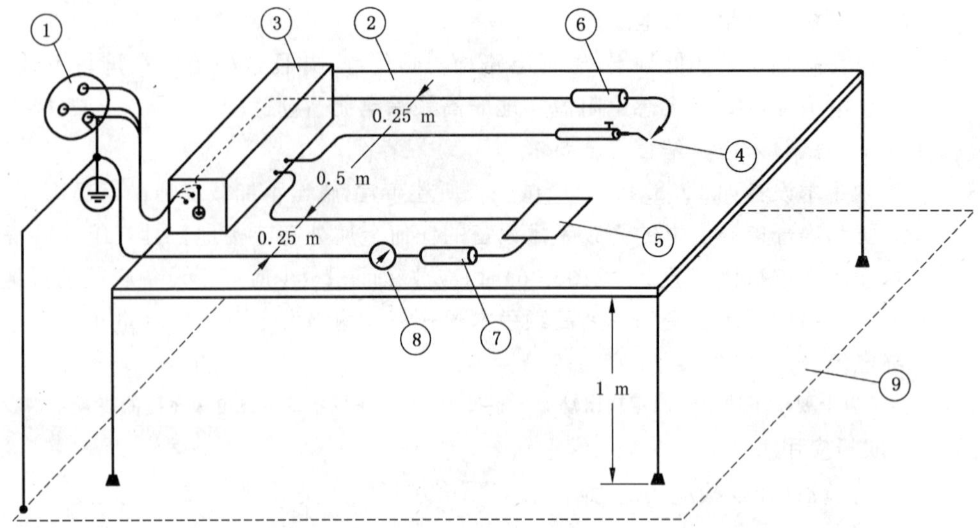

①——**网电源**；
②——绝缘材料制作的台板；
③——**高频手术设备**；
④——**手术电极**；
⑤——**中性电极**，金属或与同样尺寸的金属箔相接触；
⑥——负载电阻 200 Ω；
⑦——测试电阻 200 Ω；
⑧——高频电流表；
⑨——接地的导电平面。

图 105　中性电极以地为基准，手术电极到地加载时测量高频漏电流

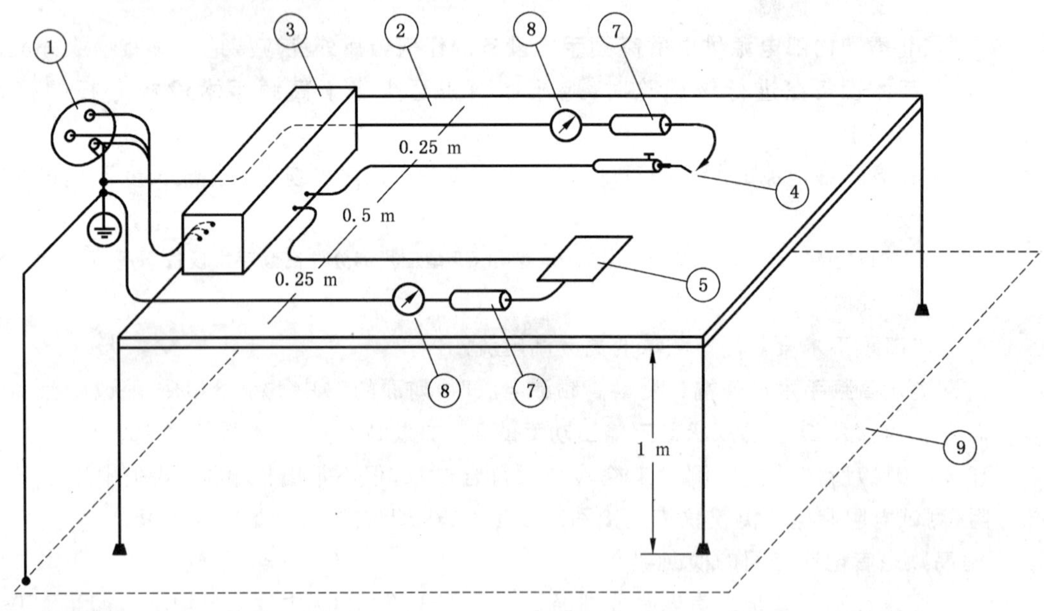

①——**网电源**；
②——绝缘材料制作的台板；
③——**高频手术设备**；
④——**手术电极**；
⑤——**中性电极**，金属或与同样尺寸的金属箔相接触；
⑦——测试电阻 200 Ω；
⑧——高频电流表；
⑨——接地的导电平面。

图 106　高频下中性电极与地绝缘时测量高频漏电流［参见 19.3.101a)2)］

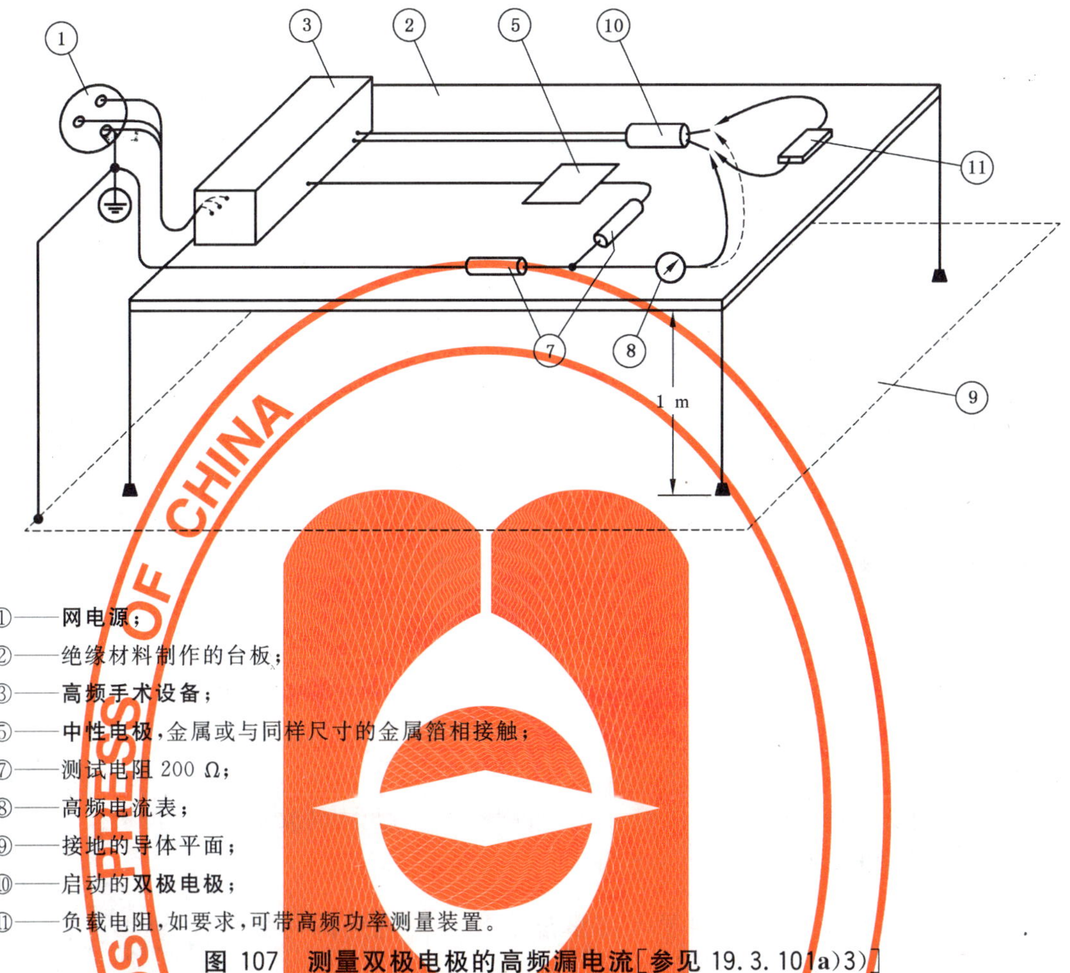

①——网电源；
②——绝缘材料制作的台板；
③——高频手术设备；
⑤——中性电极，金属或与同样尺寸的金属箔相接触；
⑦——测试电阻 200 Ω；
⑧——高频电流表；
⑨——接地的导体平面；
⑩——启动的双极电极；
⑪——负载电阻，如要求，可带高频功率测量装置。

图 107 测量双极电极的高频漏电流[参见 19.3.101a)3)]

20* 电介质强度

除下述内容外，通用标准中的本章适用。

修改：

对**高频附件**的要求和试验在 59.103 和 59.104 中给出。

对**内窥镜用附件**的要求和试验在 GB 9706.19 中给出。

20.2* 对有应用部分的设备的要求

对于**高频手术设备**和**附属设备**，隔离 B-e 不需试验(可参见 57.10)。当检查 B-e 的绝缘而不是隔离时，可在一个大于 960 hPa 的标准大气压力下进行试验，这可以使大气绝缘性能固定。

20.3 试验电压值

表 5，注 2：替换：

对于**应用部分**的试验电压，基准电压(U)应通过测量峰值高频电压来确定：，计算出具有相同峰值电压的网电源频率下的正弦波有效值，用这个计算值作为表 5 中的基准电压(U)。但是，基准电压(U)最小应为 250 V。

20.4* 试验

增补项目：

aa) 在试验 B-a 项时，如果在 57.10 中规定的**电气间隙**上经大气产生击穿或闪弧，可插入一绝缘层来防止这种击穿，因此经保护的绝缘就能试验了。

在试验 B-a 项时，如果在 57.10 中规定的**爬电距离**上出现击穿或闪弧，那么应对为 B-a 提供绝缘的那些元件如变压器、继电器、光耦合器或印板上的**爬电距离**等进行试验。

第四篇 对机械危险的防护

通用标准中本篇适用。

第五篇 对不需要的或过量的辐射危险的防护

除下述内容外，通用标准中本篇适用。

36 电磁兼容性

根据通用标准，除下述内容外，并列标准 YY 0505—2005 适用。

36.201 发射

36.201.1* 保护无线电业务

增补以下内容：

当**高频手术设备**电源接通而高频输出不激励，并且接上其所有电极电缆时，应符合 36.201 要求。在这些试验条件下，**高频手术设备**应符合 CISPR11 第 1 组的限值要求。

36.202 抗扰(性)

36.202.1 通用性

j) 符合性规则：

在 j)末尾增补：

以下现象应被看作可接受的性能**降格**：

——**高频手术设备**操作面板上清晰指明了的高频功率输出中断或复位到待机状态；

——释放的输出功率变化在 50.2 允许范围内。

第六篇 对易燃麻醉混合气点燃危险的防护

除下述内容外，通用标准中本篇适用。

39 对 AP 型和 APG 型设备的共同要求

除下述内容外，通用标准中的本章适用。

39.3 静电预防

增补：

39.3.101 脚踏开关

脚踏开关与导电性地板之间的导电通道应具有不超过 10 MΩ 的电阻。

第七篇 对超温和其他安全方面危险的防护

除下述内容外，通用标准中本篇适用。

42* 超温

除下述内容外，通用标准中的本章适用。

对于 42.1 到 42.3 的符合性试验

3) 持续率

替换：

用电极电缆将**高频手术设备**的**额定输出功率**加到一个电阻性负载上，以制造商规定的**持续率**运行 1 h，但运行时间不少于 10 s，间歇时间不多于 30 s[参见通用标准 6.1m)]。

44 溢流、液体泼洒、泄漏、受潮、进液、清洗、消毒、灭菌和相容性

除下述内容外，通用标准中的本章适用。

44.3* 液体泼洒

替换：

高频手术设备和**附属设备**的**外壳**结构应制成在**正常使用**时不会因液体泼洒而弄湿电气绝缘和那些一旦弄湿可能影响**高频手术设备**和**附属设备**安全的其他元器件。

用下述试验来检验是否符合要求：

在15 s中内将1 L水匀速地倒在**高频手术设备**和**附属设备**顶盖中央。预期要装入墙上或箱内的**高频手术设备**和**附属设备**，在按建议的那样安装到位后再试验，水应倒在控制面板上方的墙壁上。如此处理后，高频手术设备和**附属设备**应能承受第20章中规定的介电强度试验，并且检查可能进入**机壳**的水对**高频手术设备**和**附属设备**安全应不会产生不利影响，特别是那些按通用标准57.10规定了**爬电距离**的绝缘上不应有水迹。

44.6* 进液

增补：

aa)* 预期在手术室中使用的**高频手术设备**和**附属设备**的脚踏开关，其电气开关部件应能防止液体进入的影响，这可能引起**应用部分**意外激励。

用下述试验来检验是否符合要求：

将整个脚踏开关在0.9%盐水、150 mm深度下浸没30 min，在浸没状态下，将脚踏开关连接到与**正常使用**相对应的**开关检测器**上并操作50次，脚踏开关每释放一次，**开关检测器**都应指示不启动状态。

注：将浸入试验修改成取消功能检查和介电强度试验还在研究中。现行IEC 60529中没有试验适用于这种预期手术治疗环境。

bb)* **指揿开关**的电气部件应能防止进液影响，进液可能引起**应用部分**被意外激励(还可参见59.103.2)。

用以下试验来检验是否符合要求：

应在**手术连接器**的每一个开关端子上用频率至少为1 kHz、电压不超过12 V(的电源)测量其交流阻抗。**手术电极**手柄水平支撑起来至少50 mm，其最上面的开关启动部件应高于任何表面。在15 s内将1 L 0.9%盐溶液匀速地倒在**手术电极**手柄上，并要弄湿**手术电极**手柄整个长度。允许溶液自由滴离。开关端子上的交流阻抗应保持在2 000 Ω以上。

此后立即对每一个**指揿开关**操作和释放10次，在每一次释放后0.5 s内开关端子上的交流阻抗应超过2 000 Ω。

44.7* 清洗、消毒和灭菌

增补：

除非标记为仅使用一次，**手术附件**及其所有可拆卸部件，(不用工具可从电缆上拆卸下来的**手术连接器**除外)，经过通用标准该条规定的试验后，都应符合本标准的要求。

46 人为差错

除下述内容外，通用标准中的本章适用。

增补：

46.101* 如果使用一个双踏板脚踏开关组件来选择**切**和**凝**输出模式，则应设计成：按**操作者**方向观察，左踏板启动**切**，右踏板启动**凝**。

通过目测来检验是否符合要求。

46.102* 如果在一个**手术手柄**上装有独立而分开的**指揿开关**来选择性地启动**切**和**凝高频手术模式**，那么启动**切**的开关应比另一个开关更靠近**手术电极**。

通过目测来检验是否符合要求。

46.103* 应不能同时激励一个以上**手术输出端口**，除非：

a) 每一个**手术输出端口**具有独立的控制装置来选择**高频手术模式**、高频输出设定和**开关检测器**，或者

b) 两个**单极手术输出端口**具有各自的**开关检测器**并且分担一个公用的**电灼**(面凝)输出。

同时启动时的提示声响应不同于单个启动时的声响(还可参见59.102)。除了被**操作者**启动的那个**患者电路**之外，任何其他的**患者电路**绝对不应被激励到19.3.101c)中规定的水平之上。

通过目测和功能试验来检验是否符合要求。

46.104*

a) **高频手术设备**和**附属设备**上的**手术输出端口**在结构、外型上应明显不同，以使**单极手术附件**、中性电极和**双极手术附件**不能错误连接，参见附录AA。

b) 具有一个以上插脚的**手术连接器**应有固定的脚距，禁止"飞线"连接。

c) 仅有一个插脚的**手术连接器**不需考虑。

通过目测来检验是否符合要求。

46.105 如果多于一个**高频手术模式**可被单个**开关检测器**激励，在被激励输出前，应提供一个指示以表明被选中的**高频手术模式**。

通过目测和功能试验来检验是否符合要求。

46.106* 与专用的**高频手术模式**相关的操作控制器、输出端口、指示灯[参见6.7a)]、踏板(参见46.101)和**指揿开关**按钮(参见46.102)应规定使用以下色符：

黄色用于**切**；

蓝色用于**凝**。

通过目测来检验是否符合要求。

第八篇 工作数据的准确性和危险输出的防止

50 工作数据的准确性

除下列内容外，通用标准的本章适用。

50.1 控制器件和仪表的标记

替换：

50.1.101* 对于每一个**单极高频手术模式**，除了6.8.2bb)7)所提要求外，**高频手术设备**应配备一个装置(输出控制器)以使输出功率可降到**额定输出功率**的5%或10 W以下，取其较小者(还可参见6.3)，对于一些特定的负载电阻值，输出功率不应随输出控制设定的下降而升高(参见6.8.3aa)和图108)。

通过以下试验来检验是否符合要求：

在包括100 Ω，200 Ω，500 Ω，1 000 Ω，2 000 Ω和**额定负载**等至少为5个特定负载电阻值上，测量作为输出控制设定函数的输出功率。应使用与**高频手术设备**一起提供的**手术附件**和**中性电极**，或者使用3 m长绝缘导线来连接负载电阻。

注：如果需要，**指揿开关**的操作可用不长于100 mm的**绝缘跨接线**来进行模拟启动。

50.1.102 对于每一个**双极高频手术模式**，除了6.8.2bb)7)所提要求外，**高频手术设备**还应配备一个装置(输出控制器)以使输出功率降低到**额定输出功率**的5%或10 W以下，取其较小者(参见6.3)。对于一些特定的负载电阻值，输出功率不应随输出控制设定的降低而升高(参见6.8.3bb)和图109)。

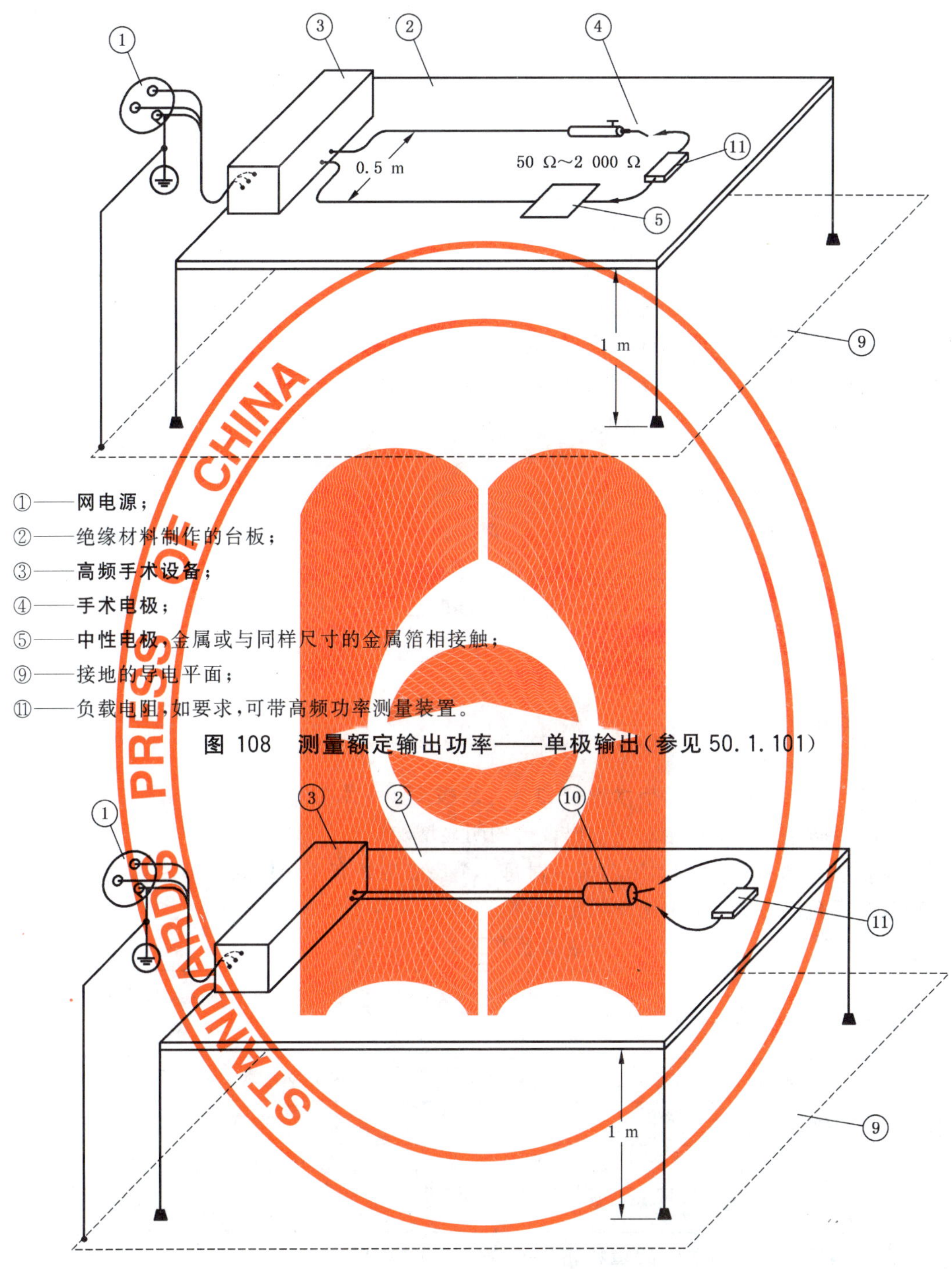

①——**网电源**；

②——绝缘材料制作的台板；

③——**高频手术设备**；

④——**手术电极**；

⑤——**中性电极**，金属或与同样尺寸的金属箔相接触；

⑨——接地的导电平面；

⑪——负载电阻，如要求，可带高频功率测量装置。

图 108 测量额定输出功率——单极输出（参见 50.1.101）

①——**网电源**；

②——绝缘材料制作的台板；

③——**高频手术设备**；

⑨——接地的导电平面；

⑩——启动的**双极电极**；

⑪——负载电阻，如要求，可带高频功率测量装置。

图 109 测量额定输出功率——双极输出（参见 50.1.102）

通过以下试验来检验是否符合要求：

在包括 10 Ω，50 Ω，200 Ω，500 Ω，1 000 Ω 和**额定负载**等至少 5 个特定负载电阻值上，测量作为输出控制设定函数的输出功率,应使用与**高频手术设备**一起提供的**双极**电极电缆,或者使用**额定**电压≥600 V的3 m长双导体绝缘电缆来连接负载电阻。

注:如果需要,**指揿开关**的操作可用不长于100 mm的绝缘跨接线来进行模拟启动。

50.1.103* 对于**高频手术设备**可用的每一个**高频手术模式**,施加于**手术输出端口**上的**最大输出电压**不应超过6.8.2ee)中规定的值。

用示波器观察来检验是否符合要求,还可参见4.7h)。对于每一种**高频手术模式**,应在输出设定和负载状态能产生最高峰值电压的条件下测量。

50.2 控制器件和仪表的准确度

对于超过**额定输出功率**的10%的输出功率,作为负载电阻和输出控制设定函数的实际输出功率与6.8.3 aa)和6.8.3bb)所规定的图示值偏差不应超出±20%。

通过使用合适负载电阻值的50.1试验来检验是否符合要求。

51 危险输出的防止

除下述内容外,通用标准中的本章适用。

51.2* 有关安全参数的指示

替换:

任何**高频手术模式**,包括各个独立输出(如可用)被同时启动时,每一个输出端接入**额定负载**的总输出功率,在任何一秒时间内平均,不应超过400 W。

通过测量来检验是否符合要求。

51.5* 不正确的输出

增补要求:

额定输出功率大于50 W的**高频手术设备**和所有**双极**高频手术发生器都应配备一个报警和/或连锁系统,来指示和/或防止输出功率相对于输出设定的明显增加。

在**单一故障状态**下,最大允许的输出功率应对每一个**患者电路**和工作模式分别计算。

单一故障状态下允许的最大输出功率规定如下:

表1 单一故障状态下最大输出功率

设定(**额定输出功率**的百分比范围 P/%)	单一故障状态下允许的最大输出功率(不得大于400 W)
P<10	额定输出功率的20%
10≤P≤25	设定值×2
25<P≤80	设定值+额定输出功率的25%
80<P≤100	设定值+额定输出功率的30%

通过技术说明书检查和合适**单一故障状态**的模拟试验来检验是否符合要求。

增补:

51.101 当**高频手术设备**电源关断再接通,或者网电源中断再恢复时,

——输出控制器一个给定设定下的输出功率不应增加20%以上,

——除了不产生功率输出的待机状态之外,原来选择的**高频手术模式**不应改变。

通过以下操作,测量1 s内的平均功率和观察工作模式来检验是否符合要求。

a) 反复操作**高频手术设备**的电源开关;

b) **高频手术设备**电源开关处于接通位置,中断和恢复网电源。

51.102* 对于可同时启动多于一个以上**患者电路**(参见46.103)的**高频手术设备**,当这些**患者电路**在任何可用的**高频手术模式**组合下同时启动时,其释放的输出功率不应超过50.2规定的偏差20%。

任何单独启动的**患者电路**应符合 50.2。

通过以下试验(参见图 110)来检验是否符合要求。

对于 46.103a)所定义的**高频手术设备**：

被试输出以 20%**额定输出功率**启动，并记下此时的输出高频电流读数，然后任何其他输出在最大功率下启动，被试输出电流不应增加 10%以上。

对于 46.103b)所定义的**高频手术设备**：

被试输出分别以 50%和 100%输出设定启动，记下输出电流值，当另一输出也启动时，被试输出电流不应增大 10%以上。

对于可以在任一时刻一道启动输出的所有可能组合，重复进行这些试验。

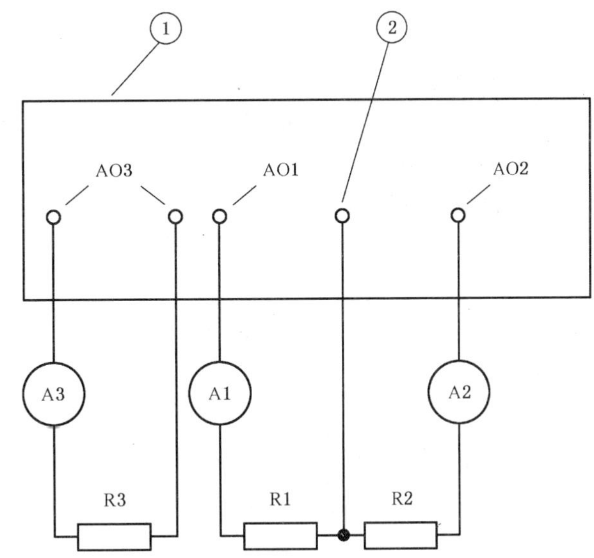

①——**高频手术设备**；

②——**中性电极**连接器；

R1——手术输出的**额定负载**；

R2——手术输出的**额定负载**；

R3——手术输出的**额定负载**；

A01——**单极**手术输出；

A02——**单极**手术输出；

A03——**双极**手术输出。

图 110 同时启动的手术输出之间相互影响的试验方法

第九篇 不正常的运行和故障状态；环境试验

除下述内容外，通用标准中本篇适用。

52 不正常的运行和故障状态

除下述内容外，通用标准中的本章适用。

增补：

52.101* 电极短路影响的防止

高频手术设备在最大输出设定下激励时，应能无损伤地承受输出开路和短路的影响。

通过以下试验来检验是否符合要求：

将 50.1.101 和 50.1.102 中所述 3 m 导线连接到**患者电路**连接(点)上，对于每一种**高频手术模式**，将输出控制器设定在最大位置。然后启动输出，让一对启动导线远端短路 5 s，然后开路 15 s，再停止输出 1 min。重复循环 10 次。

该试验后，**高频手术设备**应符合本标准的所有要求。

第十篇　结构要求

除下述内容外，通用标准中本篇适用。

56　元器件和组件

除下述内容外，通用标准中的本章适用。

56.3　连接——概述

c)*

修改：

该要求应不适用于**手术连接器**。

任何**中性电极**连接器的结构，应能使远离**患者**的**连接器导电性**接头无法接触到**固定网电源插座插孔**或**网电源连接器**的带电导体部分。

如果所述连接器导电性接头能插入一个**固定网电源插座插孔**或**网电源连接器**中，则要用至少具有**爬电距离** 1.0 mm，电介质强度 1 500 V 的绝缘来防止该接头与带有网电源电压的部分接触。

通过对以上连接器的导电性连接部分检查和电介质强度试验来检验是否符合要求。

56.11　有电线连接的手持式和脚踏式控制装置

a)　工作电压的限制

修改：

通用标准该项不适用，见 56.101.1。

d)　进液

修改：

通用标准该项不适用，见 44.6。

e)　连接用电线

修改：

通用标准该项不适用于**手术附件**电缆的固定，见 56.102 中适用内容。

增补：

除了 56.101.2 中所述之外，预期用于激励**患者电路**的任何控制器，应要求能被**操作者**连续启动。

56.101*　开关检测器

56.101.1*　概述

除了 56.101.2 中所述之外，**高频手术设备**和可用**附属设备**都应配置一个**开关检测器**，以便即时响应开关的通断动作而使相应**手术输出端子**受激或停激。

开关检测器的供电电源应与**网电源部分**和地绝缘，如果它与**应用部分**有**导电连接**时，供电电压不超过 12 V，无导电连接时供电电压不超过交流 24 V 或直流 34 V。

注：该要求(也)适用于**开关检测器**中出现的电压，共模高频电压可以忽略。

在**单一故障状态**下，**开关检测器**不应引起低频**患者漏电流**超过允许限值[见 19.3a)]。

通过检查、功能试验以及电压和漏电流测量来检验是否符合要求。

如果**开关检测器**具有预期连接外部电气开关触点的输入端口，当这些端口上跨接一个≥1 000 Ω 电阻时，应不能启动**高频手术设备**的任何输出。

通过功能试验来检验是否符合要求。

每一个**开关检测器**应只能启动预期的单一**手术输出端口**，而且不能控制多于一个的**高频手术模式**。

注：为满足该要求，一个翘板式开关的两臂被看作是两个独立开关。

56.101.2 **非连续启动**

开关检测器的非连续启动方式如要被接受，只有当：

a) **高频手术设备**根据设备的专门用途自动停止输出；

b) 提供一个指示灯向**操作者**指明**高频手术设备设置**于这种专门应用方式，以及

c) 具有手动停止输出功能。

通过检查**随机文件**和功能试验来检验是否符合要求。

56.101.3 **用阻抗检测方法启动**

只有对**双极凝**，**开关检测器**方可根据**双极手术输出端子**上呈现的阻抗来启动高频输出。

如果这种阻抗敏感**开关检测器**具有其他用途或附加到一个触点闭合敏感**开关检测器**上，那么：

a) 当网电源中断并恢复时，这种检测器在任何情况下应不能单独激励高频输出；

b) 只有当**操作者**专门选中时，阻抗检测启动才能起作用，以及

c) 对这种选择应向**操作者**提供可见指示。

阻抗敏感**开关检测器**不应用于**单极**输出启动，本条要求并不适用于根据专门应用方式只能自动终止高频输出的**开关检测器**[参见 56.101.2a)]。

通过检查随机文件和功能试验来检验是否符合要求。

56.101.4 **脚踏开关**

脚踏开关应符合下述要求(还可参见 44.6 和 46.101)：

启动开关所要求的力不应小于 10 N，该力施加于脚踏开关操作表面上任何 625 mm^2 面积上。

通过测量启动力来检验是否符合要求。

56.102* **手术附件电缆的固定**

手术附件电缆的固定结构应设计成能防止由于电缆扭曲和过分拉扯引起的导体和绝缘损坏，从而能使**患者**和**操作者**受到的风险最小化。

通过检查和下述试验来检验是否符合要求：

手术手柄和**手术连接器**分别试验一次。

被试**手术手柄**或**手术连接器**固定于如图 111 所示类似装置上，当装置的摆杆处于摆程中间位置即与电缆同轴时，在垂直方向上将被试件沿轴线向下放，穿过一个离摆动轴心 300 mm 的小孔，一个等于**手术附件**电缆和连接器总重的重物固定于小孔以下的电缆上，以对电缆施加张力，小孔直径最大不宜超过电缆直径的 2 倍。

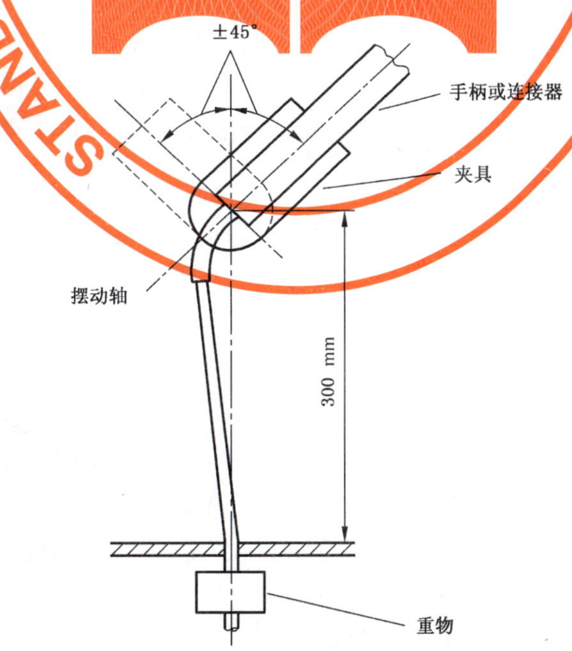

图 111 手术附件电缆固定装置的试验布置

如果被试**手术手柄**或**手术连接器**装有两根或多根电缆，它们应一起试验，加到固定装置上的总重量应是每一根电缆单独要加的重量之和。

摆动杆以90°角摆动(垂直方向上每边45°)。

手术手柄的电缆固定装置应以大约每分钟30次速率摆动1 000次(标记为单次使用的**手术附件**摆动200次)，**手术连接器**的电缆固定装置应以大约每分钟30次速率摆动5 000次(标记为单次使用的**手术附件**摆动100次)。

试验后，电缆不应失效也无可见损伤。对于多芯电缆，各芯线不应出现短路，施加张力的重物应增加到1 kg，并用不超过1 A的直流电流检查其电气连续性。

56.103* 具有可拆卸手术电极的手术附件

56.103.1 第三方提供的手术电极的互换性

a) 带有可拆卸**手术电极**的**手术附件**制造商应对预期加接到**手术附件**上去的任何**手术电极**配件给出尺寸及其精度要求。

通过对**随机文件**的检查来检验是否符合要求。

b) 带有可拆卸**手术电极**的**手术附件**制造商应在**随机文件**中规定预期可互换的**手术电极**。

通过一致性演示来检验是否符合本标准所有相关要求。

56.103.2 可拆卸手术电极的拆卸力

可拆卸**手术电极**制造商应在**手术附件**的**随机文件**中规定其预期配用的**手术附件**。

a) 可拆卸**手术电极**应能牢固地装入规定的**手术附件**。

通过检查和下述试验来检验是否符合要求：

将可拆卸**手术电极**在规定的**手术附件**中插拔10次，再插入后，沿插入轴方向用等于**手术电极**10倍重量的拉力(最大10 N)，在1 min内应不能拔出该电极。

b) 在可拆卸**手术电极**插入规定的**手术附件**的情况下，其组件应符合本标准其他所有适用的要求。

57.10 爬电距离和电气间隙

a)* 数值

修改：

对于**高频手术设备**和高频附件，B-d和B-e的隔离不需试验。

在应用部分与包括**信号输入**和**输出部分**在内的外壳之间，以及不同**患者电路**之间，其**爬电距离**和**电气间隙**应至少为3 mm/kV或4 mm，取其较大值。基准电压应是最大峰值电压。

这个要求不适用于那些被元件制造商提供的参数或20章介电强度试验证明具有足够额定容量的元器件。

59 结构和布线

除下述内容外，通用标准中的本章适用。

增补：

59.101* 中性电极监测电路

额定输出功率大于50 W的(单极)**高频手术设备**应配置一个**中性电极连续性监测器**和/或一个**接触质量监测器**，这样的配置使得当**中性电极**回路或它的连接器发生故障时能使输出停激并发出可闻报警。可闻报警应满足59.102的声级要求并且不应在外部调节。

监测电路应由一个与**网电源部分**和地相隔离的且电压不超过12 V的电源供电。**接触质量监测器**的监测电流的限值已在19.3中规定。

宜提供一个由红色指示灯构成的附加可见报警[参见6.7a)]。

将**高频手术设备**接入图112所示电路，在各种工作模式最大输出控制设定下运行，来检验**中性电极**

连续性监测器是否符合要求。图中开关闭合和打开各 5 次,开关每次打开时,**高频**输出应被禁止且发出报警声响。

接触质量监测器符合性试验:接通**高频手术设备**的网电源,并设置其控制器于**单极**工作模式,但不启动。然后将一个合适的可**监测中性电极**[按 6.8.2gg)建议选择]连接到**接触质量监测器**的**中性电极**连接器上。

再按使用说明书所述方法放置**中性电极**,使之完全同人体目标或合适代用品表面接触,**接触质量监测器**如说明书规定进行设置,然后启动**高频手术设备**的一个**单极高频手术模式**,此时应无报警声,且有**高频**输出;让**高频手术设备**起动着,逐渐减少**中性电极**和人体目标或合适代用品表面之间的接触面积直到出现报警。记下剩余的接触面积(报警面积)Aa,以便接下来按 59.104.5 进行温升试验,并且当尝试启动时应无高频输出产生。

用至少三只合适的**可监测中性电极**样品在两个轴向上重复这个试验。

注:要注意,在**正常状态**下,监测电路不得在**中性电极**上引起任何干扰电压(如网电源频率或其谐波),这可能对任何**患者**监护**设备**的运行产生不利影响。

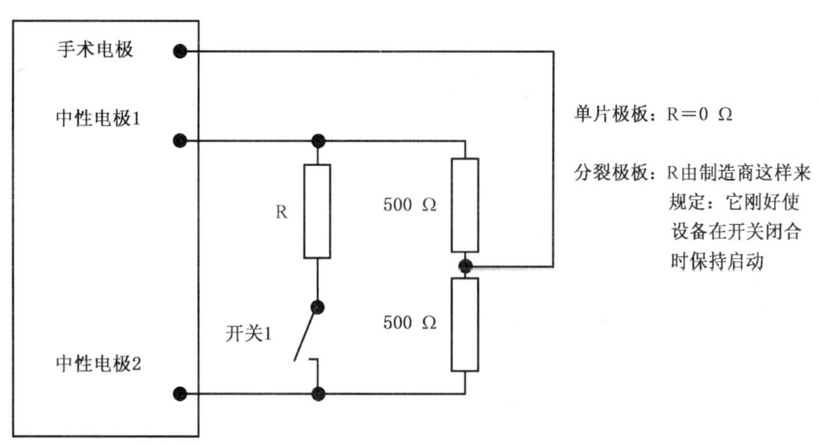

注:分裂成两部分以上的**中性电极**也要进行相应试验。

图 112 适用于 59.101 符合性试验的电路

59.102 输出指示器

高频手术设备应配备一指示器,当任何输出电路由于一个**开关检测器**的工作或者因一个**单一故障状态**而被激励时提供一个可闻的(声响提示)信号。声音输出的主要能量应包含在 100 Hz 到 3 000 Hz 的频段内,根据制造商规定的方向上离**高频手术设备** 1 m 距离处,声源产生的声级至少应为 65 dB(A 计权)。可配备一个可触及的声级控制器,但不应将声级降到 40 dB(A 计权)以下。对于模拟启动,还可参见 46.103。

为了使**操作者**能区分 59.101 所述可闻报警和以上规定的可闻信号,应将前者制成脉动式的或者使用两种不同的频率。

通过功能检查和声级测量来检验是否符合要求。

59.103* 手术附件绝缘

手术附件及**手术附件**的电缆应有足够的绝缘,以减轻正常使用时对**患者**和**操作者**非预期热灼伤风险。

通过以下试验来检验是否符合要求:

无**单次使用**标记的试样应经过 44.7 消毒试验。

除**手术手柄**和**手术连接器**之外的所有**手术附件**绝缘部分,应浸入 0.9%盐水中至少 12 h 但不超过 24 h 进行预处理。在试验制备中剥露的工作导体以及**手术附件**的电缆端部 100 mm 范围内的绝缘应防止接触盐水,一旦完成这个预处理程序,应用抖、甩的方法或用干纱布揩擦,将表面和孔腔中过多的盐水去除。

在盐水预处理后立即按以下顺序进行合适的电气试验：

——**高频**泄漏(59.103.5)；

——**高频**介电强度(59.103.6)；

——**工频**介电强度(59.103.7)。

59.103.1

不采用。

59.103.2

不采用。

59.103.3

不采用。

59.103.4

不采用。

增补：

59.103.5*

预期**单极**使用的**手术附件**电缆绝缘应能使绝缘外表面上流通的**高频**漏电流 $I_{漏}$ 限制于：

$$I_{漏}=9.0\times10^{-7}\times d\times L\times f_{试}\times U_{p}\quad(\mathrm{mA})$$

式中：

d——绝缘的最小外经，单位为毫米(mm)；

$f_{试}$——**高频**试验电压频率，单位为千赫(kHz)；

L——流通**高频**漏电流的样品绝缘长度，单位为毫米(mm)；

U_{p}——峰值**高频**试验电压，单位为伏(V)。

预期**双极**使用电缆的限制为：

$$I_{漏}=1.8\times10^{-6}\times d\times L\times f_{试}\times U_{p}\quad(\mathrm{mA})$$

通过以下试验来检验是否符合要求：

除了离两端剥露导体各 10 mm 绝缘之外，试样绝缘的全部长度(不超过 300 mm)应浸入 0.9%盐溶液中或者包扎于浸过盐溶液的透水布中，所有工作内导体一起连接于一个高频电压源的一个极上，该电压源具有频率为 300 kHz 到 1 000 kHz 的近似正弦波形。**高频**电压源的另一极接到一个导电电极上，该电极浸于盐溶液中或者接到包扎于浸过盐溶液的透水布中段的金属箔上，用合适仪表串接在**高频**电压源输出中，监测高频漏电流 $I_{漏}$。在**高频**电压源两输出极上监测**高频**试验电压 U_{p}。

提升**高频**试验电压 U_{p}，直到峰值电压等于**额定附件**电压和 400 V 两个值中的较小值，测得的**高频**漏电流 $I_{漏}$ 不应超过规定限值。

59.103.6* 高频电介质强度

手术附件所用绝缘应能承受 1.2 倍**额定附件电压**的**高频**电压。

通过以下试验来检验是否符合要求：

应在与**额定附件电压**〔由**高频附件**制造商在使用说明书中规定(见 6.8.2ee)〕相关联的一个电压下进行试验，该试验电压如以下试验方法中所详述。对于**手术附件**和**手术电极**电缆，经盐水预处理过的绝缘部分，在不损坏试样外表情况下，用一段直径为 0.4 mm(1±10%)裸导线以节距至少为 3 mm，在电缆绝缘上绕最多 5 圈。如有必要防止意外弧光放电，该裸导线与**手术电极**工作导体部分之间的爬电距离可用绝缘来增加到 10 mm。附加绝缘的厚度不应超过 1 mm，并且覆盖到**手术电极绝缘**上的附加绝缘不应超过 2 mm。**高频**试验电压源的一个极应连接到试验用裸导线上，另一个极应连接到被试样品的所有工作导体上。

手术电极手柄连同任何可拆卸电缆和可拆卸**手术电极**，按规定组合在一起，用在 0.9%盐溶液中浸泡过的透水布包起来，整个手柄外表面应包复，包布应延伸到电缆表面至少 150 mm，延伸到**手术电极绝缘**至少 5 mm。如果必要，包布和裸露的工作导体部分之间的爬电距离可如前面一样被绝缘起来。浸盐水布上包复金属箔并连接到高频试验电压源的一个电极上，所有被试样品的工作导体包括**手术电极**工作(刀)头应同时连接到另一个极上。

在**高频**电压源输出电极上监测峰值高频试验电压。然后**高频**试验电压源升压至其峰值电压达到 1.2 倍**额定附件电压**，并保持 30 s，以对被试样品绝缘施加应力。绝缘材料不应出现击穿(现象)，接着对同一绝缘按 59.103.7 进行工频试验。

注：蓝色电晕是正常的，不属于绝缘击穿。

被试样品正常使用时未绝缘部分，在预处理时应充分防止同盐溶液接触，试验时该防护应从原来位置去掉。

试验：

使用频率为 400 kHz±100 kHz 近似正弦连续波形，或者调制波形(调制频率高于 10 kHz)，其峰值电压等于**高频附件**制造商规定的**额定附件电压**的 1.2 倍，试验的峰值系数($C_{f试}$)如下述规定：

对于**额定附件电压**≤1 600 V：

$C_{f试} \leqslant 2$

对于**额定附件电压**>1 600 V 而≤4 000 V：

$$C_{f试} = \frac{V_{acc} - 400\ \mathrm{V}}{600\ \mathrm{V}} \pm 10\%$$

式中：

V_{acc} ——**额定附件电压**，单位为伏(V)。

对于**额定附件电压**>4 000 V：

$C_{f试} = 6 \pm 10\%$

要求专门验证的、预期需要使用某些特定**高频手术模式**或输出设定的**手术附件**，应能承受这种**高频手术模式**或输出设定的 1.2 倍峰值输出电压。在上述同样条件下，但要用该种高频手术模式或输出设定时的实际峰值系数来进行试验[参见 6.8.2ff)iii)]。

59.103.7*　工频电介质强度

用于**手术附件**的绝缘，包括按 59.103.6 **高频**试验过的绝缘部分，应能承受比**高频手术附件**制造商规定的**额定附件电压**高 1 000 V 的直流或工频峰值电压。

通过以下试验来检验是否符合要求：

试验电压源应能产生一个直流或工频信号，对于**手术手柄**和**手术连接器**，试验持续时间应为 30 s；对于**手术附件**电缆，试验持续时间应为 5 min。虽然可能出现电晕放电，但不应出现绝缘击穿或闪弧。该电介质强度试验后立即操作所装**指揿开关** 10 次，用欧姆表检查开关结构应能如预期的那样动作，以保证：当其连接到**高频手术设备**上去的时候，**指揿开关**的释放可使输出失励。

手术连接器上的离裸露的工作导体 10 mm 以上爬电距离的绝缘部分，包上浸过 0.9%盐水的透水布，再在布的中间缠上金属箔，试验电压就加在该金属箔和**手术连接器**所有工作接头上。

手术附件电缆绝缘的整个长度，包括前面已按 59.103.6 经过**高频**试验的那部分(但不包括端部 100 mm)，应浸入 0.9%盐浴中，在一个浸于盐浴的导电体与被试电缆所有导线之间施加试验电压。

接好可拆卸电极的**手术手柄**，用 59.103.6 所述同样方法进行试验准备和连接到试验电压源上。试验所用的透水布和金属箔可保留在原位来进行了本试验，不过要注意：保留的透水布应仍然是足够潮湿的。

59.104　中性电极

59.104.1*　除了只打算与一个**双极电极**连接的任何**患者电路**之外，**额定输出功率**超过 50 W 的**高频手术设备**应当配备一个**中性电极**。

通过目测来检验是否符合要求。

59.104.2* **中性电极**应与其电缆牢固连接，除了可**监测中性电极**以外，用于电极电缆及其连接器的电气连续性监测的电流应流过电极的截面。

通过下述试验来检查是否符合要求：

使用至少 1 A，但不大于 5 A 且开路电压不大于 6 V 的直流或工频电流来进行电气连续性试验，电气连续性电阻应≤1 Ω。

59.104.3* 用于**中性电极**电缆与可拆卸中性电极连接的电气接头应设计成：在与**中性电极**意外分离事件中，接头的导电部分应不能接触到**患者**人体。

通过下述试验来检查是否符合要求：

让**中性电极**电缆拆离**中性电极**，用**通用标准**图 7 所示标准试验指检查，电缆连接器的导电部分不得被触及。

59.104.4* **中性电极**电缆的绝缘应足以防止对**患者**和**操作者**产生灼伤危险

通过下述试验步骤来检查是否符合要求。

——根据 59.103.5 以 400V 峰值电压进行**高频**漏电流试验，**高频漏电流** $I_{漏}$ 不得超过：$1.8\times10^{-6}\times d\times L\times f_{试}\times U$ [mA]

——根据 59.103.6 以 500 V 峰值**高频**试验电压进行**高频**电介质强度试验，不得出现绝缘击穿现象。

——根据 59.103.7 以 2 100 V 峰值试验电压进行工频电介质强度试验，不得出现绝缘击穿现象。

59.104.5* 按使用说明书在**正常使用**状态下应用时，**中性电极**不应使**患者**接触部位受到热损伤风险。

通过下述试验来检查是否符合要求：

对于带有如下表所示**患者**重量标记的**中性电极**，施加规定的试验电流 $I_{试}$ 60 s 后立即测量，同**患者**接触的任何 1 cm^2 面积或 1 cm 范围内，最大温升不应超过 6 ℃。

表 2 按体重范围使用的试验电流

患者体重范围	$I_{试}$/mA
<5 kg	350
5 kg～15 kg	500
>15 kg 或未标记	700

对于所有**可监测中性电极**，试验接触面积应是如 59.101 符合性试验中求得的 Aa(报警面积)。

对于所有其他的**中性电极**，试验接触面积应根据使用说明书所指定的应用面积。

对于预期用于小患者的**中性电极**，这些试验可在成人对象上进行。所用被试**中性电极**的试验表面应是人类皮肤，或电热等效代用品或试验装置。应最少使用四个不同样品对人体对象重复这些试验。如果使用代用品或试验装置，则应试验至少 10 只不同**中性电极**样品。

用代用品或试验装置时，**中性电极**和试验表面的初始温度应为(23±2)℃，试验表面的基准温度应在**中性电极**加到试验表面上之前即时记录。除了接触面积为 Aa 之外，应根据提供的使用说明书将**中性电极**加到试验表面上。在施加试验电流之前**中性电极**应在一个稳定温度环境下静置于试验表面 30 min。如果使用电热等效代用品或试验装置，一旦达到热平衡就可开始试验。

加到待试**中性电极**上的试验电流 $I_{试}$，应是近似的**高频**正弦波，并且必须在试验开始的 5 s 内施加电流，该电流在 100%～110%的 $I_{试}$ 范围内保持(60±1)s。

试验表面的第二次温度检查，应在试验电流终止后 15 s 之内完成，同基准温度相比较，任何 1 cm^2 面积上的温升不应超过 6 ℃。

温度测量指示精度应优于 0.5 ℃，并且至少一只样品要在整个**中性电极**接触面积加上该面积边缘 1 cm 范围内的面积上具有 1 cm^2 的空间分辨率，基准温度检查和第二次温度检查之间的部位偏差应在

±1.0 cm 之内。

在使用人体对象时，至少应由不同皮肤组织形态的（例：皮下脂肪层薄的、中等的和厚的等）男性和女性各 5 人组成。

任何代用品或试验装置应当提供经文件证实的数据，表明它产生的温升不低于至少 20 个人体对象上获得的原始数据。

59.104.6* 在**中性电极**使用部位表面和电缆连接器之间的电气接触阻抗应足够低，以防止流通**高频**手术电流时产生欧姆热引起灼伤**患者**的风险。

在 200 kHz～5 MHz 频率范围内，导电性**中性电极**接触阻抗应不超过 50 Ω，电容性**中性电极**接触电容应不低于 4 nF。

注：在本标准中，除制造商另有规定，导电性**中性电极**在 200 kHz 下，接触阻抗具有的相位角应<45°，而电容性**中性电极**在 200 kHz 下，接触阻抗具有的相位角应>45°。

随意抽取至少 10 只待试**中性电极**样品进行下述试验来检查是否符合要求。

中性电极全部面积稳固地置于 20 cm×30 cm 金属平板上。一个真有效值响应的交流电压表接在金属平板和**中性电极**电缆导体之间，以测量试验电压 $U_{试}$，该电压表在 200 kHz～5 000 kHz 范围内，应具有 2 kΩ 以上输入阻抗和优于 5%的精度。在**中性电极**电缆导体和金属平板之间，通入试验频率在 200 kHz～5 000 kHz 范围内，基本是正弦波的 200 mA 试验电流 $I_{试}$，并用合适的真有效值交流电流表监视。

记录 $f_{试}$＝200 kHz，500 kHz，1 000 kHz，2 000 kHz 和 5 000 kHz 时的 $U_{试}$ 和 $I_{试}$，对每一个 $f_{试}$ 计算接触阻抗 Z_c：

$$Z_c-\frac{U_{试}}{I_{试}}$$

计算接触电容 C_c：

$$C_c[\mathrm{nF}]=\frac{I_{试}\times 10^6}{2\pi\times f_{试}\times U_{试}}$$

式中：

$I_{试}$——有效值**高频**试验电流，单位为安（A）；

$U_{试}$——有效值**高频**试验电压，单位为伏（V）；

$f_{试}$——**高频**试验电压频率，单位为千赫（kHz）。

59.104.7* 对于**中性电极**，除可监测的和标记用于患者重量小于 15 kg 的**中性电极**之外，如果使用说明书指明要粘贴到**患者**身上，粘胶剥离强度在预期的使用状态下应足以保证接触的安全程度。

通过下述试验来检查是否符合要求。

预期用于小患者的**中性电极**可用成人对象进行试验。可以使用被证明等效于人体对象的代用品试验表面。

a) 持粘力试验：

每个试验对象至少用两只待试**中性电极**样品，按使用说明书加到至少 10 个男性和 10 个女性对象的适宜部位，静置 5 min～10 min。对于预期用于成人患者的**中性电极**，在**中性电极**电缆连接点处，沿着与皮肤表面平行的每个坐标轴方向，对连接的**中性电极**电缆施加 10 N 的力 10 min。在该连接点处，至少一个轴应具有较小尺寸。至少 90%的试验中，**中性电极**粘胶面积不应有 5%以上脱离皮肤表面。

b) 柔顺性试验：

被试**中性电极**加到 5 个男性和 5 个女性人体对象的近似圆柱形部位，如四肢，该部位周长应是**中性电极**主轴方向长度的 1.0～1.25 倍，**中性电极**主轴包裹于该部位。贴好 1 h 中，不应有 10%以上的粘胶面积脱离皮肤表面。

注：如果使用说明书中指明中性电极贴于手术患者朝下的一面，则不要求进行柔顺性试验。

c) 液体耐受试验：

中性电极置于至少 5 个男性和 5 个女性人体对象身上，如果**中性电极**预期使用可重复使用电缆，则要用合适连接器连接**中性电极**。在 5 s～15 s 内，将 1 L 0.9%盐水从 300 mm 高度直接倒向**中性电极**，泼洒盐水后 15 min 内，不应有 10%以上粘胶面积同皮肤表面分离。

59.104.8* 标记为一次性使用的**中性电极**在 6.1v)规定的有效期内，应符合 59.104.5～59.104.7 中的要求。试样可根据其使用说明书从实际贮存正好要到期的**中性电极**中抽取，或者通过一个被证明等效于建议贮存条件的加速老化循环获得。

通过对有效期到期前或者加速老化完成后的 30 d 内的**中性电极**进行试验来检查是否符合要求。

59.104.9* 对于使用大电流和/或加长起动时间的**中性电极**要求正在考虑中。

注：还可参见 6.8.2kk)。

59.105* 神经肌肉刺激

为了使神经肌肉刺激的可能性降到最低程度，**患者电路**中应装入一个电容，使之有效地与**手术电极**或**双极电极**的一个导体相串联。这个电容在**单极患者电路**中应不超过 5 000 pF，在**双极患者电路**中应不超过 50 nF。在**手术电极**和**中性电极**端口之间，或者在**双极**输出电路的两个端口之间的直流电阻应不小于 2 MΩ。作为例子，可参见图 103 中的电容 C_1。

通过检查线路布局和测量输出端之间的直流电阻来检验是否符合要求。

除下述内容外，通用标准中的附录适用。

附 录 L
（资料性附录）
参考文献——本标准中涉及的出版物

除下述内容外，通用标准中的附录 L 适用。

增补

IEC 标准/国家标准：

YY 0505—2005 医用电气设备 第 1-2 部分：安全通用要求 并列标准：电磁兼容性 要求和试验（IEC 60601-1-2：2001，IDT）

IEC 60601-2-2：1998 医用电气设备 第 2-2 部分：高频手术设备安全专用要求

GB 9706.8—2009 医用电气设备 第 2-4 部分：心脏除颤器安全专用要求（IEC 60601-2-4：2005，IDT）

GB 9706.19—2000 医用电器设备 第 2 部分：内窥镜设备安全专用要求（idt IEC 60601-2-18：1996）

IEC 60601-2-34：2000 医用电气设备 第 2-34 部分：侵入式血压监护设备的安全及主要性能专用要求

IEC 61000-4-3：2006 电磁兼容性（EMC） 第 4-3 部分：试验和测量方法 辐射、射频电磁场的抗扰性试验

IEC 61000-4-6：2003（修订 1：2004） 电磁兼容性（EMC） 第 4-6 部分：试验和测量方法 射频场引起的传导性干扰

GB 4824—2004 工业、科学和医疗（ISM）射频设备电磁骚扰特性 限值和测量方法（CISPR11：2003，IDT）

CISPR 16-2：2003 无线电骚扰和抗扰测量装置和方法规范 第 2-1 部分：干扰和抗扰测量方法 传导性骚扰测量

其他标准：

ANSA/AAMI HF18：2001（电外科装置）

附　录　AA
（资料性附录）
特殊章和条的导则和原理

本附录对本标准的一些重要要求给出简要的原理说明，预期提供给那些熟悉该标准议题而未参与标准拟制的人们。研究主要要求的原理对于正确使用标准是重要的。此外，随着临床实践和技术的变化，相信现有要求的原理说明将会促进因这种进步而必须对标准实施的修订。

AA.1.1

本标准适用范围不包括烙烧术**设备**，例如：用电热金属棒或线环来进行医疗处理的**设备**。为了扩展的可能，本版专标为**高频手术设备**和**高频附件**提供了单独的要求和试验，而不管制造商是谁。**附属设备**被包含于附件定义中。

AA.2.1.105

附属设备的例子有“氩气（流）控制装置（仪）、辅助泄漏监测器、**中性电极**接触监测器等。“单独使用”表示该装置在连接到**高频手术设备**上才可使用。

AA.2.2.101

为了扩展的可能，本版专用标准为**手术附件**设置了不同于**高频手术设备**的一些要求，而不管制造商是谁。这就使得能安全有效地使用任何适合于合适**高频手术设备**相配用的**高频附件**。通常，**高频手术设备**制造商提供的脚踏开关在整个使用寿命期内可与设备相连接，并作为设备的一部分处理。作为例子，一个**高频**手术系统的这些不同部件参见下面的图 AA.101。

AA.2.4.101

这个参数预期被**操作者**用来与**额定附件电压**相比对以保证**安全**。

AA.2.12.101

该术语预期等同适用于**设备**和**附件**，因此它与现有 2.1.106（**双极电极**）是有区别的，也可能代替 2.1.106。

AA.2.12.102

在过去的廿年中，临床应用的和**高频手术设备**上标记的**高频手术模式**已从过去的两只有了扩展。使用公认现代词汇是恰当的。因此第 2 章中有了这个新定义。

AA.2.12.103

人们通常认为**高频**手术切（割）包括显微镜下细胞消融，这是**手术电极**与组织之间的小电火花产生的。

AA.2.12.104

为符合本标准，该通道上的阻抗在最低**高频**工作频率下为 10 Ω 或更小，可参见图 103。

AA.2.12.105

电灼通常需要**高频**峰值输出电压至少 2 kV，以便点燃和维持长的火花。这种模式还被称为面凝（喷凝）或非接触**凝**，结合惰性气流如氩气还可以增强。

AA.2.12.107

术语“**高频手术模式**”可以同 5.6 和 6.1m）中对操作持续率所用“运行方式”相区别。

AA.2.12.108

0.2 MHz 以上频率宜被用来防止不希望的神经肌肉刺激，这种刺激在使用低频电流时可以产生。名义上高于 5 MHz 的频率不被采用，是为了使与**高频**漏电流相关的问题最小化。但是，较高的频率可用于**双极**技术。一般公认 10 mA 是对组织产生热效应的下限。

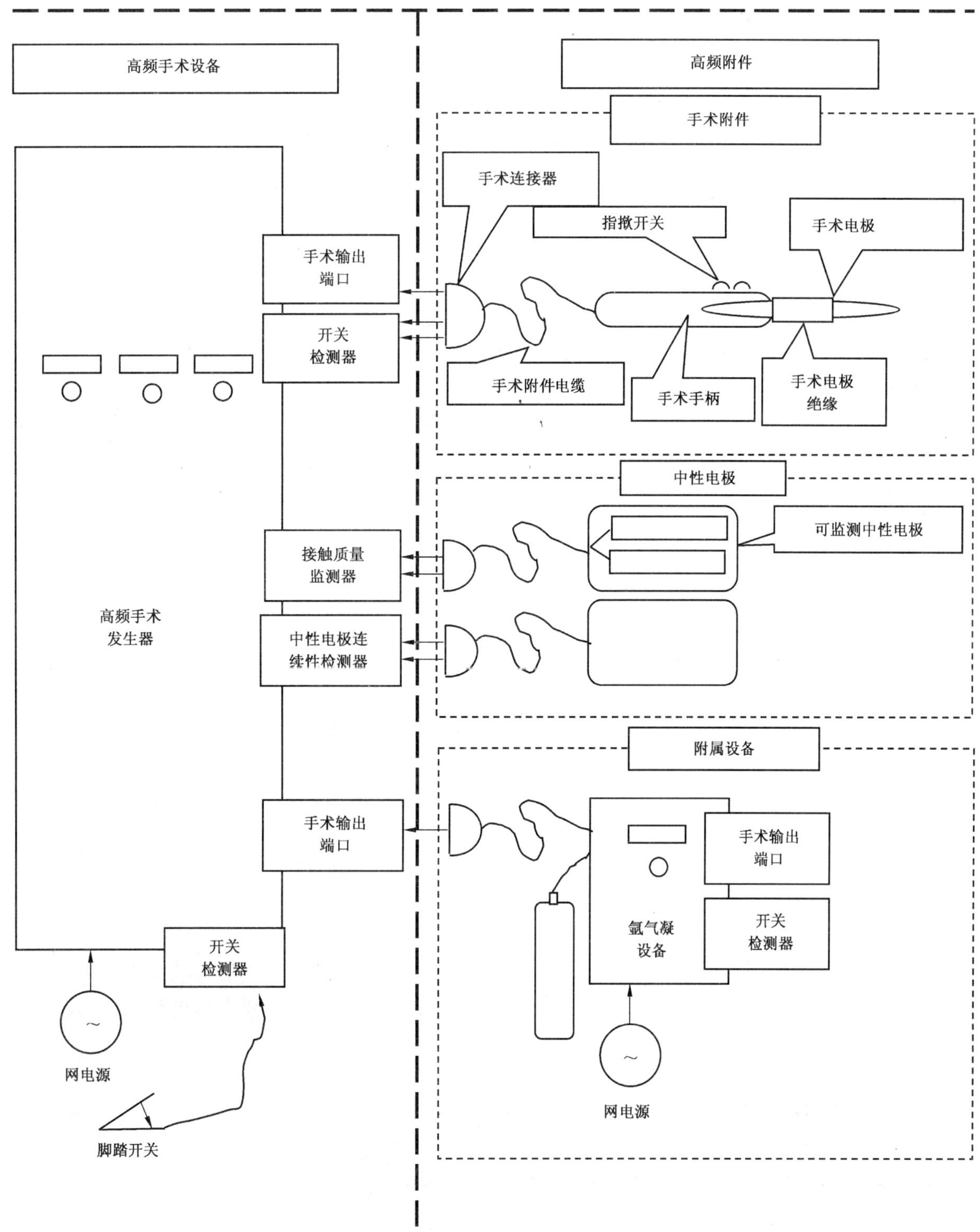

图 AA.101　一个高频手术系统各种部件的示例(参见 AA.2.2.101)

AA.2.12.109

这个定义预期等同适用于**设备**和**附件**,因此它与现有 2.1.103(**手术电极**)是有区别的。

AA.2.12.112

峰值系数在数学上是简单的,但要可靠进行测量却又是困难的,有效值电压特别难以测量。定义中提出宜在开路状态下测量,这表示在**高频手术设备**输出端是没有正常负载的。测量这些电压的高压探头所呈现负载(典型的为10 MΩ到100 MΩ)被认为基本上为开路状态。下面建议的测量方法具有一个合理的精度。

用一个1 000倍或100倍衰减的高压探头,连到一个具有自动测量能力的高质量数字存贮示波器(DSO)上,测量从**单极**输出到**中性电极**和**双极**输出的两电极上的波形。

先测出精确的信号周期,对于连续正弦波($C_f=1.4$),就是对应的基波周期。对于非连续波,测量脉冲列的时间周期。譬如,一个凝波形可具有400 kHz基频和20 kHz的脉冲列重复率,精确测量20 kHz正是要求的脉冲列重复率。这个时间周期一测好,就可调节DSO的时间基准使其整个屏幕含有5到10个精确周期。例如,脉冲列重复率准确地为20 kHz,该周期就是50 μs,设置DSO的时基为每格50 μs,则你就可以在屏幕上精确地得到10个波形的脉冲列。

这个波形可被捕捉和贮存。测量和记录**最大输出电压**(最大峰值的绝对值)。然后计算有效值电压。最可靠的方法是使用DSO来计算整个屏幕的有效值。当调节时基捕捉到精确的复合波形时,有效值电压的计算就可正确。

测量有效值电压的另一个方法是:可将高压探头输出接到一个热敏感性真有效值电压表上,测量的就是该**峰值系数**和波形的**标称**电压值(有效值)。

现在就可计算**峰值系数**了。

AA.4.7i)

测量**高频**电流的仪表,包括**高频**电压表与电流传感器组合表,要能在10 kHz到5倍的被测**高频手术模式**的**基频**范围内以5%或更高精度提供真有效值。**高频**输出仪表要能在施加测量参数的3 s内提供要求精度的测量值。少于1 s时间的瞬态读数可以忽略。

用于**高频**试验的电阻:

- **额定**值宜不小于给定试验预计功耗的50%,和
- 阻抗的电阻分量精度在规定值的3%以内,在10 kHz到被测**高频手术模式**5倍基频之间的阻抗相角不大于8.5°。

用于测量**高频**电压的仪表**额定**值不低于150%预计的峰值电压,在10 kHz到5倍被测信号基频范围内校准精度应优于5%。

对于每一个**高频手术模式**,术语"基频"是指最大功率设定下开路运行时被测高频输出电压的最高幅度谱线频率。

本标准的主要目的是将**高频附件**的要求和试验同专门的**高频手术设备**分开。此外,本标准可清楚规定用于要求试验的设备,特别是那些与认可的**高频**试验方法并无什么关联的器具,以保证结果的复现性。由于功率施加的短暂性和小功率电阻具有较大可用性(易满足低电抗要求),电阻额定功耗低到50%的预计功率是合适的,但不能再低。

AA.5.2

删去B型**应用部分**是因为**应用部分**在工频下必须与地绝缘。

AA.6.1p)

以前要求标记的这些参数,让**操作者**懂得并不能增加安全。

AA.6.3

以相对值对释放到相关负载电阻上的功率进行分度是必要的。但是,如果输出指示给出以"瓦"计的实际输出功率,则在负载电阻整个范围内都应准确,否则释放到**患者**身上的功率不同于指示值,从而产生**危险**。如果显示数字"0",那么**操作者**可能以为在这个控制位置上输出为零。

AA.6.7

指示灯颜色的规范化被认为是一种安全性能。规范的颜色和意义与通标一致。

黄色指示灯多年来被用来指明**高频手术设备**上的切模式被选中或者在使用中。"混切"模式主要用于附加有不同程度**凝**血效果的**切割**手术。因"混切"主要功能是"切",因此认为,当使用"混切"时,黄灯

是最合适的。

AA.6.8.2aa)

一些**操作者**认为:**接触质量监测器**(CQM)无论是监测器还是**可检测中性电极**始终具有固有(安全)特性,这是错误的。**操作者**必须研究所有相关要求才能实现 CQM 功能。

AA.6.8.2bb)

关于防止不希望灼伤的建议是基于经验,特别是:

1) 使**中性电极**与手术部位间距最小化可降低负载电阻、要求功率以及跨接于**患者**身上的**高频**电压,因此可减少不希望灼伤的危险。

2) 同**高频**下对地具有低阻抗的物体的小面积接触,可形成高电流密度而产生不希望的灼伤。

3) **患者**身体这些部位之间可能存在**高频**电位差,会形成不希望的电流流通。

4) 流向监护**设备**引线的电流可能引起监护电极部位灼伤。

5) 电极电缆和**患者**之间的电容可以引起局部高电流密度。

6) 特别是牵涉到具有相当高电阻的粗大骨架和关节的手术,**双极**技术可以防止不希望的组织损伤。

8) 对于这种情况,在设定一个更大输出功率之前,要检查**中性电极**及其连接器的使用状态。

如果可用的仅是**双极**输出或者**额定输出功率**不超过 50 W 且不带**中性电极**的输出,则并不是所有建议都必须。

11) 某些装置或附件在低功率设定下可能存在**安全危险**。譬如:使用氩气凝时,如果没有足够的高频功率使目标组织产生快速封闭的痂层,则会增加气栓风险。

AA.6.8.2ee)和 ff)

附件额定电压资料,可使**操作者**根据**附件**绝缘质量来选用与**高频手术设备**或其输出设定相符合的专用**附件**。

GB 9706.19 中含有这样的要求:**内窥镜用附件**制造商应在这些**附件**的**随机文件**中规定其能适应的最大允许**高频**峰值电压。

但 IEC 60601-2-18 修订 1(2000)中,要求一个"复现的**额定**峰值电压"以及"预期使用的模式"。人们感到:这些资料一方面是不恰当的,象预期使用模式如"**面凝**",在技术上没有明确规定,并且不同品牌和型号的**高频手术设备**之间差别很大,另一方面,向设备操作者给出过于复杂的信息是不实用的。

因此,更实际的是向使用者仅提供**额定附件电压**和任何输出设定的**最大输出电压**,以使使用者能判断:是否任何**高频应用附件**或**附属设备**均可安全地同发生器的任何给定输出设定一道使用。

高频下绝缘的稳定性受到介质发热影响,因此**最大输出电压**和**峰值系数**之间的关系是重要的。

此外,应考虑到:所有现在知道的品牌型号发生器,在产生较高输出电压的模式和设定中,**峰值系数**总是随电压增加而增加。因而,给出输出电压和**峰值系数**的一个通用关系如图 AA.102。

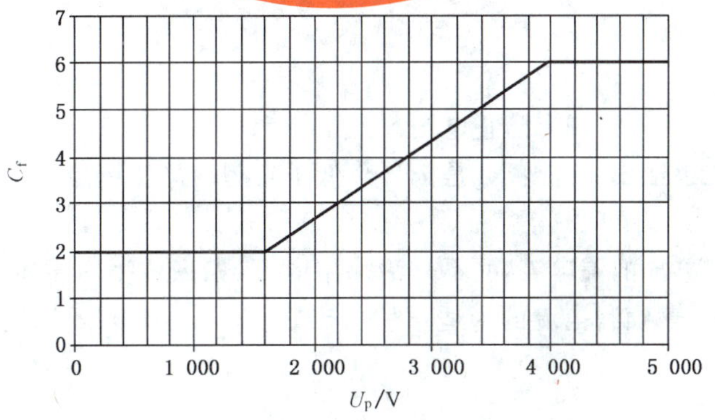

图 AA.102 峰值系数与峰值电压的关系曲线

不管**额定附件电压**是否与**高频手术设备**的输出电压相匹配，**峰值系数**等于或大于曲线值时都属安全状态。由于**高频附件**和**附属设备**必须满足已考虑**峰值系数**影响的59.103.6中要求，故**额定附件电压**必须不低于**最大输出电压**。

如果一个发生器设置得具有**最大输出电压**而对应**峰值系数**落在图AA.102曲线之下，则要采取预防措施。在这种情况下，为保证安全，**额定附件电压**必须足够高，以保证在特定**高频手术设备**的特定**高频手术模式**和特定输出设定下使用的**高频附件**和**附属设备**无绝缘击穿。为考虑到低**峰值系数**波形时介质发热影响，这种注意是必要的。**额定附件电压**的安全值必须用**高频手术设备**对**高频附件**和**附属设备**进行验证来找出。

AA.6.8.2gg)

操作者必须懂得：**可检测中性电极**配上CQM才是安全有效的。许多**操作者**认为：随着CQM的出现，手术中对**中性电极**接触程度的监视不再必要，这是错误的。

AA.6.8.2hh)

随弃式**中性电极**的导电性和粘贴性一般均随时间减弱，婴幼儿**中性电极**只能接受更少的热量，因此必须更加小心。**操作者**必须知道：CQM只能同给定(可监测)**中性电极**一道使用。只要**使用者**能懂得，要用各种方式对相容性进行说明(譬如：在下述条件下，CQM系统发出报警声响的阻抗……，在下列设备表中可找到CQM系统……，从下列制造商处可获得CQM系统……，以及其他方式)。

AA.6.8.2kk)

对于在这些条件下使用**高频手术器具**的系统，人们日益关心**中性电极**灼伤事故。

AA.6.8.3

某些特殊的**高频手术设备**并不具有**操作者**可调节的输出设定装置。

AA.6.8.3aa),bb)

这些图形可使**操作者**能判别一个**高频手术设备**对特定用途的适应性。如果**高频手术设备**具有不连续的混切选择(例混1、混2等)，则每个分立的混切模式均要作图。如果**高频手术设备**具有可连续调节的可变化混切控制器要置于可提供最大止血效果的混切设定上。

AA.6.8.3dd)

要让**操作者**明白：**高频**下，**应用部分**是对地完全悬浮的还是以地为基准的。

AA.17h)

测量表明：通常临床实践中，一个5 kV的除颤脉冲在中性电极和**手术电极**部位引起的电压不超过1 kV。2 kV试验脉冲已具有安全裕量。通标图50中的电感值将使试验脉冲具有比通常更快的上升时间。这是为了在试验中对绝缘增加应力。

AA.18aa)

这对于不带**中性电极**使用的低功率**单极高频手术设备**是公认的，人们认为这并不产生任何安全问题。

AA.19

通标规定的**漏电流**要求，预期用来防止电击风险。

本标准对**高频漏电流**也给出一些要求，是为了降低不希望的灼伤风险。

AA.19.1g)

该条关心的是可引起电击的**漏电流**，而不是治疗用电流(如**高频手术设备**产生的)。对于具有多个**患者**电路的**高频手术设备**，**高频漏电流**的合适试验给出在19.3.101c)：不同**高频患者电路**之间的横向耦合。

AA.19.3a)

人们认为仅在分裂式**中性电极**之间流动的监测电流不需按CF**型应用部分**来限制，不管防电击程度如何(CF **型还是** BF **型应用部分**),因为可以预期这些电流绝不会流过心脏。

AA.19.3.101a)

设计为不带**中性电极**使用的**高频手术设备**排除在要求之外,是因为这种**高频手术设备**的功能电流和**高频漏电流**是区分不开的,因而,测量功能电流和**高频漏电流**是无意义的。

与通标中(低频)**漏电流**测量不一样,这里规定用一个 200 Ω 测量电阻来模拟在实际状态下占优的负载阻抗,这可以给出最大的泄漏功率。规定的高频漏电流限值产生的功率为 4.5 W,这被认为是合理的。

以地为基准的情况中,规定试验 2 是为了检查**高频**下对地阻抗必须足够低。

在绝缘台板下面的一个接地导电电平面以及电源电缆折扎成束而不是缠绕成卷,可显著改善测量的复现性。

AA.19.3.101a)3)

双极高频手术设备的试验经验表明:这些限制是合理的,试验也是容易的。

AA.19.3.101b)

在输出端口上直接置放负载电阻和测量器具,很容易在**高频**下对**高频手术设备**进行绝缘试验。在这种情况下规定限额为 100 mA,是因为没有包含引线影响。但是为了保证计入引线和**附件**(例带有指揿开关的**手术电极**)产生的复杂阻抗影响,本标准还包含有 19.3.101a)中的试验。

AA.20

第 59 章被调整,以适合**高频附件**的单独要求和试验。

AA.20.2

通用标准第 20 章引言中说:"只有同安全功能相关的绝缘才需要经受试验"。对**高频手术设备 F 型应用部分**的要求就是为了防止:某些其他外部故障使**患者**身上出现危险电压,从而经高频手术设备到地产生过多**患者漏电流**。这些罕见和短时的故障完全可被 20.3 规定的基准电压下的 B-d **基本绝缘**试验所覆盖。没有证据证明:按 B-d 要求试验过的现有**高频手术设备**是不满意的或不安全的。**应用部分**和**外壳**之间出现高频击穿的事情是不大可能的,对**患者**也不产生**安全危险**。

空气的绝缘性质随大气压力改变,在固态绝缘试验之前,空气先击穿,使得某些试验很难完成。20.4 允许在固态绝缘介电试验中,使用附加绝缘层来阻止空气击穿。最小大气压力限额使试验具有更大伸缩性,使不同地点试验时具有更好的复现性。没有这个限额,高海拔试验地点可能使试验达到比本条所述更困难的地步。

AA.20.4

本条目的是试验元器件上固态绝缘的安全性。试验时加到保护性绝缘上的电压比元器件额定值高得多。当**爬电距离**或**电气间隙**上出现击穿时,允许使用一个绝缘层在进行全部试验时对保护性绝缘进行保护。57.10 规定的**爬电距离**和**电气间隙**,是为了防止未绝缘导体间沿绝缘表面或空气产生击穿。

AA.36.201.1

高频手术历史很长,人们熟知它在启动时具有固有的干扰。由于**高频手术设备**的临床利益大于干扰风险,且**高频手术设备**通常仅以短时间工作,因此这种**设备**启动时,被排除于 36.201.1 要求之外。

高频手术设备通过使用射频能量来执行**切**和**凝**功能,并且**高频发射**经常高于 CISPR 11 现有限制。**高频手术设备**输出的功率水平和谐波含量对于有效地执行临床功能是必要的。

发射强烈依赖于手术电缆和中性电极电缆的布置和长度,还依赖于工作模式(有无拉弧)以及许多其他工作条件。此外,很多诊断、监护、麻醉和输液**设备**具有的**应用部分**或**患者**电路同**患者**直接连接着。

对于这样的**设备**,模拟与**高频手术设备患者电路**直接连接的专门试验安排,对**电磁兼容性发射**试验是必要的(参见 36.202.7 和 IEC 60601-2-34 中图 108 和图 109),这被看作保证**高频手术设备**和在它附近使用的某些其他医用装置之间的电磁兼容性是最好的方法。

对于用于这些试验的标准电磁干扰源,IEC 60601-2-34 中规定了下述条件:

“**高频手术设备**应符合 GB 9706.4,应具有最小切功率 300 W、最小凝功率 100 W 和工作频率 400 kHz ±50 kHz。”

但是,**高频手术设备**在待命状态下应可长时间通电,并符合 EMC 要求,这被看作是必要的。

在按 IEC 61000-4-3 和 IEC 61000-4-6 进行的抗干扰试验中,制造商需规定如何检查同标准的符合性。这包括注意保证高频手术设备的持续率不被超过,以及测定输出功率时如何进行骚扰。

关于**高频手术设备**产生的电磁**发射**,可在附录 BB 中找到一些附加信息。

AA.42

这里规定的运行条件被认为是实际使用中可能出现的最恶劣情况。

AA.44.3

1 L 试验量代表一瓶液体(例一次输液),这被认为在手术室中是可能存在的。

AA.44.6aa)

脚踏开关在一些手术中可以暴露于可观数量的水或其他液体中,在清洗时,还可整个浸入水中,因此要求防水。

AA.44.6bb)

对指揿开关一定程度的防水要求,是为了防止导电性液体浸入时无意地启动输出。该试验可与专门**高频手术设备**分开进行。1 kHz 交流阻抗测量是为防止可跨接于开关触点之间的盐溶液的极性影响,所用**安全特低电压**(SELV)与 56.101.1 相一致。

所选阻抗上限是 56.101.1 规定阈值的两倍。

AA.44.7

本版对所有**附件**所加专门要求是合适的。这些要求代替 59.103.2 中**指揿开关**的消毒要求。规定部件既可能在手术现场消毒也可能在每次使用后再次消毒,这种情况可合理地引导出其他一些试验和要求,但这里未给出。

人们认为标记为“一次性使用”的**手术附件**是不适合再消毒的,因此,排除于本要求之外。

AA.46.101 和 AA.46.102

要求起动控制器位置的规范化是为了减少人为差错。不是启动**切**和**凝**的功能控制器也可出现在**手术手柄**上。

AA.46.103

如果只配有一个输出开关和控制装置,用来同时启动一个以上**手术输出端口**,其在临床应用中的配合问题会产生不可接受的**危险**。

AA.46.104

清单中加入**双极手术附件**并明确结构布置(设计)责任是为了防止与**设备**发生错误连接。飞线难以防止不正确连接。单脚**附件**的错误连接不存在可想象的**危险**。

符合本要求的**双极手术连接器**示例还在考虑中。

AA.46.105

用同一输出开关可同时激励的输出和/或功能(例:**切**或**凝**)的预指示是一个重要的安全性能。

AA.46.106

与规定的指示灯相同的色彩可用于其他地方是为了防止混淆。

AA.50.1.101

实际使用中通常占优势的负载电阻范围中,降低输出设定绝不能引起输出功率增加。

AA.50.1.103

最大峰值电压可能不在最大输出设定和开路时出现。

AA.51.2

灼伤危险随功率增加而增加，规定的最大功率对绝大多数手术是足够的。

在多于一个**单极**电路的情况下，总输出功率限制于 400 W 是为了保证**中性电极**一侧的电流密度处于一个安全水平。

AA.51.5

尽管对**额定输出**功率不超过 50 W 的**单极高频手术设备**不要求，但仍建议要符合该条。这个要求预期适用于具有**双极**输出的所有**高频手术设备**，而不仅仅是针对**双极**。

AA.51.102

各个独立输出必须只释放它们的预期输出功率以防危险，特别是一个输出比另一个输出的设定水平要低得多且两者同时启动时，更应如此。

单个模式的输出功率被多个输出分配时（例：同时是**凝**），如果一个输出释放出比预期更多的功率或者所有同时启动的输出释放的功率总和超出预期值，危险就可能存在。

AA.52.101

某些**附件**，如内镜切电极或**双极电极**，在正常使用时可能使输出短路，输出电路在开路时也常常被激励。**高频手术设备**确实要设计成：在短时间内反复短路、开路不得损坏。（第三版）文本修改是为了消除这样的疑问：一个**双极**输出端子怎么可称为**中性电极**以及该条是否适用于**双极**输出。

AA.56.3c)

通用标准该条目的是防止**患者**同地或危险电压连接。该条假定这种连接可在任何时刻出现，且与**患者**的连接是持续的或者是失控的。

电手术**应用部分**的状态很不一样，因为这种**设备**预期是在医生或经培训的医护人员的控制下使用。本标准该条覆盖的可能危险状态，是在可能将**中性电极**连接器插入网电源连接器譬如可拆卸网电源电缆插孔或插座中时才会出现。

不象心电图监护电极可由未经电气危险培训的**操作者**使用，**高频手术设备**和**附件**只接受高素质的且经培训的**操作者**在限制接触场所使用。

手术和**双极电极**只在医生的直接控制下使用，医生可在**患者**一个极轻微的非预期反应信号下终止电极与**患者**接触。

AA.56.11

要求输出开关必须是即动型的，是为了防止无意地激励输出。要求使用绝缘的极低电压是考虑到这些脚踏开关、指揿开关及其电缆的使用环境。防止进液影响已在 44.6 中规定。

AA.56.101

该条假定**设备**是通电的。

AA.56.101.1

一般认为：如果一个医生不熟悉使用的系统，则使用一个**指揿开关**来选择多个功能，如**切**或**凝**，有可能出现混淆和潜在危险。一个例子是：轻按开关给出**凝**，重按开关给出**切**。

AA.56.102

规定 56.102 的要求（引自 IEC 60601-2-4）是因为**手术附件**及其电缆在使用中会受到可观应力，同时一些典型故障方式对工作人员和/或**患者**可能引起危险。一旦电缆疲劳，普通的故障就是过载，要么自身着火，要么引起附近物质着火，从而危及工作人员和患者。这些要求将给出这些电缆一个参考寿命。

AA.56.103

56.103.1 和 56.103.2 中要求规定了**手术附件**可拆卸部分的互换性。这对于由第三方提供的附件十分重要，否则引起临床应用时的操作困难，从而延误或中断手术。

许多**手术手柄**可配用任何一种规范的、**操作者**可选择的、可拆卸的**手术电极**。不同制造商的**手术手**

柄之间还没有一个电极介面规范。大家知道，虽然一个制造商提供给**操作者**的**手术电极**，可以适合另一家制造商提供的**手术手柄**，但仍会因某些不相容对**患者**不利，如：

- **手术手柄——手术电极**介面的导电部件和**患者**组织之间不合适的间距；
- 预期要电气连接的部分之间气隙中出现拉弧，从而引起熔融和/或绝缘着火；
- **手术电极**中引起不足的机械固紧力，很热的电极可能落进**患者**体腔内。

AA.57.10a)

这些要求降低被认为是合适的，因为高频下"绝缘的电压应力……"(参见通标 20.2B-e)以及安全危险在绝缘变差时比低频下要小得多，B-e 距离开头已经规定。

AA.59.101

高频手术设备中，若不对**中性电极**电缆中断事故或者**中性电极**与**患者**不充分的电气接触进行监测，可导致某些灼伤。因此，作为一个最低要求，对**额定输出功率**超过 50 W 的这种**高频手术设备**，应监测**中性电极**电路及其连接的故障。

修改该条标题是为了与**高频手术设备**中可能存在的其他各种监测电路相区别，譬如输出功率故障监测等。

一个**接触质量监测器**，在配用相容的**可监测中性电极**时，可有效地指示功能(是否正常)。与**中性电极**发热状况的新要求相结合，就可有效减轻**中性电极**部位灼伤风险。由于涉及现有 CQM 方案的技术差异和专利权问题，还不能给出一个全面的单独的和强制性的**附件**要求。

完全接触意味着按使用说明书将中性电极导电部分无任何障碍或间隙地尽可能紧密地施加到人体对象(或合适代用品表面)上。作为评价合适代用品表面的一个导则，建议参考下述文献：

测量科学评论，卷 3，第 2 篇(NESSLER N.，REISCHER W.，SALCHNER M. Measurement Science Review，Volume 3，Section 2，2003)

BEMS 第 17 次年会：电手术接地电极下人体皮肤中的电流密度分布(NESSLER N.，Current Density distribution in Humen skin under the Grounding electrode of Electrosurgery，BEMS 17th Annual Meeting，Boston，MA.，1995)

高频外科手术中性电极安全性测试仪，生物医学科技 1993 第 38 期　第 5-9 页(NESSLER N.，HUTER H.，WANG L. Sicherheitstester für HF-Chirurge-Neutralelektroden，Biomedizinische Technik，1993，Vol. 38，P5-9)

电子皮肤-电手术电极试验装置(NESSLER N.，REISCHER W.，SALCHNER M. Electronic Skin-Test Device For Electrosurgical Electrodes. 12th IMEKO TC4 International Symposium，Zagreb 2002)

AA.59.103

高频手术设备产生的高压可出现在**高频附件**(与其他部分绝缘)的导电部分。这些附件的绝缘必须能承受这种电压应力，并且限制出现在暴露表面上的**高频**漏电流，以便减轻不希望的**患者**和**操作者**灼伤风险。实际使用中，这些绝缘受到相当大的应力，因此要求留有安全裕量。在长时间暴露于导电液体和反复消毒(预计一次性使用的附件除外)之后，加在**手术附件**任何部分的绝缘必须保持足够的介电强度。

注：该条整个地重新拟制，以仅仅覆盖**手术附件**各部分绝缘的介电强度，而与任何**高频手术设备**无关。同时，以前的 59.103.1 到 59.103.4 表达为"不采用"，修改后的**手术附件绝缘**要求和试验，现放到 59.103.5 到 59.103.7 中。为了协调一致，修改的要求和符合性试验引自 ANSI/AAMI HF-18 和 GB 9706.19 的现行版本。

中性电极要求现编于 59.104 中。

AA.59.103.5

高频泄漏要求的依据是 ANSI/AAMI HF18：2000，4.2.5.2 条。这些要求的原理说明如下。为了使用通用国际单位制(SI units)，规范性术语和原理说明使用的文字和公式都与原来有所不同。

1 000 kHz 工作频率和**额定附件电压**，在试验限额与可能产生 100 mA/cm² 电流密度之间也留有一个可观的裕量。

所有配合选值允许一个等价的电流密度 11.46 mA/cm^2，它与判定灼伤的阈值 100 mA/cm^2（持续 10 s）相差近一个数量级。因此，可以证明，即使在极端临床条件下电流密度高出 1 到几倍，要求中给出的安全裕量也被认为是足够的。

中性电极电缆比**手术附件**电缆允许的泄漏大一倍，是因为中性电极电缆导体与患者皮肤之间出现的电压水平要低得多。**双极**附件比**单极**电缆允许的泄漏也大一倍，是因为**双极**使用的电压比**单极**模式低得多。

本标准允许的下述限额可使用普通**高频手术设备**来产生试验电压。

单极附件允许的试验电压范围可超过帕斯更（Paschen）最小值 280 V，以允许电晕产生，但不需超过典型的切电压（约 1 000 V）。峰值试验电压也不要超过**额定附件电压**。

为了与 ANSI/AAMT HF18 相一致，如下式调整**高频**漏电流符合限额：

$I_{漏}=9.0\times10^{-7}\times d\times L\times f_{试}\times U_{p}$

而对于**双极**电缆和中性电极电缆，**高频**漏电流可加倍：

$I_{漏}=1.8\times10^{-6}\times d\times L\times f_{试}\times U_{p}$

因**手术电极绝缘**和**中性电极**电缆绝缘与**手术附件**电缆是相串联的，故其**高频**漏电风险也具有"串联"性质（即较小），因而这些要求中已包含了手术电极绝缘和中性电极电缆绝缘。

注：基于电容测量的其他要求和符合性试验，正在由 MT17 专家进行等效试验证明和考虑之中。

其他**高频**泄漏试验（考虑中）：

ANSI/AAMI HF18 的**高频**泄漏通道等效电容推导如下：

给定

$$I_{漏}[A]=\frac{U_{试}(V)}{X_{漏}(\Omega)}$$

和

$$X_{漏}[\Omega]=\frac{1}{2\pi f_{试}[Hz]\times C[F]}$$

那么

$$I_{漏}[mA]\times10^{-3}=U_{试}[V]\times f_{试}[kHz]\times10^{3}\times2\pi\times C[pF]\times10^{-12}$$

从而

$$C[pF]=\frac{I_{漏}[mA]\times10^{6}}{\{2\pi\times U_{试}\times f_{试}[kHz]\}}$$

一个正弦波试验电压的有效值等于：

$$U=\frac{U_{p-p}}{2\sqrt{2}}=0.353\ 6U_{p-p}$$

高频泄漏试验用的常量：

$U_{试}=800[V]$；

$U_{p-p}=282.8[V]$；

$f_{试}=1\ 000[kHz]$；

$I_{漏}=3.6d\times L[mA]$。

按 AA.1 式就得到电容量限额：

$C=2.026d\times L[pF]$

适用于**双极手术附件**和**中性电极**电缆之外的所有附件绝缘。而双极附件和中性电极电缆，使用 400 V 电压，得到：

$C=4.052d\times L[pF]$。

为了符合本标准，这两组电容值应分别降低到 $2d\times L$ 和 $4d\times L$[pF]以下。

AA.59.103.6

由于介电应力实际上是在**高频**下发生的，因此要求附加**高频**试验。一个盐水试验电极可合理地模拟手术部位或靠近手术部位潮湿的**患者**和**操作者**组织。绕在绝缘上的细导线是为了引起电晕放电故障，这可在接下来的工频介电强度试验中监测到。

这些要求和试验与GB 9706.19可能的扩展相一致。

AA.59.103.7

大家知道，高于120%的**高频手术设备**产生的**高频**试验电压是难以达到的，升压变压器会使高频波形畸变，而且被试介质电容会使试验电压源加载，为了使绝缘具有一个可接受的较大裕量，就要求一个直流或工频试验，这个试验在**高频**介电强度试验之后用来监测电晕引起的缺陷。

介电应力产生的温升可能改变**高频附件**的内部结构。手术附件上带有的任何**指揿开关**，在全部介电强度试验后，功能会不可靠以至不能随意地启动输出。

注：用于符合性试验的金属箔要具有高导电性。

AA.59.104.1

对于低功率**高频手术设备**(例牙科用的)，经验表明：输出回路的中性端接地这种结构是可行的。**患者高频**电流是通过电容实现返回到(例如)接地的牙科座椅。这种**高频手术设备**常被排除于**中性电极**要求之外。

AA.59.104.2

中性电极电缆到与**患者**接触的**中性电极**部分的电气连接，除了**可监测中性电极**之外，应配备**中性电极连续性监测器**来检测连接的任何中断。排除**可监测中性电极**是因为：这种中断与**中性电极**同**患者**接触面积出现下降时是类似的。

通标18f)的试验方法适合于检测那些正常使用中可以熔断的连接器，但是用在这里的电流不希望超出1 A过多。

AA.59.104.3

在**中性电极**电缆拆离**中性电极**情况下，**中性电极连续性监测器**或**接触质量监测器**不能有监测电流流经患者，否则会产生一个**中性电极**贴放正确的伪指示。

AA.59.104.4

尽管**中性电极**在**患者**身上使用部位和**中性电极**电缆导体之间的电位差很小，但靠近手术部位的**患者**人体上可出现明显的电压梯度，特别是在较大**高频**手术电流时。因此当**中性电极**电缆接触到**患者**的较靠近手术部位时，就存在灼伤风险。采用59.103.5中**高频**漏电流要求可降低这个风险，当预期必定出现低电压时，才可认为较大漏电流是可接受的。

中性电极电缆绝缘的介质击穿可对**患者**和**操作者**产生类似风险，因此认为**高频**和工频介电强度要求是必须的。试验电压值与本标准前一版一样。

分散电极电缆的泄漏允许比手术**附件**电缆加倍，是因为分散电极电缆导体和患者皮肤之间出现的电压水平一般是很低的。

AA.59.104.5

作为合适代用品表面评价的指南，建议参阅下述文件：

测量科学评论，卷3，第2篇(NESSER N.，REISCHER W.，SALCHNER M. Measurement Science Review，Volume 3，Section 2，2003)

BEMS第17次年会：电手术接地电极下人体皮肤中的电流密度分布(NESSER N.，Current Dencity distribution in Human skin under the Grounding electrode of Electrosurgery，BEMS 17th Annual Meeting，Boston，MA.，1995)

高频外科手术中性电极安全性测试仪，生物医学科技1993第38期　第5-9页(NESSER N.，HUTER H.，WANG L. Sicherheitstester für HF-Chirurgie-Neutralelektroden. Biomedizinische technik,1993,Vol.38,p5-9)

电子皮肤　电手术电极试验装置(NESSER N.,REISCHER W.,SALCHNER M. Electronic Skin-Test Device For Electrosurgical Electrodes. 12th IMEKO TC4 International Symposium,Zagreb 2002)

本要求来自 ANS1/AAM1 HF18:2000 的 4.2.3.1,这个要求的原理说明也引入如下,只是为了与本标准一致,一些词句和条款名称稍许改变:

在**单极**电外科手术中使用**中性电极**的目的是:以最小的皮肤温升来可靠传导要求的**高频**手术电流。

使用金属块(莫利兹和亨利奇,1947 年)和携带**高频**手术电流的小环形电极(皮尔斯莱,1983 年)的测量表明:皮肤短时和长时接受的最高的安全温度是 45 ℃,被试皮肤正常温度范围约 29 ℃到 33 ℃,与室温和湿度相关。因此,**中性电极**引起的温升约 12 ℃时,就不能认为是安全的。6 ℃代表着一个保守的安全系数 2,是一个可接受的**中性电极**所允许的最大温升。当在要求的试验电流和试验时间内出现温升超过 6 ℃时,这个**中性电极**就是不可接受的。

使用人体对象来评价**中性电极**是否符合本标准要求,在许多试验室可能是麻烦和被禁止的,但是,规定的性能试验是基于大量的人体试验数据,它们是若干制造商和试验室自 1980 以来用 10 μm(波长)红外成像仪收集和证实得到的。虽然允许使用一些能产生等效结果的介质和器具,但等效性的证明文件必须恰当。因此,各种人体对象使用**中性电极**部位的电热特性的最坏情况可作为参考标准,据此,可考核代用品和其他各种温升试验装置的精度。

由于**中性电极**部位的灼伤可限制于很小的面积,验证性测量必须具有充分的空间采样频次,以保证不可接受的**中性电极**不漏检。每 cm^2 采样是最低要求,现行技术可对每 cm^2 进行很多次采样。但是由于热探测器中的噪声可产生明显的伪影,就好象是过热,因此要使用一个统计平均方法来确定任何一个平方厘米面积上的温升。中性电极加到人体皮肤上时的初始温度,在所有试验中必须相同,以使所有结果可进行比较。

通**高频**电流 60 s 一结束,立即将**中性电极**移离试验表面,测量最终温度。

高频手术电流通常以可变的幅值和时间间隔短时突发性送出,最大电流和启动(持续)时间与各自使用的技术及外科手术类型相关。适应性试验电流预期以一个较大的安全系数用来模拟最坏的一次(持续)启动。估算合适电流和持续时间最大值的方法源于两种资料:

1. 1973《保健器械技术》发布的关于在所有手术研究中得到的平均电流、电压、阻抗和分钟计持续率方面的数据(ECRI,1973)
2. 米利根(Milligan)及其同事们提供的关于在各个手术研究中得到的最大的、最小的和平均的电流及持续时间方面未发布的数据。

这些数据可用来估算整体偏差。在这两个研究中发现:经尿道(TUR 膀胱镜)手术中用的电流最大,持续时间最长。ECRI 研究表明,TUR 手术中,平均电流**切**为 680 mA,**凝**为 480 mA;持续率平均 15%,最大 45%。Milligan 研究了由 13 个医生在 8 个医院用 5 台电手术设备进行的 25 次 TUR 手术这样一个较小样本。

其所有膀胱镜(TUR)手术报告的数据汇总于表 AA.1 中。平均值和标准偏差(α)是在 25 种情况下估算出的。这些数据为测量的电流和持续时间提供了有用的平均值和偏差估算。

表 AA.1　25 次膀胱镜手术测得的电流和时间集总

	平均值	标准偏差
手术时间/h	0.86	0.49
启动次数/(次/h)	225	105
切电流		
最大电流/mA	407	297

表 AA.1（续）

	平均值	标准偏差
平均电流/mA	297	200
最长持续时间/s	3.8	2.3
平均持续时间/s	2.1	0.7
凝电流		
最大电流/mA	339	130
平均电流/mA	258	88
最长持续时间/s	5.7	7.6
平均持续时间/s	2.0	0.7

中性电极使用部位耗散的总能量：

$$E = (I_{rms})^2 \times R \times t$$

式中：

E——耗散能量，单位为焦耳(J)；

I_{rms}——**中性电极**电流，单位为安(A)；

t——电流流动的持续时间，单位为秒(s)；

R——**中性电极**部位阻抗的实数部分，单位为欧(Ω)。

阻抗 R 一般是不确定的，因为它取决于中性电极设计和安放中性电极部位的组织解剖学结构。可定义一个“发热因子”Θ 用来描述中性电极上受到的“应力”：

$$\Theta = I^2 t(A^2 s)$$

发热因子的意思是每欧姆阻抗耗散的能量。**中性电极**应能够控制代表典型外科手术的 Θ 值。700 mA 电流施加 60 s 产生 Θ=30 A^2s，该值远远超过一个膀胱镜(TUR)手术中最大可能的电流和持续时间。这个最大可能的发热因子 Θ 值是这样得到的：用 ECRI(1973)和最大可能电流 0.68 A 加上一个由米利根(Milligan)提供的标准偏差 0.2 A，平方后乘上最大可能的持续时间 5 s(平均值)与米利根提供的标准偏差 7.6 s 之和，从而给出

$$\Theta = 8.7\ A^2 s$$

因此 30 A^2s 可用作一个保守的试验判据。

标记为“婴儿”用**中性电极**也可推导出一个类似的保守试验判据。因为婴儿不会进行膀胱镜(TUR)手术，用普外手术中得到的电流和持续时间数据可作为一个合理的近似，由皮尔斯(1981)报告的这些数据见表 AA.2：

表 AA.2 普外手术测得的电流和持续时间集总

	平均值	标准偏差
手术时间/h	1.56	0.84
启动次数/(次/h)	63	84
切电流		
最大电流/mA	340	101
平均电流/mA	281	147
最长持续时间/s	7.6	11
平均持续时间/s	2.2	1.8

表 AA.2(续)

	平均值	标准偏差
凝电流		
最大电流/mA	267	157
平均电流/mA	198	114
最大持续时间/s	11	7.5
平均持续时间/s	6.5	5.2

使用普外手术数据,最大可能电流与一个标准偏差之和,平方后乘上最大可能持续时间与一个标准偏差之和,得到:

$$\Theta = 4.7\ A^2s$$

因此

$$\Theta = 15\ A^2s$$

就是一个保守的试验判据,用 500 mA 电流和 60 s 持续时间很容易得到。

这些 Θ 值所固有的安全容量,即使在**中性电极**与**患者**皮肤之间接触面积一次意外的部分减少事件中,预计仍保持着一个合理的安全余地。如果用的不是**可监测中性电极**,按 6.8.2gg)建议**操作者**,对于防止接触面积减少的危险仍是必要的。然而,如果使用**接触质量监测器**和**可监测中性电极**,**操作者**可免除监察**中性电极**接触状态的麻烦,而完全依赖**接触质量监测器**在接触面积下降到危险程度之前来警告**操作者**。因此,**可监测中性电极**要以引起**接触质量监测器**产生声响警报的面积减少来进行试验。

参考资料:

紧急处理研究院:临床研究,保健器械,……(EMERGENCY CARE RESEARCH INSTITUTE: Clinical studies. Health Devices,1973,Vol. 2,nos. 8-9,P. 194-195)

紧急处理研究院:非植入性医疗器械的环境要求和试验方法研究(EMERGENCY CARE RESEARCH INSTITUTE:Development of Environmental Requirements and Test Methods for Non-implantbal Medical Devices(contract No. FDA-74-230). Plymouth Meeting,PA:ECRI,April 1978)

紧急处理研究院:非植入性医疗器械的环境试验方法研究,最终报告(EMERGENCY CARE RESEARCH INSTITUTE:Development of Environmental Test Methods for Non-implantbal Medical Devices,Final Report(Contract No. 223-77-5035). Plymouth Meeting,PA:ECRI,April 1979)

热损伤研究:Ⅱ.皮肤灼伤起因中时间和表面温度的相关重要性(MORITZ,AR,HENRIQUES,FC,Studies in thermal injury:II. The relative importance of time and surface temperature in the causation of cutaneous burn. Amer J Path,1947,vol. 23,no. 5,p. 695-720)

电手术调查和研究(PEARCE,JA,FOTER,KS,MULLIKIN,JC,GEDDES,LA. Investigations and studies on Electrosurgery)

电手术引起的皮肤灼伤(HHS publication FDA 84-4186). Rockville,MD:U. S. Food and Drug Administration,1981. PEARCE,JA,GEDDES,LA,VAN VLEET,JF,FOSTER,K,ALLEN,J. Skin burns from electrosurgical cerrent. Med Instrum,1983,vol. 17,no. 3,p. 225-231. ……

AA.59.104.6

该要求引自 ANSI/AAMI HF18:2000,4.2.3.2,开发了一个 200 kHz 相角判据用于区分导电性和电容性**中性电极**,但无论何时何处都没有明确公开的定义。

ANSI/AAMI HF18:2000,A.4.2.3.2 原理说明也引用在下面,本标准只对一些字句和条款名称做了稍许变动。

接触阻抗必须足够低,以使**中性电极**成为最佳的电流通道。**高频手术设备**在具有**以地为基准的患者电路**情况下,这使得除**中性电极**之外的其他电流返回通道可能性最小。当按 ANSI/AAMI HF18:

2000用人体对象测量时，对于导电性**中性电极**认为75 Ω是一个可接受的最大接触阻抗。但是，那个标准强制规定：用一块金属板代替人体对象时，50 Ω阻抗是极限，这种降低可由较深皮下组织阻抗份额来补偿，因为在测量**中性电极**接触阻抗时，皮下组织会成为阻抗的一部分。

因为电容性**中性电极**的阻抗随频率反比例地改变，用“电容”来表述它们的阻抗特性是合适的。规定4 nF(4 000 pF)作为最低可接受的电容，是因为这与多年来市售的且临床上可接受的大多数电容性**中性电极**特性相一致。

200 mA试验电流代表上面列举的两个研究中获得的平均电流下限。组织——**中性电极**阻抗通常随电流下降而上升，这使得采用下限是可取的。200 kHz到5 MHz被认为包涵了**单极高频手术设备**产生主要能量水平的频率范围。

试验板尺寸代表一个小的手术**患者**与手术台垫之间的接触面积(估算)。

电容性**中性电极**允许较高阻抗是因为它们不发热。

AA.59.104.7

这个要求引自ANSI/AAMI HF18:2000,4.2.3.3。

不可监测中性电极要选择安放部位，以使常规使用时给以一定应力，即使受到无意拉扯，或者同预处理溶液或生理液体接触时，仍能保持在原位。对预期用于脆弱的婴幼儿皮肤上的**中性电极**，规定一个较小的持粘(拉)力，是因为不能期望婴幼儿使用的**中性电极**粘贴得与成人用**中性电极**一样牢固。

可监测中性电极排除这个要求的原因是：粘贴故障使接触面积下降，预期可引起**接触质量监测器**报警，这就防止了**患者**灼伤。

AA.59.104.8

单次使用的**中性电极**上的粘胶和导电胶即使按说明书规定存放，也会随时间退化。因而有必要规定：这些器件存放到寿命期了时，性能还应是符合要求的。

AA.59.104.9

最近开展的**高频**外科手术，如前列腺和子宫内膜滚球消融，使用的**高频**电流明显超过59.104.5的700 mA试验值。即使合适的**中性电极**100%与**患者**接触，在这些手术中，患者也会受到热损伤。

AA.59.105

由于**手术电极**和组织之间的电弧具有整流作用，可能产生的直流或低频成分会引起神经肌肉刺激。使用合适的串联电容和分流电阻可有效扼制这种不希望的刺激。

附　录　BB
（资料性附录）
高频手术设备产生的电磁骚扰

BB.1　范围和目的

外科手术中使用的医疗器械会遭遇各种类型**发射源**，从而引起**电磁骚扰**（EMD）。最普通的骚扰源是用于组织切、凝的**高频手术设备**。尽管许多类型电子骚扰都有标准，但关于**高频手术设备**产生的**发射**仅有很少的资料可用。

本附录的目的就是为医疗器械制造商提供一些由**高频手术设备**产生的特殊形式和程度的**发射**方面的信息。本附录还包含一些试验，便于制造商用以确定他们的设计是否能承受这些类型的**发射**。

BB.2　术语和定义

在本附录中，以黑体字出现的术语的定义来自于本标准及其1.3中列出的标准。

注：**电磁骚扰**和**发射**的定义可在YY 0505中找到。

BB.2.1

电场

来自**高频手术设备**的电流流动引起的电场。

BB.2.2

磁场

来自**高频手术设备**的电流流动引起的磁场。

BB.3

BB.3.1　关于高频手术设备的一般信息（概述）

手术中，**高频**能量用来**切割**组织或实施止血（**凝**），这种能量由**高频手术设备**产生，并用各种无菌**附件**释放到手术部位。典型的**高频**能量主频率在200 kHz到1 MHz之间。这些频率高得足以使人体组织不可能对之响应，而从未出现或极少出现刺激。所有手术效果都是由产生**高频**能量的电流密度引起。

高频能量可由两种方式释放到手术部位。其一叫**单极**，这意味着单只电极在医生控制下产生手术效果。**高频手术设备**产生的能量经电缆传递到医生手持**附件**，再经过患者，最后被一个大面积的患者返回电极（**中性电极**）收集而返回到**高频手术设备**。正是**附件手术电极**尖端的电流密度引起了局部的手术效果。电流进入患者身体之后就分散开，从而限制住手术效应范围。患者返回电极（**中性电极**）设计成具有大的表面积，是为了保证电流密度低到防止发热或其他的组织效应。患者返回电极是电路的辅助性电极。最普通的**单极附件**是高频手术笔，如此称呼是因为它形似于医生手持的一支粗笔。

其二叫**双极**，医生用的手术**附件**具有两个电极，每个电极表面积都很小。**高频**手术设备产生的**高频**能量送入一个电极，经过（患者）组织再进入另一个电极，最后返回到**高频手术设备**。两电极及其之间的组织面积均较小，因此电流密度就高，这样只在两电极夹持的组织中出现手术效应，不需要患者返回电极。最普通的**双极附件**是**高频**手术镊子。

大部分**高频手术设备**允许使用者控制输出功率，以作为手术效应深度和速度的控制手段。输出电压和电流可随功率设定和**高频手术设备**所加负载而改变。

使用电压在200 V到1 200 V之间的正弦波一般均可实现**切**手术效果，电极尖端的电流密度立即引起电极附近细胞成分发热，细胞成分转化为蒸汽，细胞壁破裂。电极在这个蒸汽层中移动，电极尖端和组织之间出现很小弧光。纯粹的正弦波切割时，很少或没有止血效果。如果用断续型正弦波，除了**切**

割作用，还可实现不同程度的止血效果，占空比愈低，则止血效果愈甚。但是，降低占空比还要求增加有效电压，才能实现相同的输出功率。用于切割模式的功率水平范围在 10 W 到 300 W 之间。

使用几种不同方法可达到**凝**手术效果。一个低于 200 V 电压的纯正弦波不切割组织但可使组织除湿和凝固，这种波形不产生弧光，无论在**单极**模式还是**双极**模式，它都可用于接触**凝**。当医生需要对出血组织进行不接触式凝固时，通常使用一个高压断续型正弦波形，该波形（峰值）电压可在 1 200 V 到 4 600 V 之间。用于**单极凝**模式的功率范围为 10 W 到 120 W。**双极凝**模式的功率范围为 1 W 到 100 W。

高频手术设备产生**发射**的最坏情况出现在最大功率设定下启动时对组织或金属拉弧的**凝**模式。

BB.3.2 高频手术设备产生的发射类型

BB.3.2.1 辐射

手术中，**高频**手术设备的治疗电流经**附件**电缆流向患者，再经**附件**电缆返回设备。这些线路具有不同形式、尺寸和布局。电流的流动就会产生**辐射电场**和**磁场**。这些电场和磁场会耦合到其他**设备**使用的**附件**或**电源电缆**中。**电场**耦合的最恶劣情况出现在**高频附件**电缆紧挨着并平行于其他的**附件**电缆，如果临床环境下进行拉弧操作，则**电场**耦合还要厉害。

磁场耦合的最恶劣情况出现在**高频**手术回路散得很开而形成一个大环，且其他的**附件**电缆又接触到处于环路中的患者时。就产生发射的严重程度而言，**电场**耦合在较高频率（几十兆赫到几百兆赫）下更甚，**磁场**耦合在较低频率（几十千赫到几百千赫）下更甚。

BB.3.2.2 经网电源电缆传导

在**高频手术设备**启动时，**高频**输出以及当产生**高频**输出时才工作的高压电源两者与网**电源电缆**之间的内部耦合，将增大经网电源电缆传导的电磁噪音（传导骚扰）。

BB.3.2.3 经患者传导

为**切**和**凝**而用于患者的治疗电流会在患者身上产生一个电压，这个电压可耦合到其他**设备**上。这种耦合可以是直接的也可以是容性的。直接耦合可加到测量患者电压的设备（如 ECG、EEG、EMG、位移电势监护设备）的输入端。当**设备**电缆或传感器（如脉冲式血氧计探头、侵入式血压变送器、温度探头、摄像系统）密切接触患者时可出现容性耦合。这两种耦合方式还可能组合在一起。加到患者身上的电压值强烈依赖于所用**高频手术模式**。**双极**模式使用的峰-峰值电压为几十到几百伏，并且不产生火花或只产生一点点火花。**切**模式使用的峰-峰值电压从几百到几千伏，并且产生很小火花。（单极）**凝**模式使用的峰-峰值电压从几千伏到一万四千伏并且经常希望带有较大火花。通常只有一部分**高频**电压耦合进其他**设备**，但对于那些毫伏或微伏测量电压来说，那就是一个问题了。

BB.3.3 测量技术

本附录中，测量使用的方法应能产生手术时**医用电气设备**可能碰到的最坏情况骚扰值。

下面报告的测量，使用所有可用的输出模式和设备能产生的最大输出功率进行了许多次，模拟了四种不同临床环境，它们是：开路启动，在**高频手术设备额定负载**（产生最大输出功率的负载）下启动，对金属打火、对浸盐海绵打火（模拟对组织打火）。

用各类制造商生产的**高频手术设备**多次进行了所有这些测量。得到的数据用来产生 BB.3.4.4 中最坏情况骚扰值。

BB.3.3.1 电场测量

一只置于地平面上方 1 m 的不导电台板用来安放被试**高频手术设备**的**附件**电缆。布置如图 BB.1 所示。记录在 30 MHz 到 1 GHz 范围内出现的峰值或准峰值。

BB.3.3.2 磁场测量

一只置于地平面上方 1 m 的不导电台板，用来安置被试**高频手术设备**的**附件**电缆，布置如图 BB.2 所示。记录在 10 kHz 到 30 MHz 范围内出现的峰值或准峰值。

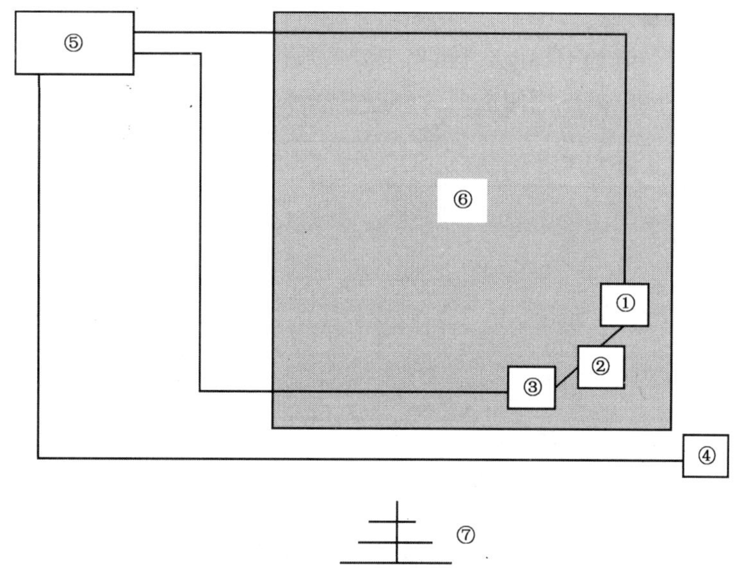

①——**手术附件**；

②——负载；

③——**中性电极**或浸盐海绵；

④——脚踏开关；

⑤——**高频手术设备**；

⑥——不导电台板；

⑦——天线—10 m距离，垂直极性。

图 BB.1　电场发射实验布置

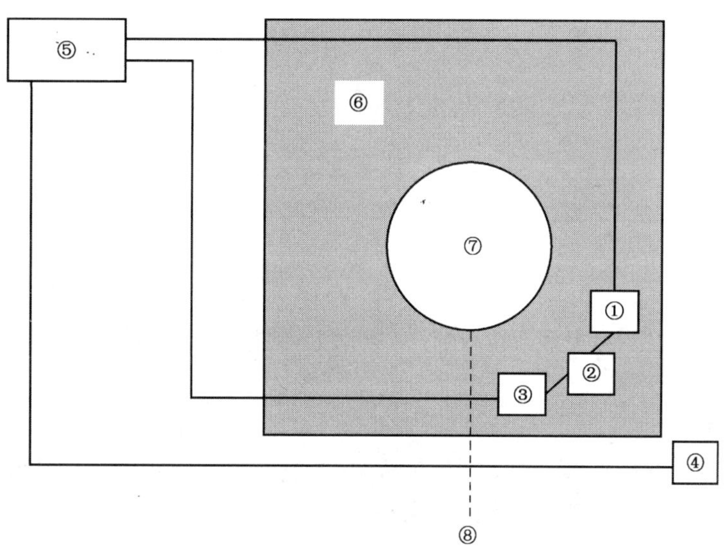

①——**手术附件**；

②——负载；

③——**中性电极**或浸盐海绵；

④——脚踏开关；

⑤——**高频手术设备**；

⑥——不导电台板；

⑦——天线；

⑧——连到测量设备的电缆。

图 BB.2　磁场发射实验布置

BB.3.3.3　网电源传导测量

一只置于地平面上方 1 m 的不导电台板，用来安置被试**高频手术设备**的**附件**电缆，布置如图 BB.3 所示。记录在 150 kHz 到 30 MHz 之间出现的峰值或准峰值。

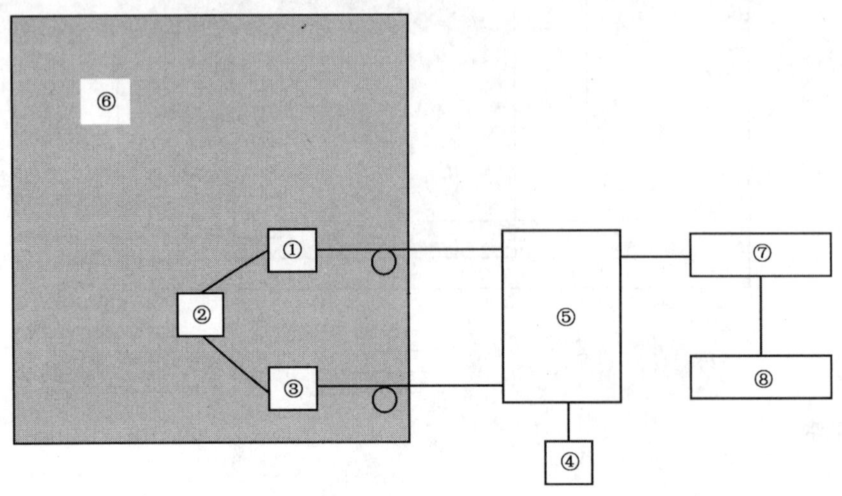

①——**手术附件**；

②——负载；

③——**中性电极**或浸盐海绵；

④——脚踏开关；

⑤——**高频手术设备**；

⑥——不导电台板；

⑦——测试设备；

⑧——分析仪。

图 BB.3　传导发射实验布置

BB.3.4　数据汇总

BB.3.4.1　电场发射

典型的，在 50 MHz 以下出现最大值，在较高频率下，能量降低。在所有频率下拉弧使能量增加，对金属拉弧是最恶劣的临床环境。

BB.3.4.2　磁场发射

典型的，在**高频手术设备**工作频率下产生最大值，在整数倍工作频率下具有附加峰值。在所有频率下拉弧会增加能量，对金属拉弧最是恶劣的临床环境。

BB.3.4.3　网电源传导发射

典型的，在**高频手术设备**工作频率下产生最大值，在整数倍工作频率下具有附加峰值。在所有频率下拉弧会增加能量，对金属拉弧是最恶劣的临床环境。

BB.3.4.4　高频手术设备的最大发射电平

火花隙设备（例 77 型）产生的**发射**电平最高，这种形式的**高频手术设备**尽管长久未见销售，但在一些医院仍可找到。它们由于具有非常高的输出电压和使用间隙放电来产生**凝**波形，因而可引起最恶劣的**电磁骚扰**（EMD）环境，使用火花隙导致高频下产生高得多的**发射**电平，最恶劣情况**发射**值见表 BB.1 和 BB.2。

表 BB.1　火花隙型高频手术设备最恶劣情况发射值

发射类型	不拉弧	对盐水拉弧	对金属拉弧
电场	92 dBμV/m(40 mV/m)	80 dBμV/m(10 mV/m)	95 dBμV/m(56 mV/m)
磁场	96.47 dBμA/m(67 mA/m)	99.47 dBμA/m(94 mA/m)	96.47 dBμA/m(67 mA/m)
网电源传导	117 dBμV(708 mV)	未测量	未测量

表 BB.2　火花隙型高频手术设备最恶劣情况发射值

发射类型	不拉弧	对盐水拉弧	对金属拉弧
电场	78 dBμV/m(8 mV/m)	77 dBμV/m(7 mV/m)	83 dBμV/m(14 mV/m)
磁场	61.47 dBμA/m(1.1 mA/m)	63.47 dBμA/m(1.5 mA/m)	62.47 dBμA/m(1.3 mA/m)
网电源传导	97 dBμV(71 mV)	未测量	100 dBμV(100 mV)

BB.4　建议的试验

下面的资料描述一些特定试验，它们被**设备**制造商用来确定他们的产品是否能承受**高频手术设备**产生的**发射**。这些试验只预期作为指南使用，可根据设备与**高频手术设备**的位置配放作一些调整。下面的试验设计用于模拟紧挨**高频手术设备**放置(外壳和电缆)的两类设备。正如 YY 0505 所述，**设备**制造商可以在试验前决定对这个试验的什么响应是可接受的。

BB.4.1　布置待试设备，将**单极高频附件**电缆至少绕两圈在待试设备上，如图 BB.4 所示。

①——**高频手术设备**；
②——待试设备；
③——金属板。

图 BB.4　设备特定试验

用一根电缆(线)，其一端接到**高频手术设备**的**中性电极**连接器(机上插孔)上，另一端接到一块金属板上，让**高频手术设备**在每一个可用的输出模式下启动并使**单极高频附件**对金属板拉弧。对于每一个输出模式，调整**高频手术设备**设定以产生最高的峰值输出电压。

这个试验要在可能的最大频率范围内产生强**电场**和强**磁场**。

BB.4.2　使**单极高频附件**同金属板(接触)短路(不是拉弧)，重复 BB.4.1 试验。**高频手术设备**要对每一个输出模式调节到最大输出功率。

这个试验可产生最大输出电流，因此产生最强的**磁场**，在工作频率下这个试验还可产生较强**电场**。

BB.4.3　将**单极高频附件**电缆如图 BB.5 那样绕在待试设备网电源电缆上，重复进行 BB.4.1 和 BB.4.2 试验。

这个试验是为了模拟经网电源电缆耦合进**设备**的噪声。

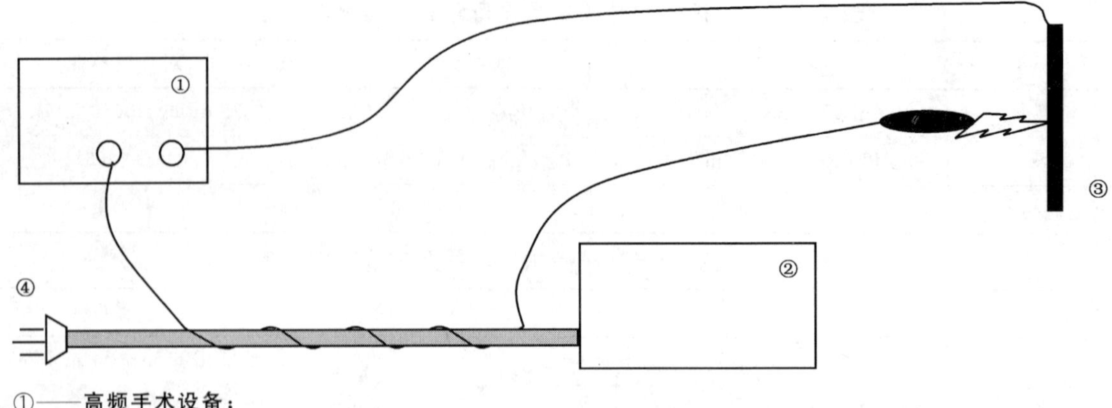

①——**高频手术设备**；

②——待试设备；

③——金属板；

④——待试设备网电源电缆。

图 BB.5 电源电缆特定试验

BB.4.4 如果**设备**有电缆进入消毒部位，这些电缆和**单极高频附件**电缆之间也会出现耦合。为了试验这种可能性，可将**单极高频附件**电缆如图 BB.6 绕在待试设备**附件**电缆上，重复 BB.4.1 和 BB.4.2 试验。

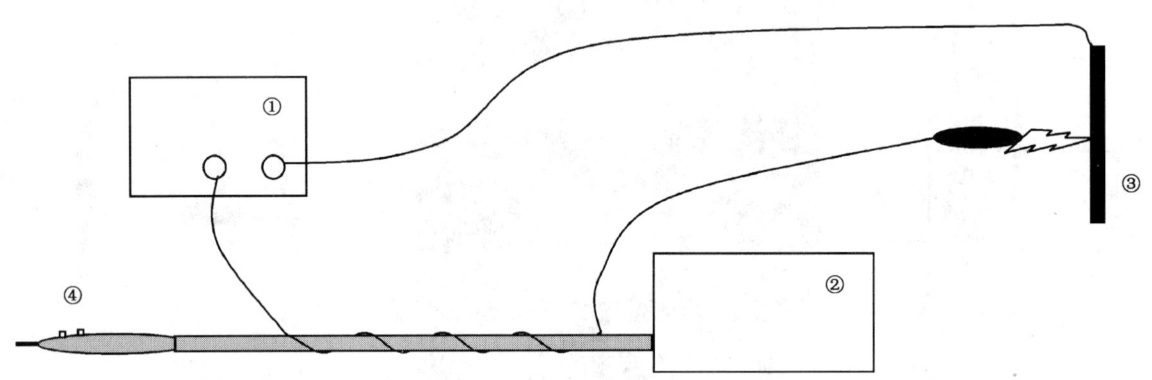

①——**高频手术设备**；

②——待试设备；

③——金属板；

④——待试设备的**单极高频附件**。

图 BB.6 附件电缆特定试验

BB.4.5 为了确定经患者传导的**发射**影响，可根据待试**设备**与患者的耦合程度对试验作较大调整。要求读者查阅相关设备的专用标准以获得更多信息，许多专用标准早就包含了这种试验。

ICS 11.040.60
C 43

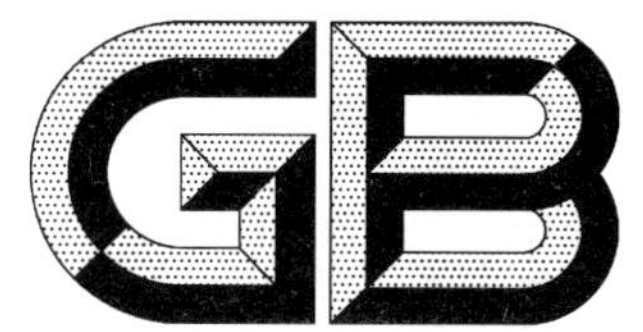

中华人民共和国国家标准

GB 9706.5—2008/IEC 60601-2-1:1998
代替 GB 9706.5—1992

医用电气设备
第2部分:能量为1 MeV至50 MeV电子加速器 安全专用要求

**Medical electrical equipment—
Part 2-1:particular requirements for the safety of
electron accelerators in the range 1 MeV to 50 MeV**

(IEC 60601-2-1:1998,IDT)

2008-12-15 发布　　2010-02-01 实施

中华人民共和国国家质量监督检验检疫总局
中国国家标准化管理委员会　发布

前　　言

本部分的全部技术内容为强制性。

《医用电气设备》的安全系列标准由两部分构成：

——第 1 部分：安全通用要求；

——第 2 部分：安全专用要求。

本部分为安全专用要求，是 GB 9706 的第 5 部分。

本部分等同采用 IEC 60601-2-1:1998《医用电气设备　能量为 1 MeV～50 MeV 医用电子加速器安全专用要求》及其第 1 号修改单:2002。

为便于使用，本部分做了下列编辑性修改：

——删去 IEC 60601-2-1:1998《医用电气设备　能量为 1 MeV～50 MeV 医用电子加速器安全专用要求》的前言、引言及附录 BB，增加了本前言；

——本部分的附录 L 是规范性附录，其中提及的"通用标准中的附录 L"系指 GB 9706.1—2007 中的附录 L。本部分的附录 AA 是资料性附录；

——对于标准中引用的其他国际标准，若已转化为我国标准，本部分用国家标准号替换相应的国际标准号，并在附录 L 中注明对应关系。

本部分代替 GB 9706.5—1992《医用电气设备　能量为 1～50 MeV 医用电子加速器专用安全要求》。

本部分与 GB 9706.5—1992 相比主要变化如下：

——与 GB 9706.1—2007 合并使用。按照该通用标准的要求，本部分做了相应修改；

——增加了并列标准如 IEC 60601-1-4、YY 0505；

——对控制器件和仪表的标记要求做了较多删改，原标准的该部分内容有些已纳入 GB/T 18987—2003中；

——增加了对使用说明书的要求；

——对技术说明书要求做了较多删改；

——对运动部件提出了更详细的要求；

——增改了电离辐射安全要求；

——等同采用了 IEC 60601-2-1 修改单 1:2002 内容：对总限束系统设置了泄漏限值（详见本部分的 29.3.1.1）；

——增加了对非正常运行和故障状态的要求；

——删去对元器件和组件的要求；

——增改了附图；

——增加了附录 L（资料性附录）。

本部分的附录 L、附录 AA 为资料性附录。

本部分由国家食品药品监督管理局提出。

本部分由全国医用电器标准化技术委员会放射治疗、核医学和放射剂量学设备标准化分技术委员会（SAC/TC 10/SC 3）归口。

本部分起草单位：北京市医疗器械检验所。

本部分主要起草人：刘毅、孙卓惠、王培臣、宋连有。

本部分于 1992 年 11 月首次发布，本次为第一次修订。

引　言

如果设备对患者给出了非所需的剂量或者设备的设计不满足电气和机械的安全标准，则使用电子加速器做放射治疗时就可能伤害患者；如果电子加速器不能充分控制辐射和（或）治疗室的设计有缺陷时，设备还可能伤及附近的人员。

本部分制定了设计、制造用于放射治疗的电子加速器制造商应遵守的要求，但是它并不试图规定加速器的最佳性能要求。本部分的目的是确定当前该类设备安全运行所必需考虑的设计要点，它给出设备性能降低的一些限值，如果设备的性能低于这些限值时，可以认为设备处于某种故障状态，此时应使联锁装置动作，以停止设备继续运行。

应该说明的是，在安装之前，制造商应提供一份与型式试验有关的合格证明书，在随机文件中应包含以现场试验报告的形式表达的报告，供试验此设备的人员在安装时填写。

医用电气设备 第2部分:能量为1 MeV至50 MeV 电子加速器 安全专用要求

第一篇 概 述

除下述内容外,通用标准本篇的章条适用。

1 范围和目的

1.1 范围

补充:

本部分包括型式试验和现场试验,分别适用于电子加速器[1)]的制造和某些安装[2)]情况:

——旨在用于人类医学实践中的放射治疗,包括能由可编程电子子系统(PESS)自动控制其操作参数的选择与显示的设备;

——在正常条件(NC)下和在正常使用时,该设备输出的X辐射束和/或电子辐射束:

- 标称能量为1 MeV至50 MeV;
- 距辐射源1 m处,最大吸收剂量[3)]率在0.001 $Gy \cdot s^{-1}$和1 $Gy \cdot s^{-1}$之间;
- 正常治疗距离(NTDs)距辐射源在0.5 m和2 m之间;

——同时

- 为了正常使用,在获得相应许可人员或合格人员的指导下,由具有特殊医学应用所需技能的操作人员操作,用于特定的临床目的:即固定放射治疗或移动束放射治疗;
- 按使用说明书所推荐的方法维护;
- 由合格人员定期进行质量保证和校准的检验;
- 在技术说明书中规定的环境条件和电源条件下使用。

1.2 目的

补充:

本部分提出的要求旨在保证电子加速器的电离辐射安全,增强其电气与机械方面的安全并规定试验方法,以检验是否符合这些要求。

注:采用本部分有助于确保设备:

- 在设备运动期间和电源发生故障时确保患者安全;
- 输出预选的辐射类型、标称能量和吸收剂量;
- 利用固定放射治疗、移动束放射治疗、辐射束成形装置等,按预选的辐射束相对于患者的关系对患者进行照射;同时保证患者、操作者及其他人员或环境免受不必要的危害。

1.3 专用标准

补充:

1.3.101 与其他标准和文献的关系

注:见附录L标准的规范性引用文件。

---

1) 见ICRP 33 128~134和144~156。

2) 在本部分中,所有涉及的安装是指在用户场所的安装。

3) 在本部分中,所有涉及的吸收剂量是指在水中的吸收剂量。

1.3.102 GB 9706.1(GB 9706.1—2007,IEC 60601-1:1988,IDT)

本部分的要求优先于所有其他标准。它与GB 9706.1—2007《医用电气设备 第1部分:安全通用要求》(IEC 60601:1988及其第1号修订改单1991)合并使用,以下称通用标准。与通用标准一样,要求的后面是试验方法。

通用标准中有些篇、章、条,在本部分没有相对应的篇、章、条,也许不相关,此时执行通用标准中的这些篇、章、条,不得修改。如果通用标准中某一部分,也许是相关的,但是不采用,本部分会为此给出一个说明。除非另有说明,通用标准的所有条款均必须采用。"本部分"是指通用标准和本部分。

本部分的篇、章、条的编号与通用标准一致。对于通用标准和并列标准文本的变更,规定使用下列词语:

——"替换",意味着通用标准中的章或条完全由本部分的条文取代;

——"补充",意味着本部分的条文附加到通用标准的要求中;

——"修改",意味着通用标准中的章或条如本部分所说明的那样做了修改。

对于补充到通用标准中的那些条款、图或表从101开始编号,补充的附录用字母AA、BB等标识,补充的列项用aa)、bb)等表示。

1.3.103 GB/T 18987《放射治疗设备 坐标系、运动与刻度》(GB/T 18987—2003,IEC 61217:1996,IDT)

GB/T 18987给出了设备运动的命名、刻度的标识、它们的零位置和运动增加值的方向方面的指导(见6.3.101)。

1.5 并列标准

补充:

1.5.101 GB 9706.15《医用电气设备 第1-1部分:通用安全要求 并列标准:医用电气系统安全要求》(GB 9706.15—1999,idt IEC 60601-1-1:1995)

该并列标准不适用。

1.5.102 YY 0505《医用电气设备 第1-2部分:安全通用要求 并列标准:电磁兼容 要求和试验》(YY 0505—2005,IEC 60601-1-2:2001,IDT)

电磁兼容性要求和试验见第36章。

注:YY 0505—2005/IEC 60601-1-2:2001适用于医用电气设备和在医学应用中使用的ITE(信息技术设备)。电子加速器及其ITE组成部分无例外地都要符合YY 0505—2005;目前尚不能完全确定除了本部分第36章内容外,是否还要对这些要求和试验作修改。

1.5.103 GB 9706.12《医用电气设备 第一部分:安全通用要求 三.并列标准 诊断X射线设备辐射防护通用要求》(GB 9706.12—1997,idt IEC 60601-1-3:1994)

该并列标准不适用。

1.5.104 IEC 60601-1-4

可编程电子子系统(PESS) 要求和试验见29.1.15和52.1b)。

2 术语和定义

2.1 设备部件、辅助设备和附件

补充:

注:附录AA及英文索引按顺序列出定义的术语及其出处。

补充的定义:

2.1.101

控制计时器 controlling timer

用于测量辐照时间并且达到预定时间就使辐照终止的装置。

2.1.102

电子束限束器　electron beam applicator

电子辐射束的限束装置。

2.1.103

机架　gantry

设备中支撑辐射头的部件。

2.1.104

几何辐射野　geometrical radiation field

设想从靶/电子窗前表面的中心所看到的、限束装置的末端在垂直于参考轴的一个平面上的几何投影。此几何辐射野可以在任何距离处定义。这个距离,对X辐射是指到靶的前表面,对电子辐射是指到电子窗。

2.1.105

硬件接线　hard-wired

系统性能只能靠物理移动和重新布线才能改变。

2.1.106

辐照的中断/中断辐照　interruption of irradiation/to interrupt irradiation

暂停辐照和运动,不必重新选择操作条件即可继续辐照。

2.1.107

移动束放射治疗　moving beam radiotherapy

使辐射野与患者按预定计划作相对移动或使吸收剂量分布按计划改变所进行的放射治疗。

2.1.108

标称能量(以下简称能量)　nominal energy (hereinafter referred to as energy)

a) 对于电子辐射,由制造商给定,用以表征辐射束能量。此能量近似等于测量体模表面上的可获得最可几能量 $E_{p,0}$(参见ICRU 35号报告3.3节;能量 $E_{p,0}$)。

b) 对于X辐射,由制造商给定,用以表征辐射束能量。

2.1.109

正常治疗距离(简称NTD)　normal treatment distance (abbreviation:NTD)

a) 对于电子辐照,规定为沿着参考轴,从电子窗到电子束限束器末端或到某一规定平面的距离;

b) 对于X辐照,规定为沿着参考轴,从靶的前表面到等中心的距离;没有等中心的设备,则是到某一规定平面的距离。

2.1.110

口令(密码)　password

由可编程电子子系统(PESS)控制的设备,使操作者能进入正常使用或复位联锁的一序列击键输入。另一序列击键输入可以进入调整和维修模式。

2.1.111

治疗床　patient support

支撑患者的部件组合。

2.1.112

主/次剂量监测组合　primary/secondary dose monitoring combination

一种双道剂量监测系统的组合。一道作为主剂量监测系统,另一道作为次级剂量监测系统。

2.1.113

合格人员　qualified person

由主管部门认可的、具有必备知识和经过必要训练的、能完成规定职责的人员。

2.1.114

辐射类型　radiation type

构成辐射的波或微粒的性质，无论辐射是X辐射或是电子辐射。

2.1.115

冗余剂量监测组合　redundant dose monitoring combination

一种双道剂量监测系统的组合，达到剂量监测计数预选值时，两道剂量监测系统都能终止辐照。

2.1.116

相对表面剂量　relative surface dose

在其表面位于某一个规定距离的体模中，在参考轴上，0.5 mm深度处的吸收剂量与最大的吸收剂量之比。

2.1.117

现场试验　site test

设备安装后，对某个部件或设备进行的试验，用以确定是否符合规定的标准。

2.1.118

辐照的终止/终止辐照　termination of irradiation/to terminate irradiation

停止辐照和运动，如果不重新选择所有的运行条件(即返回到预置状态)，辐照不可能重新开始：

注：下列事件会终止辐照并停止运动：

- 达到预选的剂量监测单位数值；
- 达到预选的时间；
- 一个有意的手动停束操作；
- 一个联锁动作；
- 在移动束放射治疗中，当超过预选的角度或线性尺寸时。

2.1.119

透射探测器　transmission detector

辐射束穿透的辐射探测器。

2.1.120

型式试验　type test

由制造商对仪器或设备的一个专门设计所做的试验，用以确定该设计是否符合规定的标准。

4　试验的通用要求

4.1　试验

补充：

4.1.101　试验分级

本部分的第29章规定了三级型式试验和两级现场试验方法，其要求如下：

- A级型式试验：设备中与辐射安全措施规定有关设计的分析。此分析涉及满足安全要求的工作原理或结构措施，这些设计必须在技术说明书中阐明。
- B级型式试验/现场试验：对设备直接查看或功能试验或测量。该试验必须采用本专用标准规定的试验方法。其试验过程必须在不改动设备的电路或结构的运行状态(包括故障状态)条件下进行。
- C级型式试验/现场试验：对设备作功能试验或测量。该试验必须遵照本部分规定的原则，现场试验方法必须包括在技术说明书中。当试验方法要求在改动设备的电路或结构的运行状况下进行时，该试验应该由制造商或其代理或在他们的直接监督下进行。

5 分类

替换：

设备及其应用部分必须按第6章中所述做标志和/或识别来分类。这包括：

5.1 按对电击防护的类型分：

——属Ⅰ类设备。

5.2 按对电击防护的程度分：

——属B型应用部分。

5.3 按GB 4208(IEC 60529)[见6.1 l)]中所详述的对水浸的防护程度分：

——除另有规定外，属IPX0。

5.4 按照使用说明书推荐的方法消毒或灭菌。

5.5 按有易燃麻醉气与空气的混合或与氧或氧化亚氮的混合气情况下使用时的安全程度分：

——属于不能在有易燃麻醉剂与空气或与氧或氧化亚氮的混合气情况下使用的设备。

5.6 按工作方式分：

——除另有规定外，属于间歇加载连续运行设备。

补充：表101

表101 为支持第29章的现场试验，在技术说明书中要求的数据信息

符合章条	A级型式试验有关数据说明	B级型式试验的结果及其细节	C级型式试验的结果及其细节	C级现场试验规定的方法和试验条件
29.1.1.1	b),d),e)		d)	a),b),c)
29.1.1.2	a),b)		b),c)	b)
29.1.1.3	d),e),f)			
29.1.1.4	a),b),c)			b),c)
29.1.1.5	a)			b)
29.1.2	a),b),c)			b),c)
29.1.3	b),c),d),e)			b),c),d),e)
29.1.4	a),b),c),d),e),f),g)			
29.1.5	e)		e)	
29.1.6	e),h)		f),g)	e),f),g),h)
29.1.7.1				d)
29.1.7.2				d)
29.1.7.3.1	*			*
29.1.7.3.2				d)
29.1.9	b)			
29.1.10	e)			
29.1.11	*			
29.1.12	a),c)			
29.1.13	a)			
29.1.14	a),b)			a),b)

表 101（续）

符合章条	A级型式试验有关数据说明	B级型式试验的结果及其细节	C级型式试验的结果及其细节	C级现场试验规定的方法和试验条件
29.1.15	*			*
29.2.1	*			
29.2.2		*		
29.2.3			*	
29.3.1.1		a),b),c),d)		
29.3.1.2	c)	a)1), a)2), b)		c)
29.3.2		*		*
29.3.3		*		
29.3.4	*		* ←或→	*
29.4.1		a),b)		
29.4.2			*	
29.4.3	b)	a)		
29.4.4	*			
29.4.5		*		

注：* 表示没有其他特别规定的要求。

6 识别、标记和文件

6.1 设备或设备部件外部的标记

d） 设备和可更换部件上标记的最低要求

补充：

在所有可互换的和不可调节的限束装置和电子束限束器的外部，必须清楚地标明在正常治疗距离处的几何辐射野尺寸及末端到正常治疗距离的距离。

每个可手动更换的楔形过滤器必须有清楚的识别标记。

z） 可拆卸的保护装置

补充：

安装时，如果是通过安装的状态来满足本条全部的要求或部分的要求，应该查看安装是否符合要求，结果应该记录在现场试验报告中。

6.2 设备或设备部件的内部标记

补充：

aa） 取下辐射头外罩，必须露出通用标准中表 D.1 第 14 号标记，指出："注意！查阅随机文件"。

6.3 控制器和仪表的标记

补充：

6.3.101 运动部件刻度和指示的规定

必须提供：

a） 每个运动形式有一个刻度尺或数字指示；

b） 光野及其在参考轴位置的指示；

c） 在参考轴上，从辐射源的前表面到患者表皮距离（源皮距）的数字指示或刻度；所有运动的标识增加值的方向和零位必须符合 GB/T 18987（见图 108）要求。

通过查看，检验其是否符合要求。

6.7 指示灯和按钮

a) 指示灯的颜色

补充：

在治疗控制台(TCP)或其他控制板面上，所用指示灯的颜色必须符合下述规定：

- 辐射出束用黄色[4)]；
- 准备状态用绿色[4)]；
- 发生非预期情况，需紧急终止机器运行状态用红色；
- 预置状态用其他颜色。

在下述情况下，发光二极管(LEDs)不作为指示灯考虑：

——在任意一个治疗控制台上，对于不要求特别颜色的所有指示均由同一颜色的发光二极管(LEDs)给出，和

——对于要求有特别颜色的指示是明显可辨别的。

6.8 随机文件

6.8.1 概述

补充：

注：使用说明书和技术说明书构成随机文件的一部分。在技术说明书中除了表101所列为进行第29章的现场试验必备的数据外，本部分还要求在随机文件、使用说明书和技术说明书中提供信息的章和条列于表102。

6.8.2 使用说明书

a) 一般内容

补充：

——使用说明书必须包括下述内容：

- 所有联锁装置和其他辐射安全装置功能的说明；
- 检验其正常运行的说明；
- 推荐应该进行这类检验的周期；
- 在设备正常使用时，电离辐射对某些部件的电介质强度和/或机械强度会造成损伤而影响安全性能时，推荐查看或更换这类部件的时间间隔。

j) 环境保护

补充：

注：用户的放射防护顾问通常应是负责鉴别和处置放射性物质的人员。

为协助用户的放射防护顾问，必须提供下列信息：

——下列正常使用时，正常治疗距离处的辐射能量和相应的最大吸收剂量率：

- X辐射(如果带或不带附加滤过器均能正常使用，则给出这两组数据)；
- 电子辐射。

——对于X辐射和电子辐射，在正常治疗距离处的最大几何辐射野标注了尺寸的形状；

——下列部位相对于辐射头上可触及部位的位置：

- 靶的前表面，及；
- 电子窗；

——辐射束可以达到的辐射方向；

——假如使用了辐射束屏蔽，给出它对每种能量X辐射的透射率；

——对可能具有放射性的设备或设备部件的识别、操作和处置的指导意见和注意事项。

---

4) 在治疗室内或其他场所，上述标有“4)”的状态可能要求采取紧急动作或引起注意，因此在这些位置可以使用通用标准中表3所规定的不同颜色。

6.8.3 **技术说明书**

a) 概述

补充：

——正常使用时，对环境条件和电源条件的详尽要求。

补充项：

aa) 现场试验用的信息：

技术说明书必须包括：

——A 级型式试验结果的说明；

——B 级和 C 级型式试验的详情和结果；

——C 级现场试验规定的方法和测试条件；

注 1：见表 101 所列，验证是否符合第 29 章要求现场试验的条款。

——说明如何生成一个所述的故障状态。如果不能生成，则说明如何生成一个与可能生成的信号来源尽可能接近的试验信号，并用说明证实该试验信号模拟的是特殊故障条件下可能产生的信号。

注：在有些情况下，一个试验信号可以模拟一个以上的故障状态。

——说明在完成现场试验后将设备复位到正常使用状态及如何验证此正常状态。

注 2：负责现场试验的人员应该在报告中记录其结果，此报告构成随机文件的一部分；另外，现场试验报告应该至少包括：

- 用户现场的名称和地址；
- 设备的型式标记(型号)和产品序列号；
- 所有参与测试的人员的姓名、职务、服务地址及其参与试验日期；
- 环境条件和供电条件；
- 试验条件、方法或仪器与制造商给出的不同或不能由本部分得到数据时的实际状况。

通过查看技术说明书，检验其是否符合要求。

第二篇 环境条件

除下述内容外，《通用标准》中该篇的章条适用。

10 环境条件

补充：

注：见 1.1 第三个破折号，第 4 点以及 6.8.3a)补充。

10.2.2 **电源**

a) 设备应适用下列电源：

修改：

将第二个破折号修改为：

——电源内阻要足够低，以保证加载及无载稳定状态之间的电压波动不超过±5%。

第三篇 对电击危险的防护

除下述补充外，《通用标准》中该篇的章条适用。

16 外壳和防护罩

补充：

aa) 当本章的要求全部或部分地由安装状态来满足时，必须在随机文件中规定出试验方法。

安装时应该通过查看和试验，检验是否符合要求，结果应该记录在现场试验报告中，见 57.1a)。

补充：

表 102 本部分要求在随机文件、使用说明书和技术说明书中提供信息的章和条

注：以下检验参考旨在帮助检验符合要求文件的有效性。

检验参考	随机文件	使用说明书	技术说明书
1		1.1	
2			1.1
3			4.1.101
4		5.4	
5	6.1d)通过 GB 9706.1 的 6.8.1/6.1d)		
6	6.2aa)		
7	6.8/6.8.1 注		
8		6.8.2a),j)	
9			6.8.3a),aa)
10	16aa)		
11 1,2,4		22.4.1a)1),a)2)	22.4.1a)4)
12		22.4.2d)	
13		22.4.3e)	
14	22.7.101		
15	28.101b)		
16			29(见表 101)
17	29.1.1.1c)注		
18			29.1.1.1d)
19		29.1.2b)	
20 b),c),e)			29.1.3b),c),e)
21			29.1.4f)注
22		29.1.5d)	
23			29.1.7.3.1
24		29.1.10e)	
25 a),c)		29.1.12a),c)	
26		29.1.13a)	
27		29.1.14a)	
28		29.1.15f)	
29			29.4.1b)
30			29.4.3b)
31	36		
32		52.1b)	
33			57.1a)

18 保护接地、功能接地和电位均衡

b) 补充:

每次安装时,设备的保护接地端子与外部保护系统之间的永久性固定安装的保护接地导体应该保证对可能发生的最大故障电流有足够的尺寸,以符合国家规定的要求。

按适用的国家规定,在安装后应该通过查看和试验,检验其是否符合标准。其结果应该包括在现场试验报告中,见18f)并见6.5、57.5b)、58.1、58.2、58.8和58.9。

f) 替换:

符合性试验的第一段由以下内容替换:

用一频率为50 Hz、空载电压不超过6 V的电流源,产生一个25 A的电流或1.5倍适用于设备被测部件的额定电流,取其较小者(±10%)。在5 s~10 s时间内流过保护接地端子和每个可触及的在基本绝缘失效的情况下会带电的金属部件。

19 连续漏电流和患者辅助电流

19.1 通用要求

b) 替换:

在正常工作温度下,用一永久性安装的电源,连续对地漏电流和外壳漏电流的规定值要求适用于下述任何组合:

- 在正常状态(NC)和在规定的单一故障状态 (SFC)(见19.2):
  1) 当设备通电在预置状态并在同时多个驱动运动最不利的可能组合下,和
  2) 当设备运行在最大功率消耗时。

按上述1)和2)要求,在正常状态下的连续对地漏电流和外壳漏电流的测量值,必须不超过19.3中给出的容许值。

19.3 容许值

修改:

对B型应用部分,在正常状态下修改表4的容许值如下:

设备的对地漏电流,按注[3)]	20
外壳漏电流	0.5

第四篇 对机械危险的防护

除下述内容外,通用标准该篇中的章条适用。

22 运动部件

替换:

22.4 驱动运动(见图108)

对于治疗床系统,当系统空载和当系统以135 kg的重物均布加载时,这些要求必须适用。

注1:"自动地设定"或"自动设定"是指设备部件自动地运动到患者治疗开始所需要的位置。

注2:"预编程运动"是指在患者治疗时,设备部件的运动按预编程序动作,没有操作者干预。这类治疗称作"预编程治疗"。

22.4.1 机架、辐射头和治疗床

a) 概述

注:"驱动运动失效"可理解为驱动运动的电源发生故障。

1) 在正常使用时，当驱动运动失效可能导致患者被夹时，必须提供使患者得以从困境中解脱的措施。这类措施必须在使用说明书中描述。

2) 如果辐射头或其他任何部件带有某些装置，这些装置在正常使用时用来降低该部件与患者的碰撞危险，则必须在使用说明书中描述每个装置的运行和局限性。

3) 设备驱动运动的电源或设备主电源的中断或失效时，必须保证各部件停止在本条的 b)3)和 c)3)部分中给出的极限内。

4) 对于自动设定和在治疗前预编程运动的检验，必须在预期停止角前至少 5°和在预期停止前至少 25 mm 处降低速度；这种降速必须保证过冲旋转位移不超过 2°，直线位移不得超过 5 mm。降速过程必须在技术说明书中详述。

用以下方法检验其符合性：

1)、2) 查看使用说明书和所提供装置；

3) 中断 a)驱动运动的电源，b)设备电源，测量停止的距离。为了排除不同人员反应时间差异的影响，测量必须在人工按动开关使接点开或合的瞬间开始。为确定停止距离，测量应该重复 5 次；运动部件每次都必须停在允许距离以内。

4) 查看和测量以及查看技术说明书。

b) 旋转运动

1) 每种运动的最低转速必须不大于 1°/s。

2) 任一转速必须不大于 7°/s。

3) 当运动部件转速接近但不大于 1°/s 时，停止运动操作那一时刻该部件的位置与最终停止位置之间的角度必须不大于 0.5°；当转速超过 1°/s 时，必须不大于 3°。

例外：上述要求 2)不适用于限束系统(BLS)。

c) 直线运动

1) 辐射野边线位移 20、21、22 和 23，治疗床位移 9、10 和 11 的最低速度必须不大于 10 mm/s。(运动的命名见图 108 及 GB/T 18987)

2) 任一速度必须不大于 100 mm/s。

3) 该部件停止运动操作那一时刻的位置与最终停止位置之间的距离，任何速度大于 25 mm/s 的，必须不超过 10 mm；速度小于 25 mm/s 的，必须不超过 3 mm。

用适当的仪器测量运动部件的速度和它们的停止距离，检验是否符合标准。为了排除不同人员反应时间差异的影响，测量必须从人工按动开关接点开或合的瞬间开始。为了确定停止距离，测量应该重复 5 次；运动部件每次都必须停在允许距离以内［见 22.4.3、22.7.101、27.101 和 29.1.6f)］。

22.4.2 治疗室内操作设备部件的运动

a) 如果设备部件的电动运动可能使患者身体受到伤害，操作这种运动必须由操作者同时持续地人工按动两个开关。每个开关断开时，都必须能中断运动；其中一个开关可以作为所有运动的公用开关。

注：限束系统的直线或旋转调节运动被认为不会使患者受伤。只有限束系统装上附件后没有完整的安全保护或触摸保护时，才考虑会出现安全危害，例如某些型式的电子束限束器。

b) 能够自动设定的设备，没有操作者同时持续地人工按动那个自动设定开关和另一个所有运动的公用开关，就不可能启动或保持相关的运动。

c) 上述 a)和 b)中要求的开关必须紧靠治疗床，以便操作者密切监视，从而避免对患者的伤害。在 a)和 b)中要求的开关中至少有一个必须是硬件接线的。

d) 使用说明书必须给出一个建议：如果治疗处方中有由治疗控制台预期遥控的运动或预先编程的运动，操作者应该在离开治疗室之前，在患者最后的摆位后，检验所有预期的或计划的运动。

通过查看检验是否符合标准。

22.4.3 **治疗室外设备部件运动的操作**

a) 操作者没有同时持续地人工按动自动置位开关和另一个所有运动的公用开关，就必须不可能启动或保持自动置位的运动。每个开关断开时，必须都能中断运动。两个开关中至少有一个应该是硬件接线的。

b) 设备部件已自动设定和/或预编程后，在预编程治疗完成之前，调节任何运动参数都必须造成辐照终止。

c) 对于未被预编程的设备，在辐照完成之前，调节任何运动参数都必须造成辐照终止。

d) 对于未被预编程的设备，在辐照之前或在终止辐照之后，必须能调节运动参数，但是只有当操作者同时持续地人工按动两个开关才行。每个开关断开时，都必须能停止运动；一个开关必须是硬件接线的，并且它是对所有运动的公用开关。

e) 使用说明书必须有一个建议：在辐照前或辐照时，操作者应该能无障碍地观察患者。

f) 任何辐照的中断或终止，必须能使所有设备部件的运动停止，停止限值在22.4.1中给出。

查看a)、b)、c)、d)、e)和f)及其22.4.1要求的限值，检验是否符合标准。

22.7

补充：

22.7.101 **电动机的紧急停止**

必须在靠近或在治疗床和治疗控制台上装备一个用以对所有的运动系统的供电应急关断的硬件接线电路，它应该是容易识别并且易触及的。当操作它时，所有的运动必须停止在22.4.1中规定的限值内。靠近或在治疗控制台上的措施也必须能终止辐照。其断开所需时间不得超过100 ms。当有些措施是由用户负责安装在现场时，必须在随机文件中规定其要求和现场试验方法；试验结果应该记录在现场试验报告中。

查看随机文件、直接查看和利用适当的测量仪器测量停止距离和关断时间，以检验是否符合标准。为了排除不同人员的反应时间差异，测量必须从人工按动开关使接点开或合的瞬间开始。

27 气动和液压动力

补充：

27.101 **压力的变化**

如果为运动提供动力的系统压力变化会导致危险时，则所有的运动必须从任何速度下停止在22.4.1中规定的限值内。

模拟一个故障状态，使保护装置动作并测量停止距离，检验是否符合标准。

28 悬挂物

补充：

28.101 **附件连接**

a) 由制造商提供的用以悬挂附件的措施，特别是那些对辐射束成形和吸收剂量分布有影响附件的悬挂装置，必须设计得能在正常使用的所有情况下，保持这些附件牢固不动。查看并研究其设计数据及安全系数，验证是否符合标准。

b) 随机文件必须含有维护要求，规定所提供附件的使用条件与限制。应该包括对用户制造或用户委托制造的其他附件设计限值的指导。

查看随机文件进行检验。

第五篇 对不需要的或过量的辐射危险的防护

除下述内容外，通用标准该篇中的章条适用。

29 X 射线辐射

替换：

29 电离辐射安全要求

注 1：为满足本部分关于辐射的安全要求，设备应该符合第 29 章和 1.1、1.2、4.1.101、6.3.101、6.7a)和 6.8 要求。

注 2：本章中，吸收剂量百分比所用的数据应该由测量中得到。使用剂量监测计数的同一设置和同一参数(除非为了比较应该改变参数外)。

29.1 治疗体积内不正确吸收剂量的防护

29.1.1 吸收剂量的监测和控制

必须提供双道独立的剂量监测系统。

29.1.1.1 剂量监测系统

29.1.1.2 规定的辐射探测器必须是双道剂量监测系统的一部分，其输出显示为剂量监测计数，能够用以计算出治疗体积内某一参考点的吸收剂量。

剂量监测系统必须满足以下要求：

a) 一道剂量监测系统发生故障时，必须不影响另一道剂量监测系统的正常工作；

b) 任何一个公用元件失灵会使某一道剂量监测系统的读数变化超过 5%时，必须能够终止辐照；

c) 双道系统分别供电时，任何一道电源发生故障都必须能够终止辐照；

注：电源故障包括电压或电流不能保持在随机文件规定的范围内，因而不能使剂量监测系统发挥正常功能。

d) 双道剂量监测系统既可以是冗余剂量监测系统组合，也可以是主-次剂量监测系统组合。在冗余剂量监测系统组合中，这双道剂量监测系统都必须达到技术说明书规定的性能。在主-次剂量监测系统组合中，至少主剂量监测系统必须达到技术说明书规定的性能。无论是哪一种组合，在技术说明书中都必须列出吸收剂量率达到最大剂量率两倍时的性能；

e) 如果剂量监测系统的电路参数随辐射类型或能量而自动改变，则必须做到一道剂量监测系统的改变与另一道的改变无关。

检验方法如下：

a) C 级现场试验——原则：用一道剂量监测系统产生或模拟故障来验证另一道剂量监测系统的功能；

b) A 级现场试验——说明哪些元件是双道系统公用的，每个元件哪种失灵会使辐射终止；

b) C 级现场试验——原则：模拟每个公用元件失灵，验证联锁装置终止辐射的功能；

c) C 级现场试验——原则：通过生成或模拟电源故障，验证联锁装置终止辐射的功能；

d) C 级型式试验——原则：验证剂量监测系统在设备达到规定吸收剂量率两倍时的功能。

也可以把剂量监测系统从设备中取下来，用其他措施验证其功能；

d) A 级型式试验——与所选中剂量监测系统组合的性能相关的说明；

e) A 级型式试验——说明电路参数改变时，剂量监测系统的独立性。

29.1.1.2 辐射探测器

a) 在辐射头内必须安装两个辐射探测器，其中至少有一个必须是透射探测器，它位于均整过滤器和束散射过滤器的患者一侧，其中心在参考轴上。

b) 辐射探测器可以是固定式或移动式的。固定式必须仅能用工具卸下。移动式必须用联锁装置阻止定位错误时的辐照。必须提供每次辐照前试验联锁装置动作的措施。辐照过程中，如果辐射探测器偏离参考轴，就必须能够终止辐照。

c) 密封的辐射探测器必须各自单独密封，所有的辐射探测器都应该附有密封完整性的合格证(包括试验日期)。

注：安装一个备用辐射探测器时，如果有合格证，用户应该记录下其完整性试验的日期。

检验方法如下：

a） A级型式试验——说明中心在参考轴上的剂量监测系统和均整过滤器和束散射过滤器的位置；

b） A级型式试验——说明联锁装置动作以及如何确保每次辐照前已检测过联锁装置动作；

b） C级型式试验——原则：验证

- 每个辐射探测器依次偏离参考轴，阻止辐照发生；
- 辐射探测器定位正确。其中任一个辐射探测器位移，偏离参考轴，各能量的电子辐射和X辐射的辐照都应终止。

b） C级现场检测——原则：制造或模拟故障状态，验证联锁装置的功能；

c） C级型式试验——原则：验证密封完整性。

注：每个辐射探测器(包括备用的)都应该附有密封完整性试验日期的合格证。

29.1.1.3 剂量监测计数的选择和显示

a） 双道剂量监测系统的显示应该设计成相同样式，清晰易读，紧靠在一起并安置在治疗控制台上预选剂量监测计数的显示附近。每个显示必须只有一道刻度并且不得带有倍率系数。

b） 系统中如果用显示终端，则必须使用两个独立的显示终端或者双道剂量监测系统显示在同一个终端上。但是此时必须有一个备用显示终端或一个普通的显示，用来显示至少一道数据。

c） 任何主-次剂量监测组合，必须分别各带清晰易辨的显示。

d） 剂量监测计数必须显示计数的增长，以显示出超剂量的读数和预选的剂量监测计数。辐照中断或终止后，必须保持这两个计数。

e） 必须在显示值复位回零后，才能开始下一个新的辐照。在从治疗控制台确定剂量监测计数之前，不得开始辐照。

f） 电源故障或器件失灵造成辐照中断或终止时，此时刻的剂量监测计数必须以可读的方式存储起来，并至少保持20 min。

检验方法如下：

a)、b)、c） B级现场试验——方法：查看其显示；

d)、e)、f） A级型式试验——说明显示和超剂量的条件；

d） B级现场试验——方法：辐照中断或终止后验证其显示的读数；

e） B级现场试验——方法：对每一种辐照类型的一个能量，开始辐照并查看三种显示。显示不清零时尝试开始辐照；显示清零但不设置剂量监测计数时，再一次尝试开始辐照；

f） B级现场试验——方法：生成一个剂量监测计数的显示，关断电源，验证显示的剂量信息保持20 min。

29.1.1.4 由剂量监测系统终止辐照

a） 每道剂量监测系统必须都能独立地终止辐照。必须提供措施以试验双道系统的正常工作。

b） 双道剂量监测系统构成冗余剂量监测系统组合时，每道都必须能够设置成剂量监测计数达到预置值时终止辐照。

主-次剂量监测系统组合中，主剂量监测系统必须能够设置成剂量监测计数达到预选值时终止辐照；次剂量监测系统必须能够设置成剂量监测计数超过预选值时终止辐照。这里的超过是指：如果用百分比裕度，则不超过10%；如果用固定裕度，则在正常治疗距离处不超过等效值0.25 Gy。如果两种裕度可以任选，就必须用两种裕度中差值较小者。

c） 联锁装置必须保证：在两次辐照之间或辐照前，对没有造成终止辐照的剂量监测系统做试验，以验证其终止辐照的能力。

检验方法如下：

a)、b) A 级型式试验——说明剂量监测系统和裕度(如果用到)；

b) C 级现场试验——原则：在某一个剂量监测系统失灵时，验证另一个系统终止辐照的功能。每一种辐照类型选择一个能量试验；

c) A 级型式试验——说明如何保证非终止系统在两次辐照之间或辐照之前终止辐照的能力得到验证；

c) C 级现场试验——原则：每一种辐照类型选取一个能量，验证联锁装置的功能。

29.1.1.5 对吸收剂量分布的监测

为使吸收剂量分布不会由于固定的附加过滤器、电子控制系统或计算机控制系统的故障产生明显的畸变：

a) 29.1.1.2 中提及的辐射探测器或其他辐射探测器必须能够监测辐射束的不同部分，以便测出剂量分布的对称变化和非对称变化；

b) 必须提供措施，在均整度测量的规定深度上，当吸收剂量分布畸变超过 10%或辐射探测器吸收剂量分布探测信号指示变化大于 10%时，在增加吸收剂量达到 0.25 Gy 之前，该措施使辐照终止。

按以下方法检验是否符合标准：

a) A 级型式试验——说明如何确保辐射探测器监测到辐射束的不同部分；

b) C 级现场试验——原则：用规定措施测得相当于 10%以上的吸收剂量分布畸变时，在规定的测量均整度深度上的辐射野增加 0.25 Gy 吸收剂量之前，验证到一个联锁装置动作会终止辐照。从辐照开始到畸变形成，必须至少容许用 2 s 的时间。此试验应对 X 辐射的所有能量、电子辐射的最大和最小能量进行。

29.1.2 控制计时器

a) 必须在治疗控制台上配置一个控制计时器。它必须：

   1) 是递增式计时器；
   2) 随辐照而启动和停止；
   3) 在辐照中断或终止后保留其读数；
   4) 辐照终止后，在启动下次辐照之前能复位回零；
   5) 为防止剂量监测系统失效，当预选的时间达到时，终止辐照；
   6) 独立于任何其他控制辐照终止的系统或子系统；

b) 必须提供措施，以控制计时器的设定值不超过使用说明书给定的限值，此值不大于在预期的剂量率下辐照达到剂量监测计数预定值所需时间的 120%或附加 0.1 min，两者取其大；

c) 必须采取措施，确保在两次辐照之间或在辐照前试验控制计时器终止辐照的能力；

d) 控制计时器必须以分和分的十分位或以秒刻度，这两种刻度不能混用。

按以下方法检验是否符合标准：

a) A 级型式试验——说明有关 6)：终止辐照的独立性；

a) B 级现场试验——方法：对每一种辐射类型取一个能量，验证控制计时器：

   1) 随辐照而增加计数；
   2) 随辐照而启动和停止；
   3) 在辐照中断或终止时保留其读数；
   4) 辐照终止后，要求复位到零才能启动下次辐照；
   5) 预选时间到后，马上终止辐照；

b) A 级型式试验——说明时间裕度值；

b) C 级现场试验——原则：验证时间设定的限值；

c) A 级型式试验——说明如何确保在两次辐照间或在辐照前试验终止辐照的能力；

c) C级现场试验——原则：验证联锁装置的功能；

d) B级现场试验——方法：查看控制计时器的刻度。

29.1.3 吸收剂量率

a) 必须配置一个剂量率监测系统。必须在治疗控制台上有此系统的读数显示（每秒或每分钟的剂量监测计数）。从该读数能够计算出治疗体积内某一参考点的吸收剂量率。29.1.1.2所述的辐射探测器可以作为此剂量率监测系统的一部分。

b) 在任何故障状态下，如果设备在正常治疗距离处能够产生比技术说明书规定的最大规定值两倍还高的吸收剂量率，则必须提供一个措施，使得当吸收剂量率超出最大规定值又不大于该值两倍时终止辐照。技术说明书必须给出那个能够终止辐照的吸收剂量率值。

c) 在任何故障状态下，如果设备在正常治疗距离处能够产生比技术说明书规定的最大规定值高10倍以上的吸收剂量率，则必须提供一个辐射束监测装置，这个装置的电路必须独立于剂量率监测系统，它必须安装在辐射束分布系统患者一侧，必须将辐射野内任何一点的超剂量值限制在4 Gy以下。技术说明书必须给出超吸收剂量的限值。

注1：在能产生X辐射和电子辐射的设备上，可能需要在下一辐射脉冲产生前终止辐照。

注2：此条的a)和b)只要求一个剂量率监测系统，因此第二个剂量监测系统可以用于满足c)的要求。

d) 防止由于吸收剂量率超出规定的最大值两倍可能产生的超剂量和限制超剂量低于4 Gy的措施[对应上述b)和c)的要求]必须在两次辐照之间或在辐照前试验其功能。

e) 如果在正常治疗距离处任何连续的不大于5 s的时间间隔内，平均吸收剂量率低于预定值乘以技术说明书中给定因子，则必须终止辐照。

注：在辐照最初的10 s内，上述因子可以与其余辐照时间的因子不同。

按照以下方法检验是否符合标准：

a) B级现场试验——方法：对每一种辐射类型的一个能量验证读数的显示；

b) A级型式试验——说明导致终止辐照的最大规定吸收剂量率值和超吸收剂量率值；

b) C级现场试验——原则：验证终止辐照措施的功能；

c) A级型式试验——说明有关辐射束监测装置的设计和导致辐照终止的超吸收剂量值；

c) C级现场试验——原则：通过产生或模拟过量的电子束电流来验证辐射束监测装置的功能；

d) A级型式试验——说明两次辐照之间或辐照前的试验；

d) C级现场试验——原则：当限制吸收剂量率和吸收剂量的措施尚未被试验时，试图开始辐照，验证联锁装置的功能；

e) A级型式试验——说明有关终止辐照；

e) C级现场试验——原则：通过产生或模拟乘以给定因子以使吸收剂量率变化，验证辐照终止。

29.1.4 辐射类型的选择和显示

在既能产生X辐射也能产生电子辐射的设备中：

a) 辐照终止后，在治疗控制台上重新选择好辐射类型之前，必须阻止下一次辐照；

b) 当要求在治疗室内和治疗控制台上均进行选择辐射类型操作时，一处的选择必须不在另一处显示出来，只有等两处都完成选择后才给出显示；

c) 在治疗室内的选择与治疗控制台的选择不一致时，必须阻止辐照；

d) 在辐照期间和在辐照之前，必须在治疗控制台上显示所用辐照类型；

e) 联锁装置必须确保只能进行被选类型的辐照；

f) 联锁装置必须保证，当规定用于电子辐照的附件，例如电子束限束器就位时，不得产生X辐照；当规定用于X辐照的附件，例如楔形过滤器就位时，不得产生电子辐照；

注：当选择电子辐照时，作为一个特殊的方法，或许要给出一个限量的X辐照吸收剂量，用于辐照野的端口成像。若具有此功能，则应该在技术说明书中给出这个相关的方法和限定值。

g) 当规定为电子辐照用的辐射束分布或电流控制装置，例如电子束散射过滤器或电子辐射束扫描装置就位时，必须阻止X辐照；当规定为X辐照用的辐射束分布或电流控制装置，例如X辐射野均整过滤器就位时，必须阻止电子辐照。

按照以下方法检验是否符合标准：

a)～g) A级型式试验——说明有关用于确保符合要求的措施。

a) B级现场试验——方法：在未选辐射类型时尝试启动辐照。

b)、d) B级现场试验——方法：对所有可能的选择验证显示功能。

c)、e) B级现场试验——方法：验证规定的联锁装置功能。

f)、g) B级现场试验——方法：当装上错误的辐射束成形附件时，验证规定的联锁装置的功能。

29.1.5 能量的选择和显示

a) 辐照终止后，在治疗控制台上重新选择好能量之前，必须阻止下一次辐照。对于只能产生一个能量辐射束的设备，此条必须不适用。

b) 当要求在治疗室内和治疗控制台上均进行选择能量操作时，一处的选择必须不在另一处显示出来，只有等两处都完成选择后才给出显示。

c) 治疗室内的选择和治疗控制台上的选择不一致时，必须阻止辐照。

d) 能产生不同能量辐射束的设备，在辐照期间和在辐照之前必须在治疗控制台上显示在使用说明书上规定的能量值。

e) 在所选运行模式和能量的正常运行条件下产生的辐射，电子轰击平均能量值为 E_i[5)]，发生以下任何一种情况，都必须终止辐照。

——在X辐射靶上该平均能量值的偏差超过±20%时；

——在电子辐射窗上该平均能量偏差超过±20%或±2 MeV(取其小者)时。

按照以下方法检验是否符合标准：

a) B级现场试验——方法：在未选能量时，尝试启动辐照。

b)、d) B级现场试验——方法：选择能量验证显示功能。

c) B级现场试验——方法：验证所规定联锁装置的功能。

e) A级型式试验——说明有关的联锁装置的动作。

e) C级现场试验——原则：在所有可选能量下，用规定的平均能量偏差进行辐照，试验联锁装置的动作。

29.1.6 固定放射治疗和移动束放射治疗的选择和显示

对于既能进行固定放射治疗也能进行移动束放射治疗的设备：

a) 辐照终止后，在治疗控制台上重新选择好固定放射治疗或移动束放射治疗之前，必须阻止下一次辐照。

b) 当要求在治疗室内和治疗控制台上均进行选择运动条件操作时，一处的选择必须不在另一处显示出来，只有等两处都完成选择后才给出显示。

c) 治疗室内做的选择与治疗控制台的选择不一致时，必须阻止辐照。

d) 工作模式和运动方向(在选择移动束放射治疗时)必须显示在治疗控制台上。

e) 固定放射治疗时若发生运动，必须终止辐照。

f) 移动束放射治疗时，若运动部件的实际位置与用实际的剂量监测计数计算出所需的位置，它们在正常治疗距离处相差大于5°或大于10 mm时，必须终止辐照；足以容许继续辐照所需的信息必须至少保留20 min[仍见29.1.1.3f)]。

g) 在f)中涉及的联锁装置必须有两个位置传感器，安排成冗余组合，其中一个失效时必须不影

5) 见ICRU，报告35:3.3节(能量)。

响另一个的功能。

h) 对于移动束放射治疗，从一个选定的起始角到一个选定的停止角，若顺时针或逆时针方向转动(例如机架、限束装置或治疗床通过180°位置的连续旋转)是可选的，则必须在治疗控制台上选择一个旋转方向。当选定顺时针旋转时，如发生逆时针旋转，则必须终止辐照，反之亦然。

按照以下方法检验是否符合标准：

a) B级现场试验——方法：在每种辐射类型的一个能量下，未选择固定或移动束放射治疗时，尝试启动辐照。

b)、d) B级现场试验——方法：对规定的选择，验证显示功能。

c) B级现场试验——方法：对所有的不一致选择验证联锁装置阻止辐照的功能。

e) A级型式试验——说明导致辐照终止的旋转角和直线位移偏差。

e) C级型式试验——原则：验证型式试验数据。

f)、g) C级型式试验——原则：

1) 在每种旋转和位移方向下，以最高速度和最低速度运动。在两个相隔较远的位置制造规定的故障，使两个位置传感器轮流失效，以验证联锁装置的功能(见22.4.1)；

2) 验证在终止辐照以后，使辐照能继续进行的信息保留20 min。

f)、g) C级现场试验——原则：验证两个位置传感器轮流失效的联锁装置功能，并验证在终止辐照后，足以使辐照继续进行的信息保留20 min。

h) A级型式试验——说明试图进行与所选方向相反的旋转运动时终止辐照。

h) C级现场试验——原则：在选择移动束放射治疗并试图启动辐照，但是：

- 未选旋转方向；
- 选择顺时针旋转，然后逆时针旋转；
- 选择逆时针旋转，然后顺时针旋转；

验证辐照被阻止。

29.1.7 辐射束的产生和分布系统

29.1.7.1 靶或其他可移动辐射束产生装置的选择和显示

在使用可互换靶或其他可移动的辐射束产生装置(例如能量狭缝)的设备中：

a) 若在某一辐射类型的一个能量下，可以用多个同类型装置时，必须先选择一个规定的装置并且该装置的识别标志在治疗控制台上显示后才能辐照。

b) 当要求在治疗室内和治疗控制台上均进行选择运行条件操作时，一处的选择必须不在另一处显示出来，只有等两处都完成选择后才给出显示。

c) 治疗室内的选择与治疗控制台的选择不一致时，必须阻止辐照。

d) 如果装置的任何部件未正确定位，则必须有两个互相独立的联锁装置阻止或终止辐照。

按照以下方法检验是否符合标准：

a) B级现场试验——方法：在选择规定的装置前，尝试启动辐照，验证显示功能。

b) B级现场试验——方法：对规定的选择，验证显示功能。

c) B级现场试验——方法：对所有不一致的选择，验证联锁装置阻止辐照的功能。

d) C级现场试验——原则：在每一装置错误定位时，使其中一个联锁装置失效并尝试启动辐照。再使另一个联锁装置失效时重复试验。

29.1.7.2 均整过滤器和束散射过滤器的选择和显示

在使用可移动的均整过滤器或束散射过滤器的设备中：

a) 若一种辐射类型的一个能量下可以使用不止一个过滤器，则：

1) 必须在治疗控制台上重新选择了一个规定均整过滤器或一个规定束散射过滤器后，才能辐照；

2） 所用过滤器的识别标志必须显示在治疗控制台上。

b） 当要求在治疗室内和治疗控制台上均进行选择过滤器操作时，一处的选择必须不在另一处显示出来，只有等两处都完成选择后才给出显示；

c） 在治疗室内选择的过滤器与治疗控制台的选择不一致时，必须阻止辐照；

d） 若所选过滤器未正确定位，则必须有两个互相独立的联锁装置阻止或终止辐照；

e） 任何一个可用手移动的过滤器必须有确定该过滤器身份的清晰标志。

按照以下方法检验是否符合标准：

a） B级现场试验——方法：

1） 在未选规定的过滤器时，尝试启动辐照；

2） 验证显示功能。

b） B级现场试验——方法：对规定选择，验证显示功能。

c） B级现场试验——方法：对所有的不一致选择，验证联锁装置阻止辐照的功能。

d） C级现场试验——原则：在每一过滤器错误定位时，使其中的一个联锁装置失效，并尝试启动辐照；再使第二个联锁装置失效，重复进行该项试验。

e） B级现场试验——方法：直观查看所有过滤器的标记；并与a)2)中的显示比较。

29.1.7.3 不采用均整器或束散射过滤器的辐射束分布系统

注：在下文此条中“分布系统”是指“辐射束分布系统”。

下述要求补充到29.1.7.1的要求中。

29.1.7.3.1 未采用均整过滤器或束散射过滤器而采用其他措施，例如电子束扫描，获得分布的设备。

必须有两个独立的装置及其相应的联锁装置来监测控制信号。当控制信号值超过技术说明书中规定的限值时，阻止或终止辐照。

按照以下方法检验是否符合标准：

A级型式试验——说明当控制信号超过规定的限值时阻止或终止辐照。

C级现场试验——原则：每种辐射类型取一个能量，验证控制信号监测器和阻止或终止辐照的联锁装置的功能。

29.1.7.3.2 带有可选择分布系统的设备

a） 辐照终止后，在治疗控制台上重新选择规定的分布系统之前，必须阻止下一次辐照。

b） 当要求在治疗室内和治疗控制台上均进行选择分布系统操作时，一处的选择必须不在另一处显示出来，只有等两处都完成选择后才给出显示。

c） 若治疗室内的分布系统选择与治疗控制台的选择不一致时，必须阻止辐照。

d） 所选的分布系统未正确定位时，必须有两个独立的联锁装置阻止辐照。

e） 正在使用的分布系统的识别标记必须显示在治疗控制台上。

f） 可用手拆卸的任何分布系统必须有清楚的识别标记。

按照以下方法检验是否符合标准：

a） B级现场试验——方法：在选择规定的分布系统前，尝试启动辐照。

b） B级现场试验——方法：选择规定分布系统，验证其显示功能。

c） B级现场试验——方法：对所有不一致的选择验证联锁装置阻止辐照的功能。

d） C级现场试验——原则：在每一分布系统错误定位时，使其中的一个联锁装置失灵并尝试启动辐照；再使第二个联锁装置失灵，重复同样的检测。

e） B级现场试验——方法：验证显示功能。

f） B级现场试验——方法：直观查看所有的分布系统的识别标记并与上述e)中的显示比较。

29.1.8 楔形过滤器的选择和显示

a) 辐照终止后,在治疗控制台上重新选择好一个规定的楔形过滤器或“无楔形过滤器”之前,必须阻止下一次辐照。

b) 当要求在治疗室内和治疗控制台上均进行选择楔形过滤器操作时,一处的选择必须不在另一处显示出来,只有等两处都完成选择后才给出显示。

c) 治疗室内的任何选择与治疗控制台上的选择不一致时,必须阻止辐照。

d) 配有楔形过滤器系统的设备,必须能够在治疗控制台上显示出在用的是哪个楔形过滤器(或“无楔形过滤器”),每个楔形过滤器必须有清晰的识别标记[见 6.1 d)]。

e) 所选的楔形过滤器定位错误时,必须阻止辐照。

f) 在治疗室内必须有一个清晰可见的指示,它表明带楔形过滤器旋转的限束系统在0°位置时,楔形过滤器薄的那边应该指向机架(见图 108 的轴 4 和 GB 18987—2003 的 2.5 和图 7)。

g) 当楔形过滤器可以不定位在上述 f)中规定的位置时(见 GB 18987—2003 的 2.5 和图 7),则对 a)、b)、c)、d)和 e)要求补充,即必须在治疗室和在治疗控制台上显示:

1) 过滤器相对于 f)中规定的 0°位置的角位移。

2) 楔形过滤器的旋转轴相对于限束系统旋转轴的线性位移。

h) 对于配有只能用工具卸下,自动插入或缩回机构的楔形过滤器,必须显示:

1) 此刻所选楔形过滤器已正确插入;和

2) i) 有楔形过滤器插入时的预选剂量监测计数值[a]和楔形过滤器缩回时的剂量监测计数值[b],也就是显示[a]和[b];或

ii) 有楔形过滤器插入时的预选剂量监测计数值[a]及有楔形过滤器插入时的预选剂量监测计数值与总剂量监测计数值之比[a]/[a+b],也就是显示[a]和[a]/[a+b];或

iii) 预选总剂量监测计数值[a+b]和有楔形过滤器插入时的[a],也就是显示[a+b]和[a]。

按照以下方法检验是否符合标准:

a) B级现场试验——方法:在未选择规定的楔形过滤器或“无楔形过滤器”前,尝试去启动辐照。

b) B级现场试验——方法:对所有供使用的选择验证显示功能。

c) B级现场试验——方法:对所有不一致的选择,尝试辐照。

d) B级现场试验——方法:查看楔形过滤器上识别标识;验证它与显示一致。

e) B级现场试验——方法:楔形过滤器错误定位时,尝试辐照。

f) B级现场试验——方法:验证楔形过滤器薄的那面的指示可以清晰地看到,并且指向正确。

g) B级现场试验——方法:验证所有插入的角度和三个位置的位移,楔形过滤器的薄端指向的指示和它的位移在两个位置显示。

h) B级现场试验——方法:验证显示功能。

29.1.9 电子束限束器和辐射束成形装置用托盘

a) 当要求在治疗室内和治疗控制台上均进行选择运行条件操作时,一处的选择必须不在另一处显示出来,只有等两处都完成选择后才给出显示;

b) 下述情况之一发生时,必须阻止辐照:

1) 治疗室内的选择与治疗控制台上的选择不一致;

2) 在治疗控制台上选择好规定的电子束限束器和/或辐射束成形装置用托盘之前;

3) 所选的电子束限束器和/或辐射束成形装置用托盘定位错误。

按照以下方法检验是否符合标准:

a) B级现场试验——方法:对至少两种供使用的选择验证显示功能。

b) A级型式试验——说明有关电子束限束器和辐射束成形装置用托盘的识别、选择和编码,以

及提供用以正确显示和当选择错误或定位错误时阻止辐照的有关的联锁装置。

b) B级现场试验——方法:在下述条件下尝试辐照:

1) 对至少两种不一致的选择;

2) 未选一个规定电子束限束器和/或辐射束成形装置用托盘;

3) 电子束限束器或辐射束成形装置用托盘定位错误。

29.1.10 设备使用的控制

注:用可编程电子子系统(PESS)控制时,29.1.15g)允许用指定口令替代钥匙控制。

a) 钥匙控制必须做到:

1) 允许开启并接通设备到待机状态并从待机状态到预置状态。在所有的治疗参数选择完成之后,不用钥匙设备可以达到准备状态。但是,在用一个可以取下来的专用的机械型钥匙使设备可以出束之前,辐照必须被阻止。在治疗控制台上被选择的几种状态必须显示出来(也见29.1.11);

2) 选择正常使用模式、所有的维修保养模式、所有其他的模式和锁断状态。

b) 外部联锁装置的条件必须显示在治疗控制台上。

c) 必须在治疗室内提供准备状态的声响指示,在其他位置也必须给出准备状态的指示。

d) 在辐照时,除了29.1.4d)要求的辐射类型的显示外,必须在治疗控制台上有正在辐照的显示。必须提供措施,使该显示也能在其他位置给出。在上述c)中要求的在治疗室内准备状态的声响指示和它在别处的声响指示必须在辐照期间持续鸣叫,但声调可以改变。

e) 使用说明书必须包括下述内容:

1) 用来与外部联锁装置连接的机构的细节。该联锁装置从选定的位置阻止、中断或终止辐照,例如治疗室门或其他可进入受控区的入口未关闭或是打开,以及上述d)要求的机构的细节;

2) 建议:1)中要求的外部联锁装置,其复位只应该从该装置保护的控制区内进行,例如用一个延时装置,在确保除了患者外没有其他人呆在控制区后,把门和出口关闭;

3) 只能用可取下的专用机械型钥匙复位的联锁的清单;

注:任何在上面e)3)中提及的专用机械型钥匙是对29.1.10a)1)要求的补充。

4) 为确保下述功能的正确,用户要遵守的条件:

- 外部联锁装置;
- 装在治疗室内在准备状态和辐照时的声响指示;
- 在其他位置用来指示准备状态和电离辐射的显示。

按照以下方法检验是否符合标准:

a) B级现场试验——方法:对1)和2),验证已提供钥匙控制,在治疗控制台轮流选择各种状态和条件,验证专用机械型钥匙的功能。

b)、c)、d) B级现场试验——方法:验证相对应的光和声的指示。

e) A级型式试验——说明有关联锁装置的连接,用户要遵守的条件,有关外部联锁装置复位的建议和只能由专用机械型钥匙复位的联锁装置的清单。

e) B级现场试验——方法:验证外部联锁装置的功能和复位。

29.1.11 启动条件

注:当控制是用可编程电子子系统进行时,29.1.15g)可用指定口令替代钥匙控制。

当准备状态的指示出现并且已用专用的机械型钥匙打开开关后,操作者必须能够在治疗控制台上启动正常使用时的辐照[见29.1.10a)1)]。

按照以下检测方法验证是否符合标准:

A级型式试验——说明有关在正常使用时只能从治疗控制台启动辐照。

29.1.12 辐照中断

a) 任何时刻,从治疗控制台和从使用说明书中规定的其他位置,必须都能够中断辐照,同时中断设备的运动。

b) 在中断辐照后,只要不改变或不重选中断前那一时刻辐照的任何运行参数,就必须可以重新启动辐照,但是只能从治疗控制台上启动。

c) 若中断辐照期间改变任何运行参数,设备必须:

——变成预置状态;或

——变成终止辐照状态;

——例外:当辐照中断之前存在的条件已被复原,应该能恢复辐照。例如,为了帮助患者或为了试验患者的位置,需要进入治疗室,移动机架、患者或治疗床,然后所有的中断辐照前的条件都复原,无需重选原来的治疗参数就应该可以恢复辐照。此时,除了在29.1.6f)给出的允许条件和容差外,这个例外的条件和允差应该在使用说明书中给出。

按照以下方法检验是否符合标准:

a) A级型式试验——说明有关从其他位置中断辐照和针对某一台设备所建议的特别的现场试验;

a) B级现场试验——方法:对每种辐射类型的一个能量:

1) 验证同时中断辐照和运动;中断来自:

● 治疗控制台;

● 任何其他位置。

2) 执行由制造商建议的其他试验;

b) B级现场试验——方法:对每种辐射类型的一个能量,验证辐照中断后重新启动辐照。

c) A级型式试验——说明有关例外情况下的允许条件。

c) B级现场试验——方法:对每种辐射类型的一个能量:

1) 验证转换到预置状态或转换到终止辐照状态;

2) 启动辐照,再中断辐照并改变机架和治疗床位置,恢复它们的原始位置并重新开始辐照;复原所用的容差在29.1.6f)中给出。

29.1.13 辐照终止

a) 必须在任何时刻均可从治疗控制台和从使用的说明书中规定的其他位置终止辐照和运动。

b) 放射治疗期间,调整任何运行参数都必须导致辐照终止。放射治疗时调整参数只能在辐照开始前由预编程完成,允许的例外已在29.12c)中给出。

按照以下方法检验是否符合标准:

a) A级型式试验——说明有关从其他位置终止辐照;

a) B级现场试验——方法:对各种辐射类型的一个能量,验证从治疗控制台和提供的任何其他位置终止辐照和运动;

b) B级现场试验——方法:验证在放射治疗过程中,任何一个运行参数被调整时终止辐照。

29.1.14 辐照的非正常终止

注:如果用可编程电子子系统控制,则29.1.15允许用口令替代钥匙控制。

若辐照终止不是因剂量监测系统正常动作而是由任何其他措施产生。

a) 必须在治疗控制台上方给出一个特殊的显示,在有可视显示终端的设备上,必须显示每次辐照终止的原因;使用说明书应该包括相关的潜在危险警告的详细内容;

b) 必须在治疗控制台上用一个指定的机械型钥匙去复位造成这个非正常终止辐照的联锁装置,辐照才能继续进行。

注:b)中提到的指定机械型钥匙是对29.1.10a)1)中讲到的补充。

按照以下方法检验是否符合标准：

a) A 级型式试验——说明有关的潜在危险的警告；

a) C 级现场试验——原则：验证引起非预期终止辐照的联锁装置动作的显示功能；

b) A 级型式试验——说明有关只能用指定的机械钥匙使其复位的联锁装置；

b) C 级现场试验——原则：用特殊措施导致辐照终止后，尝试不用指定的机械钥匙启动辐照。

29.1.15 可编程电子子系统

a) 本部分的安全要求必须适用于任何其故障会导致安全危害的可编程电子子系统。

b) 必须保证未经制造商授权，不得访问或修改软件和固件控制程序。

注：未经制造商授权去触动软件或固件可能发生危险，使设备不符合本部分的要求并会给制造商一个拒绝担保的充分的理由。

c) 作为监护、测量或控制装置的一部分，如果可编程电子子系统发生故障，不能维持其安全功能，则必须阻止或终止辐照并停止运动。

d) 辐照的启动只能用手动控制。启动后，允许由可编程电子子系统按预编程序控制辐照和运动。

e) 按照 29.1.11、29.1.12 和 29.1.13 的要求，手控启动辐照、手控中断或终止辐照和运动，都必须用硬件接线并独立于任何可编程电子子系统。

f) 可编程电子子系统控制的装置设计为用基于计算机信息文件或其他输入措施所提供的数据来设置或预先定位设备的部件，必须提供措施来比较设备参数的实际设置和所输入的数据。当两者的任何差值超过用户根据使用说明书所规定和预先定义的限值时，必须阻止辐照。

g) 当控制由可编程电子子系统实现时，容许用一个指定的口令，替换钥匙或指定的机械钥匙控制[如 29.10、29.11 和 29.14b）所要求]，使某些功能生效或不生效。

h) 可编程电子子系统的设计、测试和配置控制必须符合 IEC 60601-1-4 要求。

注：见 1.5.104 中与此条有关的说明和 IEC 60601-1-4 的说明。也请见 52.1。

检验方法如下：

A 级型式试验——说明有关使用可编程电子子系统安全运行的原理和实现。

C 级现场试验——原则：验证制造商规定的正确功能。

29.2 辐射野内杂散辐射的防护

29.2.1 电子辐照中的杂散 X 辐射

在参考轴上，实际电子射程外 100 mm 的深度处，由于 X 辐射引起的吸收剂量百分数值必须不超过表 103 和图 101[6] 给出的值。

必须在体模中测量，入射表面垂直于参考轴，在正常治疗距离处，其各边比辐射野至少大 5 cm；体模的深度至少比测量深度大 5 cm。

按照以下方法检验是否符合标准：

A 级型式试验——在所有电子束限束器和所有能量的电子辐射时，杂散 X 辐射百分数的说明；

B 级现场试验——方法：在所有的能量下，用最大的方形辐射野，做规定的测量。

表 103 电子辐照中杂散 X 辐射的限制(参见图 101)

电子能量/MeV	1	15	35	50
杂散 X 辐射/%	3	5	10	20

29.2.2 X 辐照中的相对表面剂量

用 30 cm×30 cm 辐射野，或用可能得到的最大矩形辐射野(最大辐射野小于 30 cm×30 cm 时)，相对表面剂量必须不超过表 104 和图 102 给出的值。

测量必须在体模中进行，其尺寸与位置如 29.2.1 所述。所有不用工具就可取下的辐射束成形装置

6) 见 ICRU，报告 35：3.3 节(能量)；3.3.2.3(测量范围)；9.2.6.1 (X 线污染)等。

必须从辐射束中移开，所有均整过滤器必须留在其规定位置上。

按照以下方法检验是否符合标准：

B级型式试验——方法：如上所述对各种能量验证相对表面剂量。

表 104　X辐照时相对表面剂量的限制(见图 102)

电子能量/MeV	1	2	5	8～30	40～50
相对表面剂量/%	80	70	60	50	65

29.2.3　杂散中子辐射

此要求只对电子能量超过 10 MeV 的设备适用。

必须从测量数据中评估中子能量分布和杂散辐射值，这个数据是在一个横截面不超过 800 cm^2 的面积上测量并取平均，或：

- 在参考轴上等中心处测量 10 cm×10 cm 辐射野的中子吸收剂量相对 X 辐射吸收剂量的百分数；或
- 对于所述的 X 辐射吸收剂量率在等中心处最大中子注量率。

按照以下方法检验是否符合标准：

C级型式试验——原则：对 X 辐射的所有能量，如果设备不能给出 X 辐射，则对产生最大吸收剂量或最大杂散中子辐射注量率的电子辐射能量进行测量，以获取所需的数据。必须说明可替换选择方案的方法、条件和结果；必须考虑到辐射的脉冲性能、中子能谱、伴生 X 辐射和从周围结构散射的中子辐射对测量的影响。

29.3　在患者平面上辐射野外的辐射防护

如果提供的设备有一个附加过滤器，运行时可以用也可以不用该附加过滤器，则两种情况都必须满足本条的要求。

图 103 给出适用于本条要求的边界。

29.3.1　透过限束装置的泄漏辐射

注 1：所有泄漏辐射的测量不包括剩余的矩形辐射野的区域。

注 2：设备使用不可调节的初级限束装置，用于屏蔽靶/电子窗与可调节限束装置之间的区域时，M 是该初级限束装置的末端在正常治疗距离处垂直参考轴的平面上的几何投影区域，设想从靶/电子窗的前表面的中心看到的[M_{10}定义见 29.3.1.2a)]。

注 3：在同一加速器上，电子辐射模式和 X 辐射模式的正常治疗距离可能不相同，由于这个原因和 29.3.1.2a)所述的原因，M 区域可能会不同。

注 4：多元限束装置有规定数量的辐射衰减结构，组装起来并加以控制用来限定辐射野；这样的组件有时称作多叶准直器。辅助的多元限束装置既可以临时也可以永久附加在一个已有的限束装置上。

29.3.1.1　X 辐射

用以下条款替换原条款：

必须对穿过限束装置所有组合的泄漏辐射进行测量。测量时，用至少 2 个十分之一值层的 X 辐射吸收材料[7]把任何一个剩余孔隙屏蔽。对非重叠式限束装置，必须在最小辐射野尺寸下测量。

必须配备可调节或可互换的限束装置。任何一个限束装置或其组合(包括多元限束装置)可以重叠，下述要求必须适用于每个独立装置或同时一起测量的组合装置：

a) 除适用于 c)款的多元件限束装置外，每个限束装置必须衰减 X 辐射到以下程度：
   在 M 区域中任何处，除了剩余的矩形辐射野外，泄漏辐射的吸收剂量不得超过参考轴上正常治疗距离处 10 cm×10 cm 辐射野最大吸收剂量的 2%；

b) 对任何尺寸的辐射野，泄漏辐射穿过限束装置，包括多元限束装置，在 M 区域中的平均吸收剂

7) 见 ICRP 33 (234 et seq.)。

量 D_{LX}必须不超过参考轴上正常治疗距离处 10 cm×10 cm 辐射野的最大吸收剂量的 0.75%。当正常距离处多元限束装置屏蔽的区域，其面积大于 300 cm^2 时，如果上述限值被超过，则必须在随机文件中说明超过该限值的条件和限值超过的范围；

c) 当一个多元限束装置自身不能满足上述 a)和 b)的要求，因而还要重叠以可调节或可互换的限束装置才能满足要求时，则这些限束装置必须自动调节成最小尺寸的矩形辐射野，包围在多元限束装置限定的辐射野周边；

d) 穿过多元限束装置投射在 c)中自动调节限束装置形成的矩形辐射野的泄漏辐射所引起的吸收剂量必须不超过在参考轴上正常治疗距离处 10 cm×10 cm 辐射野的最大吸收剂量的 5%。

按照以下方法检验是否符合标准：

a) B 级型式试验——方法：

1) 将限束系统设定成最大 FX_{max}乘最小 FY_{min}辐射野尺寸时，在 X 辐射的最高能量下，在正常治疗距离处进行直接或间接的射线摄影，用它评估最大泄漏辐射区域的位置。再设定 FX_{min}乘 FY_{max}重复进行；

2) 在最大泄漏辐射处用辐射探测器测量，辐射探测器的横截面必须不超过 1 cm^2；必须在体模中最大吸收剂量深度处测量。对所有的 X 辐射能量，重复这一测量。

a) B 级现场试验——方法：如上述 a)2)型式试验描述的那样，在对应 X 辐射最大泄漏辐射发生时的 X 辐射能量，用辐射探测器测量；

b) B 级型式试验——方法：按照 a)2)所述，如图 104 所示，用来产生矩形辐射野的限束装置对称地设定成最大 FX_{max}乘最小 FY_{min}辐射野。用辐射探测器测量 24 个点，确定 24 个测量值的平均值 D_{LX}，相对于在参考轴上，正常治疗距离处 10 cm×10 cm 辐射野处最大吸收剂量的百分比值。再对称设定 FX_{min}乘 FY_{max}，重复之。对所有的 X 辐射能量，重复测量。如果有一个多元限束装置，则打开可调节或可互换的限束装置，以产生一个面积为 300 cm^2 的正方形辐射野。把多元限束装置关闭到与该辐射野协调一致的最小值(例如用一个细的 T 形或十字形野)，用辐射探测器测量多元限束装置屏蔽的区域。从这些测量值中计算出穿过限束装置(包括多元限束装置)的泄漏辐射在 M 区域上的平均吸收剂量 D_{LX}。

b) B 级现场试验——方法：与型式试验相同。

注：用二维阵列辐射探测器可以缩短本项试验的时间。

c) B 级型式试验——方法：用直接或间接射线摄影，演示可调节或可互换限束装置的自动调节能力。

c) B 级现场试验——方法：用直接或间接射线摄影去确认自动调节能力。

d) B 级型式试验——方法：

1) 对称地关闭所有多元组件中相对的元件，以给出最小的孔隙，打开两对离参考轴最远的元件，一对完全张开，另一对部分张开。用直接或间接的射线摄影判断 T 形剩余最小孔隙之外的最大泄漏辐射点的位置。对所有的 X 辐射能量，重复测量。

2) 在上述 a)2)型式试验给出的条件下，用辐射探测器测量。

d) B 级现场试验——方法：在相同条件下，在 a)2)型式试验得出的最大泄漏辐射点，用辐射探测器测量。

29.3.1.2 电子辐射：

a) 必须配备可调节的或可互换的限束装置和/或电子束限束器。每个限束装置和/或电子束限束器，无论是在 M 区域内或在 M_{10}区域内，都必须衰减所有入射到限束装置、电子束限束器和辐射头的其他部件上的电离辐射(不包括中子辐射)，并限制电子辐射野之外的散射辐射。M_{10}包括 M 和 M 几何辐射野边界向外扩展 10 cm 的区域。

注：下文，包括 29.3.2，M 代表 M 或 M_{10}，两者都适合。

从而：

1） 在几何辐射野周边外 2 cm 处的线和 M 边界之间的区域中，吸收剂量对应参考轴上，正常治疗距离处最大吸收剂量的百分比值最大必须不超过 10%；

2） 在几何辐射野周边外 4 cm 处的线和 M 边界之间的区域，泄漏辐射的平均吸收剂量 D_{LE}，必须不超过允许泄漏辐射的限制，对电子能量 10 MeV 以下(包括 10 MeV)，此值为 1%，对电子能量从 35 MeV 到 50 MeV，此值升到 1.8%，如图 105 所示。

泄漏辐射的测量必须是对指向空气的电子束，用一横截面不大于 1 cm^2 的辐射探测器测量，探头对于从辐射探测器下面的物质散射的辐射要有足够的防护。

b） 能够包含任一个电子束限束器本身的体积，从其外表面外推 2 cm，从限束器末端到离外壳 10 cm处，测量的吸收剂量必须不超过参考轴上正常治疗距离处最大吸收剂量的 10%。

c） 当 X 辐照限束装置被用作电子辐照限束系统的一部分时，必须有联锁，当它的实际位置和要求的位置相差超过 10 cm(在正常治疗距离处)时，阻止电子辐照。

按照以下方法检验是否符合标准：

a)1） B 级型式试验——方法：

- 用 10 mm 与组织等效的材料作为建成，对所有尺寸的电子束限束器/限束系统，在对应的最大和最小能量下，在正常治疗距离处做射线摄影。在几何辐射周边外 2 cm 处的线和 M 区域边界之间区域中定出最大吸收剂量点的位置；
- 在与射线摄影相同的条件下，在上述点用辐射探测器测量；吸收剂量必须不超过参考轴上正常治疗距离处最大吸收剂量的 10%。

a)2） B 级型式试验——方法：条件与 a)1)相同，在 M 中，沿八条分割线(见图 106)以 2 cm 的间隔，从几何辐射野周边外 5 cm 的点(在对角线上是 $5\times\sqrt{2}$ cm)到 M 边界内，用辐射探测器测量。对每个电子束限束器/限束系统，确定辐射探测器读数的平均值对应参考轴上正常治疗距离处最大吸收剂量的百分比值 D_{LE}。

a） B 级现场试验——方法：在电子束限束器和在 a)2)型式试验中规定的电子能量所测数据的最不利组合下，做射线摄影和用辐射探测器测量。

b） B 级型式试验——方法：在规定的最大和最小能量下，在距所有电子束限束器表面 2 cm 处测量吸收剂量。

b） B 级现场试验——方法：在从型式试验数据中得出的最大泄漏剂量点上测量。

c） A 级型式试验——说明有关 X 辐射限束装置错误定位，在正常治疗距离处偏差超过 10 mm 时，阻止电子辐照的联锁。

c） C 级现场试验——原则：验证当 X 辐射限束装置错误定位时，阻止电子辐照的联锁功能。

29.3.2 *M* 区域外的泄漏辐射(中子辐射除外)

设备应该提供防护屏蔽，衰减电离辐射，使位于参考轴并与参考轴垂直，直径为 2 m 的平面内(但不包括 M 区域外)的泄漏辐射(不包括中子)造成的吸收剂量衰减到以下水平：

a） 最大吸收剂量必须不超过 10 cm×10 cm 辐射野在平面中心测得的吸收剂量的 0.2%；

b） 其平均值必须不超过中心的 0.1%。

为了避免穿过限束装置的泄漏辐射对测量的影响，限束装置应关到最小孔隙。当需要时，在 M 区域上用至少 3 个十分之一值层厚、合适的吸收材料防止 X 辐射束。

按照以下方法检验是否符合标准：

B 级型式试验——方法：

a） 轴 1 在 0°、90°或 270°，轴 4 在 0°(见图 108)，在所有的 X 辐射能量和在最高的电子辐射能量下，确定最大泄漏辐射的点，在这些点上用辐射探测器测量，以获得泄漏辐射吸收剂量的最大百分比值。最大泄漏辐射点可以用直接或间接射线摄影或射线胶片确定。

b) 评估从a)得到的结果,在给出最大泄漏辐射的组合条件下,在图107中给出的24个点用辐射探测器测量,必须对最大不超过100 cm^2 的面积取平均值,必须用24个测量值的平均值确定泄漏辐射平均吸收剂量的百分比值。

C级现场试验——原则:在图107中给出的24处位置上,在b)型式试验指定的条件下,用辐射探测器测量。

29.3.3 *M* 区域外的泄漏中子辐射

此要求只对轰击靶或轰击电子窗的电子能量超过10 MeV的设备适用。

在正常使用条件下,*M* 区域外,在29.3.2规定的平面上,中子的吸收剂量最大必须不超过在与参考轴交点上10 cm×10 cm辐射野的X辐射吸收剂量的0.05%、平均必须不超过0.02%。吸收剂量值必须对不超过800 cm^2 的面积取平均。

按以下方法检验是否符合标准:

B级型式试验——方法:对X辐射的所有能量进行测量。如果不能用X辐射,则对产生最大吸收剂量或由于杂散中子辐射产生的最大注量率的电子辐射能量进行测量并记录其方法、条件和结果。计算其平均值并指出超过0.02%的区域。必须考虑辐射的脉冲特性、中子能谱及伴生X辐射和从周围结构散射的中子辐射的效应。中子测量时必须将限束装置完全关闭。

29.3.4 故障状态下的泄漏辐射

必须提供措施,保证当电子束不正确地打在靶上或电子窗上时终止辐照。在29.3.2定义的平面上,当 *M* 区域外泄漏辐射吸收剂量率超过29.3.2规定的限值5倍时,必须终止辐照。泄漏辐射的吸收剂量率必须在不大于10 s的时间内取平均。用故障状态下参考轴上的一个10 cm×10 cm辐射野上吸收剂量率的百分比值表示。

按照以下方法检验是否符合标准:

C级型式试验——原则:验证终止辐射措施的功能,或

A级型式试验——说明如何满足并验证这项要求。

C级现场试验——原则:验证故障状态下辐照终止。

29.4 患者和其他人员的辐射安全

注:用于本条要求的平面图边界见图103。

29.4.1 患者平面外的泄漏X辐射

a) 除了中心位于等中心,垂直于参考轴,半径为2 m的圆面与图103正视图给出的测量边界形成的体积,在离电子从电子枪到靶或电子窗的通路1 m远处和离参考轴1 m远处,泄漏辐射的吸收剂量必须不超过在参考轴上正常治疗距离处,用10 cm×10 cm辐射野测量的最大吸收剂量的0.5%。

b) 上述a)中讨论的区域

——在辐照时可能会接近患者,且,

——离外壳表面5 cm处的泄漏X辐射可能超过0.5%的最大吸收剂量,

必须在技术说明书中说明吸收剂量的相对值和测量的条件。

按照以下方法检验是否符合标准:

a) B级型式试验——方法:对X辐射的所有能量和对电子辐射的最高能量,用射线摄影法找出高X辐射泄漏点,用辐射探测器测量这些点,在不超过100 cm^2 的面积内取平均值。对高泄漏X辐射的点测量时,所用辐射探测器的建成应与测量最大吸收剂量时用的等价。可以使用直接或间接的射线摄影或射线胶片。

b) B级型式试验——方法:根据a)获得的信息,用辐射探测器测量在离外壳表面5 cm处确定的那些点,在不大于10 cm^2 面积内取平均值。记录超过0.5%X辐射泄漏的平均值、它们的位置和有关情况。

a)、b) B级现场试验——方法：利用上述a)和b)的B级型式试验中记录的情况，用辐射探测器测量所选出的最高X辐射泄漏的三个点。

29.4.2 患者平面之外的泄漏中子辐射

本要求只适用于在靶上或电子窗上能量超过10 MeV的设备。

在29.4.1a)中定义的体积除外，在相同的条件下，泄漏中子辐射的吸收剂量必须不超过电子辐射或X辐射的最大吸收剂量的0.05%。

必须在正常使用条件下，限束装置完全关闭时测量，在不超过800 cm^2 的面积内取平均值。

按照以下方法检验是否符合标准：

C级型式试验——原则：测量在最高的X辐射能量下进行，如果设备只用电子辐射，则在产生最大辐射剂量或杂散中子辐射的最大中子注量率的电子辐射能量下进行。必须考虑到辐射的脉冲性、中子能谱及伴生X辐射和从周围结构散射的中子辐射的效应。

29.4.3 在终止辐照后感生放射性的电离辐射发射

本要求只适用于在靶上或电子窗上能量超过10 MeV的设备。

a) 在规定最大吸收剂量率下，进行4 Gy辐照，以间歇10 min的方式连续运行4 h后，在最后一次辐照终止后的10 s开始测量，累积5 min，测得从设备发射的电离辐射引起的环境剂量当量[8)]，$H*(d)$，该当量必须不超过下列值：
   - 离外壳表面5 cm任何容易接近处：10 μSv。
   - 离外壳表面1 m处：1 μSv。

   另一种方法：在最后一次辐照终止后10 s，在不超过3 min的时间内，所测量的环境剂量当量率必须不超过下列值：
   - 离外壳表面5 cm任何容易接近处：200 μSv/h。
   - 离外壳表面1 m处：20 μSv/h。

b) 必须在技术说明书[见6.8.2j)]中规定：维修和处置时应该采取的预防措施(例如限制触摸那些可能有放射性的部件的时间和遵守国家的和国际的有关处置和运输带放射性物质的规定)。

按照以下方法检验是否符合标准：

a) B级型式试验——方法：在离外壳表面5 cm处，对不超过10 cm^2 的面积和离外壳表面1 m处测量剂量，对不超过100 cm^2 的面积取平均值，记录其方法、结果和位置：
   - 最高X辐射能量，或如果不用X辐射，则用29.3.3型式试验的电子辐射能量；
   - 辐射野10 cm×10 cm。

b) A级型式试验——说明有关维修和处置时应采取的预防措施[见6.8.2j)]。

29.4.4 可伸缩辐射束屏蔽档块[见6.8.2j)]

任何可伸缩辐射束屏蔽档块必须有辐照时保证位置正确的联锁装置。

按照以下方法检验是否符合标准：

A级型式试验——说明有关阻止错误运行的联锁装置。

B级现场试验——方法：在辐射束屏蔽档块位置错误时，尝试启动辐照。

29.4.5 非预期的电离辐射

注：通用安全标准的第29章已被替换。这是对29.2的替换。

某些设备或设备部件，例如热发射管，作为电子加速器的一部分，它们并不产生用于放射治疗的电离辐射，但是被高于5 kV电压激发时它们会发射电离辐射，所产生的环境剂量当量 $H^*(d)$，在1 h时间内，在离任何可接触表面5 cm处，必须不超过5 μSv。

---

8) 见ICRU，报告39:3.1.1节等，或ICRU报告51：1.4.3.1.1，和ICRP 60：A.14，A.14.1.(A.27)等。

按照以下方法检验是否符合标准：

B级型式试验——方法：用一个适合于该发射辐射能量范围的辐射探测器，测量剂量并取平均值，记录方法、位置和测量结果。在不超过 10 cm^2 的面积中取平均值，以评估小角度射束产生的剂量。

控制和调整到能获得最大发射 X 辐射的位置，轮流引发造成最不利情况的组件的单一故障。

36 电磁兼容

替换：

YY 0505—2005/IEC 60601-1-2 中的要求和试验和下述 36.201.1，36.202.2 给出的额外要求必须适用于电子加速器及其组成部分——信息技术设备(ITE)。

用于测量的现场必须是典型的通常用于安装电子加速器的场所，可以是在用户处或在制造商处，规定的允许值必须证明合理并包括在随机文件中。

36.201 发射

36.201.1 射频(RF)发射

补充：

aa) 遵守的要求必须采用 GB 4824/CISPR 11 分类为 1 组 A 类、永久性安装设备的要求。

bb) 对射频发射，电磁干扰被外墙以内的结构物衰减，必须看作是设备固有的衰减。测量在距外墙以外一段距离处进行。

按照 YY 0505/IEC 60601-1-2，在安装设备的建筑物的外墙 30 m 处测量，验证是否符合标准。

36.202 抗扰度

补充：

aa) 应作为永久性安装设备，试验是否符合要求。

36.202.2 辐射射频电磁场

补充：

aa) 对射频电磁场的抗扰度，防护电离辐射所需的建筑结构产生的衰减必须考虑为设备固有的衰减。

按照 YY 0505/IEC 60601-1-2 规定进行试验，验证是否符合标准。测量用天线应放置在防护电离辐射的建筑结构外 3 m 处。

第六篇 对易燃麻醉混合气点燃危险的防护

《通用标准》中本篇的章条不适用。

第九篇 不正常的运行和故障状态；环境试验

除以下条款外，《通用标准》中本篇的章条适用。

52 非正常运行和故障状态

52.1 替换：

a) 设备必须设计和制造成即使在单一故障状态下也不存在安全方面的危险。(见 3.1 和第 13 章)

注：假定设备按照正常使用情况运行，除非在下述试验中另外有规定。

若 52.5 描述的任何一个单一故障发生时，每次一个，不会直接引起 52.4 中描述的任何的安全危险，则满足要求。

b) 装有可编程电子子系统的设备的安全必须遵循 IEC 60601-1-4(见附表 L)的要求。

必须在使用说明书中给出所有关于剩余风险的信息。

例外:如果可以证明,设备或某些设备部件,其研制开发的进展超过了某个阶段,以致 IEC 60601-1-4 的详细要求不能适用,此时,IEC 60601-1-4 必须不适用这些设备或设备部件。在设计和生产的过程中 IEC 60601-1-4 必须适用并连续贯穿整个开发寿命周期。虽然不可能用 IEC 60601-1-4 去追溯现有设备和上文提到的超过该阶段的设备,但是适用 IEC 60601-1-4 的设计和过程控制数据还是可以进行实质性验证的;亦请见 IEC 60601-1-4 的 52.211.1。

查看使用说明书和 IEC 60601-1-4 风险管理文件,检验是否符合标准。

第十篇　结构要求

除下述外,《通用标准》中本篇的章条适用。

57　网电源部分、元器件和布线

57.1　与供电网的分断

a)　分断

修改

第 2 个破折号“——”修改如下:

——除了因安全需要保持连接那些电路外,例如:真空泵、室内照明灯和某些安全联锁等,隔离措施必须装在设备上,或是装在外部认为有必要的尽可能多的位置。在安装时如果这些措施全部或部分适用,必须在技术说明书中包括这些要求。

通过查看,检验是否符合标准,当这些隔离措施安装时全部或部分地适用时,检查结果应该包括在现场试验报告中(见 16d)* 和 e)*。

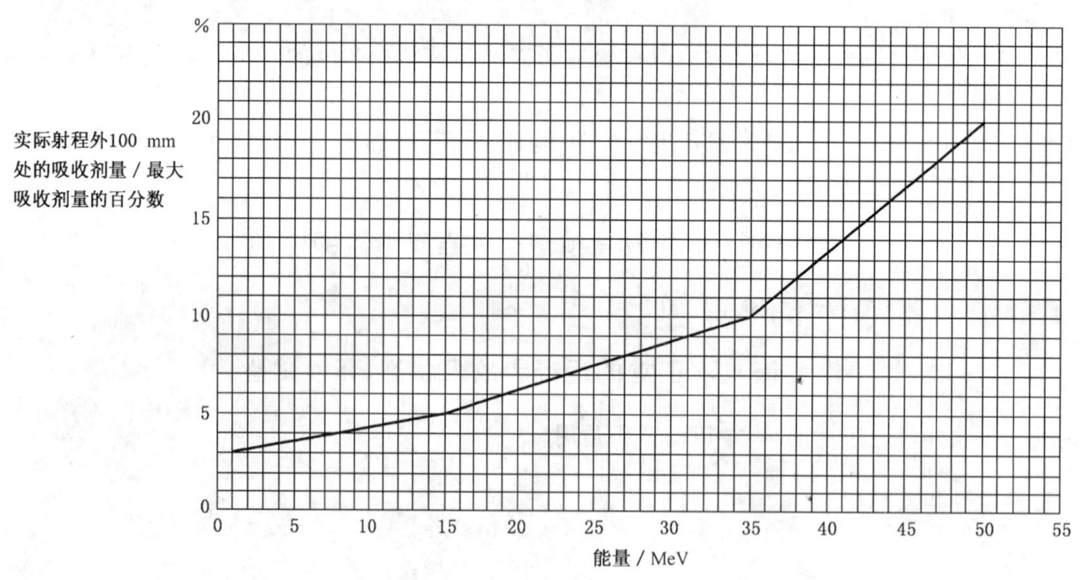

图 101　电子辐照中杂散 X 辐射的限制

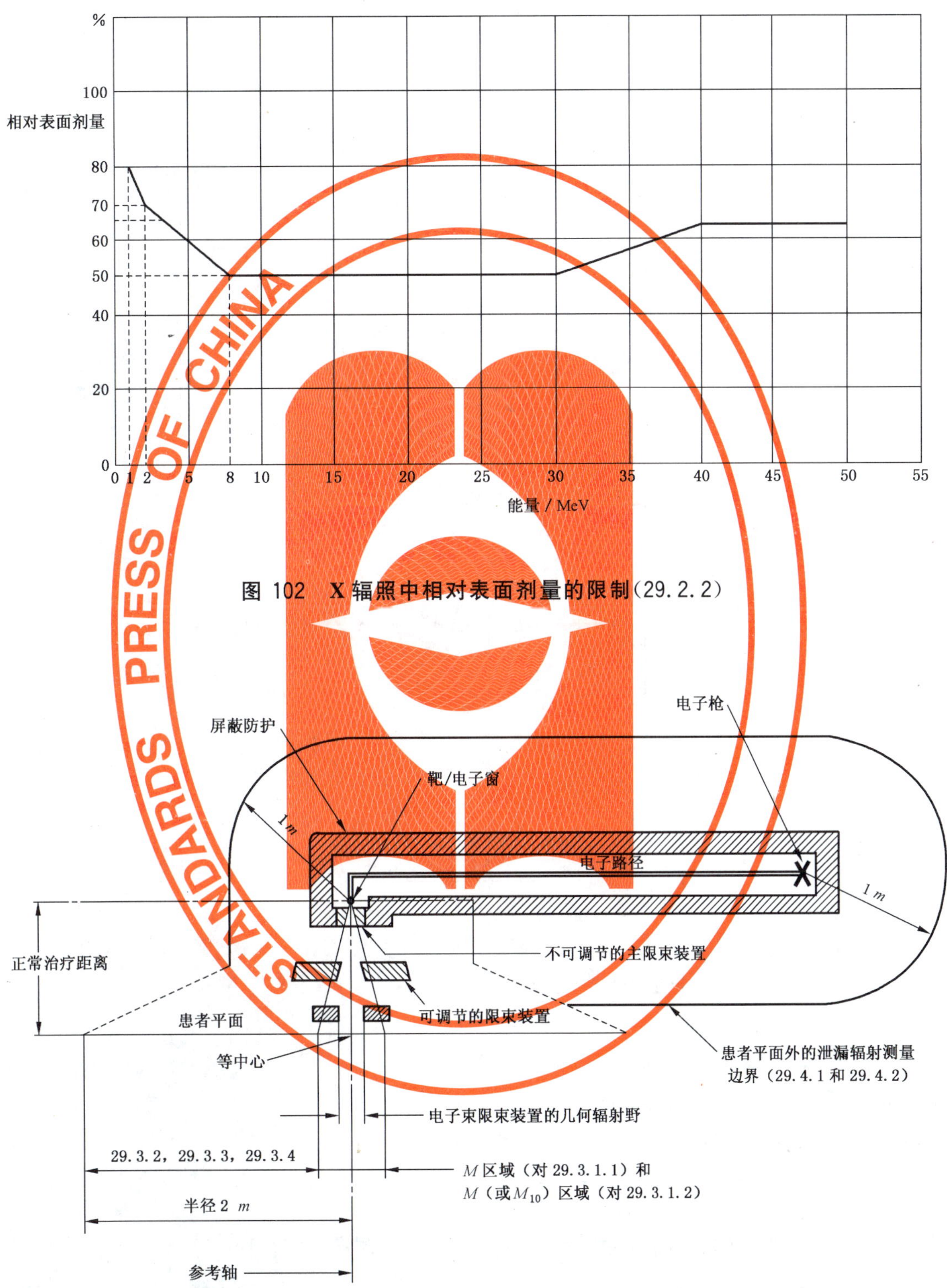

图 102　X辐照中相对表面剂量的限制(29.2.2)

图 103　泄漏辐射要求的剖面图(29.3和29.4)

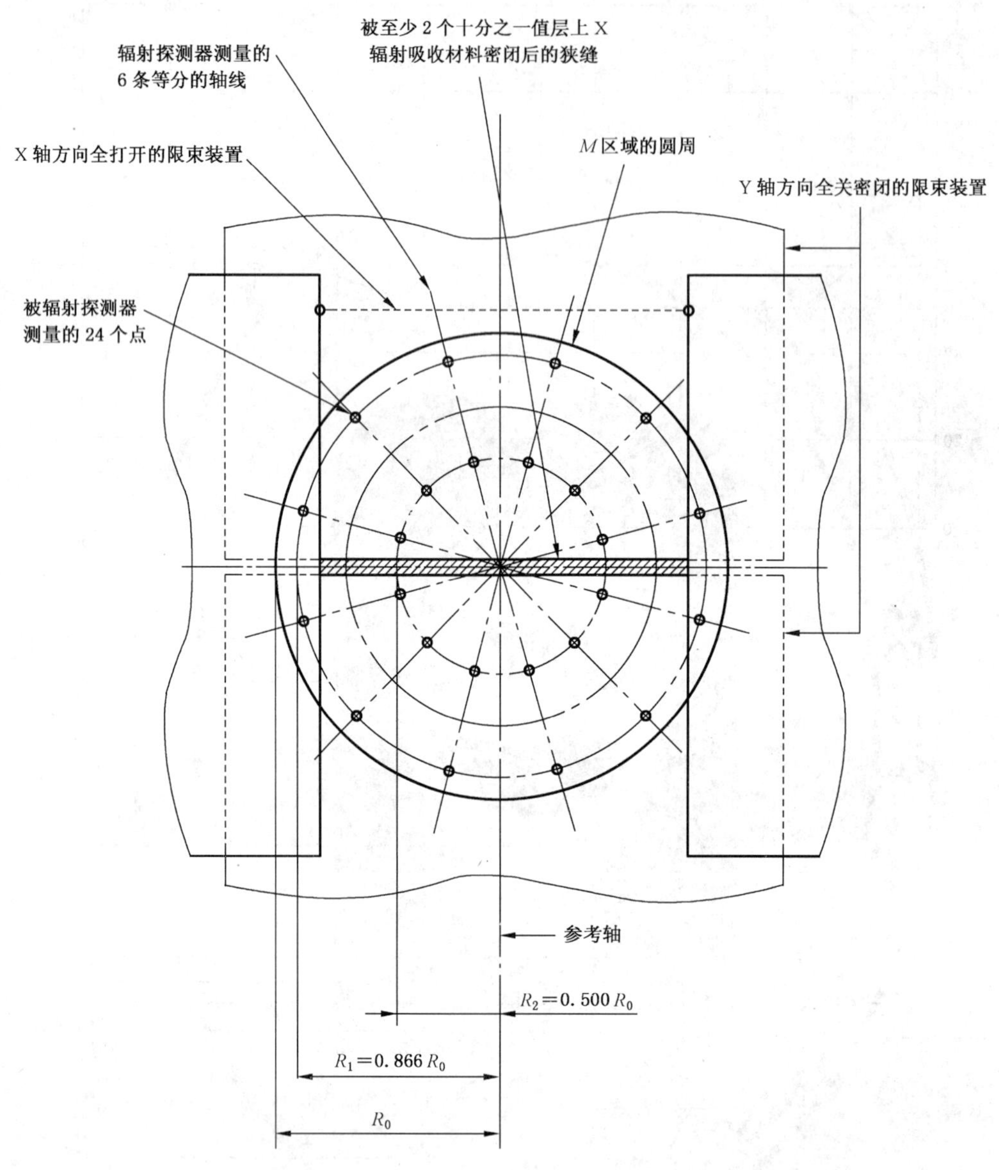

注1：M面积$=\pi R_0{}^2$，M由29.3.1的注2确定。

注2：在正常治疗距离上相对于患者平面的尺寸。

注3：另一测量是由X轴方向上关闭和Y轴方向全部打开进行的。

注4：M面积中心限束装置在位于参考轴上并与其垂直。

图104　X辐射中平均泄漏辐射的24个测量点(29.3.1.1)

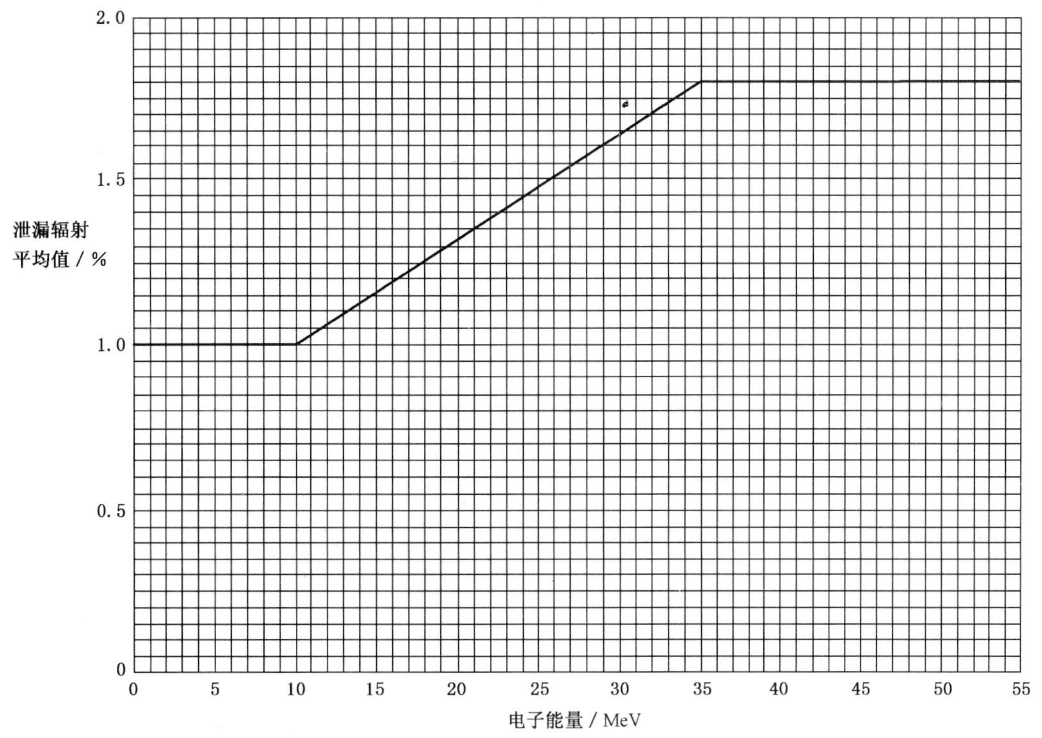

图 105 电子辐照中通过限束装置的泄漏辐射的限制

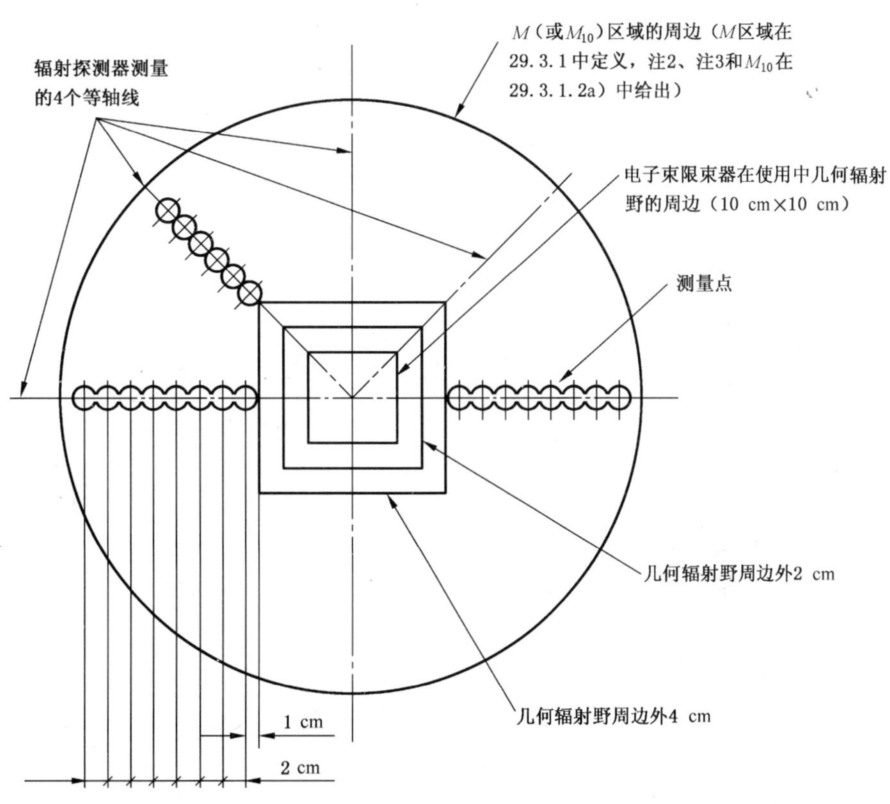

注：为使用电子束时的正常治疗距离处的尺寸。

图 106 电子辐照中平均泄漏辐射的测量点

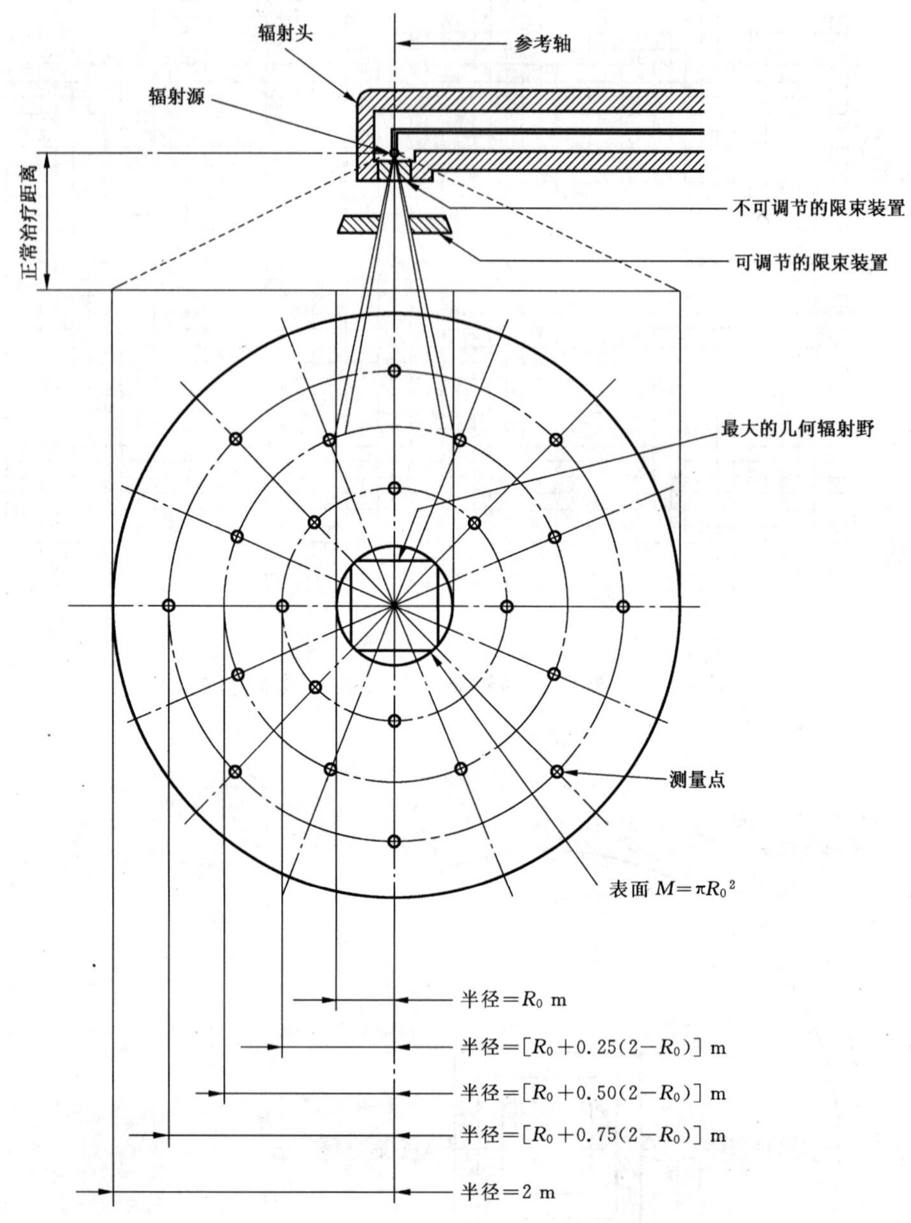

注：*M* 区域以参考轴为中心并垂直于参考轴。

图 107 ***M*** 区域之外平均泄漏辐射的 24 个测量点

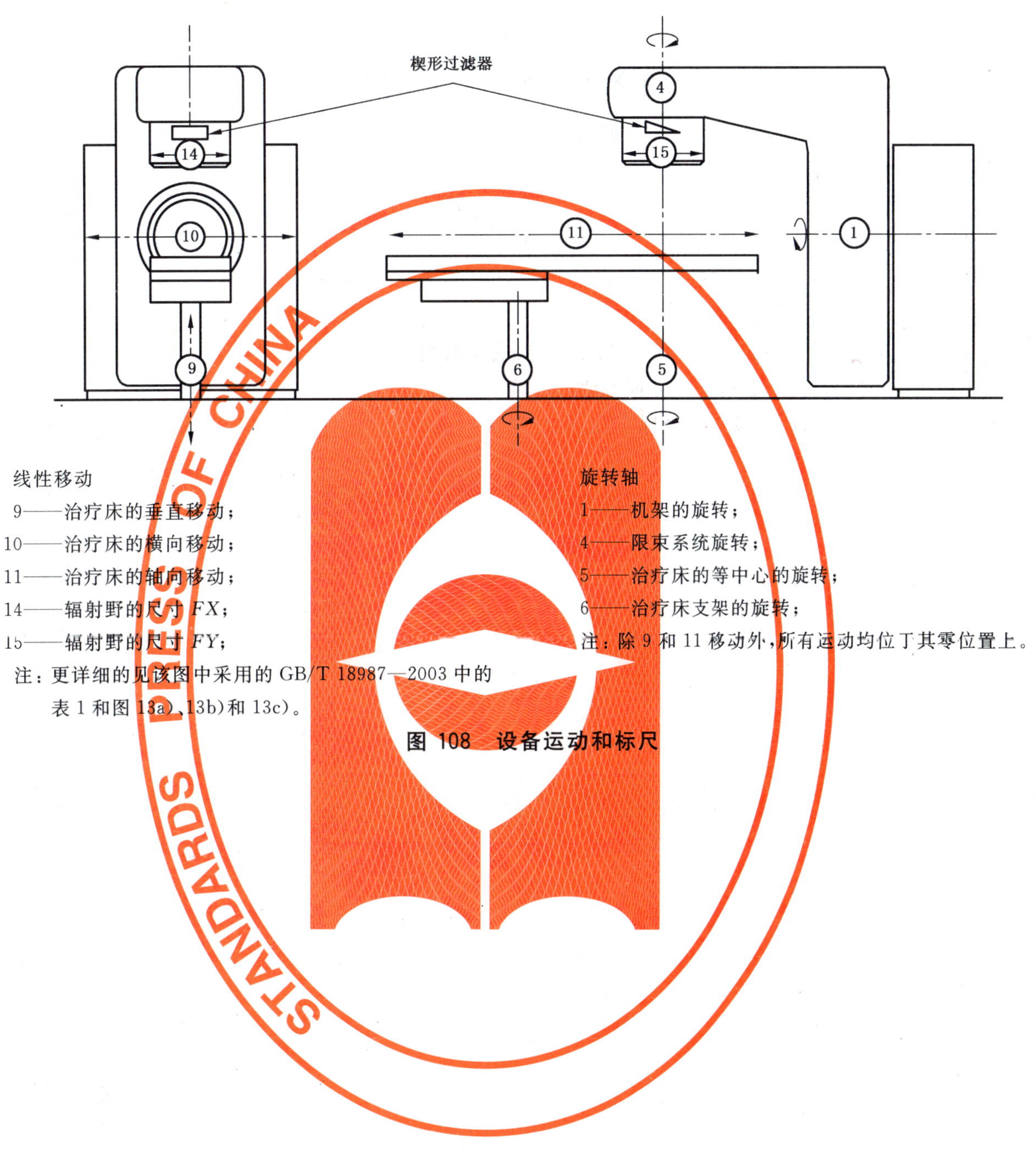

线性移动

9——治疗床的垂直移动；

10——治疗床的横向移动；

11——治疗床的轴向移动；

14——辐射野的尺寸 FX；

15——辐射野的尺寸 FY；

注：更详细的见该图中采用的 GB/T 18987—2003 中的表 1 和图 13a)、13b)和 13c)。

旋转轴

1——机架的旋转；

4——限束系统旋转；

5——治疗床的等中心的旋转；

6——治疗床支架的旋转；

注：除 9 和 11 移动外，所有运动均位于其零位置上。

图 108 设备运动和标尺

附 录 L
（资料性附录）
参考文献——本部分提及的出版物

除下述内容外，通用标准中的附录 L 均适用：

补充：

下述标准文件所包含的条款，通过本部分的引用而构成 GB 9706 中该部分的补充条款。出版时所示版本均有效。所有标准文件的内容都会被修订，鼓励使用各方在与 GB 9706 中该部分相一致的基础上探讨使用下述标准文件的最新版本的可能性。IEC 和 ISO 成员对现行有效的国际标准注册登记。

补充：

GB 9706.1—2007 《医用电气设备　第 1 部分：安全通用要求》

IEC 60788:1984　医用放射学　名词术语

GB/T 18987　放射治疗设备　坐标系、运动与刻度

附　录　AA
（资料性附录）
中文索引

G

J

K

Y

Z

W

其他

英 文 索 引

F

G

H

I

L

M

N

O

P

Q

R

S

T

U

W

X

ICS 11.040.60
C 42

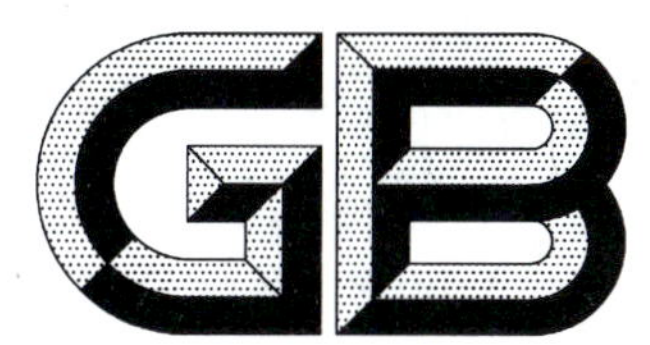

中华人民共和国国家标准

GB 9706.6—2007
代替 GB 9706.6—1992

医用电气设备 第二部分：微波治疗设备安全专用要求

Medical electrical equipment—
Part 2：Particular requirements for the safety
of microwave therapy equipment

（IEC 60601-2-6：1984，MOD）

2007-07-02 发布　　　　2008-07-01 实施

中华人民共和国国家质量监督检验检疫总局
中国国家标准化管理委员会　发布

前　言

医用电气设备标准为系列标准，该系列标准主要有两大部分组成：

——第一部分：医用电气设备的安全通用要求；

——第二部分：医用电气设备的安全专用要求。

本专用标准修改采用国际电工委员会 IEC 60601-2-6:1984《医用电气设备——第 2 部分：微波治疗设备安全专用要求》。修改的主要内容包括以下两个方面，并在文中用竖线标识：

——51.2 微波治疗设备的额定输出功率不得超过 250 W。增加了“在治疗部位有温控装置的设备不受限制”。

——51.4 若辐射器是直接接触面积为 20 cm^2 或更小，其微波功率不得超过 25 W。增加了“用于组织凝固的设备不受此限制”。

本专用标准代替 GB 9706.6—1992《医用电气设备　微波治疗设备安全专用要求》。

本专用标准修改和补充了 GB 9706.1—1995《医用电气设备　第一部分：安全通用要求》（以下简称通用标准）。本专用标准在应用中应该与 GB 9706.1—1995《医用电气设备　第一部分：安全通用要求》配套一起使用。

本专用标准的要求应优先于通用标准的要求。

本专用标准的章条的编号与通用标准中的一致。

对通用标准增加的章条从 101 开始编号。增加的附录冠以大写字母 AA、BB 等。而增加的条目冠以小写字母 aa)、bb)等。

有相应原理陈述的条，在条号后做标记“*”。

本专用标准第 36 章电磁兼容性与 YY 0505—2005《医用电气设备　第 1-2 部分：安全通用要求并列标准　电磁兼容　要求和试验》同期实施。

本专用标准的附录 B 为规范性附录；本专用标准的附录 L，附录 AA 均为资料性附录。

本专用标准由国家食品药品监督管理局提出。

本专用标准由全国医用电器标准化技术委员会归口。

本专用标准由国家食品药品监督管理局天津医疗器械质量监督检验中心起草。

本专用标准主要起草人：吴刚、段传英、杨国涓、杨健、韩漠。

医用电气设备
第二部分:微波治疗设备安全专用要求

第一篇 概 述

GB 9706 的本部分修改采用了国际电工委员会 IEC 601-2-6:1984《医用电气设备——第 2 部分:微波治疗设备安全专用要求》。

1 适用范围和目的

除下列内容外《通用标准》的本章适用。

1.1 适用范围

增加:

本专用标准规定了 2.1.101 所定义的微波治疗设备(以下简称设备)的安全专用要求。

本专用标准不适用于发热用的设备。

2 术语和定义

除下列内容外,《通用标准》的本章适用。

2.1.5*

应用部分 applied part

增加:

辐射器的可触及部分以及与其相连接电缆或波导管和它们的连接器。

增加定义:

2.1.101

微波治疗设备 microwave therapy equipment

利用工作频率 0.3 GHz~30 GHz 的微波辐射能量治疗疾病的设备。

2.1.102

辐射器 radiator

辐射器是有方向性的天线。例如,带有反射器的双电极、偶极子、喇叭天线或单极振子等用于对患者局部施加微波能。

2.1.103

体模 phantom

用于测试模拟患者的模型装置。

2.12.101

额定输出功率 rated output power

至少为 1 s 平均所得的馈入匹配负载的最大功率值。

2.12.102

无用辐射 unwanted radiation

辐射到患者身上及空间中非治疗用的微波能量。

2.12.103

匹配负载 matchedload

通常分为 50 Ω 和 75 Ω 匹配负载,当它代替辐射器时,使辐射器连接电缆或波导管中的电压驻波比不超过1.5。

3 通用要求

《通用标准》中的本章适用。

4 试验的通用要求

除下列内容外，《通用标准》中的本章适用。

4.1 试验

增加：

b) 增加的例行试验：见附录B。

5 分类

除下列内容外，《通用标准》的本章适用。

5.1* 按防电击类部分：

修正

删除Ⅲ设备。

5.6* 按工作制分：

修正

除连续运行均删除。

6 识别、标记和文件

除下列内容外，《通用标准》的本章均适用。

6.1* 设备的外部标记

p) 输出

替代：

——额定输出功率用瓦特；

——匹配负载阻抗用欧姆；

——工作频率用兆赫或千兆赫。

q) 生理反应(符号和警告性说明)

替代：

通用标准附录D表D.2的符号8(无电离作用的)适用于所有满足下述条件的调节孔盖。按31.2测量时，这种调节孔盖的移动会导致辐射微波功率密度超过10 mW/cm^2。

观察所有调节孔盖，检查符号是否合格。没有标记的调节孔盖，应按31.2中规定移动调节孔盖进行测试。

6.2* 设备或设备部件的内部标记

增加项：

aa) 在6.1q)中规定的符号，适用于所有内部的调节孔盖，这种调节孔盖的移动会导致不能达到31.2的要求。

假如调节孔盖不用上述的符号标记，也不用任何不带有这些符号的外部调节孔盖，那么应按31.2中规定的试验移动这些内部调节孔盖来检查是否符合要求。

bb) 当调整或更换某部件时，若操作不当，会导致设备发生故障，在靠近这些部件的地方和接近它们的面板上的调节孔旁边，要标上通用标准附录D表D.1中的符号14(参阅随机文件)。

通过观察来检查是否符合要求。

6.8.2* **使用说明书**

增加项：

aa) 使用说明书应包含下列说明和资料：

a) 具体治疗时，辐射器的放置，应使人体其他部分受辐射量减少到最小。

b) 告诫放置辐射器时，应关闭输出功率开关。

c) 告诫不可将辐射器直接朝着眼睛或睾丸。

d) 建议必要时，要向病人提供微波保护眼镜。

e) 告诫靠近病人的导体或导电材料，可能会引起的危险：不能对佩戴金属手饰或衣服上有金属物（如金属钮扣、金属夹子或金属丝）的人施用微波能。患者体内等部分有金属植入物（如骨髓上的插钉），除非有专门医嘱，一般不可以治疗。助听器应从病人身上取走。植入心脏起搏器或心脏电极的病人不能接受微波治疗，也不能靠近设备工作的地方。

f) 对人体的小区域和腕关节治疗时，要确认辐射器的放置应使敏感器官（眼睛、睾丸）不在接受治疗部分或在将辐射挡住的范围。

g) 关于根据治疗人体不同部位和具体辐射器所允许的最大功率推荐辐射器型号和尺寸的资料。

h) 制造厂商应规定不受治疗的人远离辐射器的安全距离。

i) 使用者应特别注意仔细使用辐射器，因为操作不当会改变辐射器的定向特性。

j) 告诫对于其接受治疗部位热敏感性差的患者，通常不应用微波治疗。

6.8.3 **技术说明书**

增加：

应采用6.1q)和6.2要求的警告符号。在随机提供的技术说明书中，应提供有关这些警告符号的说明。

7 输入功率

应用《通用要求》这章时按50.2所规定的要求操作设备。

第二篇 安全要求

《通用要求》的第8章～第12章均适用。

第三篇 对电击危险的防护

13 概述

《通用标准》的本章适用。

14 有关分类的要求

除下列内容外，《通用标准》的本章均适用。

14.3 Ⅲ类设备：不适用。

14.4 微波设备不是Ⅲ类设备。

15 电压和（或）电流的限制

《通用标准》的本章适用。

16 外壳和防护罩

除下列内容外，《通用标准》的本章均适用。

a) 设备必须制造和封闭得能防止与带电部分和在单一故障状态下可能带电的部分接触。

增加:

就本条需要而言,带电部分包括那些在工作频率上带电的部分。

《通用标准》的第 17 章和第 18 章均适用。

19* 连续漏电流和患者辅助电流

除下列内容外,《通用标准》的本章均适用。

当按下述规定试验时,流经应用部分的可触及部分的患者漏电流不得超过在《通用标准》的表 4 中给定的极限。

测定患者漏电流来检查是否符合要求,测试应在无微波振荡,只存在直流电和低频电压的条件下进行。

20 电介质强度

《通用标准》的本章均适用。

第四篇 对机械危险的防护

《通用标准》的第 21 章～第 28 章均适用。

第五篇 对不需要的或过量的辐射危险的防护

29 X 射线辐射

《通用标准》的本章均适用。

30 α、β、γ、中子辐射和其他粒子辐射

《通用标准》的本章不适用。

31 微波辐射

除下列内容外,《通用标准》的本章均适用。

替代:

31.1* 当按下述方法测试时(见图 101),在辐射器正前方前 1 m 以及后 25 cm 内,无用辐射的密度不超过 10 mW/cm^2。

用下述方法检查是否合格。

设备首先在匹配负载下工作,输出调到 100 W 或各辐射器额定输出功率上,两者取较小的。在这个功率级上,用各个辐射器依次替换匹配负载。

按照制造商对相应辐射器规定的距体模最大距离的位置上,测量无用辐射的功率密度。测量用的体模是一个由低损耗材料(聚丙烯)制成的圆柱体形的容器,其直径为 20 cm,高 50 cm,内充有 9 g/L 的氯化钠(NaCl)溶液。

31.2* 当按下述方法测试时,来自设备外壳的微波辐射泄漏不得超过 10 mW/cm^2。

用下述测试检查是否符合要求:

设备是被连接在一个屏蔽的匹配负载上,并且工作在额定输出功率状态,在距外表面 5 cm 的任意点测量微波功率密度。

31.3 对于旨在传送给病人的微波功率的极限,见 51.2。

《通用标准》的第 32 章～第 35 章均适用。

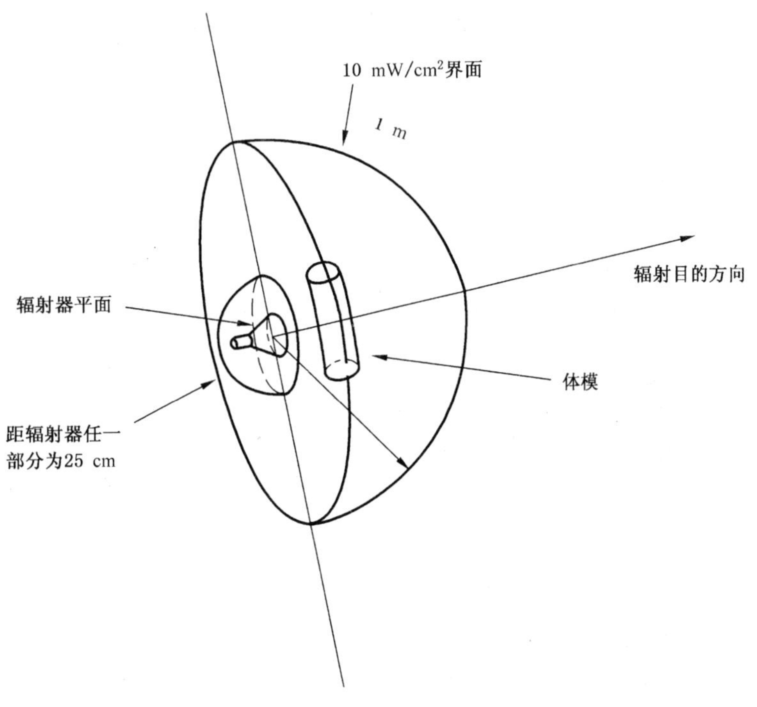

图 101 无用辐射的测量

36* 电磁兼容性

除下列内容外,《通用标准》的本章均适用。

替代:

设备应遵守 CISPR 第 11 号出版物《工业、科学和医疗射频设备无线电干扰特性的测量方法及允许值》的规定(外科手术透热设备除外)。

用下述测试检查是否符合要求:

设备的各个辐射器在所有适合该辐射器的工作模式下工作,并且工作在额定输出功率状态。例如有可利用的脉冲输出。31.1 中规定的无用辐射,辐射器距体模的最小和最大距离由制造商规定。测试要求的这些条件在 CISPR 第 11 号出版物中已有规定。

第六篇 对医用房间内爆炸危险的防护

《通用标准》的第 37 章～第 41 章均适用。

第七篇 对超温失火及其他危险(如人为差错)的防护

42* 超温

除下列内容外,《通用标准》的本章均适用。

42.4

3) 负载持续率

增加:

微波设备应按《通用标准》中对连续工作设备规定的条件和本部分 50.2 的规定测试。

《通用标准》的第 43 章～第 49 章均适用。

第八篇　工作数据的精确性和对不正确输出的防止

50　工作数据的精确性

除下列内容外，《通用标准》的本章均适用。

50.1* 替代：

任何输出功率指示可以用绝对单位或相对单位。

采用绝对指示时，测得的输出功率与指示值的偏差，应不大于所选择的那档输出功率最大值的±30%。

相对指示不能用那些可能与实际输出功率数值混淆的数字显示。

通过检查来检验是否符合要求，输出功率按50.2测量。

50.2* 替代：

在使用说明书规定的预热后立刻测量时，最大输出功率与额定输出功率的偏差不得超过±30%。

通过测量输出功率，检查是否符合要求。

用匹配负载替换辐射器时，测得的最大输出功率与在此辐射器上测得的最大输出功率的偏差不得超过±10%。

51　对不正确输出的防止

除下列内容外，《通用标准》的本章均适用。

51.2* 替代：

微波治疗设备的额定输出功率不得超过250 W。

在治疗部位有温控装置的设备不受限制。

比较额定输出功率与规定的极限值，检查是否符合要求。

51.4* 替代：

若辐射器是直接接触面积为20 cm^2 或更小，其微波功率不得超过25 W，用于组织凝固的设备不受限制。

按50.2测量接触面积和功率以检查是否符合要求。

增加条款：

51.101* 设备应装有输出控制装置，能使功率输出减少到等于或小于最大输出功率的20%或者减少到20 W，两者取较小的。

按50.2测量输出功率来检查是否符合要求。

51.102* 除非先将输出控制置于最小的位置，否则设备不能有输出。

在电网电源中断或复位以后，这个要求被满足。

观察和测试性能，检查是否符合要求。

51.103* 设备应配备有可调定时器，当到达预定工作时间后，立即停止输出。定时器的调整范围不超过30 min，精度不超过±1 min。

观察并测试性能和工作时间，检查是否符合要求。

第九篇　故障状态造成过热和(或)机械损害及环境试验

《通用标准》的第52章～第53章均适用。

第十篇 结构要求

54 概述

《通用标准》的本章均适用。

55* 外壳和罩盖

除下列内容外,《通用标准》的本章均适用。

附加条款:

55.101 启动后可能导致设备达不到31.2要求的调节孔盖或外罩应是只能用工具才能打开的。

观察检查是否符合要求。

《通用标准》的第56章~第59章均适用。

附　录

《通用标准》的附录A不适用。

《通用标准》的附录C到附录J都适用。

《通用标准》的附录K不适用。

附　录　B
制造和(或)安装时的试验

除下列内容外,《通用标准》的附录B适用。

附加的例行试验:

1. 测量连接匹配负载的设备的工作频率。
2. 按50.2中的规定检查额定输出功率。
3. 在该专用标准第19章中规定的条件下,测量患者漏电流。

附　录　L
（资料性附录）
本部分与 IEC 60601-2-6:1984 技术性差异及其原因

表 L.1　本部分与 IEC 60601-2-6:1984 技术性差异及其原因

本标准的章节编号	技术性差异	原　因
51.2	增加了“在治疗部位有温控装置的设备不受限制”。	以适合我国的国情
51.4	增加了“用于组织凝固的设备不受此限制”。	以适合我国的国情

附 录 AA
（资料性附录）
基 本 原 理

本附录提供了本部分中的重要要求的简要原理，并且旨在提供给那些熟悉标准的主题，但未参与本部分制定的人员，而对主要要求的理解，被认为对标准正确应用是必不可少的。此外，随着临床实践和技术的改进，对现行要求基本原理的说明，相信对便利任何修订都是必要的。

AA.2.1.5 应用部分

本定义包括在患者正常使用期间可能接触到所有绝缘外表面和导电部分。它不包括输出电路。

AA.5 分类

AA.5.1 删除Ⅲ类设备，在微波设备中高电压比特低电压经常使用。

AA.5.6 它是考虑到所有的微波设备适宜连续操作，与配备的定时器的最大设置无关。

AA.6.1 设备的外部标记

本条 q）标记的目的是保护使用者和维修者免受无用辐射。

AA.6.2 设备或设备部件的内部标记

在设备维护和修理期间任何对无用辐射的防护和抑制射频干扰的措施都不能降低。

AA.6.8.2 使用说明书

在说明中获得运转微波设备的特殊要求以取得最佳的疗效，因此操作规程中需要包含许多对安全的重要防范措施。

AA.19 连续漏电流和患者辅助电流

因为存在于高频电流里的一些小低频漏电流很不容易测得，所以高频发生器在试验中应停止工作。

AA.31.1 无用辐射

无用辐射的限制要求和辐射器周围的安全区域必须详细说明。试验用功率不超过 100 W，因为多数治疗使用功率不超过 100 W。

在正常使用时操作者是不连续受到微波辐射的，仅仅是在短时间接近设备。此外说明书使用注意事项中告诫操作者应距离辐射器 1.5 m 以外。

为病人和辐射器配备了中断开关。

在这些条件下所规定的要求对于安全是足够的。

AA.31.2 辐射泄漏

规定的测试距离对于安全是足够的，它是在使用设备的习惯中获得的。见 AA.31.1。

AA.36 电磁兼容性

正常使用时设备必须遵守 CISPR 第 11 号所有条件下的有关要求。对于辐射器释放到空间的辐射（如果没有屏蔽）在正常使用时是不考虑的并因此把它排除在外。

AA.42 超温

基本原理见 5.6。

AA.50 工作数据的准确性

AA.50.1 以前射频输出功率习惯上主要依靠患者主观上的反应，这个要求是从安全性考虑的。

AA.50.2 精度±30％的规定是从安全性和微波功率测量中固有的误差来考虑的。

AA.51 对不正确输出的防护

AA.51.2 可能的危险往往是由于输出功率的增加。这个规定限值是考虑了满足所有正常治疗的需要。

AA.51.4 功率应用密度的限制对小型辐射器来考虑是明智的。

AA.51.101 对患者使用低功率进行治疗是适用于所有设备的。

AA.51.102 为了防止患者的生命受到意外的大功率，这个安全要求是起重要作用的。

AA.51.103 微波治疗经常是在无人连续监控情况下工作的，因此一个定时开关是基本需要。

AA.55 外壳和罩盖

那些用来防护无用辐射的重要部分应是使用工具才能打开的。

ICS 11.40.60
C 41

中华人民共和国国家标准

GB 9706.7—2008/IEC 60601-2-5:2000
代替 GB 9706.7—1994

医用电气设备　第2-5部分：超声理疗设备安全专用要求

Medical electrical equipment　Part 2-5: Particular requirements for the safety of ultrasonic physiotherapy equipment

(IEC 60601-2-5:2000, IDT)

2008-03-24 发布　　2009-01-01 实施

中华人民共和国国家质量监督检验检疫总局
中国国家标准化管理委员会　发布

前　言

本标准的全部技术内容为强制性。

本标准等同采用 IEC 60601-2-5:2000(英文版)。

本标准代替 GB 9706.7—1994《医用电气设备　超声治疗设备专用安全要求》。

本标准与 GB 9706.7—1994 相比主要变化如下:

——标准名称与 IEC 60601-2-5:2000 完全一致;

——在“1 适用范围和目的”里细化为“1.1 适用范围”、“1.2 目的”,增加了“1.3 专用标准”、“1.4 并列标准”、“1.5 规范性引用文件”;

——在“2 术语和定义”中增加了名词术语;

——在“6.1 设备或设备部件的外部标记”中对发生器、治疗头增加了标记要求;

——在“6.8.2 使用说明书”中增加了慎重使用声明、治疗头的信息等要求;

——在“35 声能”中,试验方法删去了图 101,将水听器改为经由耦合剂与治疗头侧壁耦合;

——在“36 电磁兼容性”中,增加了对抗扰度试验 3 V/m 的数值的规定;

——在“42.3”里将图 102 改为图 101,删去原“42.4 补充”,将发生器的温升试验改为 42.3 的 9),增加了“除非能证实对一个特定的治疗头进行试验可获得最不利条件下的结果,否则应对制造商提供的每一个治疗头进行试验”的规定;

——在“44.6 进液”里规定了设备的治疗头应符合 IPX7 的要求;

——在“50 工作数据的准确性”中,将“任何功率指示与实际值的偏差应在实际值的±30%范围内”修改为±20%范围内;

——在“50.101 输出控制装置”中,将输出功率降至额定输出功率的 20%以下改为 5%以下;

——在“51.103 定时器”中,将准确度要求修订为按定时范围分别规定;

——在“51.104 辐射场的均匀性”中,将“声强比不得超过 2”改为“制造商提供的任何治疗头或附加头的波束不均匀性系数应不超过 8.0”;

——增加了资料性附录 AA,对适当的较重要的要求给出了原理说明。

有原理说明的章和条在其条款号之前有星号 * 标记。

本标准第 2 章和 GB 9706.1 中所定义的术语,在标准文本中出现时用黑体字表示。

本标准的附录 AA 是资料性附录。

本标准由国家食品药品监督管理局提出。

本标准由全国医用超声设备标准化分技术委员会归口。

本标准起草单位:国家武汉医用超声波仪器质量监督检测中心。

本标准主要起草人:忙安石、王志俭。

本标准所代替标准的历次版本发布情况为:

——GB 6386—1986;

——GB 9706.7—1994。

引　言

本专用标准规定了超声理疗设备的安全要求和试验方法，是对 GB 9706.1—2007（基于 IEC 60601-1:1988+Am1+Am2，以下简称通用标准）内容的修订和补充。本专用标准考虑了 YY 0505—2005 和 IEC 61689:1996 的内容。

本专用标准的第一版等同采用 IEC 60601-2-5:1984（基于 IEC 60601-1:1977 并参考了 IEC 60150）。第二版的目的是使本专用标准与上述所引用的出版物和文件保持同步更新。题目的改变是为了更好地反映基于超声理疗应用发展的适用范围，并与上述 IEC 标准的改变保持一致。

考虑到对较重要的要求理由的理解不仅有助于对本专用标准的正确运用，而且随着临床实践的改变和技术的发展，及时地对标准作修订是必要的，在附录 AA 中对这些要求给出了适当的原理说明。但此附录并不是本标准要求的一部分。

医用电气设备 第2-5部分：超声理疗设备安全专用要求

第一篇 概述

除下列内容外，通用标准本篇的章和节内容适用。

1 适用范围和目的

1.1 适用范围

增加：

本专用标准规定了2.1.101所定义的在医学实践中使用单元换能器的超声理疗设备的安全专用要求。

本专用标准不适用于：

——由超声驱动的用作工具的**设备**(例如用于外科和牙科的**设备**)；

——利用聚焦超声脉冲波粉碎凝聚物诸如肾脏或膀胱结石的**设备**(碎石机)(参见GB 9706.22—2003)；

——利用聚焦超声波的**超声理疗设备**。

1.2 目的

替代：

本专用标准的目的是制定2.1.101所定义的在医学实践中运用的**超声理疗设备**的安全专用要求。

1.3 专用标准

增加：

本专用标准引用GB 9706.1—2007/IEC 60601-1:1988《医用电气设备 第1部分:安全通用要求》为简洁起见，在本专用标准中第一部分称为“通用标准”。

本专用标准中篇、章和条的编号对应于通用标准，对通用标准中内容的变更，规定使用下列措词：

“替代”意味着通用标准中的章和条完全由专用标准的内容代替。

“增加”意味着专用标准的内容增加到通用标准的要求中。

“修正”意味着通用标准中的章和条修订表示为专用标准的内容。

对通用标准增加的条或图，从101起编号，增加的附录以字母AA，BB等表示，增加的款项以aa)，bb)等表示。

术语“本标准”用来指通用标准和本专用标准的总体。

尽管可能不相关，在专用标准中无对应的篇、章和条的编号时，通用标准的篇、章和条不加修改采用；尽管可能相关，但不准备采用通用标准的任何一部分时，在专用标准中给出有关的声明。

专用标准的要求优先于通用标准和下述并列标准。

1.4 并列标准

增加：

采用下列并列标准

GB 9706.15—1999 医用电气设备 第1部分:安全通用要求 1.并列标准:医用电气系统安全通用要求(idt IEC 60601-1-1:1995)

YY 0505—2005 医用电气设备 第1-2部分:安全通用要求 并列标准:电磁兼容 要求和试验

(IEC 60601-1-2:1993,idt)

IEC 60601-1-4:2000　医用电气设备　第 1-4 部分:安全通用要求　并列标准:可编程医用电气系统

1.5　规范性引用文件

下列文件中的条款通过本标准的引用而成为本标准的条款。凡是注日期的引用文件,其随后所有的修改单(不包括勘误的内容)或修订版均不适用于本标准,然而,鼓励根据本标准达成协议的各方研究是否可使用这些文件的最新版本。凡是不注日期的引用文件,其最新版本适用于本标准。

GB 4208—1993　外壳防护等级(IP 代码)(eqv IEC 60529:1989)

GB 9706.1—2007　医用电气设备　第 1 部分:安全通用要求(IEC 60601-1:1988,IDT)

GB 9706.22—2003　医用电气设备　第 2 部分:体外引发碎石设备安全专用要求(IEC 60601-2-36:1997,MOD)

GB/T 16540—1996　声学　在 0.5～15 MHz 频率范围内的超声场特性及其测量　水听器法(eqv IEC 61102:1991)

IEC 60050(801)　国际电工词汇　第 801 章:声学和电声学

IEC 60469-1:1987　脉冲技术和装置　第 1 部分:脉冲术语和定义

IEC 61161:2006　超声　声功率测量　辐射力天平和性能要求

IEC 61689:1996　超声　物理治疗系统 0.5 MHz～15 MHz 频率范围内性能要求及试验方法

2　术语和定义

除下列内容外,通用标准中本章适用。

2.1　设备部件、辅件和附件

增加定义:

2.1.101

超声理疗设备　ultrasonic physiotherapy equipment(以下简称**设备**)

用于治疗目的,产生**超声**并作用于**患者**的**设备**。

注:**设备**基本上由一个高频电功率发生器和一个将其转化成**超声**的换能器组成。

2.1.102

超声换能器　ultrasonic transducer

在超声频率范围内将电能转化成机械能的装置。

*2.1.103

治疗头　treatment head

由**超声换能器**和将超声局部作用于**患者**的相关部件构成的组件。

注:**治疗头**也称为**作用头**。

2.1.104

附加头　attachment head

为改变超声波束特性而附加在**治疗头**上的附件。

2.12　其他

2.12.101

额定输出功率　rated output power

在**额定网电压**下,**设备**的最大**输出功率**。

[IEC 61689:1996 定义 3.32]

2.12.102

超声 ultrasound

频率高于可听声上限频率(高于 16 kHz)的声振荡。(见 IEC 60050(801)的 801-21-04)

[IEC 61689:1996 定义 3.45]

2.12.103

有效辐射面积 effective radiating area

外推到**治疗头**前端面处的波束横截面积,乘以根据 IEC 61689 所定义的无量纲系数。

[IEC 61689:1996 定义 3.20,更改]

注:这可以认为是包含 100%总均方声功率的治疗头端面面积。

2.12.104

有效声强 effective intensity

输出功率与**有效辐射面积**的比值,以瓦每平方厘米为单位表示。

[IEC 61689:1996 定义 3.18,更改]

2.12.105

声工作频率 acoustic working frequency

根据置于声场中的水听器输出,采用过零检测技术分析所观测到的声信号频率。(见 GB/T 16540—1996 的 3.4.1)

[IEC 61689:1996 定义 3.3]

2.12.106

波束不均匀性系数 beam non-uniformity ratio

最大有效值声压平方与有效值声压平方空间平均的比值,在这里在根据 IEC 61689 所确定的**有效辐射面积**内进行空间平均。

[IEC 61689:1996 定义 3.9,更改]

2.12.107

波束类型 beam type

对超声波束说明性的分类有三种:准直型、会聚型、发散型。

[IEC 61689:1996 定义 3.11]

2.12.108

占空比 duty factor

脉冲持续时间与**脉冲重复周期**之比。(见 IEC60469-1 的 5.3.2.4)

[IEC 61689:1996 定义 3.17]

2.12.109

输出功率 output power

设备的**治疗头**在特定条件下,向特定媒质(最好是水)的近似自由场中所辐射的时间平均超声功率。(见 IEC 61161:2006 的 3.5)

[IEC 61689:1996 定义 3.31]

2.12.110

脉冲持续时间 pulse duration

声压幅度首次超过基准值与声压幅度最后回到该基准值以下时,两者之间的时间间隔。基准值等于最小声压幅度与最大和最小声压幅度之差 10%的两者之和。

[IEC 61689:1996 定义 3.35]

注:为考虑不完全调制,IEC 61689:1996 的上述定义与 GB/T 16540—1996 的 3.30 有差异。

2.12.111

脉冲重复周期 pulse repetition

周期性的波形同一特征重复时,两者时间间隔的绝对值。(见 IEC 60469-1:1987 的 5.3.2.1)

[IEC 61689:1996 定义 3.36]

2.12.112

时间最大声强 temporal-maximum intensity

在幅度调制波情况下,等于**时间最大输出功率**与**有效辐射面积**的比值。

[IEC 61689:1996 定义 3.41,更改]

2.12.113

时间最大输出功率 temporal-maximum output power

在幅度调制波情况下,是实际**输出功率**、时间峰值声压和有效值声压的函数,根据 IEC 61689 的规定确定。

[IEC 61689:1996 定义 3.34,更改]

*4 试验的通用要求

除下列内容外,通用标准的本章适用。

*4.1 试验

附加的注释见附录 AA。

5 分类

除下列内容外,通用标准的本章适用。

5.6

修正:

除了“连续运行”之外,删除所有其他条款。

*6 识别、标记和文件

除下列内容外,通用标准的本章适用。

6.1 设备或设备部件的外部标记

p) 输出

替代:

1. 设备的发生器应另外附加下列标记:

——以 MHz 为单位的**声工作频率**(低于 1 MHz 时以 kHz 为单位)

——波形(连续波、幅度调制波或脉冲波)

——若是幅度调制波,针对每一项幅度设置,提供输出波形的描述或图示,及**脉冲持续时间**、**脉冲重复周期**和**占空比**的数值。

2. 发生器应附有永久性的铭牌,并给出唯一性的系列号以便于独立识别。

3. 治疗头应标注以 W 为单位的额定输出功率,以 cm^2 为单位的有效辐射面积,波束不均匀性系数,波束类型,指定与治疗头配套的设备特定高频电发生器[若适用,见 6.8.2aa)9)]和其唯一性系列号。

6.8.2 使用说明书

增加条款:

aa)说明书应包括下列内容:

1) 任何**治疗头**或**附加头**的以 kHz 或以 MHz 为单位的**声工作频率**,和以平方厘米为单位的**有效**

辐射面积。

2) 提示**使用者**对周期性维护需要重视的推荐性意见，尤其是：

——用户进行常规性能试验和校准的间隔；

——对可能造成导电液体渗入的治疗头裂纹的检查；

——治疗头电缆和附加接头的检查。

3) 对安全操作的必要步骤的建议，在**应用部分**是B型时，着重强调不适当的电气安装可能导致的安全危害。

4) 对**设备**可安全连接的电气安装类型，包括任何**等电位导体**连接的建议。

5) 引起**使用者**注意，关于仔细使用**治疗头**，避免粗鲁操作可能对性能特性造成的不可逆后果的建议。

6) **治疗头**异常处置情况一览表。

7) 慎重使用声明。

8) 可选配**治疗头**的信息。

9) 对不可能规定专用发生器的，具备互换能力的**治疗头**，应注明，并应描述实现互换的方法。

7 输入功率

通用标准本章的设备工作条件见第50章的规定。

第二篇 环境条件

通用标准本篇内容适用。

第三篇 对电击危险的防护

除下列内容外，通用标准本篇的内容适用。

*13 概述

增加：

对组合**设备**的情形(即**设备**另外提供了电刺激功能或**应用部件**)，该设备还应符合附加功能专用标准规定的安全要求。

第四篇 对机械危险的防护

除下列内容外，通用标准本篇的内容适用。

21 机械强度

21.5 符合性试验

增加段落：

试验后，**治疗头**应符合本专用标准51.104的规定。

第五篇 对不需要的或过量辐射危险的防护

除下列内容外，通用标准本篇的内容适用。

*35 声能(包括超声)

替代：

在下述条件进行测量时，手持式**治疗头**不需要的**超声**辐射的空间峰值时间平均声强应小于

100 mW/cm²。

通过下列试验来核实是否符合要求。

治疗头的前端面浸入水温为22℃±3℃的脱气水中，设备工作在**治疗头**规定的**额定输出功率**下，已校准的水听器经由耦合剂与治疗头侧壁耦合，扫描（手动），测量**治疗头**侧壁不需要的**超声**辐射。

注：涉及**输出功率**和声强分布的要求，见第八篇。

* 36 电磁兼容性

替代：

除下列内容外，**设备**应符合相关标准 YY 0505 的要求。

36.202.2.1**d**)

增加句子：

对抗扰度试验，规定 3 V/m 的数值。

36.202.2.2**d**)

替代：

试验时，采用下列工作条件：

——**治疗头**浸入水中，**输出功率**设定为最大值和最大值的一半。

——若输出电路能通过控制端进行调谐，应在谐振和失谐条件下进行测量。

第六篇　对易燃麻醉混合气点燃危险的防护

通用标准本篇的内容适用。

第七篇　对超温和其他安全方面危险的防护

除下列内容外，通用标准本篇的内容适用。

42　超温

42.3

* 符合性试验

增加条款：

6)　正常手持使用的**治疗头**，浸入起始水温为 25℃±1℃，总深度不小于 20 cm，水量为 2 L 的水槽水面下 1 cm 处。设备在该**治疗头**的**额定输出功率**下工作 3 min，然后将**治疗头**离开水面 15 s 后再立即浸入水中，上述过程重复三次（总试验时间 9 min 45 s）（见图 101）。

7)　仅用于水中，而不是预期用于手持装置的**治疗头**，应完全浸入水量不少于 2 L 的水中，在该**治疗头**的**额定输出功率**下工作 15 min 进行试验。

注：为确保温度分布的均匀，可能需要某种形式的机械搅动。（见附录 AA，关于 42.3）

8)　在 6)或 7)试验期间的任意时刻，辐射表面的温度应不超过 41℃。

注 1：为避免对温度测量装置的直接加热，在温度测量期间，可能需要对**治疗头**瞬时断电。

注 2：为避免由于超声从水槽侧壁和底部的反射造成的附加热效应，宜在水槽侧壁和底部内衬声吸收材料。

9)　**治疗头**浸入充满水的容器中，其起始水温为 25℃±1℃，采用**额定输出功率**，在其持续时间遵循通用标准 42.3 符合性试验的条款 3)“持续率”的条件下，进行发生器的温升试验。除非能证实对一个特定的**治疗头**进行试验可获得最不利条件下的结果，否则应对制造商提供的每一个**治疗头**进行试验。

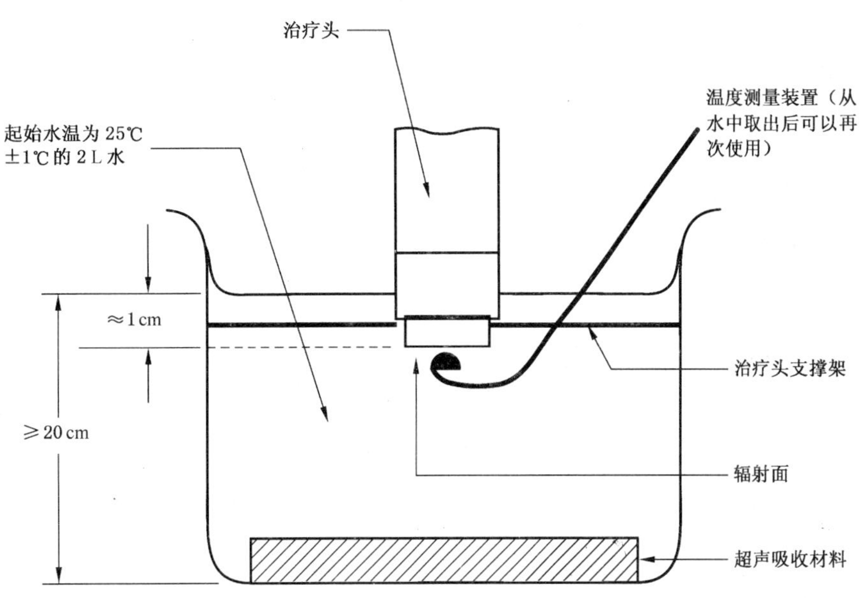

图 101 辐射面温升试验的布置图(见 42.3)

44 溢流、液体泼洒、泄漏、受潮、进液、清洗、消毒、灭菌和相容性

44.6 进液

增加：

101) **设备**的**治疗头**应符合 GB 4208 的 IPX7。

按照 GB 4208 对**治疗头**包括连接电缆线的插口进行试验来核实是否符合要求。

102) 对兼有水压按摩功能的超声**治疗头**，在治疗时应能承受所产生的最大压力。

按上述 44.6 101)进行试验来核实是否符合要求，负载条件是**正常使用条件**下所产生最大压力的 1.3 倍。

第八篇 工作数据的准确性和危险输出的防止

除下列内容外，通用标准本篇的内容适用。

*50 工作数据的准确性

50.1 控制器件和仪表的标记

替代：

50.1.101 应以仪表或校准的控制输出器件的形式，在控制面板上提供定量的指示装置。该指示装置应能直接读数或显示：

a) 在连续波工作模式下，**输出功率**和**有效声强**，和

b) 在幅度调制工作模式下，**时间最大声强**和**时间最大输出功率**。

上述测量应在**随机文件**所规定的预热时间后立即进行，应按照 IEC 61689:1996 的第 8 章进行测量来核实是否符合要求。

50.1.102 在 50.1.101 中所述的任何指示装置具有两个或更多的测量量程时，应提供一个清晰和可靠的量程指示。

通过检查来核实是否符合要求。

50.1.103　在 50.1.101 中所述的任何功率指示与实际值的偏差，应在实际值的±20％范围内。

通过检查及测量来核实是否符合要求：幅度调制工作模式下测量时间**最大输出功率**，连续波工作模式下测量**输出功率**。进行测量时的示值，应大于最大示值(量程)的 10％。

注：**输出功率**与**有效声强**的商是**有效辐射面积**，上述 20％的限制自动适应于两种类型的指示。

*51　危险输出的防止

除下列内容外，通用标准本章的内容适用。

*51.5　不正确的输出

替代：

制造商提供的任何**治疗头**或**附加头**的**最大有效声强**应不超过 3 W/cm^2，本要求适用于**正常状态**和任何**单一故障状态**。

通过**有效辐射面积**的测量和 50.1 **额定输出功率**的测量，来核实是否符合要求。

增加：

*51.101　输出控制装置

设备应配备有一种方式(一种输出控制装置)，来确保将**输出功率**降至**额定输出功率**的 5％以下。

通过 50.1 **额定输出功率**的测量，来核实是否符合要求。

*51.102　电源波动时的输出稳定性

电网电压波动±10％时，**输出功率**的变化应在±20％范围内。不允许通过对**设备**的再次手动调节来满足该要求。

在 90％、100％、110％电网电压条件下，通过 50.1 **额定输出功率**的测量，来核实是否符合要求。

*51.103　定时器

设备应配备有可调定时器，在预定时间到达后断开输出。定时器的量程应不超过 30min，准确度要求如下：

定时器的设定	准确度
小于 5 min	±30 s
5 min 至 10 min	设定值的±10％
大于 10 min	±1 min

*51.104　辐射场的均匀性

制造商提供的任何**治疗头**或**附加头**的**波束不均匀性系数**应不超过 8.0。

通过根据 IEC 61689:1996 第 8 章的测量，来核实是否符合要求。

51.105　输出的时间稳定性

在最大**输出功率**和额定**电网电压**，23℃±3℃水温条件下，连续工作 1 h 的期间内，**输出功率**应恒定在其初始值±20％的范围内。

*51.106　声工作频率

声工作频率应符合 IEC 61689:1996 的要求。

第九篇　不正常的运行和故障状态；环境试验

通用标准本篇的内容适用。

第十篇　结构要求

除下列内容外，通用标准本篇的内容适用。

56 元器件和组件

*56.3 连接-概述

增加条款：

aa) **治疗头**的连接电缆在连接**治疗头**和**设备**的接头处，应具备防护过度弯曲的能力，或分别采用恰当的连接插头。

对连接电缆的两端，按通用标准 57.4b)所规定的电源电缆试验方法进行试验，来核实是否符合要求。

除下列内容外，通用标准和附录适用。

附　录　L

增加引用标准

GB 9706.22—2003　医用电气设备　第2部分:体外引发碎石设备安全专用要求(IEC 60601-2-36:1997,MOD)

GB/T 16540—1996　声学　在0.5-15 MHz频率范围内的超声场特性及其测量　水听器法(eqv IEC 61102:1991)

IEC 60050(801):1994　国际电工词汇　801章:声和电声

IEC 60469-1:1987　脉冲技术和设备　第1部分:脉冲术语和定义

IEC 61161:1992　0.5 MHz至25 MHz频率范围内,在液体中的超声功率测量　修正件1(1998)[1]

IEC 61689:1996　超声　理疗系统　0.5 MHz至5 MHz频率范围内性能要求和测量方法

---

1)　已有修订后的1.1版,包括IEC 61161:1992和其修正件1:1998。

附　录　AA
（资料性附录）
总导则和编制说明

本附录对标准中重要的要求给出了简明的编制说明，其目的是针对熟悉本标准主题，但未参与其制定的人员提供帮助。考虑到对主要要求的理解对标准的正确运用是必不可少的，而且随着临床实践和技术的发展，对目前要求的编制说明将有助于标准伴随着这类发展的不断更新。

关于 2.1.103　治疗头

在诊断和温热疗法领域已普遍采用多元换能器，事实上在目前理疗**设备**中的应用还不为人详知。由于该原因，再加上在测定关键的声参数方面缺乏合适的测试方法，故 IEC 61689:1996 的适用范围局限在"单元平面圆形换能器"，在 GB 9706.7 的本修订版中仍维持该限制。

关于 4.1　试验

制造期间的试验（见通用标准 4.1 的编制说明）宜包括：按 50.1 规定的试验方法进行的**额定输出功率**的核实，和按 44.6 规定进行的**治疗头**水密性试验。

由于 50.1 的试验对热点的检测是不充分的，建议制造商在抽样的基础上按照 IEC 61689:1996 第 9 章的规定，进行更深入的试验。

关于 6　识别、标记和文件

最重要的输出特性，对安全使用可能重要的提示，应显示在**设备**上。其他输出参数可在**随机文件**中规定，建议这些参数包括 95％置信度水平下的评估不确定度：

Ⅰ　按 6.1p)3)标示**有效辐射面积**；

Ⅱ　按 6.1p)3)标示**额定输出功率**；

Ⅲ　**声工作频率**；

Ⅳ　**波束不均匀性系数**；

Ⅴ　**脉冲持续时间**；

Ⅵ　**脉冲重复周期**；

Ⅶ　按 50.1.101 **输出功率**的定量标示；

Ⅷ　按 50.1.101 **有效声强**的定量标示。

在实践中，预期制造商将按 IEC 61689:1996 第 5 章中 5.1 的要求，公布一系列参数的额定值。

关于 13　概述

对组合式**设备**，本专用标准仅适用于超声部分。

然而，例如在**治疗头**构成电刺激仪一个电极的组合式**设备**中，可能就不允许**治疗头**接地。

关于 35　声能量（包括超声）

与试验条件相比较，在**正常使用**时，由于声耦合至**操作者**手部的低效率，100 mW/cm^2 是一个包含了合理安全系数的限值。若**操作者**的手指是潮湿的或覆有耦合剂，则可能产生几度的温升。在实践中这种情况不大会发生，但对**操作者**而言这仍是一项重要的事项。

本方法的原理和测量布置不能准确地测定声强的数值，但所测的数据给出了治疗头侧面声能的指示。

关于 36　电磁兼容性

在任何实际使用情况下**设备**不允许产生高于一定级别的电磁干扰，及在“正常”电磁环境下其安全和性能不得降低。由于在半输出功率条件下可能产生较高的干扰，需要在该状态下进行试验。

关于 42.3　符合性试验

在治疗期间**治疗头**与**患者**脱离接触是很可能发生的，则可能导致**治疗头**辐射面的温度升高。因此在这里规定了将**治疗头**短时暴露在空气中的试验，规定的试验方法将超声辐射对温度测量装置的加热影响造成的测量误差减至最小。

配备有声耦合感应和自动关断**输出功率**的现代化物理治疗设备，将不存在这种问题。

关于试验方法，对产生 12 W **额定输出功率**典型系统，15 min 将 12 kJ 的能量传递至吸收材料，在材料中可能造成高温升。有两个结果：吸收块可能损坏及造成的热对流可能加热换能器。因此建议采用某种形式的机械搅拌器，来确保温度分布均匀。

关于 44.6　进液

治疗头的水密性不仅对水下治疗是必需的，而且在水浴外治疗时，用来防止**换能器**端面与**患者**皮肤之间耦合用油或油脂的渗透。试验期间浸入的深度与临床实践采用的方法相符。

关于 50　工作数据的准确性

对安全治疗而言，实际的**输出功率**和**有效声强**是最重要的量值，因此认为其直接的指示是必须的。在治疗**患者**时，**操作者**应能以这些指示值为依据。所规定的准确度要考虑到提供一个足够的安全度，同时考虑超声功率测量的固有误差。

关于 51　危险输出的防止

IEC 61689:1996 采用术语“绝对最大/最小”来表示测量值加/减测量不确定度的数值。本标准设定了规定值，且未提及测量不确定度(除指定要求之外)；按照 IEC 导则，将这类不确定度考虑在内，来判断是否符合要求值。

关于 51.5　不正确的输出

考虑了临床实践和综合安全后，所规定的 3 W/cm^2 是一个合理选定的最大值。然而取决于临床实践，对特殊的治疗可能采用更低的数值。

关于 51.101　输出控制装置

所有的**设备**宜适合于低功率下**患者**的治疗。

关于 51.102　电源波动时的输出稳定性

该稳定度的要求是，防止实践中很可能遇到的电源电压波动造成过度的输出变化。

关于 51.103　定时器

从对**输出功率**准确度要求的角度而言，对定时器准确度的要求是适当的。

关于 51.104　辐射场的均匀性

要避免在**超声强度**中过度的局部峰值可能造成**安全危害**，见 IEC 61689:1996 的附录 F。

关于 51.106　声工作频率

本要求中±10％的准确度表述，对治疗运用领域而言是合适的。

关于 56.3　连接-概述

在实际使用中治疗头的连接电缆可能被持续弯曲，故必须对过度弯曲有适当防护。

ICS 11.040.10
C 39

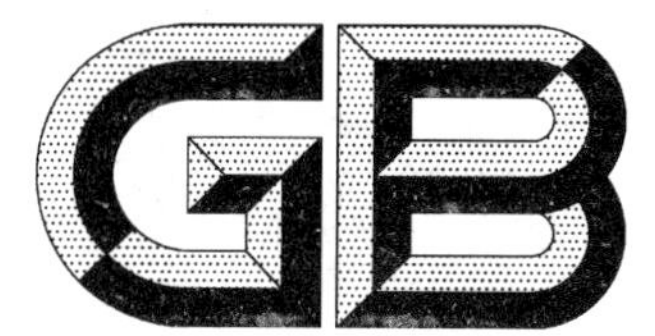

中华人民共和国国家标准

GB 9706.8—2009/IEC 60601-2-4:2002
代替 GB 9706.8—1995

医用电气设备　第2-4部分：心脏除颤器安全专用要求

Medical electrical equipment—Part 2-4: Particular requirements for the safety of cardiac defibrillators

(IEC 60601-2-4:2002,IDT)

2009-05-06 发布　　　　2010-03-01 实施

中华人民共和国国家质量监督检验检疫总局
中国国家标准化管理委员会　发布

前　言

本专用标准的全部技术内容为强制性。

医用电气设备标准为系列标准，该系列标准主要由两大部分组成：

——第1部分：医用电气设备的安全通用要求；

——第2部分：医用电气设备的安全专用要求。

本专用标准为医用电气设备第2部分中的：心脏除颤器安全专用要求。本专用标准与GB 9706.1—2007《医用电气设备　第1部分：安全通用要求》配套一起使用。

本专用标准等同采用国际电工委员会IEC 60601-2-4:2002《医用电气设备　第2-4部分：心脏除颤器安全专用要求》。

对IEC 60601-2-4:2002，本专用标准做了下列编辑性修改：

——删除了IEC 60601-2-4:2002标准中的封面、前言和引言；

——对于标准中引用的国际标准，若我国有已转换成国内的标准，则改为引用我国标准；

——对IEC 60601-2-4:2002标准中大写字母表示的术语，本标准用黑体字表示。

本专用标准代替GB 9706.8—1995《医用电气设备　第二部分：心脏除颤器和心脏除颤器监护仪的专用安全要求》。

本专用标准与GB 9706.8—1995相比主要差异如下：

——增加了对自动体外除颤器的要求；

——增加了电磁兼容的要求。

本专用标准自实施之日起代替并废止GB 9706.8—1995。

本专用标准的附录L为规范性附录，附录AA、附录BB为资料性附录。

本专用标准由国家食品药品监督管理局提出。

本专用标准由全国医用电器标准化技术委员会医用电子仪器标准化分技术委员会归口。

本专用标准起草单位：上海市医疗器械检测所、深圳迈瑞生物医疗电子股份有限公司。

本专用标准主要起草人：俞及、周赛新。

本专用标准所代替标准的历次版本发布情况为：

——GB 9706.8—1995。

医用电气设备 第2-4部分：心脏除颤器安全专用要求

第一篇 概 述

除下述内容外，通用标准中本篇适用。

1 范围和目的

除下述内容外，通用标准的本章适用。

1.1* 范围

增补：

本专用标准规定了在2.1.101中定义的**心脏除颤器**的安全要求，本文此后称**心脏除颤器**为**设备**。

本专用标准不适用于植入式除颤器、遥控**除颤器**、体外经皮起搏器、分开单立的**心脏监护仪**（符合GB 9706.25）。使用分开的心电监护电极的心脏监护仪不在本标准适用范围内，除非其被作为自动体外除颤器（AED）心律识别检测或同步心电复律的心搏检测的唯一基准使用。

除颤波形技术发展迅速。文献研究表明了不同波形的有效性。本标准的适用范围特意不包括特殊波形的选择，它包括波形形状、释放能量、功效和安全性。

然而，由于治疗波形其重要性是非常关键的，所以原理说明中增加了注释，解释如何考量波形的选择。

1.2 目的

替换：

本专用标准的目的是建立在2.1.101中定义的**心脏除颤器**的安全专用要求。

1.3 专用标准

增补：

本专用标准引用GB 9706.1—2007《医用电气设备 第1部分：安全通用要求》。

在本专用标准中简称第1部分为"通用标准"或"通用要求"。

本专用标准的各篇、章和条的编号均与通用标准对应，对通用标准条文的变动用下列用语表示：

"替换"表示通用标准的章或条款完全被本专用标准条文所取代。

"增补"表示本专用标准的条文是对通用标准要求的增加。

"修改"表示按本专用标准的条文对通用标准的章或条款进行修改。

对通用标准增加的条款或图从101开始数字编号，增加的附录字母编号为AA、BB等，增加的项目为aa)、bb)等。

术语"本标准"用来指通用标准和本专用标准的合称。

当通用标准的篇、章和条款（即使是可能不相关的）在本专用标准中无相应的篇、章和条款，则无更改地适用。

当通用标准的任一部分预期不被引用时（即使是可能相关的），本专用标准给出不适用的陈述。

本专用标准的要求优先于通用标准的相应要求。

1.5 并列标准

增补：

下列并列标准适用：

GB 9706.15—2008 医用电气设备 第1-1部分：安全通用要求 并列标准：医用电气系统安全要

求(IEC 60601-1-1:2000, IDT)

YY 0505—2005 医用电气设备 第1-2部分:安全通用要求 并列标准:电磁兼容 要求和试验(IEC 60601-1-2:2001, IDT)

IEC 60601-1-4:1996 医用电气设备 第1-4部分:安全通用要求 并列标准:可编程医用电气系统

2 术语和定义

除下述内容外,通用标准的本章适用。

增补定义:

2.1.101

心脏除颤器 cardiac defibrillator

通过电极将电脉冲施加在**患者**的皮肤(体外电极)或暴露的心脏(体内电极),用来对心脏进行除颤的**医用电气设备**。可称它为**除颤器**或**设备**。

注:这类**设备**也可包括其他监护或治疗功能。

2.1.102

监视器 monitor

是除颤器的一部分,它提供**患者**心脏活动的视觉显示。

注:此术语在本专用标准中是用来区分**监视器**与分开的**设备**,即使该设备是分开单立的**监护仪**,它能给**除颤器**提供同步信号,作为自动体外除颤器的心律识别检测的基准或给**除颤器**提供控制信号。

2.1.103

充电回路 charging circuit

除颤器内用来对**能量储存装置**充电的回路。该回路包括在充电时与**能量储存装置**有电气连接的所有部分。

2.1.104

除颤器电极 defibrillator electrodes

用作向**患者**释放电脉冲以达到心脏除颤目的的电极。

注:**除颤器电极**也可提供其他监视(例如,心电获取)或治疗(例如,经皮起搏)功能,以及它可以一次性使用或重复使用的。

2.1.105

放电回路 discharge circuit

除颤器内连接**能量储存装置**至**除颤器电极**的回路。该回路包括装置与**除颤器电极**之间的所有开关连接。

2.1.106

放电控制回路 discharge control circuit

包括手动操作的放电控制和所有与之电气连接的部分的回路。

2.1.107

内部放电回路 internal discharge circuit

除颤器内不经过**除颤器电极**使**能量储存装置**放电的回路。

2.1.108

同步器 synchronizer

使**除颤器**放电与心脏周期中特定相位同步的装置。

2.1.109

自动体外除颤器(AED) automated external defibrillator (AED)

一旦由**操作者**启动,分析通过放置在胸部体表电极获得的心电图(ECG),识别可电击心脏节律,当检测到可电击心律时自行操作的**除颤器**,下文简称AED。

注:AED可提供不同的自动控制等级,它们有不同的称谓。见附录BB。

2.1.110

能量储存装置 energy storage device

可被充以对**患者**释放电除颤脉冲所必需能量的部件(例如一个电容器)。

2.1.111

分开的监视电极 separate monitoring electrodes

为监视**患者**目的应用于**患者**的电极。这些电极不用来对**患者**释放除颤脉冲。

2.1.112

心律识别检测器(RRD) rhythm recognition detector (RRD)

分析心电图并识别一个心脏节律是否为可电击的系统。在AED中其设计的算法是为了在临床中检测到需要除颤电击的失常心律,及其敏感度和特异性。可称作RRD。

2.12.101

释放能量 delivered energy

通过**除颤器电极**释放,并且耗散于**患者**或者规定阻值的电阻中的能量。

2.12.102

待机状态 stand-by

设备已运行而**能量储存装置**尚未充电的工作方式。

2.12.103

储存能量 stored energy

储存在**除颤器能量储存装置**中的能量。

2.12.104

虚构器件 dummy component

用于模拟变压器、半导体等模制器件的测试替代品。**虚构器件**在几何上等于测试中将被替代的器件。成型体积不是原部件(半导体硅晶圆,变压器磁芯和绕组)局部的直接表现。在不超过被替代部件内部最大电压的情况下,**虚构器件**用正确的几何尺寸使得测试爬电、间隙和电介质强度成为可能。

2.12.105

能量计/除颤器测试仪 energy meter/defibrillator tester

当产生一个模拟心电输出到**心脏除颤器**时,能够测量**心脏除颤器**输出能量的仪器。

2.12.106

预置能量 selected energy

由手动设置或自动治疗方案(protocol)确定的除颤器预期释放的能量。

2.12.107

频繁使用 frequent use

用于描述设计的除颤器保证能进行超过2 500次放电的术语(见第103章)。

2.12.108

非频繁使用 infrequent use

用于描述设计的除颤器保证能进行少于2 500次放电的术语(见第103章)。

2.12.109

手动除颤器 manual defibrillator

能够由**操作者**手动选择能量、充电和放电的**除颤器**。

4 试验的通用要求

除下述内容外,通用标准的本章适用。

4.5* 环境温度、湿度、大气压

增补：

aa) 102.2 和 102.3 中要求的试验应在环境温度 0 ℃±2 ℃条件下进行。

4.6 其他条件

增补项：

aa) 除非本标准中另有规定，所有试验适用于所有类型的除颤器(手动、AED、频繁使用和非频繁使用除颤器)。

4.11 试验顺序

增补：

第 103 章要求的持久性试验，应在超温试验(见通用标准第 C20 章)后进行。

第 101 章、第 102 章、第 104 章、第 105 章和第 106 章要求的试验，应在通用标准附录 C 的第 C35 章试验后进行。

5* 分类

除下述内容外，通用标准的本章适用。

5.2 按防电击的程度分类

修改：

删除 **B 型应用部分**。

6 识别、标记和文件

除下述内容外，通用标准的本章适用：

6.1 设备或设备部件的外部标记

j)* 输入功率

替换(段开头为"若**设备**标称值为……")：

电网供电的**设备**，其**额定**输入功率应为任何 2 s 时间内输入功率平均的最大值。

增补：

aa)* 简明操作说明

应通过清晰易读的标志或者清楚易懂的声音这样方式给出操作说明，用于除颤和有关的**患者**心电监视的操作。

应通过下列试验之一来检验是否符合要求：

标记在 100 lx 环境照明和 1 m 远的距离条件下对于正常视力的人应是清晰、易读的。通过标准视力表或其他等效方法如 Titmus 视力测试序列确定观查者视力，其视力不低于 20/40 或矫正视力不低于 20/40。

声音指令在 65 dB 环境白噪声和 1 m 远的距离条件下对于正常听力的人应是清楚、易懂的。环境白噪声的声级是用一个 A 加权的类型 2 的声级计(见 IEC 60651)测量的，白噪声的定义为在 100 Hz 到 10 kHz 范围是±10%平坦度的。

bb)* 内部电源**设备**

内部电源设备和任何分离式电池充电器，按适用性，应标记电池再充电或更换的简要说明。若**设备**还能接至**供电网**或分离的电池充电器，则**设备**应有标记用来指示连接时的任何操作限制。这些指示应包括针对已耗尽的电池或未装电池的情况。

cc) 一次性使用**除颤器**电极

电极包装随附的标签至少应包括以下信息：

1) 符号(符合 YY 0466)或陈述指明电极的失效日期(如："在……之前使用")和生产批号或

生产日期；

2) 适当的警示和警告，若适用，包括电极使用时的限制和不是立即使用的情况时不应打开包装的警示信息；

3) 适当的使用指导，包括使用前的皮肤准备；

4) 若适用，有关储存条件要求的指示。

6.3 控制器和仪表的标记

增补：

aa)* **除颤器**应具备选择**预置能量**的控制器，除非**设备**提供了**预置能量**的自动治疗方案。

预置能量(包括所有通过可编程模式/菜单方式)或相应的指示，应以焦耳为单位和按对 50 Ω 阻性负载进行的标称**释放能量**，来表达其值。

当达到预置能量时，除颤器应给出明确指示。

应通过检查来检验是否符合要求。

6.8 随机文件

6.8.2 使用说明书

*e)、f)、g)和 h)用下文替换：

e) 对任何可充电电池的充电程序的完整详细说明；

f) 对原电池或可充电电池的更换周期的建议；

g) 在 20 ℃的环境温度时，充满电的新电池能够提供有效的最大能量的放电次数(对 AED 是指预设定的次数)；

h) 对于既能接至**供电网**又能接至分离的电池充电器的**设备**，当接成某种连接时，所有使用限制性信息。这些信息应包括电池已放完电或未装电池的情况。

增补：

aa) 使用说明书增补内容

使用说明书还应包含以下内容：

1)* 警告在除颤时不要触及患者。

2)* 除了有关**除颤器电极**应与其他电极或与**患者**接触的金属物保持足够距离的显眼的警告外，还应说明在使用时正确的**除颤器电极**类型和持握**除颤器电极**的方法。还应告知**操作者**其他无**除颤防护**应用部分的**医用电气设备**在除颤期间应与**患者**断开。

3) 告知**操作者**，避免**患者**身体的某部分(如头部或肢体的裸露的皮肤)和导电液体(如导电膏、血液和盐溶液)与金属物体接触(如床架或担架)，因为金属物体会导致非预期的除颤电流旁路。

4)* 临使用之前的有关**设备**存放的所有环境限制要求(如在恶劣气候条件下的车辆或救护车中)。

5) 在说明使用**分开的监视电极**进行监视的方法中，应有这些电极放置位置的说明。

6)* 提醒**操作者**注意，不管**设备**使用与否，都需定期维护保养，特别是：

——可重复使用的**除颤器电极**和手柄绝缘部分的清洁；

——对所有可重复使用**除颤器电极**或手柄灭菌程序，若适用，包括推荐灭菌方法和最大灭菌周期；

——所有可重复使用监视电极的清洁；

——所有一次性使用**除颤器电极**和所有一次性使用监视电极的包装检查，确认密封完好并且处于有效期内；

——电缆和电极手柄可能缺陷的检查；

——功能检查；

——如果是一种要求定期充电的(如电解电容或聚偏氟乙烯(PVDF)电容)**能量储存装置**,则对它进行充电。

7)* 说明对完全放电的**能量储存装置**,当**除颤器**设定为最大能量时的充电时间,

a) 在**额定**的**网电源电压**时;对**内部电源**的**除颤器**,在新电池充足电时;

b) 按照a)所述,但在**网电压**的**额定**值的90%时;对**内部电源**的**除颤器**,对**频繁使用**的**除颤器**经过15次或对**非频繁使用**的**除颤器**经过6次最大能量放电以后时;

c) 按照b)所述,但测量从接通电源开关开始到最大能量充电完成所需时间。

8) 对AED,说明从心律分析开始到放电准备就绪所需最大时间,

a) 在**额定**的**网电源电压**时;对**内部电源**的**除颤器**,在新电池充足电时;

b) 按照a)所述,但在**网电压**的**额定**值的90%时;对**内部电源**的**除颤器**,对**频繁使用**的**除颤器**经过15次或对**非频繁使用**的**除颤器**经过6次最大能量放电以后时;

c) 按照b)所述,但测量从接通电源开关开始到最大能量充电完成所需时间。

9) 对AED,说明在**心率识别检测器**已经检测到可电击心律之后,它是否继续分析心电;是否**除颤器**充电和准备电击;是否在这种情况下导致AED进入禁止除颤状态。

10) 警告在有易燃煤介物或富氧气体的环境下使用除颤器存在爆炸和失火的危险。

11) 对预期**非频繁使用**的**设备**,应明确地声明其预期用途和正确描述**设备**的局限性。还应给出建议或要求对设备进行状况检查或预防性维护。

12) 对按照预置治疗方案释放能量的**设备**,有关**释放能量**自动选择的信息和治疗方案重置的条件在使用说明书中应有描述。如适用,使用说明书中还应包括如何变更治疗方案的相关信息。

6.8.3 技术说明书

增补:

aa)* 技术说明书还应提供:

1) 除颤的基本性能数据:

a) 按时间与电流或电压的关系,以图形方式绘制释放脉冲的波形。这些波形依次是**除颤器**在连接阻性负载为25 Ω、50 Ω、75 Ω、100 Ω、125 Ω、150 Ω和175 Ω电阻时,以及设置为最大输出时或若适用按照一个自动治疗方案确定的**预置能量**下进行的;

b) 对50 Ω电阻负载,**释放能量**的能量精度;

c) 如果**除颤器**具有当**患者**阻抗超过某限值时禁止输出的机制时,公布这些限值;

2) **同步器**的基本性能数据,包括:

a) 显示的同步或标记脉冲的含义;

b) 每当输出启动后,同步脉冲与能量释放之间的最大延迟时间,包括如何测量延迟时间,以及

c) 有关取消同步模式的条件的说明;

3) **心律识别检测器**的基本性能数据,包括:

a) 心电数据库试验报告

用于确认心律识别性能的心电数据库至少应包括:不同幅度室颤(VF)心律,不同频率和QRS波宽度室性心动过速(VT)心律,各种窦性心律包括室上性心动过速,房颤和房扑,具有PVC(心室期外收缩)特征窦性心律,停搏和起搏器心律。所有心律应按被检测识别算法类似的心电导联方式和心电信号处理特性进行归类,并有使检测系统能做出判断的适当长度。

试验报告应描述记录方法、心律来源、心律选择基准,并且应提供评注方法和基

准。检测器性能的结果报告应包括特异性、真实预报价值、敏感度和假阳性率，如下表：

表 101 心律识别检测器分类

	VF 和 VT	全部其他心电节律
电击	A	B
未电击	C	D

真阳性(A)是对一个可电击心律的正确分类。真阴性(D)是对未电击显示所有心律的正确分类。假阳性(B)是将一个组合心律或融合节律或停搏不正确地分类为可电击心律。假阴性(C)是将一个与心搏停止相联系的 VF 或 VT 不正确地分类为非可电击心律。

可电击心律识别的敏感度是指 A/(A+C)。真实预报价值表示为 A/(A+B)。非可电击心律识别特异性是指 D/(B+D)。假阳性率表示为 B/(B+D)。

检测报告应清晰概述检测 VF 的敏感度，及那些针对 VT 所设计的识别方案检测 VT 的敏感度。对那些针对室性心动过速(VT)所设计的识别方案应包括指明 VT 为可电击性心律要求的描述。还应报告识别策略的阳性预报精度、假阳性率和整体特异性。推荐但不要求报告针对每一非可电击心律组合(如：正常窦性心律，室上性心律，例如：房颤和房扑、心室异位、实行心律及停搏)给出识别方案的特异性。

在无干扰(如由心肺复苏引起的)情况下，当最大幅度峰峰值为不低于 200 μV 时，识别 VF 的识别方案的敏感度应超过 90%。这些检测 VT 的识别方案，其敏感度应超过 75%。在正确分辨非可电击心律方面检测器的特异性，无人为干预时应超过 95%。

b) 检测器分析心律无论是自动开始的或者是由**操作者**启动的，都应予以描述。

c) 如果**除颤器**包含了一个检测、分析除心电之外其他生理信息系统，为了提高 AED 敏感度和特异性，技术描述应解释这个系统的操作方法和推荐电击释放的基准。

6.8.101 有关电磁兼容性的随机文件

依照 YY 0505，制造商应提供与电磁兼容性有关的信息。在使用说明书中特别应提供表 201、表 202 和表 203，以及与 6.8.2.201 要求相一致的适用性陈述。

第二篇 环 境 条 件

除下述内容外，通用标准中本篇适用。

10 环境条件

除下述内容外，通用标准的本章适用。

10.2* 运行

10.2.1 环境

修改：

a) 环境温度范围：0 ℃～+40 ℃。

b) 相对湿度范围：30%～95%，无冷凝。

第三篇 对电击危险的防护

除下述内容外，通用标准中本篇适用。

14 有关分类的要求

除下述内容外，通用标准的本章适用。

14.6 B型、BF型和CF型应用部分

增补：

aa)* 监视心电的构成**分开的监视电极**的任何应用部分应为**CF型**。

17* 隔离

除下述内容外，通用标准的本章适用。

h)* 第一个破折号

增补：

- 其他**患者电路**的**应用部分**

修改：

删除第六个破折号（“**设备**不应接通电源；”）。

用下列内容替换倒数第二段（“改变 V_T 极性，重复进行上述每项试验。”）：

每一项试验依次在**设备**通电和不通电两种状态下进行，并且对每种状态下，V_T 反相后重复进行上述每项试验。

增补：

aa) **除颤器电极**与其他部分的隔离应设计成当**能量储存装置**放电时，下列部分不出现危险的电能：

1) 外壳；
2) 属于其他**患者电路**的所有**患者连接**；
3) 所有**信号输入部分**和/或所有**信号输出部分**；
4) **设备**放置其上且至少等于**设备**（Ⅱ类设备或带**内部电源的设备**）底部面积的金属箔。

应通过下列试验检查符合性：

除颤器按图101连接，放电后在 Y_1 和 Y_2 两点间的峰值电压不超过1 V，则符合上述要求。在能量放电期间会有瞬态信号干扰测量，这些瞬态信号在测量结果中应被排除。这个电压相当于从被测部分流出100 μC电荷。

当带电信号输出部分将影响 Y_1 和 Y_2 两点电压的测量，测量不涉及该信号输出端口。然而应测量上述信号输出端口的参考地。

当按图101连接测量电路至一个输入/输出端口将导致仪器功能完全失效，测量不涉及该输入/输出端口。然而应测量上述输入/输出端口的参考地。

对**放电回路**的输出需要存在一定范围内阻抗的**除颤器**，试验时连接50 Ω阻性负载。对需要检测到可电击心电才可释放电击的**除颤器**，可使用带50 Ω阻性负载的心电模拟器。

应在装置的最大能量下进行测量。

Ⅰ类设备受试时应接保护接地。

可以不用**供电网**的**Ⅰ类设备**，如有内部电池，还应在无保护接地连接的情况下受试。

所有接至**功能接地端子**的连接应拆除。

应将接地连接换至另一个**除颤器电极**上重复这一试验。

bb)* 所有非**除颤器电极**的**应用部分**应为**防除颤应用部分**，除非制造商采取措施能防止同一**除颤器**进行除颤的同时使用它们。

cc)* 对**防除颤应用部分**按照本章要求进行试验时，不应产生**能量储存装置**非预期充电。

19 连续漏电流和患者辅助电流

除下述内容外，通用标准的本章适用。

19.1* 通用要求

b) 第三破折号

增补：

在测量**患者漏电流**或**患者辅助电流**时，**设备**应依次运行于：

a) **待机状态**；

b) 在**能量储存装置**正在被充电至最大能量时；

c) 最大能量在**能量储存装置**中被保持至自动进行内部能量放电，或 1 min；

d) 对 50 Ω 负载输出脉冲开始后 1 s 算起的 1 min 内（不包括放电时间）。

e)

增补：

对**除颤器电极**，通用标准中的要求用下文替换：

患者漏电流应在**除颤器电极**接至 50 Ω 负载条件下测量，测量应是每一个**除颤器电极**至地，下述各部分连接在一起并接地：

a) 导电的**可触及部分**；

b) **设备**放置其上并且面积至少等于**设备**底部面积的金属箔；

c) **正常使用**时可以接地的所有**信号输入部分**和**信号输出部分**。

19.2 单一故障状态

b) 第三破折号

增补：

对**除颤器电极**，通用标准中的要求用下文替换：

——用**最高额定网电源电压**的 110％的电压，依次施加在：地与连接在一起的体外**除颤器电极**之间和地与连接在一起的体内**除颤器电极**之间，而裹在电极手柄上并与手柄紧密接触的金属箔接至地并与本专用标准 19.1e）那些部分连接。

19.3* 容许值

增补：

aa)* 对**除颤器 CF 型应用部分**，**网电源电压**施加在**除颤器电极**之间的**单一故障状态**下**患者漏电流**容许值为 0.1 mA。

20* 电介质强度

除下述内容外，通用标准的本章适用。

20.2 对有应用部分的设备的要求

和

20.3 试验电压值

修改：

对于**除颤器**高压回路（如**除颤器电极**、**充电回路**和开关装置）应对通用标准中的绝缘类别 B-a 增加下列要求和试验，以及替换通用标准中的绝缘类别 B-b、B-c、B-d 和 B-e 的那些试验。

上述回路的绝缘应能承受一个直流试验电压，该电压是在任一正常操作模式下放电时间内出现在有关部分之间的最高峰值电压 U 的 1.5 倍。上述绝缘的绝缘阻抗应不低于 500 MΩ。

应通过下列电介质强度和绝缘阻抗相结合的试验来检验是否符合要求。

外部直流试验电压施加在：

试验 1：启动放电回路的开关装置，在连在一起的每对**除颤器电极**和连在一起的所有下列部分之间：

a) 导电的**可触及部分**；

b) Ⅰ**类设备**的**保护接地端子**，或放置在Ⅱ**类设备**或带**内部电源**的**设备**下的金属箔；

c) 与在**正常使用**时可能被握住的非导电部分紧密接触的金属箔；及

d) 所有隔离的**放电控制回路**和所有隔离的**信号输入部分**或**信号输出部分**。

如果**充电回路**是浮动的并在放电时是与**除颤器电极**隔离的，试验期间应将其与除颤器电极连接起来。

应用**虚拟部件**替换**除颤器**和其他**患者电路**之间形成隔离的所有电阻。

在本试验时，所有其他**患者连接**，它们的电缆和附属连接器应与设备断开。

用来与其他**患者**回路隔离的**除颤器**高压回路的所有开关装置，除了那些在**正常使用**时通过它们各自电缆和**患者连接**的连接而启动的之外，都应处于开路位置。

所有在试验时跨接在被测绝缘的电阻(如测量回路的器件)，如果试验配置中它们的实际值不低于 5 MΩ，在试验中用虚拟部件替换。已知不承受 1.5U 试验电压的所有器件，当被本条最后的试验证明是安全的，应被认可符合本条要求。

注："对"在这里指**正常使用**时任何两个同时使用的**除颤器电极**。

较新的**除颤器**电路拓扑结构，会造成执行上述试验的困难。器件额定值不是 1.5U 或已知在低于 1.5U 时失效，如果通过了下述试验，器件是可接受的。通过电路分析确定最高峰值电压 U，分析时不考虑电路器件误差。被测器件击穿电压的分布，由供应商提供，或通过足够样品量的击穿试验确定(器件在电压 U 下以 90%置信度)其失效概率低于 0.000 1。另外，制造商应通过故障模式影响分析(见 IEC 60300-3-9)认证所实现的电路布局，在**单一故障状态**和确保**操作者**已经知道这样的故障状态下，不会引起**安全方面危险**。

试验 2：在每一对除颤器电极之间——依次对体外电极和体内电极进行——当：

a) **能量储存装置**被断开，

b) **放电回路**开关装置受激励，

c) 用来隔离**除颤器**高压回路与其他**患者电路**的所有开关装置处于开路位置，和

d) 在本试验中会在**除颤器电极**之间提供导电旁路的所有器件被断开。

较新的**除颤器**电路拓扑结构，会造成执行上述试验的困难。器件额定值不是 1.5U 或已知在低于 1.5U 时失效，如果通过了下述试验，器件是可接受的。通过电路分析确定最高峰值电压 U，分析时不考虑电路器件误差。被测器件击穿电压的分布，由供应商提供，或通过足够样品量的击穿试验确定(器件在电压 U 下以 90%置信度)其失效概率低于 0.000 1。另外，制造商应通过故障模式影响分析(见 IEC 60300-3-9)认证所实现的电路布局，在**单一故障状态**和确保**操作者**已经知道这样的故障状态下，不会引起**安全方面危险**。

试验 3：在**放电回路**和**充电回路**的每一开关装置的两端。

对连续的操作当作单一功能集时，其预期进行测试的**放电回路**开关，应进行下列试验：

a) 在与**能量储存装置**极性一致的每个功能集两端施加试验电压，并核实对本篇每一规定直流承受能力。

b) 断开**能量储存装置**，并接入上述每一项结果的试验电压源装置，其极性与**能量储存装置**一致。

通过短路功能集，依次模拟各系列功能开关组合级联失效。在模拟级联失效状态下，证明不会发生对**患者**连接的能量放电。

试验 4：当放电回路的开关装置受激励时，在网电源部分和连接在一起的**除颤器**电极之间。

注：激励开关装置至一个延长的时间周期也许不可行。在这种情况下，本试验中可模拟开关过程。

如果网电源部分与包含**除颤器**电极的应用部分之间,通过保护接地的屏蔽或保护接地的中间回路能有效地隔离,则本试验可以不进行。

当隔离的有效性有疑问时(如保护屏蔽不完善),应断开屏蔽并进行电介质强度试验。

试验电压初始时设置为 U,并测量电流值。在不小于 10 s 时间内将电压升至 $1.5U$,然后保持此电压 1 min,试验过程中应无击穿或闪烁现象发生。

电流应正比于所施加的试验电压,偏差在±20%之内。由于试验电压增加的非线性引起的任何电流的瞬态增大应忽略。绝缘阻抗应按最大电压和稳态电流计算。

在进行通用标准中针对绝缘类别 B-a 的规定试验时,在充电回路或放电回路中的所有开关装置两端出现的那部分试验电压,应限制为不超出等于上述规定的直流试验电压的一个峰值电压。

20.4 试验

a),第一个破折号

修改:

将"**设备**升温至工作温度"改为"**设备**通过运行于待机状态达到稳态温度"。

第四篇 对机械危险的防护

通用标准中本篇的章、条适用。

第五篇 对不需要的或过量的辐射危险的防护

除下述内容外,**并列标准** YY 0505—2005 中本篇适用。

36* 电磁兼容性(EMC)

替换:

36.201 发射

当**除颤器**处于充电/放电周期时,放弃这些要求。

36.201.1 无线电业务的保护

a) 要求

在所有配置和工作模式下,**除颤器**应符合 GB 4824,1 组的要求。为确定所适用的 GB 4824 的要求,**除颤器**分类为 B 类设备。距离设备 10 m 处测量的发射电平,在 30 MHz~230 MHz 范围内应不超过 30 dB μV/m,在 230 MHz~1 000 MHz 范围内应不超过 37 dB μV/m。

b) 试验

依照 GB 4824 试验方法来检验是否符合要求。

替换:

36.202.2 静电放电(ESD)

a) 要求

以 4 kV 对空气放电和以 2 kV 接触放电,**操作者**应观察不到任何**设备**运行时的变化。**设备**应工作在其正常指标的容限内。不允许系统性能降低或功能失效。然而,在 ESD 放电时,心电的毛刺、起搏脉冲的检测、显示的瞬间干扰或发光二极管(LED)的短时闪光是被接受的。

以 8 kV 对空气放电或以 6 kV 接触放电,**设备**可暂时性功能丢失,但应在无**操作者**干预下 2 s 内恢复。不应出现非预期的能量释放,不安全的失效状况,或存储数据的丢失。

b) 试验

按 GB/T 17626.2 所规定的试验方法和仪器进行下列增补试验:

在**操作者**或**患者**可触及表面的任一点上,用正和负两种极性,以 8 kV 对空气放电或以 6 kV

接触放电对**设备**进行试验。

36.202.3 **辐射的 RF 电磁场**

a) 要求

设备在下列特性的调制射频场中进行试验：

——场强：10 V/m；

——载波频率范围：80 MHz～2.5 GHz；

——5 Hz 的 80％调幅系数的 AM 调制。

b) 试验

按 GB/T 17626.3 所规定的试验方法和**仪器**进行下列修改试验：

进行下列试验来检验是否符合要求：

在**除颤器电极**间接入模拟**患者**的负载(1 kΩ 电阻与 1 μF 电容并联)。被测**设备**的所有表面顺序地朝向射频场。在 10 V/m 场强下，不应发生无意的放电或其他非预期的状态改变。不应有心律识别检测器(RRD)(假阳性)的无意启动。在 20 V/m 场强下，不允许无意的能量释放。某些**患者**电缆配置会导致不符合这些抗干扰要求。在这种情况下，制造商应公开其所满足的降低了的抗干扰电平。

36.202.4 **电快速瞬变脉冲群**

a) 要求

可接网电源的**设备**在网电源插座上应用电平 3 进行试验。只允许瞬时的功能失效。不允许无意的能量释放或其他非预期的状态改变。设备应在无**操作者**干预下恢复其脉冲测试前的状态。

b) 试验

按 GB/T 17626.4 所规定的试验方法和**仪器**进行试验。

36.202.5 **浪涌**

a) 要求

应按第 3 章对可接网电源的**设备**进行试验。符合性准则：不允许无意的能量释放或其他非预期的状态改变。设备应在无**操作者**干预下恢复其测试前的状态。

b) 试验

按 GB/T 17626.5 所规定的试验方法和**仪器**进行试验。

36.202.6 **RF 场感应的传导骚扰**

a) 要求

试验期间不应产生无意的放电或其他非预期的状态改变。不允许功能失效。

b) 试验

按 GB/T 17626.6 所规定的试验方法和**仪器**进行下列修改试验：

对既能使用电网电源也能使用电池运行的**除颤器**，从电源软电线(不是在信号输入端)注入具有下列特性的射频电压：

——射频电压幅度：3 V(有效值)；

——载波频率：150 kHz～80 MHz；

——5 Hz 的 80％调幅系数的 AM 调制。

36.202.8 **磁场**

a) 要求

试验期间不应产生无意的放电或其他非预期的状态改变。允许一些显示抖动，然而应可读取显示信息并且应不丢失或破坏存储的数据。

b) 试验

按 GB/T 17626.8 所规定的试验方法和**仪器**进行下列试验：

让**设备**在所有轴向上承受磁场。设备上的心电导联线和电极短路。

第六篇　对易燃麻醉混合气点燃危险的防护

通用标准中本篇适用。

第七篇　对超温和其他安全方面危险的防护

除下述内容外，通用标准中本篇适用。

42* 超温

除下述内容外，通用标准的本章适用。

42.3

3)持续率

替换：

在**待机状态**下**设备**运行到温度达到平衡。对**手动除颤器**，**除颤器**以每分钟 3 次的速率对 50 Ω 阻性负载按其最大能量交替进行充电和放电 15 次。对 AED，放电次数和速率应为制造商对正常操作所规定的最大值。

44 溢流、液体泼洒、泄漏、受潮、进液、清洗、消毒、灭菌和相容性

除下述内容外，通用标准的本章适用。

44.6* 进液

替换：

设备的结构应在液体泼洒时(意外地弄潮)，不导致**安全方面危险**。

应通过下列试验检查符合性：

设备处于**正常使用**时最不利的位置，同时**除颤器电极**处于存放位置。然后**设备**承受从其顶部上方 0.5 m 高处垂直降下的 3 mm/min 人工降雨持续 30 s。本试验中不应对**设备**供电。本试验中，**患者**电缆、网电源电缆等应放置在最不利位置。

试验装置见 GB 4208 中图 3 所示。

可用截断装置确定试验的持续时间。

在 30 s 人工降雨后立即除去**外壳**上可见水分。上述试验后立即对**除颤器**以每分钟 3 次的速率对 50 Ω 阻性负载按其最大能量交替充电和放电 15 次。对 AED，最大放电次数和放电速率可为制造商对正常操作所规定的极限值。

应核实进入**设备**的所有水分不会导致**安全方面危险**。特别是**设备**应能满足电介质强度试验 A-a1、A-a2。对非**除颤器电极**的**应用部分**，**设备**应能满足通用标准中 20.1～20.3 所规定的电介质强度试验 B-a 和 B-d。

试验后拆开**除颤器**，检验进水情况。**设备**应无电气绝缘受潮迹象，这些液体很可能对绝缘有不利影响。同样在高压电路应无水迹。

设备应功能正常。

44.7* 清洗、消毒和灭菌

增补：

体内**除颤器电极**包括手柄、任何与其构成一体的控制器或指示器以及连带电缆应能进行灭菌。见 6.8.2 aa)6)对使用说明书的要求。

46 人为差错

除下述内容外，通用标准的本章适用。

46.101* 电极供能控制

a) **设备**应设计成能够防止对体外**除颤器电极**和体内**除颤器电极**同时供能。

通过检验和功能试验检查符合性。

b) **除颤器放电回路**的触发装置应设计成使得无意操作的可能性最小化。

允许的布置方式有：

1) 对前-前**除颤器电极**，两个瞬时开关，每个**除颤器电极**手柄上放置一个；

2) 对前-后**除颤器电极**，一个单一的瞬时开关放置在前电极手柄上；

3) 对体内**除颤器电极**，一个单一的瞬时开关放置在任一电极手柄上，或者一个或两个单一瞬时开关仅仅放置在面板上；

4) 对体外自粘**除颤器电极**，一个或两个单一瞬时开关仅仅放置在面板上。

不应用脚踏开关来触发除颤脉冲。

应通过检验和功能试验检查符合性。

46.102 信号显示

除颤器不应同时显示超过一个输入的信号，除非明确地标示信号来源。

应通过检验检查符合性。

46.103* 能量释放前的听觉警告

除颤器能量释放前应给出针对**操作者**的听觉警告。至少在下列时刻，应提供声音或听觉音调(警告可以是连续的或间歇的)：

a) 对 AED，当**心律识别检测器**确定检测到可电击心律时；

b) 对具有由**操作者**启动放电控制的**除颤器**，当装置准备就绪由**操作者**进行放电时。

c) 对具有自动放电控制的 AED，在能量释放前至少有 5 s 时。

第八篇 工作数据的准确性和危险输出的防止

除下述内容外，通用标准中本篇适用。

50* 工作数据的准确性

除下述内容外，通用标准的本章适用。

50.1* 控制器件和仪表的标记

替换：

如果**除颤器**提供了连续的或有级的**预置能量**选择的方法，那就应配有以焦耳为单位的**预置能量**指示，指示值是对 50 Ω 阻性负载的**释放能量**标称值，并以焦耳为单位表示。

可选的是，**除颤器**可以是释放单个的预置能量或按照在使用说明书中阐述的预置治疗方案释放一个能量序列。如果**除颤器**设计为提供单个能量或一个可编程的能量序列，则不要求有能量选择的方法。

通过检查来检验是否符合要求。

50.2* 控制器件和仪表的准确度

替换：

应规定对 25 Ω、50 Ω、75 Ω、100 Ω、125 Ω、150 Ω 和 175 Ω 负载的额定**释放能量**(按照设备设置)。对这些负载电阻，在所有能级上，所测量的**释放能量**与那个负载下的额定的**释放能量**值的偏差应不超过 ±3 J 或 ±15%(取两者的较大值)。

通过测量在上述的能级上对 25 Ω、50 Ω、75 Ω、100 Ω、125 Ω、150 Ω 和 175 Ω 负载电阻的**释放能量**，或先测量**除颤器**输出回路的内部电阻然后计算出**释放能量**，来检验是否符合要求。

51 危险输出的防止

除下述内容外，通用标准的本章适用。

51.1* 有意地超过安全极限

增补：

输出控制范围：

a) **预置能量**应不超过 360 J。

b) 对内部**除颤器电极**，**预置能量**应不超过 50 J。

应通过检查和功能试验来检验是否符合要求。

增补：

51.101* 在 175 Ω 负载电阻两端，**除颤器**输出电压应不超过 5 kV。

应通过测量来检验是否符合要求。

51.102* **设备**应设计成当供电中断（不管是网电源供电还是内部电源供电）或当**设备**电源切断时，不应在**除颤器**电极有非预期的能量输出。

应通过功能试验来检验是否符合要求。

51.103* **除颤器**应提供一个内部放电回路，使**储存能量**因某种原因不能通过**除颤器**电极释放时而能通过它被消耗掉。

注：这一**内部放电回路**可和 51.102 所要求的设计合并。

应通过功能试验来检验是否符合要求。

第九篇 不正常的运行和故障状态；环境试验

除下述内容外，通用标准中本篇适用。

52 不正常的运行和故障状态

增补：

52.4.101* 能量储存装置的无意地充电或放电。

第十篇 结 构 要 求

除下述内容外，通用标准中本篇适用。

56* 元器件和组件

除下述内容外，通用标准的本章适用。

增补：

56.101* 除颤器电极及其电缆

a) 所有**除颤器电极**手柄应没有导电的**可触及部分**。

这一要求不适用于小金属件，例如在绝缘材料内或穿过绝缘材料的螺钉，这些小金属件在单一故障状态下不会带电。

应通过检查和电介质强度试验（见 20.2 中试验 1）来检验是否符合要求。

b)* **除颤器电极**电缆和电缆的固定装置应可以顺利通过下述的试验。此外可重复使用的**除颤器电极**的固定装置应满足通用标准的 57.4 a）中第 1～4 个破折号所描述的对**电源软电线**的要求。对一次性使用电缆或电缆/电极组合，在试验 2 中摆动弯曲次数应除以 100。针对**除颤器电极**，至**设备/除颤器电极**的每一电缆和至**设备/除颤器电极**连接器的每一电缆，当相关时，应依次进行试验，除非两个或更多连接器有相同的结构（此情况下，应仅对其一个连接器进行试验)。当一个连接器配接两个或更多的电缆时,这些电缆应一同进行试验,在连接器上的张力是各适于每一电缆的张力的总和(见附录AA和图107要求进行试验的固定装置的识别指导)。

应通过下列检查和试验来检验是否符合要求:

试验1:

对可重新接线电缆,把导线伸入**除颤器电极**的接线端子,把端子螺钉旋紧到刚能防止导线轻易移动。按正常方式紧固电缆固定装置。对所有电缆,为测量纵向位移,在电缆上距离电缆固定装置约2 mm处做上记号。

然后立即使电缆承受30 N的拉力,或使连接器脱开前的所能施加的(或使电极拉离患者,如适用)最大力,至少持续1 min。在这一试验末尾,电缆纵向位移应不大于2 mm。对可重新接线电缆,导线在接头处移动应不大于1 mm,并且当拉力仍然施加时导线不应有可察觉的变形。对非可重新接线电缆,导线应不超过总股数10%的线股断裂。

试验2:

将一个**除颤器电极**固定在类似图102所示的装置上,固定时应使该装置的摆动杆在其行程当中时,从电极或电极手柄处引出的电缆轴线垂直并且通过摆动轴线。按下列方法对电缆施加张力。

1) 对可延伸的电缆,施加张力等于使电缆伸展至其自然(未伸展)长度的3倍所需的张力,或相当于一个**除颤器电极**重量的张力,取较大的值,在离摆动轴300 mm处将电缆固定。

2) 对非可延伸的电缆,电缆穿过一离摆动轴300 mm的小孔,在小孔下方的电缆上固定一个重量等于**除颤器电极**的重物,或5 N,取较大的值。

摆动杆摆动的角度为:

——180°(垂线两侧各90°)用于体内电极;

——90°(垂线两侧各45°)用于体外电极。

摆动总次数应是10 000次,以每分钟30次的速度进行。摆动5 000次后,**除颤器电极**绕电缆进线处中心线转动90°,余下的5 000次在同一平面上完成。

本试验后,除了允许有不超过导线总股数10%的线股断裂外,电缆不应松动,并且电缆固定装置或电缆都不应有任何损坏。

c) **除颤器电极**的最小面积

除颤器电极的每个电极的最小面积应是:

——50 cm^2,为成人体外使用;

——32 cm^2,为成人体内使用;

——15 cm^2,为儿童体外使用;

——9 cm^2,为儿童体内使用。

57 网电源部分、元器件和布线

除下述内容外,通用标准的本章适用。

57.10 爬电距离和电气间隙

增补:

aa)* 在**除颤器电极**的**带电**部分与在**正常使用**中很可能接触的手柄和开关或控制器之间,**爬电距离**应至少有50 mm,**电气间隙**应至少有25 mm。

bb)* 除了元器件额定值的裕量能证实外(例如从元器件制造商的额定值或通过第20章电介质强度试验),高压回路与其他部分之间以及高压回路各部分之间绝缘的**爬电距离**和**电气间**

隙应至少为 3 mm/kV。

这个要求还应适用于**除颤器**的高压电路与其他**患者电路**之间的隔离方法。

应通过测量来检验是否符合要求。

cc)* 非可重复使用的**除颤器电极**不要求满足 bb)中对爬电距离和电气间隙的要求，不要求满足第 20 章中对电介质强度的要求。

dd)* 连接**除颤器**和**除颤器电极**的电缆应具有双重绝缘(两层分别铸造的绝缘)。对非可重复使用的电缆包括非可重复使用的**除颤器电极**，当非可重复使用的电缆长度小于 2 m，不要求双重绝缘。电缆的绝缘阻抗应不小于 500 MΩ。电缆的电介质强度应按下面描述的，在所有正常操作模式下**除颤器电极**之间的最高电压的 1.5 倍电压值进行试验：

用导电金属箔包裹电缆外部 100 mm 长度。在高电压导线和外部导电包裹层之间施加试验电压。将电压在不小于 10 s 的时间内升至 1.5U，保持稳定持续 1 min，不应产生击穿或闪烁。测量高电压导体与包裹层之间的漏电流，证实绝缘阻抗超过 500 MΩ。

第一百零一篇　与安全有关的补充要求

101* 充电时间

101.1* 对频繁使用的手动除颤器的要求

a)* 对完全放电的**能量储存装置**充电至最大能量的时间，在下列状态下应不大于 15 s：

- 当**除颤器**运行在 90%额定网电源电压；
- 用已经过 15 次最大能量放电消耗过的电池。

b) 从接通电源开关开始，或从**操作者**进入设定方式开始，到最大能量充电完成的时间不应超过 25 s。这一要求应适用于在下列状态时对完全放电的**能量储存装置**充电至最大能量：

- 当**除颤器**运行在 90%额定网电源电压；
- 用已经过 15 次最大能量放电消耗过的电池。

应通过测量来检验是否符合 101.1 a)和 b)的要求。对**内部电源设备**，本试验开始时应使用一个新的并充满电的电池。对还能连接至网电源或一个分离的电池充电器，进行对**能量储存装置**充电的设备，则设备连接至供电网或电池充电器进行试验，检验是否符合要求。对已用完电的电池和未装电池的状态，检验其状态是否与 6.1 bb)所要求提供的标记相符。

用不可充电电池的**除颤器**，本试验应使用经过制造商所规定的充电/放电循环次数消耗过的电池开始试验，或当**设备**指示需要更换电池时，取先来者。

101.2* 对非频繁使用的手动除颤器的要求

a) 下列是充电时间的要求：

- 当**除颤器**运行在 90%额定网电源电压，对完全放电的**能量储存装置**充电至最大能量的时间应不超过 20 s。
- 用已经过 6 次最大能量放电消耗过的电池，对完全放电的**能量储存装置**充电至最大能量的时间应不超过 20 s。
- 用已经过 15 次最大能量放电消耗过的电池，对完全放电的**能量储存装置**充电至最大能量的时间应不超过 25 s。

b) 从接通电源开关开始，或从**操作者**开始设定模式，到最大能量充电完成的时间，适用下列要求：

- 当**除颤器**运行在 90%额定网电源电压，从接通电源开关开始，或从**操作者**开始设定模式，到最大能量充电完成的时间，应不超过 30 s。
- 用已经过 6 次最大能量放电消耗过的电池，从接通电源开关开始，或从**操作者**开始设定模式，到最大能量充电完成的时间，应不超过 30 s。

- 用已经过 15 次最大能量放电消耗过的电池，从接通电源开关开始，或从**操作者**开始设定模式，到最大能量充电完成的时间，应不超过 35 s。

应通过测量检验是否符合 101.2a)和 b)的要求。对**内部电源设备**，本试验开始时应使用一个新的并充满电的电池。对还能连接至网电源或一个分离的电池充电器，进行对**能量储存装置**充电的设备，则设备连接至供电网或电池充电器进行试验，检验是否符合要求。对已用完电的电池和未装电池的状态，检验其状态是否与 6.1bb)所要求提供的标记相符。

用不可充电电池的**除颤器**，本试验应使用经过制造商所规定的充电/放电循环次数消耗过的电池开始试验，或当**设备**指示需要更换电池时，取先来者。

101.3* 对频繁使用的自动体外除颤器的要求

a) 从**心律识别检测器**启动到**除颤器**最大能量准备放电的最大时间，在下列状态下应不超过 30 s：
- 当 AED 运行在 90%额定网电源电压
- 用已经过 15 次最大能量放电消耗过的电池

b)* 从接通电源开关开始，或从操作者开始设定模式，到**除颤器**最大能量完成的时间应不超过 40 s。这一要求应适用于在下列状态，对完全放电的**能量储存装置**充电至最大能量：
- 当 AED 运行在 90%额定网电源电压
- 用已经过 15 次最大能量放电消耗过的电池

101.4* 对非频繁使用的自动体外除颤器的要求

a) 对**非频繁使用**的**自动体外除颤器**的充电时间适用下列要求：
- 当 AED 运行在 90%额定网电源电压，从**心律识别检测器**启动到最大能量准备放电的最大时间，应不超过 35 s。
- 用已经过 6 次最大能量放电消耗过的电池，从**心律识别检测器**启动到最大能量放电准备好的最大时间，应不超过 35 s。
- 用已经过 15 次最大能量放电消耗过的电池，从**心律识别检测器**启动到最大能量放电准备好的最大时间，应不超过 40 s。

b) 对从接通电源开关开始，或从操作者开始设定模式，到最大能量充电完成的时间，适用下列要求：
- 当 AED 运行在 90%额定网电源电压，从接通电源开关开始，或从操作者开始设定模式，到最大能量充电完成的时间，应不超过 45 s。
- 用已经过 6 次最大能量放电消耗过的电池，从接通电源开关开始，或从操作者开始设定模式，到最大能量充电完成的时间，应不超过 45 s。
- 用已经过 15 次最大能量放电消耗过的电池，从接通电源开关开始，或从操作者开始设定模式，到最大能量充电完成的时间，应不超过 50 s。

应通过下列试验检验是否符合 101.3a)和 b)以及 101.4a)和 b)的要求。

由制造商规定的模拟**患者**的可电击心律信号，接入到**分开的监视电极**之间或**除颤器电极**之间。**除颤器**随后应给出视觉和听觉提示。充电时间测量是指从 RRD 启动[对 101.3 a)和 101.4 a)]或通电开始[对 101.3 b)和 101.4 b)]到放电准备好。

对**内部电源设备**，本试验开始时应使用一个新的并充满电的电池。对还能连接至网电源或一个分离的电池充电器，进行对**能量储存装置**充电的设备，则设备连接至供电网或电池充电器进行试验，检验是否符合要求。对已用完电的电池和未装电池的状态，检验其状态是否与 6.1bb)所要求提供的标记相符。

用不可充电电池的**除颤器**，本试验应使用经过制造商所规定的充电/放电循环次数消耗过的电池开始试验，或当**设备**指示需要更换电池时，取先来者。

具有**操作者**或**使用者**不能改变的预置能量设定序列的**设备**，其电池最大能量放电消耗的要求，放宽到预置能量设定序列的放电次数。对**操作者**或**使用者**能改变的预置能量设定序列，其电池最大能量放电消耗的要求，放宽到按可选的能量设定序列在最不利条件下的放电次数。

102 内部电源

102.1 概述

不论**设备**是否使用网电源，本章要求适用。

102.2* 对手动除颤器的要求

一个新的充满电的电池容量，应使**设备**在 0 ℃时至少能提供 20 次的除颤放电，每次放电应达到**设备**的最大**释放能量**，按 1 min 放电三次和 1 min 停歇的周期方式进行。对**非频繁使用**的**手动除颤器**，周期方式应为 90 s 放电三次和 1 min 停歇。

当**设备**可有多个由操作者随意选择插入的电池时，对 20 次放电的要求是指当**除颤器**配备最多电池时得到的放电总次数。

如果备用电池不与**除颤器**实际配接，该备用电池应不包括在本试验中。

应通过在 0 ℃±2 ℃下功能试验检验是否符合要求，**设备**首先做下列准备：

a) 在环境温度 20 ℃±2 ℃下，按照制造商的说明对电池充满电(或直到**设备**指示电池已经充满电)，或按制造商依照 10.2 的要求所规定的运行环境条件，取其中最严酷的条件。

b) **设备**包括电池冷却至 0 ℃±2 ℃，直至达到热平衡。

102.3* 对自动体外除颤器的要求

102.3.1 对**频繁使用**的 AED，一个新的充满电的电池容量，应使**设备**在 0 ℃时至少能提供 20 次最大**释放能量的**除颤放电，AED 按 105 s 放电二次和 1 min 停歇的周期方式进行。

当**频繁使用**的 AED 能够在同一时间由操作者随意选择接入多个电池时，对 20 次放电的要求是指当**除颤器**配备最多电池时得到的放电总次数。

如果备用电池不与**除颤器**实际配接，该备用电池应不包括在本试验中。

具有**操作者**或**使用者**不能改变的预置能量设定序列的 AED，AED 应能提供 20 次按预置设定的除颤放电。对**操作者**或**使用者**能改变的预置能量设定序列，AED 应能提供 20 次按可选的最大能量设定序列的除颤放电。

102.3.2 对**非频繁使用**的 AED，一个新的充满电的电池容量，应使**设备**至少能提供 20 次最大释放能量的除颤放电，**设备**按 135 s 放电三次和 1 min 停歇的周期方式进行。

具有**操作者**或**使用者**不能改变的预置能量设定序列的**非频繁使用**的 AED，AED 应能提供 20 次按预置设定的除颤放电。对**操作者**或**使用者**能改变的预置能量设定序列，AED 应能提供 20 次按可选的最大能量设定序列的除颤放电。

应通过在 0 ℃±2 ℃下功能试验检验是否符合 102.3.1 和 102.3.2 的要求，**设备**首先做下列准备：

a) 在环境温度 0 ℃±2 ℃、20 ℃±2 ℃和 40 ℃±2 ℃下，按照制造商的说明对电池充满电(或直到**设备**指示电池已经充满电)，或按制造商依照 10.2 的要求所规定的运行环境条件，取其中最严酷的条件。

b) **设备**包括电池冷却至 0 ℃±2 ℃，直至达到热平衡。

将可电击心律信号接入**分开的监视电极**之间或**除颤器电极**之间。**除颤器**随后应给出视觉或听觉提示以确保按照上述规定的周期方式进行**除颤器**放电。

当**设备**可能含有(在同一时间操作者能随意选择插入的)多个电池时，对 20 次放电的要求是指当**除颤器**配备最多电池时得到的放电总次数。

如果备用电池不与**除颤器**实际配接，该备用电池应不包括在本试验中。

102.4* 当非可充电电池需要更换或可充电电池需要充电时，应有手段提供明确的提示。这些手段应不使**设备**无法运行，并且一旦给出这些提示后，**设备**应仍能提供三次最大能量放电的释放。

具有**操作者**或**使用者**不能改变的预置能量设定序列的**设备**，一旦给出提示后，AED 应能提供 3 次按预置设定的除颤放电。对**操作者**或**使用者**能改变的预置能量设定序列，AED 应能提供 3 次按可选的最大能量设定序列的除颤放电。

应通过检查和在 20 ℃±2 ℃下功能试验检验是否符合要求。

102.5 当可充电电池正在充电时，应有手段提供明确的提示。

应通过检查和功能试验检验是否符合要求。

102.6* 所有可充电新电池应能使**设备**通过下列试验：

a) 对**手动除颤器**的试验要求.

电池充满电后，将**设备**关闭并储存在 20 ℃±5 ℃温度和 65%±10%相对湿度下 168 h(7 天)。然后**设备**以最大**释放能量**对 50 Ω 负载以每分钟一次充放电的速率进行充电和放电 14 次。第 15 次充电时间应不超过 15 s(25 s 对**非频繁使用**的**手动除颤器**)。

如果**除颤器**在关闭时可以进行按预先选定的间隔自动启动唤醒自检，应以可能的最小间隔启动唤醒自检进行本试验。

b) 对自动体外除颤器的试验要求

电池充满电后，将设备关闭并储存在 20 ℃±5 ℃温度和 65%±10%相对湿度下 168 h(7 d)。然后**设备**以最大**释放能量**对 50 Ω 负载以每分钟一次充放电的速率进行充电和放电 14 次。测量第 15 次的从可电击心脏节律输入到**除颤器**放电准备就绪的时间，该时间应不超过：

——30 s，对**频繁使用 AED**；

——40 s，对**非频繁使用 AED**。

具有**操作者**或**使用者**不能改变的预置能量设定序列的**设备**，对电池提供最大能量放电消耗的要求放宽到预置能量设定序列的放电次数。**操作者**或**使用者**能改变的预置能量设定序列，对电池提供最大能量放电消耗的要求放宽到按可选的最大能量设定序列的放电次数。

如果当**除颤器**关闭时，**除颤器**可进行按预先选定的间隔自动启动唤醒自检，应以最小的可能间隔启动唤醒自检进行本试验。

103* 持久性

设备应能够在本标准第 42 章规定的超温试验后满足下列持久性试验：

a) **频繁使用**的**除颤器**应能对 50 Ω 负载按最大能量或按设定的能量治疗方案，充电和放电 2 500 次。预期**非频繁使用**的**除颤器**应能对 50 Ω 负载按最大能量或按设定的能量协议，充电和放电 100 次。在本试验中，允许对设备和负载施加强制性冷却。加速试验过程时应不产生超过第 42 章试验所得到的温度。本试验中，**内部电源设备**可使用外部电源供电。

b) 把除颤器两电极短路，对除颤器按最大能量或按内部治疗方案，充电和放电 10 次。连续放电的间隔应不超过 3 min。

当短路放电不可能时，本试验不适用。

c) 然后，把**除颤器电极**开路，其中一个电极与导电的**外壳**相连接并接地，除颤器按最大能量充电和放电 5 次。接着，换成另一个电极与该**外壳**相连接并接地，重复本试验。如果**外壳**不导电，各电极依次接至接地的金属物，金属物上按正常使用方式放置**设备**。该接地的金属物面积应至少等于**设备**底部面积。

连续放电的间隔应不超过 3 min。

当开路放电不可能时，本试验不适用。

d) 对**频繁使用**的**除颤器**，每一**内部放电回路**按最大**储存能量**试验 500 次。对**非频繁使用**的**除颤器**的**内部放电回路**按最大**储存能量**试验 20 次。在本试验中，允许对**设备**和负载进行强制性冷却。加速试验过程时应不产生超过第 42 章试验所得到的温度。本试验中，**内部电源设备**可使用外部电源供电。

在这些试验完成后，**设备**应符合本标准中所有其他要求。

104* 同步器

具有**同步器**的设备，应满足下列要求：

a) 当**除颤器**处于同步模式时，应通过视觉和(非强制性的)听觉信号提供明确的提示。

b) 在放电控制装置启动下，应只有当同步脉冲出现时才发生除颤脉冲。

c) 从 QRS 波顶点或外部触发脉冲的上升沿到**除颤器**输出波形的顶点的最大时间延迟应为：

1) 60 ms，当心电信号来自于应用部分或**除颤器**的**信号输入部分**，或

2) 25 ms，当同步触发信号(不是心电信号)来自于**信号输入部分**。

d) **除颤器**开机时或从其他模式选择到除颤模式时，不应默认为同步模式。

105* 除颤后监视器/心电输入的恢复

105.1 来自于除颤器电极的心电信号

当**除颤器**按照以下描述进行测试时，在**除颤器**脉冲之后最长 10 s 的时间以后，在监视器显示屏(如果适用)上应见到测试信号，并且信号显示的峰-谷幅度值偏离原幅度应不大于 50%。

除上述要求外，如果存在**心律识别检测器**，它应在除颤脉冲 20 s 后能够检测到可电击心律。这种情况下，输入到**除颤器电极**的信号应为除颤器可识别的可电击信号。

应通过使用如图 103 所示的下列装置的试验检查符合性。自粘性电极粘在金属板上。如果需要，可在电极表面上涂制造商提供的导电膏，施加适当的力将电极表面压在金属板上。

通过**使用者**可选择的灵敏度控制器，设置**监视器**的灵敏度为 10 mm/mV。对可影响监视器频率响应的控制器，将其设置到最宽频率响应。

当 S_1 接通，信号发生器输出调节到提供一个在**监视器**显示屏(如果适用)上峰-谷值为 10 mm 的显示信号。对具有**心律识别检测器**的**除颤器**，输入的可电击心律信号幅度应调节到使得**除颤器**能够检测可电击心律。

当 S_1 断开，释放最大能量脉冲至试验装置。立即接通 S_1 并观察**监视器**显示屏。上述规定的 10 s 时间是从 S_1 接通开始计时的。另外，(如果相关)心电**心律识别检测器**应在 S_1 接通后 20 s 之内检测到可电击心律。

105.2 来自于任一分开的监视电极的心电信号

使用制造商所规定的电极，将**分开的监视电极**粘在金属板上进行 105.1 中的试验，并采用相同的符合性准则。

105.3 来自于非重复使用的除颤器电极的心电信号

当**除颤器**按照下面描述的进行测试时，在除颤脉冲之后最长 10 s 的时间以后，在**监视器**显示屏上应见到心电信号，并且信号显示的峰-峰幅度值偏离原幅度应不大于 50%。对不具有**监视器**的但其**心律识别检测器**使用心电输入信号的**除颤器**，在除颤脉冲之后的 20 s 内，心电**心律识别检测器**应能正确地识别该心电信号。

应通过以下描述的试验检查符合性。

将一对制造商推荐类型的非重复使用**除颤器电极**背对背(导电表面面对导电表面)连接。**电极**与带有心电模拟器的能量计/除颤器测试仪以串联方式连接到**除颤器**。心电模拟器输出设置为心室纤维性颤动。设备以最大能量输出释放 10 个能量脉冲，或按照设备所具备的固定能量治疗方案。以设备能达到的最高速率释放能量脉冲。

106* 充电或内部放电对监视器的干扰

注：本章对不具备**监视器**的**除颤器**不适用。

在**能量储存装置**充电或内部放电期间，监视器显示灵敏度设置为 10 mm/mV，±20%：

a) 在**监视器**上显示的任何可见的干扰峰-谷值应不超过 0.2 mV，和

b) 峰-谷值 1 mV 的 10 Hz 正弦波输入的显示幅度变化应不大于 20%。

应忽略总时间小于 1 s 的任何干扰。只要显示屏上仍可见到整个信号，应忽略基线漂移。

当**监视器**输入从如图 106 所示获得，应满足上述要求：

a) 从所有**分开的监视电极**；

b) 从**除颤器电极**，所有**分开的监视电极**被断开；

c) 从**除颤器电极**，所有**分开的监视电极**接至**设备**，如果适用。

应通过测量检查符合性。

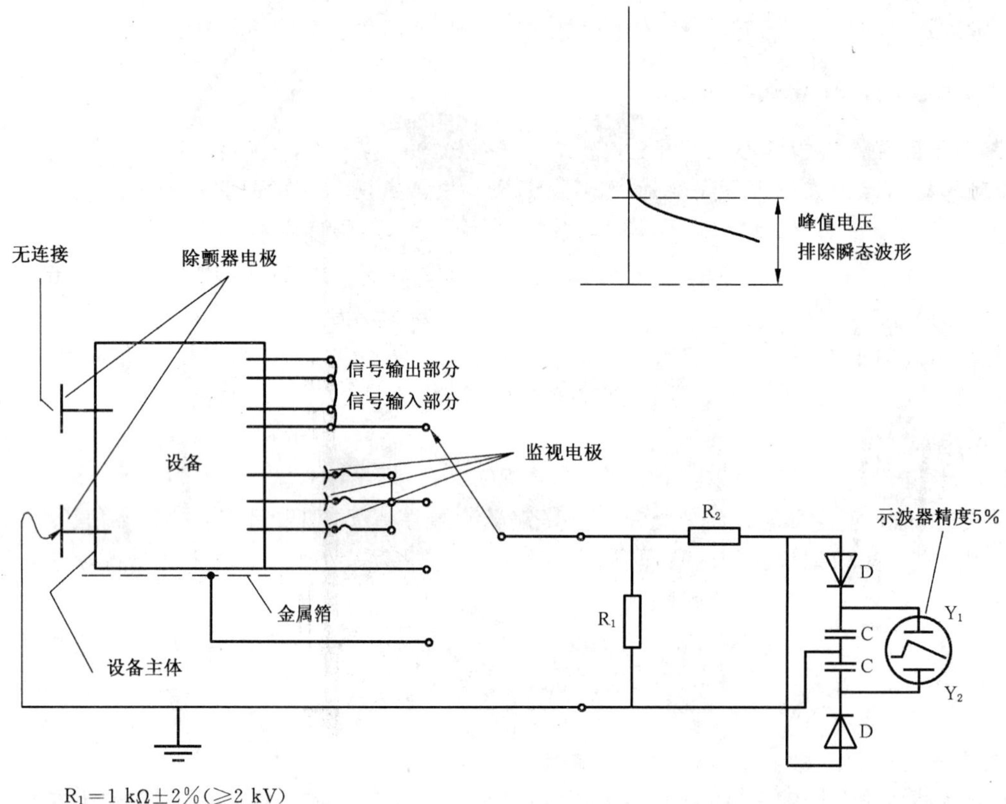

$R_1=1\ k\Omega\pm2\%(\geqslant2\ kV)$

$R_2=100\ k\Omega\pm2\%(\geqslant2\ kV)$

$C=1\ \mu F\pm5\%$

D——小信号硅二极管

图 101 对设备不同部分与除颤器电极之间能量限值的测试[见第 17 章 aa)]

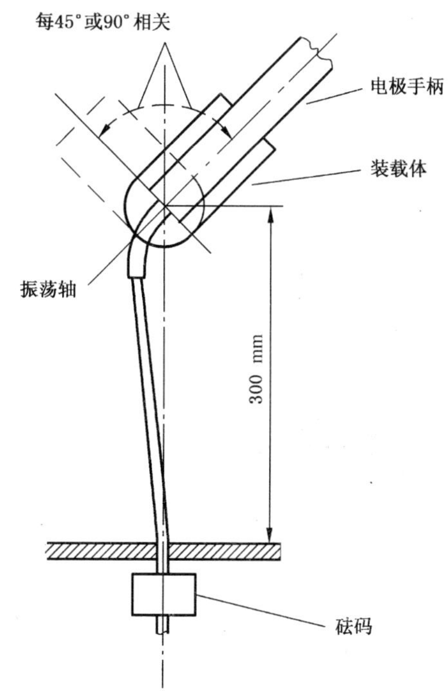

图 102 软电线及其固定装置的试验装置[见 56.101 中 b)试验 2]

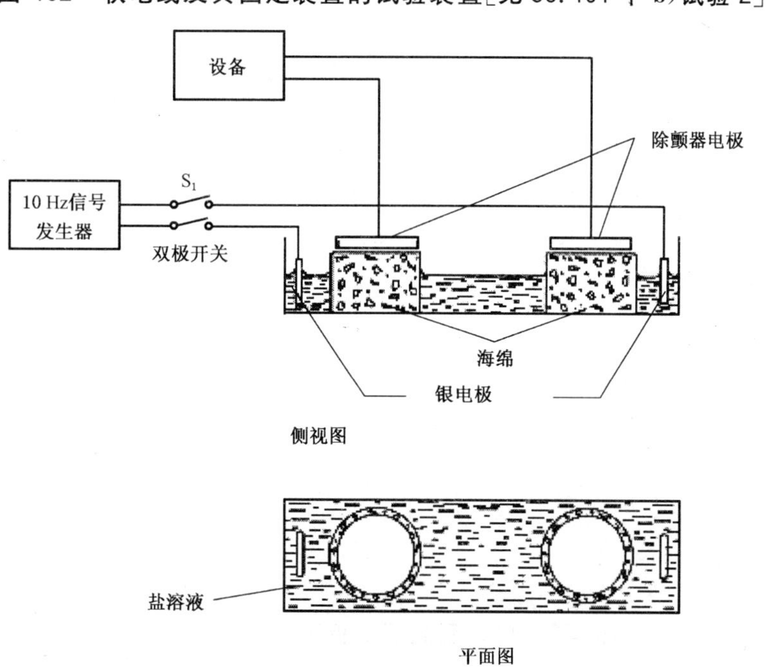

图 103 除颤后恢复试验装置(见 105.1)

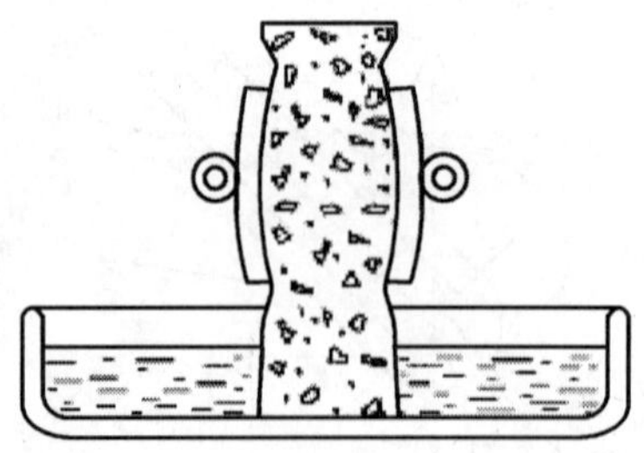

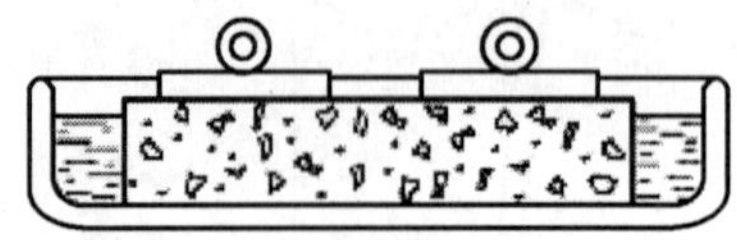

图 104 监视电极在海绵上的放置(见 105.2)

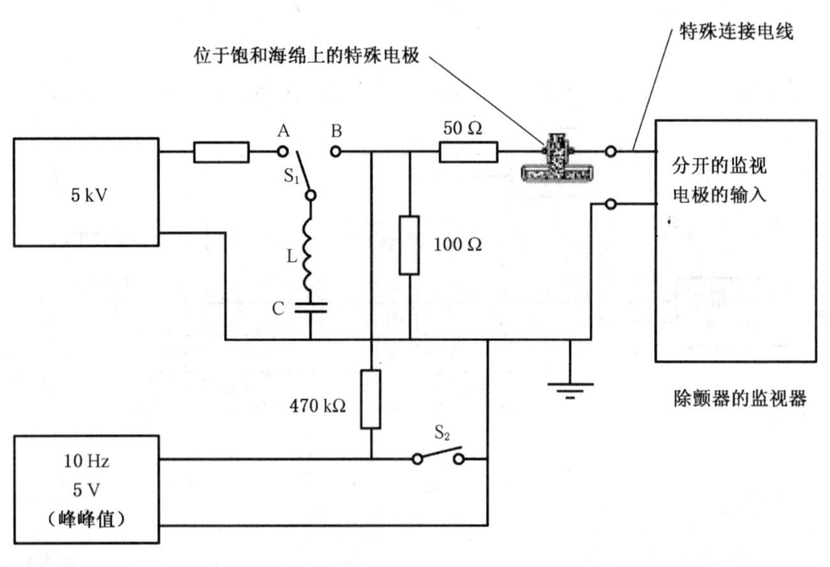

L=500 μH

R_L≤10 Ω

C=32 μF

图 105 除颤后恢复试验装置(见 105.2)

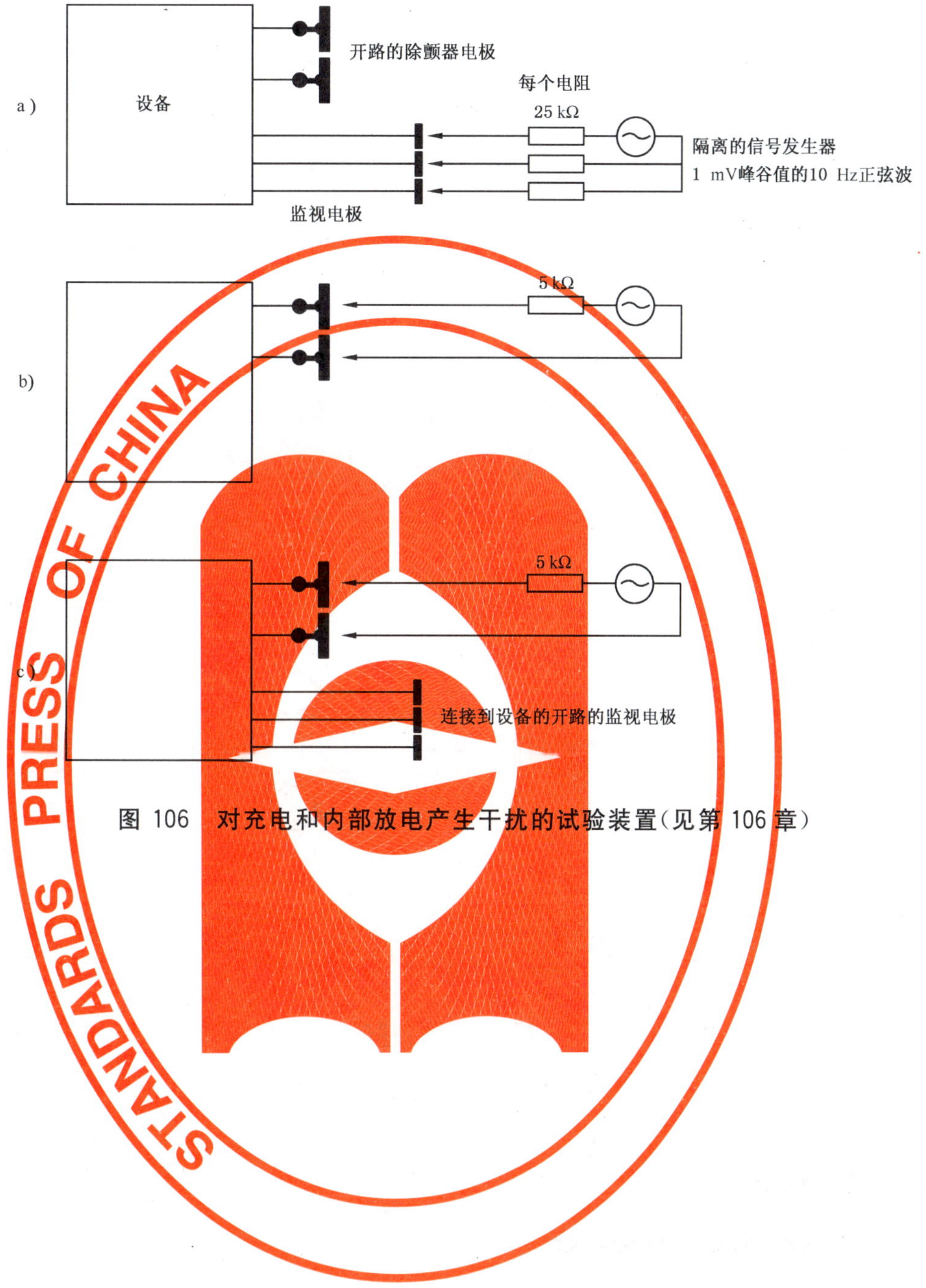

图 106 对充电和内部放电产生干扰的试验装置(见第 106 章)

可重复使用的电缆和电极

除颤器

硬电极板

可重复使用的电缆和一次性使用的电极

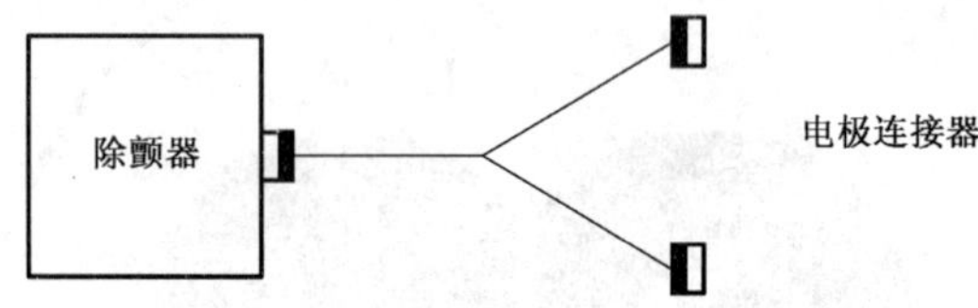

一次性使用的电缆和电极

除颤器

可重复使用的自粘性电极

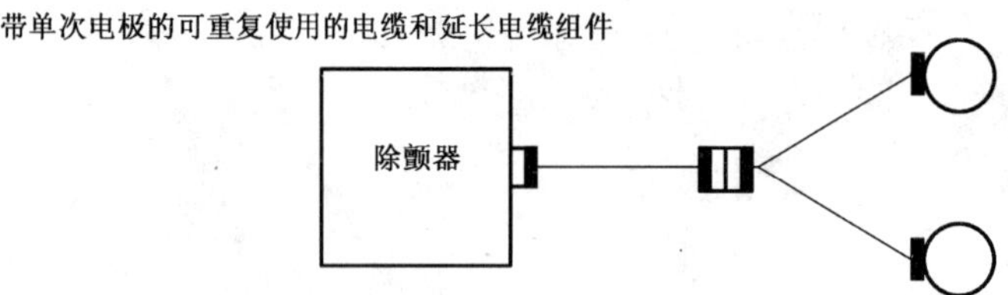

需要测试的电缆固定点

连接相关的除颤器或者电极的连接器

图 107 需要进行测试的软电线固定装置的举例

附 录 L
（规范性附录）
规范性引用文件

增补：

参考：本标准中涉及的出版物

除下列内容外，通用标准本附录适用：

IEC 60300-3-9 可信性管理 第3部分：应用指南 第9节：技术的系统风险分析

GB 9706.25 医用电气设备 第2-27部分：心电监护设备安全专用要求(IEC 60601-2-27)

IEC 60651 声强计

GB/T 17626.2 电磁兼容 试验和测量技术 静电放电抗扰度试验(IEC 61000-4-2)

GB/T 17626.3 电磁兼容 试验和测量技术 射频电磁场辐射抗扰度试验(IEC 61000-4-3)

GB/T 17626.4 电磁兼容 试验和测量技术 电快速瞬变脉冲群抗扰度试验(IEC 61000-4-4)

GB/T 17626.5 电磁兼容 试验和测量技术 浪涌(冲击)抗扰度试验(IEC 61000-4-5)

GB/T 17626.6 电磁兼容 试验和测量技术 射频场感应的传导骚扰抗扰度(IEC 61000-4-6)

GB/T 17626.8 电磁兼容 试验和测量技术 工频磁场抗扰度试验(IEC 61000-4-8)

YY 0466 医疗器械 用于医疗器械标签、标记和提供信息的符号(ISO 15223)

附 录 AA
（资料性附录）
通用指南和原理说明

本附录预期为那些熟悉本标准主题但未参与标准拟定工作的人士，对本标准中重要的要求提供了简要的原理说明。对提出主要要求的理由的认识是正确应用本标准的基础。而且随着临床实践和技术的发展，相信对现在要求的合理性说明将促进本标准的必要修改。

从安全性立场出发，**心脏除颤器**所造成的特定问题，不仅因为有可能对**操作者**造成电击危险，而且因为**除颤器**即使在长期不使用后应当仍能释放选定输出，否则**患者**的安全性会处于危险状态。这样**心脏除颤器**就要求有高等级的可靠性。

本标准所规定的安全性和可靠性的最低要求，在考虑了操作中的安全和使用中的可靠性后，被认为是一个可接受的要求等级。

1.1 适用范围

本标准所规定的要求，是针对具备或不具备**监视器**的通常使用的**除颤器**，这就是，一个**设备**包含作为**能量储存装置**的电容。该电容被充电至**高电压**并且直接或者通过级联指示器或电阻连接到输出电极。

本标准第一版，对**除颤器**和**除颤器**-监视器作出了区分。这是由于同时并行拟定后者和**除颤器**规范草案，两者规范在后期草案中合并。在本版本中，这样的区分不再必要并予以取消。

本专用标准没有提出对可植入**除颤器**的要求，因考虑到有太多差异所以区别对待。

本标准第一版发布后，**自动体外除颤器**（AEDs）已经广泛应用。为标准化这些设备，本标准中修改或提出了新的若干要求。

各种治疗波形应用于去除心脏纤维性颤动，它包括正弦衰减、双相波和指数截尾。**除颤器**设计者、**使用者**和评估者应当深入考虑，已被临床研究所证明，纤维性颤动去除功效随波形形状而变化较大，其他参数也类似，包括：电压幅度、**释放能量**、倾斜度和总持续时间。波形技术发展迅速。这些不包括在本标准特定安全性要求中。然而，由于功效对这些参数变化的敏感性，适当的临床确认应考虑为必需的。特别应注意给出对电流不足或持续时间延长的波形功效的确认，以及给出过大峰值电流波形的安全性确认。

4.5 环境温度、相对湿度、大气压

根据环境条件（见 10.2），电池供电**设备**还必须在 0 ℃下对所有与温度相关的特性进行型式试验，揭示可能对安全不利的影响。

如果**设备**需要更大的环境温度范围（如在救护车和直升飞机中使用），需要由制造商和**操作者**达成专门协定。

5 分类

删除了 **B 型应用部分**，是因为输出回路必须与地隔离以避免当**患者**另外接地时非预期电流旁路。一个隔离的输出回路对**操作者**的安全也是必需的。

6.1 j） 输入功率

当**除颤器**充电时，可能从**网电源**吸取大的浪涌电流。**操作者**应当在合适的**额定**网电源线路中操作设备。这对于**直流供电电网**是一个显著的问题。

6.1 aa） 简明操作说明

因为**除颤器**经常需要在紧急情况下使用，必须提供基本操作信息，不应求助于使用说明书。

6.1 bb） 内部电源设备

在这里6.1aa)的理由解释同样适用。此外，标记应指明是否**除颤器**在电池已放完电和未装电池时，能以内置的或独立的电池充电器有效工作。

6.3 aa)

文献报道临床条件下**患者**电阻值变化范围从25 Ω到175 Ω。**储存能量**的有效部分应耗散在**放电回路**电阻或可能留存在储能电容。这里使用的50 Ω表示适当的参考值，而不是指正常值或典型值。

为了不给设计带来不必要的约束，不对步进次数规定较严格的要求。为了简易和安全使用，要求所有**设备**的**释放能量**应按焦耳校准。另外，具备通过基于**患者**阻抗测量的波形调整优化除颤性能的许多新的**除颤器**得到认可。不仅仅总能量，还有许多除颤波形参数被认为能够影响除颤功效。

在**患者**和设备都处在正常位置的距离下，或在典型的环境噪声中，**操作者**能够清晰地看到或听到充电准备好的提示，这是一个最基本的安全功能。推荐**设备**提供听觉和视觉双重提示。

6.8.2 e)、f)、g)、h)

可充电电池使用的寿命是有限的，应该定期更换。

6.8.2 aa) 使用说明书增补内容

1)和2) 这些信息对保护**操作者**和**患者**以及其他**医用电气设备**是必需的。作为防止不适当电击的安全性技术措施，许多AED包含了允许只有在阻性负载落在预置范围内才能除颤的功能。

4) 即将使用前的不利环境条件会影响**设备**的可靠运行。

6) **除颤器**功能的可靠对**患者**安全是最基本的，这一维护保养被认为是重要的。检查重复使用的电极包装是必需的，因为所规定的条件能引起电极阻抗增加，这会导致**除颤器**的性能降低。

7) 了解在最好和最坏状态下的充电时间被认为是最基本的要求。

6.8.3 aa)

1) 因**患者**阻抗易发生变化，所以**操作者**需要知道波形细节和负载阻抗变化产生的影响。

2) 所列**同步器**的性能数据要求是基于实践中发生的问题。

3) **心律识别检测器**的基本性能已经成为值得临床/专题研究通力合作攻关的主题，并已产生有效的、有见地的和统计意义的方法，用来规范这些系统的性能。本标准仅仅是采用了这些努力的结果：

《供公共场所除颤使用的自动体外除颤器：心律失常算法性能规范和报告推荐，结合新的波形，以及增强安全性》是给卫生专业人员的综述，来自于美国心脏协会AED安全和有效性分委员会的自动体外除颤专门工作组。

10.2 **运行**

要求扩大温度和相对湿度范围，因为网电源供电和**内部电源供电除颤器**有可能在医用房间之外使用。这里规定的要求用来覆盖大多数实际使用中碰到的环境条件，但是对一些特殊场合，设备有更宽的温度范围会是必须的。

14.6 aa)

CF型要求是必须的，因为提供**分开的监视电极**连接的**除颤器**会用于体内心脏监视。

17 h)

当使用**除颤器**的其他**患者电路和**用另一台除颤器进行治疗**患者**时，必须适用17bb)中的要求。通用标准中给出的对**除颤防护应用部分**的要求，对特别包括在除颤器内的其他**患者电路**按常规提供了适当的防护。这里给出的修改考虑到其他**应用部分**可能接至设备但不接至**患者**，除了断开电源进行测试外，还应接通电源处于正常运行状态下进行测试。

17 bb)

当除颤时触及了**可触及部分**的人遭到电击的严重程度，被限制到可感觉不舒服但不至于危险的一个值。这包括**信号输入部分**和**信号输出部分**，因为至遥控记录设备和其他设备的信号线可能携带电压浪涌,这些电压浪涌会导致从此类设备引起电击。

17 cc)

当制造商使得在进行除颤的同时不能使用一个**应用部分**,该**应用部分**不必是**除颤防护应用部分**。

19.1 通用要求

由于**除颤器**的**应用部分**与其他部分(可能接地)之间的耦合电容,不可避免有一定量的**漏电流**。当放电时,**漏电流**可能较高,但应远小于预期除颤脉冲电流并且不应出现对**患者**或**操作者**的**安全方面危险**。选择免除 1 s 的时间,是为了包括所有可能的波形并允许所有机械接触器复位。

19.3 允许值

鉴于体内**除颤器电极**有相对较大的面积,通用标准中所规定的较小的限制值对小面积心肌接触是合理的。此外在**单一故障状态**,即**网电源电压**施加在**患者**上,适用这一值,当进行开胸外科时它未必可能产生。

20 电介质强度

网电源上的电压尖峰不会明显地影响能量储存电容上的电压;因此一个适度的试验电压被认为是充分的。在通用标准中**患者**接地不作为故障状态;因此,必须包括应用部分的一边连接至地的状态。

与其他绝缘要求一起的高绝缘阻抗防止在导电的**可触及部分**出现危险电压。对大部分绝缘材料,在击穿前有电流非线性增加。

跨接这些绝缘的电阻应有足够高的阻抗,不与**除颤器应用部分**的隔离目的相冲突。

试验 1 的目的是为了检查**除颤器**高电压回路与其他**可触及部分**之间的绝缘。

试验 2 的目的是为了检查基本布线与**除颤器**高电压回路导电部分之间的隔离。

试验 3 的目的是为了检查是否**充电回路**和**放电回路**部件两端的隔离可以应付**除颤器**内出现的电压水平。

除颤器高压开关单元在能量储存单元和**患者**之间提供了一个屏障,特别设计本篇是为了保证这些开关单元的完整性。保证不因无意能量放电危及**患者**的安全是必需的要求。

对许多传统**除颤器**设计,试验中的开关只是继电器,它能通过高电压试验或者不通过。然而,新的**除颤器**设计可能包含更复杂的开关方法。这些方法允许,例如新的除颤波形发生及提供改进能力监测内部系统完整性。

在这些新的系统中,级联开关装置提供了有效的设计优势,但必须小心保证在任一开关单元失效时不导致危及安全性。因此,这一要求的目的是使**除颤器**开关系统在连接处于单一故障状态时承受过电压应力。制造商必须证明利用新的开关技术获得多功能性的同时,即使是失效时也不能危及患者的安全。

36 电磁兼容性(EMC)要求

除颤器是挽救生命的**设备**并经常应用于野外或救护车中,这些地方的电磁环境可能特别恶劣。为了合理地确保在所有预期使用时**除颤器**可以安全和有效地进行除颤,有必要扩大 YY 0505 通用要求的范围。

对辐射射频场的抗扰,通常通过当暴露于 3 V/m 场强时设备满足其所有规范来保证,在医院中很少超过这一场强。可是,在运送过程和救护车中使用的**除颤器**,很可能在附近有大功率射频源(如:移动无线电、蜂窝电话等)的场合中使用,其场强可达到或超过 10 V/m。一个 8 W GSM 发射机(作为例子),在 1 m 远处可产生强度为 20 V/m 的场。目前技术发展的水平不能保证处在调制 10 V/m 射频场的环境中**除颤器**满足所有规范,但最低的安全要求是在这样强度的场中不能导致**安全方面危险**。

安全方面危险的例子包括:涉及运行状态改变的失效(如:非预期充电或放电),不可对存储数据的丢失恢复或变更,控制软件临床性严重错误(如:在放电能量水平非预期改变)。

42 超温

在 42.3 中规定的运行条件，考虑到了代表在实践中很可能出现的最恶劣运行条件。

44.6 进液

设备很可能被携带并使用于医用房间之外，因此相信对降雨和液体泼洒有一定程度的防护是必须的。当**除颤器**进行功能试验时，允许次要功能（如记录仪）在试验后不运行，只要它对除颤功能没有不利影响。

尤其对 AED，要求声音提示功能（若适用）在试验后应仍然有效。

对一些设备，**正常使用**有好几个位置。

44.7 清洗、消毒和灭菌

因开胸外科手术时使用体内**除颤器电极**，相信这一要求是必需的。

46.101 a)

同时对两对电极供能将造成**安全方面危险**。

46.101 b)

这一安全要求可通过使用凹进按钮或类似装置设计来实现。考虑到对电极手柄上含有瞬态开关的体内**除颤器电极**进行灭菌的困难，相信面板上的按钮是满足要求的。因此，当进行开胸手术时可能需要助手进行操作。脚踏开关意外操作的风险被认为不可接受。范例 4 提到了自本专用标准第一版之后自粘**除颤器电极**的出现，并提出其存在与范例 2 同样的安全程度。

46.103

放电前对操作者适当的警告是重要的。然而，即使不马上放电，还是有可能进行安全地充电。因为充电可能是设备内部“后台”功能，更为重要的是应告知**操作者**即将发生的外部事件，如能量释放。与操作者密切相关的有：

a) **除颤器**检出一个“可电击”心律并达成一个“电击”判定。这一判定必须通过声音或其他听觉或视觉警告的方式告知**操作者**。这一警告使得**操作者**及任一旁观者能为电击做好准备。

b) 如果**除颤器**是“顾问”性，当**除颤器**充满电并且准备电击时，需要更进一步的听觉警告。

c) 如果**除颤器**是完全自动，在放电前至少有 5 s 时间提供声音或警告声报警，使得能停止触及患者。

50 工作数据的准确性

许多差异相当大的波形目前用于心脏节律性失常治疗。这些不同波形所使用的能量水平也相差很大，并且目前医疗领域没有就**心脏除颤器**电输出最佳形式达成全面一致。因此本标准不规定输出参数的任何细节。

50.1 控制器件和仪表的标记

某些待用**除颤器**是简单的、单一能量设备。只要设备的精度在本标准的规定之内，定量释放能量指示器对**操作者**没有益处。另外，大多数 AED 具有能量设置可编程序列，当对**患者**使用时阻止了**操作者**进行能量选择。因此，**预置能量**控制不适用。

50.2 控制器件和仪表的准确度

所规定的精度考虑了适当性和现有技术的可行性。应注意精度的容差对低预置能量是相当宽的（即：<10 J）。重要的是预置能量的增加（或减少）导致相应的释放能量增加或减少。释放能量的绝对精度重要性相对较低。决定释放电击前，经过**使用者**短暂的等待后，**除颤器**仍应满足输出精度的要求。

当首次起草标准时，大多数除颤器使用交流正弦波形。因此，释放的能量会随着范围在 25 Ω 到 175 Ω 内的患者阻抗增加而增加。例如，对内部阻抗为 10 Ω 的**除颤器**，如对 50 Ω 释放能量为 ED_{50}，则对 25Ω 释放能量为 0.86ED_{50}，对 100 Ω 释放能量为 1.09ED_{50}，对 175 Ω 释放能量为 1.135ED_{50}。如果

除颤器内部阻抗为 15 Ω，相应的范围将为 0.81ED_{50} 到 1.20ED_{50}，即±20% ED_{50}。这种变异是系统性的、可重复的、容易计算的和可核实的。因此在上一版标准中要求能量精度在 50 Ω 为±15%，对阻抗全范围为±30%，不是因为**除颤器**精度低，而是为了适应已知的随阻抗变化而变化的**释放能量**。

当前标准采用了更为合理的方法。要求针对公布的整个患者阻抗范围(25 Ω 到 175 Ω)**释放能量**，对任一阻抗精度要求为±3 J 或±15%，取其中较大者；即对任一阻抗实际**释放能量**必须对该阻抗**释放能量**预期(标称)在±15%范围内。作为一个例子，假如**释放能量**为 200 J(在 50 Ω **患者**)，如**患者**具有较低的 25 Ω 阻抗，我们知道**释放能量**应为 172 J，我们要求实际**释放能量**必须在±15%之内，即 172±26 J。

51.1 **有意地超过安全极限**

因为非常高的输出电流或电压可能导致对心肌的不可逆损害，应通过增加安全预警避免无意使用。除颤的必要能量水平与之相应的对心脏可能造成损害的问题，是目前医学文献正在研究和讨论的课题。

51.101

当使用**除颤器**时，为了降低与**患者**连接的其他**医用电气设备**对其所造成的风险，已经考虑把上限值叠加到输出电压的峰值上。

51.102

为了防止当**供电网**恢复或者**设备**再次接通时有非预期能量存在，本要求是必须的。

51.103

例如，对储能电容充电后，如果希望减小已经选定的**释放能量**时，那么**内部放电回路**是必须的。

52.4.101

如果产生故障状态的可能性很小，则无意放电可以被接受。例如，在贴于**患者**的自粘电极准备期间，通过触发 46.101b)4)中描述的放电回路的短路，导致**除颤器**无意放电。

56 元器件和组件

除颤器电极任一连接器应承受住**正常使用**时所期望的拉力。

56.101 **除颤器电极及其电缆**

体外**除颤器电极**手柄应该设计为尽可能减少电极与**操作者**在**正常使用**时的接触。应该考虑到电极胶的使用。控制器应该构造和放置为不太可能无意操作。

56.101 b)

规定这些要求是因为在实践中电缆及其固定装置应承受相当可观的应力。体外电极电缆具有多条导线；因此，如果要求满足对内部电缆的试验，它们可能变粗及丧失弹性。

57.10 aa)

规定了相当大的距离，是为了容许可能的导电胶蔓延。

57.10 bb)

网电压上的电压尖峰对储能电容器上的电压影响不大；因此应考虑以相对小的距离提供足够的安全。

57.10 cc)

非重复性使用的**除颤器电极**不要求满足上述 bb)中对爬电距离和电气间隙的要求，并且不要求满足第 20 章中对电介质强度的要求。

57.10 dd)

重复使用电缆随着时间和粗暴使用有可能损坏，双重绝缘对防止**操作者**接触高压提供了安全余量。对于适中长度的一次性电缆，这种危险是可能性极小的，不做要求。

101 充电时间

电击释放的延迟是不希望的：即使在不利条件下，过分长的充电时间是不可接受的。当接通电源时自诊断耗时过多和检查过多部件，尤其在系统重新启动时会重复进行这些操作，所以从接通电源到使指定能量准备好的时间成为重要问题。从任一**使用者**设定模式(例如，一旦开始调节滤波器设置)到返回正常状态，如果软件操作需要一个较长程序，这可能导致进一步的延迟。

101.1～101.4

当**设备**已经指示需要更换不可重复充电电池，**除颤器**应能够满足第101.1章～第101.4章中的规定要求。

101.3～101.4

对全**自动体外除颤器**由于要求在能量释放前有一个5 s的听得见的音调或声音预警(见46.101c))，在101.3和101.4中所要求的充电时间实际上使得对全**自动体外除颤器**的要求更严。

101.3 b)

40 s 的要求来自以下假设：10 s自检+15 s心电分析+15 s充电时间。在许多情况下，后台分析需要手动确认激活分析周期，当手动启动分析时**能量储存装置**同时启动充电。

102.2～102.3

这一最低电池容量是充电次数和便携性的折衷。

本试验假定操作的**设备**在室温下正常储存和充电，但有可能必须在低温条件下使用。电池供电**设备**应在0 ℃下试验，为了揭示依赖温度的缺陷，在环境条件中规定了最低温度(见10.2)。

在当对电池按10.2.1中所规定的最低和最高温度下充电后(最低0 ℃～40 ℃或按照随机文件中制造商使用说明书)，应满足这些要求。这是由于在不同温度下对电池充电可接受的事实。有理由期望电池在0 ℃到40 ℃(或在由制造商设定的界限)环境变化中充电。

102.2　对手动除颤器的要求

对**非频繁使用除颤器**不能要求1 min内完成三次除颤，因为从第7次到第5次放电后的充电时间应在25 s内(见101.2)。90 s将保证在三次放电之间有一个暂停"恢复"电池。

102.3　对自动体外除颤器的要求

这一测量是查明一个**AED**电击到电击之间循环时间的最好方法，因为心电分析周期总是包括在一次除颤所需总时间之内。因此为了模拟**患者**仍处于室颤相对手动**除颤器**对**AED**修改1 min到105 s和135 s，该**AED**尽可能快重复分析并且释放电击(达3次)。要求缩短"充电到电击"的时间是与**AED**操作相矛盾的，因为心电分析必须是完成过程的一部分。1 min间歇周期是与目前美国心脏协会心肺复苏指南相一致的。

102.4

这一要求规定了避免非预期电池损耗。

102.6

可重复充电电池在储存一周后不重复充电应提供符合要求的放电次数。这一要求规定了避免非预期电池损耗。

103　持久性

因为**设备**可靠性具有重要的安全含义，持久性试验是必要的。

除颤器对开路和短路电极放电考虑为误用。然而它由可能在实际使用中发生，因此**除颤器**应能够承受住有限次此类操作。当此类误用是不可能时，相应的短路和/或开路试验是不必要的。

104　同步器

因为存在不同的同步系统，只规定了影响安全的特征：

1)　如果**除颤器**处于同步模式必须明确提示；否则紧急状态下延迟操作。

2)　放电必须处于**操作者**完全控制之下。

3） 这一要求基于 ANSI/AAMI DF2—1989（4.3.17）。对心电来自另一个**设备**可降低时间要求，对**除颤器**发信号之前的处理/检测时间允许上限为 35 ms。

4） 作为安全特性，**除颤器**应在接通电源或当从非除颤模式转到除颤模式时，总是进入同步禁止模式。

除颤器和监护仪一般需要完成同步心电复律。强烈推荐除颤器、监视器集成于单一仪器以保证适当的接口。可是这样的集成仪器不可能在任何地方得到应用，分开的除颤器和监视器单机不可避免地在许多情况下使用。在这种情况下，**使用者**有责任相当仔细检查并保证两台仪器正确地连接以及满足心电复律安全时间要求。

105 除颤后监视器/心电输入的恢复

为了尽快确定对**患者**除颤尝试的成功或失败，需要从放大器过载及脉冲导致的电极极化中迅速恢复。这一要求适用于心电信号来自于**除颤电极**或任何**分开的监视电极**。

106 充电或内部放电对监视器的干扰

这一要求允许一定水平的干扰，这些干扰不太可能引起解释心电显示的困难。

附 录 BB
（资料性附录）
自动体外除颤器：背景和原理说明

自从20世纪80年代**自动体外除颤器**（**AED**）被首次投放市场后，已经销售了近4万台。假定目前对AED扩大应用的可能性的研究评估已完成，AED的潜在市场将是几十万，远大于常规**除颤器**的市场。

使用AED的人，通常没有或很少接受过培训或具有医学技能，因此特别需要通过标准设定要求来保证AED的有效性和安全性。

不同类型AED的原理说明

在美国每年心脏骤停（SCA）侵袭着近35万人，同时在欧洲也有相当的数字。心脏停搏，血流停止，5 min～10 min后，脑部由于缺氧受到严重损害，10 min～20 min后导致死亡。心肺复苏（CPR）可以加倍这一时间，但不能改变结果。除颤是唯一治疗由于室性纤颤（VF）导致停搏的方法并且复苏血流，以及有效的**除颤器**已经商业应用达30年。我们无法预知或防止心脏骤停，它在一天中任何时间无警告地发出侵袭（虽然很可能在早晨），在家中、在工作中、在户外等远离医院的地方。

常规**除颤器**只能够由具备医学专业技能的人员使用，他们能依据对心电图的分析决定是否应该对**患者**进行除颤。在20世纪60年代就已经派遣救护车到估计是心脏停搏患者的事发地，如果证实心脏停搏，患者将接受药物和心肺复苏治疗并转送到医院进行除颤。心脏停搏时间非常长，生存率非常低，1%～3%，使得心脏停搏成为30岁到60岁成年人首位死亡原因。

在20世纪70年代已经明确在室颤发生1 min～2 min内实施除颤，生存率非常高（平均60%到80%），但随着室颤时间的增加，生存率迅速降低，不进行心肺复苏大约每分钟降低7%，进行心肺复苏每分钟降低3%到4%。

在20世纪80年代提出了“生存链”的概念，指出提高心脏骤停的生存率需要：

- 早识别，早救治；
- 早进行心肺复苏；
- 早除颤；
- 早采取先进心脏生命支持。

为了达到第三条并且是关键措施的早除颤，在20世纪70年代初允许资深受过训练的护理人员实施除颤。几年后，急救医学技师（EMT）接受特定培训，以便他们能够分析心电图并且使用常规**除颤器**进行除颤。

接着，为了实现尽早除颤，提倡研制便捷的**除颤器**（**AED**），它能够分析心电图并且确定是否需要进行除颤，因此容许没有接受过心电图培训的人员可以使用。AED可以放置在救护车和交通工具中，由“第一响应者”使用，如消防员或警察等。美国心脏协会（AHA）1991年公布了这些规范。

为了实现尽早除颤，AHA认可所有急救人员应接受并允许使用适当维护的**除颤器**，救治在他们专业活动中需要他们响应的发生心脏停搏的人员。这包括所有第一响应急救人员，同样包括医院和非医院（如急救医学技师、非急救第一响应人员、救火员、志愿急救人员、医生、护士和护理人员）。

为进一步方便尽早除颤，急救人员在救治心脏停搏人员时能够立即获得**除颤器**是一个基本要求。因此，响应转运心脏病人的所有救护车和其他急救交通工具，应配备**除颤器**。

从1993年，AHA在尽早除颤方面开始推进最终的步骤，“公众实施除颤”（PAD），非常简单、低成本、直观使用、全自动的AED配置于各类办公建筑、工厂、购物商场、音乐厅等地，可由任何旁观者或可能发生心脏停搏目击者在需要时使用。这些是人在扩展观念尚未贯彻，但受到AHA的支持，在3 a到

5 a 内大规模贯彻 PAD 的期望是有可能的。

这些讨论已经明确需要 3 类自动体外除颤器：

1) 医院和急救车所需 AED，可能由受过训练的医护人员使用，使用频率相当高(可能是每周几次)。可能是复杂，功能非常强。可能提供几种操作模式和多种功能。需要确认而不是自动。由于复杂和经常使用，需要操作者定期检测和定期预防维护。

2) 消防人员、警察、保安等第一响应人员使用的 AED，使用频率较低(每月几次或更少)。这些 AED 在推荐实施电击方面必须可靠，并且由于它们有可能应用于医院外各种环境，不太复杂。它们在使用方面必须非常简单，以便于尽可能多的急救人员在最短时间内接受培训并且保持技能。它们应能定期自动完成自检，证实使用的适宜性，并且最大限度降低和/或自动维护。

3) PAD 使用 AED 或放置于心脏停搏或心脏病发作高风险生还者所在房间的除颤器。这些设备可能非常少使用(可能每年一次)，必须非常便宜并且最好非常轻便，必须足够简单便于卧倒者使用，是全自动的，具备全自动功能检测精密程序，需要维护和校准。

明确了这三类自动体外除颤器在设计和特征方面的差别，有必要在本标准的不同部分提出不同要求。主要的差别是与使用的频率和**使用者**的技能有关。

ICS 11.40.55;17.140.50
C 41

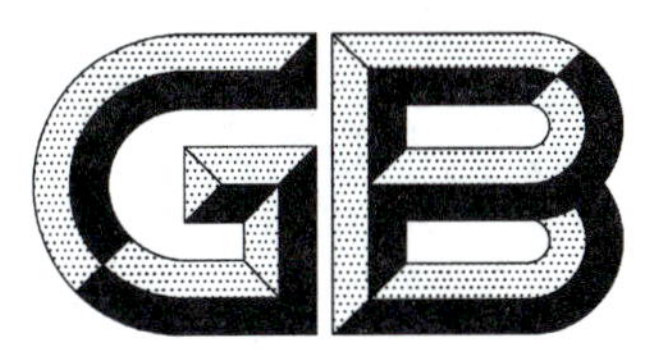

中华人民共和国国家标准

GB 9706.9—2008/IEC 60601-2-37:2001
代替 GB 9706.9—1997

医用电气设备　第2-37部分：超声诊断和监护设备安全专用要求

Medical electrical equipment Part 2-37: Particular requirements for the safety of ultrasonic medical diagnostic and monitoring equipment

(IEC 60601-2-37:2001, IDT)

2008-03-24 发布　　2009-01-01 实施

中华人民共和国国家质量监督检验检疫总局
中国国家标准化管理委员会　发布

前　言

本标准的全部技术内容为强制性。

本标准等同采用IEC 60601-2-37:2001《医用电气设备　第2-37部分:超声诊断和监护设备安全专用要求》和修订1:2004、修订2:2005两份修订件。

本标准代替GB 9706.9—1997《医用电气设备　超声诊断和监护设备专用安全要求》。

本标准与GB 9706.9—1997相比主要变化如下:

——标准名称与IEC 60601-2-37:2001完全一致;

——在第2章"术语和定义"中主要增加了涉及超声声学安全的名词术语,增加了符号表;

——在第3章"通用要求"中增加了3.101"基本性能";

——在第6章"识别、标记和文件"中对6.1"设备或设备部件外部标记"和6.3"控制器件和仪表的标记"增加或替代了部分内容。在6.8.3"技术说明书"中增加了对"声输出报告表格"的要求;

——删除了原标准第17章"隔离"中对心脏除颤器放电效应的防护的要求;

——第19章"连续漏电流和患者辅助电流"和第20章"电介质强度"中增加了采用盐溶液进行应用部分试验的内容;

——第35章"声能(包括超声)"中增加了对超声发射的标记,声输出数据的准确性,声输出冻结和安全相关参数的风险评估的要求;

——在第36章"电磁兼容"中,针对超声诊断设备的特殊性增加了部分内容;

——在第42章"超温"中对42.3超声换能器表面温度的测量增加或替代了部分内容;

——在第44章"溢流、液体泼洒、泄漏、受潮、进液、清洗、消毒和灭菌"中对44.6"进液"增加或替代了部分内容,原标准中对普通超声换能器IPX4的要求修改为IPX1;

——在第50章"工作数据的准确性"中,对声输出数据和经食管超声换能器温度显示的准确性增加了技术要求;

——在第51章"危险输出的防止"中,对涉及超声安全的机械指数*MI*、热指数*TI*等的实时显示的条件和内容增加了技术要求;

——增加了2个规范性附录,7个资料性附录,附录的内容对标准的正确理解和全面贯彻是必不可少的。

标准文本中条款号前面加注"*"号表示在附录BB中对该条款有进一步的解释说明。

本标准第2章和GB 9706.1中所定义的术语,在标准文本中出现时用黑体字表示。

本标准的附录AA和附录DD是规范性附录,附录BB、附录CC、附录EE、附录FF、附录GG、附录HH和附录II是资料性附录。

本标准由国家食品药品监督管理局提出。

本标准由全国医用超声设备标准化分技术委员会归口。

本标准起草单位:国家武汉医用超声波仪器质量监督检测中心。

本标准主要起草人:王志俭、忙安石。

本标准所代替标准的历次版本发布情况为:

——GB 6385—1986;

——GB 9706.9—1997。

引　言

在本专用标准中，针对**超声诊断设备**规定了除通用标准之外附加的安全要求。

在下文中给出了对本专用标准要求的指导和原理说明。

对这些要求缘由的理解不仅有助于适当地运用本专用标准，还能加快根据临床实践的变化或技术发展的结果，适时地对标准做任何必要的修订。

总的指导和原理说明

在起草**超声诊断设备**安全的专用标准时采用的方法和思想，与目前应用于其他诊断装置，诸如X线设备和核磁共振设备的IEC 60601-2系列标准保持一致。

在每一种情况下，安全标准的目的是在诊断的探查领域，随着能量水平的增大，也增加了对输出显示指示器和/或控制器的复杂程度的要求。因此，对所有诸如此类的诊断装置，**操作者**的责任是理解设备输出的危险性，并采取适当的行动，确保在获取必要的诊断信息的同时使**患者**承受的危险性最小。

本标准内容不适用于超声治疗设备。本标准适用于主体结构中采用超声与其他医学手段，用于成像和诊断的设备。

医用电气设备 第2-37部分：超声诊断和监护设备安全专用要求

第一篇 概述

除下列内容外，通用标准中本篇的章和条适用。

1 范围和目的

除下列内容外，通用标准中本章的条款适用。

*1.1 适用范围

增加：

本专用标准规定了2.1.145所定义的**超声诊断设备**的专用安全要求。

本标准不包括超声治疗设备；然而与治疗装置连接在一起、使用超声对人体组织成像的设备包括在内。

1.2 目的

替代：

本专用标准的目的是规定**超声诊断设备**安全和与安全直接相关各方面的专用要求。

1.3 专用标准

增加：

本专用标准修订和补充的下列一组标准出版物，在下文中简称为"通用标准"。

GB 9706.1—2007 医用电气设备 第1部分：安全通用要求(IEC 60601-1:1988,IDT)

YY 0505—2005 医用电气设备 安全通用要求 第1-2部分：并列标准：电磁兼容 要求和试验(IEC 60601-1-2:2001,IDT)

IEC 60601-1-4:2000 医用电气设备 第1-4部分：安全通用要求 并列标准：可编程医疗电子系统

本专用标准中篇、章和条的编号与通用标准对应，对通用标准中内容的变更，规定使用下列措词：

"替代"意味着通用标准中的章和条完全由专用标准的内容代替。

"增加"意味着专用标准的内容增加到通用标准的要求中。

"修正"意味着通用标准中的章和条修订表示为专用标准的内容。

增加到通用标准的条或图，从101起编号，增加的附录以字母AA、BB等表示，增加的条款以aa)、bb)等表示。

涉及原理说明的章和条加(*)表示，可在资料性附录BB中查阅原理说明，附录BB可用于确定要求的相关内容，但不得用于确定附加的试验要求。

在专用标准中无对应的篇、章和条的编号时，不加修改采用通用标准的篇、章和条。

在通用标准的任何一部分，尽管相关但不准备采用时，在专用标准中给出这样执行的声明。

专用标准的要求代替或更改了通用标准或相关标准的要求，其优先于对应的通用标准要求。

1.3.101 相关国家标准和国际标准

GB 4208—1993 外壳防护等级(IP代码)(eqv IEC 60529:1989)

GB/T 16540—1996 声学 在0.5～15 MHz频率范围内的超声场特性及其测量 水听器法(eqv IEC 61102:1991)

GB/T 16846—2008　医用超声诊断设备声输出公布要求(IEC 61157:1992,IDT)

YY/T 0316—2003　医疗器械　风险管理对医疗器械的应用(ISO 14971:2000,IDT)

IEC 61161:2006　超声　声功率测量　辐射力天平和性能要求

2　术语和定义

除下列内容外,通用标准中本章适用。

增加定义:

2.1.101

声衰减系数　acoustic attenuation coefficient

用于计算声源和特定点之间组织超声衰减的系数。

符号:α

单位:分贝每厘米兆赫($dBcm^{-1}MHz^{-1}$)

注:本标准中的声衰减系数是特指声学名词术语中媒质(组织)的声衰减系数的频率变化率,即对频率变量的斜率。在诊断超声频率范围内,软组织的这一系数近似为常数。

2.1.102

声工作频率　acoustic working frequency

声信号频谱图中,幅度较峰值幅度低 3 dB 处对应最宽的间隔频率 f_1 和 f_2 的算术平均。

[见 GB/T 16540 的 3.4.2,更改]

符号:f_{awf}

单位:兆赫(MHz)

2.1.103

衰减后输出功率　attenuated output power

在考虑衰减之后且距换能器特定距离处,**声输出功率**的数值,由下式给出:

$$P_\alpha = P10^{(-\alpha z f_{awf}/10)}$$

式中:

α——**声衰减系数**,单位为分贝每厘米兆赫($dBcm^{-1}MHz^{-1}$);

z——声源和特定点之间的距离,单位为厘米(cm);

f_{awf}——**声工作频率**,单位为兆赫(MHz);

P_α——**衰减后输出功率**,单位为毫瓦(mW);

P——在水中测量的**输出功率**,单位为毫瓦(mW)。

符号:P_α

单位:毫瓦(mW)

2.1.104

衰减后峰值稀疏声压　attenuated peak-rarefactional acoustic pressure

在考虑衰减之后且在特定点处,**峰值稀疏声压**的数值,由下式给出:

$$p_{ra}(z) = p_r(z)10^{(-\alpha z f_{awf}/20)}$$

式中:

α——**声衰减系数**,单位为分贝每厘米兆赫($dBcm^{-1}MHz^{-1}$);

z——声源和特定点之间的距离,单位为厘米(cm);

f_{awf}——**声工作频率**,单位为兆赫(MHz);

$p_r(z)$——在水中测量的**峰值稀疏声压**(MPa)。

符号:p_{ra}

单位:兆帕(MPa)

2.1.105

衰减后脉冲平均声强　attenuated pulse - average intensity

在考虑衰减之后且在特定点处，声**脉冲平均声强**的数值，由下式给出：

$$I_{pa,\alpha} = I_{pa}(z)10^{(-\alpha z f_{awf}/10)}$$

式中：

α——**声衰减系数**，单位为分贝每厘米兆赫($dBcm^{-1}MHz^{-1}$)；

z——声源和特定点之间的距离，单位为厘米(cm)；

f_{awf}——**声工作频率**，单位为兆赫(MHz)；

$I_{pa}(z)$——在水中测量的**脉冲平均声强**，单位为瓦每平方厘米(Wcm^{-2})。

符号：$I_{pa,\alpha}$

单位：瓦每平方厘米(Wcm^{-2})

2.1.106

衰减后脉冲声强积分　attenuated pulse - average integral

在考虑衰减之后且在特定点处，**脉冲声强积分**的数值，由下式给出：

$$I_{pi,\alpha} = I_{pi}10^{(-\alpha z f_{awf}/10)}$$

式中：

α——**声衰减系数**，单位为分贝每厘米兆赫($dBcm^{-1}MHz^{-1}$)；

z——声源和特定点之间的距离，单位为厘米(cm)；

f_{awf}——**声工作频率**，单位为兆赫(MHz)；

$I_{pi,\alpha}$——**衰减后脉冲声强**积分，单位为毫焦耳每平方厘米($mJcm^{-2}$)；

I_{pi}——在水中测量的**脉冲声强积分**，单位为毫焦耳每平方厘米($mJcm^{-2}$)。

符号：$I_{pi,\alpha}$

单位：毫焦耳每平方厘米($mJcm^{-2}$)

2.1.107

衰减后空间峰值时间平均声强　attenuated spatial-peak temporal-average intensity

在考虑衰减之后且在特定距离 z 处，**空间峰值时间平均声强**的数值，由下式给出：

$$I_{zpta,\alpha}(z) = I_{zpta}(z)10^{(-\alpha z f_{awf}/10)}$$

式中：

α——**声衰减系数**，单位为分贝每厘米兆赫($dBcm^{-1}MHz^{-1}$)；

z——声源和特定点之间的距离，单位为厘米(cm)；

f_{awf}——**声工作频率**，单位为兆赫(MHz)；

$I_{zpta}(z)$——在特定距离 z 处的水中测量的**空间峰值时间平均声强**，单位为毫瓦每平方厘米($mWcm^{-2}$)。

符号：$I_{zpta,\alpha}(z)$

单位：毫瓦每平方厘米($mWcm^{-2}$)

2.1.108

衰减后时间平均声强　attenuated temporal-average intensity

在考虑衰减之后且在特定点处，**时间平均声强**的数值，由下式给出：

$$I_{ta,\alpha}(z) = I_{ta}(z)10^{(-\alpha z f_{awf}/10)}$$

式中：

α——**声衰减系数**，单位为分贝每厘米兆赫($dBcm^{-1}MHz^{-1}$)；

z——声源和特定点之间的距离，单位为厘米(cm)；

f_{awf}——**声工作频率**，单位为兆赫(MHz)；

$I_{ta,\alpha}(z)$——**衰减后时间平均声强**,单位为毫瓦每平方厘米($mWcm^{-2}$);

$I_{ta}(z)$ ——在水中测量的**时间平均声强**,单位为毫瓦每平方厘米($mWcm^{-2}$)。

符号:$I_{ta,\alpha}(z)$

单位:毫瓦每平方厘米($mWcm^{-2}$)

2.1.109

声束面积　beam area

垂直与声束准直轴特定平面的面积,该面积由**脉冲声强积分**大于该平面上**脉冲声强积分**最大值的某一指定系数的点组成。

[见 GB/T 16540—1996 的 3.7,更改]

注:针对测量目的,可认为**脉冲声强积分**与**脉冲声压平方积分**成正比。

2.1.110

声束准直轴　beam alignment axis

连接远场中几个不同的距离处,所测最大**脉冲声强积分**点之间的直线,针对准直目的,可将该线投影至**超声换能器**的端面。

[见 GB/T 16540—1996 的 3.6,更改]

2.1.111

骨热指数　bone thermal index

用于胎儿(六个月至九个月)或新生婴儿头部(经由囟门)等的**热指数**,在这些应用中超声波束穿透软组织,聚焦区域紧靠在骨的附近。

符号:TIB

单位:无

注:骨热指数的确定方法,见 DD.4.2 和 DD.5.2。

2.1.112

有界输出功率　bounded output power

在扫描模式下,换能器敏感面在扫描平面上宽度限定为 1 cm 的区域所发射出的**输出功率**。

符号:P_1

单位:毫瓦(mW)

2.1.113

断点深度　break-point depth

等于**等效孔径直径** 1.5 倍的数值,由下式给出:

$$z_{bp} = 1.5D_{eq}$$

式中:

D_{eq}——**等效孔径直径**。

符号:z_{bp}

单位:厘米(cm)

2.1.114

复合工作模式　combined-operating mode

由一种以上的**单一工作模式**组合而成的**设备**工作模式。

[见 GB/T 16846—2008 的 3.6]

2.1.115

颅骨热指数　cranial-bone thermal index

热指数的应用,诸如对未成年人或成年人颅骨等,在这些应用中超声波束穿透靠近波束进入人体入口处的骨组织。

符号：TIC

单位：无

注：颅骨热指数的确定方法，见 DD.4.3。

2.1.116

默认设置 default setting

取决于开机、新患者选择或从非胎儿应用改变至胎儿应用时，**超声诊断设备**将进入的控制端指定状态。

2.1.117

骨热指数的深度 depth for bone thermal index

从确定－12 dB **输出波束尺寸**的平面沿着**声束准直轴**，至**衰减后输出功率**和**衰减后脉冲声强积分**的乘积为最大值的平面之间的距离。

符号：z_b

单位：厘米(cm)

2.1.118

软组织热指数的深度 depth for soft-tissue thermal index

沿着**声束准直轴**，从确定**－12 dB 输出波束尺寸**的平面到一个特定平面之间的距离。在这一平面处，衰减后输出功率和衰减后空间峰值时间平均声强与 1 cm^2 的乘积二者中的小者，在整个大于或等于**等效孔径直径** 1.5 倍的距离范围上取得最大值。

符号：z_s

单位：厘米(cm)

注：在本专用标准中，采用相对于指定平面的，源于 GB/T 16540—1996 的 3.41 的**空间峰值时间平均声强**的限制性定义，在这里，**空间峰值时间平均声强**被**衰减后空间峰值时间平均声强**所替代。

2.1.119

单一工作模式 discrete-operating mode

超声诊断设备中**超声换能器**或**超声换能器**阵元组的激励方式所决定的工作模式只适用于一种诊断方式。

[见 GB/T 16846—2008 的 3.7]

2.1.120

等效孔径直径 equivalent beam diameter

圆的直径，该圆的面积等于**－12 dB 输出声束面积**，由下式给出：

$$D_{eq}=\sqrt{\frac{4}{\pi}A_{aprt}}$$

式中：

A_{aprt}——**－12 dB 输出声束面积**。

符号：D_{eq}

单位：厘米(cm)

注：本公式给出了面积等于－12 dB 输出声束面积的圆的直径，用于计算颅骨热指数和软组织热指数。

2.1.121

等效声束面积 equivalent beam area

用功率和声强表示的，在距离 z 处声束面积的数值，由下式给出：

$$A_{eq}(z)\equiv\frac{P_\alpha}{I_{zpta,\alpha}(z)}=\frac{P}{I_{zpta}(z)}$$

式中：

P_α——在特定距离 z 处的**衰减后输出功率**，单位为毫瓦(mW)；

$I_{zpta,\alpha}(z)$——在特定距离 z 处的**衰减后空间峰值时间平均声强**，单位为毫瓦每平方厘米（$mW\ cm^{-2}$）；

P——**输出功率**，单位为毫瓦（mW）；

$I_{zpta}(z)$——在特定距离 z 处的**空间峰值时间平均声强**，单位为毫瓦每平方厘米（$mW\ cm^{-2}$）；

z——声源和特定点之间的距离，单位为厘米（cm）。

符号：$A_{eq}(z)$

单位：平方厘米（cm^2）

2.1.122

等效声束直径　equivalent beam diameter

用**等效声束面积**表示的，在距离 z 处声束直径的数值，由下式给出：

$$d_{eq}(z) = \sqrt{\frac{4}{\pi}A_{eq}(z)}$$

式中：

$A_{eq}(z)$——**等效声束面积**；

z——声源和特定点之间的距离。

符号：$d_{eq}(z)$

单位：厘米（cm）

2.1.123

声输出的全软件控制　full software control of acoustic output

设备确定声输出量值的方式，不取决于直接的操作者控制。

2.1.124

机械指数　mechanical index

所显示表示潜在的空化生物效应的参数。

注：确定机械参数的方法见 DD.2.2。

2.1.125

多用途超声设备　multi-purpose ultrasonic equipment

有一种以上临床应用的超声设备。

2.1.126

非扫描模式　non-scanning mode

超声诊断设备的一种工作模式，其一组声脉冲序列激励的超声扫描线位于相同的声学路径上。

[见 GB/T 16846—2008 的 3.12，更改]

2.1.127

－12 dB 输出声束面积　－12 dB output beam area

从**－12 dB 输出声束尺寸**导出的超声声束面积。

[见 GB/T 16846—2008 的 3.13，更改]

符号：A_{aprt}

单位：平方厘米（cm^2）

2.1.128

－12 dB 输出声束尺寸　－12 dB output beam dimensions

在换能器输出端面，并垂直于**声束准直轴**的特定方向上超声声束（－12 dB 脉冲声束宽度）的尺寸。

[见 GB/T 16846—2008 的 3.14，更改]

注 1：针对测量准确性的原因，选择尽可能靠近换能器端面的距离处，若可行在距端面 1 mm 的范围内，导出**－12 dB 输出声束尺寸**。

注 2：针对接触式换能器，可认为该尺寸等于辐射敏感单元的尺寸。

符号：X，Y

单位：厘米(cm)

2.1.129

输出功率　output power

在指定媒质(最好为水)的指定条件下，由超声换能器向近似为自由场中辐射的时间平均功率。

符号：P

单位：毫瓦(mW)

2.1.130

峰值稀疏声压　peak-rarefactional acoustic pressure

在声波重复周期内，负值瞬时声压绝对值的最大值。

[见 GB/T 16846—2008 的 3.34，更改]

符号：p_r

单位：兆帕(MPa)

2.1.131

慎重使用声明　prudent-use statement

在采集必需的临床信息时，建议首先避免高辐照水平，其次避免长辐照时间原则的肯定。

2.1.132

脉冲平均声强

脉冲声强积分 I_{pi} 与**脉冲持续时间** t_d 的比值。

符号：I_{pa}

单位：瓦每平方厘米(Wcm^{-2})

2.1.133

脉冲声束宽度　pulse beam-width

在指定表面上，且在通过该表面上最大**脉冲声压平方积分**(p_i)点的指定方向上，**脉冲声压平方积分**等于该表面最大值指定分数的两点之间的距离。

[见 GB/T 16846—2008 的 3.18，更改]

符号：d_{-6}(定义为－6 dB 的**脉冲声束宽度**)

单位：厘米(cm)

2.1.134

脉冲持续时间　pulse duration

声脉冲中声强的时间积分值达到 10%与达到 90%**脉冲声强积分**时，两点之间时间间隔的 1.25 倍。

[见 GB/T 16540—1996 的 3.26，更改]

符号：t_d

单位：秒(s)

2.1.135

脉冲声强积分　pulse-intensity integral

声场中特定点上的瞬时声强在整个声脉冲波形内的时间积分。

[见 GB/T 16540—1996 的 3.27]

符号：I_{pi}

单位：毫焦耳每平方厘米($mJcm^{-2}$)

2.1.136

脉冲声压平方积分　pulse-pressure-squared integral

声场中特定点上的瞬时声压的平方，在整个声脉冲波形内的时间积分。

[见 GB/T 16540 的 3.29]

符号：p_i

单位：帕二次方秒(Pa^2 s)

2.1.137

脉冲重复频率　pulse repetition rate

两个相邻的声脉冲之间时间间隔的倒数。

符号：prr

单位：赫(Hz)

2.1.138

扫描模式　scanning mode

超声诊断设备的一种工作模式，其一组声脉冲序列激励的超声扫描线位于不同的声学路径上。

[见 GB/T 16846—2008 的 3.21，更改]

2.1.139

软组织热指数　soft tissue thermal index

用于软组织的**热指数**。

符号：TIS

单位：无

注 1：软组织热指数的确定方法，见 DD.5.1。

注 2：在本标准中，软组织包括除骨骼组织之外的、所有的人体组织和体液。

2.1.140

空间峰值时间平均声强　spatial-peak temporal-average intensity

在指定平面中，距换能器指定距离 z 处的**时间平均声强**的最大值。

[见 GB/T 16540—1996 的 3.41，更改]

符号：$I_{zpta}(z)$

单位：毫瓦每平方厘米($mWcm^{-2}$)

注：在本标准中，相对于所采用的指定平面，限制了 GB/T 16540—1996 的 3.41 的定义。

2.1.141

时间平均声强　temporal-average intensity

声场中特定点的瞬时声强的时间平均。

[见 GB/T 16540—1996 的 3.45，更改]

符号：$I_{ta}(z)$

单位：毫瓦每平方厘米($mWcm^{-2}$)

2.1.142

热指数　thermal index

指定点处衰减后输出功率，与在指定组织模型条件下，使该点温度上升 1℃所需要的衰减后输出功率数值的比值。

符号：TI

单位：无

2.1.143

换能器组件　transducer assembly

换能器壳体、所有连接的电子电路、壳体中所有的液体及连接换能器探头与超声主机的一体化电缆线。

[见 GB/T 16846—2008 的 3.22]

2.1.144

发射图案　transmit pattern

指定的一组换能器声束成型特征，(由发射孔径大小、变迹形状、横过孔径的相对时序/相序延迟模式，决定了指定的聚焦长度和方向)和指定的一种形状固定但幅度可变的电激励波形的组合。

2.1.145

超声诊断设备　ultrasonic diagnostic equipment

为了进行医学诊断，使用超声对人体监测检查的医用电气设备。

注：见 GB/T 16846—2008 的 3.11 定义，医用诊断超声设备(或系统)：超声设备主机和**换能器组件**的联合体构成一个完整的诊断系统。

2.1.146

超声换能器　ultrasonic transducer

在超声频率范围内，将电能转换成机械能和/或将机械能转换成电能的装置。

2.1.147

基本性能　essential performance

保持残留风险在可接受限值内的必需的性能特征。

[YY 0505—2005，定义 2.210]

注：又见 YY 0505—2005 的 3.201.2。

2.101　符号表

α	声衰减系数
A_{aprt}	－12 dB 输出声束面积
C_{MI}	归一化系数
D_{eq}	等效孔径直径
d_{-6}	脉冲声束宽度
d_{eq}	等效声束直径
f_{awf}	声工作频率
I_{pa}	脉冲平均声强
$I_{pa,\alpha}$	衰减后脉冲平均声强
I_{pi}	脉冲声强积分
$I_{pi,\alpha}$	衰减后脉冲声强积分
$I_{ta}(z)$	时间平均声强
$I_{ta,\alpha}(z)$	衰减后时间平均声强
$I_{zpta}(z)$	空间峰值时间平均声强
$I_{zpta,\alpha}(z)$	衰减后空间峰值时间平均声强
MI	机械指数
P	输出功率
P_α	衰减后输出功率
P_1	有界输出功率
p_i	脉冲声压平方积分
p_r	峰值稀疏声压
p_{ra}	衰减后峰值稀疏声压
prr	脉冲重复频率
TI	热指数
TIB	骨热指数

TIC	颅骨热指数
TIS	软组织热指数
t_d	脉冲持续时间
X,*Y*	－12 dB 输出声束尺寸
z	声源至指定点的距离
z_b	***TIB*** 的深度
z_{bp}	断点深度
z_s	***TIS*** 深度

3 通用要求

除下列内容外，通用标准的本章适用。

*3.101 基本性能

注：超声诊断设备的预期定义见 2.1.145。

下列各项是**超声诊断设备**的**基本性能**特征中潜在的危险源：

——波形中的噪声、伪像、图像中的失真或所显示数字值的误差，其不能够归咎于生理效应且可能改变诊断结果；

——与所进行的诊断相关的不准确数字值的显示；

——与安全指示相关的不准确的显示；

——非预期的或过量超声输出的产生；

——非预期的或过量**换能器组件**表面温度的产生；

——预期腔内使用的**换能器组件**，非预期的或不可控制运动的产生。

在某些情况下，需要重复进行超声检查时宜评估潜在的危害，例如，对心脏病患者的腔内探查和应力测试。

6 识别、标记和文件

除下列内容外，通用标准的本章适用。

6.1 设备或设备部件的外部标记

增加：

aa) 对 EMC 要求的符合性

不符合第 36 章电磁兼容要求的腔内**换能器组件**，应在**换能器组件**上采用下列 IEC 符号：通用标准附录 D 中表 D.1 的符号 14。

替代：

*p) 输出

超声诊断设备产生声输出水平的能力属 51.2bb)、cc)或 dd)范畴，且允许**操作者**直接改变声输出水平时，增加或降低声输出水平需采取的动作应向**操作者**清晰表明，标记应是有效的显示状态。

替代：

q) 生理效应，符号和警告性声明

多用途**超声设备**超声输出水平的能力属 51.2bb)、cc)或 dd)范畴时，宜采用通用标准附录 D 中表 D.1 的符号 14，贴在**控制面板**或其他便于观察的位置，本标记的目的是提醒**操作者**在使用**超声诊断设备**前，查阅**使用说明书**。

6.3 控制器件和仪表的标记

增加条款：

aa) 应根据 51.2 的要求，及 6.8.2 和 50.2 所述的准确公布的要求，预期**热指数**和**机械指数**的显示。

bb) 应根据 42.3、50.2 和 51.2 的要求，预期经食道使用的**超声换能器**表面温度的显示。

cc) 显示的与超声输出水平(51.2)相关的信息，应在**操作者**的位置清晰可见，包括所显示指数的全称或缩写。

6.8.2 使用说明书

增加条款：

aa) 说明书应包括下列内容：

1) 当**超声诊断设备**的**应用部分**是 B 型时，安全操作的必要步骤，着重强调不适当的电气安装可能导致的安全危害；

2) **超声诊断设备**可安全连接的电气安装类型，包括任何等电位导体的连接；

3) 内部和外部**换能器组件**的安全使用，尤其是针对其应用领域的**超声诊断设备**的正确类型；针对腔内使用的**换能器组件**，说明书中给出警告，不得在患者体外激励**换能器组件**，若**换能器组件**被激励，其将不符合电磁兼容的要求，可能对环境中的其他设备造成有害的干扰。若制造商声明测试级别的降低，在**使用说明书**中应包括对其他设备干扰的识别和缓解干扰的手段；

4) 在正常使用或性能评估时，对**换能器组件**可浸入水中或其他液体中那一部分的说明；

5) 在与高频手术设备一起使用时，若**超声诊断设备**或部件提供了对患者灼伤防护手段时的提示。若无此类防护手段，应在**随机文件**中给出提示，还应给出在高频手术设备的中性电极连接失效时，与降低灼伤危害相关的**换能器组件**定位和使用方面的建议；

6) 引起**使用者**注意的，对常规检查和定期维护的建议，尤其是：

——允许浸入导电液体中的**换能器组件**裂纹的检查；

——**换能器组件**电缆和其插头的检查；

7) 对**超声诊断设备**的正确使用，避免换能器组件的机械损伤；

8) **多用途超声诊断设备**超声输出水平的能力远大于**超声诊断设备**特定应用领域的典型值时，给出相关指令，避免不必要的声输出控制设置和水平；

9) **超声诊断设备**产生声输出水平的能力属 51.2bb)、cc)或 dd)范畴时的**慎重使用声明**；

10) **操作者**可以改变**设备**超声输出[见上文 8)和 9)及 6.8.3]操作方面的任何**显示**或手段，在单独的一节中阐述；

11) **操作者**可以改变经食管使用的**超声换能器**表面温度操作方面的任何**显示**或手段的阐述；

12) 若**换能器组件**的表面温度能超过 41℃，应公布最高温度；

13) **超声诊断设备**产生声输出水平的能力属 51.2bb)、cc)或 dd)范畴时，根据附录 HH 中的原则，向**使用者**提供如何理解所显示超声辐射参数**热指数**(TI)和**机械指数**(MI)的信息；

14) 根据 35.4 条选择输出极限的公布时，对**多用途超声设备**应针对每个应用领域公布其输出极限。

6.8.3 技术说明书

增加条款：

aa) **操作者**手册中要求关于声输出水平的技术数据。

对每一种模式，提供每一个指数的最大值(同时列出产生最大指数时，操作条件的参数)，哪一个工作模式是最大的(或唯一的)分量。

表 101 声输出报告表格

指数名称			*MI*	*TIS* 扫描	*TIS* 非扫描 $A_{aprt} \leqslant 1\ cm^2$	*TIS* 非扫描 $A_{aprt} > 1\ cm^2$	*TIB* 非扫描	*TIC*
最大指数数值			×	×	×	×	×	×
相关声参数	p_{ra}		×					
	P			×	×		×	×
	$P_{\alpha}(z_s)$和 $I_{ta,\alpha}(z_s)$最小值					×		
	z_s					×		
	z_{bp}					×		
	z_b						×	
	在最大 $I_{pi,\alpha}$处的 z		×					
	d_{eq}						×	
	f_{awf}		×	×	×	×	×	×
	A_{aprt}的直径	X		×	×	×	×	
		Y		×	×	×	×	
其他信息	t_d		×					
	prr		×					
	p_r 在最大 I_{pi}处		×					
	d_{eq}在最大 I_{pi}处						×	
	$I_{pa,\alpha}$在最大 *MI* 处		×					
操作控制条件	控制 1		×	×	×	×	×	×
	控制 2		×	×	×	×	×	×
	控制 3		×	×	×	×	×	×
	…		…	…	…	…	…	…

注 1：对不产生该模式下最大的 *TIS* 数值，不需提供任何 *TIS* 公式信息。

注 2：对任何不用于经颅或新生婴儿头部的换能器组件，不需提供关于 *TIC* 的信息。

注 3：若设备同时满足 51.2aa)和 51.2dd)豁免条款，不需提供 *MI* 和 *TI* 的信息。

第二篇 环境条件

通用标准本篇的内容适用。

第三篇 对电击危险的防护

除下列内容外，通用标准本篇的内容适用。

19 连续漏电流和患者辅助电流

增加：

19.4g)5) 针对**换能器组件**试验，应采用盐溶液，将应用部分浸入其中。

增加：

19.4h)9) 针对**换能器组件**试验，应采用盐溶液，将应用部分浸入其中。

20 电介质强度

增加：

20.4h) 针对**换能器组件**试验，应采用盐溶液，将应用部分浸入其中。

第四篇 对机械危险的防护

通用标准本篇的内容适用。

第五篇 对不需要的或过量辐射危险的防护

除下列内容外，通用标准本篇的内容适用。

*35 声能（包括超声）

替代：

35.1 与超声发射相关的标记、显示和技术阐述方面的规定，其要求和建议见第一篇。

35.2 声输出数据准确度和对危险或不需要输出水平防护方面的规定，其要求和建议见第八篇。

35.3 在具备图像冻结功能时，应能够停止声输出。

35.4 遵循 ISO 14971 采用本标准所定义的与安全相关的参数和其他的相关信息诸如临床经验，声输出应基于**风险评估**和**风险管理**，来加以限制。

注：本标准所定义的与安全相关的参数的关联指南见附录 HH。

在适用时，制造商应在**风险管理**过程中，提出与超声输出相关的风险。

*36 电磁兼容性

增加：

超声诊断设备应符合 YY 0505—2005 和下列修订的要求。

36.201 对无线电服务的保护

替代：

根据 GB 4824—2004 **超声诊断设备**应分类为Ⅰ组 A 类或 B 类设备，分类取决于其预期应用的环境，应由**制造商**在**使用说明书**中声明。根据 GB 4824—2004 分类的导则见本标准的附录 CC。

36.202 抗扰度

*36.202.1 f) 可变增益

增加：

注：对增益调节技术见本标准的附录 BB。

36.202.1 j) 符合判据

用下列内容替代第 8 个至第 11 个破折号后的内容：

——波形中的噪声，图像中的赝像或失真或所显示数字值的误差，其不能够归咎于生理效应且可能改变诊断结果；

——与安全相关显示的误差；

——非预期的或过量的超声输出；

——非预期的或过量的**换能器组件**表面温度；

——预期腔内使用的**换能器组件**，非预期的或不可控的运动。

*36.202.3 辐射射频的电磁场

b) 试验

替代：

3） 根据预期的用途，**超声诊断设备**应采用能产生最不利条件的 2 Hz 或 1 kHz（生理信号模拟频率）调制频率进行试验，在试验报告中应公布所选用的调制频率。

36.202.6 由射频场引入的传导性干扰

b） 试验

替代：

3） 包括**超声换能器**电缆在内的**患者**耦合电缆应采用电流钳进行试验，包括**超声换能器**电缆在内的所有**患者**耦合电缆可以使用一个电流钳同时进行试验。

在下述规定的试验期间，**超声诊断设备**或**系统**应连接**超声换能器**，在所有情况下，注入点和**患者**耦合点之间应不使用特制的退耦装置。

——对于**患者**有传导性接触的**患者**耦合点，RC 单元的 M 端（见 CISPR 16-1-2）应与传导性的**患者**接点直接连接，RC 单元的其他端子应连接到地基准平面。若人造手的 M 端连接到耦合点时，无法核实**超声诊断设备**的正常工作，在人造手的 M 端和**患者**耦合点之间可以使用**患者**模拟器。

——**超声换能器**应采用 CISPR 16-1-2 规定的人造手和 RC 单元来端接，人造手金属箔的尺寸和放置应模拟在**正常使用**时**患者**和**操作者**耦合的近似区域。

——对预期连接到单个**患者**有多个**患者**耦合点的**超声诊断设备**，按照 CISPR 16-1-2 的规定，每一个人造手应连接到单个的公共接点，且该公共接点应连接到 RC 单元的 M 端。

替代：

6） 根据预期的用途，**超声诊断设备**应采用能产生最不利条件的 2 Hz 或 1 kHz（生理信号模拟频率）调制频率进行试验，在试验报告中应公布所选用的调制频率。

36.202.7 网电源输入线上的电压跌落、短路和电压波动

*a） 要求

替代：

1） 在表 210 规定的**抗扰性试验级别**中，**超声诊断设备**应符合 36.202.1j）的要求。假定**超声诊断设备**维持安全，未发生元器件的失效和在操作者的干预下能恢复到试验前的状态，则允许在表 210 规定的**抗扰性试验级别**中，**超声诊断设备**偏离 36.202.1j）的要求。符合性的确认基于进行一系列试验期间和之后超声诊断设备的性能。每相的额定输入电流超过 16 A 的**超声诊断设备**，免予进行表 210 规定的试验。

第六篇 对易燃麻醉混合气点燃危险的防护

通用标准本篇的内容适用。

第七篇 对超温和其他安全方面危险的防护

除下列内容外，通用标准本篇的内容适用。

42 超温

除下列内容外，通用标准本章的内容适用。

42.3

替代：

*42.3 按下列试验条件 a）1）进行测量时，作用于**患者**的**超声换能器**，其表面温度应不超过 43℃。

另外，按下列试验条件 a）2）进行测量时，作用于**患者**的**超声换能器**，其表面温度应不超过 50℃。

是否符合通过下述**超声诊断设备**的操作和温度试验来核实：

a) 试验条件

1) **超声换能器**应模拟实际使用条件进行试验。

模拟的实际使用条件包括：

——**超声换能器**应与模拟软组织、皮肤或骨组织的试验体模进行声学和热学的耦合，使**超声换能器**敏感表面发射的超声进入试验体模；

——**超声换能器**的定位、受热和/或冷却条件，应与**超声换能器**的预期应用领域相对应；

——温度的测量位置应位于**超声换能器**敏感表面处；

——试验体模的热学和声学特性应模拟适当的组织。**超声换能器**预期在体外使用时，试验体模应考虑皮肤层，试验体模应具有注1规定的比热、热导率和衰减系数的数值。

注1：在辐射单位和测量国际委员会的ICRU报告61[28]中给出了适当组织声学特性的通用导则。针对模拟软组织的试验体模，试验体模的材料应具有下列特性：

比热：(3 500±500)$Jkg^{-1}K^{-1}$；

热导率：(0.5±0.1)$Wm^{-1}K^{-1}$；

5 MHz时的衰减系数：(2.5±1.0)$dBcm^{-1}$。

注2：在包含皮肤、骨或软组织的组织表面热传递的差异性，在根据**超声换能器**的预期应用领域选择模型时，宜仔细考虑，在附录BB和TNO报告PG/TG/2001.246[30]中可查阅附加的指导性原则。

——试验体模应设计成(例如，使用声吸收材料)将导致加热**超声换能器**表面的超声反射减至最小；

——试验体模的最小尺寸宜保证即使再增大尺寸，对**换能器组件**表面温度的影响也可忽略不及；

试验方法：应选择下面规定的试验方法A)或B)。

注3：当**超声诊断设备**采用闭环温度监控系统时，由于试验方法B)会产生不正确的结果，在这类情况下应采用试验方法A)。

试验方法A)：试验判据基于温度测量。

超声诊断设备预期体外使用的情况下，试验体模和换能器界面处的对象材料表面初始温度应不低于33℃，环境温度应为23℃±3℃。

为满足要求，在试验期间**换能器组件**辐射表面的温度应不超过43℃。

试验方法B)：试验判据基于温升测量。

注4：在遵循试验方法B)时，温升定义为试验之前**超声换能器**表面温度与试验期间**超声换能器**表面最高温度两者之间的差值。

试验体模和换能器界面处的对象表面初始温度应与环境温度一致，环境温度应为23℃±3℃。**超声诊断设备**预期体外使用的情况下，试验期间**超声换能器**的表面温升应不超过10℃。**超声诊断设备**预期非体外使用的情况下，试验期间**超声换能器**的表面温升应不超过6℃。

超声诊断设备预期体外使用的情况下，试验条件42.3a)1)下的表面温度等于33℃与所测温升之和。**超声诊断设备**预期非体外使用的情况下，试验条件42.3a)1)下的表面温度等于37℃与所测温升之和。

为满足本标准的要求，在试验期间用本方法计算的温度应不超过43℃。

2) 将表面清洁的(无耦合剂)**超声换能器**悬挂在无空气流通或置于**超声换能器**表面空气流通减至最小的环试箱内的固定位置。

试验判据基于温升测量。

环境温度应为23℃±3℃，且**换能器组件**辐射表面的初始温度应与环境温度一致，在试验期间，**换能器组件**辐射表面的温升应不超过27℃。

为满足表面温度不超过50℃的要求，在这些试验条件下测得的表面温升与23℃之和应作为试验条件 a)2)下的表面温度。

b) 运行设置

超声诊断设备的运行设置在使**超声换能器**产生最高表面温度的条件下，a)1)和 a)2)的试验应在相同的条件下进行。应在试验报告中列出试验激励条件，应在使用说明书中公布最高温度。

c) 负载持续率

在试验持续期间，**超声诊断设备**连续运行。

1) 根据 42.3a)1)条件，试验进行 30 min。

注：当**超声诊断设备**输出自动冻结的时间小于 c)1)的时间间隔，**超声诊断设备**应立即再次启动。

2) 根据 42.3a)2)条件进行试验，在下述两者中取较小值：

A) 30 min；或

B) 在**操作者**无法关闭输出自动冻结能力时，取其时间间隔的两倍。

d) 温度测量

超声换能器温度的测量可采用任何适当的方法，包括辐射法和热电偶法。

在采用热电偶法时，热电偶接头和邻近的热电偶导线要确保与被测材料的表面有良好的热接触，热电偶的定位要确保其对被测区域的温升影响可忽略不计。

应在**超声换能器**表面产生最高表面温度的区域测量温度。

应公布测量的不确定度。

注 1：宜采用 JJF 1059—1999《测量不确定度评定与表示》，来进行不确定度的评估。

注 2：建议选择对直接超声加热(例如：采用薄膜或细线热电偶)不非常敏感类型的温度测量手段，而且其敏感面积的尺寸宜使得任何平均效应减至最小。在评估不确定度时，宜考虑传导损耗、超声加热和空间平均效应。

e) 试验准则

在试验中，**超声换能器**应按上述 c)所规定的负载持续率运行，在试验期间，记录的最高温度应不超过规定的极限值。

表 102 42.3 款试验说明的概述

换能器类型→ 进行的试验↓		体外使用	非体外使用
a) 1)模拟使用条件试验	A) 温度	试验体模温度维持在不低于 33℃。 温度应不超过 43℃。	试验体模温度维持在不低于 37℃。 温度应不超过 43℃。
	B) 温升	试验体模和换能器界面处的初始温度应与环境温度一致。环境温度应为 23℃±3℃。 温升应不超过 10℃。	试验体模和换能器界面处的初始温度应与环境温度一致，环境温度应为 23℃±3℃。 温升应不超过 6℃。
a) 2) 无空气流通试验(无耦合计)	温升	环境温度应为 23℃±3℃。 **换能器组件**表面的初始温度应与环境温度一致。 温升应不超过 27℃。	

44 溢流、液体泼洒、泄漏、受潮、进液、清洗、消毒和灭菌

除下列内容外，通用标准本章的内容适用。

*44.6 进液

增加条款：

aa) 由**制造商**规定的在**正常使用**时，可能与**操作者**或**患者**接触的**换能器组件**中的那些部件，应满足**防滴设备**(IPX1)的要求，**换能器组件**的插头不应包括在本条要求中。

注：正常使用包括清洗和灭菌。

是否符合通过 GB 4208 中第二位特征数字，数字 1 的试验来核实，将**换能器组件**按**正常使用**条件，包括任何电缆的连接进行试验，但不包括**换能器组件**与超声主机断开的情况。

bb) 由**制造商**规定的在**正常使用**时，预期浸入水中的**换能器组件**的部件，应满足**防浸设备**(IPX7)的要求。

是否符合通过 GB 4208 中第二位特征数字，数字 7 的试验来核实，其 13.2.7a)和 b)除外。

第八篇　工作数据的准确性和危险输出的防止

除下列内容外，通用标准本篇的内容适用。

50　工作数据的准确性

除下列内容外，通用标准本章的内容适用。

50.2　控制器件和仪表的准确性

替代：

aa) 应规定声输出数据和控制器件的准确性，内容如下：

——若提供，任何**显示表明的声输出功率**，见 6.3 和 51.2。

——技术数据，见 6.8.3。

bb) 预期用于经食管使用的**超声换能器**，应规定其表面温度数据和专用控制器件的准确性，若提供，包括任何表面温度的显示，见 6.3 和 51.2。

注：针对不确定度的评估，宜采用 JJF 1059—1999《测量不确定度评定与表示》。

51　危险输出的防止

除下列内容外，通用标准本章的内容适用。

51.2　有关安全的参数的指示

替代：

aa) 若**超声诊断设备**在任何工作模式下，其**软组织热指数**或**骨热指数**不具备超过 1.0 的能力，则不需显示**热指数**[又见附录 BB 所涉及的 6.1p)]。

满足 GB/T 16846 中第 6 章免予公布要求的**超声诊断设备**，预期其**软组织热指数**或**骨热指数**不具备超过 1.0 的能力，且针对所有的工作条件，同时满足 $f_{awf}<10.5$ MHz，$A_{aprt}<1.25\ cm^2$，则不需显示 TI。

bb) 若**超声诊断设备**，其**软组织热指数**或**骨热指数**具备超过 1.0 的能力，则在启动任何工作模式时，设备应具备向操作者显示软组织热指数(TIS)(在数值超过 0.4 时)或**骨热指数**(TIB)(在数值超过 0.4 时)的能力，但在该模式下，不需同时显示两者。

cc) 若**超声诊断设备**预期仅应用于成人颅骨，则**热指数**的显示，在其等于或超过 1.0 时，仅需包括**颅骨热指数**的显示。

dd) 若**超声诊断设备**在实时 B 模式工作时(其他模式均未启动)，其**机械指数**具备超过 1.0 的能力，则在该模式下，其等于或超过 0.4 时，应显示**机械指数**。

满足 GB/T 16846 中第 6 章免予公布要求的**超声诊断设备**，预期其**机械指数**不具备超过 1.0 的能力，且针对所有的工作条件，满足 $f_{awf}>1.0$ MHz，则不需显示 MI。

ee) 对不具备实时(B 模式)成像能力的**系统**，**系统**应允许**操作者**选择来显示**热指数**[根据上述 aa)至 cc)的要求]和**机械指数**[根据上述 dd)的要求]，但不需具备同时显示两者的能力。

ff) 若显示[见 aa)至 ee)],则**热指数**显示的增量,在数值小于 2.0 的范围内,应不超过 0.2,在数值大于 2.0 时,应不超过 0.5。

gg) 若显示[见 aa)至 ee)],则**机械指数**显示的增量,在整个显示范围内,应不超过 0.2。

hh) 若**超声诊断设备**预期经食管使用,其表面温度具备超过 41℃的能力,则在表面温度超过 41℃时,应显示表面温度或应向**操作者**提供其他的指示(见 42.3)。

51.4 意外地选成过量的输出

替代:

aa) 针对设计允许**声输出全软件控制**的**超声诊断设备**,在开机、键入新患者身份数据或从非胎儿转成胎儿应用时,**超声诊断设备**应进入适当的**默认设置**状态,这些**默认设置**的数值应由**制造商**确定,但可允许**操作者**重新设置。

bb) 针对设计不允许**声输出全软件控制**的**多用途超声诊断设备**,在开机、键入新患者身份数据或从非胎儿转成胎儿应用时,**超声诊断设备**应提示**操作者**去核查(适当时,重置或更改)所显示的声输出和**机械指数**和/或**热指数**。

第九篇 不正常的运行和故障状态;环境试验

通用标准本篇的章和条款内容适用。

第十篇 结构要求

通用标准本篇的章和条款内容适用。

附 录 AA
（规范性附录）
术语-定义术语索引

附 录 BB
（资料性附录）
特定条款的指导和原理说明

关于 1.1 适用范围

本专用标准的内容确定很大程度上覆盖了超声医用诊断和监护**设备**，包括**超声**回波测距装置（手控和自动扫描）、多普勒回波**设备**和其组合设备。

适用范围保持通用并尽可能包含大部分（非治疗的）医用**超声诊断设备**。例如，某些设备为了覆盖广泛的应用领域，其具备在许多不同类型、额定供电电压和超声换能器频率下操作的能力，在起草本专用标准时，也考虑了这些因素。

预期本专用标准的后续版本，针对与安全相关的技术规范，可以更好地规定不同的或附加的参数，来反映未来对生物物理学的理解和测量技术的发展水平。

关于 6.1p）输出

在某些工作模式下，特定的设备有十个或更多的不同控制器件能影响超声的输出水平，使用**多用途设备**时，操作者不需过于操心输出水平小的变化，但在许多情况下要避免无意中大大增加输出水平（见6.3c）和通用标准的51.4）。

在大多数**设备**上，一般提供单个控制器件来改变声输出的幅度，同时使其他参数不变（诸如脉冲长度、工作周期等）。通常，除了与安全相关的方面之外，**操作者**必须在某种程度上理解该控制器件的操作对装置有效使用的作用。该要求强调了需要向操作者有效地指示主要功能是影响超声输出水平的控制器件（或多个控制器件）的状态，和操纵该直接控制器件增大或减小输出需要采取的动作。

由于已假定在所有可能的输出水平上是同等安全的，该要求对不具备产生声输出水平属51.2bb）或dd）范畴的**设备**不适用。

关于 6.8.2aa）13）

书面的指令，和预编程的专用应用领域的默认数值，是针对不同临床应用，向**操作者**提示适当超声输出水平的适当方式。

关于 35 声能量（包括超声）

本专用标准未规定声输出允许水平的上限值。

通过要求交互性的声输出实时**显示**，以临床有实际意义的参数，诸如本标准中所包括的**热指数**和**机械指数**形式，来强调可能的过量输出水平。

由于本专用标准未规定声输出允许水平的上限值，所有的**设备**均受限于技术原因、符合当地法规的要求，或源于**制造商风险管理**的原因。一方面**制造商**宜持续追踪诊断超声领域中超声场安全的科学研讨，另一方面**用户**要了解相关的-可能依赖于应用领域-由制造商所选择的其设备的上限值。

35.4条的符合性可以通过检查**制造商**提供的**风险管理**过程的相关文件，包括相关信息诸如临床经验等来加以核实。

关于 36 电磁兼容性

关于分条款 36.201.1

当**制造商**定义设备的预期使用环境是医院或类似的环境时，**超声诊断设备**属A类（按YY 0505—2005）。预期使用环境扩展到居住环境时，**超声诊断设备**则属B类，进一步的细节，参见附录CC。

关于分条款 36.201.1f）

具有可变增益的**超声诊断设备**应在**用户**使用的典型增益条件下进行试验，这项设置宜通过仿组织材料或血流体模来确定，与应用目的相适应，由**用户**调节增益和其他影像增强调整功能，呈现典型的设置状态。根据YY 0505—2005中36.202，在抗扰性试验之前应将体模移去。

若用**设备**或**系统**的正常软件能够满足该要求，则应采用正常的软件进行试验。若用**设备**或**系统**的正常软件不能够满足该要求，则应提供一种方法来执行该工作模式，可以要求使用特殊的软件。若使用了特殊软件，其不应抑制可能影响试验结果的增益改变。

关于分条款 36.201.1j)

当电磁扰动作用于预期使用配备 2 m 以上电缆的换能器时，要求对采集微伏级信号的**超声诊断设备**不产生任何影响是不合理的，在这一点上已达成了共识。

对该要求的理解是：在 36.202 规定的试验条件下，**超声诊断设备**应能够提供**基本性能**及维持安全。

符合判断原则的实例包括：

- **超声诊断设备**显示的图像可以有扰动所产生的有规律的点或断线或线段，只要其不被识别为生理信号并不影响诊断即可；
- **超声诊断设备**显示的图像可以在多普勒轨迹上产生线段，只要其不被识别为生理信号并不影响诊断即可；
- **超声诊断设备**显示的图像和多普勒轨迹可能被噪声信号所覆盖，只要其不被识别为生理信号并不影响诊断即可。

关于 36.202.3b)3)和 36.202.3b)6)

YY 0505—2005 的表 209 中列出：当装置预期的使用是“控制、监视或测量生理参数”时，采用 2 Hz 的调制频率；当预期的使用是“其他目的”时，采用 1 kHz 的调制频率。超声诊断装置既预期用来分析缓慢的生理参数，如心脏壁的运动，又用于相对较快的生理现象，如血液流速（在 kHz 范围检测多普勒频偏）。

关于 42.3 超温

由于**换能器组件**内部的能量损失和**患者**的超声吸收，产生了**诊断超声换能器**的热量问题。

在通用标准 42.3 中是在无空气流通条件下试验，由于超声向空气辐射的极度低效率（不同于向人体辐射），基本上所有的电能都转化成**换能器组件**内部的热能。由于耦合剂的使用和通常**超声换能器**表面层的低热容量，可预计将无空气流通条件转变成正常使用条件，表面温度将有极大的下降。对 42.3 进行更改，允许无空气流通条件下，试验的上限值为 50℃，可确保正常使用条件下，温度在 1 min 内降至 43℃（见通用标准 42.1 表 10a）。

这也考虑了预期经食管使用**换能器组件**，尽管其与食管内表面的接触时间延长，但起始换能器温度与单一组织点接触的时间相对较短。而且换能器发热的区域相对较小，提供的热量也少，且在换能器经口腔进入食管过程中，其产生的热量被快速吸收。最终结果是除非在短暂的时刻，组织遭遇的温度不会超过临床扫描的静态温度。在胎儿经阴道使用时，由于对组织和体液构成及针对经食管使用中所讨论的同样瞬态接触的干扰，辐照时间起了一个重要的作用，经阴道探头的表面温度没有直接转换成最终影响胎儿的温度。

针对**超声诊断设备**进行危险分析时，本标准的使用者不得不考虑 IEC 60601-1:2005 中 43℃的温度限制，仅适用于成人健康皮肤的长时间（10 min 以上）接触，针对儿童的应用宜给出特殊的考虑。在风险收益分析中，药品和患者条件的影响因素也宜考虑在内。更进一步而言，换能器（41℃以上）在体内长期使用的不可预知的安全性，目前还未很好地进行研究。标准化委员会设想，针对儿童、体内和可能存在危险的**患者**使用高于 41℃的温度时，也宜是一项临床评估的主题。

由于下列机理导致组织净温升：

——换能器的热传导；

——组织的超声吸收；

——通过将热传导至组织其他部位的冷却；

——通过血液灌注的热传递冷却。

所有**换能器组件**要求的试验条件和准则与装置临床实际使用环境相适应。

超声诊断装置通常在温度受控制的地点使用，针对换能器表面温度的测量，选择环境温度为23℃±3℃。

在**正常使用**中，经食管或其他腔内换能器被组织所包围，其环境温度是患者的内部体温，不同于无空气流通条件下，**换能器组件**的工作条件，此时**换能器组件**的超声能量和热量均有效传递至邻近的组织。**换能器组件**的直接热传导和组织超声吸收导致的热量，经过诸如血液灌注，热传导和辐射等热传输途径将热量带走。

在**正常使用**中，典型的手持式探头不会工作在被组织所包围的条件下，探头组件的主体与周围环境空气接触，同时预期探头只有很小一部分与患者接触，其环境温度由患者的核心体温确定。

关于试验体模设置的解释性说明如下：

——建议采用热学和声学特性类似于人体组织的组织仿真材料(TMM)，其最适合于被测**超声换能器**典型使用条件。预期采用TMM即抑制了对流循环的冷却，又模拟了特定组织的声学特性，能够使用下列三种不同类型的模型：

——靠近表面有骨模拟物的模型；

——表面有皮肤模拟物的模型；

——由软组织模拟物构成的模型。

——当预期**超声换能器**在腔内使用时，建议将**换能器组件**插入组织仿真材料(TMM)至某一深度，该深度确保即使再增大深度，其对**换能器组件**表面温度的影响可忽略不计。

——当**超声换能器**的表面是曲面时，建议仔细操作，使整个曲面与模拟预期应用的模型良好接触。

——在结果具有可比性时，可以采用其他的材料，然而最有意义的是：所采用的材料应展现出与预期的模型相称的超声吸收系数和热学特征。

在ICRU报告61：医学超声组织替代物、模块和计算机化模型，1998，ISBN0-913394-60-2中给出了适当组织声学特性的通用导则。

在R. B. Chin, et al，“用于超声过热模块的可重复使用灌注性组织仿真材料”医学物理，Vol. 17，No3，May/June 1990. 中阐述了适当的液态TMM材料的准备和特征描绘指导。

也可采用其他材料，将其结果作为比对，然而最有意义的是，所用材料应展示出与预期模型相适应的超声吸收系数。

关于44.6 进液

在正常操作中，假定所有的**换能器组件**都与液体有某种程度的接触，一些**超声换能器**的设计允许其浸入水浴中，在这里水浴提供了至患者的声耦合路径，另一些**超声换能器**用于接触式扫描，仅需在**探头**的敏感表面与某些耦合剂有最少的接触。通过对应用领域的了解与**探头**的设计，预期制造商会规定在**正常使用**中可以浸湿的**探头**部位(见6.8.2)。

考虑到规定的要求和试验要适合于该类**设备**，并避免与通用标准的**防浸**要求相冲突，规定的试验按照GB 4208执行，IPX1表示设备对滴落液体进水有害效应的防护，IPX7表示设备短时浸入液体时，对进水有害效应的防护。

附 录 CC
（资料性附录）
GB 4824—2004 分类指导

GB 4824—2004 中包含了设备分类和分组的原则，本专用标准主题下的**设备**分类为 1 组（按 YY 0505—2005）。由于装置预期必须产生射频能量，并通过屏蔽的外部电缆（在长度上为 2 m 或更长）传递该能量至电缆末端的换能器组件。本附录的目的是提供综合性的信息，将**超声诊断设备**划分至适当的 GB 4824—2004 的类中。

根据条款规定，按下列内容分组：

——1 组 ISM 设备：为设备自身内部功能需要而有意产生和/或使用传导耦合射频能量的所有 ISM 设备；

——2 组 ISM 设备：为材料处理和电火花腐蚀设备而有意产生和/或以电磁辐射形式使用射频能量的所有 ISM 设备。

GB 4824—2004 的 4.2 款

根据条款规定，按下列内容分类：

——A 类设备除了在住宅，和直接连接到住宅建筑物的公共低压供电网之外，适合在所有的设施中使用。

注：尽管 A 类限制在工业和商用设施中，行政当局可允许在增加需要的附加措施后，A 类 ISM 可在住宅设施中安装和使用，或直接连接设施的公共低压供电网中。

——B 类设备适合在所有的设施中使用，包括住宅设施和直接连接到住宅建筑物的公共低压供电网。

附 录 DD
（规范性附录）
确定机械指数和热指数的试验方法

DD.1 介绍

本章定义的方法，用于确定在理论组织等效模型中与温升相关的辐照参数，也用于确定非热效应的辐照参数，这些辐照参数称为指数，与**超声诊断设备**的安全有关。

对指定**超声诊断设备**的单一模式产生的特定超声场，这些指数应根据第DD.2章至第DD.5章的方法确定，对复合模式，应采用第DD.6章规定的步骤。

声输出测量采用的试验方法，应基于根据GB/T 16540的水听器法或根据IEC 61161的功率测量辐射力天平法，所有的测量应在水中进行。

在确定**有界输出功率**时，限制掩模或等效工具（见附录FF）应位于产生最大数值的位置。

声衰减系数的数值应为0.3 $dBcm^{-1}MHz^{-1}$，选择该值作为预期同类模型的适当衰减系数，其等效于临床实际合理最坏情况下的衰减。"合理最坏情况下"的意思源于世界医学生物学超声联合会[14]一文中的"一组组织特性和尺寸，若实际的组织特性或厚度不同于计算中所采用的数据，使少于2.5%的患者有更高的计算温升或其他的热终点。"

注：所用的模型不是永远实用的，最新的文献建议在某些时候采用其他的模型[1]。

采用水听器栅状扫描法确定**－12 dB输出声束面积**。

DD.2 机械指数的确定

DD.2.1 衰减后峰值稀疏声压的确定

机械指数的计算，要求先确定**衰减后峰值稀疏声压**，应在最大**衰减后脉冲声强积分**位置处确定该值，建议根据GB/T 16540中峰值**脉冲声压平方积分**位置的测定步骤，来确定该位置。在所有的测量位置，应将**声衰减系数**作用于**脉冲声压平方积分**。

DD.2.2 机械指数的计算

应按照2.1.124的定义的表达式，计算**机械指数**：

$$MI=\frac{p_{ra}f_{awf}^{-1/2}}{C_{MI}}$$

式中：

$C_{MI}=1\ \mathrm{MPa\ MHz^{-1/2}}$；

p_{ra}——**衰减后峰值稀疏声压**，单位为兆帕（MPa）；

f_{awf}——**声工作频率**，单位为兆赫（MHz）。

DD.3 热指数的确定——通则

热指数的确定方法取决于是由**扫描模式**或**非扫描模式**形成的声场，在**非扫描模式**中的**软组织热指数**的确定方法取决于**－12 dB输出声束面积**，每种确定方法按下列内容进行。

DD.4 非扫描模式中热指数的确定

DD.4.1 非扫描模式中软组织热指数 *TIS* 的确定

当特定发射图案的**－12 dB输出声束面积**满足条件 $A_{aprt}\leqslant 1.0\ cm^2$ 时，则**软组织热指数**应按照DD.4.1.3所述的步骤确定，否则**软组织热指数**应根据下述DD.4.1.1和DD.4.1.2的步骤确定。

DD.4.1.1 非扫描模式中，*TIS* 深度 z_s 的确定

TIS 深度 z_s 数值的确定，应取沿 z 轴，最大 P_α 值和 $z \geqslant 1.5D_{eq}$ 时 $I_{zpta,\alpha}(z) \times 1.0\ \text{cm}^2$ 值两者中较小数值所对应的深度，在计算中，P_α 应以毫瓦为单位，$I_{zpta,\alpha}(z)$ 应以毫瓦每平方厘米为单位。

DD.4.1.2 $A_{aprt} > 1.0\ \text{cm}^2$ 时，软组织热指数 *TIS* 的确定

应在 *TIS* 深度 z_s 处，按下列公式计算**软组织热指数** *TIS*：

$$TIS = \frac{P_\alpha f_{awf}}{C_{TIS1}}$$

或

$$TIS = \frac{I_{zpta,\alpha}(z_s) f_{awf}}{C_{TIS2}}$$

取两者中较小数值。

式中：

$C_{TIS1} = 210\ \text{mW MHz}$；

$C_{TIS2} = 210\ \text{mW cm}^{-2}\ \text{MHz}$；

P_α——**衰减后输出功率**，单位为毫瓦(mW)；

f_{awf}——**声工作频率**，单位为兆赫(MHz)。

$I_{zpta,\alpha}(z_s)$——**衰减后空间峰值时间平均声强**，单位为毫瓦每平方厘米(mW cm^{-2})。

DD.4.1.3 $A_{aprt} \leqslant 1.0\ \text{cm}^2$ 时软组织热指数 *TIS* 的确定

若 **−12 dB 输出声束面积**满足条件 $A_{aprt} \leqslant 1.0\ \text{cm}^2$，则**软组织热指数**应按下式计算：

$$TIS = \frac{P f_{awf}}{C_{TIS1}}$$

式中：

$C_{TIS1} = 210\ \text{mW MHz}$；

P——**输出功率**，单位为毫瓦(mW)；

f_{awf}——**声工作频率**，单位为兆赫(MHz)。

DD.4.2 非扫描模式中，骨热指数 *TIB* 的确定

TIB 深度 z_b 数值的位置，应通过确定**衰减后输出功率**与**衰减后脉冲声强积分**的乘积变量来决定，应取该参数最大数值所对应的距离位置为 z_b。

在 *TIB* 深度 z_b 处，应按下式计算**衰减后空间峰值时间平均声强**：

$$I_{zpta,\alpha}(z_b) = I_{pi,\alpha}(z_b)\, prr$$

式中：

$I_{pi,\alpha}(z_b)$——在 *TIB* 深度 z_b 处的**衰减后脉冲声强积分**，单位为毫焦耳每平方厘米(mJ cm^{-2})；

prr——**脉冲重复频率**，单位为赫兹(Hz)。

对于靠近焦点的被辐照的骨模型，**骨热指数**应按下式计算：

$$TIB = \frac{\sqrt{P_\alpha(z) I_{zpta,\alpha}(z)}}{C_{TIB1}}$$

或

$$TIB = \frac{P_\alpha(z_b)}{C_{TIB2}}$$

取两者中较小数值。

式中：

$C_{TIB1} = 50\ \text{mW cm}^{-1}$；

$C_{TIB2} = 4.4\ \text{mW}$；

$P_{\alpha}(z_b)$——在 TIB 深度 z_b 处的**衰减后输出功率**，单位为毫瓦(mW)；

$I_{zpta,\alpha}(z_b)$——在 TIB 深度 z_b 处的**衰减后空间峰值时间平均声强**，单位为毫瓦每平方厘米($mW\ cm^{-2}$)。

DD.4.3 非扫描模式中，颅骨热指数 *TIC* 的确定

颅骨热指数应按下式计算：

$$TIC = \frac{P/D_{eq}}{C_{TIC}}$$

式中：

$C_{TIC}=40\ mW\ cm^{-1}$；

P——**输出功率**，单位为毫瓦(mW)；

D_{eq}——**等效孔径直径**，单位为厘米(cm)。

DD.5 扫描模式中，热指数的确定

DD.5.1 扫描模式中，软组织热指数 *TIS* 的确定

对**扫描模式**中的每一个**发射图案**，**软组织热指数**应按下式计算：

$$TIS = \frac{P_1 f_{awf}}{C_{TIS1}}$$

式中：

$C_{TIS1}=210\ mW\ MHz$；

P_1——**有界输出功率**，单位为毫瓦(mW)；

f_{awf}——**声工作频率**，单位为兆赫(MHz)。

DD.5.2 扫描模式中，骨热指数 *TIB* 的确定

扫描模式中**骨热指数**的确定，应与 DD.5.1 所述**扫描模式**中**软组织热指数**的确定相同。

DD.5.3 扫描模式中，颅骨热指数 *TIC* 的确定

扫描模式中针对特定**发射图案**的**颅骨热指数**，应与**非扫描模式**中相同的参数一起计算。

DD.6 复合工作模式的计算

DD.6.1 声工作频率

在扫描期间采用一种以上**发射图案**类型的**复合工作模式**，在计算**热指数**或**机械指数**时，应分别考虑每种不同**发射图案**的**声工作频率**。

DD.6.2 热指数

对**复合工作模式**，其组成中每个单一模式的**热指数**应单独计算，并按表 DD.1 所示，正确叠加独立的数据。**扫描模式**中所有三个类别的 TIS、TIB 和 TIC，其最高温升的位置均靠近**换能器组件**的表面，**非扫描模式**中，对 TIS 当 $A_{aprt} \leqslant 1.0\ cm^2$ 和 TIC，其最高温度位置也靠近表面，对 TIB 和 TIS 当 $A_{aprt} > 1.0\ cm^2$，其位置在更深的位置。表 DD.1 概括了每种热指数类别，组合公式的概要。

表 DD.1 每种热指数类别，组合公式概要

热指数类别	单一模式热指数数据的组合
TIC、TIS 当 $A_{aprt} \leqslant 1.0\ cm^2$	表面的**热指数**＝Σ所有模式**热指数**数据
TIB、TIS 当 $A_{aprt} > 1.0\ cm^2$	在表面或某深度处的最大**热指数**，也就是取下列两者的最大值 Σ**扫描模式**的**热指数**数据 或 Σ**非扫描模式**的**热指数**数据

DD.6.3 机械指数

对**复合工作模式**，其**机械指数**应取**单一工作模式**下的最大**机械指数**数值。

DD.7 关于指数确定中，被测量值的概述

针对所定义的安全指数，表 DD.2 给出了所需的声学量值概要，由于通过相关自由场测量值的计算获得衰减后的量值，衰减后和自由场的量值均包括在内。

表 DD.2 关于指数确定所需声学量值的概要

指数	*MI*	*TIS*	*TIS*	*TIS*	*TIB*	*TIB*	*TIC*
模式		扫描	非扫描 $A_{aprt} \leqslant 1.0\ cm^2$	非扫描 $A_{aprt} > 1.0\ cm^2$	扫描	非扫描	
f_{awf}	×	×	×	×	×	×	
P			×	×		×	×
P_1		×			×		
P_α				×		×	
I_{zpta}				×		×	
$I_{zpta,\alpha}$				×		×	
I_{pi}	×					×	
$I_{pi,\alpha}$	×					×	
p_r	×						
$p_{r,\alpha}$	×						
A_{aprt}			×	×			×
D_{eq}				×			×
z_s				×			
z_b						×	
在最大 $I_{pi,\alpha}$ 处的 z	×						

附　录　EE
（资料性附录）
与其他标准的关系

本标准制定的测定方法，预期与美国医学超声协会/国家电气制造商协会“UD-3 Rev. 1:1998 诊断超声设备热和机械声输出指数实时显示标准”的方法，产生相同的结果。

这些测定所依据的模型，及测量和计算的原理说明包含在 UD-3 Rev. 1:1998 和其辅助参考文献中，本标准也引用了该文件（见附录 GG）。

附 录 FF
（资料性附录）
扫描模式下输出功率测量的指导意见

本附录主要涉及**扫描模式**下必须采用的，不同于 GB/T 16540 和 IEC 61161 所制定标准声测量步骤的那部分内容。

FF.1 扫描模式下输出功率 *P* 的测量

本标准要求对发射大多数功率的敏感阵元，测量 1 cm 线性长度上所发射的功率，其定义为**有界输出功率**。

除非在 IEC 61161 中制定了要求和这些要求不适用，**输出功率**的测量执行下列段落中提供的导则。

(a) 在扫描期间采用一种以上**发射图案**类型的**复合工作模式**中，需要进行准确的**输出功率**测量，和表 DD 所示通过适当的组合数据进行热指数的确定时，针对不同的**发射图案**可分别考虑输出功率。这种方式可以，例如，保证在每种计算中采用适当的声工作频率数值，需要注意，确保选定的单一**发射图案**与**复合工作模式**期间所采用的相同。

(b) 在捕获声束扫描的**非扫描模式**下（在可能时）进行这些测量时，建议修正测量的**输出功率**，来补偿任何与输出变化相关的声束形成器的影响，其取决于声束扫描角和/或线性位置。**输出功率**的水听器测量宜在捕获声束，或采用同步系统将发射的声信号与测量系统同步的条件下进行。

对相控阵由于偏轴单元（接收）灵敏度降低，在非正常扫描角度下，**输出功率**通常增大。

(c) 在**扫描模式**下进行这些测量时，辐射力天平靶和声源在整个声束范围中，宜使靶截取有效**声束面积**。调整声束轴，辐射力天平靶的敏感方向和孔径的轴向宜在±10°范围内。测量的相关偏差取决于换能器和辐射力天平靶的特殊几何形状，无法给出总的指导原则。

下面各章阐述了采用 1 cm 宽的缝隙吸收体和 1 cm 宽的辐射力天平靶，或电子掩模手段的开窗技术。

FF.2 采用声吸收材料掩模 1 cm 方位宽度的窗口或 1 cm 宽的辐射力天平靶的制作

当使用辐射力天平靶来限制方位（图像平面）孔径时，建议其几何形状和组成，能直接检测到扫描头前部所有 1 cm 宽带范围向前的发射，不能检测 1 cm 宽带范围之外的发射。

本章中的两种方式有一些不同的误差源，在准确地定义孔径后，对定义孔径两种方法的一致性给出合理的置信度。对机械扇扫探头，或所有**超声换能器**的第三方测试，推荐采用吸收模板或限制宽度的辐射力天平靶法，来进行敏感扫描孔径前端面上 1 cm 线长区域的检测。

FF.2.1 掩模中的 1 cm 孔径

在采用掩模时，建议其几何形状和组成，除了指定的 1 cm 长度敏感区域的发射，能消除其他的发射声功率，允许 1 cm 长度上所有向前的发射通过，并符合本标准的准确性和其他的要求。

如图 FF.1 所示，建议扫描头的前端面与掩模表面共面，该推荐方式与 FF.2.2 中的一致。建议掩模的超声衰减至少为 30 dB，且其窗口内壁的内衬材料的反射率至少为 90%，避免壁的损失，缝隙的长度至少是被测**换能器组件**尺寸的两倍。

建议在两种掩模厚度的条件下进行**有界输出功率**的测量，表明掩模厚度对结果无影响，或影响很小，图 FF.1 呈现了所建议几何形状的草图。推荐的材料要具有最大的衰减系数且与水的阻抗失配程度最小，与水匹配良好（反射系数－30 dB），在 3.5 MHz 处损耗为 45 dB/cm 的材料已商品化。在两层超声衰减材料之间，通过夹入不锈钢，紧密的泡沫材料或其他高或低阻抗反射体来提供附加的衰减。

对**有界输出功率**的测量，建议掩模的缝隙垂直于被测**换能器组件**和其成像平面，如图 FF.2 所示，对机械扇扫和凸阵横向定位很关键，使用扫描头固定架或夹具是很有益的。可以预料针对本测试而言，**声束准直轴**调整至垂直于掩模平面和靶平面±5°范围内，扫描平面调整至垂直于缝隙侧边±5°范围内即足够(见图 FF.2)。

FF.2.2 1 cm 宽的辐射力天平靶

作为孔径限制掩模的替代方法，有界声功率的测量也可采用 1 cm 宽的辐射力天平靶法。当采用 1 cm宽的辐射力天平(RFB)靶时，建议将其紧贴在扫描头的正前方，其几何形状和组成，能检测所有的，且仅仅包括扫描头 1 cm 宽带上的声发射。

有界声功率测量的准确度和线性度宜符合 IEC 61161 的要求。

有界输出功率测量宜具有 20%的准确度(95%的置信水平)。

为将反射造成的测量误差减至最小，仔细操作确保反射的声能量不反射回靶，而且如图 FF.3 所示，宜将靶的长轴方位垂直于扫描平面。

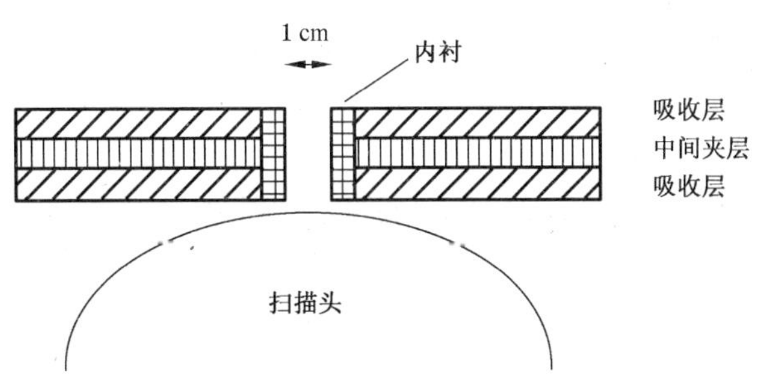

图 FF.1 推荐的 1 cm 宽孔径的掩模

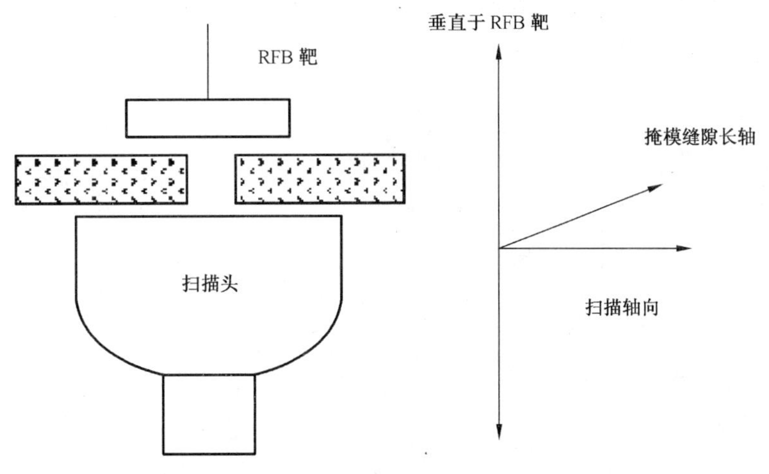

图 FF.2 推荐的探头、掩模缝隙和 RFB 靶的方位

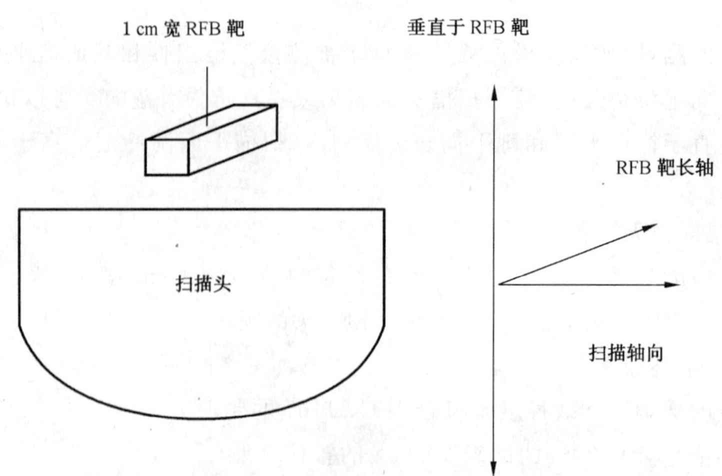

图 FF.3 推荐的探头、掩模缝隙和 1 cm RFB 靶的方位

FF.3 采用电子控制的 1 cm 方位宽度窗口的制作

在**设备**控制配置和换能器几何形状许可的条件下，且假定，电子掩模法不会影响 1 cm 线性长度孔径范围内**输出功率**的发射，则可通过电子的手段，使该区域之外的孔径不工作，用电子手段获得 1 cm 的线性长度孔径。

在电子可控线性阵元(顺序、相位，或组合)切实可行的条件下，推荐采用电子手段获得 1 cm 线性长度敏感孔径。

FF.4 有界输出功率的测量

在采用 FF.2.1 或 FF.2.2 的方法，遮盖除了源于**扫描模式下 −12 dB 输出声束面积**的 1 cm 方位线性长度之外的所有**输出功率**时，建议剩余**有界输出功率**的测量根据 IEC 61161 的步骤。

在 FF.2.1 或 FF.2.2 中使用掩模定位 1 cm 的线长度孔径时，建议获得最大的**有界输出功率**。

建议核实从 1 cm 线长度孔径发射的测量准确性，允许从换能器中央的 1 cm 线性长度孔径向前通过的所有声功率，其偏差在±20%范围之内。

附 录 GG
（资料性附录）
指数模型的原理说明和推导

针对本标准中的**机械指数和热指数**，本附录提供了原理说明和公式推导的概要，许多文献追溯至推导公式的出版物，*MI* 和 *TI* 模型的关键部分在很大程度上取决于试验数据，将在下述的推导注意事项中讨论。除了描述相关的试验结果，本附录不想提供更多的信息，为了获得对呈现的推导模型的完整了解，强烈建议彻底阅读有关的论文。

在目前阶段，各种声参数之间的关系（例如，声强，声压，声功率等）对生物效应的最终结果还未很好地理解，超声可能引起的生物效应[3]、[17]，从目前的证据能分成两种基本的机理，热和机械方面的。本标准提供了一种统一的方法，来计算与潜在的生物效应相关的声输出参数，这些计算方法的原理说明有下列两方面：

1. 提供表示与机械和热的生物效应相关的人体内的信息，由于该原因，选择的系数不能表现为与生物效应有直接相关性的绝对数值。

2. 在仍能获得可接受的诊断信息的同时，超声引起的热和声压数量要尽可能维持在较低的水平。

GG.1 本附录规定的定义

若无其他说明，2.1 中给出的定义均适用，作为增补的定义，在本资料性附录采用**功率参数**。

GG.1.1 功率参数

与声束相关的功率数值，在通用**热指数**关系式中用作分子。

$$P_{\mathrm{p}} = TI\ P_{\mathrm{deg}} \qquad \text{(GG.1.1-1)}$$

式中：

TI ——**热指数**；

P_{p}——**功率参数**，单位为毫瓦（mW）；

P_{deg}——基于附录 DD 所讨论热学模型，使目标组织温升 1℃ 所需的估计功率数值，单位为毫瓦（mW）。

GG.1.2 本附录所采用的增补符号表

I_{sata} 空间平均时间平均声强

K 热传导性

P_{p} **功率参数**

GG.2 机械指数（*MI*）

GG.2.1 原理说明

选择**机械指数**作为一个计算的数据，用来表示与机械效应相关的指示值，该指数用来估计潜在的机械生物效应。机械效应的实例包括超声压力波通过组织时，压缩气泡周围的运动（流动），和瞬态气泡经由空化，崩溃时释放的能量。

在典型的**超声诊断设备**超声输出水平辐照下，目前在人体内还未报告不利的机械生物效应，对**机械指数**的发展，下列几个观测项目起了一定的作用。

——在碎石机中，通过同一距离处超声峰值声压引入的机械生物效应，尽管运用不同的频率，该方式有时在诊断成像中采用。

——在人体外的试验和对低等生物体的观测表明，在某些**超声诊断设备**的超声峰值声压和频率范围内存在空化效应的可能性。

——对老鼠辐照类似于**超声诊断设备**中采用的脉冲超声水平(该现象出现在成年老鼠中，对胎儿还未发现该效应)，造成其肺部出血现象[8]。

对人体辐照诊断级超声的实验室研究还不能得出明确的结论，然而其结果表明要引起足够的关注，**机械指数**的计算将唤起使用者对机械效应的可能性，和其有可能产生的条件有适当的认识。

GG.2.2 推导注意事项

目前影响机械效应可能性的条件还未完全了解，然而一般认为，其可能性随着**峰值稀疏声压**的增大而增加，随着超声频率的增大而降低。更进一步而言，一般相信存在一个阈值效应，除非超过一定的输出水平，才会产生该效应。

尽管现存的有限试验数据[5]得出了一个线性的频率关系，但选择了一个更保守的频率开方关系，**机械指数**定义为：

$$MI = \frac{p_{ra} f_{awf}^{-1/2}}{C_{MI}} \qquad f_{awf} < 4\ \text{MHz} \qquad \cdots\cdots(\text{GG.2.2-1})$$

式中：

$C_{MI} = 1\ \text{MPaMHz}^{-1/2}$；和

$$MI = \frac{p_{ra}}{2C_{MI}} \qquad f_{awf} \geqslant 4\ \text{MHz} \qquad \cdots\cdots(\text{GG.2.2-2})$$

式中：

$C_{MI} = 1\ \text{MPa}$；

p_{ra}——**衰减后峰值稀疏声压**，单位为兆帕(MPa)；

f_{awf}——**声工作频率**，单位为兆赫(MHz)。

选择 0.3 $\text{dBcm}^{-1}\text{MHz}^{-1}$ 降额系数的均匀组织模型是一种折衷考虑，评估了其他的衰减模型，但舍弃了诸如固定距离模型[11]，和在许多放射线学和心脏成像应用领域更有代表性的 0.5 $\text{dBcm}^{-1}\text{MHz}^{-1}$ 降额系数的均匀组织模型。采用一种以上的衰减模型必定增加**设备**的复杂性，并进一步需要使用者选择适当的衰减方案。

无法意识到额外复杂的衰减模型，会有助于更好地理解产生机械生物效应所要求的条件。故选定折衷的衰减模型，使**机械指数**易于贯彻和使用，更重要的是，其已足够引起使用者的注意，将声输出和任何相应的潜在机械生物效应最小化。

GG.3 热指数(*TI*)

GG.3.1 原理说明

热温升和组织生物效应的关系已很好地确立，许多研究[11]和声输出测量的参数诸如：

P **输出功率**

I_{ta} **时间平均声强**，和

I_{spta} **空间峰值时间平均声强**

均不适合单独用作超声引起温升的指示器或评价者，这些参数的组合，再加上特殊的几何形状信息，能用来计算提供软组织或骨组织中温升估计值的指数。

由于人体内许多可能的超声扫描平面难于预见和确定热学模型，采用了基于一般条件的简化模型。明确定义了三项使用者可选择的热指数(见表 GG.1)类别，对应于成像应用领域遇见的不同软组织和骨组织的解剖学组合。每种类别采用一种或多种 *TI* 模型，基于包括换能器孔径或声束尺寸和成像模式的设备信息来计算。

表 GG.1 热指数类别和模型

热指数类别	热指数模型	
	扫描模式	非扫描模式
TIS(软组织)	A. 表面处软组织	B. 大孔径 C. 小孔径
TIB(焦点处骨组织)	A. 表面处软组织	D. 焦点处骨组织
TIC(表面处骨组织)	E. 表面处骨组织	

软组织热指数(*TIS*)基于三种软组织模型,两种模型覆盖了非扫描模式下小孔径和大孔径的情况,诸如多普勒和 M 模式,另一种模型覆盖了扫描模式,诸如彩色血流成像和 B 模式。

骨热指数(*TIB*),在非扫描模式下采用骨位于聚焦区域的模型(可能发生在胎儿六个月至九个月的应用中)。在扫描模式下采用软组织模型,因为表面处温度的增高一般高于或等于焦点处的骨组织。

颅骨热指数(*TIC*)基于骨组织位于表面附近的模型(诸如成人的颅骨应用领域),颅骨模型适用于非扫描模式和扫描模式。

GG.3.2 参数的推导概要

GG.3.2.1 热指数

在本附录中,**热指数**,*TI*,由下式定义

$$TI = \frac{P_{\mathrm{p}}}{P_{\mathrm{deg}}} \quad \cdots\cdots(\text{GG.3.2-1})$$

式中:

P_{p}——本附录定义的**功率参数**;

P_{deg}——基于本附录所讨论热学模型,使目标组织温升 1℃所需的估计功率数值。

温升评估模型的推导要理解四项关键的概念/参数。

GG.3.2.2 衰减后输出功率和声强

这些参数是未衰减的数值、深度和**声衰减系数**的函数,**衰减后输出功率**和声强用下标 α 表示,无下标的参数是水中测量的未衰减数值,因此在距离 z 处的**衰减后输出功率** P_{α} 定义为:

$$P_{\alpha}(z) = P10^{(-\alpha f_{\mathrm{awf}} z/10)} \quad (\mathrm{mW}) \quad \cdots\cdots(\text{GG.3.2-2})$$

式中:

P——**输出功率**,单位为毫瓦(mW);

α——**声衰减系数**,单位为分贝每厘米兆赫($\mathrm{dBcm^{-1}MHz^{-1}}$);

f_{awf}——**声工作频率**,单位为兆赫(MHz);

z——声源至指定平面的距离,单位为厘米(cm)。

衰减后空间峰值时间平均表示为:

$$I_{\mathrm{apta},\alpha}(z) = I_{\mathrm{zpta}}(z)10^{(-\alpha f_{\mathrm{awf}} z/10)} \quad (\mathrm{mWcm^{-2}}) \quad \cdots\cdots(\text{GG.3.2-3})$$

式中:

$I_{\mathrm{zpta}}(z)$——在距离 z 处的**空间峰值时间平均声强**,单位为毫瓦每平方厘米($\mathrm{mWcm^{-2}}$);

α——**声衰减系数**,单位为分贝每厘米兆赫($\mathrm{dBcm^{-1}MHz^{-1}}$);

f_{awf}——**声工作频率**,单位为兆赫(MHz);

z——声源至指定平面的距离,单位为厘米(cm)。

GG.3.2.3 等效声束面积的推导

等效声束面积,A_{eq}定义为:

$$A_{\mathrm{eq}} = \frac{P_{\alpha}(z)}{I_{\mathrm{zpta},\alpha}(z)} = \frac{P}{I_{\mathrm{zpta}}(z)} \quad (\mathrm{cm^2}) \quad \cdots\cdots(\text{GG.3.2-4})$$

式中：

$P_{\alpha}(z)$——**衰减后输出功率**,单位为毫瓦(mW)；

$I_{zpta,\alpha}(z)$——在距离 z 处的**衰减后空间峰值时间平均声强**,单位为毫瓦每平方厘米($mWcm^{-2}$)；

P——**输出功率**,单位为毫瓦(mW)；

$I_{zpta}(z)$——在距离 z 处的**空间峰值时间平均声强**,单位为毫瓦每平方厘米($mWcm^{-2}$)；

z——声源至指定平面的距离,单位为厘米(cm)。

GG.3.2.4 等效声束尺寸的推导

等效声束尺寸,d_{eq}定义为：

$$d_{eq}=\sqrt{\frac{4}{\pi}A_{eq}(z)}=2.0\sqrt{\frac{P_{\alpha}}{\pi I_{zpta,\alpha}}}\quad(cm) \qquad \cdots\cdots\cdots\cdots\cdots(GG.3.2\text{-}5a)$$

式中：

A_{eq}——**等效声束面积**,单位为平方厘米(cm^2)；

P_{α}——**衰减后输出功率**,单位为毫瓦(mW)；

$I_{zpta,\alpha}$——**衰减后空间峰值时间平均声强**,单位为毫瓦每平方厘米($mWcm^{-2}$)。

由于实践中难于将一个细小的声束稳定在一个靶位置上,假定最小的声束宽度为 1 mm(0.1 cm),由此推导出：

$$d_{eq}(z)=\max\left(\sqrt{\frac{4}{\pi}A_{eq}(z)},0.1\right)=\max\left(2.0\sqrt{\frac{P_{\alpha}}{\pi I_{zpta,\alpha}}},0.1\right)\quad(cm)$$

$$\cdots\cdots\cdots\cdots\cdots(GG.3.2\text{-}5b)$$

在附录中本章的后面将涉及假定最小声束宽度的内容。

GG.3.2.5 最大温升的位置($z_{t,max}$)

该参数取决于成像条件,若超声声束穿透靠近体表的骨组织或超声声束自动扫描,则假定最大温升位置靠近体表。针对骨组织位于聚焦区域的**非扫描模式**,最大温升发生在聚焦区域。对软组织中的**非扫描模式**,最大温升可能发生在体表或更深一点的位置处,声束尺寸和体液灌注的冷却效应之间的相互作用决定了最大温升发生的深度。假定 1 cm 的热灌注长度为低灌注率,转化成**声束面积**小于 1 cm^2 的情况,**声功率**等于相应的**功率参数**,对**声束面积**大于 1 cm^2 的情况,声强乘以 1 cm^2 等于相应的**功率参数**。

GG.3.3 模型

正如 GG.3.1 和表 GG.1 所探讨的,定义了三种热指数,*TIS*、*TIB* 和 *TIC*。依本标准附录 DD 的定义,计算 *TIS* 采用了五种不同的热学评估模型。针对讨论和推导的目的,这五种模型与表 GG.2 涉及的内容相同。

三个体表处的软组织模型(A,B 和 C)基于[9]、[15]的理论和实验论述,因此温升的媒介系数是每单位扫描长度吸收功率,$\mu_0 f[P/X]$,其归一化了频率对温升的效应(在这里 μ_0 是频率指定吸收系数)。对 70 个换能器进行的一系列测量,在皮肤表面产生 1℃温升的每单位扫描长度吸收功率集中在：

$$\mu_0 f_{awf}[P_{deg}/X]=21\ mW/cm^2 \qquad \cdots\cdots\cdots\cdots\cdots(GG.3.3\text{-}1)$$

注：对 *TIS* 模型的发展而言,这是一个关键的概念,为确保彻底理解该重要概念,强烈推荐仔细研究 Curley[9]。

对本研究选择声学吸收系数为软组织的典型值 $\mu_0=0.1\ dBcm^{-1}\ MHz^{-1}$,软组织的平均灌注率估计值为心输出量除以体重,结果对应典型的 1.0 cm 灌注长度,选定单位扫描长度 X,作为灌注长度,结合经验近似式(GG.3.3-1),得出在皮肤表面产生 1℃温升需要的功率值：

$$P_{deg}=\frac{(21mW/cm^2)(1.0\ cm)}{(0.1\ dB/cmMHz)(f_{awf}MHz)}=\frac{210}{f_{awf}}(mW) \qquad \cdots\cdots(GG.3.3\text{-}2)$$

三种软组织模型均采用该 P_{deg} 公式,在本标准中 210 mW MHz 数值与常量 C_{TIS1} 和 C_{TIS2} 合并。

GG.3.3.1 体表处软组织[*TIS*(扫描)、*TIB*(扫描)]推导注释

依据 GG.3.3 中的注,温升由扫描方向上的每单位长度功率确定。

$$\frac{P}{X}(\mathrm{mW/cm}) \quad \cdots\cdots\cdots\cdots \text{(GG. 3. 3. 1-1)}$$

若有效孔径的扫描宽度长于假定的 1 cm 热灌注长度，则源功率可通过在扫描方向上开 1 cm 声窗的媒介吸收掩模，或等效的电控声窗，采用辐射力天平测量，测量辐射面或有效孔径 1cm 正中的功率(见图 FF.2)。对有效孔径的扫描宽度小于 1 cm 的情况，不需使用掩模。这类功率测量的结果，指定为**有界输出功率** P_1，是通用 *TI* 公式[式(GG.3.2-1)]中分子上所用的**功率参数**。

将有界输出功率 P_1，和产生 1℃温升需要的功率 P_{deg}(公式 GG.3.3-2)代入通用 *TI* 式(GG.3.2-1)，获得体表处软组织模型。

$$TIS, TIB = \frac{P_1 f_{awf}}{C_{TIS1}} \quad \cdots\cdots\cdots\cdots \text{(GG. 3. 3. 1-2)}$$

式中：

C_{TIS1} = 210 mW MHz。

表 GG.2　热指数公式

名　　称	公　　式
A　体表处软组织 *TIS*(扫描) *TIB*(扫描) (见 DD.5.1 和 DD.1.5.2)	(GG.3.3.1-2)
B 大孔径(A_{aprt}>1 cm^2) *TIS*(非扫描) (见 DD.4.1.2)	(GG.3.3.1-4)
C 小孔径(A_{aprt}≤1 cm^2) *TIS*(非扫描) (见 DD.4.1.3)	(GG.3.3.3-1)
D 焦点处骨组织 *TIB*(非扫描) (见 DD.4.2)	(GG.3.3.4-17)
E 体表处骨组织 *TIC* (见 DD.4.3)	(GG.3.3.5-2)

GG.3.3.2　大孔径(A_{aprt}>1 cm^2)[*TIS*(非扫描)]推导注释

在确定最大温升位置中灌注假定是关键的(1 cm 热灌注长度)，若声束面积小于 1 cm^2，源于加热圆柱形理论，提出声束中的功率控制温升[11]。若声束面积大于 1 cm^2，声强控制温升。因此对窄声束(**等效声束面积**，A_{eq}=1 cm^2)，通用公式[式(GG.3.2-1)]中分子上所用的**功率参数** *TI* 是**衰减后输出功率** P_α。对宽声束(A_{eq}>1 cm^2)，**功率参数是衰减后空间峰值时间平均声强**与 1 cm^2 的乘积，$I_{zpta,\alpha} \times$ 1 cm^2。故对声束轴上任何位置，局部**功率参数**是：

$$\min[(P_\alpha),(I_{zpta,\alpha} \times 1\ \mathrm{cm}^2)](\mathrm{mW}) \quad \cdots\cdots\cdots\cdots \text{(GG. 3. 3. 2-1)}$$

为了避免在声场中的近场测量声强而造成的不准确性，定义**断点深度** z_{bp} 等于**等效孔径尺寸** D_{eq} 的 1.5 倍。

$$z_{bp} = 1.5 D_{eq}(\mathrm{cm}) \quad \cdots\cdots\cdots\cdots \text{(GG. 3. 3. 2-2)}$$

断点深度能从－12 dB 输出声束面积 A_{aprt} 导出：

$$z_{bp} = 1.5\sqrt{\frac{4}{\pi}A_{aprt}} = 1.69\sqrt{A_{aprt}}(\mathrm{cm}) \quad \cdots\cdots\cdots\cdots \text{(GG. 3. 3. 2-3)}$$

针对本标准，假定最大温升位于或超过**断点深度** z_{bp} 处，使局部**功率参数**式(GG.3.3.2-1)为最大，声束的最终**功率参数**为：

$$\max_{z>1.5D_{eq}}\left[\min[(P_\alpha),(I_{zpta,\alpha}\times 1\ \text{cm}^2)]\right](\text{mW}) \qquad \cdots\cdots\cdots\cdots(\text{GG.3.3.2-4})$$

注：为了整个标准的一致性，在式(GG.3.3.2-4)中采用 $1.5D_{eq}$ 替代 z_{bp}。

结合式(GG.3.3.2-4)中**功率参数**的表达和使温度上升1℃所需的功率 P_{deg} 式(GG.3.3-2)，将其代入 TI 式(GG.3.2-1)，获得大孔径($A_{aprt}>1\ \text{cm}^2$)模型：

$$TIS=\max_{z>1.5D_{eq}}\left[\min\left[\frac{P_\alpha f_{awf}}{C_{TIS1}},\frac{I_{zpta,\alpha}f_{awf}}{C_{TIS2}}\right]\right] \qquad \cdots\cdots\cdots\cdots(\text{GG.3.3.2-5})$$

式中：

$C_{TIS1}=210\ \text{mW MHz}$；

$C_{TIS2}=210\ \text{mWcm}^{-2}\ \text{MHz}$。

注：针对本注释，C_{TIS2} 将式(GG.3.3.2-4)中 $1\ \text{cm}^2$ 系数结合式(GG.3.3-2)中的 210 mW MHz 系数，因此 C_{TIS1} 和 C_{TIS2} 之间存在单位的差异。

实例：

大孔径($A_{aprt}>1\ \text{cm}^2$)模型描述的换能器，其进入面积大于 $1\ \text{cm}^2$，图 GG.2a)，GG.2b)，GG.2c)和 GG.2d)图示了**功率参数**式(GG.3.3.2-4)的可能位置和数值。这些图表明声强($I_{zpta}\times 1\ \text{cm}^2$)和功率($P_\alpha$)曲线之间的可能关系，未考虑小于**断点深度**($z<z_{bp}$)区域的数值。

等效声束面积 A_{eq} 是 P_α 与 $I_{zpta,\alpha}$ 的比值。在声强曲线低于(小于)功率曲线的区域，**等效声束面积**大于 $1\ \text{cm}^2$，在声强曲线高于(大于)功率曲线时，等效声束面积小于 $1\ \text{cm}^2$，在曲线交点处，**等效声束面积**为 $1\ \text{cm}^2$。

图 GG.2a)可用来表示大孔径的聚焦换能器，其所示的聚焦声束，即**等效声束面积**首次小于 $1\ \text{cm}^2$ 时，曲线在大于**断点深度**(在近场中曲线的焦点忽略)处相交。局部最大**功率参数**在交点处，交点处的功率 P_α 值是**功率参数**，其位置用 z_1 表示。

图 GG.2b)可用来表示较小孔径(但仍大于 $1\ \text{cm}^2$)的聚焦换能器，在**断点深度**，**等效声束面积**已小于 $1\ \text{cm}^2$，局部最大**功率参数**在**断点深度**处，z_1 是**断点深度**。

图 GG.2c)可用来表示刚超出断点深度弱聚焦($A_{eq}>1\ \text{cm}^2$)的聚焦换能器，其局部声强最大可以从矩形孔径换能器波面聚焦导出，或可能近场效应超出**断点深度**。在本例中，局部最大**功率参数**的位置 z_1 在弱焦点处，**功率参数**的数值是 $I_{zpta,\alpha}\times 1\ \text{cm}^2$。

图 GG.2d)表示弱聚焦换能器，**等效声束**直径通常超过 $1\ \text{cm}^2$，该实例不同于诊断超声的应用，提供该例是为了对模型有全面的理解，局部**功率参数**是声强曲线，**功率参数**是 $I_{zpta,\alpha}$ 的最大值，即 $I_{zpta,\alpha}$ 和 z_1 位于 $I_{zpta,\alpha}$ 的位置处。

注：在该例中，$I_{zpta,\alpha}$ 位于比**断点深度**更深的深度处。

GG.3.3.3 小孔径($A_{aprt}\leqslant 1\ \text{cm}^2$=[*TIS*(非扫描)]推导注释

小孔径($A_{aprt}\leqslant 1\ \text{cm}^2$)模型描述了孔径面积小于 $1\ \text{cm}^2$ 的换能器，在这种情况下正如 GG.3.3.2 的讨论，功率控制温升，因此假定最大功率的位置和最大温升位于表面处，声束的**功率参数**是**输出功率** P。

结合**输出功率** P 和使温度上升1℃所需的功率 P_{deg} 式(GG.3.3-2)，将其代入 TI 式(GG.3.3.2-1)，获得小孔径($A_{aprt}\leqslant 1\ \text{cm}^2$)模型：

$$TIS=\frac{Pf_{awf}}{C_{TIS1}} \qquad \cdots\cdots\cdots\cdots(\text{GG.3.3.3-1})$$

式中：

$C_{TIS1}=210\ \text{mW MHz}$。

GG.3.3.4 焦点处骨组织[*TIS*(非扫描)]推导注释

针对焦点处骨组织的模型，最大温升的位置位于 ***TIB* 深度** z_b 的骨组织表面处，***TIB* 深度** z_b 是表示

TIB 最大处的深度，声束的**功率参数**是**衰减后输出功率** P_α。

注：在此保守的假定是骨组织位于 TIB 表达式为最大的位置处。

针对焦点处骨组织的模型，在轴向距离 z_b 处使骨组织温升 1℃所需的功率（P_{deg}）有不同的公式。采用不同的公式表示，是由于观察到骨对声能的吸收和消耗不同于软组织，该 P_{deg} 公式表示的理论在许多出版物[3]，[4]，[11]，[13]中有广泛的探讨，下列的讨论涉及这些报告的关键结论。

确定轴向距离 z_b 处使骨组织温升 1℃所需的估计功率，始于[3]，[11] 中恒稳态生物热公式的点源解决方案，其给出了轴向上，由热传导性为 K 的材料环绕很薄的圆盘，其全部吸收引起的温升：

$$T = I_{sata} d_{-6} / 4K \qquad \text{(GG.3.3.4-1)}$$

式中：

I_{sata}——空间平均**时间平均声强**；

d_{-6}——-6 dB 声束直径；

K——环绕材料的热传导性。

由于**输出功率**可近似表示为：

$$P = \frac{\pi d_{-6}^2}{4} I_{zpta} \qquad \text{(GG.3.3.4-2)}$$

通过组合式(GG.3.3.4-1)和式(GG.3.3.4-2)，温升等于：

$$T = \frac{P}{\pi K d_{-6}} \qquad \text{(GG.3.3.4-3)}$$

采用[12]的数据并选定 37℃的水作为环绕材料，其热导率 K 等于 6.3 mWcm^{-1}℃$^{-1}$。将该值代入式(GG.3.3.4-3)，获得近似的温升为：

$$T \approx P / (20\ \text{mWcm}^{-1}\text{℃}^{-1} d_{-6}) \qquad \text{(GG.3.3.4-4)}$$

超声辐照人体内骨组织时，对产生的温升很难做出较高准确性的预计，仅能做出温升的合理预期上限值。当声束直径与四分之一的灌注长度在同一级别时-本模型的合理假定，对均匀加热的圆碟，式(GG.3.3.4-3)是简化的温升 T 表达式。对高斯或 Bessinc 和矩形声束有类似的推导(对高斯和 Bessinc 声束在 10%之内，对矩形声束在 30%之内)，在此要强调的是这些声束的 d_{-6} 是-6 dB 声束直径。

随后的经验数据[7]表明，要求对式(GG.3.3.4-3)和式(GG.3.3.4-4)采用修正系数，采用该修正系数的部分原因是由于在相对小面积上的灌注效应，所采用的数据表明温升在人体内测量和理论值之间有近似 0.5 的系数，采用该修正系数得：

$$T = (0.5) P / (20\ \text{mWcm}^{-1}\text{℃}^{-1} d_{-6}) = P / (40\ \text{mWcm}^{-1}\text{℃}^{-1} d_{-6}) \qquad \text{(GG.3.3.4-5)}$$

因此，温升 1℃所需的功率 P_{deg} 为：

$$P_{deg} = 40\ \text{mWcm}^{-1} d_{-6} \qquad \text{(GG.3.3.4-6)}$$

在此采用 GG.3.2.4 中的最小声束宽度假定，由于**操作者**和**患者**的运动，检查中能维持的最小-6 dB声束直径是 0.1 cm，即 $P_{deg}=4$ mW，故温升 1℃所需的功率 P_{deg}，取决于 d_{-6}：

$$P_{deg} = \max(40\ \text{mWcm}^{-1} d_{-6}, 4\ \text{mW}) \qquad \text{(GG.3.3.4-7)}$$

现在需要用**等效声束直径** d_{eq} 的形式来表达诸如高斯或 Bessinc 等典型声束的直径，对均匀的圆盘形声束的公式与**等效声束直径**(GG.3.2-5)相类似，表示为：

$$d = 2.0 \sqrt{\frac{P}{\pi I_{zpta}}} \qquad \text{(GG.3.3.4-8)}$$

对高斯声束：

$$P_\alpha = \frac{\pi I_{zpta,\alpha} d_{-6}^{\ 2}}{5.5} \qquad \text{(GG.3.3.4-9)}$$

产生的声束直径为：

$$d_{-6}=2.34\sqrt{\frac{P}{\pi I_{zpta}}} \quad \text{……………………(GG. 3. 3. 4-10)}$$

在这里 d_{-6}是上文中讨论的－6 dB 声束直径。相类似地对 Bessinc 声束有：

$$P_{\alpha}\approx\frac{\pi I_{zpta,\alpha}d_{-6}{}^{2}}{4.8} \quad \text{……………………(GG. 3. 3. 4-11)}$$

产生的声束直径为：

$$d_{-6}=2.19\sqrt{\frac{P}{\pi I_{zpta}}} \quad \text{……………………(GG. 3. 3. 4-12)}$$

作为折衷考虑，修正系数选择为：

$$d_{-6}=1.1d_{deg} \quad \text{……………………(GG. 3. 3. 4-13)}$$

该修正系数，用 d_{eq}表示，将其代替式(GG. 3. 3. 4-7)中的 d，获得使温度升高 1℃所需的功率 P_{deg}为：

$$P_{deg}=\max(44\ \text{mWcm}^{-1}d_{eq},4.4\ \text{mW}) \quad \text{…………(GG. 3. 3. 4-14)}$$

采用式(GG. 3. 2-4)和式(GG. 3. 2-5)的 P_{α} 和 $I_{zpta,\alpha}$来表示 d_{eq}，得：

$$P_{deg}=\left[44\ \text{mWcm}^{-2}\left(2.0\sqrt{\frac{P_{\alpha}}{\pi I_{zpta,\alpha}}}\right),4.4\ \text{mW}\right] \quad \text{……(GG. 3. 3. 4-15)}$$

又等同为：

$$P_{deg}=\max\left[50\ \text{mWcm}^{-1}\sqrt{\frac{P_{\alpha}}{I_{zpta,\alpha}}},4.4\ \text{mW}\right] \quad \text{…………(GG. 3. 3. 4-16)}$$

注：将式(GG. 3. 3. 4-15)中的实际计算值 49. 6 简化成式(GG. 3. 3. 4-16)中的 50。

结合**衰减后输出功率** P_{α} 和使温度上升 1℃所需的功率 P_{deg}式(GG. 3. 3. 4-16)，将其代入 *TI* 式(GG. 3. 2-1)，获得焦点处骨组织模型：

$$TIB=\min\left[\frac{\sqrt{P_{\alpha}I_{zpta,\alpha}}}{C_{TIB1}},\frac{P_{\alpha}}{C_{TIB2}}\right] \quad \text{…………(GG. 3. 3. 4-17)}$$

式中：

$C_{TIS1}=50\ \text{mW cm}^{-1}$；

$C_{TIS2}=4.4\ \text{mW}$。

GG. 3. 3. 5 体表处骨组织[*TIS*(非扫描)]推导注释

与焦点处骨组织模型(GG. 3. 3. 4)相似，体表处骨组织(颅骨)情况下的最大温升位置在骨组织中，由于骨位于体表或声束进入处，不需进行衰减计算，**功率参数**就是**输出功率** P。

体表处骨组织的热学模型概念上与焦点处骨组织相同，用体表处等效孔径直径 D_{eq}替代最小等效声束直径 d_{eq}，因此使温度上升 1℃所需的功率 P_{deg}为：

$$P_{deg}=40\ \text{mWcm}^{-1}D_{eq} \quad \text{……………………(GG. 3. 3. 5-1)}$$

注：对 D_{eq}不采用声束修正系数，其有固定的孔径尺寸，一般而言等于换能器大小。

结合**输出功率** P_{α} 和使温度上升 1℃所需的功率 P_{deg}式(GG. 3. 3. 5-1)，将其代入 *TI* 式(GG. 3. 2-1)，获得体表处骨组织模型：

$$TIC=\frac{P/D_{eq}}{C_{TIC}} \quad \text{……………………(GG. 3. 3. 5-2)}$$

式中：

$C_{TIC}=40\ \text{mW cm}^{-1}$。

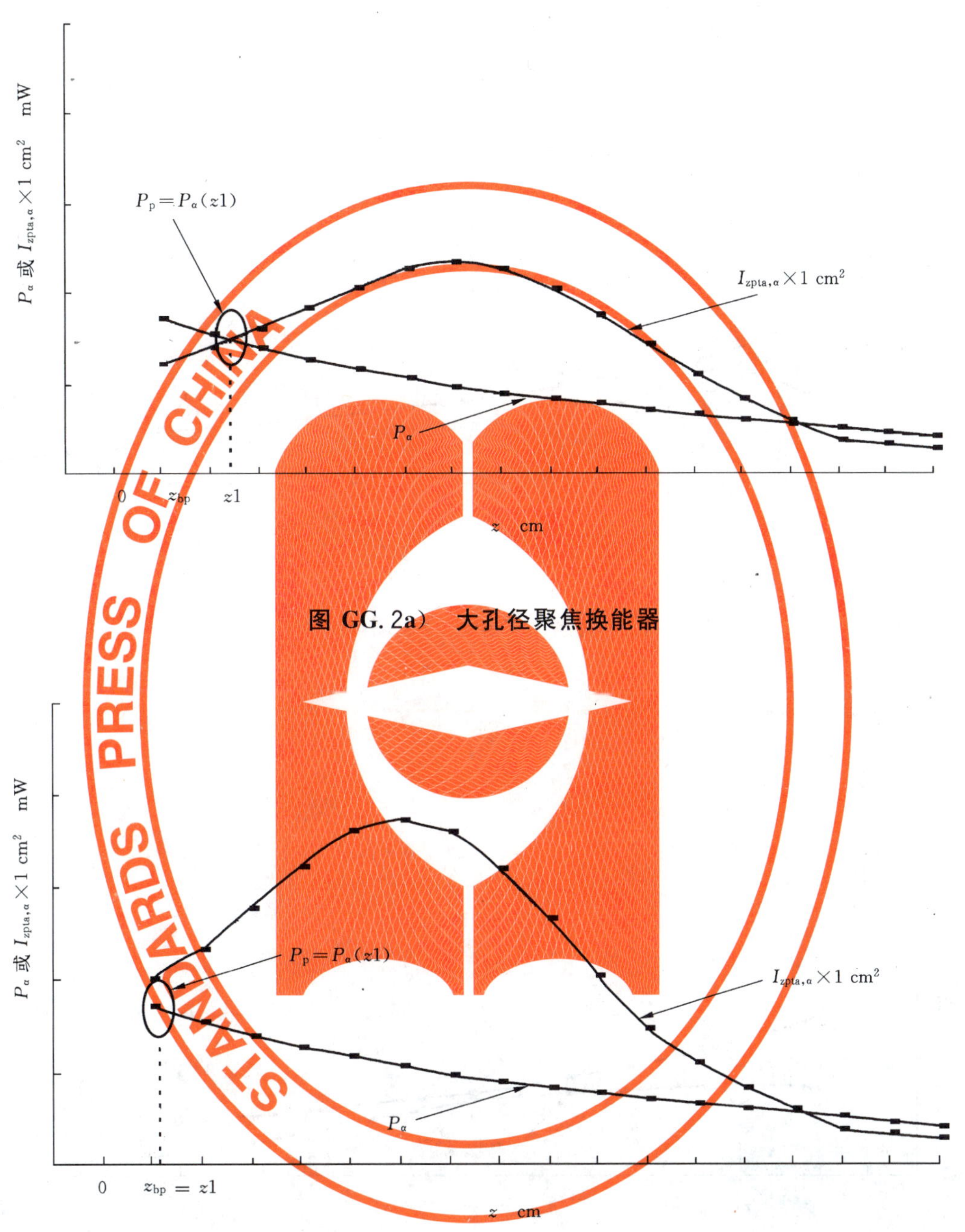

图 GG.2a） 大孔径聚焦换能器

图 GG.2b） 小孔径聚焦换能器（≤1 cm^2）

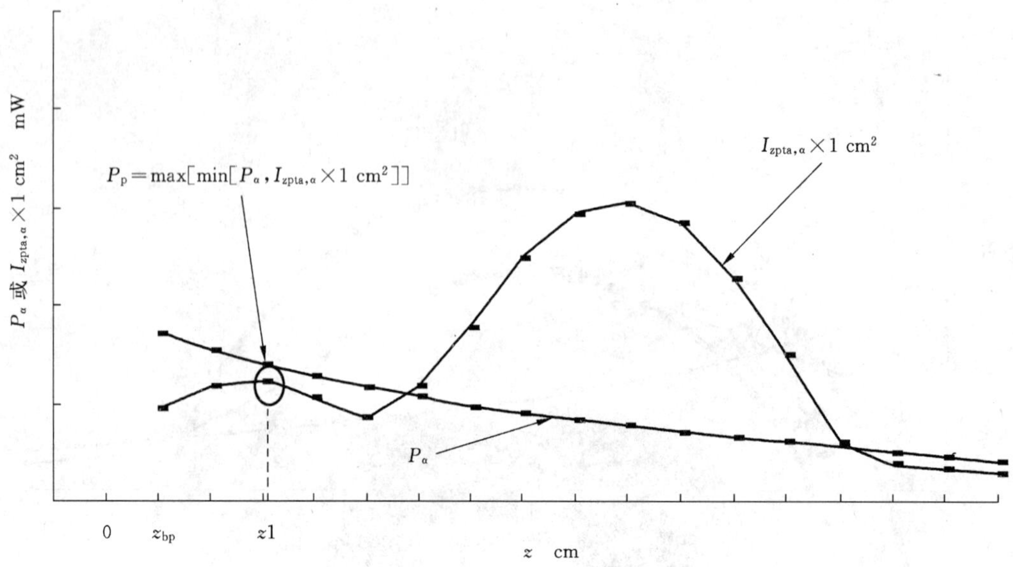

图 GG.2c) 弱聚焦的聚焦换能器($A_{eq}>1\ cm^2$)

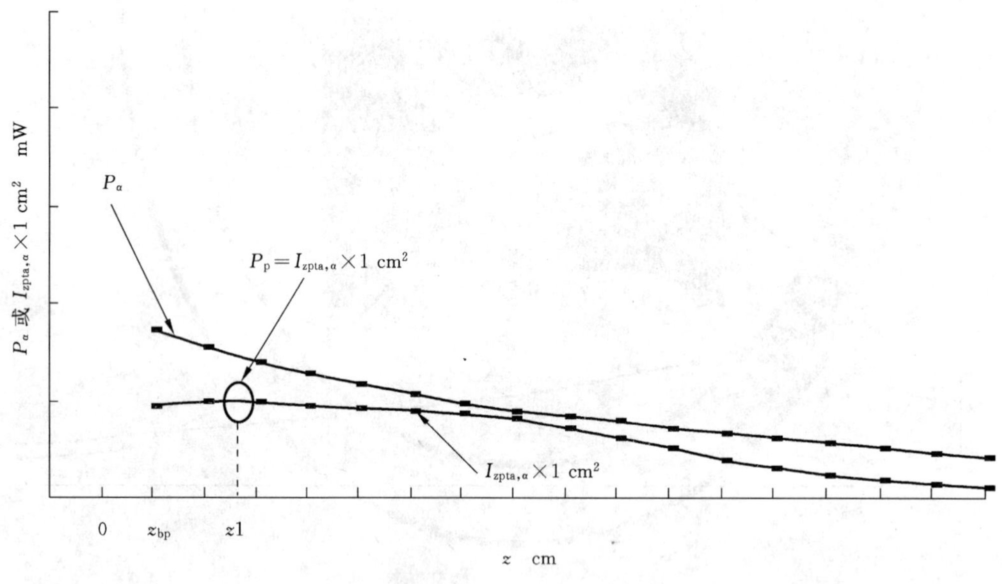

图 GG.2d) 微聚焦换能器

附 录 HH
(资料性附录)
告知操作者提供有关 *TI* 和 *MI* 信息解释的指导

操作者有责任了解设备输出的危险,并采取适当的行动在对患者的危险为最小的情况下获得所需的诊断信息。为了做到这一点,装置的制造商要向用户提供如何理解所显示的超声辐照参数、**热指数**和**机械指数**方面的信息。本附录提供了为符合本标准中 6.8.2 所规定的**慎重使用声明**的原则,所要考虑内容的指导原则,文献[15]、[20]给出的 *MI* 和 *TI* 原理说明和推导的简要回顾。

各种声输出参数(例如,声强,声压等)与最终生物效应的关系,目前还未能全面了解,现在的证据表明在一定条件下,超声可能引起改变或损害组织的生物效应[3]、[5]、[17]、[21]、[22]有两种基本的机理,热和机械方面的。

温升和空化的可能性似乎取决于总的能量输出、模式、超声波束的形状、焦点的位置、中心频率、波形的形状,帧率和工作持续系数。*TI* 和 *MI* 指数的设计考虑了所有这些因素,向用户提供潜在的热和机械生物效应的瞬时信息,由于 *TI* 和 *MI* 指数反应了瞬时的输出条件,其未考虑整个诊断检查期间的累积效应(尤其是热效应)。

考虑到空化,一致认为随着峰值稀疏声压的增高潜在的生物效应的危险增大,对频率与组织中发生空化的关系还未达成一致的意见[5]、[21]、[23]、[25]。然而,一般用 *MI* 来给出潜在机械生物效应诸如空化的相对指示。

TI 给出沿着超声声束特定点处,潜在温升的相对指示。采用术语"相对"的理由是:组织中加热的假定条件很复杂,以致于任何单个的指数或模型,对所用可能的条件和组织类型,预计无法给出实际的温升。因此对特定的声束形状,*TI* 为 2 的表示较 *TI* 为 1 有更高的温升,但不代表温升 2℃。*TI* 的重要性在于使**操作者**意识到组织中特定点可能的温升,为提醒**操作者**,在其下方给出所用指数的上限值。

指数并没用提供安全的限制,基于生物效应的安全限制正在考虑中,将包含在本标准的第一修订版中。安全水平和存在潜在生物效应的水平之间的划分,对**操作者**而言是重要的。WFUMB[25]给出了一些指导原则:体内受精卵和胎儿的温度高于 41℃(高于正常体温 4℃),持续 5 min 或更长的时间,就要考虑潜在的伤害。若预期在出生后婴儿肺部表面承受超过 1 MPa[17]声压,建议进行危险程度分析。指数的作用是,提供的条件指示与其他条件相比,更可能产生热和/或机械效应。

例如,在产科应用时,最好能避免靠近上限值的 *TI* 值(超过 1.0),这种限制与 WFUMB 推荐的温升 4℃持续 5 min 或更长的时间,建议考虑对受精卵和胎儿潜在伤害的水平,有一个合理的安全富余。然而,若在较低输出上无法获得特殊的诊断结果,可增大输出,但要特别注意限制辐照的时间。在母亲发烧时对胎儿的任何热负荷也是不利的,并要再次避免较高的 *TI* 值。

预报 *TI* 的模型假定了某种程度的血液灌注的冷却效应,针对较差灌注效应组织的应用中,*TI* 值可能低估了最不利条件下的温升,此时建议将 *TI* 维持在较低的数值上。相反在扫描灌注效应良好的器官时,诸如肝脏、心脏或血管结构,*TI* 值可能高估了温升。

在诊断应用中,选择 *TIS* 显示在屏幕时,可能告知**操作者**注意 *TIB* 的数值是很有益处的。例如,对乳房扫描可能辐照到肋骨时,及血管靠近骨表面时进行血管研究的情况。

在空气/软组织界面 *MI* 显得更重要,例如,对心脏扫描可能辐照到肺部时。最关键的是,在使用造影剂材料时,建议对限制 *MI* 给予最大的关注。

表 HH.1 归纳了这些要点。

表 HH.1 在各种扫描情况下,维持低辐射指数的相对重要性

在各种扫描情况下,维持低辐射指数的相对重要性		
机械指数	较高的重要性	较低的重要性
	使用造影剂 心脏扫描(肺部辐照) 腹部扫描(肠内气体)	针对无气体的组织 即针对大多数组织的成像
热指数	扫描头三个月胎儿 胎儿头骨和脊骨 患者发烧 对任何较差灌注效应的组织 眼部扫描 若辐照肋骨或骨组织:*TIB*	针对灌注良好的组织,即肝脏、胰脏 心脏扫描 血管扫描

指数的局限性

- 在使用多种模式时,局部受热考虑模式的叠加效应,扫描模式(包括多普勒成像)估计其受热集中在体表,而静止的声束模式(频谱多普勒和 M 模式)估计其受热在某一深度。目前还没有适当的处理方式来考虑叠加扫描和非扫描模式的效应。
- 在软组织**扫描模式**中假定的体表受热通常大于最不利条件下某一深度的骨组织受热,该假定可能不具有普遍正确性,由于该原因,对三至九月的胎儿扫描,必须仔细理解 B 模式和多普勒成像模式中的 *TI* 值。
- 采用的模型没有考虑较长液体路径的情况,超声能量的吸收不如预期的多,后面的组织可能被辐照较高的值,例如,透过充盈的膀胱或羊膜液的扫描可能导致低估指数的数值。
- *TI* 的公式不能用于眼科领域,因此对眼科领域计算 *TI* 值时不适用的,眼科的 *TI* 模型目前正在发展中。
- 已知有限的幅度效应以非线性的方式,改变水中测量的声强和声压。本标准采用的模型是线性的,人体内辐照的水平可能是 *TI* 或 *MI* 指示值的 1.5 倍或 2 倍[26]。若对该效应未采取修正方法,建议告知**操作者**。
- **扫描模式**中的 *TI* 值,由于仅吸收声束的能量,预期加热紧靠换能器表面的组织,换能器自身的受热可能会较大,但在此处未考虑修正。
- 屏幕上的指数表示平均值,建议不能将其解释为实际的温升。如前文所述,*MI* 和 *TI* 模型均存在局限性,这些模型中包含了实用简化方式的组合,和对生物效应相互作用的不完整理解。由于该点,其用途局限在指示相对的生物效应危险,**操作者**要意识到该问题,在许多情况下,实际最不利的温升可能是所显示 *TI* 值的三倍以上[27]。*TIS* 值基于线阵扫描模型,聚焦的能量集中在一条线上。对一点聚焦的圆形换能器,理论计算获得的温升和非扫描 *TIS* 值之间的比值在 0.24 至 109 范围内。

慎重使用

超声对组织的不利生物效应,与 X 射线相反,显现为阈值效应。当超声以一定的间隔,反复辐照组织时,似乎没有累积的生物效应。若超过一定的阈值,可能产生生物效应。对一段相当长的时间而言,温度从 37℃上升至 41℃是可接受的,而温度上升至 45℃则不可接受。对空化效应有同样的考虑,低于一定的水平,无空化不存在生物效应。

每次诊断检查要慎重开始,首先将机器设定为最低的指数设置,从该档上逐步调整,保持追踪 *TI* 和/或 *MI* 值,直至获得满意的图像或多普勒信号。其次,安全指导原则要包括一次诊断检查期间的辐照时间,要尽可能地短。

附　录　II
（资料性附录）
对体外应用的换能器，测量表面温度试验布置的实例

II.1　概述

下文所描述的试验模块布置是基于报告[31]所介绍的测量方法，采用所描述的布置方式，至少针对十种不同的换能器，测量了换能器的表面温度，并与其向人的手臂辐照时的数据进行了比较。

试验布置基本上由仿组织材料（TMM）块，及覆盖在其上并安置（薄膜）热电偶的硅橡胶层组成（见图 II.1），TMM 块放置在一块能吸收所有声能量的材料上。

所用材料的特性如表 II.1。

表 II.1　组织和材料的声学和热学特性

组织/材料	声速 c/ms^{-1}	密度 ρ/kgm^{-3}	衰减系数 α/$dBcm^{-1}MHz^{-1}$	声阻抗 Z/$10^6 kgm^{-2}s^{-1}$	比热 C/$Jkg^{-1}K^{-1}$	热导率 κ/$Wm^{-1}K^{-1}$	热扩散率 D/$10^{-6}m^2s^{-1}$	数据来源
皮肤	1 615	1 090	2.3—4.7 3.5	1.76	3 430	0.335	0.09	ICRU rep. 61 1988[28] Chivers 1978[34]
软组织	1 575	1 055	0.6—2.24[a]	1.66	3 550	0.525	0.150	ICRU rep. 61 1988[28]
软组织脂肪	1 465	985	0.4	1.44	3 000	0.350	0.135	ICRU rep. 61 1988[28]
皮质骨[b]	3 635	1 920	14—22	6.98	1 300	0.3—0.79	0.32	ICRU rep. 61 1988[28]
硅橡胶	1 021	1 243	1.8[c]	1.3		0.25		TNO/Dow Corning
TMM	1 540	1 050	0.5[c]	1.6	3 800	0.58	0.15	TNO（软组织模型）

a　依赖于频率：$f^{1.2}$。

b　在骨骼特性中，已报告有广泛的不确定度—Duck，1990[35]。

c　在 3 MHz 频率处确定。

II.2　仿组织材料的制备（TMM）

根据表 II.2 所列的材料制备混合物。

表 II.2　成分（质量分数）

成　分	质量分数/%
丙三醇	11.21
水	82.95
杀藻胺	0.47
硅树脂碳化物[SiC(—400 孔)]	0.53

表 II.2（续）

成　　分	质量分数/%
氧化铝[Al_2O_3(0.3 μm)]	0.88
氧化铝[Al_2O_3(3 μm)]	0.94
琼脂	3.02
总和	100.00

仿组织材料(TMM)的制备的处方和布置如下：

(1)　在实验室温度下，混合表中所列的所有成分并除气。

(2)　加热并搅动直至90℃，为避免蒸发造成成分比率的改变，在加工处理期间宜将该物质在覆盖条件下操作。

(3)　冷却该物质并搅动只要粘性允许，直至47℃左右，为避免蒸发造成成分比率的改变，在加工处理期间宜将该物质在覆盖条件下操作。

(4)　快速将该物质灌入模具中，使其进一步冷却，同时覆盖模具。

(5)　现在TMM已制好备用，为准备整个测量布置，TMM上宜用厚度为1.5 mm的硅树脂橡胶层覆盖。小心操作，避免TMM和硅树脂层之间存在空气。(这将获得与使用人的手臂相同的测量结果)。尽管图II.1所示的是针对平坦换能器表面的试验布置，通过切割TMM的曲率可简便地获得曲形的表面。

(6)　(薄膜)热电偶安置在硅树脂橡胶层的顶部。

(7)　最后，用声耦合剂耦合，放置备测换能器。

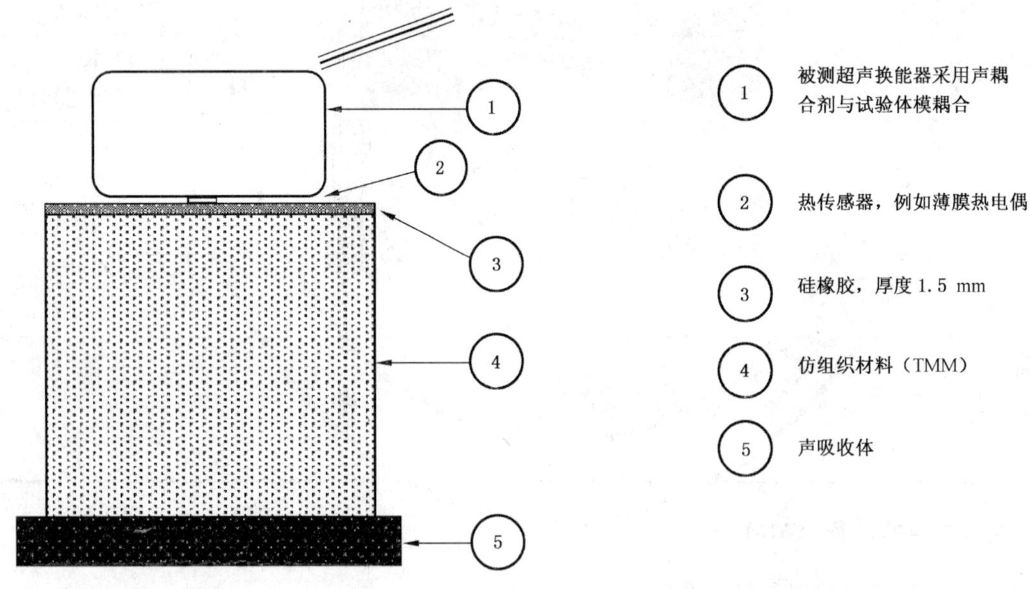

图 II.1　体外应用换能器测量表面温度，试验体模布置的实例

参 考 文 献

[1] O'Brien W. D. and Ellis D. S. ,IEEE Trans Ultrasonics Freq Control 46,no. 6,Nov. 1999,P. 1459-1476.

[2] World Federation for Ultrasound in Medicine and Biology (WFUMB) Symposium on Safety and Standardization in Medical Ultrasound,Synopsis,Ultrasound Med Biol,18,1992,P. 733-737.

[3] AIUM,Bio. effects considerations for the safety of diagnostic ultrasound,J Ultrasound Med 7:supplement,1988.

[4] AIUM,Bio-effects and safety of diagnostic ultrasound,American Institute of Ultrasoundin Medicine,1470 Sweitzer Lane,suite 100,Laurel MD 20707-5906,1993.

[5] Apfel R. E. and Holland C. K. ,Gauging the likelihood of cavitation from short-pulse low-duty cycle diagnostic ultrasound,Ultrasound Med Biol 17,1991,P. 179-185.

[6] Carstensen E. L. ,Child S. Z. ,Crane C. ,Parker K. J. ,Lysis of cells in Elodera leaves by pulsed and continuous wave ultrasound,Ultrasound Med Biol 16,1990,P. 167-173.

[7] Carstensen E. L. ,Child S. Z. ,Norton S. ,Nyborg W. L. ,Ultrasonic heating of the skull,J Acous Soc Am 87,1990,P. 1310-1317.

[8] Child S. Z. ,Hartman C. L. ,McHale L. A. ,Carstense E. L. ,Lung damage from exposure to pulsed ultrasound,Ultrasound Med Biol 16,1990,P. 817 825.

[9] Curley M. G. ,Soft tissue temperature rise caused by scanned,diagnostic ultrasound,IEEE Trans Ultrasonics,Ferroelectrics and Frequency Control 49,1993,P. 59-66.

[10] Holland C. K,Apfel R. E,Thresholds for transient cavitation produced by pulsed ultrasound in a controlled nuclei environment,J Acous Soc Am 88,1989,P. 2059-2069.

[11] NCRP,Exposure criteria for medical diagnostic ultrasound: I. Criteria based on thermal mechanisms,NCRP Report No. 113,National Council on Radiation Protection and Measurements,Bethesda MD,1992.

[12] Sekins K. M. ,Emery A. F. ,Thermal science for physical medicine,chapter 3:70-132,in Therapeutic Heat and Cold, Lehmann J. F. editor, Williams&Wilkins, Baltimore MD,1982.

[13] WFUMB,Second world federation of ultrasound in medicine and biology symposium on safety and standardization in medical ultrasound, Ultrasound Med Biol 15: supplement,1989.

[14] WFUMB. WFUMB Symposium on Safety and Standardization in Medical Ultrasound,Synopsis,Ultrasound Med Biol 18,1992,P. 733-737.

[15] Abbott J. G. ,Rational and Derivation of MT and TI—a Review,Ultrasound Med Biol,25, No. 3,1999,P. 431-441.

[16] AIUM Medical Ultrasound Safety, AIUM, 14750 Sweitzer Lane, Suite 100, Laurel MD20707,5906,USA,1994.

[17] WFUMB,Conclusions and Recommendations on Thermal and Non—thermal Mechanisms for Biological Effects of Ultrasound,Report of the 1996 WFUMB Symposium on Safety of Ultrasound in Medicine,Barnett,S. B. (ed) ,Ultrasound Med Biol 24,suppl 1,1998.

[18] ISO Guide to the expression of uncertainty in measurement,ISO,Geneva 1995,ISBN92-67-

10188-9.

[19] UD-3 Rev. 1, Standard for real-time display of thermal and mechanical acoustic output indices on diagnostic ultrasound equipment, American Institute of Ultrasound in Medicine& National Electrical Manufacturers Association, 1998.

[20] Duck F. A., The meaning of Thermal Index (TI) and Mechanical Index (MI) values, BMUS Bulletin, Nov. 1997, P. 36-40.

[21] AIUM, Mechanical Bioeffects from Diagnostic Ultrasound: AIUM Consensus Statements, J Ultrasound Med. 19, No. 2 or 3, 2000.

[22] Salvesen, K. A. Epidemiological studies of diagnostic ultrasound, Chapter 9, in: The safe use of ultrasound in medical diagnosis, British Medical Ultrasound Society/British Institute of Radiology. Editors Ter Haar G. R. and Duck F. A., 2000, p. 86-93.

[23] Herbertz J. Spontane Kavitation in keimfreien Flossigkeiten (English translation: Spontaneous cavitation in liquids free of nuclei, in Fortschritte der Akustik DAGA 88, DPG-GmbH Bad Honnef, 1988, p. 439-442.

[24] Church C. C. Application of the Theory for Homogeneous Nucleation of Cavitation Nuclei to the Question of Diagnostic Ultrasound Safety, Ultrasound Med Biol.

[25] Barnett S. B., Ter Haar G. R., Ziskin M. C., Rott H-D, Duck F. A, Maeda K., International recommendations and guidelines for the safe use of diagnostic ultrasound in medicine, Ultrasound in Medicine and Biology 26, No. 3, 2000.

[26] Christopher T., Carstense E. L., Finite amplitude distortion and its relationship to linear derating formulae for diagnostic ultrasound systems, Ultrasound Med Biol 22, 1996, p. 1103-1116.

[27] NPL Report CMAM 12 entitled Assessment of the likely thermal index values for pulsed Doppler ultrasonic equipment—Stages Ⅱ and Ⅲ experimental assessment of Scanner/transducer combinations, Shaw A., Pay N. M. and Preston R. C. available from The National Physical Laboratory, Teddington, Middlesex TW11 OLW, UK, 1998.

[28] General guidance for the acoustic properties of appropriate tissue is given in ICRU report 61:1998 Tissue substitutes, phantoms and computational modelling in medical Ultrasound [ISBN 0-913394-60-2].

[29] Directions for preparation and characterization of an appropriate liquid TMM are described by CHIN, RB. et al. A reusable perfusion supporting tissue-mimicking material for ultrasound hyperthermia phantoms, Medical Physics, May/June 1990, Vol. 17, No. 3.

[30] HEKKENBERG, RT. and BEZEMER, RA. Aspects concerning the measurement of surface temperature of ultrasonic diagnostic transducers, TNO report: PG/TG/2001. 246, Leiden, 2002, ISBN 90-5412-078-9.

[31] HEKKENBERG, RT. and Bezemer, RA. Aspects concerning the measurement of surface temperature of ultrasonic diagnostic transducers, Part 2: on a human and artificial tissue, TNO report: PG/TG/2003. 134, Leiden, 2003, ISBN 90-5412-085-1.

[32] HARDY, JD., DUBOIS, EF. Basal metabolism, radiation, convection and vaporization at temperature of 22 to 35℃. J. Nutrition, 1938, 15, p. 477-497.

[33] GAGGE, AP., NISHI, Y, Heat exchange between human skin surface and thermal environment. In: Handbook of physiology, Reactions to environmental agents (ed. D. H. K. Lee), Sect. 9., chapter 5., Am. Physiol. Soc, Bethesda, Md., 1977, p. 69-72.

[34] CHIVERS,RC. and PARRY,RJ. ,Ultrasonic velocity and attenuation in mammalian tissues. J. Acoust. Soc. Am. ,1978,63,p. 940-953.

[35] DUCK,FA. ,Physical properties of tissue-a comprehensive reference book. Academic Press,London,1990,ISBN 0-12-222800-6.

前　　言

本标准等同采用国际电工委员会 IEC 601-2-8:1987《医用电气设备　第二部分:治疗 X 射线发生装置安全专用要求》(第 1 版)。

制定本标准的目的是使我国治疗 X 射线发生装置的制造和检验及安全方面有一个统一的要求,以促进产品质量的提高,适应国际贸易、技术和经济交流以及采用国际标准发展的需要。

本标准与 GB 9706.1—1995《医用电气设备　第一部分:安全通用要求》一起执行。

本标准中的附录 AA 是提示的附录。

本标准由国家医药管理局提出。

本标准由全国医用 X 线设备及用具标准化分技术委员会归口。

本标准负责起草单位:辽宁省医疗器械研究所。

本标准主要起草人:贺玉华、王寿民、夏连季、李川、申华。

IEC 前言

(1) 由所有对该问题特别关切的国家委员会都参加的技术委员会所制定的 IEC 有关技术方面问题的正式决议或协议。尽可能地表达对所涉及的问题在国际上的一致意见。

(2) 对这些决议或协议以标准的形式供国际上使用,并在此意见上为各国委员会所承认。

(3) 为促进国际上的统一,IEC 表示希望各国家委员会在其本国的规定,最大限度地采纳 IEC 标准。如果 IEC 标准与相应的国家标准之间有不一致处,应在国家规定中明确指出。

(4) IEC 没有规定任何有关某种设备符合其某些标准的认同指示、标志的程序,并对此不负责任。

本专用标准由 IEC 第 62 技术委员会(医用电气设备)的 62B 分技术委员会(诊断 X 射线成像设备)拟定。

本标准的正文以下列文件为基础:

六 月 法	表 决 报 告
62B (CO) 49	62B (CO) 64

本专用标准是对 IEC 601-1 出版物(1977 年第 1 版)《医用电气设备　第一部分:安全通用要求》(以下简称通用标准)的修正与补充。

本专用标准的要求优先于相应的通用标准。

本专用标准的章、节编号与通用标准相对应。

增补到通用标准的条文或插图编号由 101 开始,补充的条文用 aa)、bb)等标注。

中华人民共和国国家标准

医用电气设备
第二部分：
治疗X射线发生装置安全专用要求

GB 9706.10—1997
idt IEC 601-2-8:1987

Medical electrical equipment
Part 2:Particular requirements for safety
of therapeutic X-ray generators

第一篇　概述

1　范围和目的

除下述内容外，通用标准中该章适用：

1.1　范围

增补：

本专用标准适用于交流电源供电，标称X射线管电压为10～400 kV治疗X射线发生装置。

1.2　目的

替换：

本专用标准的目的是制定安全专用要求，包括对性能、精度和重复性要求，因为这关系到辐射质量和产生的电离辐射的量，所以这也是安全方面必须考虑的问题。

本专用标准的一个目的是提出安全需要的通用功能要求，而不包括仪器的任何特殊工艺措施。

1.3　专用标准

增补：

1.3.101　与通用标准的关系

本专用标准与IEC 601-1:1977《医用电气设备　第一部分：安全通用要求》相关。

在本专用标准中，把被涉及到的第一部分简称为“通用标准”或者“通用要求”。

“本标准”一词是用于指提到的通用标准和本专用标准总称。

如果本专用标准的要求是对通用标准的相应部分进行替换和修改时，那么在此部分本专用标准的要求则优先于相应的通用要求。

本专用标准中，对那些可能与治疗X射线发生装置有关，但不适用的部分只给出不适用的说明。

1.3.102　取代的IEC标准

本标准涉及到的治疗X射线设备，尤其是治疗X射线发生装置及其组件的某些方面，曾经是由IEC 407《10～400 kV医用X射线设备辐射防护》所覆盖。

在本专用标准范围内，将取代IEC 407中的相应要求。

1.4　环境要求

a）运输与贮存

2)a)

国家技术监督局1997-06-28批准　　　　1998-09-01实施

替换：

a）环境温度在－20℃～70℃之间(见 GB 9706.1 6.1v)有关包装的标记

b）运行

2）电源

(1）供电网应是

替换　第六个破折号内容

——对于所有频率，偏差不得超过标称值1%。

替换　第七个破折号下面的第二段内容

如果交流电压的任一瞬时值与同一瞬间的理想正弦波形瞬时值之间的偏差不超过理想正弦波形峰值的±2%，实际上则可认为该交流电压是正弦波形。

2　术语和定义

除下述内容外，通用标准中该章适用。

增补：

在本专用标准中，各术语采用下列标准中的定义。

——GB 9706.1

——GB 10149—88《医用 X 射线设备术语和符号》

3　通用要求

除下述内容外，通用标准中该章适用。

增补：

3.1.101　电气量值的约定含义

在本专用标准中，除另有说明外，X 射线管电压指峰值电压。

4　对试验的通用要求

除下述内容外，通用标准中该章适用。

4.1　型式试验和例行试验

a）型式试验

增补：

本专用标准中所述的试验均为型式试验。这些试验都是在受控条件下进行的，通常仅在试验室中进行。

4.7　电源电压和试验电压、电流种类、电源性质、频率

增补：

aa）验证符合泄漏辐射和杂散辐射要求的空气比释动能和空气比释动能率测试的所有试验，所用电源均按其标称值馈送。

4.10　潮湿预处理

增补(见 1.3.101)：

该项试验仅适用于治疗 X 射线发生装置中可能受试验所模拟的气候条件所影响的那些部件。

在无法对治疗 X 射线发生装置进行整体处理时，可以对其单独部件依次进行处理。

另外，如果不分解或重新装配便无法进行试验时，处理和试验之间的间隔时间可以超过通用标准规定的时间。

5　分类

除下列内容外，通用标准中该章适用：

5.1 替换：

治疗 X 射线发生装置必须归类为 I 类设备。

5.2 替换：

治疗 X 射线发生装置必须归类为 B 型设备。

5.3 替换：

除非另行规定，否则治疗 X 射线发生装置属于普通医用电气设备（包括没有液体侵入保护的封闭式设备）。

5.6 替换：

除非另行规定，否则治疗 X 射线发生装置必须归类于适合于待机状态下始终保持与电源连接，且能适应所规定的加载的设备（见 6.1m））。

6 识别、标记和文件

除下列内容外，通用标准中该章适用：

6.1 设备和设备部件外部标记

在该条开头增补：

如果治疗 X 射线发生装置及其组件和元器件之间的关连作用影响安全性能，则必须对其进行适当的标记，见 6.8.1。

g）供电连接

在该项末尾增补：

对于规定永久性安装的治疗 X 射线发生装置，通用标准中 6.1g）所要求的内容可以只在随机文件中加以说明。

h）电源频率（Hz）

在该章末尾增补：

对于规定永久性安装的治疗 X 射线发生装置，通用标准中 6.1h）要求的内容可以只在随机文件中加以说明。

j）输入功率

在该项末尾增补：

对于规定永久性安装的治疗 X 射线发生装置，通用标准中 6.1j）要求的内容可以只在随机文件中加以说明。

m）运行方式

替换：

在适当的地方，运行方式与最大容许加载条件一起必须在随机文件中加以说明，见 5.6。

n）熔断器

在该项末尾增补：

对于永久性安装的治疗 X 射线发生装置，通用标准中 6.1n）要求的内容可以只在随机文件中加以说明。

t）冷却条件

替换：

治疗 X 射线发生装置及组件安全运行的冷却要求必须在随机文件中说明，包括下述相应的内容：

——对于散热大于 100 W，且在安装时可能单独定位的每一组件，分别给出向周围空气的最大散热量；

——强制风冷装置所散发的最大热量及相应的强制空气流的流量和温升；

——其他介质冷却的装置所散发的最大热量和该介质最高容许输入温度，最小流量及所需压力。

补充：

aa）符合标准的标记

如果治疗X射线发生装置在其外部给出符合本专用标准的标记，此标记必须按下列方式与型号或型式一起给出：

…* GB 9706.10—1997

只有当设备或其组件完全符合本标准的要求时，才可以给出符合本标准要求的标记。

6.2 设备和设备内部的标记

c）

增补：

该标记不适用于装有X射线管组件和高压变压器组件高压电路的部件。

6.7 指示灯和按钮

a）指示灯颜色

增补：

本专用标准的29.102.7和50.1.107及通用标准中的6.7和56.8涉及到指示灯和指示器。

6.8 随机文件

6.8.1 概述

在该条末尾增补：

随机文件必须清楚地指明其所涉及的治疗X射线发生装置或其组件的同一性。

按6.1的要求，标志的全部内容也必须在随机文件中指明。

本专用标准对随机文件所使用的语言没有要求。

必须注意，采用由设备或组件的制造厂家提供并认可的语言的随机文件，在可能情况下，都应当由厂家所认可的专家仔细校对。

随机文件必须指出厂家最初编写，批准或提供的随机文件的语言，而且至少必须给出一种供参照的原文。

6.8.2 使用说明书

a）一般内容

在该项末尾增补：

使用说明书必须规定治疗X射线发生装置或其组件对某X射线管组件加载时的电输出数据。

使用说明书必须规定在规定的X射线管电压整个范围内的若干典型值对应的X射线管电流的最大允许值。

使用说明书中必须给出警告声明及图形符号的解释。

6.8.3 技术说明书

a）概述

在该项末尾增补：

技术说明书中必须包括治疗X射线发生装置与供电电源连接的适当说明。

基准中心的位置如含焦点的半径为10 mm的球形区域中心，必须在随机文件中给予描述。

在本专用标准中，球形区域中心可认为是基准中心，只用来描述适合泄漏辐射要求的可应用距离；见29.1.101。

6.8.5 （略）

6.8.101 符合标准的说明

* 型号或型式。

如果要声明治疗X射线发生装置符合本专用标准，必须按如下方式说明：

治疗X射线发生装置…*GB 9706.10—1997

7 输入功率

通用标准中该章适用。

第二篇 安全要求

通用标准中第8～12章适用。

8 基本安全类型

9 可拆卸的保护装置

10 特殊的环境条件

11 有关安全的特殊措施

12 单一故障状态

第三篇 对电击危险的防护

通用标准中第13和14章适用。

13 概述

14 有关分类的要求

15 电压和(或)电流的限制

除下列内容外，通用标准中该章适用：

增补：

aa) 可拆卸的高压电缆连接装置，必须设计成只有使用工具才能将其拆开。

bb) 必须采取措施防止由于高压电路损坏或高压电路因通断现象而在电源部分或其他任何低压电路部分中出现不可承受的高压。

这点可以通过下列措施达到：

——在高压和低压电路之间加一层与保护接地端子连接的绕组或导电屏蔽。

——在连接外部装置的端子之间和假如外部线路中断也许出现过高电压的端子之间加限制电压器件。

是否符合要求，必须通过对设计数据和结构进行检查加以验证。

16 外壳和防护罩

除下列内容外，通用标准中该章适用：

增补：

* 型号或型式。

aa) 容易接近的通过X射线管电流的高压电缆必须包在易弯曲的导电屏蔽层内，屏蔽层单位长度的最大电阻为：1Ω/m，屏蔽层外覆层能使屏蔽层在正常使用中不受机械损伤的绝缘材料。

屏蔽层必须与高压发生器和X射线管组件的导电外壳相连接。是否符合要求，必须通过直观检验和测量加以验证。

易弯曲的导电屏蔽层不能被认为符合由电缆连接的装置之间的保护接地的要求。

17 绝缘和保护阻抗

通用标准中该章适用。

18 接地和电位均衡

除下列内容外，通用标准中该章适用：

c)

增补：

对于专用的X射线源组件或辐射测量装置，接到保护接地端子上用于插入体腔的部件，允许通过功能电流。

在这种情况下，在使用说明书中必须有适当的资料，说明特殊的危险和保持安全操作所必需的条件，例如保护接地连接的完整性。

19 连续漏电流和患者辅助电流

除下列内容外，通用标准中该章适用：

19.3 容许值

在该条开头增补：

对于治疗X射线发生装置，通用标准中表4(包括注释)"B型"栏和对地漏电流行适用。

对地漏电流容许值对治疗X射线发生装置的每个组件(本身单独接到电源上或接到固定并永久性安装的集中连接点上)都适用。

固定的并永久性安装的集中连接点，可以设置在高压发生器外壳或罩的内部。如果把其他组件，(例如X射线源组件或附属设备)连接到集中连接点上，则该点与外部保护系统之间的对地漏电流可以超过任何单独连接装置的容许值。

理由——对X射线设备的对地漏电流加以限制，其目的是限制易触及部件之间的电位差。

e)

增补：

对于带有可拆卸供电连接(不包括插入体腔内的部件)的治疗X射线发生装置(见18c))，正常状态和单一故障状态下的对地漏电流不应超过2 mA，即使不连接附加保护接地导体，在单一故障状态下，外壳漏电流也不应超过2 mA。

增补：

aa) 如果带有可拆卸供电连接的治疗X射线设备包含插入体腔内的部分，则应在使用说明书中说明连接附加保护接地导体的必要性。

20 电介质强度

除下述内容外，通用标准中该章适用：

20.3 试验电压值

增补：

高压电路绝缘的电介质强度应能承受20.4a)给出的试验电压和持续时间。

试验时不接X射线管，试验电压为治疗X射线发生装置的标称X射线管电压的1.2倍。

如果治疗X射线发生装置只能在连接X射线管的情况下进行试验，而且X射线管不允许以标称X射线管电压的1.2倍试验电压对治疗X射线发生装置进行试验，那么试验电压应降低，但不得低于标称X射线管电压的1.1倍。

20.4 试验

a)

增补：

在对治疗X射线发生装置高压电路进行试验时，应按20.3规定的试验电压最终值的50%施加试验电压，在10s内升到最终值，然后，应在此试验电压值上维持15 min。

d)

增补：

在电介质强度试验过程中，高压电路试验电压值应尽可能保持100%，但必须在要求值100%和105%之间。

理由——电介质强度试验可能造成高压电路绝缘永久性损伤。因此，20.3要求的试验电压不应超过补偿所施加的高压值误差所需的电压。

f)

增补：

在不带X射线管组件对治疗X射线发生装置的高压电路进行电介质强度试验过程中，如果发生轻微电晕放电，但在试验电压降低到标称电压的110%时停止，那么这种放电现象可以不予考虑。

第四篇 对机械危险的防护

通用标准中第21～23章适用。

21 机械强度

22 活动部件

23 面、角和边

24 稳定性和可移动性

除下列内容外，通用标准中该章适用：

在该章开头增补：

移动式治疗X射线发生装置应配备有轮锁和(或)制动系统，以便适合于所需要的使用方式，并足以保证在0.09 rad(5°)的倾斜面上不会移动。

通用标准中第25～28章适用。

25 飞溅物

26 振动和噪声

27 气压动力和液压动力

28 悬挂物

第五篇　对不需要的或过量的辐射危险的防护

29　X射线辐射

除下列内容外，通用标准中该章适用。

29.1　增补标题：

治疗X射线发生装置产生的X射线辐射

替换：

该条中的要求适用于正常使用的治疗X射线发生装置。

对于每一规定的X射线管套（无论内部装有何种指定的X射线管）和治疗X射线发生装置及相关要求所规定的元器件各种组合和工作条件，都应满足该章要求。

增补：

29.1.101　对X射线源组件在治疗过程中泄漏辐射的限制

X射线源组件泄漏辐射的空气比释动能率不应超过表101给出的值。

对本条来说，只有当限束装置被永久性地装在X射线管套上时才应认为X射线源组件包括限束装置（见29.1.103a））。

表101　允许泄漏辐射

X射线管工作电压	允许最大空气比释动能率
>150 kV	距基准中心1 m处　10 mGy/h ($\dot{X}$=1 150 mR/h) 距X射线源组件表面50 mm处 300 mGy/h($\dot{X}$=34.5 R/h)
≤150 kV	距基准中心1 m处　1 mGy/h ($\dot{X}$=115 mR/h)
≤50 kV 对设计并规定供手持的 X射线源组件而言	距X射线源组件表面50 mm处　1 mGy/h ($\dot{X}$=115 mR/h)

是否符合要求，必须在下列状态下检查：

——必须遮住X射线管管套辐射窗口，使辐射线束轴上的空气比释动能率至少减少到原值的百万分之一，窗口尺寸和位置必须在随机文件中规定，遮盖物不允许超出线束边缘5 mm。

——空气比释动能率应在治疗X射线发生装置按随机文件中给出的技术条件范围内可能的和在符合标准要求方面最不利的条件工作的情况下进行测量。

通常，最不利条件（即导致最大泄漏辐射的条件）应通过对规定的各工作条件检验加以确认。

——距基准中心（见6.8.3注解）1 m处进行的测量，应在测量平面内（主线性尺寸不大于20 cm）100 cm^2的区域上求空气比释动能率的平均值。

为了在合理的区域上求得小截面泄漏线束辐射的空气比释动能平均值，辐射探测器入射窗口的面积可为100 cm^2。

——距X射线源组件表面50 mm处所进行的测量，应在10 cm^2的区域上（主线性尺寸不大于4 cm）求空气比释动能率的平均值。

辐射探测器入射面积为10 cm^2。

——空气比释动能率的测量应在表101中给出的距离下进行，除非实际上这是不可能的，在这种情况下，测量可在另一距离（尽可能接近所要求的距离）并参照所要求的距离下进行。

29.1.102　非工作状态下，对X射线源组件泄漏辐射和不需要的辐射的限制本条要求适用于所有的治疗X射线发生装置，无论是治疗人为终止辐射后X射线管能保持能量状态的装置，还是治疗结束后X射线管能量释放的装置。

在任意一次操作或偶然事件停止辐射线束发射之后5 s开始测量时，距基准中心1 m处，X射线源组件及辐射线束方向的泄漏辐射，空气比释动能率不超过0.02 mGy/h($\dot{X}$=2.3 mR/h)，并且距X射线源组件表面50 mm处，应不超过0.2 mGy/h($\dot{X}$=23 mR/h)。

是否符合要求，应在下列条件下进行检验：

——治疗X射线发生装置应能在随机文件给出的技术条件内，与该要求最不利的以及适应不在治疗时X射线源组件附近的人员(患者除外)所规定的使用条件下进行；

——距基准中心1 m处所进行的测量应在测量平面内100 cm^2的区域(主线性尺寸不大于20 cm)上求空气比释动能平均值；

——距X射线源组件50 mm处所进行的测量应在10 cm^2的区域(主线性尺寸不大于4 cm)上求空气比释动能平均值；

——空气比释动能的测量应在该条件所要求的可用距离下进行。除非实际上这是不可能的，在这种情况下，测量可在另一距离(尽可能接近所要求的距离)并参考所要求的距离下进行。

29.1.103 对配有限束装置或治疗用集光筒的X射线源组件的不需要的辐射的限制

a) 附件的安装

提供的或规定的任何限束装置必须属于下述情况之一：

——可拆卸的治疗用线束集光筒中完整的永久性部分；

——或者可拆卸的可调限束装置中完整的永久性部分；

——或者永久性安装在X射线管套上(见29.1.101)。

任何可拆卸集光筒和任何可拆卸可调限束装置都必须设计成只有一种方法可以直接安装到X射线管组件上。

b) 对患者的辐射限制

对于安装在X射线管组件上任何可拆卸的可调限束装置和任何可拆卸的治疗用集光筒(对规定用于体腔内放射治疗用的除外)，辐射野外的空气比释动能率应不超过表102给出的辐射限束轴上的空气比释动能率百分比。

表102 装有限束装置或治疗集光筒的X射线源组件的辐射容许值

铅板的横向尺寸	距铅板边缘20 mm以外所有位置上的最大空气比释动能率
可调限束装置或治疗用集光筒出线口辐射野横向相应尺寸的1.5倍	在同一平面测量，为无铅板时辐射线束轴上空气比释动能率的0.5%
可调限束装置或治疗用集光筒出线口辐射野横向尺寸的1.1倍	在同一平面测量，为无铅板时辐射线束轴上空气比释动能率的2%

是否符合要求，应按下列条件进行检查：

——应在X射线发生装置以标称X射线管电压工作时及具备规定的最大衰减滤过的条件下进行各种测量；

——测量用铅板尺寸应符合表102中要求，形状与辐射野相同，以便放在每一限束装置或集光筒的出线口上，使铅板形成放大的而又不移位的辐射野形状的图像。

为了便于测量，可拆下治疗用线束集光筒出线口的透辐射的曲面端盖。

——测量应在铅板对辐射源的外表面的平面上，距铅板边缘20 mm以上的各个位置上进行。

——铅板应具备足够的衰减能力，使辐射线束轴上的空气比释动能率至少减少到原值的万分之一。

——对可调限束装置,测量应在辐射野各规定的调节位置上进行。

——测量应在铅板的外表面的平面内的 10 cm^2 的区域(主线性尺寸不大于 4 cm)上求空气比释动能率的平均值。

29.1.104 对 X 射线源组件以外的各部分辐射的限制

距治疗 X 射线发生装置的任一部分(X 射线源组件除外)的表面 50 mm 任一位置上的空气比释动能率应不超过 0.02 Gy/h($\dot{X}$=2.3 mR/h)。

是否符合要求,应在下列条件下加以验证:

——测量应在 X 射线发生装置按随机文件中给出的技术条件范围内的使用条件以及与该要求最不利的条件下工作时进行。

——测量应在 10 cm^2 的区域(线性尺寸不大于 4 cm)上求空气比释动能率的平均值。

——测量应在可用距离下进行。

29.1.105 辐照控制

a)治疗室外的治疗控制台

对于标称 X 射线管电压 50 kV 以上的治疗 X 射线发生装置,设计制造时,应考虑治疗控制台允许在 X 射线源组件所在房间以外的地方放置。

b)远距离指示

治疗 X 射线发生装置应配备远离治疗控制台的某种指示装置的连接机构,以便于这类的装置能在高压发生器处于辐射线束发射状态时给出指示。有关某种相适应的装置的连接的详细技术资料应在随机文件中应给出。

c)遥控

治疗 X 射线发生装置应配备远离治疗控制台安装的某一装置的连接机构,以便于这类的装置既能使 X 射线发生装置中断发射辐射线束又可阻止 X 射线发生装置开始发射辐射线束,有关某种相适应的装置的连接的详细技术资料应在随机文件中给出。

d)中断

治疗 X 射线发生装置应配备允许在治疗控制台上随机采取有效的动作中断辐射线束发射的装置。

e)在治疗控制台上的启动

对于标称 X 射线管电压 50 kV 以上的治疗 X 射线发生装置,其设计与制造应考虑只有通过治疗控制台上的有效动作才能启动辐射线束发射。

29.1.106 设计时规定用手持的 X 射线源组件

a)对于采用手持式 X 射线源组件的治疗 X 射线发生装置,应具备下列条件:

——标称 X 射线管电压不大于 50 kV;

——其设计应便于 X 射线源组件除用于手持以外还可有选择性地用装置来固定。

b)在随机文件中,应有建议在辐射线束发射过程中手持 X 射线源组件的操作者及治疗室内在场的其他人员一定要穿防护衣的说明。

在这种 X 射线源组件上应当有提醒该项工作人员的图示符号的标记。

29.1.107 防护器具的标记

可拆卸的或属于更换的防护器具,应同其衰减当量一起给出清楚地、永久的标记。

29.1.108 准备状态的条件

在通过 29.1.105c)和 d)所要求的措施或装置中断辐射之后,只有在 29.101 所要求的参数值已通过治疗控制台上有效的动作预置或重调完成时,才有可能进行辐射发射。

增补:

29.101 正常状态

累积辐射的限制

治疗X射线发生装置应配备能对某一参数(例如:辐照时间或剂量测量单位)在适当范围内的任一值进行预置的装置。这种装置应预测辐射线束的空气比释动能,并且在该参数达到预置值时自动停止辐射线束发射。

29.102 单一故障状态

29.102.1 特殊的单一故障状态表

治疗X射线发生装置的设计结构应保证X射线发生装置在正常使用期间发生下列任何一种单一故障状态时,可以对不需要的或过量辐射的危险进行防护。

——自动停止辐射线束发射的装置故障(见29.101和29.102.2)。

——辐射线束发射时,X射线源组件相对患者移动装置的故障(见29.102.3)。

——X射线管通电时防止辐射线束发射的装置故障(见29.102.4)。

——操作者还未选择(见29.102.5)或随机文件中未规定的(见29.102.6)X射线管电压、X射线管电流和附加滤板的组合。

——附加滤板在X射线源组件中错误定向和(或)定位(见29.102.5和29.102.6)。

——治疗控制台与治疗室内的选择不一致(见29.102.3和29.102.5)。

29.102.2 对终止的故障的防护

a) 辐射输出的限制

对辐射线束的控制应能在29.101所要求的装置出现任何故障时,在29.101所规定的参数超过预置值的15%之前,自动停止辐射线束发射。

b) 再次辐照前的校对

在29.101所要求的装置失去正常功能之后,应不能只靠预置(29.1.108)而在29.1.105e)所指的治疗控制台上进行操作,使辐射线束开始发射,在再次使辐射线束发射之前应要求在治疗控制台上进行检查和校正。

理由——在29.101所要求的装置发生故障之后,这种联锁功能将提供再次辐射前检查和校正错误的机会。

c) 正确功能的检验

为遵守29.102.2a)的要求所需的装置,其设计结构应考虑,如果在每次由29.101所要求的装置停止辐射线束发射之后没有进行该装置的正确功能检验,应不可能开始辐射线束发射。

29.102.3 对移动的故障的防护

a) 在辐射线束发射时,X射线源组件相对于患者支架预选的移动范围自动进行移动的治疗X射线发生装置,如果在每次开始之前没有在治疗控制台上做出有效选择(这种移动可以是零移动),则不可能移动,也不可能发射辐射线束。

b) 选择的同一性

如果在治疗室选择了一种移动,只有当此选择与控制台上的选择一致时,才能进行辐射线束发射。

c) 移动故障

在预选的移动没有全部完成,X射线源组件相对于患者支架的运动就已中止时,辐射线来发射必须能够自动停止。

29.102.4 X射线管通电情况下的待用状态

在正常使用中,当已停止辐射线束发射时,X射线管仍保持带电的治疗X射线发生装置,其设计与结构应有利于:

——当辐射线束停止发射时,某一装置吸收辐射,直到把发射减少到29.1.102所要求的程度为止;

——吸收X射线管通电时辐射的装置出现故障时,应导致X射线管供电切断;

——如果吸收辐射的装置工作不正常,应不可能使X射线管通电。

29.102.5 可拆卸的附加滤板

规定配用非永久性安装在可拆卸限束装置或治疗用集光筒上的附加滤板(可以是零滤板)的X射线发生装置必须配备联锁系统:

——允许操作者从X射线管电压、X射线管电流和可拆卸的附加滤板的一些规定组合中选择几个可能进行辐射线束发射的组合。

——如果X射线管电压、X射线管电流和可拆卸附加滤板组合在治疗控制台上还未选择或确定时,应防止辐射线束发射。

——如果附加滤板在X射线源组件上的方向和位置不正确,应防止辐射线束发射。

——在X射线发生装置的设计和结构允许治疗控制台置于X射线源组件所在房间之外,并且允许在X射线发生装置的部件上而不是在治疗控制台上选择附加滤板的情况下,29.101所要求的装置自动停止发射后,如果不在治疗控制台上进行后续选择或认定,应防止辐射线束再次发射。

——如果在治疗控制台上选择或认定的附加滤板与X射线发生装置部件上的选择不一致时,应防止辐射线束发射。

29.102.6 带有固定附加滤板的可拆卸治疗用集光筒

配用永久性安装在可拆卸治疗用集光筒上的固定滤板的治疗X射线发生装置必须配有联锁系统,以防止在下列情况下辐射线束发射:

——可拆卸治疗用集光筒在X射线源组件上的方向及位置不正确;

——所选择的X射线管电压与所选择的可拆卸治疗用集光筒和规定的X射线管电压不同。

如果对于相同的焦点至皮肤距离和相同的辐射野,规定或提供几个配有不同的固定附加滤板的治疗用集光筒,则必须将其看成是可拆卸附加滤板,而且应符合29.102.5要求。

29.102.7 单一故障状态的指示

a) 未预置的自动终止指示

在治疗X射线发生装置的治疗控制台上必须配有可见指示,用来指明:

——当辐射线束通过29.101所要求的装置以外的措施,允许以29.1.105c)要求和29.102.2及29.102.3c)要求为条件的任一条件自动被停止时;

——当X射线管由需满足29.102.4要求的装置结束通电状态时。

b) 不理想联锁的指示

治疗X射线发生装置应提供某种手段,能够显示辐射线束由以29.105c),29.102.2,29.102.6的要求为条件的任一条件而被阻止开始发射时的状态。

通用标准中30～35章适用。

30 α、β、γ、中子辐射和其他粒子辐射

31 微波辐射

32 光辐射(包括可见光和激光)

33 红外线辐射

34 紫外线辐射

35 声能(包括超声)

36 电磁兼容性

除下列内容外,通用标准中该章适用:

替换：

正在考虑中

第六篇　对医用房间内爆炸危险的防护

如果易燃氧、易爆炸的混合气体区域内使用治疗X射线发生装置，通用标准中第37～41章适用。

第七篇　对超湿、失火及其他危险（如人为差错）的防护

42　超湿

除下列内容外，通用标准中该章适用：

42.1　增补：

通用标准表10a中对与油接触部件的最高容许温度的限制不适用于整体侵入油中的部件。

42.4　验证试验

3）暂载率

替换：

治疗X射线发生装置在规定时间内，对于规定的X射线管以给出的最大阳极输入功率的方式工作。

通用标准中第43～47章适用。

43　防火

44　溢流、液体翻倒、泄漏、受潮、进液、清洗、灭菌和消毒

45　压力容器和受压部件

46　人为差错

47　静电荷

48　接触患者身体的应用部分的材料

除下列内容外，通用标准中该章适用：

增补：

在设备使用期间，必须注意可能被人接触的表面的生物相容性。

49　供电电源的中断

除下列内容外，通用标准中的该章适用：

49.2　在第一段之后增补：

由于供电电源中断而终止辐照后，在控制台上不采取有效动作，应不可能使辐照重新开始。

第八篇　工作数据的精度和对不正确输出的防止

50　工作数据的精度

除下列内容外，通用标准中该章适用：

50.1 增补标题

辐射输出的指示

在该条末尾增补：

辐射输出取决于几个参数，它们各有不同的显示要求：

增补：

50.1.101 辐射输出的资料

随机文件中应提供关于固定的、半永久性预选的、预选的或使用的其他参数或工作方式的适当信息，使操作者可预选适当的辐照条件，并获得估算所给出的空气比释动能或水比释动能所需的数据以及有关辐射质量的详细资料，见50.104的注释。

50.1.102 刻度和单位

在治疗X射线发生装置的控制台上，提供的与辐射输出有关的某个参数的任一值每一刻度的显示，应只能以一种和(或)其十分位为单位的唯一一种刻度。

50.1.103 辐射野的指示

除了体腔内治疗用的装置外，所有用于改变辐射线束的装置，都必须能由其外形和(或)标志，辨认辐射线束的方向和范围，并且

——对于每个治疗用集光筒，出线端辐射野的标称尺寸和焦点到出线端的标称距离，两者都必须清楚地标记在集光筒上。

——对于每个可调限束装置，必须具有辐射野标称尺寸指示和焦点至皮肤标称距离的指示。

——在随机文件中必须有说明来提醒操作者，在适当情况下，应使用本条所指距离和尺寸的测量值来代替标称值。

50.1.104 可拆卸的附加滤板的指示

每台治疗X射线发生装置所配备的每一个可拆卸的附加滤板必须有清楚的、永久的标志，以便在下列情况下进行辨认：

——当可拆卸附加滤板安装在X射线管组件上时；

——当可拆卸附加滤板在存贮位置时。

50.1.105 治疗控制台上正确设定的显示

如果治疗X射线发生装置的设计结构使治疗控制台可以位于治疗室外，并且可在X射线设备的某一部分(而不是在治疗控制台上)进行可拆卸附加滤板(见29.102.5)或移动(见29.102.3)的选择，则在治疗控制台上相关的选择或确认操作完成后，方能在治疗控制台上显示出该选择的种类。

50.1.106 X射线管电压和X射线管电流的指示

X射线管电压和X射线管电流的设置，无论是固定的还是由操作者选择的，在控制台上都应有清楚的指示。

50.1.107 工作状态的指示

在治疗X射线发生装置的治疗控制台上，必须有下列指示灯(指示灯颜色及排列方式应符合通用标准6.7的要求)：

——黄色指示灯指示高压发生器处于辐射线束发射状态。

——绿色指示灯指示只需一步操作即可进行辐射线束发射的准备状态。

还应有一个指示灯(既非红、黄和/或绿色)或另一种可见指示来显示X射线发生装置处于通电状态。

50.1.108 辐射输出率的探测和显示

治疗X射线发生装置必须配有辐射探测器，此探测器在治疗控制台面板上必须有空气比释动能率测量值的相对刻度显示，以便进行辐射输出率的监控，下列情况除外：

——焦点到X射线管组件上固定治疗用集光筒部分的最远端的距离小于8 cm；

——X 射线发生装置规定只配用焦点至皮肤标称距离不大于 40 cm 的治疗用集光筒。

理由——通常对于深部放射治疗，要求辐射输出率进行探测和显示，但对于某些焦点至皮肤距离较短的临床应用，这点就不太重要，而且较难实现，因此，选择 40 cm 为限。

50.1.109　累积辐射输出的显示

a）累积辐射输出的显示

29.101 所要求的参数任一时刻的值和预置值都必须显示在治疗控制台上。

b）显示的同一性

如果 29.101 所要求的参数与用于满足 29.102.2 要求的任意一种装置所要求的参数相同，那么，任何时刻，在治疗控制台上两者都必须以相同的单位显示。

显示的方式也应相同。

c）计数

必须由零开始对 29.101 和 29.102.2 所要求的参数值的刻度读数进行计数，在 29.101 要求的装置发生故障情况下，而辐射线束的发射没有停止前，计数不得中断。

理由——此要求帮助操作者确定 29.101 要求的装置发生故障时产生的空气比释动能。

d）信息的连续显示和存贮

在正常使用和正常状态下，辐射线束发射由 29.101、29.102.2、29.102.3 及 29.102.4 要求的装置自动停止后，在由 29.1.108 要求的辐射线束再次发射进行预置或在控制台上进行有效的动作来消除信息之前，必须保持 50.1.109c)涉及的刻度读数显示。

治疗 X 射线发生装置的电源发生故障时，在中断的时刻，29.101 要求的参数值的刻度读数必须以可恢复形式存贮 15 min 以上。

在随机文件中，应给出符合该条所要求的电池或其他装置的维护及电池充电的说明。

50.2　增补标题

指示值与实际值之间的一致性

替换：

有关指示值和实际值之间的一致程度的要求见 50.1.101、50.2.102 和 50.2.103，符合要求的条件见 50.101、50.102 和 50.104。

50.2.101　累积辐射输出的重复性

在由 50.101、50.102、50.103 及 50.104.1 所描述的限束装置产生的辐射野中，测得的空气比释动能值的变异系数应符合：

——对于规定在 150 kV 以上标称 X 射线管电压下工作的治疗 X 射线发生装置，应不超过 0.03。

——对于规定在 150 kV 或 150 kV 以下标称 X 射线管电压下工作的治疗 X 射线发生装置，应不超过 0.05。

50.2.102　累积辐射输出的线性

在辐射野中测得的空气比释动能的平均值应符合下式。

$$\left|\frac{\overline{K_1}}{Q_1}-\frac{\overline{K_2}}{Q_2}\right| \leqslant 0.025\left|\frac{\overline{K_1}}{Q_1}+\frac{\overline{K_2}}{Q_2}\right|$$

式中：$\overline{K_1}$和$\overline{K_2}$代表依照 50.1.101、50.102、50.103 和 50.104.2 要求测得的空气比释动能平均值。

Q_1和Q_2代表 29.101 要求的参数的两个预置值。

50.2.103　辐射质量的重复性

对于规定的 X 射线管电压和总滤过组合的试验中（见 50.102.1），当依照 50.101、50.102、50.103、50.104 测量空气比释动能率时，其变异系数应不超过 0.02。

这一要求是针对辐射质量的，因为它影响深度剂量率，并针对辐射线束发射的开始和终止及发射过程中暂态情况。

50.2.104 辐射质量的精度

在本专用标准中，对 X 射线管电压和 X 射线管电流的指示精度无强制性要求。

请注意 50.1.101 对于详细资料的要求。这些资料，例如可能包括验证产生的辐射质量的方法。

增补：

50.101～50.104——试验要求

50.101 通用试验条件

50.101.1 热状态

X 射线发生装置必须达到近似于以规定的最大功率的 60%～100%工作 0.5 h 之后的热状态。

50.101.2 波形

电源电压的波形必须是正弦波，其任意瞬时值与理想波形的偏差不得超过理想波形峰值的±2%。

50.101.3 频率

用于试验的电源电压频率必须在标称值的±1%范围内。

50.101.4 对测试仪器的依赖性

在变异系数值或空气比释动能平均值中，应不包括试验仪器和方法的不确定度。

50.101.5 统计不确定度的排除

50.2.101 和 50.2.103 要求的变异系数值中，应不包括因限定测量次数而带来的统计上不确定度。

50.101.6 试验时间

每个变异系数的测试必须在 6 h 内完成。

50.101.7 电源波动补偿

在整个试验过程中，允许对电源电压补偿器进行调节。

50.102 测量点的设置

50.102.1 X 射线管电压

检验累积辐射输出重复性、累积辐射输出线性及辐射质量重复性的测量必须在下列条件下进行：

——在标称 X 射线管电压下；

——在大约标称 X 射线管电压的 50%或规定的最低 X 射线管电压下取两者之中较高值。

如果只规定了一个 X 射线管电压，则必须在该值下进行测试。

50.102.2 X 射线管电流

在每次试验中，X 射线管电流必须是对应所用 X 射线管电压的最大值。

50.102.3 29.101 中所要求的参数

在 50.103 所要求的电源电压和 50.102.1 所要求的 X 射线管电压的每种组合，29.101 所要求的装置应预先设定，以便在下列条件下停止辐射线束发射：

——2 组 5 次测量(总数为 10)的满刻度值的 0.05；

——以及 2 组 5 次测量(总数为 10)的满刻度值的 0.20。

两组 5 次测量的每一组必须在同一条件下进行(见表 103 中标有 A、B、C、D 的栏目)。

50.103 测量次数

每个变异系数(见 50.2.101 和 50.2.103)或空气比释动能的平均值(见 50.2.102)必须按时间近似平均分布的测量所得到的一组 30 个值来确定。

在加载过程中，电源电压为 X 射线发生装置额定电源电压的 99%～101%之间、90%～92%之间和 108%～110%之间时分别测量 10 次。

测量见表 103：

表 103 测量一览表

X 射线管电压 按 50.102.1	电源电压						设置 按 50.102.3
	低		正常		高		
标称值	A	B	A	B	A	B	满刻度*的 0.05
	A	B	A	B	A	B	满刻度的 0.20
较低值	C	D	C	D	C	D	满刻度的 0.05
	C	D	C	D	C	D	满刻度的 0.05

注：A、B、C、D 每个字母代表 5 次测量。

*：满刻度指最大参数值。

50.104 测量及评价

50.104.1 累积辐射输出的重复性

计算变异系数以检验累积辐射输出重复性(50.2.101)时，对于四行测量值的每一行都必须计算(每次计算取 30 个测量值)。

50.104.2 累积辐射输出的线性

计算空气比释动能平均值以检验累积辐射输出线性时，对于四行都必须计算(每次计算取 30 个测量值)。是否满足 50.2.102 公式，应采用标称 X 射线管电压所计算的空气比释动能平均值和较低 X 射线管电压所计算的空气比释动能的平均值进行检验。

50.104.3 辐射质量重复性

对于每次辐射，必须在吸收物距 X 射线管最近侧和最远侧，在 50.101、50.102、和 50.103 所要求的条件下测量总空气比释动能值，在实际操作中可用水做吸收物，用它来等效 X 射线管电压和总滤过试验规定的半价层衰减。

对于此类测量，必须用限束装置对辐射线进行限制，使辐射线束的大小恰好能覆盖测量装置。

必须按下列方式计算变异系数，以检验 50.2.103 所要求的辐射质量的重复性：

——用标有 A 的栏目中的测量值；

——用标有 B 的栏目中的测量值；

——用标有 C 的栏目中的测量值；

——用标有 D 的栏目中的测量值。

及根据在吸收物远端上的测量值所确定的相应值进行计算(每次计算取 30 个测量值)。

必须计算出吸收物远侧空气比释动能与近侧的空气比释动能的比率。

51 对不正确输出的防止

除下述内容外，通用标准中该章适用：

增补：

符合 29 章和 50.2.101～50.2.103 即可认为具有对不正确输出的防止。

第九篇 故障状态造成的过热和(或)机械损害及环境试验

通用标准中第 52 和 53 章适用。

52 故障状态造成的过热和(或)机械损害

53 环境试验

第十篇　结构要求

通用标准中第54～58适用。

54　概述

55　外壳和罩盖

56　元器件和组件

57　网电源部分、元器件和布线

58　保护接地端子

59　结构和布线

除下列内容外，通用标准中该章适用：

59.4　油箱

在第二个破折号后增补：

部分密封的充油部件的技术说明书中应包括有关油位检测方法的内容。

附 录 AA
（提示的附录）
术 语 索 引

前　言

本标准等同采用国际电工委员会IEC 601-2-28:1993《医用电气设备　第二部分:医用诊断X射线源组件和X射线管组件安全专用要求》(第一版)。

制定本标准,使我国医用诊断X射线源组件和X射线管组件的制造和检验在安全方面有了统一要求,以促进提高产品质量,适应国际贸易、技术和经济交流以及采用国际标准发展的需要。

本标准与下述标准一起执行:

GB 5579—85　医用X射线设备高压电缆插头插座连接(IEC 526:1978)

GB 9706.1—1995　医用电气设备　第一部分:安全通用要求(IEC 601-1:1988)

GB 9706.3—92　医用电气设备　诊断X射线发生装置的高压发生器专用安全要求(IEC 601-2-7:1987)

GB 9706.12—1997　医用电气设备　第一部分:安全通用要求　三、并列标准　诊断X射线设备辐射防护通用要求(IEC 601-1-3:1994)

GB 10149—88　医用X射线设备术语和符号(IEC 788:1984)

YY 0062—91　X射线管组件固有滤过(IEC 522:1976)

YY/T 0063—91　医用诊断X射线管组件焦点特性(IEC 336:1982)

YY/T 0064—91　医用诊断旋转阳极X射线管电、热及负载特性(IEC 613:1978)

IEC 601-2-15:1988　医用电气设备　第二部分:电容放电式X射线发生装置安全专用要求

IEC 806:1984　医用诊断旋转阳极X射线管最大对称辐射野的测定

本标准中的附录AA为提示的附录。

本标准由国家医药管理局提出。

本标准由全国医用X射线设备及用具标准化分技术委员会归口。

本标准起草单位:北京万东医疗装备公司。

本标准主要起草人:王庆荫。

IEC 前言

1）IEC（国际电工委员会）是一个拥有所有国家电工委员会（IEC 国家委员会）的全世界标准化组织。IEC 的目的是要促进电气与电子领域中在所有标准化问题上的国际合作。为此目的，IEC 除开展其他活动外，还发布国际标准。把国际标准的制定委托给技委员会，任何对该主题感兴趣的 IEC 国家委员会都可以参与本项准备要作，与 IEC 有联系的国际组织、政府机构及非政府机构也可以参与本项准备工作。IEC 按照两个组织间协议所确定的条件，紧密地同国际标准化组织（ISO）合作。

2）IEC 关于技术问题的正式决议或协定，由对这些问题特别关心的各国家委员会的代表组成的技术委员会拟定。这些决议或协定尽可能表达国际上对所涉及这些问题的一致意见。

3）这些决议或协定以标准、技术报告或导则的形式发布，推荐国际上使用，并在此意义上被各国家委员会接受。

4）为了促进国际上的统一，IEC 国家委员会同意在其国家和地区标准中以最大程度采纳 IEC 国际标准，IEC 标准与相应的国家或地区标准之间如有分歧必须在国家或地区标准中清楚地加以注明。

5）IEC 不提供表示其认可的标记方法，而且也不能提出应对阐明符合 IEC 某一标准的任一设备负责。

IEC 601-2-28 国际标准是由 IEC 第 62 技术委员会（医用电气设备）第 62B 分委员会（诊断成像设备）制定的。

本标准汇集了 IEC 637 标准，因此本标准抵消并取代 1979 年出版的 IEC 637 标准。

本专用标准正文以下列文件为基础：

标准草案（DIS）	表决报告
62B（CO）103	62B（CO）104

关于本专用标准投票表决的全部情况可查阅上表中所给出的表决报告。

——本专用标准所用的全部术语，IEC 601-1 第 2 章及 IEC 788 出版物已给出定义。

注：值得注意的是有些国家关于辐射安全法规可以与本标准的规定不一致的情况存在。

中华人民共和国国家标准

医用电气设备
第二部分：医用诊断X射线源组件和
X射线管组件安全专用要求

GB 9706.11—1997
idt IEC 601-2-28:1993

Medical electrical equipment
Part 2:Particular requirements for the safety of X-ray source assemblies and X-ray tube assemblies for medical diagnosis

第一篇 概 述

除下述内容外，通用标准该篇中的条文适用：

1 适用范围和目的

除下述内容外，通用标准中的该条文适用。

1.1 适用范围

替换：

本标准适用于医用X射线设备(包括计算机体层摄影设备)所规定的医用诊断X射线源组件、X射线管组件及其部件，并对其与GB 9706.3或IEC 601-2-15所规定的高压发生器组装在一起的也适用。

1.2 目的

替换：

本专用标准的目的是为了制定适于设计与制造并保证安全的专用要求以及规定符合这些要求的检验方法。

1.3 专用标准

增补：

本专用标准涉及到：GB 9706.1—1995和GB 9706.12—1997

为简便起见，在本专用标准中GB 9706.1被称为通用标准或通用要求；GB 9706.12被称为并列标准。

本专用标准中的篇、章、条编号与通用标准的编号相对应。通用标准中正文的改动用下列词语说明。

"替换"，指通用标准中的该条文完全由本专用标准的条文所取代。

"增补"，指本专用标准的条文补充到通用标准要求当中。

"修改"，指本专用标准条文表明了对通用标准中该条文作了修改。

增补的条文或图形编号是从101开始的。

增补的附录用AA等字母分类标注，增补的项用aa)、bb)等编号。

"本标准"一词，是用于提及的通用标准、并列标准和本专用标准。

本专用标准需要对通用标准或并列标准中的要求进行替换或修改时，其要求则优先于相应的通用要求。

国家技术监督局1997-06-28批准　　　　1998-09-01实施

凡在本专用标准中没有给出通用标准或并列标准中相应的条文处，其条文采用时可不作任何修改。

凡是通用标准或并列标准中不适用于X射线源组件的部分，本专用标准应给出不适用的说明。

2 术语和定义

除下述内容外，通用标准中该条文适用。

在本专用标准中，均采用下列标准中的定义。

GB 9706.1—1995

GB 10149—88

4 试验的通用要求

除下述内容外，通用标准中该条文适用。

4.1 试验

增补：

aa）型式试验

除非另有要求，否则本专用标准中所描述的试验均属型式试验。这些试验通常以试验室为主，并在控制的条件下来进行的。

5 分类

除下述内容外，通用标准中的该条文适用。

5.1 替换：

X射线源组件必须归类为I类设备。

5.2 替换：

除非对电击防护程度较高的X射线源组件另行规定，否则，X射线源组件必须归类为B型设备。

6 识别、标记和文件

除下述内容外，通用标准中的该条文适用。

6.1 设备或设备部件的外部标记

c）由专用电源供电的设备

增补：

除非该标记在c)中给出要求，否则，通用标准中6.1所要求的情况可以仅在随机文件中给出。

X射线管在正常使用一段时间之后，任何时候从X射线管套中取出，都必须保持能读出其上的标记。

这些标记必须使各自的产品、系列或型式能与其随机文件相互关联。

1）X射线管仅要求提供下列标记：

——通用标准6.1e)和f)中所要求的那些标记；

——系列名称或各自的识别标记。

上述标记可以随机文件中解释的组合名称形式给出。

2）X射线管套要求提供下列标记：

——通用标准6.1e)和f)中所要求的那些标记；

——系列名称或各自的识别标记；

——X射线管套设计所用的标称X射线管电压。

如果将这种情况按照3)同X射线管组件的标记相结合，可以删除各分立的标记。

3）除了2)中对X射线管套要求的标记外，X射线管组件要求提供下述标记：

——X 射线管组件组装者名称或商标；

——装配的 X 射线管型式名称；

——装配的 X 射线管标称管电压。

上述的三种标记可从随机文件中解释的组合名称形式给出。

——焦点位置的指示。这种指示必须表明含有单焦点几何中心或两个焦点(对双焦点 X 射线管而言的)中心之间中点的球面中心,其球面直径不大于 10 mm；

——X 射线管组件规定的基准轴所指的并按照 YY/T 0063 所确定的焦点标称值；

——电缆插座极性的指示；

——以等效滤过表示的总滤过。

4) 限束装置要求提供下列标记：

——通用标准 6.1e)和 f)中所要求的那些标记；

——系列名称和各自的识别标记；

——以等效滤过表示的总滤过。

5) X 射线源组件要求提供下列标记：

——X 射线源组件组装者的名称或商标；

——系列名称或各自的识别标记；

——X 射线源组件的标称 X 射线管电压。

注：X 射线源组件的总滤过可以小于指示的 X 射线管组件总滤过与限束装置总滤过之和。

d) 设备及可更换部件上标记的最低要求

替换：

满足其标记要求最低应符合 c)中的规定。

6.8 随机文件

6.8.1 概述

增补：

随机文件必须与其涉及的各自产品、系列或型式一致。按照 6.1 要求标记的全部情况也必须在随机文件中加以说明。

有关 X 射线源组件的随机文件,当需要补充说明 6.8 要求的各种情况时,可以用一区别各构成部件的随机文件的参照表来说明所要求的情况。

6.8.2 使用说明书

增补：

aa) X 射线管使用说明书必须阐明：

1) YY/T 0064 中 4.2 规定的标称阳极输入功率；

2) YY/T 0064 中 5.2 规定的最大阳极热容量；

3) YY/T 0064 中 5.3 规定的阳极发热曲线；

4) YY/T 0064 中 5.4 规定的阳极冷却曲线；

5) YY/T 0064 中 7.1 规定的单次负载定额；

6) YY/T 0064 中 7.2 规定的多次负载定额。

bb) X 射线管组件使用说明书必须阐明：

1) YY/T 0064 中 6.2 规定的 X 射线管组件热容量；

2) YY/T 0064 中 6.3 规定的 X 射线管组件发热曲线；

3) YY/T 0064 中 6.4 规定的 X 射线管组件冷却曲线；

4) YY/T 0064 中 6.5 规定的 X 射线管组件最大连续热耗散。

cc) 不采用。

dd) X 射线源组件使用说明书必须阐明：

IEC 806 中规定的最大对称辐射野。

6.8.3 技术说明书

增补：

当部件与分组件的兼容性影响组装 X 射线源组件符合本标准要求时，该部件和分组件的技术说明书必须规定与其可兼容的连带产品。

这种技术要求可以用合适的物理特性描述，或者可以把由制造厂或供应者提供的连带产品、型式标记及系列名称或各自的识别标记编列成表。

aa) X 射线管技术说明书除了按 6.1 要求标记的数据外，还必须规定下列内容：

1) 识别靶材料(该材料决定辐射能谱)；

2) X 射线管的靶角和焦点特性涉及的基准轴；

3) 靶面对规定的基准轴的角度；

4) 按 YY/T 0063 所确定的适合于规定的基准轴的焦点标称值；

5) 按 YY/T 0062 所确定的不可拆除的材料以等效滤过表示的滤过；

6) 按 YY/T 0064 所确定的标称 X 射线管电压；

7) 要求提供高压发生装置的电源和适当装置的电源的资料；

8) 关于适合 X 射线管灯丝要求的电源及连接数据和按 YY/T 0064 中 2.5 确定的阴极发射特性。这些数据可以在适当处依照以下内容给出：

——电压

——电流

——频率

——工作时间

——接线

或相适应的供电设备的型式名称；

9) 驱动与控制旋转阳极所要求的资料，或相适应的驱动与控制设备的型式名称；

10) 所需辅助电源资料。

bb) X 射线管组件的技术说明书除了按 6.1 要求的标记外，还必须阐明：

1) X 射线管组件的靶角和焦点特性涉及的基准轴；

2) 靶面对规定的基准轴的角度；

3) 按 YY/T 0063 所确定的适合于规定的基准轴的焦点标称值；

4) 电气连接装置与接线；

5) 主要尺寸与主要分界面；

6) 带有可拆开的装配部件时的重量和不带任何可拆开的装配部件时的重量；

7) 依照并列标准中 9.1.3，与泄漏辐射有关的加载因素值；

8) 按第五章要求的分类；

9) 旋转阳极电机数据或辅助装置的型式；

10) 依照 45.7 提供的定子电源和过压保护装置的电气连接；

11) 任一辅助设施的定额及数据，例如所要求的冷却速率、冷却介质的性质、温度范围及数量；

12) 高压连接资料，如同 GB 5579 那样给出的资料；

13) 高压连接装置的极性；

14) 对运输与储存条件的限制；

15) 在 X 射线管组件安装结束初次加载之前所要遵守的预防措施及调节 X 射线管的专门程序。

此外,X射线管组件的技术说明书还必须包括aa)5)～10)中要求的有关内容。

cc) 限束装置的技术说明书除了按6.1要求标记的数据外,还必须规定下列内容:

1) 输入电能;

2) 装配交界面及电源要求的细节,或相适应的接合与供电设备的型式名称;

3) 如果提供光野指示装置,灯的型式名称和更换所要求的说明。

dd) X射线源组件的技术说明书,除了按6.1要求标记的数据外,还必须规定下述内容:

1) X射线源组件靶角和焦点特性涉及的基准轴技术要求;

2) 靶面对规定的基准轴的角度;

3) 焦点位置及其与基准轴的公差;

4) 按YY/T 0063确定的适合于规定的基准轴的焦点标称值。

此外,X射线源组件的技术说明书还必须阐述aa)5)～10)、bb)5)～15)和cc)所要求的有关内容。

增补:

6.8.101 符合说明

如果要声明X射线源组件符合本标准,那么就必须需以下列形式予以声明:

X射线源组件……*,GB 9706.11—1997。

*型式标记。

如果采用的措施是本标准规定以外的,同样达到安全有效目的,当阐明符合本标准要求时,必须在随机文件中予以叙述。

7 输入功率

除下述内容外,通用标准中该条文适用。

替换:

7.1 输入到X射线源组件的能量

输入到X射线源组件的电能是由同X射线源组件连接的高压发生器控制的。见1.1。

第二篇 环境条件

通用标准该篇中的条文适用。

第三篇 对电击危险的防护

除下述内容外,通用标准该篇中的条文适用。

16 外壳和防护罩

除下述内容外,通用标准中该条文适用。

增补:

aa) 连接X射线源组件至其连带的高压发生器上用的易受影响的高压电缆,必须编入易弯曲的导电屏蔽层(屏蔽层的单位长度电阻:不超过$1\Omega m^{-1}$),而且必须覆有能防止该屏蔽层造成机械损伤的非导电材料。该屏蔽层还必须与高压发生器的导电外壳连接。

bb) 如果易弯曲的导电屏蔽层从一端至另一端的电阻超过200 mΩ,屏蔽层必须也连接到X射线源组件的外壳上。

cc) 在所有情况下,装备高压电缆的屏蔽层与X射线源组件上的电缆插座的金属部件之间必须保持电连续性。

注:易弯曲的导电屏蔽层不能被认为满足电缆所连接的装置之间的保护接地连接的要求。

是否符合aa)、bb)及cc)要求,可通过直观检验和测量进行验证。

注：建议删去GB 9706.3和IEC 601-2-15第16章中相应的补充项aa)。

18 保护接地、功能接地和电位均衡

除下述内容外，通用标准中该条文适用。

c)

增补：

对于专用的X射线源组件，接到保护接地端子上并用于与患者接触的部件(例如插入人体腔内的部件)，允许载有功能电流。

在这种情况下，使用说明书中必须有适当的资料，说明特殊的危险性，例如保护接地连接的完整性和保持安全操作所需要的条件。

19 连续漏电流和患者辅助电流

除下述内容外，通用标准中该条文适用。

19.3 容许值

增补：

对于X射线源组件，B型栏和各行关于在正常状态下及单一故障状态下的对地漏电流和表4正常状态下外壳漏电流(包括通用标准中的注解)适用。

20 电介质强度

除下述内容外，通用标准中该条文适用。

增补：

本条文对X射线管套保护外壳内的高压电路不适用。

关于X射线源组件高压性能的要求，可按其用途给出相应要求，通过对设计及制造过程采取有效的质量控制保证安全运行。

第四篇 对机械危险的防护

除下述内容外，通用标准该篇中的条文适用。

25 飞溅物

除下述内容外，通用标准中该条文适用。

增补：

25.101 防护罩

在阳极旋转系统中储存的动能和工作期间产生的高温，都是飞溅物潜在的原因。其有效的抑制必须通过设计及制造过程中的质量控制来保证。

第五篇 对不需要的或过量的辐射危险的防护

除下述内容外，通用标准该篇中的条文适用。

29 X射线辐射

除下述内容外，通用标准中的该条文适用。

29.1 替换：

X射线源组件必须遵守并列标准的规定。

第六篇　对易燃麻醉混合气点燃危险的防护

通用标准该篇中的条文适用。

第七篇　对超温和其他安全方面危险的防护

除下述内容外，通用标准该篇中的条文适用。

42　超温

除下述内容外，通用标准中的该条文适用。

42.1　增补：

温度限定范围在X射线管组件的防护罩内不适用。

42.5　防护件

增补：

凡是X射线源组件某些不带防护的易于接近的表面可能达到的高温处，必须提供适合于与正常使用有关联的防护装置，以防止与该表面不必要的接触。

为了避免各种不希望的接触，也应当采取措施。在这种情况下，使用说明书必须阐明有关易接近的表面在正常使用时可能发生的温度情况，见通用标准表10a。

增补：

42.101　限制温度装置

装备有光野指示器的限束装置，如果指示灯处于通电状态而限束装置又覆盖有减少正常热耗散的窗帘或其他材料，必须配有下面列出的其中一种装置，以降低可能出现的温升。

a) 热断路器：如果限束装置任一易接近的表面温度超过42.1规定的允许最高温度，热断路器阻止给指示灯供电；

b) 限时装置：该装置在操作者给指示灯通电之后，持续时间超过2 min时，阻止指示灯继续通电；

c) 为了实现上述b)中所描述的功能，在随机文件中要给出在外部连接的限时开关的详细情况。

45　压力容器和受压部件

除下述内容外，通用标准中的该条文适用。

增补：

在正常使用情况下，X射线管组件除了在X射线管冷却时受到外部热交换器循环绝缘介质的压力外不属于受压部件。

引起压力的原因可能是输入能量过大及某些故障，包括造成X射线管破碎的那些不正常的工作。

在阳极旋转系统内储存的热能、运输期间产生与故障有联系和高温，都是潜在的过压及绝缘介质泄漏的根源。

有效的抑制必须通过设计及制造过程中的质量控制来保证。

45.2　替换：

X射线源组件必须承受下列试验。

是否符合要求，可通过下列试验加以验证：

如果试验结果不会因X射线源组件缺少限束装置或其他部件而受到影响，可以只对X射线管组件进行试验。

X射线源组件的设置必须按照能反应出X射线源组件使用特征及与要试验的各项性能要求进行布置。

X射线管旋转阳极必须以规定的最大阳极转速旋转。

X 射线管首次必须按照 X 射线管摄影定额加载，以便于 X 射线管组件内部绝缘介质达到允许的最高温度并保持至少 10 min。

在此之后，X 射线管必须以阳极发热曲线上规定的最高阳极输入功率(但不超过最大阳极热容量)，再次加载 2 min。

接下来是利用机械碰撞方法，冲撞 X 射线管外壳，使 X 射线管外壳的玻璃部分发生解体。

对 X 射线管进行破坏之后，溢出到周围的绝缘介质必须不超过 1 cm^3/min，而且必须无任何部件或碎片飞溅出。

45.7 替换：

X 射线源组件或者遵守通用标准 45.7a)～h)的通用要求，或者配有对某一种或多种热容量的临界水平响应的装置，例如自动检测预先确定的 X 射线管套里面的绝缘介质的温度水平、体积或压力的装置或模拟计算装置。

为了提供热容量达到某一临界值的相应信号，必须作出规定：

——提示操作者热容量超过某一值的警告指示；和/或

——高压发生器停止加载，或阻止高压发生器开始加载。

是否符合要求，可通过验收和功能试验进行验证。

第八篇 工作数据的准确性和危险输出的防止

除下述内容外，通用标准该篇中的条文适用。

50 工作数据的准确性

除下述内容外，通用标准中的该条文适用。

替换：

工作数据的精度可通过 1.1 所规定的符合 GB 9706.3 或 IEC 601-2-15 要求的高压发生器来得到。

第九篇 不正常的运行和故障状态；环境试验

通用标准该篇中的条文适用。

第十篇 结构要求

通用标准该篇中的条文适用。

附 录 AA
（提示的附录）
限定的术语索引

前　　言

本标准等同采用国际电工委员会 IEC 601-1-3:1994《医用电气设备　第一部分:安全通用要求　3.并列标准:诊断 X 射线设备辐射防护通用要求》(第一版)。

制定本标准的目的是对医用诊断 X 射线设备辐射防护提出统一的通用要求,以适应国际贸易、技术和经济交流以及采用国际标准发展的需要。

本标准与 GB 9706.1—1995《医用电气设备　第一部分:安全通用要求》(在此之后称为通用标准)一起执行。

本标准中的附录 AAA、附录 BBB 和附录 CCC 都是提示的附录。

为了保证术语的适用性,对本标准中出现的术语做如下说明。

安装说明书也称为组装说明书;有效占用区也称为空间占位区域有效占位区;射束器在一些情况下也称为束射器或束射集光筒;一次防护屏蔽也称为主防护屏;制造者也称为厂商或生产者;限束器也称为限束装置。

本标准由国家医药管理局提出。

本标准由全国医用 X 射线设备及用具标准化分技术委员会归口。

本标准起草单位:辽宁省医疗器械研究所。

本标准土要起草人:贺玉华、王寿民、夏连季、李川、中华。

IEC 前言

1) IEC(国际电工委员会)是一个拥有所有国家电工委员会(IEC 国家委员会)的全世界标准化组织。IEC 的目的是促进在电工和电气领域中所有标准化问题上的国际合作。为此目的,IEC 除开展其他活动外,还发布国际标准,其准备工作委托给各技术委员会,任何对该主题感兴趣的 IEC 国家委员会都可以参与准备工作,与 IEC 有联系的国际组织、政府机构及非政府机构也可以参与准备工作。IEC 根据与国际机构标准化组织(ISO)间协议所确定的条件进行紧密地合作。

2) IEC 关于技术问题的正式决议或协定,由对这些问题特别关心的国家委员会的代表组成的技术委员会拟定。这些决议或协议尽可能表达国际上对于所涉及的这些问题的一致性意见。

3) 这些决议或协议以标准、技术报告或导则的形式发布,推荐国际上使用,并在此意义上被各国家委员会所接受。

4) 为了促进国际间的统一,IEC 各国家委员会同意在其国家和地区标准中最大限度地采纳 IEC 国际标准。IEC 标准与相应的国家或地区标准之间如有分歧必须在国家或地区标准中清楚地加以说明。

5) IEC 不提供任何表示其认可的标记方法,而且也不能提出应对所声明的任一设备符合 IEC 某一标准负责。

IEC 601-1-3 国际标准是由 IEC 第 62 技术委员会(医用电气设备)第 62B 分委会(诊断成像设备)制定的,它与 IEC 601-1《医用电气设备　第 1 部分:安全通用要求》(在此之后称为通用标准)并列。

在 601 系列出版物中,并列标准规定的安全通用要求适用于:

——一组医用电气设备(例如放射设备);

——各种医用电气设备在通用标准中未充分论述的某一特定的特性(例如电磁兼容性)。

本标准的正文以下列文件为基础:

标准草案(DIS)	表决报告
62B(CO)111	62B(CO)123

关于本标准投票表决的全部情况,可查阅上表中所指出的表决报告。

本并列标准中的篇、章的编号与通用标准相对应。

以 201 开始编号条文和图是对通用标准的增补,附加的附录用 AAA、BBB 等字母表示,附加项用 aaa),bbb)等字母表示。

所有要求后面是适合相关试验的技术要求。

中华人民共和国国家标准

医用电气设备 第一部分：安全通用要求 三、并列标准 诊断X射线设备辐射防护通用要求

GB 9706.12—1997
idt IEC 601-1-3:1994

Medical electrical equipment
Part 1: General requirements for safety
3. Collateral standard:
General requirements for radiation protection in diagnostic X-ray equipment

第一篇 概 述

1 范围、目的及与其他标准的关系

1.201 范围

本并列标准适用于医用诊断X射线设备及该种设备的部件。

1.202 目的

本并列标准制定的医用诊断X射线设备电离辐射防护的通用要求，目的是尽可能使患者、操作者和其他工作人员接受的剂量当量降至在可合理实现的情况下的最低程度。

本并列标准其中有些要求包括了不同类型的X射线设备的差异，其意图是为了在不增加或修改的情况下拓宽本并列标准的适用范围，尤其在医用诊断放射学中普遍使用的X射线设备的形式方面。

本并列标准中各项要求，主要针对加载期间的X射线辐射。有关用于产生X射线辐射的电能的控制要求，也是辐射防护的一个重要方面，均包括在GB 9706.1《医用电气设备　第一部分：安全通用要求》和有关设备的安全专用标准中。

1.203 与其他标准的关系

1.203.1 GB 9706.1

对于诊断X射线设备，本并列标准是对GB9706.1—95标准的补充。

当采用GB 9706.1标准或者采用本并列标准时，无论是单独采用还是组合采用，都使用下列约定：

——“GB 9706.1”仅指GB 9706.1

——“本并列标准”仅指本并列标准；

——“本标准”指的是GB 9706.1和本并列标准组合。

1.203.2 专用标准

专用标准中的要求优先于本并列标准中相应的要求。

1.203.3 取代的标准

在下列标准中，有关医用诊断X射线设备的要求由本并列标准中的要求取代。

IEC 407:1973　10～400 kV 医用X射线设备辐射防护

国家技术监督局1997-06-28批准　　　　1998-09-01实施

IEC 407A:1975　IEC 407 首次补充

1.203.4　引用标准

下列标准所包含的条文，通过在本标准中引用而构成为本标准的条文。本标准出版时，所示版本均为有效。所有标准都会被修订，使用本标准的各方应探讨使用下列标准最新版本的可能性。

GB 10149　医用 X 射线设备术语和符号（IEC 788:1984）

YY0010　X 射线摄影暗匣(IEC 406:1975)

YY0012　防散射滤线栅(IEC 627:1978)

YY0062　X 射线管组件固有滤过(IEC 522:1976)

YY0095　医用钨酸钙中速增感屏(IEC 658:1979)

ICRP 33 号出版物：医用外部放射源电离辐射的防护(1982 年 ICRP 年表第 9 卷第 1 期)，由 Pergamon press 发布。

ICRP 34 号出版物：诊断放射学中的患者的防护(1982 年 ICRP 年表第 9 卷第 2/3 期)，由 Pergamon press 发布。

ICRP 60 号出版物：国际委员会关于放射防护的建议(1990 年 ICRP 年表第 21 卷第 1-3 期)，由 Pergamon press 发布。

注：ICRP 为国际放射防护委员会的英文缩写，其出版物收藏于中国标准化技术咨询服务中心。

1.203.5　其它有关标准

下列专用标准在出版时，其中有关诊断 X 射线设备辐射防护的要求与本标准的要求并行。

GB/T 5465.2—1996　电气设备用图形符号(idt IEC 878—1988)

GB 9706.3—92　医用电气设备　诊断 X 射线发生装置的高压发生器专用安全要求(idt IEC 601-2-7:1987)

GB 9706.11—1997　医用电气设备　诊断 X 射线管组件及 X 射线源组件专用安全要求(idt IEC 601-2-28:1993)

IEC 601-2-15:1988　医用电气设备　电容放电式 X 射线发生装置专用安全要求

IEC 601-2-29:1993　医用电气设备　放射模拟机专用安全要求

IEC 601-2-32:1994　医用电气设备　X 射线设备附属设备专用安全要求

IEC 637:1979　医用 X 射线管及 X 射线管组件的标记及随机文件

注：IEC 637 中的要求已被 IEC 601-2-28 所替换。

2　术语和定义

2.201　被定义的术语

在本并列标准中，除 GB 10149 中已定义的术语外，对某些术语的用法，尚需附加一定的条件，这些将在 2.202 中给出。

2.202　已定义的术语的限定条件

2.202.1　X 射线野边线与大小

本并列标准中，X 射线野边线是指在 X 射线野平面上的空气比释动能率为 X 射线野四个象限中中心点空气比释动能率平均值的 25%的点的连线。

X 射线野大小指在感兴趣的平面上两条正交主轴线各条被边线所截取的长度。除非另有说明，否则，就要假定该感兴趣平面正交于基准轴，还应假定两条主轴线在基准轴上相交，而且方位是一条轴线与 X 射线管纵轴的投影共线。

2.202.2　标称 X 射线管电压运行条件

在 GB 10149 中标称 X 射线管电压定义为适合特殊运行条件的最高允许的 X 射线管电压。在本并列标准中，如果没声明特殊的工作条件，假定所参考的数值是没有条件的，而且是正常使用允许的最高

X射线管电压，这样的值不能高于分立部件或零件所允许的值，但有时低于某种分立组件或零件所允许的值。

2.202.3 有效影像接收面

GB 10149所定义的影像接收面，在本并列标准中只包括在相关的时间能接收某一X射线图形的那些部分，而且具备在相同时间处理所获得信息的显示或贮存的适当措施。

注：按照这种约定，多野X射线影像增强管的影像接收面认为是由放大方式的选择来加以确定，不包括输入屏上不能用电气方法形成X射线图形的那些部分。

2.202.4 X射线影像增强管的影像接收平面

X射线影像增强管的影像接收平面，在本并列标准中被认为是容纳最大可选择的影像接收面的平面。

注：按照这种约定，影像接收平面的位置和焦点到影像接收器距离都被认为是不受放大方式的选择的影响。

2.202.5 连续显示的运行方式

具有连续显示的X射线成像装备，如果提供有自动重复照射措施，在并列标准中视为适合透视用的X射线成像装备。

2.203 基准材料的成分

在本并列标准中，以铅或铝的厚度表示的衰减当量、半价层、质量等效滤过的值，适用于下列成分的参考材料：

——纯度不低于99.99%和密度为2.7 g·cm^{-3}的铝

——纯度不低于99.99%和密度为11.35 g·cm^{-3}的铅

2.204 要求的程度及术语(略)

2.205 辐射量和单位

本并列标准使用辐射量空气比释动能而不用照射量。空气比释动能的单位为戈瑞(Gy)，1Gy空气比释动能相当于照射量2.97×10^{-2}C/kg^{-1}。

4 试验的通用要求

4.201 符合性

4.201.1 符合标准的要求

符合本并列标准的要求的声明，必须用下列形式给出：

——××××辐射防护与GB 9706.12一致，这里××××表示所要声明的对象(例如：X射线设备)。

6 识别、标记和文件

6.1 设备或设备部件的外部标记

6.1.201 标记要求

本并列标准中，有关标记及标记内容的特殊要求，均在表201中给出。

表201 含有标记要求的条文

标记	条文
通用要求	6.1.202
滤过片性能的指示	29.201.6
设备上的指示	29.202.5

6.1.202 通用要求

X射线设备在正常使用中，能够拆卸的且与本并列标准要求相关的所有组件、部件及附件必须给出标记，以保证：容易识别并能与随机文件有对应关系；互换器件可分别区别开来，以便操作者在正常使用中能给予区别和更换。

所有的标记必须象 GB 9706.1 第 6 章所规定的那样永久性地固定并清晰易辨。

6.8 随机文件

6.8.201 引用的条文

在本并列标准中，包括在随机文件（包括使用说明书和安装说明书）中的说明，均列于表 202 中。这些条文见附录 CCC。

表 202 需要在随机文件中说明的条文

题　　目	条　　文
通用要求	6.8.202
X 射线管组件的滤过	29.201.3
X 射线源组件的滤过	29.201.4
滤过片性能的指示	29.201.6
X 射线设备线束的限制方法	29.202.4
设备上的指示	29.202.5
对使用说明书的要求	29.202.6
标记与实际指示的精度	29.202.8
基准轴的位置	29.203.1
焦点到影像接收面的距离	29.203.2
透视 X 射线束的中断	29.203.3
X 射线野与影像接收面之间的对应关系	29.203.4
基准加载条件的说明	29.204.2
随机文件中的内容	29.205.3
随机文件中的内容	29.206.2
要求	29.207.1
依靠距离的防护	29.208.1
来自防护区域的控制	29.208.2
指定的有效占用区	29.208.3
手柄及控制装置	29.208.5

6.8.202 通用要求

随机文件的内容必须同所涉及的项目保持一致，同时还包括：

——本并列标准中关于项目所要求的全部资料的复印件；

——有关这些项目中的各部件，所要求的标记和内容如下：

a）在完整的组件上容易接近的标记，提出标记的位置及检验说明；

b）在完整的组件上不易接近的标记；

1）提供本并列标准所要求的部件上标记情况的复印件；

2）或者提供所涉及的部件的清单以及这些部件本身的随机文件。

——对于规定与所属主机分开供应的部件和组件，要有安装说明书，内容包含该部件和组件在主机中符合本并列标准所需要的资料。

第五篇　对不需要的或过量辐射危险的防护

29　X 射线辐射

注：29.201～29.208 只与医用诊断 X 射线设备中的 X 射线辐射有关。

29.201　辐射质量

注：29.201.1～29.201.9 涉及 X 射线束辐射质量的需要，即指在没有给予患者不必要高的吸收剂量的情况下，产生所期望的诊断影像。为了同已建立的影像相一致，对辐射质量所要求的措施都是依据滤过和第一半价层给予论述的。应用于齿科的 X 射线设备，各种限制都放在正常使用工作电压范围内。

29.201.1　齿科用工作电压范围的限定

规定应用于齿科用 X 射线设备，X 射线管电压在正常使用时的工作范围必须根据表 203 中的要求加以限定。

是否符合要求可通过对随机文件的检查加以验证。

表 203　齿科 X 射线设备电压限定　　kV

规定的齿科应用	允许最高标称 X 射线管电压	正常使用时允许的最低 X 射线管电压
各种应用	125	50
口内 X 射线影像接收器	90	50
头颅尺寸科学测量	125	60

29.201.2　X 射线设备的半价层

在 X 射线设备中，对于可在正常使用中采用的一切配置，用于患者的 X 射线束可达到的第一半价层必须不小于表 204 中给出的最小允许值。

是否符合要求可通过 29.201.9 所述的试验加以检验。

表 204　X 射线设备的半价层

应　用	X 射线管电压		可允许的最小第一半价层
	正常使用时工作范围 kV	所选择值(见注 1) kV	mmAl
专用低压程序	≤50	＜30	见注 2
		30	0.3
		40	0.4
		50	0.5
采用口内 X 射线影像接收器	50～70	50	1.5
		60	1.5
		70	1.5
	50～90	50	1.5
		60	1.8
		70	2.1
		80	2.3
		90	2.5

表 204(完)

应　用	X 射线管电压		可允许的最小第一半价层
	正常使用时工作范围 kV	所选择值(见注 1) kV	mmAl
其他齿科应用	50～70	50	1.2
		60	1.3
		70	1.5
	50～125	50	1.5
		60	1.8
		70	2.1
		80	2.3
		90	2.5
		100	2.7
		110	3.0
		120	3.2
		125	3.3
其他应用	30 以上	<50	见注 2
		50	1.5
		60	1.8
		70	2.1
		80	2.3
		90	2.5
		100	2.7
		110	3.0
		120	3.2
		130	3.5
		140	3.8
		150	4.1
		>150	见注 2

注

1 各选择值中间的半价层可利用线性插值法获得。

2 在这里可使用线性外推法。

29.201.3　X 射线管组件的滤过

关于 X 射线管组件的滤过必须遵守下列要求：

——关于 X 射线管组件，除了唯一适合标称 X 射线管电压不超过 50 kV 乳腺摄影用的那些外，X 射线管组件中遮挡 X 射线束材料的质量等效滤过必须符合如下规定：

a) 在正常使用中不可拆卸的材料，不小于 0.5 mmAl；

b) 固定的附加滤过片与不可拆卸材料总滤过不小于 1.5 mmAl；

——所有固定的附加滤过片必须用工具才能拆卸；

——在作为特殊应用给出的安装说明书中，应说明该 X 射线设备在 29.201.5 所要求的总滤过。

是否符合要求可通过验收，检验随机文件以及利用 29.201.3 和 29.201.8 中所叙述的试验加以验证。

29.201.4　X 射线源组件的滤过

有关 X 射线源组件的滤过必须符合下列要求：

——X 射线源组件可以配备不用工具便能安装、拆卸或选择单个或多个附加滤过片的装置。当提供

这种可选择的附加滤过片时,必须符合下列要求:

a)处于正常使用位置,必须能够识别;

b)如果有一可选择的附加滤过片,对X射线设备达到29.201.5中给出的总滤过的要求来说是必不可少的,则应提供由附属于高压发生器的控制系统来检测所适用的可选择的附加滤过片是否存在的措施。

注:有关联锁的这一要求,对涉及的X射线管组件中不可拆卸材料的最小质量等效滤过或固定的附加滤过片的预防措施没有任何要求的乳腺摄影X射线设备,具有特殊的重要性。

——在作为特殊应用给出的安装说明书中,应说明该X射线设备达到所要求的总滤过。

是否符合要求可通过验收,检查随机文件以及利用29.201.8所叙述的试验加以验证。

29.201.5 X射线设备的总滤过

在X射线设备的总滤过中,由投向患者的X射线束中的材料引起的总滤过应遵守下列规定:

——对钼靶且标称X射线管电压不超过50 kV的乳腺摄影专用X射线设备,总滤过应不小于由0.03 mm厚钼制K吸收边界式滤过片提供的滤过;

——对采用钼以外的材料的靶且标称X射线管电压不超过50 kV的乳腺摄影专用X射线设备,总滤过应等于某一质量等效滤过,而这个质量等效滤过应不小于用某些材料所提供的滤过,这些材料与靶材配合,应能使29.201.2得到满足;

——对标称X射线管电压不超过70 kV的齿科摄影专用X射线设备,总滤过应等于某一质量等效滤过,而这个质量等效滤过应不小于1.5 mmAl;

——对上述以外的X射线设备,总滤过应等于某一质量等效滤过,而这个质量等效滤过应不小于2.5 mmAl。

在保证X射线设备总滤过保持不小于所要求的数值,而且与29.201.2中半价层要求保持一致的前提下,可以降低原本存在于X射线设备核心部分的X射线源组件中的附加滤过。

是否符合要求可通过验收、检查随机文件及根据29.201.7、29.201.8、29.201.9所叙述的试验加以验证。

29.201.6 滤过片性能的指示

——X射线管组件必须标有不可拆卸材料的质量等效滤过或所涉及的材料的厚度,以及材料的化学符号。

——所加滤过片(包括K吸收边界式滤过片)用的每种材料的厚度和化学符号的标记必须便于识别。

——随机文件必须对所有的附加滤过片以铝或其他适用的基准材料的厚度表示的质量等效滤过连同用于确定其质量等效滤过的辐射质量一并给予说明。按K吸收边界式滤过片给出的任一质量等效滤过的值必须与不连续点的低能端相关联。

——在投向患者的X射线束内固定层的材料(X射线管组件中的附加滤过片和不可拆卸的材料除外)的标记,必须明确以铝厚度表示的质量等效滤过以及用于确定其质量等效滤过的辐射质量。标记可以在随机文件中以说明这些细节的参考书形式给出。

如果这些层的质量等效滤过加起来总共不大于0.2 mmAl,而且不想把这些层作为符合29.201.5所要求的总滤过中的部分来考虑,则不需要给这些层打标记。

是否符合要求,可通过对X射线管组件、滤过材料及附加滤过片的验收和检查随机文件加以验证。

29.201.7 不可拆卸材料的滤过试验

有关X射线管组件中不可拆卸材料的滤过,可通过增加阻挡X射线束材料的每一不可拆卸层的质量等效滤过值来确定。如果不能获得这种情况,则可按照YY0062中第3～4章确定质量等效滤过。如果X射线管组件标称X射线管电压超过70 kV,则用70 kVX射线管电压,其他情况则用标称X射线管电压。

29.201.8 附加滤过片的材料试验

确定附加滤过片的质量等效滤过和构成总滤过其中的一部分的材料的质量等效滤过，是在窄束条件下，按照产生和试验中被测材料相同的第一半价层所用铝厚度这个方法进行测量的。测量时，可采用纹波率小于10%的X射线管电压在70 kV所获得的第一半价层为2.5 mmAl的辐射线束。

如果是确定K吸收边界式滤过片的质量等效总滤过，可采用适合于不连续点的低能端的辐射质量。

29.201.9 半价层试验

在X射线设备以表204第二栏中给出的规定工作范围内选取的X射线管电压值运行时的窄束条件下，以正常使用范围内相应加载因素，测量第一半价层。

对于采用电容放电式高发生器的X射线设备，每次测量时，X射线管电压可按初始X射线管电压选取，按选取的那个电压选取正常使用中最大电流时间积。

29.202 辐射线束范围的指示与限制

注：29.201.1～29.202.9阐述了对有关应用所需的X射线束范围，以及将最大可用X射线束范围限制到与所规定的使用取得一致的值，以供操作者准确合理地选择。为了能实现可接收的剂量/利益平衡，所要求的各项措施是必需的。

29.202.1 X射线管外壳

X射线管只有装在配有限束装置的X射线管套内，构成X射线源组件的一部分，方可利用。

是否符合要求，可通过验收加以验证。

29.202.2 X射线管组件中的限束光阑

X射线管组件辐射窗不应比其指定应用所要求的最大X射线束所需要的大，如果有必要，可借助一固定尺寸的光阑(尽可能接近焦点装配)，将辐射窗限制到合适的尺寸上。

是否符合要求，可通过核对技术说明书以及设计数据加以验证。

29.202.3 焦点外辐射的限制

使用旋转阳极X射线管的X射线源组件，除了只规定作为乳腺X射线摄影用的X射线源组件外，其结构必须使穿过X射线源组件各辐射窗全部直线在距焦点1 m处垂直于基准轴的平面上形成的区域，不得超出最大可选取的X射线野边缘15 cm以上。

是否符合要求，可通过检查设计文件加以验证。在201图中，W_1表示距焦点1 m处垂直于基准轴的平面P内最大可选择X射线野的宽度；在W_1之外那部分用W_2表示，图中平面P内阴影部分就是焦点外辐射超过最大X射线野区域。如果W_2不超过15 cm，则满足该要求。

29.202.4 X射线设备线束的限制方法

在X射线设备中，X射线束范围必须通过下面给出的一种或一种以上的措施来加以限制：

——只规定摄影用且附带一种影像接收面，焦点至影像接收器距离又固定的X射线设备，可借助于某一固定的限束装置，而该装置只有一个单一固定尺寸的辐射窗；

——规定作为齿科全景断层摄影用的且采用口外X射线源组件的X射线设备，可借助于某限束装置，防止X射线束超出X射线影像接收器平面；

——规定作为手术期间间接透视用的且焦点至影像接收器距离固定以及影像接收面又不超过300 cm^2的X射线设备，可借助于能使影像接收器平面上的X射线野被减到125cm^2以下的某一装置；

——借助于一套可互换的或可选择的部件，以便能选择不同固定尺寸的辐射窗；

——借助于某一限束装置以便能在正常使用范围内通过手动或自动装置调节X射线束范围的。该装置应具有下列特点：

a) 在距焦点1 m处垂直于基准轴的平面上，可选择X射线野最小尺寸，其长、宽不超过5 cm；

b) 如果该调节不是连续的，那么在距焦点1 m处垂直于基准轴的平面上，X射线野长和宽可选择各档不超过1 cm；

c）如果该调节是自动的，通常除了由自动机构选择外，应允许操作者把X射线野尺寸降到上面a）中所要求的最小值，而不允许操作者增加X射线野尺寸，其操作必须按使用说明书中所描述的方法进行。

凡提供有X射线野尺寸自动调节装置的设备，使用说明书必须包括能检查其运行方法的详细说明，而且必须阐述如a）中所要求的可以减小X射线野尺寸的方法。

是否符合要求，可通过验收与功能试验及检查使用说明书加以验证。

29.202.5 设备上的指示

除下述a）～c）中声明之外，有关X射线束范围的信息必须在X射线设备上用显示方式给出指示。

X射线设备上的指示必须用数字、图形标记或符号给出下列信息：

——X射线乳腺摄影设备，正常使用时，在焦点到影像接收器距离可以选择的情况下，该指示必须阐明影像接收面，而且必须在患者支架表面和其他操作者容易接近的位置上给出；

——如果使用数字标记，标记必须显示出焦点到影像接收器的距离有代表性的一个或几个值下的有效X射线野的长和宽，还必须包括相对于其他有关的焦点到影像接收器距离的X射线野尺寸变化的信息。

——如果用图形标记或符号给出指示，图形标记或符号必须在适当的表面上(例如可以表示在容纳X射线影像接收器的装置的外表面)展示出如何把形成的X射线野与焦点到影像接收器的距离和限束装置可选择的组合或调节范围联系起来。如果这些标记不能明显地展示出获取的X射线野范围，这种情况必须在使说明书中作为例外情况给出。

在下列情况下，X射线设备上显示器不必给出指示：

a）在加载之前不需选择的情况下，操作者可随意以感兴趣的距离获得X射线野这种结构的X射线设备；

b）采用联锁结构的X射线设备，这种设备除非X射线野范围选择合理，否则将阻止加载；

c）透视时能显示出X射线野边线的那种工作方式的X射线设备。

是否符合要求，可通过验收和检查设备及随机文件加以验证。

29.202.6 对使用说明书的要求

为了对限束装置进行有效地选择、组合及调节，使用说明书必须包括有关在各种焦点到影像接收器的距离情况下所有X射线野的范围方面的内容，使操作者在加载之前依据其距离确定适合正常使用的X射线野范围。

是否符合要求，可通过验收和检查设备及使用说明书加以验证。

29.202.7 光野指示器的指示

关于规定作为摄影用的X射线设备，必须在适当的地方提供某种光野指示器，参与描绘患者表面上X射线野的位置。

如果提供有光野指示器，那么，在距焦点1 m处或在正常使用所规定的焦点到影像接收器最大距离处垂直于基准轴的平面上，光野指示器必须给出X射线的边缘，而且必须提供不小于100 lx的平均照度。

在该距离情况下，光野边缘处对比度，移动式X射线设备应不小于3，而其他X射线设备应不小于4。

在随机文件中，必须说明检验距焦点适当距离处的光野尺寸的方法。

是否符合，可通过检查随机文件和通过下述测试加以验证：

——如果给整个照射野照射，可按照接近光野四个象限中心位置测量结果的平均值确定平均照度。

——在其他各种情况下，可按在各照射面的中心(不少于4个点)的测量结果确定平均照度。

——对比度测量，采用的测量孔应不大于1 mm，把对比度看作I_1/I_2，其中I_1表示由光野边向内3 mm处照度，I_2表示由光野边向外3 mm处的照度。

——按环境照度修定测得的值。

29.202.8 标记与实际指示的精度

除下述a)～e)外，设备上的标记或说明书给出与29.202.4和29.202.5要求一致的X射线野尺寸，应与该指示有关的平面上沿其两个主轴测得的X射线野尺寸一致。二者之差，应不大于该平面到焦点距离的2%。

下列各项不必遵守这一要求：

a) X射线乳腺摄影专用设备中的X射线源组件；

b) 适合用口内X射线影像接收器进行齿科摄影的专用X射线源组件，可借助于一种或几种射束集光筒来实现对X射线束的限制，而每种射束集光筒都把X射线束限制在射束集光筒垂直于基准轴外端面直径不超过6 cm的圆周内；

c) 上述b)中描述的X射线源组件，额外规定用口外X射线影像接收器时，如果配有附加射束集光筒，在距焦点25 cm处的X射线野限制在直径不大于6 cm圆周范围内；

d) X射线齿科全景断层摄影设备中的X射线源组件，采用口外X射线源组件时，X射线束不能超出X射线影像接收器边界；

e) 适合在X射线野与患者之间以相对移动的方式进行狭缝扫描的X射线设备，即不能同时照射X射线照片的整个面的那种设备。

是否符合要求，可通过验收和检查设计数据及随机文件加以验证。在适当场合，同正常使用所采用的条件一样，在限束系统的调节位置及焦点到影像接收器的距离已做出选择且给出指示的情况下，沿其两个主轴测量X射线野大小。为计算起见，假定焦点到影像接收器距离等于设备上指示的值或在随机文件中说明的值，供调整时采用。

29.202.9 光野指示器指示的精度

在光野平面上，沿着X射线野每个主轴测量，X射线野各边与光野相应各边之间的偏差总数不应超过光野平面到焦点距离的2%。

是否符合要求，可通过测量所选择的平面内X射线野的两条主轴线上X射线野与光野相应边之间的偏差加以验证，而选择的平面距焦点距离都应在正常使用的范围内，且与基准轴垂直，其误差在3°范围内。

参照图202，在横轴上测得的偏差用a_1、a_2表示，在纵轴上测得的偏差用b_1、b_2表示。如果至焦点距离为S，则应满足下式：

$$|a_1| + |a_2| \leqslant 0.02\,S$$

$$|b_1| + |b_2| \leqslant 0.02\,S$$

29.203 X射线野与影像接收面之间的关系

注：29.203.1～29.203.4都是涉及X射线束安全准直同X射线影像接收面安全准直而提出的要求，以满足合理的各种规定的应用。所提的措施要求是为保证X射线设备在实施辐射时，对不能得到有用诊断信息的患者部位不会造成过度辐射危险应具备的能力而提出的。

29.203.1 基准轴的位置

基准轴的位置必须按下列方法表示：

a) 在随机文件中，有关正常使用中基准轴的有效位置，必须依据相关影像接收面的位置及其相关影像接收面的角度进行描述；

b) 如果X射线设备与所选择的影像接收面配有调节基准轴位置的机械装置，必须在该设备上给出某种指示，以便于把在对应于影像接收面所规定的X射线野上的位置视为与29.203.4所要求的一致；

c) 如果X射线设备配有调节基准轴与所选择的影像接收面之间角度的机械装置，必须在该设备上给出某种指示，以便于检验包括：

——基准轴垂直于所选择影像接收面时调节状态；

——或者基准轴与特殊影像接收面有一特殊角度时，在随机文件中所描述的调节状态。

是否符合要求，可通过验收、功能试验及对随机文件的检查加以验证。

29.203.2 焦点到影像接收面的距离

焦点到影像接收面的距离必须按下列方法指示：

——随机文件应包括正常使用所规定的焦点到影像接收面的距离的范围或详细说明；

——如果焦点到影像接收面的距离是可调的，并要求操作者在加载前知道所应用的距离时，通常所选择的值必须在设备上给出指示；

——指示精度必须使焦点到影像接收面的距离与设备上指示的对应值或随机文件中说明的对应值相差不大于5%。

注：焦点到影像接收面的距离的可允许非重复性及其在某一指示的量程范围内可允许的非线性，为了遵守其他一些要求，在本并列标准中，是通过X射线野的大小及其对应的影像接收面加以限制的，因为这些在焦点到影像接收面的距离指示的位置上都做过试验。

是否符合要求可通过验收、功能试验及对随机文件的检查加以验证，可实施测量时，可按照设备所选择的相应位置和调节位置测量焦点到影像接收器的距离来进行测量。

29.203.3 透视X射线束的中断

在透视，除非基准轴处于所规定的X射线野与影像接收面对应的位置，否则必须阻止加载。

在透视，如果没有调整限束系统，也应阻止加载。因此，在通常选择的焦点到影像接收器的距离情况下，X射线野不能超出影像接收面，即29.203.4所允许的数值，如果在下列情况下，这一要求对直接透视X射线成象装置可不必采用：

——如果是处于最大可选择的X射线野时，X射线野全部落在影像接收面范围内：

a）在焦点到影像接收器的距离为70 cm情况下；

b）或者如果在X射线源组件与患者之间有一个患者支架，焦点至含有X射线影像接收器的装置距离大于焦点至患者支架表面距离25 cm的情况下。

——或者，如果X射线野可能超出初级防护屏蔽并且使用说明书含有阻止在这种情况下工作的警告。

是否符合要求可通过验收、功能试验及对随机文件的检查来加以验证。

29.203.4 X射线野与影像接收面之间的对应关系

必须提供措施使X射线野能覆盖感兴趣的区域，并且在可行时，能覆盖照射量自动控制或强度自动控制的灵敏体积。

在正常使用中，为了使X射线野全部覆盖影像接收面，X射线野必须对应于影像接收面，其调节应在下列限制的范围内：

——如果X射线野是矩形的而影像接收器是圆形的，X射线野可以超出影像接收区域，但X射线野的长和宽均不得超出影像接收区域的直径。

——用于口内X射线影像接收器进行齿科摄影的X射线设备（无论有或没有额外使用口外X射线影像接收器的措施），应用不加任何限制。

——齿科全景断层摄影的X射线设备，X射线野必须全部在影像接收面的范围内。

——关于手术期间焦点到影像接收器距离固定的间接透视专用X射线设备，其中：

a）在辐射线束限于圆形X射线野的情况下，为了在矩形影像接收面上使用，应提供有使用X射线摄影暗匣架摄影的保证措施；

b）同时，影像接收器方向是可以选择的；

c）同时，X射线野最大直径不超过40 cm。

则X射线野的直径可以大于影像接收区域的对角尺寸，但不超过2 cm，如果X射线野可能超出初级防护屏蔽边缘，必须在使用说明书中阐明这一事实的警告。

——X射线乳腺摄影设备,X射线野:

a) 必须延伸至患者支架边缘(易接近于患者胸壁而设计的支架),但不得延出该边缘5 mm以上;

b) 在易接近患者胸壁而设计的影像接收面边缘之外,必须不得延至焦点到影像接收器距离的2%以上,而在其他三个边的任何一边必须不得延出。

——在X射线野无论采用上述哪一种不能与影像接收面对应的情况下,可采用下列要求:

a) 当影像接收器平面与基准轴垂直时,沿着影像接收面的两个主轴的每一个轴,X射线野各边与影像接收面的各对应边之间的偏差之和应不超过标示的焦点到影像接收器的距离的3%;

b) 两轴线的偏差之和应不得超过标示的焦点到影像接器的距离的4%。

是否与上述相关要求一致,可通过对设备的验收、使用说明书的检查以及对X射线野的测量加以验证。当提供辐射窗自动调节时,在进行测量前,允许有至少5 s的时间,因为自动机械装置要完成在试验中出现的任一调节。

在确定上述a)和b)要求的一致性时,要在基准轴与影像接收器平面垂直(偏差3°范围内)的情况下进行测量,在影像接收器平面上测得的偏差,如图203所示,用c_1、c_2和d_1、d_2表示,如果焦点到影像接收器距离为S,那么根据一致性要求应满足下式:

$$|c_1| + |c_2| \leqslant 0.03\ S$$

$$|d_1| + |d_2| \leqslant 0.03\ S$$

$$|c_1| + |c_2| + |d_1| + |d_2| \leqslant 0.04\ S$$

29.204 泄漏辐射

注:29.204.1~29.204.5包括了有关X射线管组件和X射线源组件泄漏辐射的要求,作为患者、操作者及其他工作人员的防护要求。

29.204.1 X射线源组件的安装

X射线源组件与X射线成像装置必须配备适合安装的装置,以便于在正常使用中加载期间不会用手把持。

是否符合要求,可通过验收加以验证。

29.204.2 基准加载条件的说明

各X射线管组件及X射线源组件的随机文件必须说明加载因素值,即使在标称X射线管电压下使用,也要对应于规定的每小时最大输入能量。为此,规定的每小时最大输入能量可看作:

——在可施加的X射线管电压下以间歇方式,按照摄影定额相当于1 h内总的电流时间积加载时所允许的值;

——或者相当于规定的最大连续热耗散的值。

取两者中较低的。

是否符合要求可通过检查随机文件加以验证。

29.204.3 加载状态下的泄漏辐射

X射线管组件和X射线源组件在加载状态下的泄漏辐射,当其在相当于规定的1 h最大输入能量加载条件下以标称X射线管电压运行时,距焦点1 m处,在任一100 cm^2的区域(主要线性尺寸不大于20 cm)范围内平均空气比释动能,应符合下列要求:

——采用口内X射线影像接收器的齿科摄影设备中规定使用的X射线管电压不超过125 kV的X射线源组件,不超过0.25 mGy/h;

——对于其他各种X射线管组件及X射线源组件,应不超过1.0 mGy/h。

是否符合要求可通过下列试验程序加以验证:

a) 将辐射窗完全封闭,以保证泄漏辐射的测量不受通过窗的辐射的影响。为此目的所采用的罩应尽可能紧密地封住辐射窗,但不能让它搭接到有效封闭范围以外。

b) 试验期间的加载:

1）在试验过程中，采用X射线管组件或X射线源组件的标称X射线管电压。如果该组件是电容放电式高压发生器，每次加载以标称X射线管电压作为初始X射线管电压；

2）在某一常规X射线管电流下，采用连续方式，或者在某一常规的电流时间积下，采用间歇方式。如果运行的是电容放电式高压发生器，在可采用的初始X射线管电压下，使用的单独加载不超过10 mAs，或者是可获得的最小电流时间积；

3）在试验期间的任何情况下，加载不得超过规定的定额。

c）必要时先通过测量对泄漏辐射会有怎样的影响来先确定组件正常使用所规定的设置及位态。在试验中，采用对一致性最不利的设置和位态的组合。

d）采用适当的加载因素，对距焦点1 m处的空气比释动能或空气比释动能率进行足够的测量，以建立整个球面上的泄漏辐射分布图。

e）将在实际使用的加载因素下测得的值统一到与在随机文件中所说明的基准加载条件（根据29.204.2）相应的1 h空气比释动能的值上。

f）考虑到允许在一定面积上取平均值（如29.204.3所述），对测量值进行必要的调整。

g）在理解所获得的结果过程中，如果这些结果有可能影响一致性结果的最终确定，可重复c）并且在其他调整位置和状态下，按照d）到f）再进行测量。

h）如果按试验程序获得的测量值均不超过要求的极限值，可以认为就达到一致性要求。

29.204.4 加载期间电压调节时的泄漏辐射

对电容放电式X射线发生装置中的X射线源组件，为了减少加载期间对初始X射线管电压的设置，在正常使用所规定的任何位态下必须满足29.204.3的要求。

是否符合要求可通过29.204.3所描述的试验程序加以验证，并做如下修改：

——取消a），为了在加载时减少对初始X射线管电压的设置次数，在辐射窗（而不是正常使用中所采取的措施）不封闭的情况下进行试验；

——c）和g）中，为了减少对初始X射线管电压的设置次数，只考虑适用于正常使用的那些设置和位态的组合。

29.204.5 非加载状态下的泄漏辐射

在非加载状态下，X射线管组件和X射线源组件在任何易接近表面5 cm处的泄漏辐射，在任一10 cm^2的区域（主要线性尺寸不超过5 cm）上所求平均空气比释动能率应不超过20 μGy/h。

是否符合要求，可通过下列试验程序加以验证：

——X射线设备、装置或组件在正常使用条件下运行，而不是在最不符合要求的加载状态下运行；

——在易接近的表面5 cm处，测量空气比释动能率，而且测量数量要满足建立整个表面上1 h泄漏辐射的分布图的要求；

——考虑到允许在各区域上求平均值，（如29.204.5所述），对测得的那些值进行必要的调整；

——如果通过试验程序获得的测量值均不超过所要求的极限值，可认为达到了一致性要求。

29.205 焦点至皮肤距离

注：29.205.1～29.205.3阐述的是为了使患者的吸收剂量在可合理实现情况下尽可能低，应避免使用不合理的短的焦点到皮肤距离。

29.205.1 X射线透视设备

X射线透视设备，必须提供在下列情况下可阻止使用的装置：

——如果X射线设备被指定在手术中透视用，焦点到皮肤距离小于20 cm；

——或者，在指定其他的用途方面，焦点到皮肤距离小于30 cm。

是否符合要求，可通过验收及测量来加以验证。

29.205.2 X射线摄影设备

指定作为摄影（包括头部摄影，但不包括齿科）用的X射线设备，其结构便于容许使用45 cm或以上的焦点到皮肤距离。

适合表205中所列的应用范围而规定的X射线设备，必须配备阻止使用焦点到皮肤距离小于该表中给出的最小值的装置。

表205 最短焦点到皮肤距离

cm

指定的用途	最短焦点到皮肤距离
可移动X射线设备的摄影	20
手术期间的摄影	20
几何放大乳腺摄影	20
在50 kV以下标称X射线管电压下，齿科摄影	10
在60 kV以上标称X射线管电压下的齿科摄影	20
在减小的焦点到皮肤距离条件下，采用口外X射线影像接收器的齿科摄影	6
齿科全景体层摄影	15

是否符合要求可通过检查及测量来加以验证。

29.205.3 随机文件中的内容

为了使患者的吸收剂量尽可能低且合理，使用说明书必须包括引起操作者注意的说明，即使用的焦点到皮肤距离尽可能大。

是否符合要求可通过对使用说明书的检查来加以验证。

29.206 X射线束的衰减

注：29.206.1～29.206.3阐述的是为了避免插入患者与X射线影像接收器之间的材料对X射线束过度衰减可能造成吸收剂量程度和杂散辐射程度不必要地高所需的要求。

29.206.1 X射线束通过各项的衰减

当表206中所列各项的衰减当量构成X射线设备中的一部分，并位于患者与X射线影像接收器之间X射线束路径中时，应不超过表中给出的最大值。

是否符合要求可通过29.206.3中所描述的试验来加以验证。

表206 X射线束中各项衰减当量

项目	最大衰减当量 mmAl
乳腺摄影项： 乳腺摄影X射线设备支撑床台(所有层的总数)	0.3
非乳腺摄影项： 暗盒架前面板(所有层的总数)	1.2
换片器前面板(所有层的总数)	1.2
托架板	2.3
患者支架、固定的、不带活动关节	1.2
患者支架、可移动的、不带活动关节(包括固定层)	1.7
患者支架、带有一个活动关节的透射性面板	1.7
患者支架、带有二个或数个以上的活动关节的透射性面板	2.3
患者支架、悬臂的	2.3
注 1 如辐射检测器这样的装置均不包括在表中所列的项目中。 2 所给出的要求都是和YY0010摄影暗匣、YY0095附录中增感屏及YY0012防散射滤线栅等衰减性能有关的。	

29.206.2 随机文件中的内容

随机文件必须说明表 206 中所列各项中每一项衰减当量的最大值和有关组成 X 射线设备的部分。

对于所规定的诊断 X 射线设备，若使用不属于同一或另一诊断 X 射线设备中的一部分的项目或附件，使用说明书必须包括由于位于 X 射线束中材料(如手术床)引起的可能有害的影响的说明，以便引起注意。

是否符合要求可通过对随机文件的检查来加以验证。

29.206.3 衰减当量试验

利用表 207 给出的参数产生 X 射线束，按与该待测材料衰减程度相同的铝厚度，根据在窄束条件下空气比释动能的测量结果，确定衰减当量。

表 207 试验衰减当量的参数

试验中项目的用途	X 射线管电压 kV	最大纹波百分比 %	第一半价层 mmAl
乳腺 X 射线摄影	30	10	0.3
非乳腺 X 射线摄影	100	10	3.7

29.207 一次防护屏蔽

注：29.207.1～29.207.3 阐述的是 X 射线设备配置适当程度且能衰减剩余辐射的一次防护屏，以保护操作者和其他工作人员的要求。

29.207.1 要求

对适合表 208a 中所示的应用范围的 X 射线设备，必须按照表 208b 中要求配备初级防护屏蔽。

下列情况必须满足这些要求：

——X 射线野与焦点到影像接收面的距离在正常使用情况下的各种组合；

——透视时，在各个角度情况下，即在基准轴与影像接收器平面之间在正常使用情况下所用的角度；

——摄影时，当基准轴与影像接收器平面垂直时。

如果加载因素只能由自动控制系统控制，随机文件必须包括获得试验用合适的加载因素的说明。

是否符合要求可通过验收、设计文件及随机文件的审查及按 29.207.2 和 29.207.3 所描述的试验加以验证。

29.207.2 剩余辐射衰减试验

试验程序如下：

a) 配备在初级防护屏外部区域中所必需的屏蔽，以免于测量没有透射过初级防护屏蔽的任何 X 射线辐射。

b) 使用可以使 X 射线设备工作的最小可选择的总滤过，同时移开规定可拆卸的防散射滤线栅和压迫装置。

c) 除乳腺 X 射线设备外，使用的体模应具有 40 mmAl 的衰减当量放置在 X 射线线束内时，尽可能靠近焦点。试验乳腺 X 射线设备时，不用体模。

d) 根据试验过程中规定的 X 射线设备用途，选择距离和辐射野尺寸的适当调整位置如下：

1) 乳腺摄影 X 射线设备，使用在最小的焦点到影像接收器的距离下的最大 X 射线野；

2) 间接透视 X 射线设备，即加载控制只能在防护区域内进行的设备，使用有利于间接透视的最大 X 射线野；

3) 直接透视 X 射线设备，即在 X 射线源组件与患者之间有一患者支架的设备，把患者支架与含有 X 射线影像接收器装置之间的距离尽可能调到 25 cm，使用该距离的最大 X 射线野；

4) 当不包括上述 1)、2)或 3)情况时，把焦点到影像接收器距离尽可能调到 70 cm，使用该距离下的最大 X 射线野。

e）把 X 射线管电压调到如表 208b 中所示的试验用合理值上。

f）利用已知的 X 射线管电流或电流时间积，测量空气比释动能率或空气比释动能，建立初级防护屏蔽后面的剩余辐射分布图，除了乳腺摄影 X 射线设备外，测量应在距易接近的表面为 10 cm 处进行，关于乳腺摄影 X 射线设备，采用 5 cm 的距离。

g）把在表 208b 中所示的基准加载因素条件下的测量结果归结到 1 h 空气比释动能或每次照射空气比释动能。

h）为了考虑允许在 100 cm^2 的区域上求平均值，对测得的值进行必要的调整。

j）适合于 29.207.1 要求的 X 射线设备在其他布局情况下，为了确定一致性，确保这样的所有布局将得到考虑，重复各种测量。

k）如果由该试验程序获得的测量值均不超过表 208b 中给出的允许最大的空气比释动能，可认为达到了一致性的要求。

29.207.3　衰减当量试验

试验用条件为：X 射线管电压为 100 kV，纹波率不超过 10%，X 射线束第一半价层为 3.7 mmAl。

根据在窄束条件下对空气比释动能的测量结果来确定衰减当量，并以铅层厚度表示，即同该待测材料具有相同衰减厚度的铅。

表 208a　应用种类

指　定　应　用	应　用　种　类
透视与摄影——操作者在患者附近	A
透视与摄影——从防护区域中控制摄影加载	B
手术中以固定的焦点到影像接收器距离的间接透视	C
采用可拆卸的摄影暗匣架进行直接摄影 （即为适合于手术中间接透视用 X 射线设备而配备）	D
乳腺摄影	E
胸部检查间接摄影	F
采用口外 X 射线影像接收器的齿科摄影	G
齿科全景摄影	H
头部摄影	J
该表中没有包括的其他摄影	没有要求

表 208b　一次防护屏蔽要求

应用种类依照表 208a	超出最大影像接收面的最小允许的范围	允许最大的空气比释动能或允许最小允许的衰减当量	适合一致性和试验的 X 射线管电压	适合一致性的基准加载因素	附加要求
A	30 mm	150 μGy/h	见注 5	见注 6	见注 8
B	30 mm 见注 1	150 μGy/h	透视用标称 X 射线管电压	见注 6	—
C	20 mm	150 μGy/h	标称 X 射线管电压	见注 6	—
D	见注 2	—	—	—	—

表 208b(完)

应用种类依照表208a	超出最大影像接收面的最小允许的范围	允许最大的空气比释动能或允许最小允许的衰减当量	适合一致性和试验的X射线管电压	适合一致性的基准加载因素	附加要求
E	见注3	每次照射 1 μGy	标称X射线管电压	见注7	—
F	见注4	每次照射 1 μGy	标称X射线管电压	见注7	—
G	10 mm	0.5 mmPb	—	—	—
H	10 mm	0.5 mmPb	—	—	见注9
J	10 mm	0.5 mmPb	—	—	—

注

1 在这种情况下,仅考虑透视用影像接收面。

2 对可拆卸摄影暗匣不必提供附加初级防护屏蔽,但在使用说明书中必须包括合理的警告。

3 初级防护屏蔽在贴近患者边至少应超出患者架的投影,而且在其他各边必须超出影像接收面,其超出不小于焦点到影像接收器距离的1%。

4 初级防护屏必须超出最大影像接收面,其超出不小于焦点到影像接收器距离的2%。

5 施加电压必须是透视标称X射线管电压,如果提供有点片装置,必须是摄影标称X射线管电压的66%,取两者中较大的。

6 基准X射线管电流必须是3 mA或对应于最大连续热耗散值,取两者中较小的。

7 基准加载因素必须是与按照摄影定额单一加载的最大输入量相对应的那些。

8 初级防护屏所要求的程度,周边必须相当于辐射窗的形状。

9 初级防护屏必须构成X射线设备整体的一部分。

29.208 杂散辐射的防护

注:29.208.1~29.208.6阐述的是X射线设备应包括的防止操作者和其他工作人员遭受杂散辐射的合理措施。所要求措施包括(尽可能采用的)依靠距离的防护,防护区中的控制,有效占用区的标志及特殊特征,防护装置中内含物,在手柄和控制装置的位置上对辐射控制及在随机文件中的说明。

29.208.1 依靠距离的防护

在下列情况下,假如X射线设备仅仅用于检查,并不需要操作者在正常使用中接近患者,按照29.208.2,如果没有控制防护区域的措施,可以通过控制摄影辐射距离(距焦点不小于2 m)和X射线束来达到对杂散辐射的防护:

——仅仅用于摄影而规定的可移动式X射线设备;

——适用于规定用口内X射线影像接收器进行齿科摄影的X射线设备;

——适合于手术透视用且带有摄影措施的X射线设备。

用这种方法防护时,在随机文件中必须包括提醒使用者和操作者注意需要使用防护用具和穿戴适合于工作负载的防护衣的说明。

是否符合要求可通过对设备的检验及随机文件的检查加以验证。

29.208.2 来自防护区域的控制

除非采用并已符合29.208.1的要求,否则,对仅仅适用于检查且在加载期间不需要操作者或工作人员接近患者而指定的X射线设备,在安装后,必须配备允许从防护区域执行下列控制功能的装置:

——操作方式的选择与控制;

——加载因素的选择;

——辐射开关的动作；

——另外，关于透视检查，X射线野尺寸及患者和X射线束之间至少两个正交相对移动的控制。

在随机文件中必须给出相关的说明。

随机文件必须包括在操作者和患者之间提供直观联络的装置的说明，以便提示使用者注意。

是否符合要求可通过对设备的验收以及对随机文件和组件说明书的检查来加以验证。

29.208.3 指定的有效占用区

适合操作者或工作人员在正常使用中接近患者进行放射检查用的X射线设备，无论是否符合29.208.1或29.208.2要求，必须具有至少一个供使用者和工作人员使用的有效占用区，而这个占位区在使用说明书中应给予指出。

按照该条指定的任一有效占用区，在地面上尺寸应不小于60 cm×60 cm，而且高度应不小于200 cm。

按照该条指定的每一有效占用区必须包括下列情况：

——指定所使用的有效占用区放射检查的形式；

——有效占用区的位置，标明在有代表性的外形图上，并说明其与X射线设备清晰可辨特征有关的边界位置；

——指定同X射线设备一起使用的可拆卸防护装置的识别以及关于其应用和使用的合理情况。

是否符合要求可通过对设备的验收以及对使用说明书的检查加以验证。

注：关于在有效占用区内杂散辐射程度和防护装置的有效性方面的措施的建立，参照附录AAA。

29.208.4 限制杂散辐射的有效占用区

下列要求(对29.208.3的补充)适用于胃肠检查专用X射线设备指定的有效占用区，包括倾斜患者支架、床下X射线源组件及患者支架上方的点片装置：

——用于在患者支架处于在水平位置情况下的检查所指定的有效占用区必须接近于水平患者支架一边。

——用于在患者支架处于垂直位置情况下的检查所指定的有效占用区必须给予固定，以便于垂直的患者支架到有效占用区最短距离不超过45 cm。

——杂散辐射的程度，按照患者支架的方向和地板上方可应用区高度，应不超过表209中给定的值。

——使用说明书必须：

a) 引用在每一可应用高度的区域内空气比释动能允许最大的极限(见表209)并说明不超过这些极限的理由；

b) 说明确定一致性的加载因素，其试验按29.208.6中描述的方法，如果加载因素只能由自动控制系统控制，还应说明获得这些加载因素的程序；

c) 说明任一可拆卸防护装置的标识和应安装的位置，即在一致性试验期间防护装置所处的位置。

是否符合要求可通过对随机文件的检查以及按29.208.6所描述的试验来加以验证。

表209 有效占用区内的杂散辐射

患者支架方位	有效占用区内高度的区域(地板上方) mm	1 h允许最大空气比释动能 mGy
水平或垂直	0～40	1.5
水平	40～200	0.15
垂直	40～170	0.15

29.208.5 手柄及控制装置

X射线设备的设计及构成，必须便于将在加载中需要触摸的手柄及控制装置均置于X射线束之外。

有关胃肠检查专用 X 射线设备(装有倾斜的患者支架、床下 X 射线源组件以及在患者支架上方的点片装置),在有效占用区外部固定的,并在加载时需要操作者或工作人员触摸的手柄和控制装置的位置上,空气比释动能率应符合:

——偶而并瞬间触摸,不超过 1.5 mGy/h;

——其他情况不超过 0.5 mGy/h。

使用说明书必须列出手柄和控制装置适合本条空气比释动能极限要求的位置,给出每一相应位置的极限,使用说明书还必须说明可应用的极限和在所要求的试验条件下不超过所应用极限的声明。

是否符合要求可通过对设备的验收,在可行的地方,可通过 29.208.6 要求的试验和对说明书的检查来加以验证。

29.208.6　杂散辐射试验

用下列试验程序来确定杂散辐射程度:

a) 用一外部尺寸为 25 cm×25 cm×15 cm 的水等效体模,由壁厚不超过 10 mm 有机玻璃(PMMA)构成,或者使用具有相同 X 射线衰减系数的材料。

b) 尽可能按照图 204～207 中所示的布局和尺寸。

c) 使用 X 射线管电压为透视用标称 X 射线管电压,或适合用点片装置摄影的标称 X 射线管电压的 66%,取二者中较高的值。

d) 使用的 X 射线管电流为 3 mA,或者相当于 X 射线管组件最大连续热耗散的值,取二者中较小的值。

注:如果加载因素只能靠自动系统来调节,请按照随机文件所描述的程序来获得所要求的加载因素,另外,可采用所提供的人工调节方法。

e) 按照 X 射线设备典型的布局,对空气比释动能率进行足够次数的测量来确定各个感兴趣区域内的最大值。如果 X 射线管电流不是常量,而是脉动的,可在一适当的时间内求空气比释动能率的平均值。关系到一致性时,可把测量装置调整到表示 500 cm^3 体积的程度(其主要线性尺寸不超过 20 cm)上。

f) 如果测得的值(即按 e)所描述的调节和求的平均值)不超过有关的区域内 1 h 允许最大空气比释动能的程度,可认为达到一致性的要求。

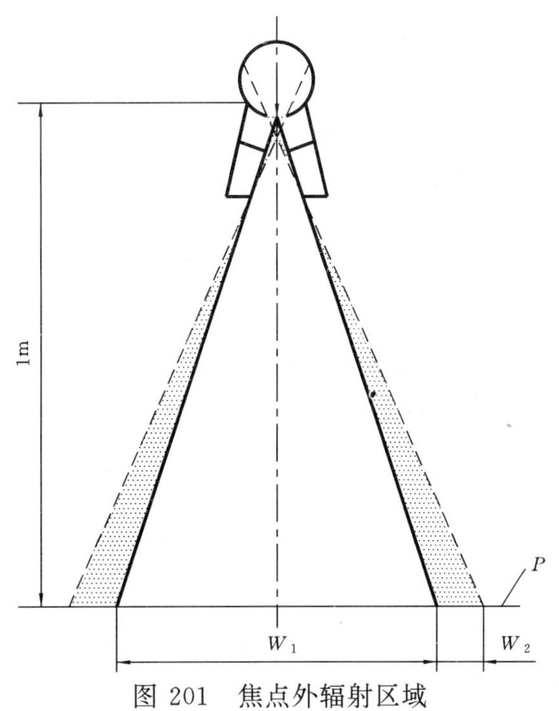

图 201　焦点外辐射区域

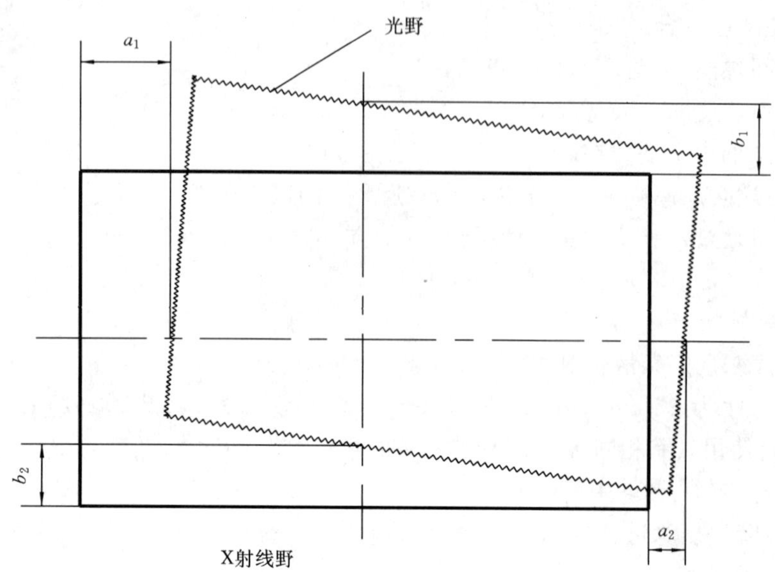

图 202　光野指示器与 X 射线野偏差

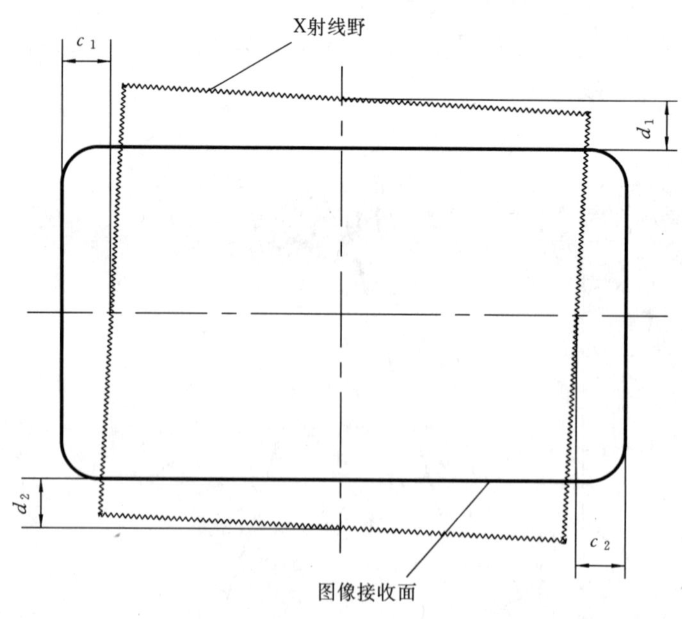

图 203　覆盖图像接收面的偏差

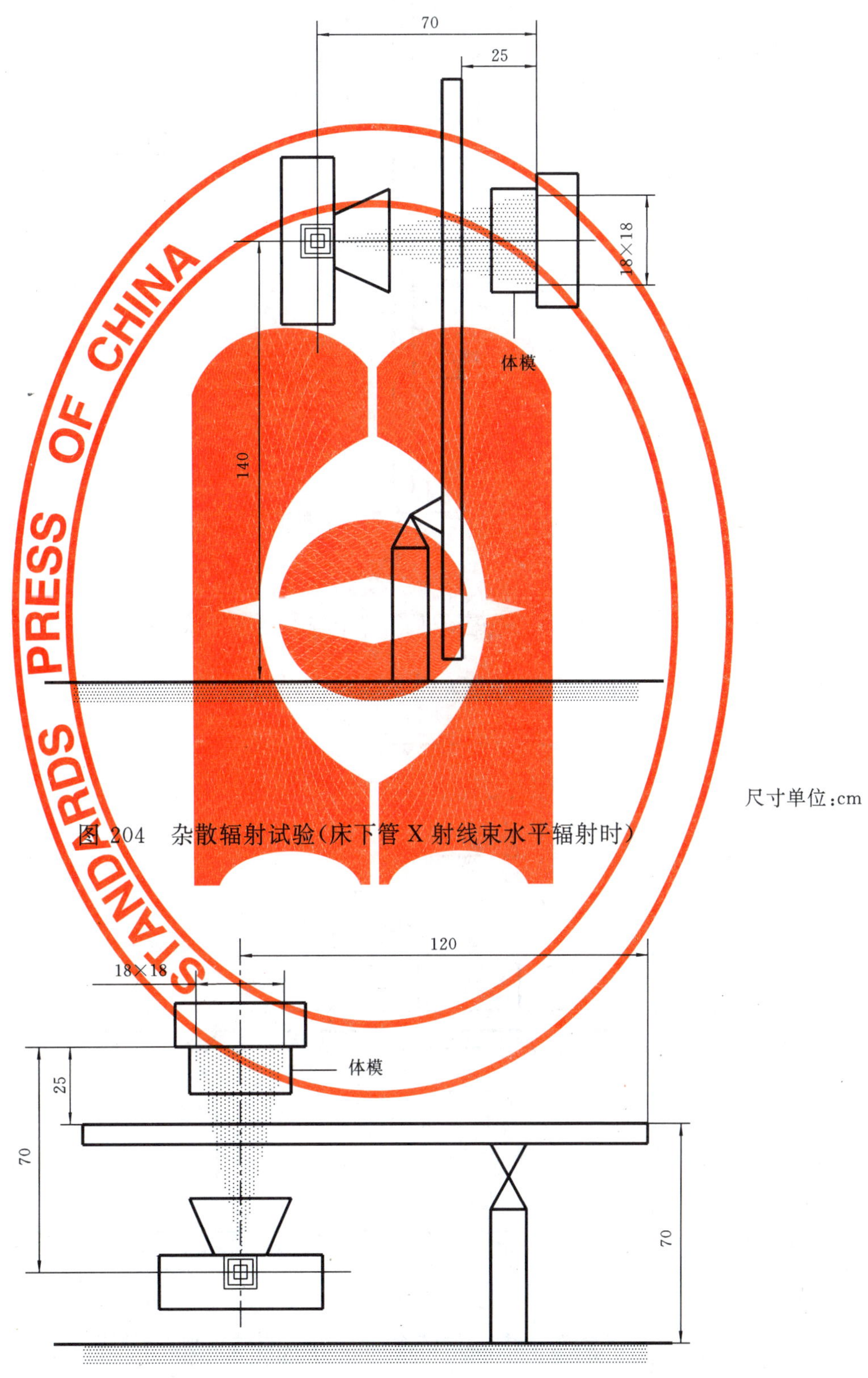

图 204 杂散辐射试验(床下管 X 射线束水平辐射时)

尺寸单位:cm

图 205 杂散辐射试验(床下管 X 射线束垂直辐射时)

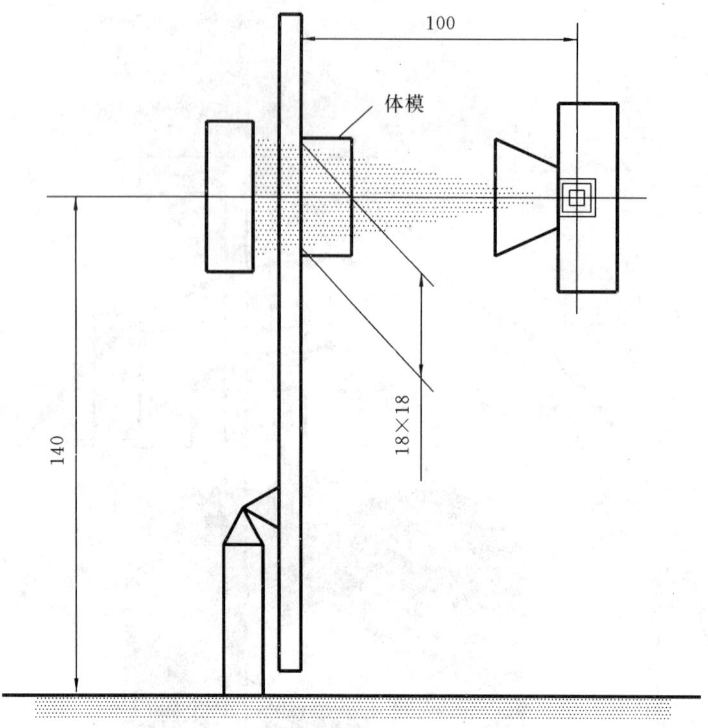

尺寸单位:cm

图 206 杂散辐射试验(床上管 X 射线束水平辐射时)

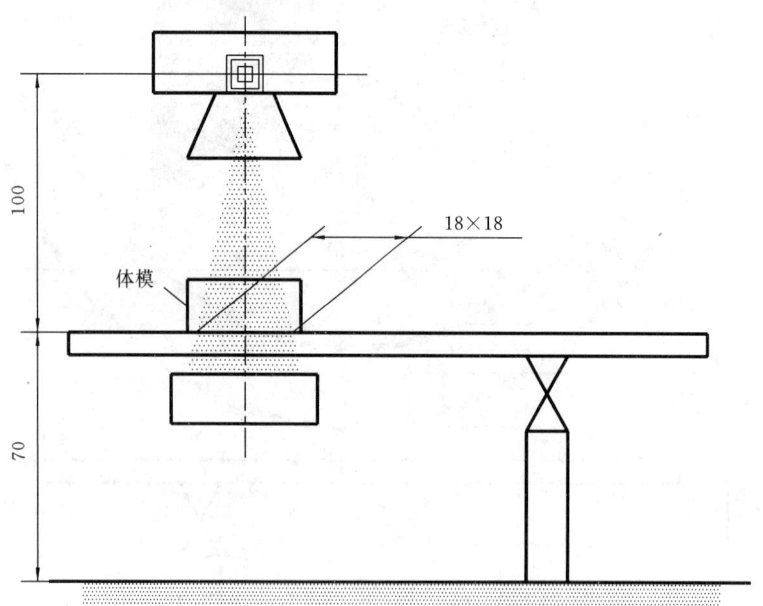

尺寸单位:cm

图 207 杂散辐射试验(床上管 X 射线束垂直辐射时)

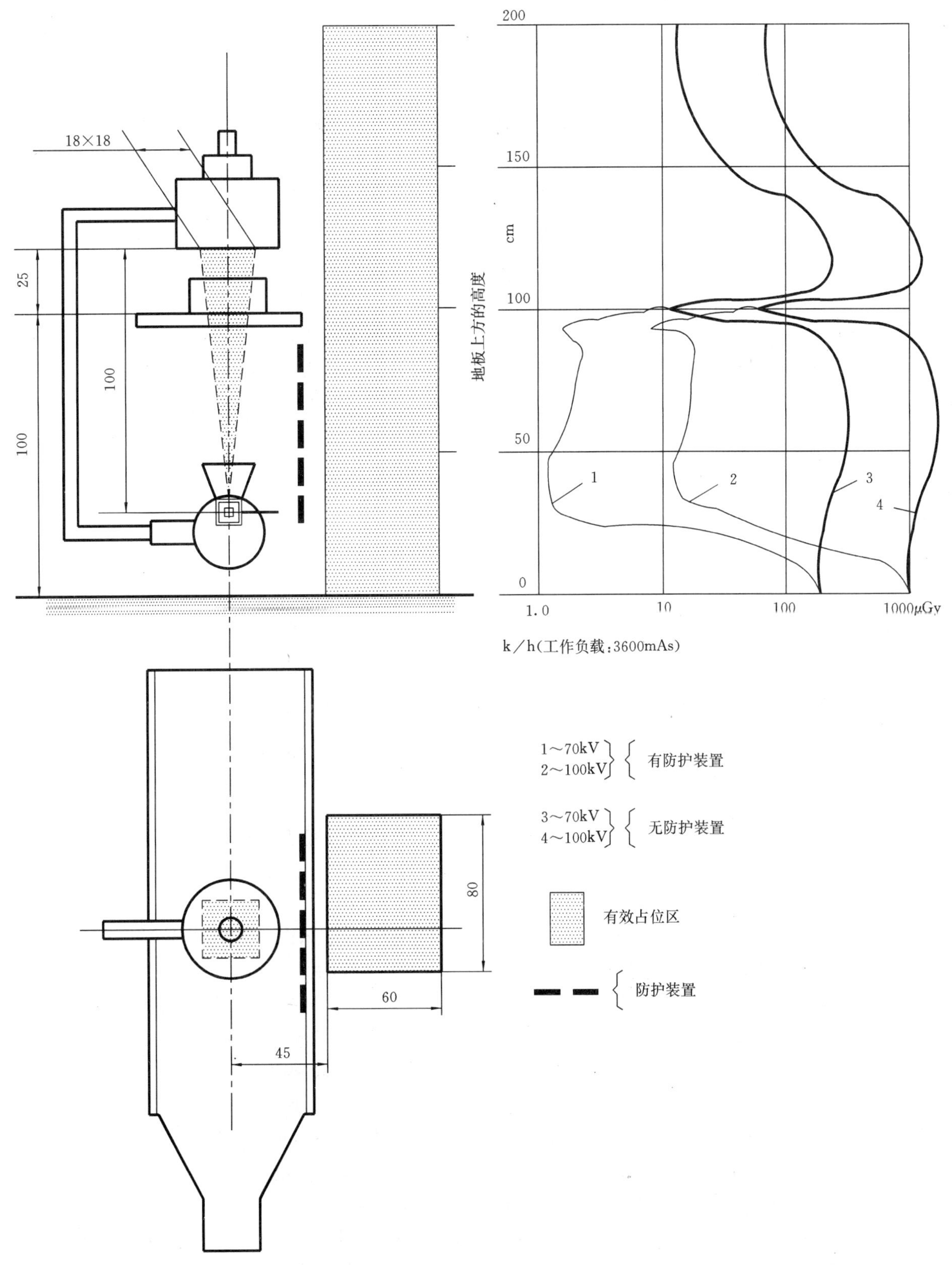

尺寸单位:cm

图 208　关于杂散辐射数据表示的举例

附 录 AAA
（提示的附录）
关于杂散辐射防护措施的建议

理由：

在放射检查中，往往需要操作者或其他工作人员在加载期间接近患者，而这些人员可能接受杂散辐射的总量的有效分布通常是由X射线束内的患者和其他物体发出的散射线辐射所决定的，提供有效地防止这种散射线辐射的范围，是根据避免过分限制相应诊断程序的管理方式的需要进行限定的。

在29.208.3中，要求的有效占位区是针对X射线设备的用途而指定的，而且这些区域的范围是被确定的。29.208.4适用于一般且十分频繁作胃肠检查类的X射线设备，有关杂散辐射的范围适用于这类设备规定的区域，在使用说明书中应说明可用范围且声明其均在可用范围内，在应用时，这些要求可提供统一的依据，供建立有关人员的防护方面的地方法规和指导文件时采用，因为这些要求考虑了地方环境和主要工作量。

对其他类型的X射线设备，了解有效占位区杂散辐射的程度，在确定安全工作环境方面有着密切地联系。在本附录中提出的建议，是作为确定并阐述29.208.3要求的X射线设备至少有一个指定的有效占位区内杂散辐射的程度，但29.208.4的要求并不适用于本附录中建议。

AAA.1 要提供的情况

X射线设备使用说明书中，对29.208.3所要求的每一指定的有效占位区，下面的附加情况应当给予说明，在这里，29.208.4的要求不适用：

——已明确的有代表性的工作条件下，有效占位区相对于地面高度内的杂散辐射分布图；

——所用的试验布局方面的详细资料；

——获取试验用的加载因素的说明，即便是单独由自动控制系统控制的。

AAA.2 表示方法

有关有效占位区的位置及范围的情况应当与按照29.208.3给出的情况联系起来，以便于帮助操作者或其他工作人员确定合理的安全工作程序。图208是作为这种表示方法的一个例子给出的。

AAA.3 试验方法和参数

测量有效占位区内空气比释动能率基本试验方法，应当是用一个体模代表患者。这些测量都是在下面e)中说明的X射线管电压下及适宜的X射线管电流或电流时间积下(即均在有关的X射线源组件额定范围内)进行的。测量结果再归并到表示1 h或1年中工作量的电流时间积，并用那个时间内空气比释动能，作为地面高度的函数，阐述测量结果。有关试验条件及参数如下：

a) 试验应当在正常使用的X射线束有代表性的方位下进行。比较典型的方位如图204～207所示。

b) 焦点、体模的位置及其他可调位置和距离应当采用图204～207所示的那种比较典型位置，但普遍在正常使用中采用的其他距离，如果这样获得的情况对使用者十分有益，应当被采用。

c) 一般地说，29.208.6a)中所述的体模将是适用的，但是，如果正常使用包含对特殊尺寸的X射线束(例如：乳腺摄影或胸部检查)应使用不同的尺寸的体模。

d) 空气比释动能测量值应当在500 cm^3 体积上(主线性尺寸不大于20 cm)求平均值。如果X射线管电流不是常数，而是脉动的，空气比释动能测量应在适当时间周期上求平均值。

e) 用于测量的X射线管电压应当按下列要求进行选择：

1) 供透视和带有一个点片装置摄影用的X射线设备而言，选择供透视用的标称X射线管电压或采用点片装置摄影时的标称X射线管电压的66%，取较高值；

2) 其他摄影X射线设备，选择摄影时的标称X射线管电压；

3) 专供摄影用的 X 射线设备，若在患者位置附近有一个或多个指定的有效占位区(例如：适合乳腺摄影或胸部检查的 X 射线设备)，选择摄影用的标称 X 射线管电压；

4) 如果预知 X 射线设备主要在某一与上述给出的那些不同的 X 射线管电压下使用，希望对基于在那个值下的附加测量的附加情况进行说明。

AAA.4 典型的工作量

为了使对杂散辐射的测量取得一致，选择相当于在某一适当的时间内反映 X 射线设备使用特征而考虑的工作量的电流时间积。下列推荐的数值，可供采用：

a) 乳腺 X 射线摄影设备，该数值应当以每年规定 X 射线设备能够拍摄 X 射线照片的最大数量为基础。按常规，电流时间积(1 年内)应等于该数值与按照摄影定额，在试验用的 X 射线管电压下，单次辐照所允许的最大电流时间积的乘积；

b) 胸部检查 X 射线设备，这个值应当以每年拍摄 50 000 张照片为基础。如果规定采用屏片组合进行直接摄影技术，就应当假定每张照片要求 5 mAs，那么一年就需要 250 000 mAs 的工作量；

如果规定用荧光屏进行间接摄影技术，就应当假定每张照片要求 20 mAs，那么，一年将需要 1 000 000 mAs的工作量，对于用于胸部检查的其他技术，c)适用；

c) 在这里，对即不是 a)也不是 b)的场合，采用每小时 3 600 mAs 的工作量是适宜的。

附 录 BBB
(提示的附录)
限定的术语索引

附　录　CCC

（提示的附录）

随机文件、使用说明书和安装说明书涉及的标准条文

ICS 11.040.60
C 43

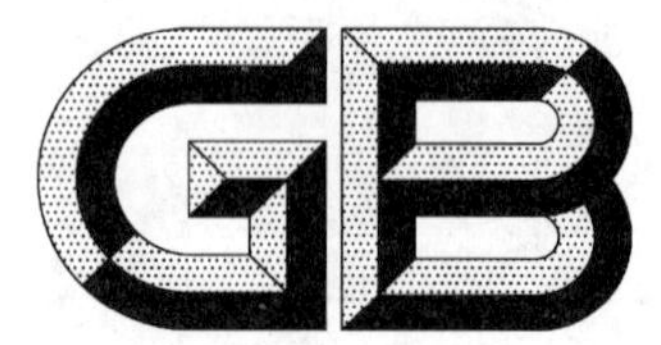

中华人民共和国国家标准

GB 9706.13—2008/IEC 60601-2-17:2004
代替 GB 9706.13—1997

医用电气设备 第2部分:自动控制式近距离治疗后装设备安全专用要求

Medical electrical equipment
Part 2:Particular requirements for the safety of automatically-controlled brachytherapy afterloading equipment

(IEC 60601-2-17 :2004,IDT)

2008-12-15 发布　　2010-02-01 实施

中华人民共和国国家质量监督检验检疫总局
中国国家标准化管理委员会　发布

前　言

本部分的全部技术内容为强制性。

《医用电气设备》的安全系列标准由两部分构成：

——第1部分：安全通用要求；

——第2部分：安全专用要求。

本部分为安全专用要求，是GB 9706的第13部分。

本部分等同采用IEC 60601-2-17:2004《医用电气设备　第2部分：自动控制式近距离治疗后装设备安全专用要求》。

为便于使用，本部分做了下列编辑性修改：文中"本标准"改为"本部分"。

本部分代替GB 9706.13—1997《医用电气设备　第二部分：遥控自动驱动式γ射线后装设备安全专用要求》。

本部分与GB 9706.13—1997相比，在如下方面做了修改：

——标准的名称由《遥控自动驱动式γ射线后装设备安全专用要求》改为《自动控制式近距离治疗后装设备安全专用要求》；

——本部分比GB 9706.13—1997的适用范围广，适用于所有采用后装技术对患者进行近距离治疗的自动控制式设备，包括有且仅使用β、γ和中子密封放射源的后装设备；

——本部分的并列标准GB 9706.15—2008、IEC 60601-1-2和IEC 60601-1-4相对GB 9706.13—1997由不适用变为适用。

本部分的附录L为规范性附录，附录AA为资料性附录。

本部分由国家食品药品监督管理局提出。

本部分由全国医用电器标准化技术委员会放射治疗、核医学和剂量学设备分技术委员会(SAC/TC 10/SC 3)归口。

本部分的起草单位：中国核动力研究设计院设备制造厂、北京市医疗器械检验所。

本部分主要起草人：周建明、宋连有、韩勇、焦春营。

本部分所代替标准的历次版本发布情况为：

——GB 9706.13—1997。

引　言

如果近距离后装治疗设备未能给予患者规定的剂量或设备的设计不满足医用电气设备安全标准的要求，那么使用近距离后装治疗设备可使患者受到损害。如果设备本身未能将放射源充分地屏蔽在贮源器内和(或)治疗室的屏蔽设计不够充分，那么设备也可能会使设备附近的人员受到损害。

本专用标准确定了制造商在设计制造自动控制式近距离治疗的后装设备时应遵照的要求，但不详细说明设备的最佳性能要求，其目的是确定与设备基本安全操作有关的功能部件的设计。本专用标准对降低设备性能设置限制，当超过该限制范围则能认为存在一个故障状态，联锁装置能使放射源返回贮源器内，然后防止设备的继续运行。

医用电气设备
第2部分:自动控制式近距离治疗后装设备安全专用要求

第一篇　概述

除下列修改外,GB 9706.1—2007《医用电气设备　第1部分:安全通用要求》(以下简称《安全通用要求》)的章条适用。

1　适用范围和目的

除下列修改外,《安全通用要求》的该章适用。

1.1　适用范围

补充:

1.1.101　本专用标准规定了用后装技术对患者进行近距离治疗的自动控制式设备的安全要求。

1.1.102　本部分规定了自动控制式后装设备的要求,此设备

——含有且仅使用β、γ和中子密封放射源;

——能自动将密封放射源从贮源器送至施源器内的治疗位置和从治疗位置返回贮源器;

——设计成与患者有接触;

——源驱动机构应按预置程序由控制计时器或定时装置控制,自动地完成放射源的移动。控制计时器或定时装置可以是可编程电子子系统PESS(计算机或微处理器),也可以是不可编程电子系统。

1.1.103　本部分规定要求设备

——在合格人员的监督下使用;

——定期维护;

——由用户定期检修。

本部分对所使用的密封放射源的要求不作规定,对密封放射源要求由其他标准规定(见6.8.3)。

1.1.104　本部分的要求基于下列假设:

——治疗计划是有效的,并给出了恰当的治疗参数值;

——设备使用的放射源源强是已知的。

为确保设备能完成预置的治疗参数,本部分特别要求:

——选用的放射源按选定的组合可在施源器内相对于施源器定位和移动;

——按选定的照射时间,由选定的放射源组合给予辐照;

——设备对操作者或周围其他人员不会造成不必要的危害。

1.2　目的

代替:

本专用标准的目的是制定自动控制式近距离治疗后装设备的安全专用要求及检验的试验规范。本专用标准只提出安全所需的总的功能要求,而不提供其实现的专用技术方法。

1.3　专用标准

补充:

1.3.101 与通用标准的关系

本专用标准的理解要结合 GB 9706.1—2007《医用电气设备 第1部分:安全通用要求》(以下简称为通用标准),本专用标准是通用标准的补充和修改,检验试验中同时要遵循通用标准中的要求。

本专用标准的篇、章、条的编号与《通用标准》的相一致。对于《通用标准》及其并列标准文本的变更,用下列各词表示:

"代替",指《通用标准》中的章或条完全由本专用标准的章或条代替。

"补充",指本专用标准的条文补充到《通用标准》的要求中。

"修改",指《通用标准》中的章或条文如本专用标准条文所表示的那样做了修改。

对于补充到《通用标准》中的条、图或表格从101开始编号,补充的附录用字母AA、BB等标明,补充的项目用aa)、bb)等表示。

术语"本部分"是指必须同时参考通用标准和本专用标准。

本专用标准中没有相应的篇、章或条之处,则《通用标准》中的篇、章或条适用,不做更改。

需要指出的是,《通用标准》中的任何不适用的部分,在本专用标准中已给出了说明,尽管这些部分可能与本专用标准相对应。

本专用标准的要求优先于通用标准的相应要求。

1.3.102 与其他标准和文件的关系

注:见附录L(规范性附录)。

1.5 并列标准

补充:

1.5.101 GB 9706.15—1999

该并列标准的所有条适用。

1.5.102 IEC 60601-1-2

该并列标准的所有条适用。

1.5.103 GB 9706.12—1997

该并列标准不适用。

1.5.104 IEC 60601-1-4

该并列标准的所有条适用。

2 术语和定义

除下列修改外,《安全通用要求》的该章适用。

补充:

在《安全通用要求》及其并列标准中给出的和下列各项术语和定义适用。

注1:本专用标准的术语索引以字母顺序列出了已定义的术语及其原始参考文件。

注2:在本专用标准中,辐照是指在治疗位置和治疗时间内使患者接受治疗的整个过程,放射源的传送时间不属于治疗时间。

注3:在本专用标准中,术语"操作者"表示在治疗期间控制近距离治疗设备的人员;术语"用户"表示对近距离后装治疗设备的使用和维修负责的单位和个人。术语"放射治疗医师"和"放射治疗专家"未被本专用标准使用,表示观测和负责给定患者治疗处方剂量的人员。

2.1 设备部件、辅件和附件

补充定义:

2.1.101

缩写语 abbreviations

在本部分中使用了下列缩写语:

——PESS 可编程电子子系统;

——SFC 单一故障状态;

——TCP　治疗控制台。

2.1.102

β 源强度　beta source strength

在水中沿 β 源中垂线 2 mm 处的吸收剂量率，其单位是 Gy/s。

2.1.103

近距离治疗　brachytherapy

利用一颗或一颗以上的密封放射源作腔内的、组织间的、浅表的和管内的放射治疗。

2.1.104

继续治疗　continuation

放射治疗中，辐照中断后不重新选择运行条件而重新启动治疗。

2.1.105

驻留时间　dwell time

放射源或放射源链在选定治疗位置的停留时间。

2.1.106

γ 源强度　gamma source strength

用于近距离治疗的 γ 源的参考空气比释动能率，用 1 m 处的 Gy/s 表示。

注：允许采用倍数表示法(千分之一、兆等)。

2.1.107

启动辐照　initiation

放射治疗中，当通过完成选择并验证了运行条件而不是由辐照中断达到准备状态时，从准备状态开始辐照。

2.1.108

辐照中断　interruption of irradiation，to interrupt radiation

在辐照终止前停止辐照，这种停止具有不重新选择运行条件而继续治疗的可能性。

2.1.109

管内放射治疗　intraluminal radiotherapy

利用或不利用施源器将一颗或一颗以上的放射源引入人体内腔(如血管、呼吸道、胃肠道等)进行的放射治疗。

2.1.110

中子源强度　neutron source strength

用于近距离治疗的中子源的剂量率，用 1 m 处的 Gy/s 表示。

2.1.111

合格人员　qualified person

由主管部门承认具有从事某种职业的专业人员。

2.1.112

放射源链　radioactive source train

用于后装设备的密封放射源的某种排列，可以由非放射性隔离件隔开，在每次辐照前可以永久性地或选择性地组合在一起。放射源链的选择通常是为了给出一种特定剂量分布。

2.1.113

参考空气比释动能率　reference air kerma rate

在空气中经过衰减及散射校正后，参考距离为 1 m 的空气比释动能率。

注：参考空气比释动能率 K_R 相似于美国所用的空气比释动能强度 S_K，它等于自由空间中的空气比释动能率和沿放射源中垂线从放射源中心到标定点的距离平方的乘积。

2.1.114

源强　source strength

用于指定设备的放射源的γ源强度、β源强度或中子源强度。

2.1.115

辐照终止　termination of irradiation

放射治疗中，停止或防止进一步的辐照(如：返回预备状态)，并且在没有重新选择和重新确认运行条件时，无重新启动辐照的可能性。

2.1.116

传送　transit

放射源由贮源器传送到治疗位置或由治疗位置传送到贮源器的过程。

2.1.117

治疗参数　treatment parameter

在放射治疗期间，说明患者辐照方面的参数，如辐照能量、吸收剂量、治疗时间。

2.1.118

治疗时间　treatment time

治疗包括的所有驻留时间的总和。

3　通用要求

《安全通用要求》的该章适用。

4　试验的通用要求

除下列修改外，《安全通用要求》的该章适用。

4.1　试验

补充：

为安全地完成试验应谨慎小心。例如：若有可能，采用模拟源。在本专用标准中所述的型式试验，也可用于制造者和安装者在制造和安装装配时所进行的常规测试。

5　分类

代替：

设备及其应用部分必须用在第6章中规定的标记和(或)识别标志来分类。这包括：

5.1　按防电击的类型分：

在本部分范围内的设备应是Ⅰ类设备。

5.2　按防电击的程度分：

除非另有规定，在本部分范围内的应用部分应是B型应用部分。

5.3　按对有害进液的防护程度分(见GB 4208)：

除非另有规定，在本部分范围内的设备应是无专门防护的设备(IPX0)。

5.4　按制造厂推荐的消毒、灭菌方法分。

5.5　按有易燃麻醉气与空气的混合气或和氧或氧化亚氮的混合气情况下进行使用的安全程度分：

除非另有规定，在本部分范围内的设备应是不能在有易燃麻醉气与空气的混合气或和氧或氧化亚氮的混合气情况下进行使用的设备。

5.6　按工作制分：

在本部分范围内的设备应是适合连续工作的设备。

6 识别、标记和文件

除下列修改外,《安全通用要求》的该章适用。

6.1 设备或设备部件的外部标记

z) 可拆卸的保护装置

代替:

当设备不适用于可选择的两种以上的应用(即:为了应用某一特殊功能而拆掉某一保护装置)时,应当对设备进行声明。

通过检查随机文件来检验是否符合要求。

补充项目:

aa) 在设备的适当部位应有清晰易认的、永久性固定的标记,以表示出:
   1) 为设备设计的每一种放射性核素的最大总源强;
   2) 表明可能有放射性危险的电离辐射符号(见 GB 18871—2002 附录 L);
   3) 如果贮源器被规定只能用在限制进入的治疗室内(见 30.1.1);
   4) 如有附加的外部供应(例如压缩空气)。

bb) 对于有多颗放射源的设备,应有一个永久性的附加手段(如 PESS)以方便选择和识别各通道选定的放射源。

cc) 设备应有永久性的附加装置,以指示出存放于贮源器内的放射性核素的名称、源强及标定日期。

dd) 每一个可互换的施源器,在施源器的适当部位或其包装上应有永久性的单独的识别标记。

ee) 具有临床上明显不对称性(例如弯曲型或局部防护)、并能以不同方位插入患者体内的刚性施源器,除在随机文件中推荐采用射线照相或其他适当的检验方法外应有可鉴别其插入后方位的标记。

注:某些管理部门要求近距离治疗源的活度(例如:Ci 或 Bq)也应标出。

6.7 指示灯和按钮

a) 指示灯颜色

代替:

当指示灯用在治疗控制台或其他控制台上时,其灯光颜色应符合下列规定:

要求对意外的运行状态立即采取紧急措施:红色;

放射源处于治疗位置:黄色;

放射源处于传送中:黄色(闪烁);

准备状态:绿色;

设备电源开关合上,但尚未达到准备状态:白色。

设备的状态应指示,除了颜色外还可以由指示灯的形状或位置或伴随的文字等来指示。

除了在患者附近进行操作的后装设备,在治疗室内而非在控制台上用于指示放射源是处于传送中或治疗位置的指示灯颜色宜为红色。这种颜色要求用户在治疗室内观测到红色指示灯应立即采取紧急措施。

6.8 随机文件

6.8.2 使用说明书

d) 与患者接触部件的清洗、消毒和灭菌

补充:

使用说明书应包含有:在对施源器进行湿态或蒸汽消毒时,施源器内腔有残留液体,随后将残留液体带到系统的其他部件中可能发生危险的警告。这些警告应包括残留液体对密封放射源和源驱动机构的腐蚀性损害的危险。

e) 由网电源供电并带有附加电源的设备

代替：

使用说明书应包含有：对电池及其他内部附加电源进行定期检验、维修和充电的操作方法和推荐周期。

补充项：

aa) 检验联锁装置

使用说明书应包含有：对所有联锁装置进行检验的操作方法和推荐周期。

bb) 检验连接器的安全性

若设备有放射源至源驱动机构以及通道至施源器的连接器，使用说明书中应包含有检验连接器安全性操作程序的说明。

cc) 控制计时器故障后所需的专用程序

使用说明书应包含有：对控制计时器故障后所需的专用程序的说明(见 30.3.2)。

dd) 放射源返回贮源器的故障

使用说明书应包含有：在放射源返回贮源器时出现故障的情况下采取的推荐操作程序和所需应急装置的建议。

ee) 传送剂量

使用说明书应包含有：指定放射源自贮源器传送到治疗位置及其返回途中，在 50.1.4 规定位置上的空气比释动能(或吸收剂量)的资料。

使用说明书应建议确定预期的总的传送剂量，必要时，允许在剂量计算中予以考虑。

使用说明书应包含有警告：若在治疗过程中多次自贮源器送出和收回放射源，则可能影响处方剂量的准确性。

ff) 对通道和施源器的限制

使用说明书应规定：

——正常运行所允许特定内径的施源器及通道的最小弯曲半径；

——不能满足 50.2.1 要求的一致性的通道和施源器的布位状态，应对其与该设备的临床应用间的关系作出说明(见 1.1.104)；

——阻碍放射源或放射源链自由运动的通道和施源器的任何障碍物的特性。

gg) 污染检查

使用说明书应建议对放射源的放射性泄漏进行适当的检查。

hh) 非对称施源器的检查

适当时(见 6.1)，使用说明书应建议对非对称施源器的方位进行射线照相或其他检查。

ii) 功能检验和维护

使用说明书应建议用户对设备，尤其是源驱动机构，进行定期的功能检验和维护，以确保设备连续安全地使用。

必要时，使用说明书应建议采用模拟放射源进行试验。

jj) 放射源传送时间的限制

使用说明书应包含有放射源自贮源器传送到治疗位置及其返回途中传送时间的最大值，若没有限制必须声明。

kk) 放射源强度的检查

使用说明书应建议采用国家推荐的测量方法测定每一个新接收的放射源强度并与在设备内部使用的值进行比对。

6.8.3 技术说明书

a) 概述

补充：

技术说明书应规定：

1) 设备与贮源器是否仅限于在限制进入的治疗室内使用(见30.1.1)；
2) 设备设计的放射性核素、放射源的最大源强和贮源器的辐射泄漏；
3) 放射源链(若有)允许的组合范围；
4) 是否允许从其他供应商获得设备所用的放射源，若允许应规定放射源包壳的尺寸和公差；
5) 放射源应符合的国际标准及其他特殊要求；
6) 是否允许从其他供应商获得设备所用的施源器，若允许应规定相关尺寸和公差，并建议对施源器是否符合定位和连接的可靠性要求进行试验；
7) 治疗过程中的放射源定位误差、传送时间误差及驻留时间误差。

技术说明书应进一步规定：

8) 在所有故障状态下，本专用标准的要求不能保证指示出放射源在贮源器外的位置；
9) 建议在患者附近使用适合辐照类型的独立的辐照监控器；
10) 若采用独立的辐照监控器，邻近设备的任何一部分的辐照监控器应能给出辐照的可见指示且能在预期的最大辐照剂量水平下正常运行；
11) 网电源出现故障后，辐照监控器能继续运行和给出辐照指示几个小时(例如：备用电池)。

技术说明书应包含有：与远距离中断装置连接有关的详细说明(见30.1.8)。

技术说明书应包含有：关于表示可能有放射性的设备或设备部件的识别、操作和处理的指导和防范。

技术说明书应给出一个或多个具有临床应用代表性的剂量分布，该剂量分布应考虑施源器的影响。

第二篇 环境条件

10 环境条件

除下列修改外，《安全通用要求》的该章适用。

10.2.1 环境

代替：

a) 环境温度范围：+15 ℃～+35 ℃；
b) 相对湿度范围：30%～75%；
c) 大气压力范围：70 kPa～110 kPa；
d) 除非制造商另有规定。

第三篇 对电击危险的防护

《安全通用要求》的该篇的章条适用。

第四篇 对机械危险的防护

《安全通用要求》的该篇的章条适用。

第五篇 对不需要的或过量的辐射危险的防护

29 X射线辐射

不采用。

30 α、β、γ中子辐射和其他粒子辐射

除下列修改外,《安全通用要求》的该章适用。

代替:

本章的主要要求分为几组。第一组适用于正常使用和正常条件状态,其目的是安全地并能满意地达到规定的治疗参数。第二组是为了给出对非正常使用的防护。第三组适用于单一故障状态,其目的是保护患者和操作者免受危害。

30.1 正常使用和正常条件状态下的防护

本条的要求包括放射源屏蔽贮存及位置指示、治疗计时及治疗方式的选择和移动的控制,但不包括在紧急情况下和设备由某一限制进入的区域移入其他区域时放射源的临时性贮存。

30.1.1 贮源器泄漏辐射的限制

对任一贮源器,按照随机文件的规定正确装入各种组合的放射源后应符合下列 a)及 b)的要求。

a) 通用贮源器

除在随机文件中规定只能在限制进入的治疗室内安装和使用的贮源器外,应符合本条的要求。

距贮源器表面或永久性固定在贮源器上的任何其他表面 50 mm 处的任意位置的剂量当量率应不超过 0.01 mSv/h。

距贮源器表面或永久性固定在贮源器上的任何其他表面 1 m 处的任意位置的剂量当量率应不超过 0.001 mSv/h。

通过下列试验来检验是否符合要求。

——在 50 mm 处测量,取面积不大于但接近于 10 cm^2 的剂量当量率测量值的平均值;

——在 1 m 处测量,取面积不大于但接近于 100 cm^2 的剂量当量率测量值的平均值;

——用放射源组合进行测量,所用放射源组合应可能在制造商规定的范围之内。这种测量应根据本要求在最不利的条件下进行。

b) 用于限制进入的治疗室内的贮源器

在随机文件中声明只适合在限制进入的治疗室内安装和使用的贮源器,应满足下列要求。

距贮源器表面或永久性固定在贮源器上的任何其他表面 50 mm 处的任意位置的剂量当量率不应超过 0.1 mSv/h。

距贮源器表面或永久性固定在贮源器上的任何其他表面 1 m 处的任意位置的剂量当量率不应超过 0.01 mSv/h。

按 30.1.1 a)的规定检验。

30.1.2 放射源的位置指示

本条规定了当放射源不在贮源器内应在贮源器上及遥控位置发出警告的指示;当放射源正在按预置的程序运行时也应向操作者给出指示。

a) 贮源器上的指示

在贮源器上应有符合 6.7 规定颜色的指示灯或者其他可见指示,这些指示是从贮源器传送出任一放射源开始,一直持续指示到所有放射源返回贮源器为止。

通过检查和操作设备来检验。

b) 远距离警告指示

在适当位置设备应提供远离 30.1.7d)所述位置的指示灯装置的接口,此指示灯装置应在 30.1.2a)所述的情形下给出指示,并且其灯光颜色符合 6.7 规定。

通过检查和操作设备来检验。

c) 治疗控制台上对操作者的指示

在治疗控制台上应有符合 6.7 规定的颜色的指示灯或其他指示方法;假如不在治疗控制台上

操作而在30.1.7d)所述的其他位置操作时,同样也应有指示灯或其他指示方法。

——当放射源在50.2.1规定的限值范围内进行选定的治疗动作或处于选定的治疗位置时,应有指示;

——当所有的放射源准确地就位于贮源器内时,应有指示;

——当放射源在传送中时,应有指示。

通过检查和操作设备来检验。

30.1.3 允许控制计时器的预置和选择、确认及移动放射源的钥匙控制

设备应有可移去的专用工具(可以是钥匙)。只有当专用工具留在操作位置并通过专用工具完成了一定的操作或动作后才可能预置控制计时器(见30.1.4)、选择和确认(见30.1.6)以及将放射源从贮源器内送出(见30.1.7)。

另外,只有通过附加的钥匙完成了一定的操作或动作后才可能预置控制计时器(见30.1.4)、选择和确认放射源(见30.1.6)。当采用可编程电子子系统控制时,此附加钥匙可以是一个指定的密码。

通过检查和操作设备来检验。

30.1.4 治疗时间

a) 控制计时器

设备应为每一放射源或放射源链提供一套控制计时器:

——在适当的范围内预置任意驻留时间值;

——在治疗时间之内完成任一规定的放射源运动和定位程序的各部分(假如设备采用这种可执行程序来设计);

——只能在治疗控制台上预置和确认;

——在辐照中断期间暂时停止计时;

——当达到预置驻留时间值时,能自动停止每一治疗位置的辐照。

关于控制计时器在单一故障状态下的防护要求见30.3.2。

通过检查和操作设备来检验。

b) 启动辐照前驻留时间的预置及预置值变化的防止

在完成以下操作之前不应启动辐照(见30.1.6):

——至少有一驻留时间被预置到大于零;或

——在治疗控制台上完成了一组选择的确认操作(包括驻留时间),若这些选择是符合IEC 62083的治疗计划系统生成的治疗计划的一部分;或

——在治疗控制台上完成了每一项选择的确认操作(包括驻留时间)之后,若这些选择不是在治疗控制台所作的或不是由符合IEC 62083的治疗计划系统所生成的。

设备应设计成确保在辐照开始后不可能改变预置值,直至达到或导致辐照终止。

通过检查和操作设备来检验。

30.1.5 控制计时器的治疗时间和驻留时间的显示

a) 时间显示

在治疗控制台上应及时显示30.1.4a)要求的控制计时器测量的时间读数值及预置驻留时间和(或)剩余治疗时间;假如不在治疗控制台上操作,还应在其他操作位置处显示[见30.1.7d)]。

通过检查和操作设备来检验。

b) 计数方向

按30.1.5a)显示的控制计时器的时间读数值,既可以从零增加也可以从预置驻留时间值减少。

显示的剩余治疗时间,应从治疗时间的计算值减少;特别是在长时间治疗时,显示剩余治疗时

间是一种重要的防护措施，可以使操作者直接了解还需经过多长的治疗时间。

在控制计时器发生故障时，设备能重新读出任何治疗位置的总的辐照时间（见 30.3.2）。

通过检查和操作设备来检验。

c） 信息的存储和保护

对 30.1.5a)的时间读数值应保留显示：

——任何辐照终止后直到重新置零或重新预置操作[见 30.1.4b)]或中断网电源（见 30.3.1）；

——辐照中断后直到恢复辐照[见 30.1.7a)]。

通过检查和操作设备来检验。

30.1.6 通道、放射源、放射源的位置及移动的选择和确认

设备应设计成：

——从多种操作方式中选择；

——从多个通道中选择；

——从多个单独的放射源中，或从不同源强的放射源中，或从不同放射性核素的放射源中，或从多个放射源链中，选择放射源；

——从放射源的多个位置中选择

——从放射源的固定位置和移动位置选择；或

——从间歇性移动的不同程序中选择。

设备应设计和制造成只有在下列情况下才能启动辐照：

——在治疗控制台上完成了上述选择操作后；或

——在治疗控制台上完成了一组选择的确认操作（包括驻留时间）后，若这些选择是由符合 IEC 62083的治疗计划系统生成的治疗计划的一部分；或

——在治疗控制台上完成了每一项选择的确认操作（包括驻留时间）后，若这些选择不是在治疗控制台所做的或不是由符合 IEC 62083 的治疗计划系统所生成的。

启动辐照后，只有当能够获得实时位置信息时才允许对放射源的位置进行调整（例如：X 线透视）。在这种情况下，应由可编程电子子系统（PESS）保留所有源位的记录。上述操作只有在辐照终止后才有可能进行。

通过检查和操作设备来检验。

30.1.7 启动辐照、继续治疗、辐照中断及终止

a） 设备应设计和制造成只有在 30.1.7d)要求的位置操作，才有可能启动辐照和继续治疗。

通过检查和操作设备来检验。

b） 设备应有在任何时候完成辐照中断的手段，使所有处于贮源器外的放射源自动返回贮源器。

——在 30.1.7d)要求的位置完成某一操作或采用 30.1.8 要求的方法。

使放射源自动返回的手段不应利用可编程电子子系统（PESS）来引起或控制。

通过检查和操作设备来检验。

c） 设备应在控制计时器（见 30.1.4）上附加辐照终止装置。

——只有在辐照中断后才能被触发；

——在完成 30.1.4b)及 30.1.6 要求的进一步的预置和选择操作之前，能防止放射源从贮源器内再次送出。此种辐照终止的手段可是在 30.1.7d)要求的位置上的一个操作。

通过检查和操作设备来检验。

d） 启动辐照、继续治疗、辐照中断及终止的操作位置

设备应设计和制造成按 30.1.7a)、30.1.7b)和 30.1.7c)（除 30.1.8 要求的方法外）对任一通道或规定的通道组的各种操作，只能在下列一个位置上完成。

——在治疗控制台上；或

——在设备的某些单一部件上；

除设计成在患者附近操作的设备外，治疗控制台或某些单一部件上所有与 30.1.7a)、30.1.7b)及 30.1.7c)有关的操作位置，可以远离贮源器。

当设备设计成同时对多个患者进行辐照时，用于某一通道或规定通道组的启动辐照、继续治疗、辐照中断及终止四个操作位置的设备单一部件可与用于其他通道或规定通道组的单一部件不同。

通过检查和操作设备来检验。

e) 如果与 30.1.7a)、30.1.7b)及 30.1.7c)相关的操作不在治疗控制台上进行，则必须且只有在控制台上完成某种操作达到准备好状态后才有可能启动辐照。

通过检查和操作设备来检验。

30.1.8 远距离中断

设备应具有远距离中断装置(如：应急开关)的接口，除非这些装置由操作者在室内操作。这些装置可位于远离 30.1.7d)所述的位置，能使放射源返回贮源器内，并且在完成了进一步的正确操作之前能防止放射源离开贮源器。与该装置的连接有关的技术细节应在随机文件中详细给出。

通过检查和操作设备来检验。

30.1.9 施源器与通道间不正确连接的保护

若通道部分和施源器部分设计成允许操作者拆卸，设备应有校验各部分是否被正确连接的手段。如果连接不正确，应能阻止放射源离开贮源器或者确保放射源不能通过不正确连接点并自动返回贮源器。

应在使用说明书中指出启动辐照和继续治疗的程序。

通过检查和操作设备来检验。

30.1.10 放射源源强的限制

采用的 γ 放射源的总源强应不超过 100 mGy/h(在 1 m 处)；

采用的 β 放射源的总源强应不超过 2 Gy/s(在 2 mm 处)；

采用的中子放射源的总源强应不超过 100 mGy/h(在 1 m 处)；

通过检查技术说明书[见 6.8.3a)]和外部标记[6.1.aa)]来检验。

30.1.11 放射源传送次数的记录

应制定对放射源传送次数进行记录的规定，此数据应能显示或者应是可获取的。

通过检查来检验。

注：若设备提供模拟源来检验治疗前施源器的连接，应制定对模拟源的类似规定。

30.2 对非正常使用的防护

下列要求是用来防止他人擅自使用和干扰的安全措施。

30.2.1 使治疗控制台不工作

设备应具有使治疗控制台不能操作的措施，这些措施可以是 30.1.3 中提到的可移去的工具或钥匙。

通过检查来检验。

30.2.2 放射源的防护

设备应设计成不用工具不可能接触放射源。

通过检查来检验。

30.3 正常使用时单一故障状态下的防护

当设备处于下列任意单一故障状态下时，为了防止不必要的或过量辐照的危害，本条规定了防护要求。

——主能源供给故障(见 30.3.1)；

——控制计时器故障(见30.3.2);
——放射源在预定位置的故障(见30.3.3);
——源驱动机构故障[见30.3.3c)];
——放射源的连接接头故障(见30.3.4);
——联锁装置故障(见30.3.5);
——放射源返回贮源器的故障(见30.3.6)。

在30.3.9中规定了单一故障状态的指示。

30.3.1 对主能源供给故障的防护

当设备的主能源供给(如:网电源、压缩空气等等)发生故障时:

——自动终止辐照,应不迟于治疗时间结束和备用能源最小运行时间中任何一个条件的发生。
——在30.1.2、30.1.7(除启动辐照和继续治疗外)、30.1.8、30.1.9和30.3中的要求应能有效地保持到所有的放射源都返回到贮源器内为止。

应在随机文件中给出符合本条要求的关于电池或其他装置的维护和充电的说明。

应在使用说明书中指出启动辐照和继续治疗的程序。

通过中断主能源检查和操作设备来检验。

30.3.2 控制计时器故障期间的防护

为使患者免受危害并确保用户能确定患者接收的吸收剂量,制定了本条的要求。

a) 辐照限制

设备应设计和制造成:

——应能自动探测出不能在预置驻留时间结束时中止任一个或一组通道的放射源在当前治疗位置辐照的控制计时器故障[见30.1.4a)]或者控制计时器供电故障;且应在患者相对于γ源10 mm处吸收0.25 Gy的剂量、相对于β源2 mm处吸收2 Gy的剂量或相对于中子源10 mm处吸收0.25 Sv的剂量当量前自动探测出。
——探测出故障后立即使放射源返回贮源器。

达到这一要求的措施可为一个附加的计时装置。

按照制造商规定引发一个故障,检查设备的运行。

b) 正确功能的检验

设备应提供联锁装置,用以确保在启动辐照前对所有的控制计时器终止辐照的能力进行验证并证明其准确性。

通过检查和操作设备来检验。

30.3.3 对放射源的位置精度及移动和源驱动机构故障的防护

a) 在治疗中放射源的位置精度故障的防护

在治疗中的任何时刻,放射源未能处于预定位置(在制造商规定的限值范围内)时,设备应能:

——探测出这种故障;
——当故障探测出后,立即使放射源自动返回贮源器内。

按制造商的规定引发一个适当的故障,通过检查和操作设备来检验。

b) 在传送中放射源移动故障的防护

在放射源传送中的任何时刻,放射源未能移动到预定位置(在制造商规定的公差范围内)时,设备应能:

——探测出这种故障;
——当故障探测出后,使放射源自动返回贮源器内。

按制造商的规定引发一个适当的故障,通过检查和操作设备来检验。

c) 源驱动机构故障的防护

当源驱动机构的供电、控制或电气元件功能出现故障时，设备应有可选择的防护措施。该措施应

——独立于源驱动机构正常电气部分之外；

——并能使放射源返回贮源器内。

按制造商的规定引发一个适当的故障，通过检查和操作设备来检验。

30.3.4 对放射源连接(若有)故障的防护

如果在放射源与源驱动机构之间有可拆卸的机械连接处，设备应有在连接后启动辐照前自动检测这种机械连接的手段。

源驱动机构自动作用于密封放射源的力应不大于密封放射源及其机械接头许可极限作用力的四分之一。

通过检查设备和制造商的相关信息(试验结果、计算、原材料使用规范及处理规范等)来检验。

30.3.5 对联锁装置故障的防护

设备应具有检查各种辐射安全联锁装置功能是否正确的手段。

通过检查来检验。

30.3.6 对放射源返回贮源器故障的探测

设备应有探测放射源放射性的方法以探测出放射源返回贮源器故障的手段。

按制造商的规定引发一个适当的故障，通过检查和操作设备来检验。

30.3.7 关于继续治疗的资料的有效性

a) 如果发生 30.3.1、30.3.2a)、30.3.3a)、30.3.3b)和 30.1.9 所述的故障，从故障发生起至少 10 小时或者直到完成永久记录为止，应可获得依据预置参数的继续治疗的资料(见 50.2.3)。

按 30.3.1、30.3.2a)、30.3.3a)、30.3.3b)和 30.1.9 相同的方式来检验。

b) 随机文件中应有获得、恢复这些继续治疗的资料的程序的解释说明。

通过检查随机文件来检验。

30.3.8 进一步辐照前的校正

发生 30.3.2a)、30.3.3a)和 30.3.3b)所述的任何故障后，正常使用下既不可能启动辐照也不可能继续治疗。随机文件中应包含：

——30.3.2a)、30.3.3a)和 30.3.3b)所述故障的专用校正方式；

——要执行的专用程序的解释说明。

按 30.3.2a)、30.3.3a)和 30.3.3b)的方式来检验。

30.3.9 单一故障状态的指示

a) 故障指示

在发生下列任一故障时，设备应有符合 6.7 规定的指示灯或其他指示方法：

——控制计时器故障(见 30.3.2)；

——放射源移动故障[见 30.3.3a)]；

——源驱动机构故障[见 30.3.3c)]；

——通道和施源器连接故障(见 30.1.9)；

——放射源连接故障(见 30.3.4)；

——放射源返回贮源器内的故障(见 30.3.6)；

——联锁装置故障(当设备有探测辐射安全的联锁装置时)(见 30.3.5)；

按制造商的规定引发一个适当的故障，通过检查和操作设备来检验。

b) 放射源移动故障的指示

在放射源开始移动后，如果有任一放射源未能达到其预置位置，则在 30.1.7d)所要求位置上的音响报警和可见指示应能立即开始工作并持续到关闭设备为止。

按制造商的规定引发一个适当的故障，通过检查和操作设备来检验。

c) 因单一故障状态使辐射安全联锁装置起作用的指示

在 30.3.2a)、30.3.2b)、30.3.3a)、30.3.3b)和 30.3.4 的故障状态下，当放射源的正常移动被阻碍时，设备应有可见指示。

通过检查来检验。

d) 因单一故障状态防止启动辐照和终止辐照的指示

在 30.3.9 的任一故障状态下，当放射源的移动被阻碍时，设备应有可见指示。

通过检查来检验。

第六篇　对易燃麻醉混合气点燃危险的防护

《安全通用要求》的第 37 章～第 41 章不适用。

第七篇　对超温及其他安全方面危险的防护

《安全通用要求》的第 42 章～第 49 章适用。

第八篇　工作数据的准确性和危险输出的防护

除下列修改外，《安全通用要求》的该篇适用。

50　工作数据的准确性

除下列修改外，《安全通用要求》的该章适用。

代替：

50.1　指示

50.1.1　关于 γ、β 和中子辐照的资料

在随机文件中应给出足够的关于可供选择的工作方式、放射源的选用及其配置的资料，以使用户能够选择恰当的辐照条件和获得估算吸收剂量率所必需的资料。

通过检查来检验。

50.1.2　刻度和单位

除时间显示外，每一个与输出相关的参数值的刻度显示应仅采用一种单位和(或)其十进制单位来刻度。对时间显示采用小时或分钟或秒为单位，不采用十进制分度单位。所有参数值的显示应确定参数的单位。

通过检查来检验。

50.1.3　通道、放射源、放射源位置及放射源移动的指示

当放射源在任何通道中可能以不同的组合和(或)不同的固定位置和(或)移动位置使用时，对每一个通道中所选用放射源的各种组合、位置和移动，均应有指示并在重新选择前其显示保持不变。

通过检查和操作设备来检验。

50.1.4　在放射源传送期间限制辐照所需的资料

在放射源传送期间限制辐照的目的有三个方面。一是在不确定条件下限制给予患者靶区的辐照，二是限制在放射源的正常传送期间正常组织受到的吸收剂量，三是限制设备操作人员受到的剂量当量。

这类传送剂量由传送时间部分地确定，但也由用户选用的放射源的源强和治疗中中断的次数来确定。用户必须有估算传送剂量的资料并给予适当的考虑。

随机文件中给出的传送剂量的资料应与每一个通道的下列情形的测量或计算有关[见 6.8.2ee)]。

——对 γ 放射源，距施源器中心轴 10 mm 处的空气比释动能；

——对 β 放射源，距施源器中心轴 2 mm 处水中吸收剂量；

——对中子放射源，距施源器中心轴 10 mm 处水中吸收剂量；

——对 γ 放射源，距通道中心轴 1 m 处的空气比释动能；

——对 β、中子放射源，距通道中心轴 1 m 处水中自由空间的吸收剂量。

对指定的放射源应给出每种情况的空气比释动能或吸收剂量，且必须根据要求在最不利的位置给出。

不管测量是用于提供资料还是检验是否符合要求，均应：

——在 10 mm 处测量的空气比释动能，应取面积不大于 1 cm^2 上的测量数据的平均值；

——在 2 mm 处测量的水中吸收剂量，应取面积不大于 1 mm^2 上的测量数据的平均值；

——在 1 m 处测量的空气比释动能或水中吸收剂量，应取面积不大于 100 cm^2 上的测量数据的平均值。

50.2 指示值与实际值的一致性

50.2.1 放射源在施源器内的位置

放射源（或放射源链）在设备任一施源器内的位置，在任何时刻、任何方位与选定位置的偏差小于 2 mm 时应给出位置指示[见 30.1.2c)]。

随机文件中应对不能保证上述指示值与实际值一致的施源器、通道的状况予以说明[见 6.8.2 ff)]。

按制造商的设计及说明的方法通过检查来检验。

50.2.2 控制计时器

驻留时间的误差不应超过 1% 及 100 ms 中的较大值。

通过下列方法来检验：

——选择五个预置时间值（不小于最大预置值的 1%）覆盖计时装置允许的范围。

——对每一选择的预置时间，测量十次其在预置位置的实际持续时间和（或）完成预期的运动（如：通过获得放射源到达和离开施源器的电信号来实现）。

每次的测量必须符合要求。

50.2.3 辐照记录

在终止辐照时，设备应得到下列有用的资料：

——患者唯一标识符，最好是患者的姓名和出生日期；

——启动辐照的时间和日期；

——辐照终止的时间；

——任何辐照中断的时间；

——任何辐照继续的时间和日期；

——放射源源强及最近一次校准任一放射源源强的时间和日期；

——每一治疗位置的通道、放射源位置和驻留时间。

这些资料从 30.3.7 中提及的故障发生起至少 10 h 内应是可获得的。

通过检查来检验。

第九篇 不正常的运行和故障状态；环境试验

52 不正常的运行和故障状态

52.1

代替：

a) 设备应设计和制造成即使在单一故障状态下也不存在安全方面的危险（见《安全通用要求》的 3.1 和 13 章）。

注：除非另有规定，在下列试验中假定在正常使用条件下操作设备。

如果一次引发一个《安全通用要求》的 52.5 中所述的单一故障状态，不会直接导致 52.4 所述的安全方面的危险，则表明符合要求。

b) 设备及可编程电子子系统(PESS)的安全性应按并列标准 IEC 60601-1-4 的要求进行评价(见附录 L)。

使用说明书中应有有关其余危险的相关信息。

注 1：当能够表明某项目、产品的开发进程超过 IEC 60601-1-4 标准的详细要求的适用期时，IEC 60601-1-4 标准不适用；在某项目、产品的开发期间和整个开发生命周期内时，IEC 60601-1-4 标准必须采用。

注 2：尽管 IEC 60601-1-4 不可能完全适用于现有产品和那些超过上述指定期限的产品，但对可获取的设计和过程控制数据的检查可进行实质性的验证(见 IEC 60601-1-4 中 52.211.1)。

通过检查使用说明书和 IEC 60601-1-4《危险处理文件》来检验。

第十篇 结构要求

《安全通用要求》的该篇适用。

附　录　L
（规范性附录）
规范性引用文件

除下列修改外，《安全通用要求》的附录 L 适用。

补充：

下列文件中的条款通过 GB 9706 本部分的引用而成为本部分的条款。凡是注日期的引用文件，其随后所有的修改单（不包括勘误的内容）或修订版均不适用于本部分，然而，鼓励根据本部分达成协议的各方研究是否可使用这些文件的最新版本。凡是不注日期的引用文件，其最新版本适用于本部分。

补充：

GB/T 17857—1999　医用放射学　术语

GB/T 18987—2003　放射治疗设备　坐标系、运动与刻度（IEC 61217:1996，IDT）

YY 0637—2008　医用电气设备　放射治疗计划系统的安全要求（IEC 62083:2000，IDT）

代替：

GB 9706.1—2007　医用电气设备　第 1 部分：安全通用要求（GB 9706.1—2007，IEC 60601-1:1988，IDT）

GB 9706.15—2008　医用电气设备　第 1-1 部分：安全通用要求　并列标准：医用电气系统安全要求（IEC 60601-1-1:2000，IDT）

YY 0505—2005　医用电气设备　第 1-2 部分：安全通用要求　并列标准：电磁兼容　要求和试验（IEC 60601-1-2:2001，IDT）

IEC 60601-1-4:2000　医用电气设备　第 1 部分：安全通用要求　并列标准：可编程电子系统

中 文 索 引

英 文 索 引

S

T

U

X

前　　言

本标准等同采用国际电工委员会 IEC 601-2-32:1994《医用电气设备——第 2 部分:X 射线设备附属设备安全专用要求》。

与本标准相配套使用的国际标准有 IEC 601-1—1988《医用电气设备——第 1 部分:安全通用要求》,该标准现已转化为国家标准 GB 9706.1—1995;IEC 601-1-1《医用电气设备——第 1 部分:安全通用要求 1　并列标准:医用电气系统安全要求》,已通过审定;IEC 601-1-3《医用电气设备——第 1 部分:安全通用要求 3　并列标准:诊断 X 射线设备辐射防护通用要求》正在起草中。

附录 AA 是术语索引,虽已有 GB 10149—88《医用 X 射线设备术语和符号》,但考虑到是等同采用,所以仍保留。

在 IEC 601-2-32 标准的前言中,对使用的字体有明确的规定,考虑到国家标准出版时,没有相关的规定,故将这方面的内容删去。

本标准由国家医药管理局提出。

本标准由全国医用 X 射线设备及用具标准化分技术委员会归口。

本标准起草单位:辽宁省医疗器械研究所。

本标准主要起草人:贺玉华、王寿民、申华。

IEC 前言

1）IEC(国际电工委员会)是由各国家电工委员会组成的一个世界性的标准化组织,其目的就是为促进电工和电气领域及其相关活动领域的所有问题的国际间的合作。同时出版IEC国际标准。其拟定准备工作将由技术委员会承担。对所有感兴趣的问题,任何一个国家的技术委员会都可以参与。另外,同IEC有联系、协作关系的国际性的,政府部门的以及非政府部门的任何组织,也可以参与标准的准备工作。IEC将根据两大国际组织(IEC与ISO)之间所确定的约定,同ISO保持紧密的合作。

2）在技术问题上,IEC的正式草案或协定是由对此有特别兴趣的各国家委员会承担,在其草案或协定中,他们将尽可能的把各国对这一问题的见解和意见充分的给予体现和表述。

3）IEC标准是以推荐的形式在国际上使用,以标准、技术报告或导则的形式出版,这种认识,已被各国家委员会所接受。

4）为了促进国际间的统一,IEC各国家委员会已明确表示,同意在他们的国家和地区的标准中最大程度地采用国际标准。当国家和地区标准同IEC相应标准存在分歧时,则应在国家和地区标准中给予清楚的说明。

5）IEC不提供任何为其认可的标记方式,同时,对声明符合IEC标准的任一设备也不负有任何责任。

IEC 601-2-32国际标准,是由IEC 62技术委员会(医用电气设备)62B分技术委员会(诊断成像设备)负责制定的。

本标准的附录AA仅供参考。

本标准的正文以下列文件为基础。

标准草案(DIS)	表决报告
62B(CO)108A	62B(CO)121

本标准投票表决的全部情况,可查阅上表中所给出的表决报告。

附录AA仅是提示的附录。

注：要注意这样一个事实,即在有些国家涉及到辐射安全方面的法规可以与本标准的规定不相一致。

中华人民共和国国家标准

医用电气设备　第2部分：X射线设备附属设备安全专用要求

GB 9706.14—1997
idt IEC 601-2-32:1994

Medical electrical equipment—
Part 2:Particular requirements for the safety of associated equipment of X-ray equipment

第一篇　概　述

除下述内容外，通用标准中本篇的章、条适用。

1　范围和目的

除下述内容外，通用标准中的本章适用。

1.1　范围

增补：

本标准适用于X射线设备的附属设备及装置，例如功能性部件的支持与定位，包括在放射检查中，用于患者的支持与定位装置。

本标准适用于在其他专用标准中所不包括的所有的附属设备。

1.2　目的

替换：

本标准的目的是对附属设备的设计和制造制定专用要求，用以确保安全。同时，也对验证是否能满足这些要求，提出规定的方法。

1.3　专用标准

增补：

本专用标准依据的标准有：GB 9706.1—1995《医用电气设备　第1部分：安全通用要求》(IEC 601-1:1988)，包括它的修订案1、修订案2，IEC 601-1-3《医用电气设备——第1部分：安全通用要求　3并列标准：医用诊断X射线设备辐射防护通用要求》。

在专用标准中，将GB 9706.1(IEC 601-1)称为通用标准，或称为通用要求，将IEC 601-1-3称为并列标准。

"本标准"一词，应理解为通用标准，并列标准，以及本专用标准三者的总称。

本专用标准中的章、条以及分条的编号，与通用标准完全对应，对通用标准的改变，规定使用下述的措词。

"替换"：指的是对通用标准中的章或条完全代替。

"增补"：指的是在本专用标准中，除通用标准的要求外，又增加的条文。

"修改"：指的是对通用标准的章、条进行修改，并在本专用标准的正文中加以说明的条文。

在通用标准之外，需要补充的那些条、图的序号是从101开始，补充的附录冠以AA等，补充的内容冠以aa)，bb)等。

国家技术监督局1997-09-30批准　　　　1998-10-01实施

凡在本标准中没有列出的篇、章、条，通用标准中相应的篇、章、条毫无例外的都适用。

在这里应指出一点，如果通用标准或并列标准中的某一部分，与本专用标准虽然相关，但却不适用于附属设备，对此，本标准将给出相应的说明。

通用标准或并列标准的要求一经被替换或修改，则专用标准中的要求将优于通用标准相应的要求。

2 术语和定义

除下述要求外，通用标准中的本章适用。

2.11 机械安全

2.11.8 安全系数

通用标准的本条不适用(见 21.101)。

4 试验的通用要求

除下述要求外，通用标准的本章适用。

4.10 潮湿预处理

增补：

本试验仅适用于附属设备中可能受试验所模拟的气候条件影响的那些部件。

当无法对附属设备进行整体处理时，可以对各单独部件依次进行处理。

同样，如果不经分解或重新组装就无法进行试验时，处理和试验之间的时间间隔可以超过通用标准的规定。

6 识别、标记和文件

除下述要求外，通用标准中的本章适用。

6.1 设备或设备部件的外部标记

在本条的前面增补：

附属设备以及构成它的分组件和部件，如果它与某些其他安全因素相关(见 6.8.1)，则应作出相应的标记。

增补：

aa) 符合本专用标准的标记

对附属设备，如果将符合本专用标准的说明标记在设备的外部，则该标记应以型号或型式标记的组合，按下述方式给出：

附属设备......[1] GB 9706.14—1997

6.3 控制器件和仪表的标记

aa) 增补：

所有的控制器件和仪表应指明所使用的单位，对线性刻度应按国际单位制(SI)的规定(如 cm)进行分度，角的刻度应根据度进行分度。

6.7 指示灯和按钮

a) 指示灯的颜色

在末段前增补：

当某一指示灯的作用是用于指示某一状态，而这一状态的实现是通过某一联锁装置完成，但又不致于造成任何危险，这时，指示灯不需要是红色的。

具有红色光谱的发光二极管(LED)不能认为是红色指示灯。如果没有特殊颜色要求，则可以使用

1) 型号或型式标记。

相同颜色的发光二极管加以指示;如果已有特殊颜色要求,则所有的指示灯必需清晰可辨。

6.8 随机文件

6.8.1 概述

增补:

随机文件应清楚地说明附属设备或部件及其涉及到的设备、部件的相互配合关系。

6.1 中所要求标记的所有细节,都必需在随机文件中给予说明。

本专用标准对随机文件的语种没有要求。

6.8.2 使用说明书

aa) 使用说明书应包括有关如何进行安全操作的所有资料。

增补:

6.8.101 符合本标准的说明

对附属设备,如果需要说明符合本标准,则其表述的方式如下:

附属设备......[1] GB 9706.14—1997

为实现同等安全程度,除本专用标准提出的方法之外,如果还有其他方法,则应在随机文件中加以阐述和说明。

第二篇 环境条件

通用标准中本篇的章、条适用。

第三篇 对电击危险的防护

通用标准中本篇的章、条适用。

第四篇 对机械危险的防护

除下述要求外,通用标准本篇的章、条适用。

21 机械强度

除下述要求外,通用标准的章、条适用。

21.3 替换

用下述要求替换第三段。

如果制造厂对附属设备已有允许特殊应用的规定,比如,在正常使用时可以降低正常负载,在这种情况下,正常负载降低的大小应在附属设备上作出标记。

增补:

在正常使用中,对可以调节的脚踏板,在支撑患者的所有倾斜角度内,必需能自锁。

可以调节的脚踏板的端部应和患者支撑部分紧紧的固定在一起,并且不应有能够使患者绊倒的突出部分。

是否符合要求,应通过检查加以验证。

21.6 替换

可携带式和移动式设备,应能承受由于粗鲁搬运所产生的应力。是否符合要求,应通过下面的试验加以验证:

aa) 可携带式设备被举起一个高度,见表 101,在一个 50 mm 厚的硬木板上(见通用标准 21.6),木板的大小应不小于可携带式设备的 1.5 倍,平放在坚硬的基础上,将可携带式设备跌落三次,跌落时,设

1) 型号或型式标记。

备应处在正常使用条件下可能的每一种姿态。

表 101　下落高度

可携带式设备的质量 m kg	下　落　高　度 cm
$m \leqslant 10$	5
$10 < m \leqslant 50$	3
$m > 50$	2

试验后，设备应符合本标准的要求。

bb）对移动式设备，可根据使用说明书中所描述的那样，在正常使用状态下对设备进行移动试验。对人力移动的设备，移动的速度为 1.5 m/s，对电机驱动的设备，用最大的速度移动。移动时，让设备通过一个高 20 mm，宽 80 mm 的障碍物，这个障碍物应固定在地平面上。试验重复 10 次，试验之后，设备仍应符合本标准的要求。

21.101　安全系数

见第 28 条“悬挂物”。

安全系数是极限应力与在正常使用时的最大应力的比值。安全系数应等于或大于表 102 给出的值。

表 102　静载荷

安全对象	安全系数	
	a	b
弹性极限[1)]	1.7	2.2
强制损坏[1)]	2.5	4.0
1）对相应负荷特性的定义见 ISO 6892*。		

21.101.1　安全系数的确定

金属材料安全系数的确定应考虑以下几种情况：

——如果由于部件的损坏能够引起直接的或间接的危险，那么，安全系数不应小于表 102 给出的静载荷的相应值；

——如果所希望的材料的特性以及所有材料的外部应力是已知的，则 a 栏的值适用，否则 b 栏的值适用。

在规定的寿命期内，所有的构件应是安全的。

是否符合 21.101.1 的要求，通过对设计、试验数据以及维修说明书的检查加以验证。

22　运动的部件

除下述要求外，通用标准的本章适用。

22.4　替换

例外：本条不适用于移动式设备的运输。

本条仅适用于由电机驱动的，并能引起某种伤害的运动。在这种方式下，临床功能不得有所削弱。

设备在设计时，应对运动部件的加速度、速度和（或）位置加以限定。以致当发生碰撞或瞬间接触时，不大可能引起损伤。当采用本条要求时，应对整个系统作全面地考虑。同时，还应注意到：

a）患者与设备、患者与操作者、操作者与设备以及设备与外界环境之间的相互关系；

---

* 弹性极限：又称弹性限度，材料在外力作用下变形，当外力解除后，变形能全部消失的极限应力值。

强制损坏：又称应力断裂，在恒定载荷、恒定温度下进行试验时材料发生断裂时的名义应力。

b）患者状态：例如是无意识的，或是失去知觉的，或是与导管相连接，或是与其他类似的装置连接；

c）对设备和患者或者其他人员与设备之间的相互影响作用，操作者应能够看得到并加以控制；

d）来自运动部件的、并可能施加给患者的能量，以及

e）为防止伤害而规定的安全措施。

22.4.1 控制

对所有能够引起身体伤害的动力驱动运动，应提供一个应急停止控制器。这种控制器应是红色的。与其他的控制有所区别，并且保持常断状态。要使其重新开始运动，则需要一个不同的操作（例如：用一个红色的按钮开关，按下停止，松开则复位）。即使是通过应急控制器使其停止运转，还要考虑，一旦设备被损坏时，应提供可以使患者进出和解脱的措施。

在正常使用时，能够造成身体伤害的那些设备或设备部件的运动，要求操作者应能连续控制。

在正常使用时，如果某一动力驱动设备和设备的部件，是用于患者或可能与患者相接触，和当承担指定的用途时，一旦这种接触能够造成患者身体的伤害，则应提供一个能够察觉患者发生接触的装置，并能停止这种运动。

为了防止由于动力驱动设备部件与周围的一些其他运动的和静止的物品的碰撞而产生的伤害，则必需提供相应的措施或在随机文件中给出警告性的说明。

是否符合本专用标准的要求，可以通过功能试验和对使用说明书的检查加以验证。

22.4.2 无意识的运动

在正常使用和单一故障状态下，必需提供这样的措施，以使可能对患者造成身体伤害的无意识的运动减至最低的程度。同样，下述要求也是适用的：

a）操作者的控制器应适当定位、加以隐蔽或通过其他措施加以保护，以保证它们不会由于无意识的动作而造成对患者身体的伤害。

b）设备或设备部件的电机驱动运动有可能挤压到患者或通过其他途径直接对患者造成严重的伤害，对此，操作者通过启动应急制动不能解除对伤害的防护，在这种情况下，只有依靠操作者对两个开关的连续启动。每一个开关都应能够独立的中断运动。

这两个开关在设计时，可以进行单独的控制，并且，其中的一个开关可以接在所有运动公用的电路中。

设计时，这些开关必需是在可能对患者造成伤害、操作者又能够看得到的位置上。其中至少有一套开关应安装在靠近患者的操作者的眼前，以便能够观察到设备运动着的部件。

能够间接造成身体伤害的那些设备部件的电机驱动运动，譬如，当床面形成某一角度，有可能引起患者跌落，在这种情况下，并不需要用两个开关来控制。

对设计成能够进行自身定位或预先自动定位的设备，要求有能够进行连续驱动的控制，一经释放，即可停止机械运动。这种情况下的控制器应安装在对整个的运动都能看得到的位置上。

c）哪里失灵，譬如一个继电器的触点被粘合，有可能引起失控运动，这时，应提供一个备用的控制或其他防护。备用控制的一个一旦失灵，应给操作者一个指示。这种情况，可根据使用说明书，或直接地、或通过试验进行检查。

d）开关元件不应接到电机控制回路中接地的一侧。

是否符合专用标准的要求，应根据对电原理图的检查、目力观察以及功能试验加以验证。

22.4.3 压力和力的限定

为诊断目的，并用于患者身上的压力和力，应根据与设备相接触的身体部位的情况，使用的要求以及潜在的危险具体分析。作为一个通用准则，在患者身上的最大压力和力应限制在 70 kPa 和 200 N 以下。

对电力辅助运动，为了克服运动的阻力所要求附加的力应不超过 10 N。

是否符合本条的要求，应通过目力观察、功能试验加以验证，如果需要，也应通过对使用说明书的检

查加以验证。

22.4.4 速度的限定和制动

在对设备或者患者进行定位运动时，当设备能够接触患者并且存在伤害危险的情况下，应对该运动的速度加以限定。通过这种限定，以使操作者即能进行定位控制，又不会对患者造成危险。

对于超出限程的运动，在停止运动的控制动作发生之后，超程应不大于 10 mm。

作为通用准则，除了移动式设备之外，当电机驱动设备的位移是朝向患者方向并距患者床端 300 mm或床侧 100 mm 之内时，运动的速度应限定在最大速度的一半。

是否符合要求，通过功能检查和测量加以验证。

22.4.5 间隙

除非已提供了规定的安全保护措施，例如一个有限的力、防护档板和最大 9 mm 的极限间隙。否则，在患者或操作者可以接近的运动部件之间、或者是固定部分与运动部件之间的最小间隙应如下所示：

——预防手指被夹 25 mm；

——预防脚趾被夹 50 mm；

——预防臂和腿被夹 120 mm。

是否符合要求，应通过功能试验和测量加以验证。

22.4.6 限定的运动、停止末端装置

应提供停止末端装置或其他机械措施，对预定的功能，其强度应是足够的。

是否符合要求，应通过对生产厂家的设计和试验数据的检查加以验证。

22.4.7 可拆卸的防护板

为防止来自电机驱动部件的伤害，在所使用的可拆卸的防护板上或者是罩盖上，应提供警告性的标牌。当防护板被移开时，如果这种危险又不是显而易见的，则应在防护板内部的组件上标有一个辅助的警告性标记。

是否符合要求，通过目力检查加以验证。

22.5 增补：

对于电机压力移动，应提供一个能够限制施加在患者身上的力的措施，其值的大小应在使用说明书中给出。

在受压期间，对能够给患者造成危险的，以及对检查并不需要的其他设备的移动，应加以防止。

是否符合要求，应通过力的测量以及使用说明书的检查加以验证。

增补：

22.101 万一设备遭到破坏或者由于电源发生故障时，应提供能够使患者迅速和安全解脱的措施。

22.102 在设备的平衡部件被移开时和移开之后，可能使设备的另外一些部件改变位置而处于某种危险状态，这时，应提供能将人体伤害的危险减少到最低程度的各种措施。

是否符合要求，应通过检查加以验证。

24 正常使用时的稳定性

除下述内容外，通用标准中的本章适用。

增补：

24.101 假定给设备施加一个等于设备重量的 25%的力或者是 220 N 的力(两者中较小的)，设备不应失去平衡。这个力应直接施加在使设备最容易失去平衡的位置和方向上。此时，支架或轮子应被锁紧。力的作用点应是在设备的最高点或离地面 150 mm 处，两者中取较低的。

24.102 超过 45 kg 的移动式设备的脚轮，其直径不得小于 70 mm，对重量不是均匀分布的设备，在运输状态下，若有两个脚轮承担至少整个重量的 70%时，那么，这两个脚轮也应符合本项要求。

24.103 电机驱动的移动式设备的制动装置，从设计上，应保证在通常情况下是处于制动状态，只有通过对控制器的连续驱动后才能释放。

24.104 移动式设备应装有轮锁或制动系统，以便能与所需要的使用方式相适应。并应保证设备在0.09 rad(5°)的斜面上不会移动。

是否符合要求，通过试验加以验证。即将这个设备放在0.09 rad(5°)的斜面上，设备靠自身的重量不应发生移动。

28 悬挂物

除下述要求外，通用标准的本章适用。

增补：

28.101 概述

本条只涉及设备的悬挂装置。悬挂装置是指绳索、链条、带状物以及螺旋千斤顶。

28.102 悬挂装置的配置

悬挂装置应加以定位、封闭。否则，应加以防护。当其断裂时，不能对人身造成伤害。

28.103 缓振措施

应提供适当的缓振措施。例如，在正常使用的情况下，由于强烈的动负荷而引发的加速和减速。

28.104 多重悬挂

多重悬挂的安全系数(由多条绳索、链条、悬杆等组成)应等于悬挂所要求的安全系数。

当一多重悬挂系统的某一个别分件断裂时，对操作者而言，这种情况应是明显的。

28.105 安全装置

与某些绳索、链条或悬杆并列运行的绳索、链条或连杆，如果在正常使用期间它们不承载，也可认为是一种安全装置。

钢丝绳，仅当它们便于检查并且在随机文件中已给出适当的检查要求时，才可以被用来作为一种安全装置。

第五篇 对不需要的或过量的辐射危险的防护

通用标准中本篇的章、条适用。

第六篇 对易燃麻醉混合气点燃危险的防护

通用标准中本篇中的章、条适用。

第七篇 对超温和其他安全方面危险的防护

通用标准中本篇的章、条适用。

第八篇 工作数据的准确性和危险输出的防止

通用标准中本篇的章、条适用。

第九篇 不正常的运行和故障状态；环境试验

通用标准中本篇的章、条适用。

第十篇 结构要求

通用标准中本篇的章、条适用。

附 录 AA

（提示的附录）

术 语 索 引

ICS 11.040
C 30

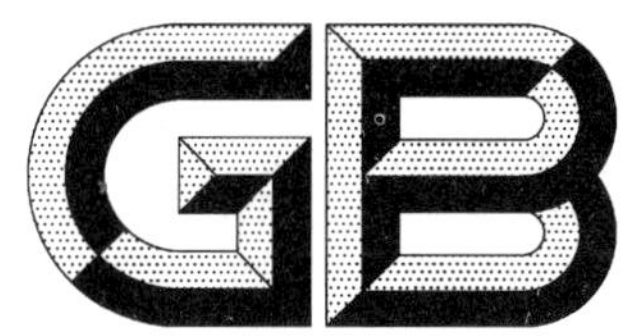

中华人民共和国国家标准

GB 9706.15—2008/IEC 60601-1-1:2000
代替 GB 9706.15—1999

医用电气设备 第1-1部分:安全通用要求 并列标准:医用电气系统安全要求

**Medical electrical equipment—
Part1:General requirements for safety—
1. Collateral standard:
Safety requirements for medical electrical systems**

(IEC 60601-1-1:2000,IDT)

2008-12-15 发布 2010-02-01 实施

中华人民共和国国家质量监督检验检疫总局
中国国家标准化管理委员会 发布

前　言

GB 9706 的本部分的全部技术内容为强制性。

《医用电气设备》安全系列标准由两部分构成；

——第 1 部分：安全通用要求；

——第 2 部分：安全专用要求。

其中第 1 部分除本部分外还包括其他标准：

——GB 9706.1　医用电气设备　第 1 部分：安全通用要求；

——YY 0505　医用电气设备　第 1-2 部分：安全通用要求　并列标准：电磁兼容要求和试验；

——GB 9706.12　医用电气设备　第 1-3 部分：安全通用要求　并列标准：诊断 X 射线设备辐射防护通用要求；

本部分为第 15 部分。

本部分等同采用 IEC 60601-1-1:2000《医用电气设备　第 1-1 部分：安全通用要求　并列标准：医用电气系统安全要求》。

本部分与 IEC 60601-1-1 相比主要差异是标准中引用的国际标准若已转化为我国标准的，本部分将引用的国际标准号替换为相应的我国标准号。

本部分代替 GB 9706.15—1999《医用电气设备　第一部分：安全通用要求　1.并列标准：医用电气系统安全要求》。

本部分与 GB 9706.15—1999 相比主要变化如下：

——术语和定义部分进行了相应调整；

——系统的随机文件(6.8.201)增加了部分要求；

——连续漏电流和患者辅助电流(第 19 章)的内容进行了相应调整；

——连接(56.3.201)增加了部分要求；

——线路的防护(59.201)删除了部分要求；

——附录 BBB 的内容做了调整。

本部分的附录 CCC、附录 EEE 是规范性附录，附录 AAA、附录 BBB、附录 DDD、附录 FFF 是资料性附录。

本部分由国家食品药品监督管理局提出。

本部分由全国医用电器标准化技术委员会(SAC/TC 10)归口。

本部分由上海市医疗器械检测所负责起草。

本部分主要起草人：何骏、黄嘉华、陆锷。

本部分所代替标准的历次版本发布情况为：

——GB 9706.15—1999。

医用电气设备
第1-1部分:安全通用要求
并列标准:医用电气系统安全要求

第一篇 概述

1 适用范围和目的

1.201*[1] 适用范围

本部分适用于**医用电气系统**(见2.201的定义)的安全。本部分规定了为保护**患者**、**操作者**及环境所必需提供的安全要求。

2 术语和定义

在本**并列标准**中,以黑体出现的术语,其定义与其在GB 9706.1中的定义一致。

标准中的"电压"、"电流"是指交流、直流或复合电压或电流的有效值。

为了本部分的目的下列附加定义适用。

2.201

医用电气系统(以下简称**系统**) **medical electrical system**

多台设备的组合,其中至少有一台为**医用电气设备**,并通过**功能连接**或使用**可移式多孔插座**互连。

注:当设备与**系统**连接时,医用**电气设备**应被认为包括在系统内。(见附录BBB和附录FFF举例)

2.202*

患者环境 **patient environment**

患者与**系统**的部件或**患者**与触及**系统**部件的其他人之间可能发生有意或无意接触的任何空间(见图201)。

2.203*

隔离装置 **separation device**

出于安全原因,以防止**系统**部件之间传输不需要的电压或电流,且带有输入和输出部分的部件或部件组合。

2.204*

可移式多孔插座 **multiple portable socket-outlet**

有两个或两个以上插孔的插座,打算与软电线或电线相连或组成一体,与网电源连接时,可以方便地从一处移到另一处。

注:**可移式多孔插座**可作为独立部分或医用、非医用设备的组成部分。

2.205*

功能连接 **functional connection**

电气或其他连接,包括用来传递信号和/或电能和/或其他物质的连接。

3 通用要求

3.201* 系统的通用要求

系统安装或后续的修改后,不应造成**安全方面危险**。

---

1) 文中有"*"的条款的说明见附录AAA"总导则和编制说明"。

一个**系统**应提供：

——在**患者环境**内，达到 GB 9706.1 要求的**医用电气设备**同等安全水平，以及

——在**患者环境**外，达到其他的国家安全标准(或 IEC 或 ISO 安全标准)要求的非医用电气设备相应的安全水平。

如满足了 3.201.1，3.201.2，3.201.3 及 3.201.4 的要求，即可认为是符合要求。在一个**系统**中，其设备或部件使用的材料或结构形式与 3.201.1 和 3.201.2 中提到的不同，如果可证明其具有同等安全水平，应被接受。

3.201.1 医用电气设备

医用电气设备应符合 GB 9706.1 及其相关专用标准的要求。

通过对相应的文件或证书的检查来检验是否符合要求。

3.201.2 非医用电气设备

非医用电气设备应符合与该设备相关的安全标准(国家标准或 IEC 标准、ISO 标准)，参见附录 DDD。

仅以**基本绝缘**来防止电击的设备不应用于**系统**中。

通过对相应的文件或证书的检查来检验是否符合要求。

3.201.3* 特定电源

符合 10.2.2.201 的特定电源应符合 GB 9706.1 要求或证明其具有同等的安全等级。

注：组合或修改**系统**者宜计算**系统**的功耗，以确保**可移式多孔插座**可承受该功耗并记录它。

通过对相应的文件或证书的检查来检验是否符合要求。

3.201.4* 系统

经过安装或后续的修改后，**系统**应符合本**并列标准**的要求。

通过相关的条款中规定的检查，测试或分析来检验是否符合要求。

仅应考虑将多台设备内部联接组成**系统**而造成的危险。

根据相关标准已对**系统**中独立的设备进行的安全测试不应重复进行。

测试应在以下条件下进行：

- 除非本部分另有规定，否则在**正常条件**下，和
- 在**系统**制造商规定的运行条件下。

6 识别、标记和文件

6.8.201* 系统的随机文件

系统(包括修改过的**系统**)应随附有安全和预期用途所必须的全部数据的文件。

这些文件应包括：

a) 每台**医用电气设备**的**随机文件**(见 GB 9706.1—2007 中 6.8)；

b) 每台非医用电气设备的类似**随机文件**；

c) 以下信息：

——若适用，组成**系统**的每台设备的清洗，消毒，灭菌的说明；

——在**系统**安装期间宜实施的附加安全措施；

——**系统**的哪些部件适合在**患者环境**下使用；

——在预防性维护期间宜实施的附加措施；

——**可移式多孔插座**不应放在地上的警告；

——其他附加的**可移式多孔插座**或延长线不应接入**系统**的警告；

——**系统**部件中未规定的组件不应接入**系统**的警告；

——**系统**中使用的任何**可移式多孔插座**的最大允许负载；

——由**系统**提供的**可移式多孔插座**，只能用于向组成**系统**的设备供电的说明；

——说明当组成**系统**的非医用电气设备预期由带隔离变压器的**可移式多孔插座**供电时直接同墙壁插座连接的风险；

——说明将非**系统**组成部分的电气设备接入**可移式多孔插座**的风险；

——任何为保证安全的环境条件限制(见**通用标准**的第十篇)；

——**操作者**不应同时触及16.201提及的部件和**患者**的说明。

d) 建议

——对安装者，要建议**系统**的安装方式以使**用户**取得最佳使用效果，和；

——对**用户**，要执行于此规定的所有清洗、调节、消毒和灭菌程序。

通过检查来检验是否符合要求。

第二篇 环境条件

10 环境条件

10.2.2.201* 供电电源

系统中设备的供电电源来自于另外设备的，制造商应规定。

第三篇 对电击危险防护

16 外壳和防护罩

16.201 外壳

患者环境内非医用电气设备的部件，在不使用**工具**将罩盖、连接器等移开后，可能被进行日常保养和校准等工作的**操作者**触及时，该部件的工作电压不应超过交流25 V，直流或峰值60 V，并由按GB 9706.1—2007中17 g)1)～5)中所述的方法之一与**供电网**隔离的电源供电。

通过检查来检验是否符合要求。

17 隔离

17.201* 电气隔离

如果由**系统**内不同设备与其他系统之间的**功能连接**而引起的**漏电流**超过容许值时，例如，紧急呼叫系统或数据处理系统，则应采用带有隔离装置的安全措施。

这类安全措施为设备和/或**系统**和其他系统之间提供合适的电气隔离，该隔离应具备在故障条件下出现在**隔离装置**上最高电压相适应的电介质强度、**爬电距离**和**电气间隙**。

通过下述方式检查：

隔离装置的输入和输出部分之间应经得起GB 9706.1—2007中第20章的基本绝缘的电介质强度试验。

试验中每一部分的端子短接在一起。

试验电压从GB 9706.1—2007的表5中选择。

基准电压(U)为最高**额定**供电电压或对于多相设备为相线对中性线的供电电压。**对于内部电源设备**，基准电压为交流250 V。

19 连续漏电流和患者辅助电流

19.201* 漏电流

19.201.1 外壳漏电流

在**正常状态下**，在**患者环境**中来自**系统**部件或**系统**部件间的**外壳漏电流**不应超过0.1 mA。

注：在本部分中，设备可触及的外表面的**漏电流**均被认为是**外壳漏电流**。

在中断**可移式多孔插座**或设备的非永久性安装的**保护接地导线**或类似导线的情况下，在**患者环境**中来自**系统**部件或**系统**部件间的外壳漏电流不应超过 0.5 mA。

如果整个**系统**或**系统**的部分是由**可移式多孔插座**提供电源，则**可移式多孔插座**的保护接地导线的漏电流不应超过 0.5 mA。

19.201.2 患者漏电流

在**正常状态**下，**B 型**和 **BF 型应用部分**的**患者漏电流**不应超过 0.1 mA，**CF 型应用部分**的**患者漏电流**不应超过 0.01 mA。

通过检查和用 GB 9706.1—2007 中 19.4 e)所述的测量装置来测量**漏电流**，来检验是否符合 19.201.1 和 19.201.2 的要求。

19.201.3 信号输入部分或信号输出部分的连接

若通过规定**医用电气设备**的**信号输入部分**和/或**信号输出部分**只能与**随机文件**中规定的设备相连，来符合 GB 9706.1—2007 中 19.2 b)第一破折号和/或 19.2 c)的要求时，则应将**信号输入部分**和/或**信号输出部分**与规定设备相连。但对于 **I 类设备**而言，如果规定设备未与**系统**的公共保护接地相连，则应使用一**隔离装置**(见表 BBB.201 中情况 3)。

通过检查来检验是否符合要求。

第四篇　对机械危险防护

22 运动部件

22.7.201 防护措施

当**系统**中的运动部件可能导致**安全方面危险**时，**系统**应按 GB 9706.1—2007 中 22.7 要求提供防护措施。例如，紧急制动装置。

通过检查来检验是否符合要求。

第五篇　对不需要的或过量的辐射危险的防护

第六篇　对易燃麻醉混合气点燃危险的防护

注：见 44.7.201。

第七篇　对超温和其他安全方面危险的防护

44 溢流、液体泼洒、泄漏、受潮、进液、清洗、消毒、灭菌和相容性

44.7.201* 清洗、消毒和灭菌

见附录 AAA 信息。

49 供电电源的中断

49.201* 供电电源的中断

系统的设计应确保**系统**中任何**医用电气设备**或非医用设备的供电电源中断和恢复时，除预期功能中断外，不会导致**安全方面危险**。

通过每次对一相关供电电源的中断和恢复来检验是否符合要求。

第八篇　工作数据的准确性和危险输出的防止

第九篇　不正常的运行和故障状态;环境试验

52　不正常的运行和故障状态

52.1.201

注:对于预防可编程医用电气系统功能危险的要求在 IEC 60601-1-4 中有叙述。宜注意诸如远程信息处理的影响。

第十篇　结构要求

56　元器件和组件

56.3.201　连接

电气、液压、气动和气体的连接端及连接器的设计和制造,应能防止可触及的连接器的不正确连接,以及不用**工具**拆卸时所引起的**安全方面危险**。

——连接器应符合通用标准 17 g)的要求;

——除非能证明不会引起**安全方面危险**,否则,**患者电路**导线连接用的插头,应设计成插不进同一系统中可能位于**患者环境**内的其他插座上。

通过检查来检验是否符合要求,如有可能,将连接头互换,以证实不存在**安全方面危险**(**漏电流**超过**正常状态**时的值、移动、温度、辐射等)。

57　网电源部分、元器件和布线

57.2　网电源连接器和设备电源输入插口等

注:不必为了防止无意接入其他设备而影响系统安全,而要求固定**网电源连接器**。系统重新布线是非常危险的并超出了该并列标准范围,且 6.8.201 已提出警告。

57.2.201*　可移式多孔插座

应使用**工具**才能将医疗用设备接入**可移式多孔插座**,否则**可移式多孔插座**应由隔离变压器供电。

通过检查来检验是否符合要求。

隔离变压器和**可移式多孔插座**应符合附录 EEE 的要求。

57.10　爬电距离和电气间隙

57.10.201　隔离装置

隔离装置的**爬电距离**和**电气间隙**应符合表 201 的规定。

基准电压(U)为最高**额定**供电电压或对于多相设备为相线对中性线的供电电压。对于**内部电源设备**,基准电压为交流 250 V。

表 201　隔离装置的爬电距离和电气间隙

U/V											
	直流	15	36	75	150	300	450	600	800	900	1 200
	交流	12	30	60	125	250	400	500	660	750	1 000
电气间隙/mm		0.8	1	1.2	1.6	2.5	3.5	4.5	6	6.5	9
爬电距离/mm		1.7	2	2.3	3	4	6	8	10.5	12	16

注:本表引自 GB 9706.1—2007 中表 16 对**基本绝缘**或**辅助绝缘**的要求。

通过检查来检验是否符合要求。

58 保护接地——端子和连接

58.201* 系统保护接地

保护接地连接应做成当**系统**中任意一台设备移去时，不会中断**系统**中任何部分的保护接地，除非同时切断该部分的供电。

所有的**保护接地导线**和**电源软电线**应一起布线。

任何附加**保护接地导线**应与**系统**中非移动部件永久连接并只用**工具**才能拆卸。

通过检查来检验是否符合要求。

59 结构和布线

59.201 线路的防护

连接**系统**中不同设备的导线应具有对机械损伤的防护。

通过检查来检验是否符合要求。

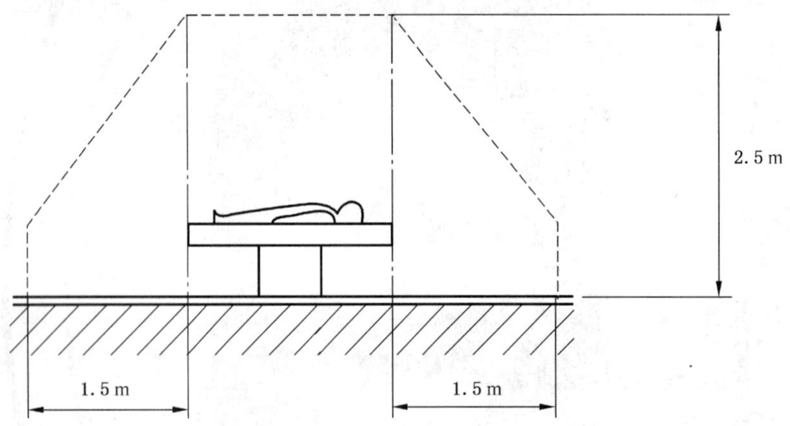

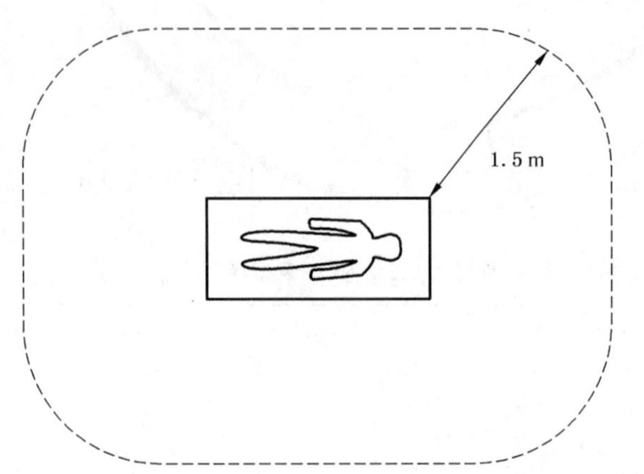

注：图中尺寸非限定。

图 201 患者环境举例

附　录　AAA
（资料性附录）
总导则和编制说明

1.201　范围

本部分是供装配和销售包含一台或多台**医用电气设备**的组合电气设备的制造商使用的。这设备可以是独立的各个部分或是在一个外壳之内或是上述情况的组合。

本部分也供医疗行业科研人员装配医用电气系统时使用。此时，要求有电气设备设计标准方面的工程知识来确保**系统**符合本标准的所有要求。

现代电子技术和生物医学技术在医学实践中的应用和快速发展，使得越来越复杂多样的医用电气**系统**取代单台**医用电气设备**对**患者**进行诊断、治疗和监护。

越来越多的这种**系统**由应用于不同领域(不仅限于医学领域)内的设备直接或间接相连组成。符合GB 9706.1标准的**医用电气设备**可以和其他非医用电气设备连接。每台非医用电气设备可能都符合了其专业领域的安全标准中规定的要求，通常它们并不能符合**医用电气设备**安全标准要求，因而，可能影响整个**系统**的安全。

电气设备既可安置在用于诊断、治疗或监护**患者**的医用房间内，也可安置在不进行医疗实践的非医用房间。医用房间内，电气设备可放在定义为**患者环境**的区域的内部或外部。

在医疗实践中可能有两种情况：

a)　本并列标准不适用情形

同时工作的**医用电气设备**，即不同的**医用电气设备**同时连接在一个**患者**身上，但设备之间并不互连。此类**医用电气设备**可能会相互产生干扰，例如手术室内的高频手术设备可能影响对**患者**进行监护的设备。

注：每台**医用电气设备**的使用说明可能提供帮助。

b)　本并列标准适用情形

由**医用电气设备**、可能还有非医用电气设备为了对**患者**实施诊断或治疗，而永久性或暂时性连接组成的**系统**。例如：用于X射线诊断检查的**系统**、配有摄像头的内窥镜、**患者**监护仪、配有个人电脑的超声设备、CT或核磁共振成像系统。

此类**系统**内的各个部分，可以安置在**患者环境**的内部或外部，但仍在一个医用房间内或安置在一个非医用房间内，例如安置在配电间或有数据处理设备的房间内。

2.201　医用电气系统

系统内允许使用**可移式多孔插座**的基本原则。

为最大限度地不违背GB 9706.1规定的安全水平，**可移式多孔插座**与**供电网**连接须符合某些条件。附加的57.2.201要求**可移式多孔插座**的结构应符合GB 9706.1**医用电气设备**的要求。

2.202　患者环境

很难对诊断、监测和治疗的空间规定唯一的尺寸范围。图201所示的**患者环境**范围在实践中已得到验证。

2.203　隔离装置

将设备组合成**系统**时，可能涉及电源和/或信号传输线路的连接。此类连接具有同样的隔离要求。

2.204　可移式多孔插座

定义来自GB 2099.1。

使用**可移式多孔插座**有时是必要的，但同时有利有弊，对此应仔细斟酌，权衡利弊。

鉴于以下原因，可能需要使用**可移式多孔插座**：

——尽量减少地板上的电源软电线的数量；
——即使**固定的网电源插座**数量不足，但仍可供所有治疗或诊断设备使用；
——提高装有多种设备于同一手推车的机动性；
——降低保护性接地线的电位差，使其低于某些固定装置的电位差。

鉴于以下原因，应尽量避免使用**可移式多孔插座**：

——**对地漏电流**的组合可能导致：

- 在正常状态下对地漏电流过大；
- 在可移式多孔插座的保护接地导线中断而导致外壳漏电流过大。

——**供电网**是否可用取决于单个**固定的网电源插座**的可靠性；
——供电可能完全中断，可能需要较长的时间让整套**系统**重新启动；
——电气设备上只有单一的保护性接地连接；与**系统**中每个设备都直接接地的可靠性相比相对较差；
——保护性接地阻抗增大。

显然，根据有关安装规范，最佳解决办法是安装足够数量的**固定的网电源插座**。

2.205 功能连接

在**医用电气系统**的定义中，允许非医用电气设备可通过**功能连接**向**医用电气设备**供电。这种电源受本并列标准要求的限制(见 3.201.3 和 10.2.2.201)。

“其他”这一短语可能包括机械连接，光学连接或者无线连接等多种情况。

3.201 对系统的通用要求

有关标准符合性的相关文件可以是制造商的符合性声明，或是测试机构颁发的证书。

3.201.3 特定电源

系统装配后的安全问题是通过一项或多项措施实现的，例如：

——**医用电气设备**自身的安全措施，例如相关线路的隔离；
——作为**医用电气设备附件**的**隔离装置**(见 17.201)；
——作为**系统附件**的**隔离装置**；
——隔离变压器；
——附加**保护性接地导线**。

非医用电气设备可按 GB 9706.1—2007 中的 4.7g)、6.8.2h)、19.1c)和图 17 的要求，向**医用电气设备**提供特定的电源。该特定电源须达到 GB 9706.1 的要求，或证明与 GB 9706.1—2007 中 3.4 认可的具有同等的安全程度。参见 IEC 60513 作为指导。

3.201.4 系统

系统由其特性决定会被经常修改；本并列标准不包含**系统**内独立部件的修改。

6.8.201 系统的随机文件

直接用于心脏的**系统**，其随机文件应提供诸如这样一些方面的信息：

——橡胶手套的使用；
——由绝缘材料制成的旋塞阀的使用；
——**患者**与**系统**的组成设备之间的最小距离(**患者环境**)；
——在典型的医疗应用中，如何使用**医用电气设备**的说明，如导管的使用。

为安全起见，在**患者环境**中，当**患者**体内或体外插有电极或其他身体传感器时(包括直接同心脏连接)，应特别注意可发生的不同程度的危险。

可能与**患者**心脏的连接应与设备保持隔离。

为防止进液和避免机械损坏，要有不要将**可移式多孔插座**放置在地上的警告。

此外，在组合或修改系统时若使用**可移式多孔插座**的话，应采取措施保证其安装恰当，能在**正常使**

用和运输过程中防止进液和机械性损伤。

非医用电气设备的相关安全标准的环境条件要求与 GB 9706.1 安全标准中 10.2 所定义的范围相比要窄。如果在**系统**中此类非医用电气设备在 10.2 规定的较宽范围的环境中使用时，可能会出现**安全问题**。在这种情况下，与 GB 9706.1 相比，对**系统**或**系统**部件的环境条件的限制宜在**系统**的随机文件中加以说明。

10.2.2.201 供电电源

该要求可确保**系统**的整体安全水平符合 GB 9706.1 的安全水平。

17.201 电气隔离

某些**医用电气设备**的安全依赖于这样的前提：即任何**信号输入部分**或**信号输出部分**只能与规定用途的设备连接，否则，流经信号电缆的非预期电流会导致**漏电流**增加。

如果**医用电气设备**的**信号输入部分**或**信号输出部分**可与医用房间外的设备或者与另一建筑物的设备相连并因此与另一个网电源支路相连，可能会出现危险情况。

隔离装置可防止给**患者**或**操作者**带来危险。该装置应尽量地靠近**医用电气设备**放置。此外，使用**隔离装置**可避免非预期电流流经电缆导致设备故障所引起的危险。

是否需用**隔离装置**取决于**系统**的结构。

19.201 漏电流

某些非医用电气设备的**外壳漏电流**的限值可能比本**并列标准**要求宽松；在**患者环境**外这些较宽松的限值要求可以接受。当非医用电气设备用于**患者环境**中时需减少**外壳漏电流**。减少**外壳漏电流**的措施可包括：

——附加的保护接地部件；

——一个隔离变压器；

——一个附加的非导电**外壳**。

内连电缆和接线盒是**外壳**的组成部分，因此，根据 19.201.1 的要求，有关**患者环境**中的漏电流限制是适用的。

如果使用无隔离变压器的**可移式多孔插座**，保护接地导线的中断可使**外壳漏电流**达到各个**对地漏电流**的总和。

44.7.201 清洗、消毒和灭菌

系统的安装应便于**用户**进行必要的清洗。若适用，应按**系统**随机文件的规定要求采取必要的消毒和灭菌措施。国家权威机构可能要求使用某些消毒或灭菌方法和措施，以防易燃麻醉混合气点燃后发生燃烧的危险。

49.201 供电电源的中断

要注意电源中断对不需要的运动、消除压力和把**患者**从危险位置移开有何影响。

57.2.201 可移式多孔插座

防止随意接入其他设备，否则有可能发生过量**外壳漏电流**。

58.201 系统的保护接地

在**患者环境**内，限制**系统**中不同部件间的电位差是很重要的。与保护接地系统的充分连接对限制该电位差可发挥重要作用。因此，防止保护接地与**系统**的任何部件的连接中断的措施是很重要的。

——在**单一故障状态**下，当**外壳漏电流**超过容许限值时，可使用附加保护接地。

——只要符合 GB 9706.1 的规定，**医用电气设备**无需附加保护接地。但是，就非医用电气设备而言，附加的保护接地可防止**外壳漏电流**超过容许值。

——拔下网电源插头是不需要使用**工具的**，因为拔下网电源插头可使网电源和保护接地一同断开。

附 录 BBB
（资料性附录）
医用电气设备与非医用电气设备组合的举例

BBB.1 引言

下文给出了在不同医疗环境中各种不同的设备组合时可能出现的情况概括。为简明起见，每种情况所使用的设备不超过两台(A 和 B)。

BBB.2 在医疗环境中的场所

可预见以下场所(参见图 BBB.201)：

——作为医用房间一部分的**患者环境**；

——医用房间的其余部分，但不包含**患者环境**；

——非医用房间(即不用于医疗的房间，如办公室或贮藏室)。

每个场所可有专用保护接地。

注：在不同场所的保护接地之间可能存在电位差(V)。如果**患者环境**中某一设备的保护接地发生中断，这个电位差就可能出现在设备**外壳**上。若**操作者**同时接触该设备和**患者**，就会对**操作者**或**患者**带来**安全方面的危险**。若设备是 **B 型的**，则可对**患者**带来**安全方面的危险**。

BBB.3 基本原则

——**患者**只能与符合 GB 9706.1 的**设备**的**应用部分**相连。其他设备应符合相关国家标准(或 IEC 标准或 ISO 标准)；

——在故障状态下，容许的**外壳漏电流值**为 0.5 mA；

——若非医用设备符合该设备原意用途的安全标准(文中称为 GB ×××××或 IEC ×××××)并置于**患者环境**中，如果**外壳漏电流**超出 19.201.1 所规定的值，则需要采取措施限制外壳漏电流。

BBB.4 举例

两台设备放置在**患者环境**中(见表 BBB.201 的第 1 类情况)。

有“1a、1b 和 1c”如下三种可能性：

1a：A、B 两台设备均符合 GB 9706.1 标准，不存在任何问题；

1b：设备 A 符合 GB 9760.1 标准，设备 B 符合 GB ×××××(IEC ×××××)标准：设备 B 的**外壳漏电流**只有在设备的任一**保护接地导线**或者同等的导线发生中断时才应予以限制。如有必要，可为设备 B 提供附加保护接地或隔离变压器。

1c：设备 A 的电源来自设备 B 的特定电源。设备 B 需按制造商的要求供给特定电源并符合 3.201.3 的要求。如有必要，可为设备 B 提供附加保护接地或隔离变压器。

注：情况 2 和 3 来自表 BBB.201。

表 BBB.201　医用电气设备与非医用电气设备的联用

<table>
<tr><th colspan="2" rowspan="2">情况编号</th><th colspan="2">医用房间</th><th rowspan="2">非医用房间</th><th rowspan="2">可能解决的办法(所有情况参见第 19 章)</th></tr>
<tr><th>患者环境内</th><th>患者环境外</th></tr>
<tr><td rowspan="3">1</td><td>1a 设备 A 和 B 均在患者环境内</td><td>A GB 9706.1 — B GB 9706.1</td><td></td><td></td><td></td></tr>
<tr><td>1b 设备 A 和 B 均在患者环境内</td><td>A GB 9706.1 — B GB ×××××</td><td></td><td></td><td>设备 B:附加保护接地或隔离变压器</td></tr>
<tr><td>1c 由设备 B 的特定电源供电的设备 A 在患者环境内</td><td>A GB 9706.1
B GB ×××××</td><td></td><td></td><td>设备 B:附加保护接地或隔离变压器</td></tr>
<tr><td rowspan="2">2</td><td>2a 设备 A 是在患者环境内,设备 B 是在医用房间内</td><td>A GB 9706.1</td><td>B GB 9706.1</td><td></td><td></td></tr>
<tr><td>2b 设备 A 是在患者环境内,设备 B 是在医用房间内</td><td>A GB 9706.1</td><td>B GB ×××××</td><td></td><td>设备 B:参见 19.201 及其编制说明</td></tr>
<tr><td rowspan="2">3</td><td>3a 设备 A 是在患者环境内,设备 B 是在非医用房间内</td><td>A GB 9706.1</td><td></td><td>B GB 9706.1 或者 GB ×××××</td><td>设备 B:参见 19.201 及其编制说明</td></tr>
<tr><td>3b 设备 A 是在患者环境内,设备 B 是在非医用房间内</td><td>A GB 9706.1
保护接地</td><td>保护接地</td><td>B GB 9706.1 或者 GB ×××××
有电位差的保护接地</td><td>设备 B:附加保护接地或隔离装置</td></tr>
</table>

(3a:A、B 均连接至跨患者环境内、患者环境外和非医用房间的“公共保护接地”。)

表格说明:

- 附加保护接地:如有必要,提供永久连接的附加保护接地(参见 58.201)。
  注:可能需对设备进行修改。
- 隔离变压器:如有必要,按附录 EEE,采用附加的隔离变压器来限制**外壳漏电流**。
  注 1:无需对设备进行修改。
  注 2:隔离变压器是一种至少用基本绝缘(IEC 60989)把一组或多组输入线圈与输出线圈隔离的变压器。
- **隔离装置**:如有必要,应采用**隔离装置**。
- GB 9706.1:符合相关国家(或 IEC 60601)安全标准的**医用电气设备**。
- GB ××××× (IEC ×××××):符合相关国家(或 IEC)安全标准的非医用电气设备。

附 录 CCC
（规范性附录）
规范性引用文件

下列文件中的条款通过GB 9706本部分的引用而成为本部分的条款。凡是注日期的引用文件，其随后所有的修改单(不包括勘误的内容)或修订版均不适用于本部分，然而，鼓励根据本部分达成协议的各方研究是否可使用这些文件的最新版本。凡是不注日期的引用文件，其最新版本适用于本部分。

GB 1002—1996 家用和类似用途单相插头插座 型式、基本参数和尺寸

GB 4208—2008 外壳防护等级(IP代码)(IEC 60529:2001,IDT)

GB 9706.1—2007 医用电气设备 第1部分:安全通用要求(IEC 60601-1:1988,IDT)

GB 2099.1—2008 家用和类似用途插头插座 第1部分:通用要求(IEC 60884-1:2006,IDT)

IEC 60989:1991 隔离变压器、自耦变压器、可调变压器和电感器

注1:引用的资料信息,见附录DDD。

注2:对于设备和**系统**来说,在医疗建筑内安装电子设施是应考虑的一个重要方面。在部分国家,要适用特殊要求。

附 录 DDD
(资料性附录)
参 考 文 献

GB 8898 音频、视频及类似电子设备 安全要求(GB 8898—2001,eqv IEC 60065:1998)

GB 4706.1 家用和类似用途电器的安全 第1部分:通用要求(GB 4706.1—2005,IEC 60335-1:2004,IDT)

IEC 60601-1-4 医用电气设备 第1-4部分:安全通用要求 并列标准:可编程医用电气系统

GB 7247.1 激光产品的安全 第1部分:设备分类、要求和用户指南(GB 7247.1—2001,idt IEC 60825-1:1993)

GB 4943 信息技术设备的安全(GB 4943—2001,eqv IEC 60950:1999)

GB 4793.1 测量、控制和实验室用电气设备的安全要求 第1部分:通用要求(GB 4793.1—2007,IEC 61010-1:2001,IDT)

ISO 7767:1997 监护病人呼吸混合气的氧气监护仪 安全要求

ISO 8185:1997 医用湿化器 湿化系统的一般要求

ISO 8359:1996 医用氧浓缩器 安全要求

ISO 9918:1993 病人用二氧化碳监护仪 要求

ISO 10079-1:1991 医用吸引设备 第1部分:电动吸引设备 安全要求

附 录 EEE
（规范性附录）
对可移式多孔插座的要求

EEE.1 带隔离变压器的可移式多孔插座

可移式多孔插座可能是一个独立部件，也可能是**医用电气设备**或非医用电气设备的一个组件。

除最大**额定**输出功率(1 kVA)和防护程度(IPX4)要求外，隔离变压器应符合 IEC 60989 的要求。

注：由于在**单一故障状态**下，**系统**的**外壳漏电流**低于 0.5 mA，因此隔离变压器无须**双重绝缘**或**加强绝缘**(如 GB 13028要求的隔离变压器那样)。

该变压器组件应为Ⅰ类。

注：为连入设备提供保护接地连接，该要求是必须的。

如有必要，该变压器组件应具备像 GB 4208 所详述的具有规定的防进液的防护程度。

IEC 60989 对变压器**额定**输出功率限值为 1 kVA 的要求不适用。

注：IEC 60989 中未说明限值输出功率的原因，且**额定**输出功率还受设施中熔断器和使用的电源线容许功率限定。然而，变压器的参数需结合**系统**的负载电流的变化仔细选择，以确保**系统**内各设备的**供电电压**在 GB 9706.1—2007 中 10.2.2 规定的范围内。

除应符合 IEC 60989 的要求外，变压器组件还应按 GB 9706.1—2007 中 6.1 和 6.2 的要求作标记。

可移式多孔插座应标记最大容许输出功率。

可移式多孔插座应与变压器永久连接，或隔离变压器的插座是不能够接插符合 GB 1002(见附录 FFF)的网电源插头的型式。

注：不需要对隔离变压器进行隔离监测。**单一故障状态**可在日常保养中发现，而双重故障状态不必考虑的。允许使用有保护接地的中心抽头次级绕组制造变压器，但不是必须要求。

可移式多孔插座应标记 GB 9706.1—2007 中附录 D 表 D.1 中的规定的符号 14。

通过检查来检验是否符合 GB 9706.1 相关条款的规定。

EEE.2 可移式多孔插座

可移式多孔插座应符合 GB 2099.1 和如下规定：

——**爬电距离**与**电气间隙**应符合 GB 9706.1—2007 中的 57.10 的规定；

——**可移式多孔插座**为Ⅰ类，且**保护接地导线**应与输出插座接地点连接；

——保护接地端子和保护接地连接应符合 GB 9706.1—2007 中第 58 章的规定；

——**外壳**应符合 GB 9706.1—2007(IEC 60601-1)中第 16 章的规定；

——若适用，**网电源接线端子装置**和布线应符合 GB 9706.1—2007 中 57.5 规定；

——元器件的额定值不应与使用条件相悖[见 GB 9706.1—2007 56.1b)]；

——应达到 GB 9706.1—2007 中 56.3 所述的连接要求；

——电源线应达到 GB 9706.1—2007 中 57.3 和 57.4 的要求；

——保护接地应符合 GB 9706.1—2007 中第 18 章的规定。

注：如果满足 GB 9706.1—2007(IEC 60601-1)中 18 g)的要求，**系统**总的保护接地阻抗可为 0.4 Ω 或更高。

——**可移式多孔插座**应标记 GB 9706.1—2007 附录 D 表 D.1 中的符号 14。

通过检查和依据 GB 9706.1 相关条款的描述来检验是否符合规定。

附 录 FFF
（资料性附录）
可移式多孔插座应用举例

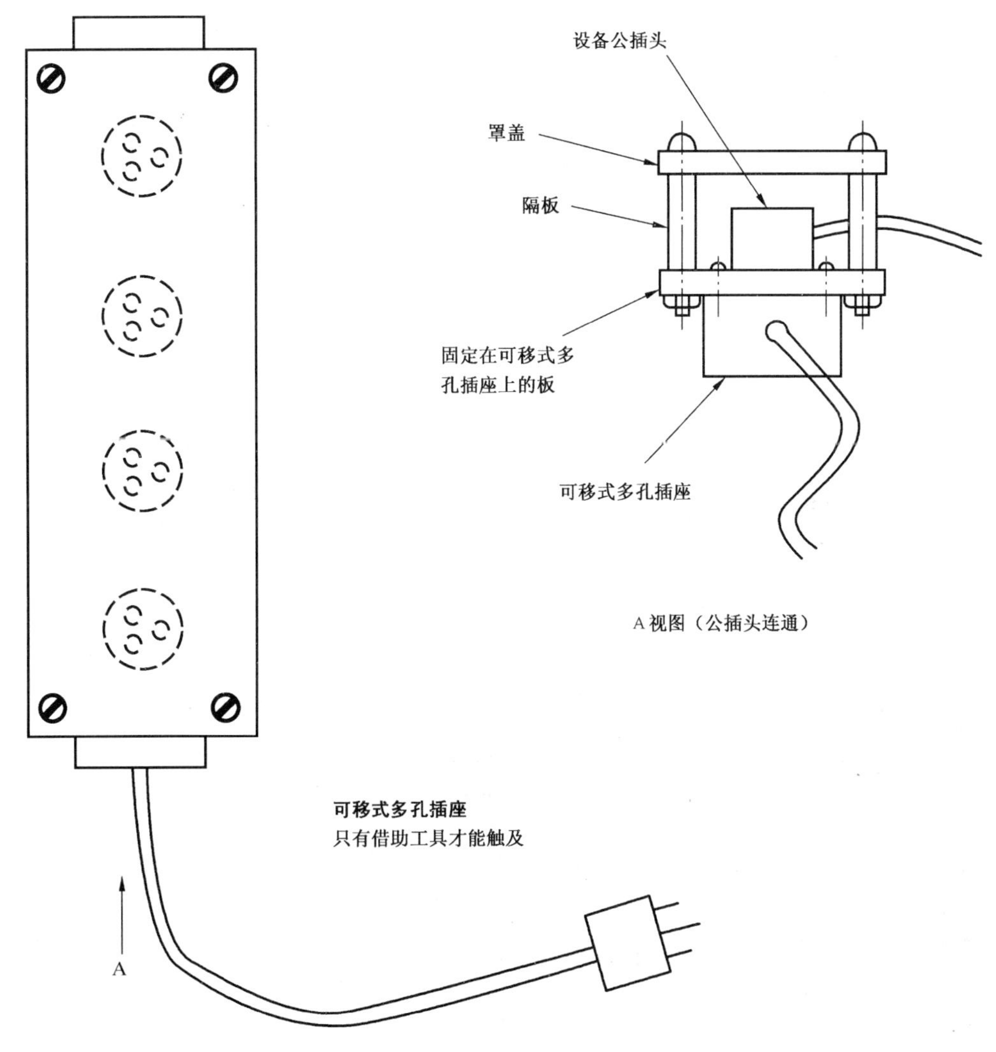

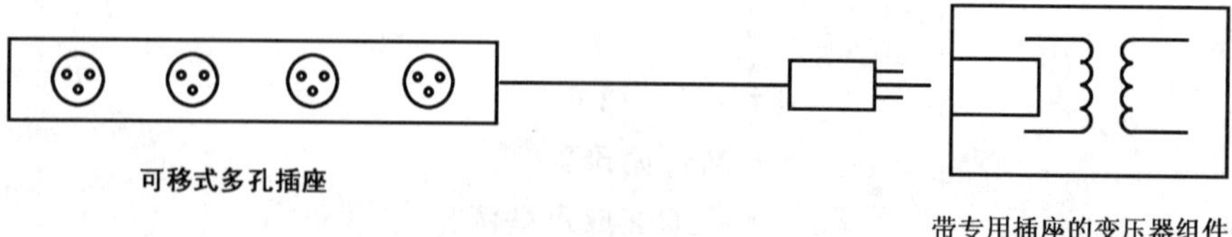
可移式多孔插座
带专用插座的变压器组件

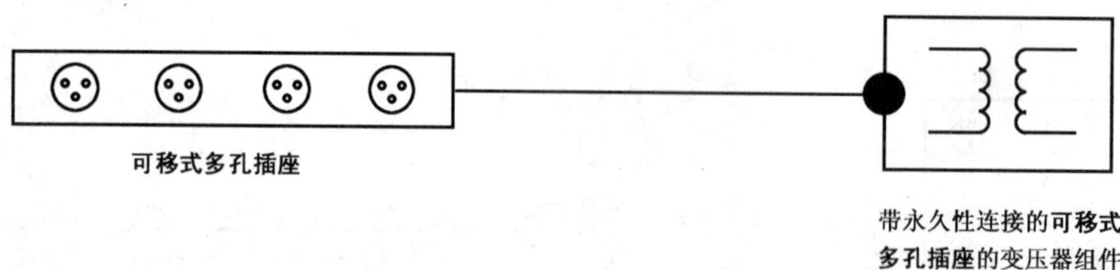
可移式多孔插座
带永久性连接的可移式
多孔插座的变压器组件

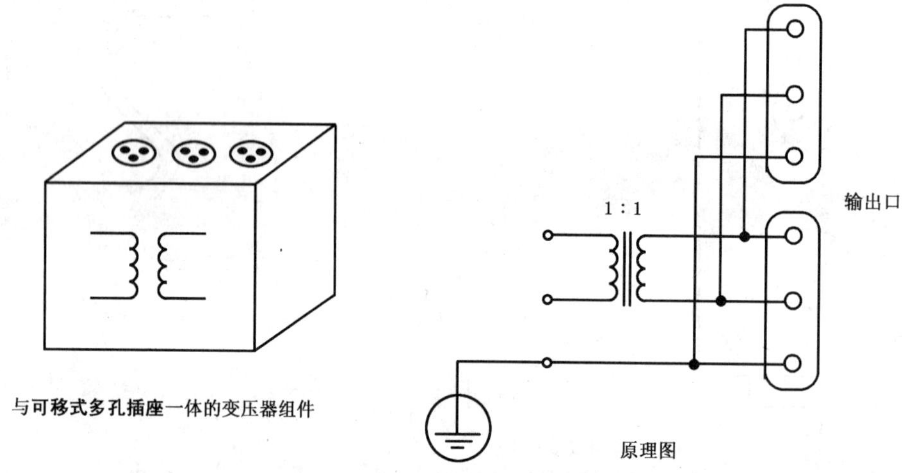
1:1
输出口
与可移式多孔插座一体的变压器组件
原理图

前　　言

本标准是根据国际电工委员会 IEC 60601-2-29《医用电气设备　第二部分：放射治疗模拟机安全专用要求》1993 年第一版制定的，在技术内容上等同采用 IEC 60601-2-29：1993，编写格式和方法与 IEC 60601-2-29：1993一致。

制定本标准的目的是针对放射治疗模拟机规定统一的安全通用要求，以维护患者和使用者的安全，也是为了适应国际贸易、技术和经济交流以及实现标准和产品与国际接轨的需要。

本标准在等同采用 IEC 60601-2-29：1993 的同时，引用了下列标准，这些标准所包含的条文，通过在本标准中引用而构成为本标准的条文。本标准出版时，所示版本均为有效。所有版本都会被修订，使用本标准的各方应探讨使用下列标准最新版本的可能性。

GB 9706.1—1995　医用电气设备　第一部分：安全通用要求(IEC 60601-1：1988)

GB 9706.12—1997　医用电气设备　第一部分：安全通用要求　3.并列标准　诊断 X 射线设备辐射防护通用要求(IEC 60601-1-3：1994)

GB 9706.3—1992　医用电气设备　诊断 X 射线发生装置的高压发生器安全专用要求(IEC 60601-2-7：1987)

GB 9706.5—1992　医用电气设备　能量为 1～50 MeV 医用电子加速器专用安全要求(IEC 60601-2-1：1990)

IEC 60788—1984　医用放射学术语

本标准中引用的国际标准凡已相应转化为我国标准的，全部引用我国标准。本标准与 GB 9706.1—1995 配套使用。在实施本标准时，对于引用标准中没有列出的术语可按 GB/T 10149 的有关规定。

本标准的附录 L、附录 AA、附录 AAA 均是提示的附录。

本标准由国家医药管理局提出。

本标准由全国医用高能辐射、核医学和放射剂量学设备标准化分技术委员会归口。

本标准由国家药品监督管理局医疗器械北京质量监督检测中心负责起草。

本标准主要起草人：潘铭乔、齐晓、黄荣建。

本标准由全国医用高能辐射、核医学和放射剂量学设备标准化分技术委员会负责解释。

IEC 前言

1) IEC(国际电工委员会)是一个包括所有国家电工委员会(IEC 国家委员会)在内的国际标准化组织。其宗旨是促进在电气和电子领域中所涉及标准化方面的问题进行国际合作。为此目的，IEC 除开展其他活动外，还出版国际标准。标准的制定工作委托给各技术委员会，任何 IEC 国家委员会对其感兴趣的有关标准都可以参与编制与制定工作，与 IEC 有联系的国际组织政府机构及非政府机构也可以参与该工作。IEC 根据与国际标准化组织 ISO 之间协议所确定的条件进行紧密的合作。

2) IEC(国际电工委员会)关于技术问题的正式决议或协议，由对这些问题特别关心的国家委员会的代表组成的技术委员会制定。这些决议或协议尽可能表达国际上对于所涉及的这些问题的一致意见。

3) 这些决议或协议以标准、技术报告或导则的形式出版，推荐在国际上使用，并在此意义上被各国家委员会所接受。

4) 为了促进国际上的统一，IEC 各国家委员会应在其国家标准和地区标准中以最大限度地采用 IEC 国际标准。若国家或地区标准与 IEC 相应标准之间有差别时，必须在国家或地区标准中清楚地加以说明。

国际标准 IEC 60601-2-29 已由国际电工委员会 62 技术委员会(医用电气设备)的第 62C 分技术委员会(高能辐射、核医学和放射剂量学设备)制定。

本专用标准的文本以下列文件为基础：

DIS	表决报告	DIS 修正稿	表决报告
62C(CO)59	62C(CO)66	62C(CO)69	62C(CO)71

本专用标准投票表决的全部情况，可查阅上表所指出的表决报告。

附录 AA 仅仅是参考性的附录。

注：应注意的是，辐射安全方面的某此国家法规可能与本专用标准的条款有不一致之处。

引　　言

使用不符合电气和机械安全标准要求的放射治疗模拟机就可能使患者遭受危险。放射治疗模拟机与放射治疗设备结合使用，并且应该采用相同的安全标准、性能要求和技术术语，以减少由于操作者的失误所造成的危险。

目前使用的放射治疗模拟机用一个 X 射线源来模拟射线束。高压发生器所需要的安全标准，目前由 IEC 60601-2-7 标准给出，除本标准中已注明的外，IEC 60601-2-7 和适用于放射治疗模拟机的其他专用标准，可以认为是本专用标准的一部分。放射治疗模拟机只用于放射治疗方面，本标准限定了其在该方面的使用。

第一篇概述，第二篇环境条件，第三篇对电击危险的防护，第四篇对机械危险的防护，第五篇对不需要的或过量的辐射危险的防护。上述各篇描述了制造厂商在设计和制造放射治疗模拟机时应遵循的要求。

在第五篇中包含对用于放射治疗模拟机的 X 射线设备的专用要求和特殊要求。第六篇～第十篇对 IEC 60601-1 安全通用标准的条款作了一些适合于放射治疗模拟机的补充修改。

本专用标准介绍了一些在放射治疗模拟机结构和设计上的新要求，建议主管部门应给厂家一些时间，以便其能制造出符合本标准要求的设备。

除非另有说明，IEC 60601-1 中的所有其他章、条都适用。本标准的章、条编号与 IEC 60601-1 相同。在安全通用标准中，要求与相应的试验放在一起。本专用标准优先于安全通用标准《医用电气设备　第一部分：安全通用要求》。

中华人民共和国国家标准

医用电气设备　第二部分：放射治疗模拟机安全专用要求

GB 9706.16—1999
idt IEC 60601-2-29:1993

Medical electrical equipment—Part 2:
Particular requirements for the
safety of radiotherapy simulators

第一篇　概　　述

除下述内容外，《安全通用要求》该篇中的章、条适用。

1　适用范围和目的

除下述内容外，《安全通用要求》中的该章适用。

1.1　适用范围和目的

增加：

本标准适用于用X射线诊断设备在实际上模拟治疗辐射束的放射治疗模拟机(以下简称模拟机)，以使得在治疗期间能定位治疗区，能确定治疗辐射野的位置和大小。

本标准适用于使用符合IEC 60601-2-7(GB 9706.3—1992)中要求的高压发生器的模拟机。

本标准适用于以放射治疗模拟为目的，而不用作一般的诊断检查的模拟机。

本标准适用于由下述部分组成的模拟机：

a）一个能产生不超过400 kV辐射束，用来模拟放射治疗射线束几何形状的系统；

b）一个由X射线摄影或荧光屏透视显示出X射线图像的系统；

c）一个控制射线束尺寸，用以界定预期的治疗区域的装置；

d）一种可在实际上模拟放射治疗设备的几何条件和运动并支撑成像系统的机械结构；

e）一个治疗床系统。

1.2　目的

替换：

本标准的目的是：

a）确定准确模拟一种放射治疗处置方面那些关键的几何参量；

b）规定满足辐射安全水平的要求；

c）规定电气和机械安全要求；

d）规定可被认可的模拟机方面的术语。

1.3　专用标准

增加：

本标准涉及到IEC 60601-1:1988(GB 9706.1—1995)《医用电气设备　第一部分：安全通用要求》。

为简明起见，在本标准中提到的IEC 60601-1—1988(GB 9706.1—1995)称为《安全通用要求》。

本标准的篇、章、条与《安全通用要求》一致，对《安全通用要求》的条文有改变之处，规定使用下述名

国家质量技术监督局1999-08-02批准　　　　2000-05-01实施

词：

"替换"，意味着《安全通用要求》中的条款，在本标准中予以取代。

"增加"，意味着《安全通用要求》中的要求，在本标准中得到补充。

"修改"，意味着《安全通用要求》中的条款，在本标准正文中作过变更。

在《安全通用要求》的基础上增加的条款或图以 101 排序；增加的附录用字母 AA、BB 等表示；增加的项用 aa)、bb)等表示。

"本标准"一词是相对《安全通用要求》而言，并且与"本专业标准"同义。

在本专业标准中未给出《安全通用要求》中相对应的篇、章、条之处，即使不相关，《安全通用要求》的该篇、章、条仍可沿用而不用变更。另外，《安全通用要求》中某些部分，即使可能有关，如果对本专用标准没有用处，则将予以说明。

2 术语和定义

除下述内容外，《安全通用要求》的该章适用。

增加：

aa) 在本标准中，术语采用下列标准中的定义：

——IEC 60601-1(GB 9706.1)《医用电气设备 第一部分：安全通用要求》

——IEC 60601-2-1(GB 9706.5)《医用电气设备 能量为 1～50 MeV 医用电子加速器专用安全要求》

——IEC 60788《医用放射学—— 术语》

附录 AA 中按英文字母顺序，给出术语及其来源。

2.1 定义

2.1.101 医用电子加速器 medical electron accelerator

用于放射治疗，其辐射束是由加速电子束组成或由加速电子束产生的电子加速器。

2.1.102 机架 gantry

放射治疗设备中，支撑辐射头并使它完成各种运动的部件。

2.1.103 合格人员 qualified person

由主管机关认可的具有能完成规定职责的必要知识和经过训练的人员。

2.1.104 待机状态 stand-by state

设备的一种状态，在这种状态期间，设备可以长时间停止并由此很快进入运行。

2.1.105 现场检验 site test

对每台独立的装置或设备在安装以后为验证其是否符合确定的标准的一种检验。

2.1.106 型式试验 type test

由制造厂商对一台或多台装置或设备进行的一种检验，以表明其设计是否符合确定的标准。

2.1.107 迪曼开关 deadman control

一种开关，持续按下按键时才能保持导通状态，一旦松开即回到断开状态。

2.1.108 界定器 delineator

用来模拟辐射野外围边界的装置。

2.1.109 界定辐射束 delineated radiation beam

界定器投影范围以内的辐射束。

2.1.110 界定辐射野 delineated radiation field

界定辐射束在垂直于辐射束轴的平面上的截面。

2.1.111 放射治疗模拟机 radiotherapy simulator

使用 X 射线设备实际模拟一个治疗辐射束，使得放射治疗期间所进行的辐照都能集中在治疗区内,并且确定治疗辐射野的位置和尺寸的一种设备。

4 试验的通用要求

除下述内容外,《安全通用要求》中的该章适用。

4.5 环境温度、湿度、大气压力

替换:

a) 被试设备在准备投入正常使用之前(按4.8),应在下列正常工作条件下进行试验:

——环境温度 15℃～35℃;

——相对湿度 30%～75%;

——大气压力 70 kPa～106 kPa。

b) 设备应避免可能影响测试有效性的其他条件(如强力通风)。

c) 当环境温度不能维持恒定时,试验条件要相应修改,并将条件和测试结果记录在案。

4.6 其他条件

增加:

这些条件仅适用于型式试验的情况。

4.8 预处理

增加:

本试验条件仅适用于按照4.10进行过特殊的潮湿预处理的部件。

4.10 潮湿预处理

增加:

本试验条件仅适用于型式试验。制造厂商必须指出其设备易受气候影响的那些部件,对这些部件进行模拟气候条件的处理,并在随机文件中列出哪些部件进行过这种处理的清单,根据要求提供试验结果。

5 分类

除下述内容外,《安全通用要求》中的该章适用。

替换:

5.1 按防电击类型分,模拟机属Ⅰ类设备。

5.2 按防电击程度分,模拟机属B型设备。

5.3 按对有害进水防护程度分,除非另有说明,模拟机属于一般设备(无防进水保护的封闭式设备)。

5.4 按制造厂商推荐的消毒、灭菌方法分,除非另有说明,模拟机(或其部件)属于可消毒设备(或部件)。

5.5 按有易燃麻醉气与空气的混合和/或氧或氧化亚氮的混合气体情况下使用的安全程度分,模拟机属于在使用现场无易燃气或蒸气的设备。

5.6 按工作方式分,除非另有说明,模拟机或部件应属于连续通电,在待机状态,按规定的允许加载下连续运行的设备。

6 识别、标记和文件

除下列内容外,《安全通用要求》中的该章适用。

6.1 设备或设备部件的外部标记

替换:

模拟机及其组成部分,包括X射线设备在内的分系统的外部,应有永久固定的、字迹清晰的标记,以便识别各部件之间与安全相关的联系。

标记应至少包括下列内容：

e）来源（即制造、供货厂商）的标识

对确保设备符合本标准负责的制造厂商或供货商的名称和（或）商标；

f）型式、标记及序号

型式、标记及序号是用以识别可能独立的各部件同设备以及它们的随机文件之间的关系。

借助于型式和标记（必要时可附加序号），在需要时制造商、组装者或进口商应能够在制造、组装或进口后的十年内，确切地、有根据地指出制造、组装或进口的日期。

注：虽然型式标记通常表示一定的性能特性，很可能表示不出确切的结构，包括所使用的部件和材料。如果需要，型式标记还可附加序号，序号也可用于其他目的。

k）主电源输出

设备的辅助网电源插座，应标明允许输出的最大值。

n）熔断器

设备外侧安装的熔断器的型号和额定值，应在熔断器座旁标明。

上述标记，用目视检查是否与规定相一致。

6.3 控制器和仪表的标记

增加：

aa）应提供某点特定距离上界定辐射野尺寸的数字指示；

bb）应提供界定辐射野的灯光指示；

cc）应提供界定辐射束轴到患者或影像接收器入口的指示；

dd）应提供等中心的指示；

ee）应提供某点到辐射源距离的指示；

ff）应提供辐射野灯光指示；

gg）应提供辐射源到等中心距离的数字指示（对模拟机而言，此距离是变数）；

hh）应提供辐射源到影像接收器平面距离的数字指示；

ii）选择刻度。

所有的刻度读数都应符合应用于放射治疗设备的有关标准，然而新型模拟机可以仿照具有老的刻度规定的放射治疗设备来刻度。因为当数据从模拟机传递到放射治疗设备时，有可能产生误差，所以在不引起混淆的前提下，本标准不排除使用附加的刻度读数，这种读数与老的刻度规定符合一致。

机架、界定器、X 射线影像接收器和治疗床的所有可运动部件，应按照 IEC 标准对放射治疗设备的坐标和刻度的要求进行刻度。

6.7 指示灯和按钮

a）指示灯颜色

增加：

安装在控制台上的指示灯的颜色应符合下述规定：

报警和（或）中断一个非预定运行状态所需要的紧急动作——红色；

正在照射——黄色；

准备状态——绿色；

预置状态——其他颜色。

注：在模拟室或其他场所，这些状态可能需要紧急动作或提出警告，在这些场所可以采用《安全通用要求》中表 3 所规定的颜色。

6.8 随机文件

除下列内容外，《安全通用要求》的该条适用。

6.8.1 概述

增加：

随机文件还应包括一份说明，用以阐述所有模拟机联锁装置和其他安全装置的功能，并指明对它们的检测方法和检测周期，应据此周期和方法进行检验。

6.8.3 技术说明书

增加：

aa）为使设备能安全准确地运转，模拟机或其部件，需要以一定的速率散热，在技术说明书上应包括以下冷却要求：

——向周围空气散热的最大速率，对于消耗功率大于 100 W 的每个部件要单独标明，并可单独安装固定；

——散发到强制风冷设备中的最大速率，以及相应的强迫通风气流的流速及温升；

——散发到制冷设备中的最大散热速率，并指示出制冷设备所允许输入的最高温度、最小流速和压力；

——对于特殊的场所，应指明允许的最高温度。

bb）为了辐射防护，应提供以下数据：

——界定辐射野的尺寸范围(cm)，以及界定辐射野与辐射源的特定距离；

——X 射线野的最大尺寸(cm)，以及 X 射线野与辐射源的特定距离；

——辐射束的可能方向；

——辐射源相对于辐射头上一个可达到点的位置。

cc）影响量

随机文件应包括涉及环境影响量(例如：连续运行的最长时间)所必须的任何资料和可能影响规定的功能特性的使用的极限条件。

6.8.101 随机文件标记

除下述内容外，IEC 60601-1-3(GB 9706.12)中 6.8.201 适用。

潮湿预处理	4.10	电介质强度	20
灭菌或消毒方法	5.4	机械强度	21
设备或设备部件的外部标记	6.1	运动部件	22.4
随机文件	6.8	悬挂物	28.101
现场检验报告	6.8.102	X 射线束的衰减	29.206
环境条件	10	关于杂散辐射防护措施的建议	附录 AAA
外壳和防护罩	16		

6.8.102 现场检验报告

现场检验的结果应记录在案并成为随机文件的组成部分。现场检验报告应包括：

——模拟机使用者和现场；

——检验人员姓名和单位；

——检验日期；

——设备型式和序号；

——检验条件、检验步骤和现场检验中使用的仪器设备。

第二篇 环 境 条 件

除下述内容外，《安全通用要求》该篇的各章、节均适用。

10 环境条件

除下述内容外，《安全通用要求》的该章适用。

10.1　运输和贮存

替换：

运输和贮存所允许的环境条件必须在随机文件中说明。

10.2　操作

10.2.1　环境

替换：

除非可容许的环境条件已在随机文件中另有说明，本专用标准适用于那些安装、使用或贮存在经常发生下述环境条件的场所中的设备：

a) 环境温度范围：15℃～35℃；

b) 相对湿度：35%～75%；

c) 大气压力：70 kPa～106 kPa。

第三篇　对电击危险的防护

除下述内容外，《安全通用要求》该篇的各章、节均适用。

19　连续漏电流和患者辅助电流

除下述内容外，《安全通用要求》的该章适用。

19.1　通用要求

b) 替换：

由永久性安装电源的典型供电电路所组成的设备，必须检测其对地漏电流的连续值：

1) 使所有动力控制的运动部件都工作在准备状态；

2) 在下述条件下，输出最大时进行操作：

——设备处于正常工作温度；

——对于任何非永久性安装的单相供电网电源，以正、反接方式互连设备的各部分。

当各机件连接成同时驱动、运转这种可能的最坏组合时，试验1)的测量值与试验2)的测量最大值，不得超过GB 9706.1—1995中19.3规定的容许值。

d) 替换：

外壳漏电流

外壳漏电流必须在以下部位之间测量：

——没有与设备保护接地导体相连接的外壳各部分(若存在)与地之间；

——没有与设备保护接地端子相连接的外壳各部分(若存在)之间。

20　电介质强度

除下述内容外，《安全通用要求》的该章适用。

20.1　通用要求

增加：

aa) 设备在正常使用期间所用材料的电介质强度，由于受电离辐射影响，各绝缘部件所具有的安全性能有可能下降，随机文件中应说明建议对其进行检查或更换的周期。

第四篇　对机械危险的防护

除下述内容外，《安全通用要求》该篇的章、节均适用。

21 机械强度

除下述内容外，《安全通用要求》的该章适用。

增加：

aa）设备在正常使用期间所采用材料的机械强度，由于受电离辐射的影响，各绝缘部件所具有的安全性能有可能下降。随机文件中应说明建议对其进行检查或更换的周期。

22 运动部件

除下述内容外，《安全通用要求》的该章适用。

增加：

aa）本条款应适用于采用电动、气动或液压驱动的运动部件。

22.4 增加：

22.4.101 设备或在模拟机室内设备部件运转的控制

如果操作人员没有同时连续地操作两个控制器，设备或设备部件应不能作机械运动，否则有可能直接伤害到患者。每个控制电路均必须能独立中断设备的运动，其中一个控制器能控制设备的所有运动。设备的任何旋转运动应在2°内停止，任何直线运动应在10 mm内停止。

开关必须安置在治疗床附近，这样操作者能够监视和避免可能产生的对患者的伤害。

当设备采用自动设定或预选位置控制时，操作者不连续进行专门的操作，应不可能启动或保持运动，即使按迪曼开关或控制运动的总开关都无效。

注：当模拟机命令中包含有遥控或预编程序控制运转时，使用说明书中应给出运动程序的初步检查方法，也就是当患者被定位后，操作者在模拟机室内应完成这种检查。

用目测方法检查是否符合规定。

22.4.102 从模拟室外进行运转控制

a）设备设计成手动或自动定位控制，如果操作人员没有同时连续地操作两个控制器，设备或设备部件应不能作机械运动，否则有可能直接伤害到患者。每个控制电路均必须能独立中断设备的运动；

b）当控制电路终止辐照或停止辐照时，应能使设备各部件的运动得以停止。设备的任何机械旋转运动应在2°内停止，任何机械的直线运动应在10 mm内停止。

用目测方法和适当的仪器测量停止距离，检查其是否符合标准规定。确定停止距离应做五次独立的试验，在每次试验中无论设备采用何种速度运转，均应在允许的距离内停止。

注：操作人员的视野应无阻碍地观察到患者和运动部件在运转期间的状况。

22.4.103 对机架、辐射头、治疗床和X射线影像接收器的电动运转要求

a）概述

设备在正常使用过程中，有可能出现电动运转故障，包括供电网故障致使患者陷于不能移动的状态，必须提供使患者从这种状态中解脱出来的手段。

辐射头或其他部件在正常使用过程中，有可能与患者相碰撞，应装有避免这种碰撞的装置，并在随机文件中必须阐述这种装置的操作和限位作用。

b）旋转运动

——各种运动的旋转速度应至少有一种不超过1°/s。

——各种运动的旋转速度均不得超过7°/s。

——当设备以接近但尚未超过1°/s的速度转动时，在停止运转命令启动后，到其最终停止位置之间的角度不得超过0.5°；对于所有超过1°/s的运转速度，这个角度不得超过2°。

c）直线运动

——辐射头在(12)方向，治疗床沿着(9)、(10)和(11)方向，X射线影像接收器沿着(18)、(19)和

(20)方向运动时,至少有一种速度不得超过 10 mm/s。任何一种移动速度均不得超过 50 mm/s。

——对于所有运动,无论以何种速度运转,在停止运动控制命令启动时,运动部件的位置与其最终位置之间的距离不得超过 10 mm。

用目视和仪器检查运转速度和停止距离是否符合上述规定。确定停止距离时应做五次独立的试验,设备的每一次测试结果,均应在允许的距离内停止。

模拟机的各种运转示于图 101。

22.7 增加:

aa) 在邻近硬件系统或者在治疗床和治疗控制台附近,必须设置易于识别和使用的装置,以代替各种运动系统的电源紧急开关,当其工作时,任何运动都应在 22.4.103b)和 c)中给出的允许距离内停止。治疗控制台附近设置的装置还应中断辐照,实施这些切断的时间不得超过 10 ms。当这些操作涉及到现场的使用人员时,应在随机文件中明确要求。

用目测方法检查和测量停止距离与切断时间是否符合标准规定(参见 49 章和 57.1 条)。

27 气动和液压动力

除下述内容外,《安全通用要求》的该章适用。

增加:

aa) 如果给运动提供动力的系统压力发生变化时,会有危险的情况发生,则所有运动部件必须从最大速度停止在限值范围之内,此限值和 22.4.103 条规定的用电力驱动发生故障时的限值一样。

通过模拟故障条件的方式检查保护装置的动作和测量停止距离,是否符合标准规定。

28 悬挂物

除下述内容外,《安全通用要求》的该章适用。

增加:

28.101 附件的安装

提供必要的手段,使附件能牢固地安装在设备上,特别是辐射束成形装置。这些手段必须设计成能确保附件在所有正常使用条件下均安全可靠。

28.1～28.101 的要求用目测方法,检查以及通过对附件所提供的设计数据、使用的安全系数和维修说明的分析,验证其是否符合要求。在随机文件中应限定这些附件的使用条件和极限值,并且从使用人员的安全角度考虑,不超出设计极限并要考虑到正常使用中预期的加速和减速。

第五篇 对不需要的或过量的辐射危险的防护

除下述内容外,《安全通用要求》的该篇适用。

29 X 射线辐射

除下述内容外,《安全通用要求》的该章适用。

替换:

29 模拟机的辐射安全

除下述内容外,《安全通用要求》中该章由 GB 9706.12(IEC 60601-1-3)替换:

注:章条编号与 GB 9706.12(IEC 60601-1-3)相对应,与《安全通用要求》不同。

29.202.3 焦点外辐射的限制

该条不适用。

29.202.7 光野指示器的指示

除将该条中对照度的要求由100 lx降为50 lx外，GB 9706.12(IEC 60601-1-3)中的该条适用。

29.205 焦点至皮肤的距离

该条(包括29.205.1、29.205.2和29.205.3)不适用。

29.206 X射线束的衰减

除该条续表206的项目中增加一项："治疗床、(放疗)模拟机"以及相对应的最大衰减当量规定为"5.0"之外，GB 9706.12(IEC 60601-1-3)中的该条适用。

29.207 一次防护屏蔽

该条(包括29.207.1、29.207.2和207.3)不适用。

第六篇 对易燃麻醉混合气点燃危险的防护

《安全通用要求》的该篇不采用。

第七篇 对超温和其他安全方面危险的防护

除下述内容外，《安全通用要求》该篇的各章、节均适用。

49 供电电源的中断

除下述内容外，《安全通用要求》的该章适用。

增加：

49.101 停止距离

在供电网出现故障或中断时，设备的电动旋转运动应在2°之内停止；设备的直线运动应在10 mm之内停止。

检查停止距离是否符合标准规定，方法是当设备以最大、最小和中等速度运动时，人为地切断供电网并测量停止距离。

第八篇 工作数据的准确性和危险输出的防止

除下述内容外，《安全通用要求》该篇的各章、节均适用。

51 危险输出的防止

除下述内容外，《安全通用要求》的该章适用。

增加：

51.101 人为超出安全极限

模拟机输出的数据将作为放射治疗设备的输入数据。模拟机用来模拟多种不同类型的放射治疗设备，当然也包括那些老式的、其刻度读数不符合IEC标准规定的设备。为了在两个系统的数据传输中减少操作人员的差错，最好使模拟机的刻度格式与被模拟的放射治疗设备的刻度格式相一致。当模拟机用来模拟那些位置上的示值读数不符合IEC标准规定的放射治疗设备时，用模拟机显示出的常规刻度不允许是双重意义的。

第九篇 不正常的运行和故障状态；环境试验

《安全通用要求》该篇的各章、节均适用。

第十篇 结构要求

《安全通用要求》中的54～57章均适用。

54 概述

55 外壳和罩盖

56 元器件和组件

57 网电源部分、元器件和布线

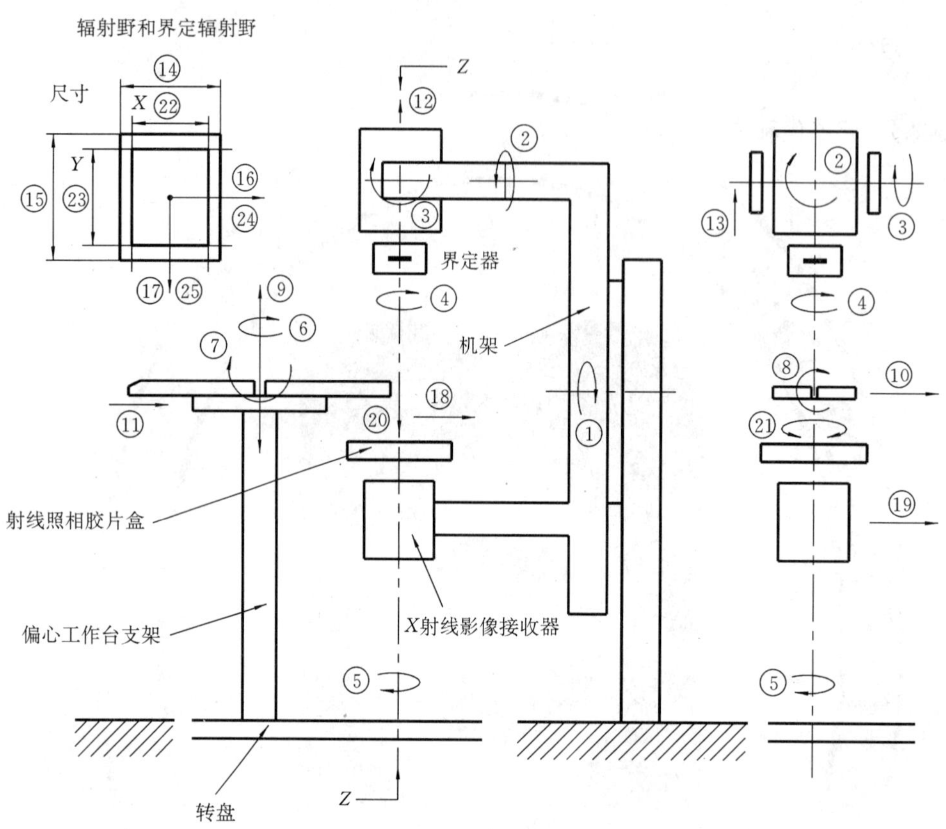

1—机架旋转
2—辐射头旋转
3—辐射头倾角
4—界定器旋转
5—治疗床等中心旋转
6—工作台顶端旋转
7—工作台倾角
8—工作台转动
9—工作台升高
10—工作台横向位移
11—工作台纵向位移
12—轴1到辐射源距离
13—辐射源升高
14—辐射野尺寸(X)
15—辐射野尺寸(Y)
16—辐射野偏移轴(X)
17—辐射野横向偏移(Y)
18—X射线影像接收器(X)位移
19—X射线影像接收器(Y)位移
20—X射线影像接收器(Z)位移
21—射线胶片暗匣座旋转
22—界定野尺寸(X)
23—界定野尺寸(Y)
24—界定野偏移(X)
25—界定野偏移(Y)

图101　放射治疗模拟机运转图

附 录 AA
（提示的附录）
术 语 索 引

IEC 60601-1-1:1988(GB 9706.1)《医用电气设备　第一部分:安全通用要求》第2章　（用 NG. 表示）

IEC 60788:1984《医用放射学——术语》　（用 rm. 表示）

IEC 60601-2-29:1993(GB 9706.16—1999)《医用电气设备　第二部分:放射治疗模拟机安全专用要求》　（用 2. 表示）

附件	accessory	NG.01.03(GB 9706.1　2.1.3)
随机文件	accompanying documents	rm-82-01(GB 9706.1　2.1.4)
辅助网电源插座	auxiliapy mains socket-outlet	NG.07.04(GB 9706.1　2.7.4)
Ⅰ类设备	class 1 equipment	NG.02.04(GB 9706.1　2.2.4)
迪曼开关	deadman control	2.1.107(GB 9706.16　2.1.107)
界定射线束	delineated radiation beam	2.1.109(GB 9706.16　2.1.109)
界定辐射野	delineated radiation field	2.1.110(GB 9706.16　2.1.110)
界定器	delineator	2.1.108(GB 9706.16　2.1.108)
对地漏电流	earth leakage current	NG.05.01(GB 9706.1　2.5.1)
电子辐照	electron irradiation	rm-12-09
电子辐射	electron radiation	rm-11-01
机壳	enclosure	NG.01.06(GB 9706.1　2.1.6)
机壳(外壳)漏电流	enclosure leakage current	NG.05.02(GB 9706.1　2.5.2)
照射量	exporure	rm-13-14
机架	gantry	2.1.102(GB 9706.16　2.1.102)
高压发生器	high voltage generator	rm-21-01
辐射	irradiation	rm-12-09
等中心	isocentre	rm-37-32
漏电流	leakage current	NG.05.03(GB 9706.1　2.5.3)
泄漏辐射	leakage radiation	rm-11-15
光野指示器	light field-indicator	rm-37-31
加载	loading	rm-36-09
加载状况	loading state	rm-36-40
主要部件	mains part	NG.01.12
制造商	manufacturer	rm-85-03
医用电子加速器	medical electron accelerator	2.1.101(GB 9706.16　2.1.101)
型号标记	moder or type reference	NG.12.02(GB 9706.1　2.12.2)
中子泄漏辐射	neutron leakage radiation	rm-11-15
中子辐射	neutron radiation	rm-11-01
正常使用	normal use	NG.01.17(GB 9706.1　2.108)
操作者	operator	rm-85-02
过电流释放器	over-current release	NG.09.07(GB 9706.1　2.9.7)
患者	patient	rm-62-03(GB 9706.1　2.12.4)

患者辅助电流	patient auxiliary current	NG.05.04(GB 9706.1　2.5.4)
治疗床	patient support	rm-30-02
准备状态	preparatory state	rm-84-04
一次防护屏蔽	primary protective shielding	rm-64-02
防护罩	protective cover	NG.01.17(GB 9706.1　2.1.17)
保护接地导体	protective earth conductor	NG.06.07(GB 9706.1　2.6.7)
保护接地端子	protective earth terminal	NG.06.08(GB 9706.1　2.6.8)
训练有素的人员	qualified person	2.1.103(GB 9706.16　2.1.103)
辐射	radiation	rm-11-01
辐射束	radiation beam	rm-37-05
辐射束轴	radiation beam axis	rm-37-06
辐射野	radiation field	rm-37-07
辐射头	radiation head	rm-20-06
辐射源	radiation source	rm-20-01
X射线摄影	radiography	rm-41-06
X射线透视	radioscopy	rm-41-01
放射治疗	radiotherapy	rm-40-05
放射治疗模拟机	radiotherapy simulator	2.1.111(GB 9706.16　2.1.111)
准备状态	ready state	rm-84-05
序号	serial number	NG.12.09(GB 9706.1　2.12.9)
现场检验	site test	2.1.105(GB 9706.16　2.1.105)
待机状态	stand-by state	2.1.104(GB 9706.16　2.1.104)
杂散辐射	stray radiation	rm-11-12
供电电路	supply circuit	NG.01.20(GB 9706.1　2.1.20)
供电网	supply mains	NG.01.20(GB 9706.1　2.12.10)
治疗控制台	treatment control panel	NG.12.10
治疗室	treatment room	rm-20-23
治疗区	treatment volume	NG.02.24
B型设备	type B equipment	NG.02.24(GB 9706.1　2.2.24)
型式试验	type test	2.1.106(GB 9706.16　2.1.106)
用户	user	rm-85-01
X辐照	X-irradiation	rm-12-09
X辐射	X-radiation	rm-11-01
X射线束	X-ray beam	rm-37-05
X射线设备	X-ray equipment	rm-20-20
X射线野	X-ray field	rm-37-07

附 录 AAA
（提示的附录）
关于杂散辐射防护措施的建议

替换：

模拟机的 X 射线设备必须具有仅从防护区域就能控制辐射的装置。

照射时应要求操作者连续按压控制开关，该控制开关必须能防止意外的运行。

随机文件中应说明在加载状态期间，对模拟机室内人员将受到辐射照射的警告。

附 录 L
（提示的附录）
参考文献——本标准提及的出版物

除下述内容外，《安全通用要求》中的该附录适用。

增加：

IEC 60601-1-3:1994　医用电气设备　第一部分：安全通用要求 3. 并列标准　诊断 X 射线设备辐射防护通用要求

IEC 60601-2-1:1984　医用电气设备　第二部分：能量为 1～50 MeV 的医用电子加速器安全专用要求

IEC 60601-2-7:1987　诊断 X 射线发生装置的高压发生器安全专用要求

IEC 60788:1984　医用放射学——术语

ICS 11.040.60
C 43

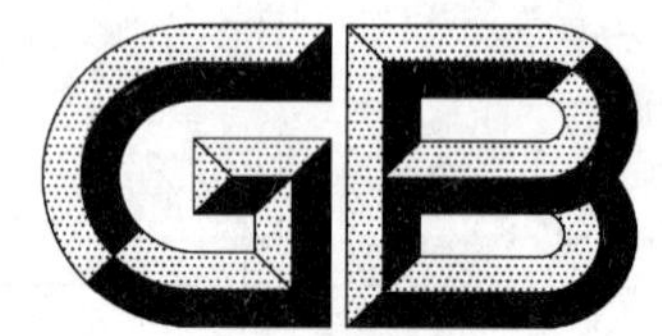

中华人民共和国国家标准

GB 9706.17—2009/IEC 60601-2-11:1997
代替 GB 9706.17—1999

医用电气设备
第2部分:γ射束治疗设备安全专用要求

Medical electrical equipment—
Part 2:Particular requirements for the safety of gamma beam therapy equipment

(IEC 60601-2-11:1997,IDT)

2009-11-15 发布　　　　2010-12-01 实施

中华人民共和国国家质量监督检验检疫总局
中国国家标准化管理委员会　发布

前　言

本部分的全部技术内容为强制性。

《医用电气设备》的安全系列标准由两部分构成：

——第1部分：安全通用要求；

——第2部分：安全专用要求。

本部分为安全专用要求，是GB 9706的第17部分。

本部分等同采用IEC 60601-2-11:1997《医用电气设备　第2部分：γ射束治疗设备安全通用要求》及Amd1:2004。

为便于使用，本部分做了下列编辑性修改：

——删除国际标准的前言；

——对于标准中引用的其他国际标准，若已转化为我国标准，本部分用我国标准号替换相应的国际标准号；

——用小数点“.”代替小数点“,”。

本部分代替GB 9706.17—1999《医用电气设备　第2部分：γ射束治疗设备安全专用要求》。

本部分与GB 9706.17—1999相比主要变化如下：

——增加了附录性质的说明。

——将GB 9706.17—1999文中“必须(原文shall)”译为“应”及其他一些编辑性修改。

——将IEC 60601-2-11 Amd1:2004中的内容加入本部分中。

本部分的附录L为规范性附录，附录AA为资料性附录。

本部分由国家食品药品监督管理局提出。

本部分由全国医用电器标准化技术委员会(SAC/TC 10)归口。

本部分起草单位：北京市医疗器械检验所。

本部分主要起草人：章兆园、王培臣、陈静、缪斌。

本部分所代替标准的历次版本发布情况为：

——GB 9706.17—1999。

引　言

使用以放射治疗为目的的γ射束治疗设备，如果这种为患者放射出所需剂量的设备发生故障或者如果这种设备的设计不能满足电气和机械的安全标准，就可能会使患者遭受到损害。如果设备本身的故障包含有足够的辐射和(或)治疗室的设计不适当，设备也可能会使附近的人员受到损害。

本部分确定的要求作为制造商在γ射束治疗设备的设计和制造方面的依据。为了避免不安全状态而中断或终止辐照，联锁装置应防止超出第29章规定的容差极限。型式试验由制造厂完成，现场检验并非对规定的每一要求都应由制造商完成。

第29章并没有试图确定用于放射治疗的γ射束设备的最佳性能要求，其目的在于确定在当今所认为的对于此种设备的安全运行所必不可少的这些设计特性。它限制在其所能推测到的施加一个故障条件时设备性能的降低。例如当一个构件发生故障，于是在那里的一个联锁装置动作以防止设备的继续运行。

在安装设备之前，应充分理解制造商所能提供的仅与型式试验有关的合格证明书。由现场检验中得到的数据应以现场检验报告的形式写人随机文件中，通过这些检验以后再安装设备。

IEC 60601-2-11 Amd1:2004 适用于多源立体定向放射外科和放射治疗(MSSR)。尽管 IEC 60601 包括了多源立体定向放射治疗设备，但一些需求和定义并不适合当前一些特殊类型的设备。这次修改引入了一些新的术语。

本部分4.1aa)的注中指出:"γ射束治疗设备的辐射安全检验要求，在某些国家已列入法规"。在我国，γ射束治疗设备的辐射安全检验要求属于强制性标准范畴。

本部分中29.4.5c)所提及的"如……用'Decon F5 或 RBS 25'……"，在实施该标准时可用"乙二胺钠盐(EDTA)"代替。

本部分中29.5.5.1和29.5.5.2，对于不使用均整过滤器的设备不适用。

与本部分相关的IEC 60601-1(包括修订文件)和并列标准如1.3中所述。

医用电气设备
第2部分:γ射束治疗设备安全专用要求

第一篇 概述

除下述内容外,《通用标准》该篇中的章、条适用。

1 范围和目的

除下述内容外,《通用标准》的该章适用。

1.1 范围

补充:

aa) 本专用标准规定了在人类医学实践中用于放射治疗目的的γ射束治疗设备的安全要求,它包括由可编程电子系统PES(programmable electronic system)控制选择和显示操作参数的设备;

bb) 本专用标准适用于使用密封放射源在正常治疗距离(NTD)大于5 cm处提供γ射束的设备,当设备在更近距离工作时,可能需要特殊的预防措施;

本专用标准也适用于多源立体定向放射外科和放射治疗(MSSR)设备,该设备同时用多于一个的密封放射源对一个等中心进行辐照。源可以是静止的,也可以是移动的;

cc) 本专用标准适用于:

——在经授权人员或合格人员的监督下,由具有特殊医疗应用技能并按使用说明进行工作的操作人员使用的设备;

——在预定周期内维修的设备;

——由用户进行常规检验的设备;

——有特殊规定的临床应用的设备,如:固定放射治疗或移动束放射治疗设备;

dd) 根据型式试验和现场检验各自要求,本专用标准适用于γ射束治疗设备的制造和安装;

ee) 本专用标准仅规定了对设备的要求,对放射源的要求不作规定。

1.2 目的

补充:

aa) 本专用标准规定了在人类医学实践中使用的γ射束治疗设备的辐射安全要求,以确保设备的辐射安全、增强设备的电气和机械方面的安全性,同时还规定了验证设备是否与这些专用安全要求相符的试验;

bb) 本专用标准所限定的设备的型式,其吸收剂量[1)]由辐照时间控制。本部分不包括用其他方法控制吸收剂量所产生的容差。

1.3 专用标准

补充:

本专用标准是对GB 9706.1—2007《医用电器设备　第1部分:安全通用要求》的修改和补充。

GB 9706.1—2007作为《通用标准》,本专用标准同《通用标准》一样,符合性验证试验放在要求之后。"本部分"是指《通用标准》和本专用标准。

本专用标准的篇、章、条的编号与《通用标准》的相一致。对于《通用标准》文本的变更,规定使用下

1) 在本专用标准中,所有提到的吸收剂量值是指在水中最大建成深处的吸收剂量。

列各词：

“代替”，指《通用标准》中的章或条完全由本专用标准的章或条代替。

“补充”，指本专用标准的条文补充到《通用标准》的要求中。

“修改”，指《通用标准》中的章或条正如本专用标准条文所表示的那样做了修改。

对于补充到《通用标准》中的条款或图从101开始编号，补充的附录用字母AA、BB等标明，补充的项目用aa)、bb)等表示。

在本专用标准中没有相应的篇、章或条之处，则《通用标准》中的篇、章或条适用，不做更改。

本部分连同并列标准YY 0505一起理解、使用，除此之外，没有其他适用的并列标准。

需要指出的是，《通用标准》中的任何不适用的部分，在本专用标准中已给出了说明，尽管这些部分可能与本专用标准相对应。

若本专用标准中的某一要求对《通用标准》中的某些要求做了代替或更改，则它优先于《通用标准》中的那些要求。

2 术语和定义

补充：

注：附录AA按英文字母顺序列出了定义的术语及其出处。

补充的定义：

2.101

关束 beam off

辐射源被完全屏蔽的状态，而且也是处于安全防护的位置。

2.102

出束 beam on

辐射源处于完全暴露进行放射治疗的状态。

2.103

控制计时器 controlling timer

简称：计时器 abbreviation：timer

用于测量辐照时间的装置，并且在达到预定时间时终止辐照。

2.104

野尺寸 field size

辐射野尺寸的简称。

2.105

机架 gantry

支撑并使辐射头完成各种可能的运动的设备的部件。

2.106

几何野尺寸 geometrical field size

从辐射源前表面的中心看，在垂直于辐射束轴的平面上，限束装置末端的几何投影。辐射野的形状与限束装置的孔径相同。可在距辐射源的任何距离处定义几何野的尺寸。

2.107

辐照的中断或中断辐照 interruption(of irradiation)/to interrupt (irradiation)

辐照的停止或停止辐照，在没有重新选择操作条件下(即返回到准备状态下)，仍有可能继续辐照和运动。

2.108

正常治疗距离 normal treatment distance

沿辐射束轴从辐射源到等中心的距离。或对非等中心设备来说，到某一规定平面的距离。

2.109

主/次(计时器)组合 primary/secondary (timer)combination

两道计时器的组合,一道用作主计时器,另一道用作次级计时器。

2.110

主计时器 primary timer

当达到时间预选值时,用来终止辐照的控制计时器。

2.111

可编程电子系统(缩略词:PES) programmable electronic system (abbreviation:PES)

包含一个范围很广的可编程设备,它包括微处理机、可编程控制器、可编程逻辑控制器以及其他计算机基础部件在内,这些设备还可以包含与传感器以及(或者)传动装置相连接的中央处理单元,用于控制、保护或监测。

2.112

合格人员 qualified person

由主管机关认可的具有能完成规定职责的必要知识和经过训练的人员。

2.113

*** 冗余(计时器)组合 redundant (timer) combination**

两道计时器的组合,当时间选择值到达时,两道计时器都能终止辐照。

2.114

相对表面剂量 relative surface dose

在模体表面在某一特定距离上,在模体中测到的沿辐射束轴 0.5 mm 深度处的吸收剂量与辐射束轴上最大的吸收剂量之比。

2.115

次计时器 secondary timer

当主计时器发生故障时,用来终止辐照的控制计时器。

2.116

现场检验 site test

在设备安装以后,对设备或设备的某个部件或进行检验,验证是否符合规定的标准。

2.117

(辐照的)终止或终止(辐照) termination (of irradiation)/to terminate (irradiation)

辐照的终止或终止辐照,如果不重新选择所有的运行条件(即重新回到或回到准备状态),辐照不可能重新启动:

——当经过的时间到达预选值时;

——或由人为的手动操作;

——或由联锁的作用;

——或在移动束放射治疗中由于机架角位到达预选值时。

2.118

治疗 treatment

用于治疗的目的,实施处方规定的某一过程或其中的一部分。

2.119

治疗野 treatment field

在放射治疗中,患者表面需要辐照的区域。

2.120

型式试验 type test

由制造商对仪器或设备的一个专门设计所做的试验,用以确定该设计是否符合规定的标准。

2.121

零限束器　zero applicator

在设备中都设置有不加限束器即防止辐照发生的联锁,零限束器即是对这种联锁起旁路作用的装置。

2.122

头盔　helmet

在MSSR中用于治疗头部的三维多源等中心限束系统(MIBLS)。

2.123

重新摆位　repositioning

相对于MIBLS,移动和调节立体定向框架以改变欲治疗的区域。

2.124

重新摆位点　repositioning point

能够对框架重新摆位的MIBLS缩回的位置。

2.125

重新摆位时间　repositioning time

设备从出束状态移动到重新摆位点完成重新摆位,然后从重新摆位点返回到出束状态所需要的时间。

2.126

立体定向　stereotaxis,stereotactic

用外部三维框架作为基准定位人体内点的方法。

2.127

传输时间　transition time

在快门打开到MIBLS或者载源器处于治疗位置之间以及在MIBLS或者载源器处于治疗位置到快门关闭的时间。

2.128

传输剂量　transition radiation

在传输时间内接收的剂量。

4　试验的通用要求

除下述内容外,《通用标准》的该章适用。

4.1　试验

补充:

aa)

本部分所述检验方法通常分为三级,其要求如下:

A级:

在型式试验的情况下:对满足设备要求的工作原理和构成方法进行设计分析,如有关规定的辐射安全预防措施等,其结果应在随机文件中给予说明。

在现场检验的情况下:检验随机文件所要求的资料。

B级:

对设备的直观检查或功能检验或测量,检验应按本部分规定的方法,而且应在运行状态(包括故障状态)不干预设备的电路或结构的前提下完成的。

C级:

设备的功能检验或测量,检验应按本部分规定的原则,在技术说明书中应包括现场检验方法。

当该方法所包含的工作状态需要干预设备的电路或结构时，检验应由制造商或在制造商直接监督下进行。

本专用标准不规定 γ 射束治疗设备在工作寿命内，周期检验的检验方法和检验周期。

注：γ 射束治疗设备的辐射安全检验要求，在某些国家已列入法规。

4.6 其他条件

补充：

aa)

在技术说明书中应提供现场检验的资料，它包括下述内容，

——A 级型式试验的结果；

——B 级和 C 级型式试验的结果和细则；

——C 级现场检验的特殊方法和检验条件；

——说明怎样产生一个描述的故障状态，或者，如果产生不了所描述的故障状态，则说明怎样产生一个与发生故障时所产生的故障信号紧密相关的检验信号，并验证该检验信号模拟了特定故障状态下的故障来源；

注：在某些情况下，检验信号可以模拟一种以上的故障状态。

——说明在现场检验结束后，如何将设备恢复到正常使用状态，并说明如何验证该状态。

通过检查随机文件，检验其是否符合要求。

负责现场检验的人员应在报告中记录检验结果，并将它作为随机文件中的一部分。此外，现场检验报告至少应含下述内容：

a) 用户现场的名称和地址；

b) 设备型号或型号参数和系列号；

c) 所有参加检验人员的姓名、部门、地址和日期；

d) 环境条件和电源条件；

e) 当检验条件、方法或装置与制造商的规定不同，或者不能从本专用标准中得到相关资料时的实际情况。

注：现场检验不必由制造商完成。

4.8 预处理

补充：

aa)

本项试验条件只适用于已按 4.10 规定做过潮湿预处理试验的设备部件。

4.10 潮湿预处理

补充：

aa)

随机文件应表明设备的下述部件：

——易受潮湿预处理所模拟的气候条件影响的部件；

——已经在本条款条件下试验过的部件。

通过检查随机文件，检验其是否符合要求。

5 分类

代替：

设备应按第 6 章中所述的分类进行标记和(或)识别。

5.1 按对电击防护的类型分：

符合本部分的设备应是Ⅰ类设备。

5.2 按对电击防护的程度分：

除 MSSR 外，符合本部分的设备应为 B 型设备，MSSR 设备应为 B 型或者 BF 型。

5.3 按对有害进液的防护程度分：

除非另有规定，符合本部分的设备应是普通设备(即不防进液的封闭设备)。

5.4 按制造商推荐使用的消毒或灭菌方法分：

除非另有规定，符合本部分的设备应是可消毒设备(或部件)。

5.5 按在有易燃的麻醉气和与空气或与氧或氧化亚氮的混合气情况下使用的安全程度分：

符合本部分的设备应属于不适用于在有易燃的麻醉气和与空气或与氧或氧化亚氮的混合气情况下使用的设备。

5.6 按工作制分：

除非另有规定，符合本部分的设备应属于间歇加载和连续运行的设备。

6 识别、标记和文件

除下述内容外，《通用标准》的该章适用。

6.1 设备或设备的外部标记

z) 可拆卸的保护装置

补充：

aa)

在通过正常安装来满足本条款要求的地方进行检查，检验其是否符合要求。现场检验报告中应包括该检验结果。

6.2 设备或设备部件内部的标记

补充：

aa)

取下辐射头罩壳，应露出《通用标准》的附录 D 中表 D.1 第 14 号符号，含义为“注意！查阅随机文件”。

6.3 控制器件和仪表的标记

补充：

aa)

有关运动部件刻度和指示的规定：

1) 每一运动应提供机械刻度或数字指示，此规定也适用于 MSSR，但不包括治疗患者时所用的治疗床；
2) 所有运动的刻度应符合 GB/T 18987 的要求，对于 MSSR，适用时应采用 GB/T 18987；
3) 应提供光野和辐射束轴的指示，本规定不适用于 MSSR；
4) 应提供源—皮距的刻度或数字的指示，本规定不适用于 MSSR。

6.7 指示灯和按钮

a) 指示灯的颜色

补充：

aa)

治疗控制台或其他控制台上的指示灯，其颜色应符合下述规定：

——需紧急终止一个非预期的运行状态用红色；

——出束辐照用黄色2)；

——准备状态用绿色2)；

——预置状态用其他颜色。

---

2) 在治疗室内或其他场所，上述标有“2)”的状态可能要求采取紧急动作或引起注意；在上述场所可能使用与《通用标准》中表 3 所规定的颜色不同。

红色发光二极管(LEDS)在下述情况下不作为红色指示灯考虑：

——在任意一台治疗控制台上，对于无专用颜色要求的所有指示均由同样颜色的发光二极管给出；

——对于有专用颜色要求的指示应能清楚地加以识别。

6.8 随机文件

6.8.1 概述

修改：

第三段修改如下：

在随机文件中应完全包括 6.1 和制造商说明书中对第 10 章所规定的所有标记。

6.8.2 使用说明书

a) 一般资料

补充：

aa)

使用说明书应包括下述内容：

1) 所有联锁装置和其他辐射安全装置的功能一览表及其说明；
2) 检验其运行的说明；
3) 推荐进行此类检验的周期；
4) 使用设备时所必需的尺寸图；
5) 紧急状态时，使装置进入关束状态的方法说明(见 29.1.1.3)；
6) 从关束到出束状态和从出束到关束状态的传输时间以及传输时间中辐射源进行照射的时间(见 29.1.3.3)；
7) 主计时器的功能说明，在冗余计时器组合的情况下，应给出两计时器的功能(见 29.1.3.3)；
8) 在进行特殊治疗时，若次级计时器能终止辐照，则应说明次级计时器的功能(见 29.1.3.5)；
9) 对于制造商提供的任何辅助设备，在辐射束轴上的相对表面吸收剂量水平若超过 29.2 的规定时，则应加以说明；
10) 对非正方形野，若已超出 29.3 的规定，则应说明周围情况和预期水平，本要求不适用于 MSSR；
11) 设备外壳的泄漏辐射吸收剂量值超过 29.3.2 的规定水平的部位应给予说明，并说明其预期水平；
12) 当快门或载源器驱动机构发生故障时，所应采取的应急措施(见 29.4.4.1)的说明；
13) 对设备可采用的辐射源源室尺寸及辐射源外形尺寸的说明；
14) 对辐射头上可进行擦拭试验的部位以及制造商进行该项试验的结果的说明(见 29.4.4.5)；
15) 如同 29.4.5 的要求，在设备结构中使用放射性材料方面的资料。

bb)

使用说明书应对任何具有安全功能的部件推荐其检验或更换周期。这些部件在设备正常使用期间，易受电离辐射影响，引起电介质强度和(或)机械强度上损伤。

cc)

为了安全和正确地运行，如果 γ 射束治疗设备或某一附件需要以一定速率散热，使用说明书中应对冷却要求给出说明，并包含下列适当内容：

——每个功耗在 100 W 以上并分别独立安装的部件对周围空气的最大散热速率；

——在所述最大的散热速率时强迫空气冷却系统内的气流速率及温升；

——当以最大散热速率向除空气之外的任何冷却介质散热时，介质允许的最高温度、最小流动速率以及最小压力；

——其他基本要求，如在规定地点允许的最高温度。

6.8.3 技术说明书

a) 概述

补充：

aa)

为了帮助用户考虑辐射防护，应提供下述资料：

a) 专用设备设计使用的放射性核素；
b) 设备能满足本部分的要求的每种放射性核素的最大放射源活度。最大放射源活度取决于源的几何条件及其结构；
c) 满足本部分要求的每种放射性核素，在距放射源 1m 处辐射束最大横截面上的最大的吸收剂量率；对于 MSSR，满足本部分要求的每种放射性核素，在等中心处或者所有辐射束所确定的总体积中心处的辐射束最大横截面的最大吸收剂量率；
d) 在出束和关束状态下，以辐射头上某一可触及的点作为参考点辐射源前表面中心的位置；本条款不适用于 MSSR；
e) 正常治疗距离和在正常治疗距离处可得到的最大几何野尺寸；
f) 辐射束的可利用方向；
g) 从关束到出束状态和从出束到关束状态传输时间以及在传输时间中辐射源进行照射的时间；
h) 对于 MSSR，出束和关束状态的辐射水平的矩阵测量点，在地面处和距地面 0.5 m、1.0 m、1.5 m、2.0 m 处测量(见图 105)。

第二篇 环境条件

除下述内容外，《通用标准》该篇中的各章、条适用。

10 环境条件

除下述内容外，《通用标准》的该章适用。

10.1 运输和贮存

补充：

aa) 在制造商规定的条件下和预期的使用期间内，设备的性能和特性应不受影响。

10.2 运行

代替：

除非在随机文件中另有说明，设备应符合《通用标准》的要求。

第三篇 对电击危险的防护

除下述内容外，《通用标准》该篇中的各章、条适用。

16 外壳和防护罩

除下述内容外，《通用标准》的该章适用：

补充：

在通过正常安装来满足《通用标准》第 16 章要求的地方，应在每次安装时对这些装置的有效性进行验证。

18 保护接地、功能接地和电位均衡

除下述内容外，《通用标准》的该章适用。

代替 b)：

b) γ射束放射治疗设备每个部件的保护接地端子应借助于一个固定的永久性安装的保护接地导体系统与外部保护接地系统相连。该保护接地导体系统应足以通过可能发生的最大故障电流。

现场检验——B级——方法:通过检查保护接地导体长度和横截面积,检验其是否符合标准。

19 连续漏电流和患者辅助电流

除下述内容外,《通用标准》的该章适用。

代替:

19.1 对地漏电流

将可以同时发生的电控运动进行组合,在最不利的状态下,在下述a)试验中所测得的值和在b)试验中所测得的最大值均不得超过19.3中给出的容许值。

现场检验——B级——方法:对地漏电流连续值应在设备通过一个永久性安装电源电路供电的情况下测量:

a) 在每个电控运动工作的预置状态下;

b) 在下述条件下,以最大输出功率运行:

——设备处于正常工作温度;

——通过对与设备各部件互连的任何非永久性安装单相电源极性的正接和反接。

19.2 外壳漏电流

下述试验测出的值不得超过19.3中给出的容许值。

现场检验——B级——方法:外壳漏电流应在下述位置间测量:

——设备外壳每一部分之间(若存在),包括未与设备保护接地导体相连的附件;

——设备外壳各部分之间(若存在),包括未与设备保护接地导体相连的附件。

19.3 容许值

连续漏电流的容许值为:

对地漏电流:10 mA;

外壳漏电流:0.5 mA。

19.4 测量装置

《通用标准》中的19.4e)适用。

20 电介质强度

除下述内容外,《通用标准》的该章适用。

补充:

如果设备结构中使用的材料,其电介质强度易受辐射影响,则制造商应声明在设备预期使用期内能够满足本篇的要求。否则,制造商应在随机文件中对设备的这些特定部件规定检查或更换的周期。

第四篇 对机械危险的防护

除下述内容外,《通用标准》该篇中的各章、条适用。

21 机械强度

除下述内容外,《通用标准》的该章适用。

补充:

如果设备结构中使用的材料,其机械强度易受辐射影响,则制造商应声明在设备预期使用期内能够满足本篇的要求。否则,制造商应在随机文件中对设备的这些特定部件规定检查或更换的周期。

22 运动部件

除下述内容外,《通用标准》的该章适用。

22.4 代替:

a) 除了在移动束治疗期间,设备或设备部件的机械运动会使患者身体受到伤害时,操作者应连续按住两个开关才能启动。每个开关应能独立地中断设备的运动,其中一个开关作为控制设备各种运动的总开关。

注:对于 MSSR,应需要操作者按住两个开关才能移动治疗床进入治疗位置。治疗完成或者单一故障发生时,应不需要手动动作,所以不使用开关。

除 MSSR 外,至少应有一组开关以便操作者在患者附近观察设备可观察到的运动部件。

现场检验——B 级——方法:通过检查,检验其是否符合要求。并且通过独立操纵各开关,检查其中断设备运动的能力。

b) 辐射头可配备一装置,用于在正常使用时减少辐射头与患者碰撞的危险。随机文件中应对该装置的操作和限定范围进行说明。

c) 当电源失效或切断电源时,设备的机械旋转运动应在 2°以内停止,设备的机械直线运动应在 10 mm 内停止。

现场检验——B 级——方法:当设备以最大速度运动时,断开电源并测出停止距离。检验其是否符合要求。

启动中断辐照或终止辐照电路,应使设备停止运动。设备的机械旋转运动应在 2°以内停止;设备的机械直线运动应在 10 mm 内停止。

d) 在机架和治疗床机械运动情况下:

——各种运动中至少有一种旋转速度不得超过 1°/s,所有旋转速度不得超过 7°/s。当运动部件以接近但不超过 1°/s 的速度旋转时,在按动停止运动控制器的瞬间,其初始位置与最终位置之间的角度不得超过 0.5°,当运动部件以最高转速旋转时,按动停止运动控制器瞬间,其初始位置与最终位置之间的角度不得超过 2°。

——辐射头沿方向 12 或 13[见 6.3aa)]作直线运动时,应至少有一种的速度不得超过 10 mm/s。所有直线运动速度不得超过 50 mm/s。

当辐射头以最大速度运动时,在按动停止运动控制器的瞬间,其初始位置与最终位置之间的距离不得超过 10 mm。

——治疗床的各种运动(6.3 中方向 9,10,11)中,应至少有一种的速度不得超过 10 mm/s。所有运动速度不得超过 50 mm/s。

当治疗床以最大速度运动时,在按动停止运动控制器的瞬间,其初始位置与最终位置之间的距离不得超过 10 mm。

e) 如果设备在正常使用中因机械运动失效,存在使患者陷于困境的可能性,则应提供措施使患者得以从困境中解脱。

现场检验——B 级——方法:通过直观检查并用适当的仪器测量运动的速度和停止距离,检验其是否符合要求。在测定停止距离时应进行 5 次单独的测试。每次测试时,运动部件应在容许的距离内停止。

f) 应提供联锁装置或者机械装置以防止患者被 MSSR 的快门碰撞或者挤住。

g) 如果治疗床不能从 MSSR 的出束状态下移开,应提供机械装置解脱患者。

27 气动和液压动力

除下述内容外,《通用标准》的该章适用。

补充：

设备运动的气压或液压动力一旦发生变化而导致危险时，设备对应的旋转运动应在2°内停止，直线运动应在10 mm内停止。

型式试验——C级——原则：通过检查气动或液压动力系统可能存在的危险和防护装置，检验其是否符合要求，通过模拟一个故障状态并测量设备以最大速度运动时的停止距离来检查保护装置的功能。

28 悬挂物

除下述内容外，《通用标准》的该章适用。

补充：

若设备提供了允许附件(特别是辐射束成形附件)在其上安装的装置，该装置应设计成在正常使用的所有条件下保持附件的安全。

型式试验——A级——原则：在考虑到附件运行加速和被制动的情况下，通过对所使用的安全装置进行分析和检查，检验其是否符合要求，以便确定是否需要这些装置，这些装置的安全是否充分。

现场检验——B级——方法：检验所有附件安装是否安全。

如用户要求，制造商应制定有关设计计算方面的资料，特别是所采用的安全系数方面的资料。

第五篇 对不需要的或过量的辐射危险的防护

除下述内容外，《通用标准》该篇中的各章、条适用。

29 X辐射

代替：

29 辐射安全要求

注：本部分给出了有助于确保设备安全的导则：

——在设备运动时及电源发生故障时维护患者的安全；

——提供预选的吸收剂量；

——按照患者所预选的辐射束的特性，通过固定放射治疗、移动束放射治疗、射束调整装置等方法提供辐照。这些方法对患者、操作人员、其他人员或者周围环境不会引起不必要的伤害。

为满足本部分的辐射安全要求，设备及检验方法应与第29章和下列条款一致：1.1 范围；1.2 目的；4.1 试验aa)；4.6 其他条件aa)；6.3 控制器件和仪表标记aa)；6.7aa)指示灯的颜色；6.8.2 使用说明书aa)和bb)；以及6.8.3 技术说明书aa)。

29.1 防止患者在治疗体积内受到不恰当的吸收剂量的防护

本条中对选择及显示的要求是按手动控制设备考虑的。对于自动控制设备，这些要求也应满足或者应提供与其等效的预设参数自动控制。例如，采用自动比较要求值与实际值的方法。

29.1.1 载源器或快门

29.1.1.1 设备提供的使载源器或快门返回到关束状态的装置应始终(即在关束状态和出束状态时)有效，它与辐射头的位置无关，也不受外部驱动系统(如电压)的影响。

型式试验——A级——原则：对使载源器或快门回到关束状态的机械装置进行设计分析。

现场试验——C级——方法：在下述条件下：

——机架角度为0°、90°、180°、270°；

——辐射头仰角为0°、45°、90°；

——辐射头旋转角度为0°。

使用正常的关束控制和产生外驱动系统的故障(例如：断开电源电压)进行“出束返回到关束”状态的功能检验。

29.1.1.2 从关束状态到出束状态和从出束状态到关束状态的传输持续时间不得超过 5 s，对 MSSR 不超过 60 s。

注：在 MSSR 中，传输时间是从快门打开时，治疗床系统从关束位置到出束位置的机械运动时间，包括当源处于防护状态和快门关闭时，治疗床从出束位置到关束位置的返回时间。

现场检验——B级——方法：通过传输时间的测量验证功能的正确性。

如果从关束状态到出束状态的传输持续时间超过 3 s，则辐射源应立即返回到关束状态。

下列要求针对 MSSR：

如果从关束状态到出束状态的传输时间超过 40 s，应立即把患者移动到关束位置。

应在随机文件中给出在最大标称活度和 BLD 完全打开的情况下，在关束状态到出束状态传输期间以及从出束状态到关束状态的传输期间患者接受的吸收剂量，单位为 mGy。

型式试验——A级——原则：对使辐射源返回关束状态的装置进行设计分析。

现场检验——C级——原则；产生或模拟一个超过 3s 的传输时间，验证使辐射源返回到关束状态的装置的功能是否正确。

29.1.1.3

a) 应设置能直接操作载源器或快门的手动装置，使设备在紧急情况下回到关束状态；

b) 随机文件应包含对该方法的说明；

c) 无论辐射头在任何临床位置或者 MSSR 的任何运行状态，都应能操作此手动装置；

d) 应使操作者在使用手动装置时能免受辐射束照射。该手动装置应置于紧靠治疗室内的控制台或治疗室的入口。

通过以下试验，检验其是否符合要求：

a)型式试验——A级——原则：为操作载源器或快门的手动装置进行的设计分析验证。

b)、c)、d)现场检验——B级——方法：检验随机文件中所要求的说明。验证当辐射头处于任何临床位置时，操作人员在不受辐射束照射的情况下可接近手动装置，且手动装置在一个适当的位置上。

c)、d)型式试验——C级——原则：在辐射头未装辐射源时验证手动装置功能的正确性。

29.1.1.4 按 29.1.1.3 所述使用应急手动装置，不得妨碍此后任何时候从辐射头中取出辐射源。

型式试验——A级——原则：对载源器或快门进行设计分析。

29.1.2 关束状态和出束状态

29.1.2.1 治疗控制台关束状态和出束状态的显示

治疗控制台上应有指示灯。电源接通时，应能指示下述三种状态：

a) 关束(绿色)；

b) 出束(黄色或橙色)；

c) 快门或载源器在中间位置(红色)。

控制显示的开关应有快门或载源器直接控制操作。

型式试验——A级——原则：设计分析，验证载源器或快门是否能直接控制操作开关。

现场检验——B级——方法：在关束、出束及快门或载源器在中间位置三种状态下验证指示灯的正确性。

29.1.2.2 MSSR 关束状态和出束状态的显示

电源接通时，治疗控制台上应有指示灯，指示下列状态：

a) 关束(绿色)；

b) 出束(黄色或橙色)；

c) 黄灯闪烁指示处于传输和重新摆位状态；

d) 如果传输时间或者重新摆位时间超过 29.1.1.2 和 29.1.11j)中的限制，红灯应该亮。

设备状态也应通过除颜色指示以外的方式，如形状、位置或者随行文字表示。

用于控制显示的开关应由快门或 MIBLS 直接控制。

型式试验——A 级——原则:设计分析,验证快门或 MIBLS 是否能直接控制操作开关。

现场检验——B 级——方法:在关束、出束和传输时间或者重新摆位时间超过时间限制四种状态下验证指示灯的正确性。

29.1.3 辐照的控制

29.1.3.1 辐照时间的选择

终止辐照后在治疗控制台上未重新选好辐照时间时,绝不能再进行辐照。

现场检验——B 级——方法:终止辐照后,未经选定辐照时间尝试进行一次新的辐照。

29.1.3.2 预选时间的显示

在治疗控制台上应能显示预选时间,直至为下一次辐照而重新设置。

现场检验——B 级——方法:选定某一辐照时间进行辐照并验证预选时间的显示,直至为下一次辐照重新设置仍能保留。

显示应以相同的方式刻度,如同时间显示一样(见 29.1.3.4),即单位时间和单位一致。

现场检验——B 级——方法:目力检验。

29.1.3.3 辐照时间的测定

a) 为了测量和控制辐照时间,应备有两个计时器。设计上应保证当一个系统不正常时不得影响另一个系统的正确功能。

   现场检验——C 级——原则:通过产生或模拟任何一个计时器失效来验证另外一个计时器功能的正确性。

b) 设计应确保当两个计时器所共用的任一元件失效时终止辐照。

   型式试验——A 级——原则:设计分析,确定两个计时器的共用元件并且用试验说明当这些共用元件中的任一元件失效时终止辐照。

   现场检验——C 级——原则:通过产生或模拟每个共用元件失效来验证辐照能否被终止。

c) 设计应确保任一计时器的供电发生故障时将终止辐照。

   现场检验——C 级——原则:通过产生或模拟计时器电源发生故障来验证辐照能否被终止。

d) 两个计时器应设计成冗余组合或主-次组合。在冗余计时器组合情况下,制造商应在随机文件中说明两个计时器的性能,在主-次组合情况下,至少主计时器的性能应给予说明。

   型式试验——A 级——原则:分析计时器的设计。

   现场检验——B 级——方法:对于 2 min 的辐照时间,用一校准过的秒表检验两个计时器的精度并与制造商的说明相比较。

e) 两个计时器的启动和停止应由操纵快门或载源器的开关进行控制。

   型式试验——A 级——原则:设计分析,验证通过载源器或快门对两计时器开关进行控制操作。

   对于 MSSR,用“MIBLS”代替“载源器”或者“快门”。

f) 当快门或载源器到达(以及当其离开)出束位置时,控制主计时器的开关或控制冗余组合的两个计时器中的每一个计时器的开关,应各自分别动作。

   型式试验——A 级——原则:设计分析,验证开关控制计时器能否正确地工作。

   对于 MSSR,用“MIBLS”代替“载源器”或者“快门”。

g) 在主/次计时器组合的情况下,当载源器或快门离开(或当它到达)辐射源恰好处于几何屏蔽的位置(即在或靠近关束位置)时,控制次计时器的开关应动作。这样,在终止辐照的装置发生故障时能够真实的记录辐照时间。

   型式试验——A 级——原则:设计分析,验证控制计时器开关动作的正确性。

   对于 MSSR,用“MIBLS”代替“载源器”或者“快门”。

h) 制造商应在随机文件中说明从关束状态到出束状态和从出束状态到关束状态的传输时间以及传输时间中辐射源进行照射的时间。如果这些时间超过 0.5 s,则制造商应说明这一时间内在正常的治疗距离处辐射束轴上预期的吸收剂量。

对于 MSSR:

制造商应规定从出束状态到重新摆位点的时间和从重新摆位点到出束状态的时间,还要说明在重新摆位时间内患者暴露在辐射源下的时间。

制造商应规定在重新摆位时间内患者接收的传输剂量和吸收剂量。

现场检验——A 级——原则:检验随机文件中所需的资料和测试结果。

29.1.3.4 辐照时间的显示

a) 各计时器的显示,其设计应是相同的。为了便于比较,各计时器与预选时间的显示(29.1.3.2)尽可能靠近。

现场检验——B 级——方法:目力检查。

b) 两计时器的显示在辐照中断或终止后应能保留其读数。

现场检验——B 级——方法:验证在辐照中断和终止后,显示是否能保留其读数。

c) 辐照终止后应将显示值重新置零。当电源发生故障时,则故障时所显示的数据应至少在某一系统中贮存并可以恢复,其贮存时间至少为 20 min。

现场检验——B 级——方法:

——在未使显示重新设置前,尝试启动辐照不能启动;

——计数器有读数时切断电源,验证所显示的数据是否能保留至少 20 min。

d) 显示值应以"min"和"min"的十进制分数(十分之一和百分之一)或以"s"为单位表示,但不得用两者相混合表示。读数应随时间延长而增大,以便任何超时辐照也能给出读数,并有足够的读数范围以适应可预见到的故障状态。

现场检验——C 级——方法:在辐照期间,包括超时辐照情况下,目力检查读数显示,并验证在随机文件中所规定的计时范围。

e) 主计时器和次计时器的显示应清晰易辨。

现场检验——C 级——方法:目力检查。

29.1.3.5 辐照时间的控制

a) 两计时器中的每一个都应能独立地终止辐照。

型式试验——A 级——原则:对两计时器进行设计分析。

b) 当到达预选时间时,主计时器或冗余组合情况下的两计时器都应能终止辐照。当超过预选时间,并且最多不超过 10%(用百分比表示)或 0.1min(用固定时间表示),主/次级组合中的次级计时器应终止辐照。

现场检验——C 级——方法:在任一计时器失效情况下,通过另一计时器来验证终止辐照功能的正确性。

c) 如果采用特殊治疗方式,如移动束治疗,次级计时器可先于主计时器终止辐照,这种情况应在随机文件中加以说明并给出必要的警告。

型式试验——A 级——方法:检验随机文件中所需的资料。

d) 应提供联锁装置,以确保未终止辐照的系统在下次辐照之前经受检验,以验证其终止辐照的能力。

型式试验——A 级——原则:分析联锁装置的电路设计,确保在下次辐照之前,所要求的终止辐照的能力得以验证。

现场检验——C 级——方法:验证联锁装置功能的正确性。

29.1.3.6 移动束放射治疗时辐照时间的控制

在移动束放射治疗中，通过自动调节移动速度达到预选时间，并且当达到预选位置时，通过动作开关来终止辐照，在这种情况下，当超过预选时间，并且最多不超过10%(用百分数表示)或0.1min(用固定时间表示)时，主计时器或组合计时器应终止辐照。

型式试验——A级——原则：设计分析，确保所要求的终止辐照的能力得以验证。

现场检验——C级——方法：通过产生或模拟规定的故障状态，验证其终止辐照功能的正确性。

29.1.4 固定放射治疗和移动束放射治疗

29.1.4.1 固定放射治疗和移动束放射治疗的选择

在既能进行固定放射治疗又能进行移动束放射治疗(即机架、治疗床或限束装置可运动)的设备中：

a) 在治疗控制台上预选好固定放射治疗或移动束放射治疗之前，应不能辐照。每次辐照之前应重新选择固定放射治疗或移动束放射治疗方式。

   现场检验——B级——方法：在下述情况下尝试启动辐照：

   1) 在没有预选固定的或移动束放射治疗时；

   2) 每次辐照前没有重新选定固定的或移动束放射治疗时。

b) 在进行固定束放射治疗时，如果移动束放射治疗中的任何移动操作起动，则应提供一个联锁装置终止辐照。

c) 在进行移动束放射治疗时，如果发生运动部件不启动或意外停止时，则应提供一个联锁装置终止辐照。联锁装置应在5 s内动作。

   b)和c)

   现场检验——C级——方法：在规定的故障状态下，验证联锁功能的正确性。

d) 如果在治疗室内进行的任何选择操作与治疗控制台上进行的选择操作不一致，应提供一个联锁装置防止辐照。

   现场检验——B级——方法：验证联锁装置对所有非一致选择操作防止辐照发生功能的正确性。

e) 在移动束放射治疗期间，如果规定的治疗弧度超出预选限定角度5°以上时，应提供装置停止辐照和机架的运动。

   现场检验——C级——方法：通过产生或模拟一个故障状态，在机架为90°和270°，以最大和最小的额定速度在正反两个方向旋转(若可行)时，验证功能的正确性。

f) 在移动束放射治疗时，设备上应指示出从开始到结束的角度或位置的方向。

   现场检验——B级——方法：验证指示功能的正确性。

29.1.4.2 固定放射治疗或移动束放射治疗的显示

对于既能进行固定放射治疗又能进行移动束放射治疗的设备，应在治疗控制台上显示其工作方式。要求在治疗室内和治疗控制台上预选操作的地方，当两处所需要的选择操作还没有完成时，其中一处的选择不得在另一处显示。

现场检验——B级——方法：对规定的选择操作，验证其显示功能的正确性。

29.1.5 束分布系统

29.1.5.1 野均整过滤器的选择

使用可更换野均整过滤器的设备，应考虑下述规定：

a) 如果能使用一个以上的过滤器，则在治疗控制台上选择特定的野均整器之前，应终止辐照。

   现场检验——B级——方法：在治疗控制台上不选择好规定的过滤器尝试启动辐照。

b) 如果过滤器的位置不正确，应提供一联锁装置防止辐照的发生。

   现场检验——C级——方法：验证联锁装置防止辐照的发生功能的正确性。

c) 如果在治疗室内进行的任何选择操作与在治疗控制台上进行的选择操作不一致时，应提供一联锁装置,防止辐照的发生。

现场检验——B级——方法;对于所有非一致选择的操作,验证联锁装置防止辐照功能的正确性。

29.1.5.2 野均整过滤器的显示

如果能使用多于一个的过滤器,所用过滤器的识别应显示在控制台上。

现场检验——B级——方法:验证显示功能的正确性。

如果使用手动装卸的任何过滤器,其识别应清晰地标记在过滤器上。在要求操作者在治疗室和治疗控制台上选择任何操作条件的地方,直到两处所需要的选择操作完成之前,一处的选择不得在另一处给出显示。

现场检验——B级——方法:目力检查过滤器,对规定的选择操作的显示,验证其功能的正确性。

29.1.6 楔形过滤器

29.1.6.1 楔形过滤器的标记

设备配备的楔形过滤器应清楚地标记其给定的楔形过滤器的角度和最大几何野尺寸(在正常的治疗距离处)。

现场检验——B级——方法:验证每个楔形过滤器的识别标记。

29.1.6.2 楔形过滤器的选择

在配备有楔形过滤器系统的设备中:

a) 在治疗控制台上未选好特定楔形过滤器或零过滤器时,绝不可能进行辐照;

b) 如果预选的楔形过滤器被不正确地插入,应提供一联锁装置防止辐照的发生;

c) 如果在治疗室进行的任何选择操作与在治疗控制台上所进行的选择操作不一致时,应提供一联锁装置,防止辐照的发生。

a)、b)和c)

现场检验——B级——方法:按下述方法尝试启动辐照:

1) 在治疗控制台上不选择一楔形过滤器(或零过滤器);

2) 将楔形过滤器不正确地插入;

3) 对所有非一致选择的操作。

d) 应给出楔形过滤器薄端相对于辐射野的指示,当楔形过滤器就位后,其指示应清晰可见。

现场检验——B级——方法:目力检查,验证楔形过滤器薄端的指示是否清晰可见。

29.1.6.3 楔形过滤器的显示

配备有楔形过滤器系统的设备,应在治疗控制台上对使用中的过滤器(或零过滤器)给出显示。当要求操作者在治疗室里和治疗控制台上进行预选时,两处所需要的选择未全部完成时,其中一处的选择不得在另一处给出显示。

现场检验——B级——方法;对适用的选择操作,验证其显示功能的正确性。

29.1.7 限束器

29.1.7.1 限束器的标记

限束器应清楚地标注以下数据:

a) 出束位置时,辐射源表面至限束器出口端的距离;

b) 在规定源-皮距处治疗野的尺寸。应在靠近限束器的末端标注辐射束轴的位置。

a)和b):

现场检验——B级——方法:目力检查每个限束器的标记。

29.1.7.2 限束器的插入

在配备了限束器的设备中,如果限束器(或零限束器)被不正确地插入,应提供一联锁系统,防止辐照的发生。

现场检验——B级——方法：当限束器被不正确地插入时，尝试启动辐照。

29.1.8 启动辐照的装置

应只有在治疗控制台上才可能启动辐照；

型式试验——A级——原则：设计分析，验证只有在治疗控制台上才能启动辐照。

29.1.9 中断辐照的装置

在任何时刻都应能从治疗控制台上中断辐照和各种运动。

辐照中断后，不对29.1.3～29.1.7规定的操作条件进行重新预选，应能重新启动辐照，但仅限于在治疗控制台上进行操作。

如果在中断期间预选值发生任何变化，则设备应进入终止状态。

现场检验——B级——方法：验证下述情况下功能的正确性：

——中断；

——重新启动辐照；

——转换到终止状态。

29.1.10 终止辐照的装置

a) 在任何时刻都应能从治疗控制台上终止辐照和各种运动。

现场检验——B级——方法：对固定放射治疗和移动束放射治疗，从治疗控制台上验证终止辐照和各种运动功能的正确性。

b) 辐照期间，如果29.1.3～29.1.7中规定的预选条件发生任何变化，则设备应进入辐照的终止状态。

现场检验——B级——方法：在辐照期间，当改变29.1.3～29.1.7中任一操作选择时，验证终止辐照功能的正确性。

c) 设备应有连接附加外部安全联锁装置，以便容许从治疗控制台以外的地方终止辐照。

现场试验——B级——方法：通过附加外部安全联锁装置的连接装置，验证终止辐照功能的正确性。

d) 在任何时刻，应能在治疗控制台上从一个中断状态进入到一个终止状态。

现场检验——B级——方法：按规定条件验证转换到终止状态功能的正确性。

e) 终止辐照后，应在治疗控制台上重新选择必要的全部操作条件。

现场检验——B级——方法：进行一次辐照，在治疗控制台上没有重新选择全部操作条件的情况下，尝试启动一次新的辐照。

29.1.11 辐照的意外终止

如果通过一个事件而不是通过主计时器（或冗余组合情况下任一计时器的动作）或者达到预选位置（见29.1.3.6）来终止辐照，则应在治疗控制台上给出该状态的显示。

现场检验——C级——方法：通过每个联锁装置的动作引起辐照的意外终止，验证显示功能的正确性。

在下述任何一种情况发生时，应有联锁装置防止继续辐照：

a) 任何一个计时器的电源发生故障（见29.1.3.3）；

b) 主/次计时器组合中用次级计时器终止辐照（见29.1.3.3）；

c) 冗余组合中的某一计时器不工作；

d) 辐照启动后3s内载源器或快门未到达出束状态；对于MSSR，辐照开始后40 s内MIBLS没有到达出束状态（见29.1.1.2）；

e) 辐照终止或中断后3s内载源器或快门未到达关束状态；对于MSSR，辐照终止或中断后40 s内MIBLS仍没有到达关束状态；

f) 固定放射治疗期间，辐射头发生移动[见29.1.4.1b)]；

g) 移动束放射治疗期间，辐照启动后 5 s 内预期的运动不启动，或者在辐照期间移动停止[见 29.1.4.1c)]；

h) 在移动束放射治疗期间，超出预选角度 5°以上[见 29.1.4.1e)]；

i) 按 29.1.3.6 运行的设备中，用其中一个计时器终止辐照；

j) 对于 MSSR：从出束状态到重新摆位点的时间和从重新摆位点到出束状态的时间都不能超出制造商所规定时间的 25%[见 29.1.3.3h)]。

型式试验——A 级——原则：对联锁装置电路进行设计分析。

现场检验——C 级——原则：用产生或模拟每一种规定的意外终止辐照条件，验证联锁装置功能的正确性。

应用专用工具才能使该联锁装置复位。

现场检验——B 级——方法：不用专用工具复位时，尝试启动辐照。

29.1.12 检验联锁系统的装置

应提供本部分所要求的所有联锁装置的检验装置。

如果制造商推荐的任何测试或维修程序需要将 29.1 中所述的任何联锁装置或监测系统不起作用或被旁路，则应提供装置使这种情况在按键控制的方式下进行或给出该状态的显示。

注：对一般联锁装置的检验要求参见 4.1aa)和 4.6aa)。

现场检验——B 级——方法：当采用制造商推荐的试验或维修程序，使 29.1 中所述的任何联锁装置不起作用或被旁路时，验证功能的正确性，同时对所要求的按键或所给出的显示进行验证。

29.2 对患者辐射束内杂散辐射的防护

29.2.1 相对表面吸收剂量

在辐射束轴上的相对吸收剂量不得超过下述值：

a) 正常治疗距离不小于 30 cm，时：

辐射野尺寸为 10 cm×10 cm 时，用钴-60 辐照，在 0.5 mm 处的吸收剂量不得超过在 5 mm 深度处吸收剂量的 70%；

对最大的辐射野尺寸，用钴-60 辐照，在 0.5 mm 处的吸收剂量不得超过在 5 mm 深处吸收剂量的 90%；

对最大的辐射野尺寸，用铯-137 辐照，在 0.5 mm 处的吸收剂量不得超过在 2 mm 深处吸收剂量的 100%。

对于 MSSR：

对于最大辐射野尺寸，用钴-60 辐照，在 0.5 mm 处的吸收剂量不得超过在 5 mm 深处吸收剂量的 70%。

对于最大辐射野尺寸，用铯-137 辐照，在 0.5 mm 处的吸收剂量不得超过在 2 mm 深处吸收剂量的 95%。

b) 正常治疗距离在 10 cm～30 cm 之间：

对最大的辐射野尺寸，用钴-60 辐照，在 0.5 mm 处的吸收剂量不得超过在表面以下 5 mm 深处吸收剂量的 100%。

c) 正常治疗距离在 5 cm～10 cm 之间：

对最大的辐射野尺寸，用钴-60 辐照，在 0.5 mm 处的吸收剂量不得超过在表面以下 5 mm 深处吸收剂量的 130%。

注：钴-60 和铯-137 设备的限束装置和快门，其次级电子发射可导致相对表面吸收剂量的明显增高。因此，可对这些次级电子进行充分屏蔽，例如用几毫米厚的聚甲基丙烯酸酯-甲基板或用其他适当的材料的板靠紧限束器系统，以便满足上述的容差。

如果使用制造商提供的任何附件或去掉电子过滤器，使表面吸收剂量超过上述水平，那么预期的水平应在随机文件中说明。

型式试验——B级——方法：应用模体进行测量，模体的入射表面应在正常治疗距离处且垂直于辐射束轴，所用的方法应能外推出表面吸收剂量。

模体入射表面的尺寸至少比辐射野各边尺寸大 5 cm，模体厚度至少比测量深度大 5 cm。所有不用工具即可拆卸的束调整装置应从辐射束中去掉。

现场检验——A级——原则：检验随机文件中所要求的资料。

29.3 对患者辐射束外的辐射防护

29.3.1 辐照期间透过限束装置的泄漏辐射

29.3.1.1 应配备可调节的或可互换的限束装置。在束控机械装置处于出束位置情况下，对所有尺寸的辐射野，限束装置应能使辐射衰减到在正常治疗距离处由限束装置防护区域内的任何一处的吸收剂量不超过在相同距离上，辐射野为 10 cm×10 cm 时，在辐射束轴上所测得的最大吸收剂量的 2%。

对于 MSSR：应配备可调节的或可互换的限束装置。在束控机械装置处于出束位置情况下，对所有尺寸的辐射野，限束装置应能使辐射衰减到在正常治疗距离处由限束装置防护区域内任何一处的吸收剂量不超过最大吸收剂量深度处的最大吸收剂量的 2%。

型式试验——B级——方法：按下述检验条件用 X 射线摄影胶片进行测量：

——在正常治疗距离处，垂直于辐射束轴的平面上；

——对每一限束装置，在非重叠的限束装置情况下，用最小辐射野尺寸；在重叠的限束装置情况下，用最小乘最大和最大乘最小辐射野，在互换限束装置情况下；

——用至少两个十分之一值层的吸收材料堵住限束装置的剩余开孔（如果有）；

——机架、辐射头、限束装置的角位置任选。

求出射线胶片上对最大泄漏辐射点的位置，用辐射探测器在该点测量。测量时使用下述附加试验条件：

——用最大截面为 1 cm^2 的指型辐射探测器；

——在空气中在最大的建成条件下测量。

29.3.1.2 对于在正常治疗距离处，辐射束的最大野尺寸超过 500 cm^2 的设备，下述附加限制应适用：

对于任何尺寸的方形野，透过限束装置的泄漏辐射平均吸收剂量与限束装置所能防护的最大区域的乘积不得超过 10 cm×10 cm 野尺寸的辐射束轴上的最大吸收剂量与辐射束面积乘积的十分之一。所有吸收剂量和面积的数值，均相对于正常治疗距离而言。

现场检验——B级——方法：采用与上述相同的试验条件，在按下述各点进行上述辐射探测器测量：

——在两主轴上距辐射束轴 $1/3R$ 处的四个点；

——在两主轴及两对角线上距离辐射束轴 $2/3R$ 处的八个点（R 见图 102）。

对于非方形辐射野，如果超过上述规定的水平，应说明出现该情况的详细情况和预期水平。

泄漏辐射平均百分率与最大辐射野尺寸的关系曲线见图 101。

注：如果 M 是在正常的治疗距离处，限束装置所能防护的以平方厘米为单位的最大面积（包括所使用的辐射野的面积），而 DL 是由于透过限束装置的泄漏辐射所引起的平均吸收剂量，那么：

$$DL \times M < 0.1 \times 100\% \times 100\ cm^2$$

此处，DL 以辐射束轴上最大吸收剂量的百分率表示。

现场检验——A级——方法：检查随机文件所要求的资料。

29.3.2 最大辐射束以外的泄漏辐射

设备应提供辐射防护屏蔽，使得在束控机械装置就位情况下，而不是在关束位置，把辐射衰减到满足下述条件的程度：

a) 束控机械装置处于出束状态：

1) 在正常治疗距离处，以辐射轴线为中心且垂直辐射束轴半径为 2 m 的圆平面中的最大辐射束以外的区域内，由于泄漏辐射引起的吸收剂量率的最大值不得超过辐射束轴与 10 cm×10 cm 辐射野平面交点处测得的最大吸收剂量率的 0.2%，平均值不得超过 0.1%。

对于 MSSR：用“最大辐射野”代替“10 cm×10 cm 的野”。制造商应在随机文件中给出地面水平、地面以上 0.5 m 处、1.0 m 处、1.5 m 处和 2 m 处关束状态和出束状态的泄漏辐射图，如图 105 所示。如果用 BLD 防止辐射源的辐照，最大泄漏辐射不应超过最大吸收剂量率的 0.2%。

现场检验——B 级——方法：应在限束装置完全关闭和用三个十分之一值层的适当吸收材料对最大辐射束区域屏蔽（以避免透过限束装置的泄漏影响测量结果）的条件下进行测量。测量应在最大的建成条件下，在不超出 100 cm^2 的面积上取平均值。

通过下述 X 射线摄影胶片的测量结果，来确定辐射探测器的最大泄漏辐射测量点。

从紧靠最大辐射野的边缘向机架及相反方向取长 $B=8$ cm、宽 $A=40$ cm 的两区域内进行检查（限束器的角位置为零），这两个区域见图 103 的阴影部分。

如果治疗床在正常使用中绕垂直的辐射束轴旋转（台的等中心旋转），当测试平面绕垂直的辐射轴旋转到 45°、90°、135°时，对应图 103 所示的这些区域应另加测量。

平均泄漏辐射应在或靠近图 102 所示的 16 个点测量。

2) 距辐射源 1 m 处测得的由于泄漏辐射引起的吸收剂量率不得超过辐射束轴上距辐射源 1 m 处测得的最大吸收剂量率的 0.5%。

型式试验——B 级——方法：按照 a)1)“现场检验”第一段中所述的条件进行测量，用 X 射线摄影胶片找出最大泄漏辐射点，并用辐射探测器在这些点进行测量，以确定是否符合所规定的泄漏辐射的限值。

现场检验——B 级——方法：用辐射探测器在下述设置的 13 个点进行测量：

通过以辐射源为中心、半径为 1 m 的球面的极点（除去辐射束轴上的一个极点）和球面赤道上四个相等间隔的点，确定 13 个基本的测试点中的前 5 个点，其余的 8 个点位于从两极点到赤道上的 4 个点的连线与赤道线所围成的 8 个球面三角形的中心（见图 104）。

b) 束控机械装置处于从关束状态到出束状态和从出束状态到关束状态的传输过程中：

距辐射源 1 m 处辐射束最大截面之外的吸收剂量率，不得超过距辐射源 1 m 处辐射束轴上吸收剂量率的 0.5%。

型式试验——C 级——原则：在辐射源处于最不利位置时，测量泄漏辐射吸收剂量率。

c) 制造商应在随机文件中说明设备外壳的哪部分在束控机械装置处于除关束位置以外的任何位置时，距设备外壳 5 cm 处由于泄漏辐射引起的吸收剂量率可能超过在正常治疗距离处辐射束轴上最大吸收剂量率的 0.5%。在随机文件中，制造商应给出有关这些地方预期的吸收剂量水平的资料。

现场检验——A 级——原则：检验随机文件所要求的资料。

29.4 患者以外其他人员的辐射安全

29.4.1 关束状态或出束状态的显示

29.4.1.1 电控的显示

应在辐射头上或靠近辐射头位置配备指示灯以指示束控装置是在关束位置还是离开关束位置。应由载源器或快门直接操作的开关来控制这些指示灯。关束状态应用绿色指示灯，关束状态以外的其他任何状态均用红色指示灯。

型式试验——A 级——原则：设计分析，验证这些指示灯是否由载源器或快门直接操作。

现场检验——B 级——方法：目力检查并验证指示灯功能的正确性（如用电视系统观察）。

应在其他位置提供这些开关是在关束状态还是不在关束状态的指示的装置。

型式试验——A级——原则:设计分析,验证是否提供了所要求的装置。

制造商应在治疗室内提供一个与辐照音响报警相连的装置。该报警由一开关控制,当辐射束控机械装置在关束位置以外的任何位置时,启动该开关。

型式试验——A级——原则:设计分析,验证是否提供了所要求的装置。

29.4.1.2 非电控的显示

无论载源器或快门处于关束位置、出束位置或二者之间的位置,都应在辐射头、机架或其他部件上清楚地指示。指示器应用机械方法连接到载源器或快门上。

注:该机械连接是为了要保证当载源器或快门操纵系统失灵的情况下(如:电源故障),仍将保持对载源器或快门位置的指示。

如果束控机械装置位置的指示是可见的,且使用几种颜色,则应以绿色表示关束状态,关束状态以外的其他任何状态用红色表示。见表1。

表1

位置	辐射头		治疗控制台	其他位置
	电控显示	非电控显示		
关束位置	绿	绿	绿	绿
中间位置	红	红	红	红
出束位置	红	红	黄/橙	红

型式试验——A级——原则:设计分析,验证用机械方法连接到载源器或快门的指示。

现场检验——B级——方法:目力检查指示(如通过一个带有电视系统的设备)。

29.4.2 关束状态下的杂散辐射

防护屏蔽应将辐射衰减到如下程度,使得束控机械装置在关束位置时,距辐射源1 m处测得的由于杂散辐射(包括辐射源之外的其他放射性材料引起的辐射)引起的吸收剂量率不超过0.02 mGy/h的水平。测量结果应是在最大不超过100 cm^2 的表面区域上获得的平均值。

在距防护屏蔽表面5 cm任一易接近的位置,由于杂散辐射引起的吸收剂量率不得超过0.2 mGy/h。测量应是在最大不超过10 cm^2 的表面区域上获得的平均值。

这些限值应适用于最大额定放射性活度的放射源。

对于MSSR,用"多个辐射源"代替"单个辐射源"。

现场检验——B级——方法:按29.4.2所述的要求测量杂散辐射引起的吸收剂量率,并将结果换算到最大放射源放射性活度时的水平,验证是否符合所规定的限值。

29.4.3 设定工作状态下的安全

29.4.3.1 只有在通过安装在治疗控制台的按钮或其他编码开关才能让设备进入预备状态,预备状态应显示在治疗控制台上。

应提供一电路以便连接外部的联锁装置(例如对治疗室的门),该电路与29.1所述的联锁一起应结合成一个联锁系统,除非此联锁系统得到满足,并且全部选择操作都已完成,否则应不能辐照。当满足这些条件后,设备即处于准备状态。

现场检验——B级——方法:验证在治疗控制台上按钮或编码开关以及准备状态显示功能的正确性。验证用于外部联锁专用电路功能的正确性。

29.4.3.2 准备状态应在治疗控制台指示,且应尽可能地将该指示传送到其他地方。为了治疗室内人员的防护,在设备中应有与附加的外部安全联锁装置相连的装置防止进到准备状态。

现场检验——B级——方法:验证指示器功能的正确性。验证用于连接外部联锁装置的方法的有效性。

29.4.3.3 从准备状态进入出束状态的过程，在治疗控制台上应有一单独的动作。

现场检验——B级——方法：验证是否符合要求。

29.4.4 辐射源和辐射头

29.4.4.1 设备应设计成允许辐射源从运输容器输送至设备的辐射头内，而后再将辐射源送回至运输容器中而使有关人员接受到辐照的有效剂量当量不超过1 mSv。

在随机文件中，制造商应提供包括由合格人员监视该操作所推荐的方法。这些说明还应包括当载源器或快门操纵系统失灵后所应采取的措施。

型式试验——C级——原则：采用所推荐的方法将一个具有最大允许活度的辐射源从运输容器送到辐射头并从辐射头再送回到运输容器内时，验证操作人员受到的总剂量当量是否超过1 mSv。

现场检验——A级——原则：检验随机文件并分析所推荐的方法。

29.4.4.2 在准许使用和正常工作条件下，一个远距离的辐射治疗设备的辐射源应可靠地装在辐射头内，确保不会脱离。应只能用专用工具才能装卸。

型式试验——A级——原则：对辐射头进行设计分析。

29.4.4.3 如果用于设备结构的材料，其辐射防护性能可能会受到辐射影响，则制造商应声明在设备的预期寿命期间满足29.3、29.4的要求。否则，制造商应在随机文件中推荐对设备特定部件的检查或更换周期。

现场检验——A级——原则：检验随机文件中所要求的资料。

29.4.4.4 辐射头外表面上应清晰地、永久性地标有按ISO 361规定的辐射警告标记。

现场检验——B级——方法：目力检查辐射头。

29.4.4.5 制造商应在随机文件中说明辐射头上可进行检测辐射源任何泄漏的揩擦试验的各个位置。

现场检验——A级——原则：检验随机文件中所要求的资料。

29.4.5 在设备结构中使用的放射性材料

制造商应在随机文件中说明设备结构中是否使用了放射性材料。如已使用，则制造商还应在随机文件中说明放射性材料的类型及位置。如果有任何这样的放射性材料，制造商应做到：

a) 如果暴露表面的剂量当量水平超过1 mSv/h，则应在随机文件中加以说明；

b) 在随机文件中说明是否应进行揩擦试验，以检测来自此材料污染的结果；

c) 承担揩擦试验，并将结果告之用户。

所有放射性材料的暴露表面，试验时应使用高湿性且具有高吸收性的适当材料，蘸过不会伤及表面的液体(如：泡沫橡胶用夹具或钳子夹紧后，用Decon F5[3]或RBS 25[3]沾湿)加以彻底擦拭。

型式试验——B级——原则：宜测量吸收材料所擦拭的放射性，并与擦拭面积关联。测量值宜不超过3.7 $Bq \cdot cm^{-2}$(10^{-4} $\mu Ci \cdot cm^{-2}$)。

现场检验——A级——原则：检查随机文件中有关辐射水平和擦拭试验方面的资料。

29.4.6 环境保护

应提供装置使联锁装置防止辐射指向未进行适当防护的区域。

型式试验——A级——原则：对提供安装联琐装置的装置进行设计分析。

现场检验——B级——方法：如果已安装好联琐装置，则验证其功能的正确性。

在配备了辐射束挡板以降低结构屏蔽要求的地方，挡板所透射的辐射量应小于辐射束的0.5%。

型式试验——B级——方法：在下述条件下，用辐射探测器进行测量，验证辐射束挡板的透射不超过所规定的水平：

——最大辐射野尺寸；

---

3) DeconF5和RBS25是产品的商品名称。该资料是为了本国际标准用户的方便而提供的，产品的命名并非由IEC的某一机构所认可。如果能证明可得到同样的结果，那么也可使用同等的产品。

——最大建成条件；
——辐射束轴挡板之外 10 cm；
——限束系统在 0°和 45°处。

第六篇　对易燃麻醉混合气点燃危险的防护

《通用标准》中本篇的各章、条适用。

第七篇　对超温和其他安全方面危险的防护

《通用标准》中本篇的各章、条适用。

第八篇　工作数据的准确性和危险输出的防止

《通用标准》中本篇的各章、条适用。

第九篇　不正常的运行和故障状态；环境试验

《通用标准》中本篇的各章、条适用。

第十篇　结构要求

除下述内容外，《通用标准》中本篇的各章、条适用。

57　网电源部分、元器件和布线

57.1　与供电网的分断

a)　分断

修改：

以下所述代替第 2 次修订的文本：

——除了由于安全原因应保留的那些电路外(如室内照明和某些安全联锁装置)，分断装置应接在设备内部，或接在经考虑需要安装的外部多个地方。在这样的装置是通过安装来全部或部分地得到满足的地方，其要求应包括在技术说明书中。

通过检查，检验是否符合要求。在这样的装置是通过安装来全部或部分地得到满足的地方，其检查结果应包括在现场检验报告中。

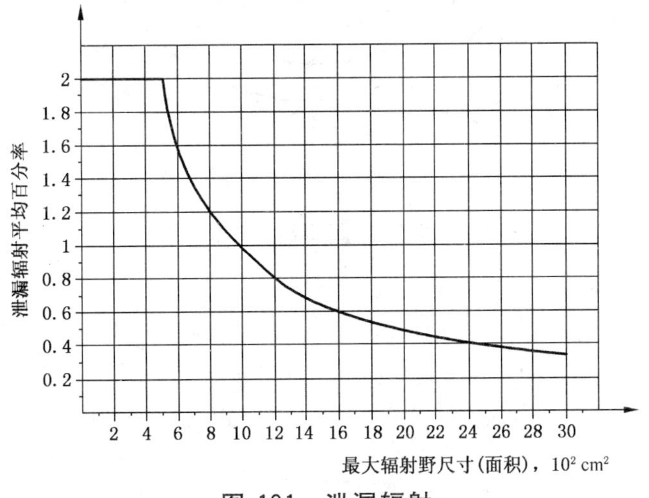

图 101　泄漏辐射

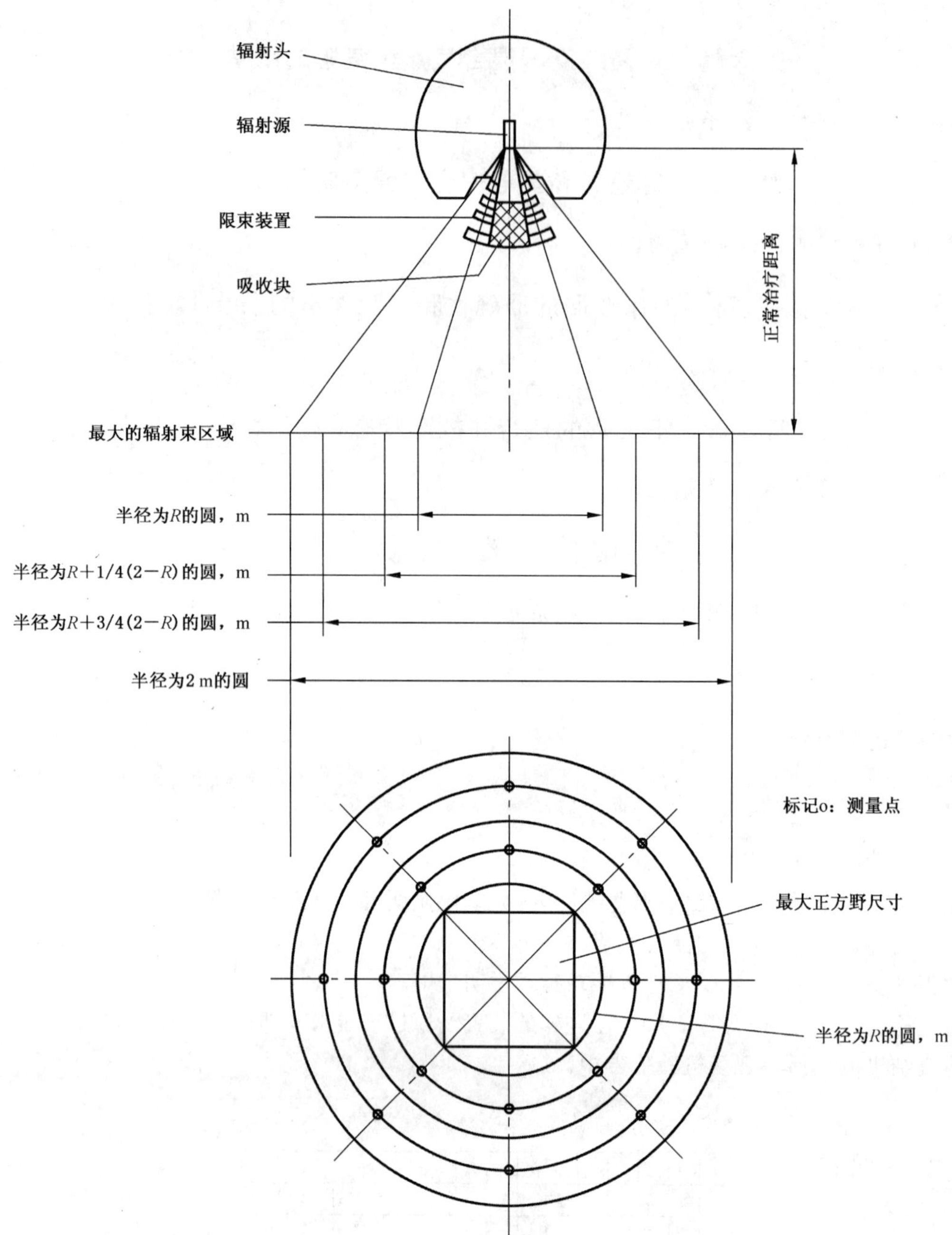

图 102　平均泄漏辐射的 16 个测量点

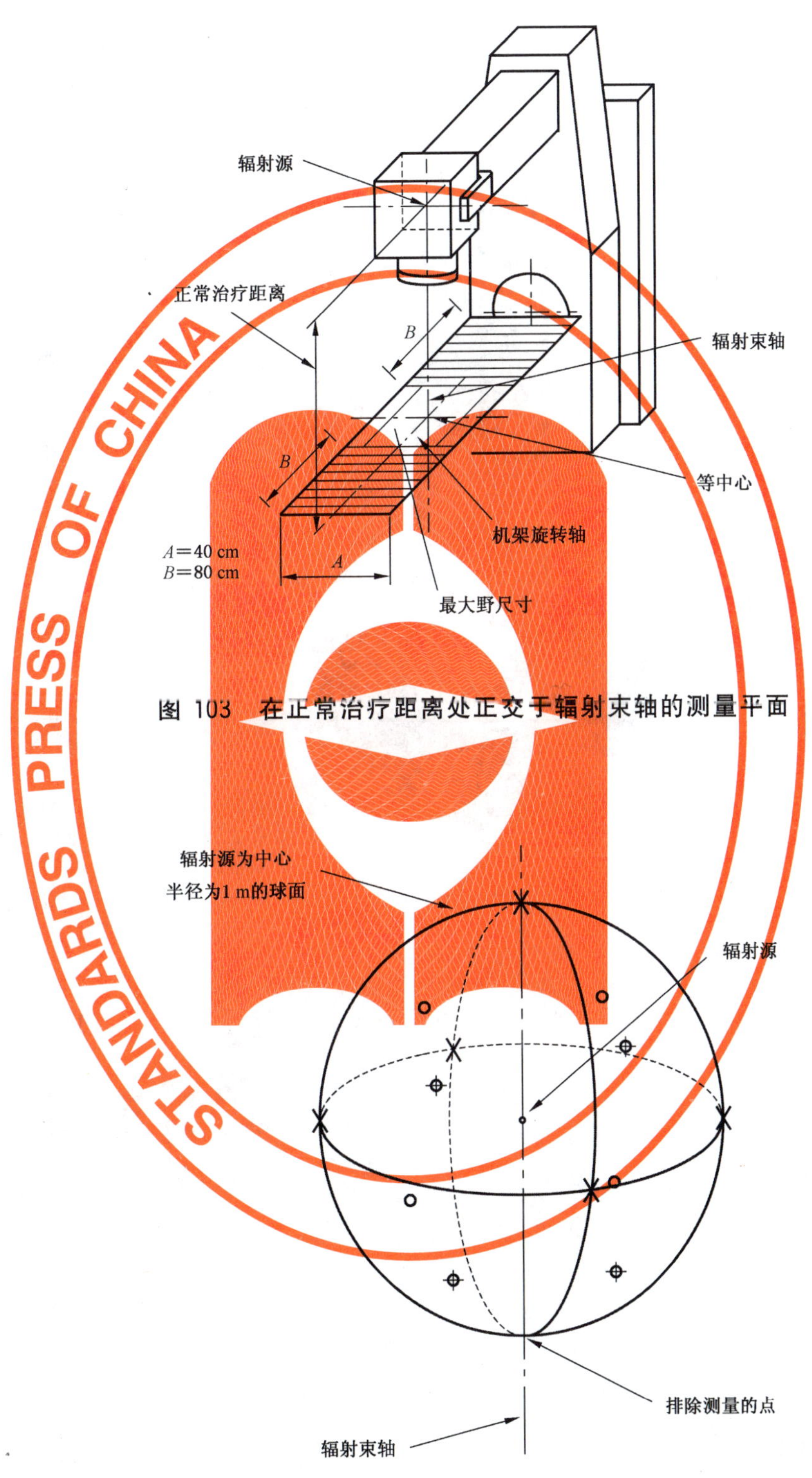

图 103 在正常治疗距离处正交于辐射束轴的测量平面

X——5 个初始测量点；

⊕(可见)和○(不可见)——8 个球面三角形的中心。

图 104 29.3.2a)2)现场检验测量点的位置

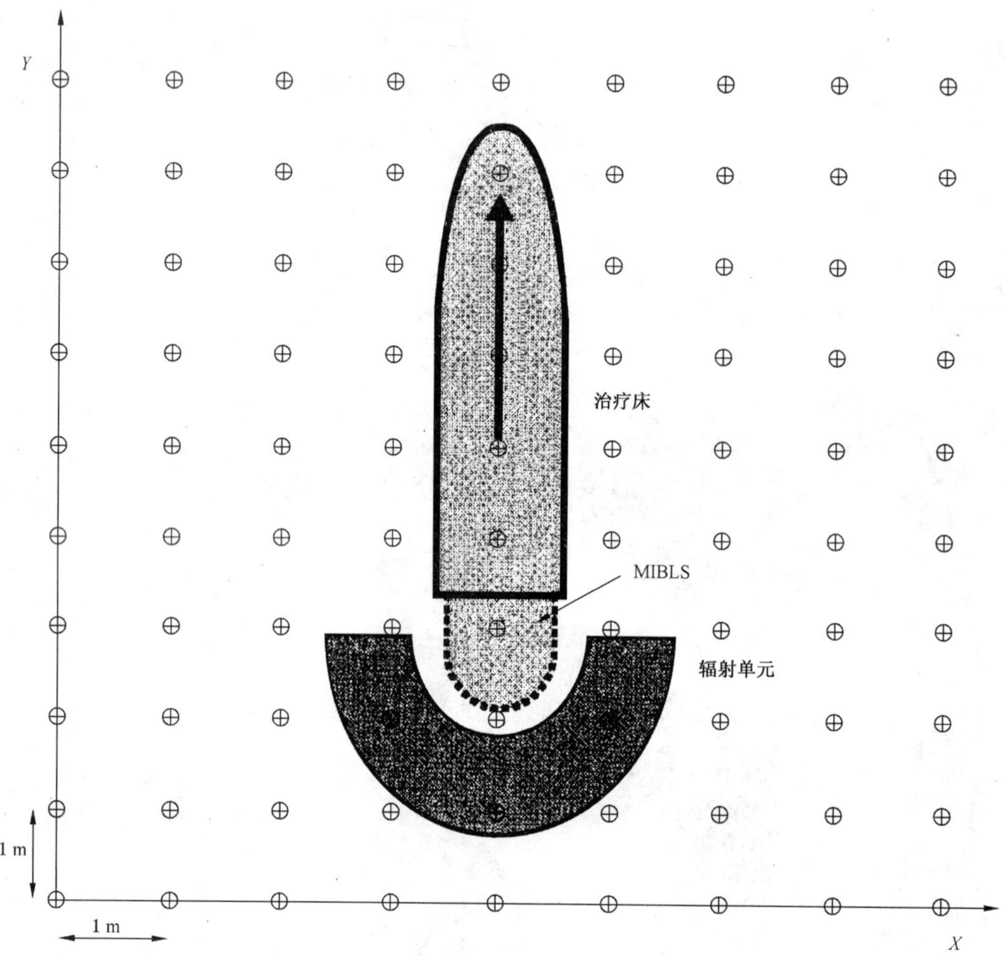

图 105　地面处、地面以上 0.5 m、1.0 m、1.5 m 和 2 m 处关束状态和出束状态的矩阵测量点

附 录

除下述附录外,《通用标准》中的附录均适用。

附 录 L
(规范性附录)
规范性引用文件

下列文件中的条款通过GB 9706本部分的引用而成为本部分的条款。凡是注日期的引用文件,其随后所有的修改单(不包括勘误的内容)或修订版均不适用于本部分,然而,鼓励根据本部分达成协议的各方研究是否可使用这些文件的最新版本。凡是不注日期的引用文件,其最新版本适用于本部分。

GB/T 18987 放射治疗设备 坐标系、运动与刻度

YY 0505 医用电气设备 第1-2部分:安全通用要求 并列标准:电磁兼容 要求和测试

附　录　AA
（资料性附录）
术语索引

ICS 11.040.50
C 43

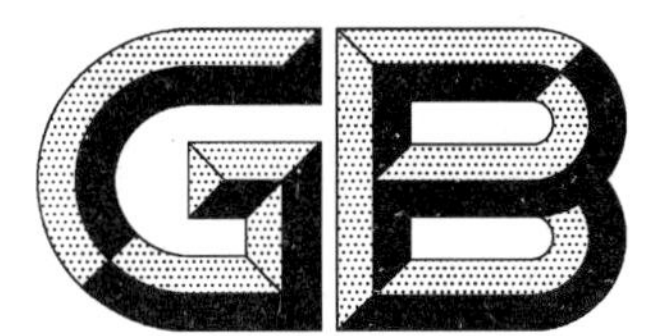

中华人民共和国国家标准

GB 9706.18—2006/IEC 60601-2-44:2002
代替 GB 9706.18—2000

医用电气设备 第2部分:X射线计算机体层摄影设备安全专用要求

Medical electrical equipment—
Part 2: Particular requirements for the safety of X-ray equipment for computed tomography

(IEC 60601-2-44:2002,IDT)

2006-10-17 发布　　2007-07-01 实施

中华人民共和国国家质量监督检验检疫总局
中国国家标准化管理委员会　发布

前　　言

本专用标准等同采用国际电工委员会IEC 60601-2-44:2002《医用电气设备——第2-44部分:X射线计算机体层摄影设备安全专用要求》。

由于GB 9706.3—2000《医用电气设备　第2部分:诊断X射线发生装置的高压发生器安全专用要求》的适用范围中不包括“图像重建体层摄影高压发生器”,而原来等同采用IEC 60601-2-44:1999的GB 9706.18—2000《医用电气设备　第2部分:X射线计算机体层摄影设备安全专用要求》中又没有对CT设备的高压发生器作出安全方面的要求。考虑到上述原因,在IEC 60601-2-44:2002的相关章节中增加了有关的内容。

目前,已经转化的相关安全标准有GB 9706.1—1995《医用电气设备　第一部分:安全通用要求》(idt IEC 60601-1:1988);GB 9706.11—1997《医用电气设备　第二部分:医用诊断X射线源组件和X射线管组件安全专用要求》(idt IEC 60601-2-28:1993);GB 9706.12—1997《医用电气设备　第一部分:安全通用要求　三、并列标准:诊断X射线设备辐射防护通用要求》(idt IEC 60601-1-3:1994);GB 9706.14—1997《医用电气设备　第2部分:X射线设备附属设备安全专用要求》(idt IEC 60601-2-32:1994);GB 9706.15—1999《医用电气设备　第一部分:安全通用要求　1.并列标准:医用电气系统安全要求》(idt IEC 60601-1-1:1995);YY 0505—2005《医用电气设备　第1-2部分:安全通用要求　并列标准:电磁兼容　要求和试验》(60601-1-2:2001,IDT)。

本次修订内容包括IEC 60601-2-44 Ed.2勘误表1的内容。

对IEC 60601-2-44:2002,本专用标准还做了下列编辑性修改:

a)　删除了国际标准前言;

b)　用小数点“.”代替作为小数点的逗号“,”;

c)　IEC原文第51章中29.1.104改为29.1.105(原文有误)。

本专用标准代替GB 9706.18—2000《医用电气设备　第2部分:X射线计算机体层摄影设备安全专用要求》。

本专用标准与GB 9706.18—2000相比主要有如下变化:

1. 对部分章节的编号作了调整;

2. 对1.2“目的”作了修改,并增加了几个详细的注;

3. 对部分定义作了修改;

4. 增加了29.1.103.4体积CT的概念和要求;

5. 明确了CT设备要满足YY 0505—2005关于电磁兼容的要求;

6. 在相关章节中增加了对CT设备的高压发生器有关的内容;

7. 对部分术语的翻译作了规范化;

8. 将术语“CT运行状态”改为“CT运行条件”;

9. 纠正了少量的误译。

本专用标准的附录A为规范性附录,附录B为资料性附录。

本专用标准由国家食品药品监督管理局提出。

本专用标准由全国医用X线设备及用具标准化分技术委员会归口。

本专用标准起草单位:上海西门子医疗器械有限公司、辽宁省医疗器械产品质量监督检验所、航卫通用电气医疗系统有限公司。

本专用标准主要起草人:梅伟铭、牟莉、卢智、邢占峰、王建军、王寿民。

本专用标准所代替标准的历次版本发布情况：

——YY 0309—1998；

——GB 9706.18—2000。

医用电气设备 第2部分:X射线计算机体层摄影设备安全专用要求

第一篇 概 述

除下述内容外，通用标准中该篇的章和条适用。

1 范围和目的

除下述内容外，通用标准中的本章适用。

1.1 范围

增补：

本专用标准适用于**X射线计算机体层摄影设备**(**CT扫描装置**)。

它包括**X射线发生装置**以及**X射线管组件**和**高压发生器**集成在一起的**X射线发生装置**安全要求。

1.2 目的

替换：

本专用标准的目的是对**CT扫描装置**制定确保安全的专用要求，并规定了验证其符合这些专用要求的方法。

注1：给出重现性、线性、稳定性和准确度的要求，因为这些要求与产生的**电离辐射**的质和量有关，而且被认为是确保安全所必须的要求。

注2：符合水平和为确定符合性而规定的试验方法均反映出如下事实，即，**高压发生器**的安全性对性能水平的小的差异并不敏感。因此，试验方法中规定的**加载因素**组合的数量有限，但是根据经验选择出的这些组合在多数情况下是适宜的。对**加载因素**组合的选择标准化十分重要，这样就可以对不同场合不同地点进行的试验做出比较。然而，除了规定的之外，其他组合方式可能在技术上同样有效。

注3：本专用标准所依据的安全理念在通用标准的引言和IEC 60513中陈述。

注4：关于**放射防护**，在本专用标准的准备过程中已经假定，**制造商**和用户均接受ICRP 60，1990第112段落[1)]中陈述的ICRP一般原则，即：

a) 如果放射实践给受照者个人或社会带来的利益不足以补偿由此而造成的辐射危害，就不宜采用该项实践(放射实践的正当化)。

b) 就一次放射实践中特定的辐射源来说，在考虑到经济和社会因素的条件下，个人剂量的大小、受照者人数以及在不属于非要接受照射不可的地方招致照射的可能性，都应保持在可合理达到的尽可能低的水平。这一过程宜通过个人剂量限值(剂量限制)，或者在潜伏着受照射可能性的情况下通过限制个人风险度(风险限制)来进行约束，从而使可能由固有的经济和社会判断所产生的不公正因素得到限制(放射防护的最优化)。

c) 对所有相关放射实践组合中个人所受的照射宜设置剂量限值，或者在潜伏着受照射可能性的情况下应有风险控制。其目的是，保证在正常环境下，任何个人不致接受被认定为不可接受的受照风险。由于并非对所有源都能采取行动加以控制，因此，在选定剂量限值之前，必需规定哪些源是相关源(个人剂量限值和风险限值)。

---

1) ICPR 60出版物：国际放射防护委员会建议书(国际放射防护委员会记录第21卷第1至3页，1990年)。由Pergamon出版社出版。

注 5：关于 **X 射线设备**及其组件**电离辐射**防护方面的多数要求在 GB 9706.12 并列标准中给出。

然而，本专用标准确实也涉及**放射防护**的某些方面，主要是与**高压发生器**电能的供应、控制和指示有关的方面。

注 6：众所公认，为了遵循 ICRP 一般原则必须做出判断，许多判断应由用户而不是由设备的**制造商**来做。

1.3 专用标准

本专用标准是对一组相关的国家标准及 IEC 出版物(以下称为通用标准)的修改和补充，这些标准和出版物包括 GB 9706.1—1995(idt IEC 60601-1:1988)《医用电气设备　第一部分：安全通用要求》及其第一次修订(1991)和第二次修订(1995)以及相关的并列标准。

本专用标准中的篇、章、条的序号与通用标准的序号相对应。对通用标准条文的改变，使用以下词语表述：

“替换”指通用标准的章或条完全由本专用标准的条文所代替。

“增补”指在通用标准相应要求的基础上，本专用标准又有增加和补充的条文。

“更改”指通用标准的章或条按本专用标准的表述修改。

在通用标准的基础上增加的章条或图从 101 开始编号，增加的附录被记作 AA、BB 等，增加的列项为 aa)、bb)等。

若本专用标准中没有对应的篇、章或条，则通用标准中的篇、章或条完全适用。

对通用标准的某些部分，尽管可能相关，但拟不适用，则在本专用标准中对此只作一个说明。

本专用标准对通用标准作了替换或修改的那些要求，优先于原标准的要求。

1.3.101 相关的标准

GB 9706.11—1997　医用电气设备　第二部分：医用诊断 X 射线源组件和 X 射线管组件安全专用要求(idt IEC 60601-2-28:1993)

GB 9706.12—1997　医用电气设备　第一部分：安全通用要求　三、并列标准　诊断 X 射线设备辐射防护通用要求(idt IEC 60601-1-3:1994)

GB/T 16935.1—1997　低压系统内设备的绝缘配合　第一部分：原理、要求和试验(idt IEC 60664-1:1992)

YY 0505—2005　医用电气设备　第 1-2 部分：安全通用要求　并列标准：电磁兼容　要求和试验(IEC 60601-1-2:2001,IDT)

ISO 2092:1981　轻金属及其合金——化学符号的命名规则

IEC 60788:1984　医用放射学——术语

2 术语和定义

除下述内容外，通用标准中的本章适用。

增补在 2.1 之前：

在本专用标准中，小一号黑体印刷的术语表示在通用标准或 IEC 60788 中对其有过定义。

注：请注意，当陈述的概念未在上述出版物中作过定义时，相应的术语用宋体字表示。

本专用标准用到的有定义的术语在附录 AA 中给出。

在以下的补充定义中给出某些术语的相关使用条件。

除非另有说明，在本专用标准中：

——**X 射线管电压**值是指峰值电压，忽略瞬时变化。

——**X 射线管电流**值是指平均值。

补充定义：

2.101

CT 扫描装置　CT scanner

X 射线计算机体层摄影设备　X-ray equipment for computed tomography

对不同角度的 X 射线透射传输数据进行计算机重建，生成人体的横截面图像，从而用于医学诊断的 X 射线系统。该普通型装置可能包括信号分析和显示设备、患者支架、支持部件和附件。

注：二次图像处理不包括在本专用标准范围内。

2.102

CT 运行条件　CT conditions of operation

所有主导 CT 扫描装置运行的可选参数。包括例如标称体层切片厚度、螺距系数、滤过、峰值 X 射线管电压以及 X 射线管电流和加载时间或电流时间积。

2.103

剂量分布　dose profile

以位置函数表示的沿线剂量。

2.104

灵敏度分布　sensitivity profile

以体层平面垂直线的位置函数表示的计算机体层摄影系统的相对响应值。

2.105

体层平面　tomographic plane

垂直于旋转轴的几何平面。(见图 101)

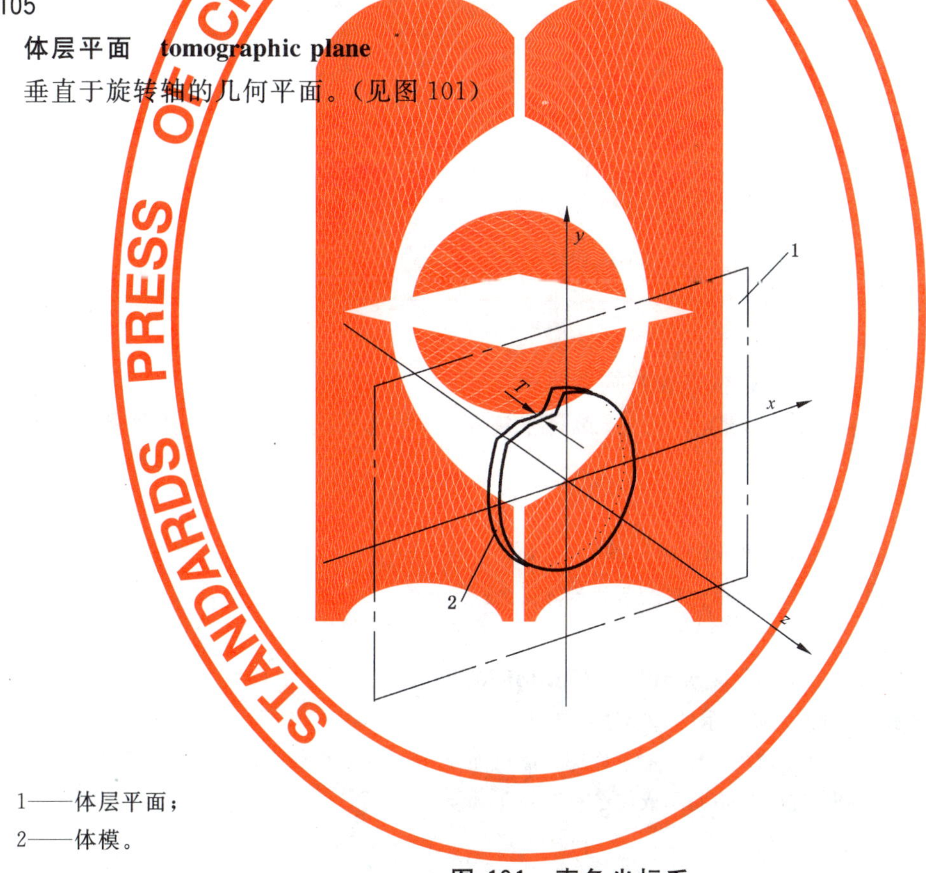

1——体层平面；

2——体模。

图 101　直角坐标系

2.106

CT 剂量指数 100　computed tomography dose index 100($CTDI_{100}$)

单次轴向扫描产生的沿着体层平面垂直线的剂量分布除以体层切片数目 N 与标称体层切片厚度 T 的乘积从－50 mm 到＋50 mm 的积分。

$$CTDI_{100}=\int_{-50\ \mathrm{mm}}^{+50\ \mathrm{mm}}\frac{D(z)}{N\times T}\mathrm{d}z$$

式中：

$D(z)$——沿着体层平面垂直线 z 的剂量分布，这个剂量是作为空气吸收剂量给出的；

N——X 射线源在单次轴向扫描中产生的体层切片数；

T——**标称体层切片厚度**。

注1：这里引用的术语 $CTDI_{100}$ 是一个比美国食品药品管理局(FDA) 21 CRF 1020.33[1)]中规定的从−7T 到+7T 的积分 CTDI 更具有代表性的剂量值。

注2：剂量按空气**吸收剂量**给出。这一规定是为了避免发生目前的混淆而要求的，因为有一些 **CT 扫描装置**的**制造商**是根据空气中的**吸收剂量**来表示剂量计算值，而另有一些**制造商**是根据聚甲基丙烯酸酯(PMMA)的**吸收剂量**来表示剂量计算值。

虽然 $CTDI_{100}$ 源自空气**吸收剂量**，但实际上，评价用 PMMA 剂量**体模**测得的空气**吸收剂量**与用一个电离室从**体模**中测得的**空气比释动能**相当接近。

注3：本定义假定**剂量分布**以 $z=0$ 为中心。

注4：典型的单次轴向扫描是 **X 射线源**旋转 360°。

2.107

CT 螺距系数　CT pitch factor

在螺旋扫描中 **X 射线源**每转时的**患者支架**在 Z 方向上的行程 Δd 除以**标称体层切片厚度** T 与**体层切片**数 N 的乘积所得到的比值：

$$\text{CT 螺距系数} = \frac{\Delta d}{N \times T}$$

式中：

Δd——**X 射线源**每转时的**患者支架**在 Z 方向上的行程；

T——**标称体层切片厚度**；

N——**X 射线源**在单次轴向扫描中产生的**体层切片**数。

2.108

体层切片　tomographic section

在单次轴向扫描中采集到 **X 射线辐射传输**数据的体积。

注：在沿轴有多排探测器的 **CT 扫描装置中**，它是指单排采集通道(被选中的器件组)采集到数据的体积，并不是指受辐射的总体积。

2.109

体层切片厚度　tomographic section thickness

在**体层切片**等中心处所获得的**灵敏度分布**的**最大半峰值全宽**。

2.110

标称体层切片厚度　nominal tomographic section thickness

在 **CT 扫描装置**的**控制台**上选择和指示的**体层切片厚度**。

注：在螺旋扫描中重建图像的厚度取决于螺旋重建算法和螺距，因此这个厚度可能不等于**标称体层切片厚度**。重建图像的厚度可以在螺旋扫描之前有指示或被选择。

3　通用要求

除下述内容外，通用标准中的本章适用。

3.1　增补：

设计的 **CT 扫描装置**应不得产生大于 **X 射线管组件**的**标称 X 射线管电压**值的电压。

5　分类

除下述内容外，通用标准中的本章适用。

5.1　替换：

---

1) 见参考文献。

CT 扫描装置中的高压发生器应是Ⅰ类设备或内部电源设备。

5.6 替换：

除非另有规定，应将 CT 扫描装置或其组件归在适合于在待用状态下，以及在规定的加载下，与供电网持续连接这一类；见 6.1 m)和 6.8.101。

6 识别、标记和文件

除下述内容外，通用标准中的本章适用。

6.1 设备或设备部件的外部标记

g) 与电源连接

增补：

对于被规定为永久性安装的 CT 扫描装置，通用标准 6.1 g)中所要求的信息可仅在随机文件中陈述。

m) 运行方式

替换：

运行方式(若适合，与最大容许额定值一起)应在随机文件中说明，见 6.8.101。

p) 输出

替换：

通用标准中的该条不适用。

t) 冷却条件

增补：

CT 扫描装置或其组件安全运行所需的冷却要求应在随机文件中指出，若适合包括最大热耗散。

6.7 指示灯和按钮

a) 指示灯的颜色

增补在第一段之后：

对于 CT 扫描装置来说，用于指示灯的颜色应达到如下要求：

——绿色应用在控制台处指示状态，它表示下一步动作会从指示的状态转到加载状态；见 29.1.101.1 a)；

——黄色应用在控制台处表示加载状态；见 29.1.101.1 b)。

注：指示灯的颜色要根据给出的信息选择。因此，设备的同一运行状态可以同时在不同的指示地点用不同的颜色指示，比如，在控制台处为绿色，而在检查室入口为红色。

6.8 随机文件

6.8.2 使用说明书

a) 一般内容

增补：

关于加载因素方面的电气输出数据应按 6.8.2 a)1)至 6.8.2 a)4)中所述的那样在使用说明书中陈述。

对于高压发生器的其中一部分与 X 射线管组件(比如，X 射线管头)集成在一起的 CT 扫描装置来说，表达值应是指整个装置的值。

应说明下列组合及数据：

1) 相应的标称 X 射线管电压以及在该 X 射线管电压条件下运行时可以从高压发生器获得的最大 X 射线管电流。

2) 相应的最大 X 射线管电流以及在该 X 射线管电流条件下运行时可以从高压发生器获得的最高 X 射线管电压。

3) 产生最大输出电功率的 X 射线管电压与 X 射线管电流的相应组合。

4) 在加载时间为 4 s、X 射线管电压为 120 kV 时，高压发生器所能提供的以 kW 为单位的最大恒定电功率输出作为给出的**标称电功率**。如果这个值不能预选，可选用最接近 120 kV 的 **X 射线管电压**值和最接近的**加载时间**值，但不得短于 4 s。

标称电功率应与 **CT 扫描装置**所用的 **X 射线管电压**与 **X 射线管电流**以及**加载时间**的组合一起给出。

6.8.3 技术说明书

a) 概述

增补：

技术说明书应包括有关组合的资料，如果需要，还应包括 **CT 扫描装置**组件以及**附件**的组合的信息。

注：对以下内容作技术说明时要注意其有用性：

——用于确定对地漏电流保护器额定值的数据及必要的特性；

——当连接**高压发生器**时可采用的对地漏电流保护器的类型说明。

增补：

6.8.101 随机文件的参考条文

本专用标准中涉及到对**随机文件**内容有补充要求的章和条：

运行方式及规定的**加载** …… 5.6 及 6.1 m)

与电源连接 …… 6.1 g)

杂散辐射的防护 …… 29.208

电源电阻 …… 10.2.2

冷却条件 …… 6.1 t)

高压发生器和**加载因素**的电气输出数据 …… 6.8.2 a)及 50.101

符合性试验的合适组合 …… 6.8.3 a)及 50.1

对地漏电流保护器 …… 6.8.3 a)

与本专用标准的符合性 …… 6.8.102

中心连接点**保护接地导线** …… 19.3

6.8.102 符合性声明

如果对于某一 **CT 扫描装置**或其组件来说，要声明其与本专用标准符合，该声明应在**随机文件**中陈述：

CT 扫描装置____[1] GB 9706.18—2006

[1] **型式标记**。

是否符合要求，通过检查**随机文件**加以验证。

第二篇 环 境 条 件

除下述内容外，通用标准中该篇的章和条适用。

10 环境条件

除下述内容外，通用标准中的本章适用。

10.2.2 电源

a)

增补：

如果**供电网**的**电源电阻**值不超过**随机文件**中规定的值，则认为**供电网**具有适合一台 **CT 扫描装置**运行的足够低的内阻。

注：如果规定了供电系统的**标称**电压，则表明，在该系统中任何两根导体之间或者导体与地之间不存在比标称电压更高的电压。

如果交流电压波形的任一瞬时值与同一瞬间的理想正弦波瞬时值的偏差不超过理想正弦波峰值的 2%，则可认为该交流电压在实际上是正弦波。

如果三相**供电网**输送的是对称电压，在对称加载时产生的电流也是对称的，则可认为该供电网在实际上是对称的。

本专用标准的各项要求基于三相系统具有对称对地**电网电压**的假定。单相系统可能由这样的三相系统引起。供电系统在电源端没有接地的情况下，假定已采取了各种适当的措施能在合理短的时间内检测、限制和补偿对称性的任何干扰。

仅仅当一个**CT扫描装置**证明其在**电源内阻值**不小于由**制造商**在**随机文件**里规定的**供电网**的电源内阻值能产生规定的**标称电功率**，才认为一个**CT扫描装置**满足本专用标准的要求。

是否符合要求，通过检查加以验证。

第三篇　对电击危险的防护

除下述内容外，通用标准中该篇的章和条适用。

15　电压和(或)能量的限制

除下述内容外，通用标准中的本章适用。

增补：

bb)　接向**X射线管**组件的可拆卸的高压电缆连接装置应设计成使用**工具**才能拆开它们或移去它们的**防护罩**。

是否符合要求，通过检查加以验证。

cc)　应采取措施，防止在**网电源部分**内或其他任何低压电路内出现不可接受的高电压。

注：对此，可以通过下列措施达到：如

——在高电压电路与低电压电路之间，加一层与**保护接地端子**相连接的绕组层或导电屏蔽层；

——在连接外部装置端子之间跨接电压限制部件，如果外部通路中断，连接外部通路的端子间可能产生一个过电压。

是否符合要求，通过检查设计数据和结构加以验证。

16　外壳和防护罩

除下述内容外，通用标准中的本章适用。

增补：

注：有关与**X射线管组件**相连接的高压电缆的易弯曲的导电屏蔽层的电阻和接地的要求，已在GB 9706.11—1997给出。

19　连续漏电流和患者辅助电流

除下述内容外，通用标准中的本章适用。

19.3　容许值

增补：

对于**CT扫描装置**，通用标准表4的**B型**栏下的**对地漏电流**行中的**正常状态**和**单一故障状态**适用，**外壳漏电流**行中的**正常状态**适用，包括通用标准中表4的注。

对于**CT扫描装置**的每一个组件，本身单独接到**供电网**上或是接到集中的连接点上，**对地漏电流**的容许值都是适用的，如果该组件是固定的并永久安装的。

固定的和永久安装的集中**保护接地端子**可以设在**CT扫描装置外壳**或外罩内部，如果把其他组件或**附属设备**也接到**保护接地端子**上，在集中连接点与外部保护系统之间的**对地漏电流**可以超过任何单独连接装置的容许值。

注：在一个 **CT 扫描装置**的环境条件下，对于**对地漏电流**的限制是期望保证**可触及部分**不会变成带电以及防止对其他电器设备的干扰。

采用一个中心**保护接地端子**的措施是可以接受的，因为对于固定的及**永久性安装设备**其**保护接地导线**的中断不认为是一种**单一故障状态**。然而，在这种情况下，根据 6.8.3 a)的要求，必须提供**辅助设备**组合方面的足够资料。

是否符合要求，通过检查加以验证。

20 电介质强度

除下述内容外，通用标准中的本章适用。

20.3 试验电压值

增补：

高压电路绝缘的电介质强度应足以承受住 20.4 a)所给出的时间内的试验电压。

试验时不接 **X 射线管**，试验电压应为高压发生器**标称 X 射线管电压**的 1.2 倍。

如果高压发生器只能在接 **X 射线管**的情况下进行试验，试验电压可降至不低于**高压发生器标称 X 射线管电压**的 1.1 倍。

20.4 试验

a)

增补：

高压发生器的高压电路或其组件，在进行试验时，应根据 20.3 规定的试验电压，从施加最终值 50% 的试验电压开始，10 s 内升到最终值，然后维持 3 min。

在电介质强度试验期间，如果试验中的变压器或附属电路有过热危险，允许以较高的电源频率或用另一个发生器对其次级施加试验电压进行试验。

d)

替换：

在电介质强度试验期间，高压电路的试验电压值宜保持在要求值的 100%～105%范围内。

f)

增补：

在**高压发生器**的电介质强度试验期间，如果在高压电路中发生轻微电晕放电，但在试验电压降低到试验条件所指的电压的 1.1 倍时停止，这种放电现象可以不予考虑。

l)

增补：

旋转阳极 **X 射线管**定子及定子电路的电介质强度试验的试验电压应参照定子供电电压降低到其稳定运行后的电压值。

增补 aa)：

1) 同 **X 射线管组件**集于一体的**高压发生器**或其组件，应同适当加载的 **X 射线管**一起进行试验。
2) 如果同相联的 **X 射线管**一起进行电介质强度试验，且在高压电路中不易接近施加的试验电压进行测量时，应采取适当措施，保证试验电压值在 20.4 d)所要求的范围内。

第四篇　对机械危险的防护

除下述内容外，通用标准中该篇的章和条适用。

22 运动部件

除下述内容外，GB 9706.14—1997 的 22.4 适用。

增补：

22.4.101 扫描架和患者支架

a) 概述

1) 动力运动或供电网的中断或发生故障，应能使所有的运动部件停止在 b）和 c）所给出的限制范围内，每次停止状态的距离和角度的最大值应在随机文件中给出。

是否符合要求，应通过检查随机文件和对动力运动的供电网中断和停止距离的测量加以验证。进行该试验时，应在患者支架上加一个同患者质量相当的 135 kg 的均布载荷。

2) 当某一部件配有一种或几种装置，旨在正常使用时，减少同患者发生碰撞的危险，则应在使用说明书中对每个装置的运行和限制加以阐述。

是否符合要求，通过检查随机文件加以验证。

3) 如果设备在正常使用时，因动力运动发生故障而有可能夹着患者，则应配置一种能够释放患者的控制器和开关，对这些装置在使用说明书中应予以阐述，并在设备上给出一个所要求的预计动作的标签。

是否符合要求，通过检查随机文件加以验证。

b) 扫描架倾斜

当紧急停止控制器被起动时，扫描架倾斜的角度应停止在 0.5°的范围内。

是否符合要求，通过检查加以验证。

c) 患者支架的线性位移

当紧急停止控制器被起动时，患者支架应停止在 10 mm 的距离范围内。

是否符合要求，通过检查加以验证。

22.4.102 从辐射室内操作设备运动

对那些可能引起患者伤害的设备部件的任一机械运动，应由操作者通过连续地有准备地操作进行控制。

控制器应安放在靠近患者支架的位置上，使操作者始终能观察到患者，以避免伤害患者，并且控制器安放的位置还不能被患者轻易地触摸到。

22.4.103 从辐射室外操作设备运动

对那些可能引起患者伤害的设备部件的任一机械运动，应由操作者通过连续地有准备地操作进行控制。该要求对那些已预先拟定扫描方案起作用的运动除外。

除下述内容外，GB 9706.1 中的 22.7 适用。

增补：

22.7.101 机械运动的紧急停止

应在患者支架和/或扫描架上或其旁的硬线电路中配置容易识别和可以触及的控制器和开关，以便切断运动系统的供电，使所有的机械运动紧急停止。当紧急停止开关运行时，所有的运动应停止在 22.4.101给出的限定范围内。这些控制器和开关应安装在不会被意外起动的位置上。

在起动运动的远端控制台上或其靠近处也应配置类似的控制器。

在控制器和开关起动之后到电源被有效地切断的时间应不超过 0.5 s。

注：为了切断运动系统的供电网，使所有的机械运动紧急停止而配置的那些控制器也宜用来终止 29.1.101 所述的加载，这两种控制器可以是同一个紧急停止按钮。

是否符合要求，通过测量停止距离以及切断时间加以验证。

27 气动和液压动力

除下述内容外，通用标准中的本章适用。

增补：

27.101 CT扫描装置压力驱动运动的压力变化

为运动提供动力的系统的压力的变化如果能够造成一种危险局面，则所有的运动应停止在22.4.101所规定的限定范围内。

是否符合要求，通过模拟故障状态，启动保护装置和测量停止距离的方法加以验证。

第五篇　对不需要的或过量的辐射危险的防护

除下述内容外，通用标准中该篇的章和条适用。

29　X射线辐射

除下述内容外，通用标准中的本章适用。

增补：

29.1.101　X射线辐射的紧急停止

应在**患者支架**和/或扫描架上或其旁的硬线电路中配置容易识别和可以触及的装置，以便能紧急中断，终止**加载**。

注：紧急切断**供电网**所配置的终止**加载**的装置也宜用来停止22.4.101b)，22.4.101c)以及22.7.101所述的运动，这两种装置可以是同一个紧急停止按钮。

是否符合要求，通过适当的功能试验加以验证。

29.1.101.1　操作状态的指示

a)　预备状态

控制台上应提供可见的指示以指明预备状态即**控制台**上的下一个控制动作将开始**X射线管**的**加载**。

如果预备状态时使用单一功能的指示灯来指示的应使用绿色；见6.7a)。

还应提供适当的连接方式以便在远离**控制台**的地方也可指示预备状态。该要求不适用于**移动式设备**。

b)　加载状态

加载状态应使用CT系统**控制台**上的黄色指示灯来指示；见6.7a)。

是否符合要求，通过适当的功能试验加以验证。

29.1.101.2　辐射输出的限制

a)　应提供适当的方式来限制电能的释放，例如通过使用固定的或预设的**加载因素**和操作方式的适当组合。

　　在**辐射**发生的任何时候**操作者**都应能中止**加载**，但也可以适当方式获得**X射线源**多旋转满一圈的数据。

b)　任何初始**X射线管加载**的控制都应有防止无意激发的安全装置。

是否符合要求，通过适当的功能试验加以验证。

29.1.101.3　外部联锁装置的连接

CT扫描装置应提供可安装远离**CT扫描装置**的外部**联锁装置**的连接，以便外部联锁装置可以中止**X射线发生装置**释放**X射线辐射**和防止**X射线发生装置**开始释放**X射线辐射**。

当在**CT扫描机装置**上进行诊断或介入治疗时，如果外部联锁装置激活，因此放射检查可能需要重复，**患者**和**操作者**都会受到显著大剂量的照射。而且中断介入治疗程序可能会引起对**患者**的其他风险。在这种情形下**联锁装置**宜在不可避免的情况下才应用，例如别的法规要求。

是否符合要求，通过适当的功能试验加以验证。

29.1.102　剂量说明和试验设备

29.1.102.1　剂量说明

使用 CT **体模**以获取下述剂量信息。对于头部成像的还是全身成像的任意一种 **CT 扫描装置**，都应分别在**随机文件**中提供每一种应用的剂量信息。所有的剂量测量，应使用 29.1.102.2 规定的**体模**。测量时应把剂量**体模**放置在**患者支架**上，在无任何附加衰减物质的情况下进行，剂量**体模**应放在扫描架旋转轴的中心。在**随机文件**中应给出以下信息：

a) 在使用 29.1.102.2 所规定的剂量**体模**的下述位置上的 $CTDI_{100}$ 值及相应的 **CT 运行条件**。

1) 沿着**体模**的旋转轴线〔$CTDI_{100(中心)}$〕。

2) 沿着与旋转轴线的平行线、距**体模**的表面向里 10 mm、并且在这个深度上能够获得的最大的 $CTDI_{100}$ 值的位置上。

3) 沿着与旋转轴线的平行线、距**体模**的表面向里 10 mm、从 a)2)的位置转 90°、180°和 270°的位置上。**CT 运行条件**应是**制造商**所推荐的典型值，$CTDI_{100}$ 值为最大时的那个安放位置应根据扫描机械外壳或 **CT 扫描装置**的其他容易识别的部件，按 a)2)所规定的那样给出定位，以便在这个方向上安放**体模**。

4) $CTDI_{100(周边)}$ 是按 29.1.102.1 a)2)和 3) 规定在剂量**体模**周边测量的四个 $CTDI_{100}$ 的平均值。

b) 对每一个可选择的 **CT 运行条件**，改变**辐射**率或**辐射**时间或者**标称体层切片厚度**中的任何一个都将会使剂量**体模**中心位置的 $CTDI_{100}$ 发生变化。该 $CTDI_{100}$ 应用将 a)所述的剂量**体模**中心位置的 $CTDI_{100}$ 进行归一化后的值加以表示。a)所属的 $CTDI_{100}$ 值为 1。在改变某个单一 **CT 运行条件**时，所有其他独立的 **CT 运行条件**应维持在 a)所述的典型值上。这些数据应是在**制造商**所指明的每一个 **CT 运行条件**的相应范围内。当某一 **CT 运行条件**的选择多于 3 个时，则至少应给出该 **CT 运行条件**下的最小、最大和一个中间值时的归一化的 $CTDI_{100}$ 值。

c) 对每一个可选择的峰值 **X 射线管电压**，应给出距剂量**体模**向里 10 mm 处的与最大的 $CTDI_{100}$ 相一致的那个位置上的 $CTDI_{100}$ 值。当某一个峰值 **X 射线管电压**多于 3 个选择时，则至少应给出该峰值 **X 射线管电压**下的最小、最大和一个中间值时的归一化的 $CTDI_{100}$ 值。该 $CTDI_{100}$ 应用将 a)所述的位于**体模**向里 10 mm 处的最大的 $CTDI_{100}$ 进行归一化后的值加以表示。a)所属的 $CTDI_{100}$ 值为 1。

d) 按照 a)、b)和 c)给出这些值的最大偏差说明。所有这些值的偏差应不超过这些极限。

是否符合要求，通过检查随机文件加以验证。

29.1.102.2 剂量体模

剂量**体模**是由聚甲基丙烯酸酯制成的圆柱体组成，用于头部的，直径为 160 mm，用于体部的，直径为 320 mm，其高度应不小于 140 mm。**体模**应刚好大于用于测量的**辐射探测器**的灵敏体积。**体模**应有能够足以容纳**辐射探测器**的孔，这些孔应平行于体模的对称轴，并且它的中心应位于**体模**的中心和以 90°为间隔的体模表面下方 10 mm 处。

对于测量时不使用的孔，应使用与**体模**材料相同的插入件完全插入孔中。

29.1.103 剂量信息

29.1.103.1 剂量分布

对每一个可选择的**标称体层切片厚度**，应在**随机文件**中给出头部和体部剂量体模中心位置处测得的 Z 向且垂直于**体层平面**的**剂量分布**图。当**标称体层切片厚度**多于 3 个时，至少应提供**标称体层切片厚度**最小、最大和一个中间值时的有关资料。**剂量分布**应与 29.1.103.2 所要求的相对应的**灵敏度分布**作于同一张图上，并使用相同的标尺。

29.1.103.2 灵敏度分布

对每一个**标称体层切片厚度**，应在**随机文件**中给出剂量**体模**中心位置处的与 29.1.103.1 所要求相对应的剂量分布的**灵敏度分布**图。

29.1.103.3 加权 $CTDI_{100}$

加权 $CTDI_{100}$（$CTDI_w$）的定义如下：

$$CTDI_{w} = \frac{1}{3}CTDI_{100(中心)} + \frac{2}{3}CTDI_{100(周边)}$$

见 29.1.102.1 a)中的 1)和 4)。

该 $CTDI_w$ 值应在能反映所选择的头部或体部的检查方式以及**CT 运行条件**的**操作者**的控制台上显示出来。如果**标称体层切片厚度**不等于每转床面的增量时，则修正后的 $CTDI_w$ 值应显示出来，以描述对选择的**运行条件**在被扫描的总的体积上的平均剂量。

该要求用于下属一些场合：

——多层探测器排列；

——当**标称体层切片厚度**不等于每转床面增量时；

——当**标称体层切片厚度**不等于两次连续扫描间床面增量时。

以上所列并非全部情况。

29.1.103.4　体积 $CTDI_w$（$CTDI_{vol}$）

体积 $CTDI_w$（$CTDI_{vol}$）描述的是在某一选择的**CT 运行条件**下扫描的总体积的平均剂量。

$CTDI_{vol}$ 定义如下：

a)　轴向扫描：

$$CTDI_{vol} = \frac{N \times T}{\Delta d} CTDI_{w}$$

式中：

N——**X 射线源**单次轴向扫描产生的**体层切片数**；

T——**标称体层切片厚度**；

Δd——连续扫描之间**患者支架**在 Z 方向移动的距离。

b)　螺旋扫描：

$$CTDI_{vol} = \frac{CTDI_{w}}{CT_{螺距系数}}$$

c)　预设定没有**患者支架**移动的扫描：

$$CTDI_{vol} = n \times CTDI_{w}$$

式中：

n——最大的预设定的旋转数。

该 $CTDI_{vol}$ 值单位为 mGy，应在能反映所选择的头部或体部的检查方式以及**CT 运行条件**的**控制台**上显示出来。

如果在一次扫描过程中**X 射线管电流**是变化的，应用决定最大可能的 $CTDI_{vol}$ 值的预设定的**加载因素**来计算 $CTDI_{vol}$ 值。

如果旋转数目没有预设定，则应显示出每秒 $CTDI_{vol}$ 值，单位为 mGy/s，还应显示检查过程中扫描累积的 $CTDI_{vol}$ 值，单位为 mGy。

注 1：由**制造商**给出并显示的 $CTDI_{vol}$ 值代表的是该类型的数值，并非在特定**CT 扫描装置**上的测量值。

注 2：在 c)中定义的 $CTDI_{vol}$ 值往往会过高估计实际的剂量，因为这里使用预设定的最大的旋转数目。但该定义对剂量的保守估计以确保避免病人皮肤的辐射损伤。

注 3：c)中也包括**患者支架**的人力移动。

是否符合要求，通过检查加以验证。

29.1.103.5　Z 向的几何效率

Z 轴方向上的几何效率是**剂量分布**在 Z 轴方向上在采样的检测器单元的宽度范围内的积分，表示为对**剂量分布**在 Z 轴方向上总积分的百分比。检测器单元的宽度范围定义为选用的检测器单元的几何宽度和采样时应用的后准直器宽度中的较小者。**剂量分布**应在 X 射线束中没有任何物体时测得。对于那些有效厚度小于 70％的切片，Z 轴方向上的真实几何效率应在**控制台**上给以显示。

是否符合要求，通过检查加以验证。

29.1.104 焦皮距

CT 扫描装置在设计结构上应保证焦皮距不小于 15 cm。

是否符合要求，通过检查加以验证。

29.1.105 防过量 X 射线辐射的安全措施

a) 应配置在计时器一旦发生故障时能自动切断辐射源的电源从而达到终止加载的装置。或者通过使用一个备用的定时器或能监视设备功能的装置把总的扫描时间限定在某一个时间间隔内，这个时间不超过预置值的 110%或 X 射线源组件的一次额外的旋转中较小的。通过这些方法去终止加载，在加载终止时，应给操作者一个可见的终止指示。

b) 应配置在设备一旦发生故障并影响数据收集时能自动切断辐射源电源，从而达到终止加载的装置。该装置应能在发生这种故障的 1 s 内终止加载。同时，还应向操作者给出一个可见的终止指示。

c) 应配置这样一种装置，以便操作者能在持续时间超过 0.5 s 的扫描期间的任意时刻或在 X 射线设备控制下的系列扫描过程中的任意时刻终止加载。

d) 当加载由上述 a)，b)，c) 中提及的原因而被终止时，要开始进行再一次扫描之前，应对 CT 运行条件进行重新设置。

e) 在同一个体层平面中，当程序控制的扫描不止一个时，应在操作者控制台上给出一个提示，以表明这种加载已被设置选定，并且，在继续扫描序列发生之前，将由操作者给以确认。

f) 无论是什么原因，当加载终止时，对中断螺旋扫描序列加载之前所获取的任何数据，对图像重建都宜是有效的。

是否符合要求，通过检查和试验加以验证。

29.1.106 可操作状态的控制和指示

29.1.106.1 可见指示

在扫描和扫描程序开始之前，应指明某一扫描程序期间所使用的 CT 运行条件。在设备上对有固定值的 CT 运行条件，其全部的或一部分，可以用永久性标记来满足这一要求。从预备状态可以被启动扫描的任意位置上应能看得到 CT 运行条件的指示。

是否符合要求，通过检查加以验证。

29.1.106.2 射线束状态指示器

仅当辐射发生时，应在操作 X 射线辐射的控制台上和扫描机构的外壳上或其旁提供一个可见的指示，位于扫描机构外壳上或其旁的指示，从任意一点延伸到患者入口处都应能看得到。患者入口处是指能够将人体的任一部分直接导入到一次辐射线束中的地方。

是否符合要求，通过检查加以验证。

除下述内容外，并列标准 GB 9706.12(idt IEC 60601-1-3)中第 29 章增补的条适用。

29.201 辐射质量

除下述内容外，并列标准 GB 9706.12(idt IEC 60601-1-3)中 29.201 适用。

注的替换：

注：29.201.3～29.201.9 所阐述的是需要一个适当的 X 射线束的辐射质量，在对患者没有施加不必要高的吸收剂量的情况下，还要产生一个所期望的诊断图像。辐射质量的测量是通过 X 射线源组件的滤过以及 CT 扫描装置的第一半阶层来进行的。

增补：

对于具有定型的 X 射线滤板的 CT 扫描装置，辐射质量的测量应在体层平面的中心完成。

这里假定 CT 扫描中高压发生器的纹波百分率不会影响图像质量。

29.201.1 用于齿科时工作电压范围的限定

并列标准 GB 9706.12(idt IEC 60601-1-3)中的本条不适用。

29.201.5 X射线设备的总滤过

替换:

除了 29.201.3 和 29.201.4 所建议的滤过外,对在正常使用中的所有配置还应使用固定的附加滤板。辐射到患者处的X射线束所能达到的第一半价层应不小于表 101 所给出的最小允许值。

表 101 CT 扫描装置的半价层

X射线管电压/kV (见注 1)	最小允许的第一半价层/mmAl (见注 2)
<60	见注 3
60	1.9
70	2.1
80	2.4
90	2.7
100	3.0
110	3.4
120	3.8
130	4.2
140	4.6
>140	见注 3

注 1:中间电压值的半价层应通过线性插值法获得。

注 2:这个值与 2.5 mmAl 的总滤过相对应。

注 3:在这里应使用了线性外推法。

应在所有可选择的附加滤板的情况下都符合半价层要求。

是否符合要求,通过检查随机文件和 29.201.9 所述的试验加以验证。

29.201.9 半价层试验

替换:

在窄射束条件下测量所有可选择的X射线管电压值的第一半价层。如果可选择的X射线管电压值多于三个时,至少要测量X射线管电压为最小、最大和一个中间值时的半价层。

这些价层的材料应是纯度不低于 99.9%的铝(根据 ISO 2092 规定,指定为 99.9Al)。

是否符合要求,通过检查加以验证。

29.202 X射线束范围的限定和指示

并列标准 GB 9706.12—1997 中的 29.202.4 到 29.202.9 不适用。增补以下条款:

29.202.101 体层切片的指示和位置

a) 应提供一个预示的图像,通过该图像,操作者可以设定要获取的体层切片。当扫描架处于直立位置时,用于指示截面的基准线与真正位置相差不得超过 2 mm。

b) 应提供一个光野,用于标记体层切片。在周围的亮度条件为 500 lx 的情况下,该光野也应清晰可见。在扫描架开口的中心处测量,光野的宽不得超过 3 mm。光野的中心和体层切片的中心的一致性应在 2 mm 之内。如果同时可获得多个体层切片时,则在随机文件中应对所指定的体层切片的光野的位置做出描述。如果提供了另外的参考光野,它们的精度应在随机文件中给出。

c) 对于患者支架的运动,在某一个典型的开始位置上进行启动,从这个位置上连续移动到小于最大的可选择的扫描增量或 30 cm 的位置上,之后,再返回到起动的位置上,这时,扫描增量的偏差应不超过 1 mm。这个试验应是在患者支架上加有均匀分布的 135 kg 负载的条件下完成。实际的与指示的扫描增量的测量可以沿着行程内的任何地方进行。

是否符合要求,通过检查加以验证。

29.203 X射线野与影像接受面的关系

并列标准GB 9706.12—1997中29.203不适用。

29.204.2 基准加载条件的说明

替换:

对所有的**X射线管组件**和**X射线管**分组件,应在**随机文件**中指明可能的**CT运行条件**值。如果是在**标称X射线管电压**下工作,还应指明相应的**最大连续热耗散**。

是否符合要求,通过检查随机文件加以验证。

29.206 X射线束的衰减

并列标准GB 9706.12—1997中本条不适用。

29.208 杂散辐射的防护

替换:

对于在单位**电流时间积**下能导致最大局部剂量的**加载因素**,应给出**杂散辐射**的测量。这些**加载因素**至少应包括最高的可选择的**X射线管电压**。在进行**杂散辐射**测量时,应使用一个直径为320 mm、高为140 mm到200 mm的具有**组织等效材料**(例如水或PMMA)的柱型**体模**。测量时将体模放置在**CT扫描装置**的旋转中心并与**体层平面**准直。在一个基本线性尺寸不超过200 mm的大于500 cm^3的体积上,通过求平均值得出测量结果。

增补:

29.208.101 随机文件的说明

应给出在**CT扫描装置**旋转中心高度处的水平面上测得的**杂散辐射**测量结果,测量的区域应包括下述确定的矩形区域:与旋转轴平行的那条边至少为3 m长,位于扫描平面的中心并延伸到**患者支架**的区域;与旋转轴垂直的那条边至少为3 m长,且中心应位于旋转轴的位置。在这两个方向上,至少每隔50 cm测量一次。有关**体模**的资料,应在**随机文件**中给出。

测量的单位应是**X射线管**在**正常使用**期间使用的**空气比释动能**每毫安秒。

是否符合要求,通过检查随机文件加以验证。

36 电磁兼容性

除下述内容外,通用标准中的本章适用。

替换:

YY 0505—2005应适用。

第六篇 对易燃麻醉混合气点燃危险的防护

通用标准中该篇的章和条适用。

第七篇 对超温和其他安全方面危险的防护

除下述内容外,通用标准中该篇的章和条适用。

42 超温

除下述内容外,通用标准中的本章适用。

42.1 增补:

对于接触油的部件允许的最高温度的限制应不适用于完全浸在油中的部件。

第八篇　工作数据的准确性和危险输出的防止

除下述内容外，通用标准中该篇的章和条适用。

50　工作数据的准确性

除了下述内容外，通用标准中该章适用。

增补：

50.101　辐射输出的准确性

制造商应在随机文件中提供包括X射线管电压、X射线管电流的准确度和辐射输出的线性度信息。

是否符合要求，通过检查加以验证。

50.102　记录检查数据的准确性

a)　在提供常规X射线照片（定位图像，如29.202.101 a)所描述的那样）时，应在X射线照片上清楚地表明每个已选择的体层切片的位置。

体层切片的位置指示应精确到2 mm内。

b)　在正常使用时，显示患者图像方位的指示信息应在每幅图像中表示出来。

是否符合要求，通过检查加以验证。

50.102.1　电气和辐射输出的指示

在X射线管加载之前、当中、之后，操作者均能够得到关于固定的、永久的或者半永久预选的、预设的加载因素或工作模式的足够的信息，使得操作者能够为辐射预先选择合适的条件，并由此得到预测患者吸收剂量的必要数据。

指示的单位如下所示：

——X射线管电压：千伏；

——X射线管电流：毫安；

——加载时间：秒；

——电流时间积：毫安秒。

是否符合要求，通过检查加以验证。

50.102.2　简短的指示

a)　对于在一种或多种加载因素固定组合下运行的CT扫描装置，控制台上的指示可限定为每种组合中某一最有意义的加载因素的值，例如X射线管电压。

在这种情况下，对于每种组合的其他加载因素的相应值应在使用说明书中给出。

除此以外，这些值应在控制台上或附近显著的位置以适合显示的方式列出。

b)　对于在半永久性预选的加载因素的固定组合下运行的CT扫描装置，控制台上的显示可以限定与每种组合相一致清楚的参考值。

在这种情况下，应做出规定以使得：

——在使用说明书中记录安装时半永久性预设的加载因素的每一组合值；和

——在控制台上或附近显著的位置以适合显示的方式将值列出。

是否符合要求，通过检查加以验证。

51　对危险输出的防护

除下述内容外，通用标准中的本章适用。

替换：

对不正确输出的防护应符合29.1.104的要求。

第九篇 不正常运行和故障状态;环境实验

通用标准中该篇的章和条适用。

第十篇 结 构 要 求

除下述内容外,通用标准中该篇的章和条适用。

56 元器件和组件

除下述内容外,通用标准中的本章适用。

56.7 电池

增补:

56.7.101 充电模式连锁装置

内置电池充电器的**移动式设备**应在不禁止电池充电的前提下,提供防止未经授权人员造成动力移动和**X射线辐射**的方法。

注:符合这个要求的一个恰当的例子是装有一个接通和断开的按钮装置,以便仅当使用这个按钮的情况下动力运动和**X射线辐射**才能发生。但是,在不使用该按钮时,也能够对电池进行充电。

是否符合要求,通过检查加以验证。

57 网电源部分、元器件和布线

除下述内容外,通用标准中的本章适用。

57.10 爬电距离和电气间隙

a) 数值

增补:

——对于永久安装的**CT扫描装置**,通用标准表16中的对Ⅰ**类设备**的绝缘A-a_1和A-a_2的数值最高达到基准电压交流660 V(有效值)或直流800 V。

对于更高的基准电压,**爬电距离**和**电气间隙**:

- 应不低于通用标准中表16所给出的交流660 V(有效值)或直流800 V所对应的值,并
- 应符合通用标准中20.3关于电介质强度的要求。

基准电压	试验电压
660 V<U≤1 000 V	$2U$+1 000 V
1 000 V<U≤10 000 V	U+2 000 V

电介质强度的试验按照通用标准20.4所描述的环境条件下进行。

注:对于安装的**CT扫描装置**,当其**保护接地导线**是固定安装的或是永久性安装时,可以假定,在保护接地的可靠性方面不存在危险。根据同样的理由,通用标准中的19.3 e)给出了一个相应的说明,即在这种情况下,较高的**对地漏电流**是可以接受的,这一点与GB/T 16935.1中有关**爬电距离**和**电气间隙**的说明一致。

附 录 AA
（规范性附录）
定义的术语索引

附 录 BB
（资料性附录）
试验时加载因素的选择

在对CT扫描装置的X射线管组件进行加载试验时，对可以应用的加载数量有以下几条实际限制条件。在试验的任何时候都不宜超过额定的X射线管阳极热容量和X射线管组件热容量，这不仅适用于单次加载试验，同时也适用于重复加载试验的阳极热容量和X射线管组件热容量的累积效果。各次加载之间允许有的冷却时间很可能是一个在决定所需的总试验时间的重要因素，因此，试验时按能满足验证符合性的原则，选用合理最少的加载数量进行是很重要的，否则，将会造成试验持续时间过长，试验成本过高。当在本专用标准的试验方法中明确描述的用于试验的加载因素无具体数值时，应理解为试验者可选用现有加载因素的任何数值进行试验。无论如何，建议试验时用的加载因素的组合条件应包括那些代表可预见的“最不利情况”。额外的确认测量也可选用现有加载因素的其他数值进行。总的原则是，除了最初的“最不利情况”的条件外，建议在任何符合标准的技术要求规定的范围内，用于验证的测量点宜不超过三点。在可能的情况下，选择和测量加载因素时应考虑所有相关的技术要求，而不是仅考虑某一个技术要求。

验证一个标准规定的技术要求的符合性的“最不利情况”条件可能依赖于产品设计的技术特性。为降低符合性试验的成本，建议制造商提供所有的相关信息，以便于试验者选用合理最少的测量点来进行符合性验证。

用于试验的电网电压宜为额定电压的90%，电源内阻为规定的最大值的条件下时。

参 考 文 献

[1] IEC 60417-1:2000 设备用图形符号——第1部分:概述及应用.

[2] IEC 60417-2:1998 设备用图形符号——第2部分:符号原型图样.

[3] IEC 60601-1-4:1996 医用电气设备——第1部分:安全通用要求——4.并列标准:可编程医用电气系统.

[4] GB 9706.14:1997 医用电气设备 第2部分:X射线设备附属设备专用安全要求.

[5] YY/T 0064—2004 医用诊断旋转阳极X射线管电、热及负载特性(IEC 60613:1989).

[6] ISO 497:1973 优选数列及其整定值的选择指南.

[7] ISO 7000:1989 设备用图形符号——索引及对照表.

[8] US FDA 21CFR 1020.33 计算机体层摄影设备.

[9] EUR 16262 EN:2000 计算机体层摄影设备质量判断标准欧洲指南.

[10] ICRU Report 47:1992 Measurement of Dose Equipments from External Photon and Electron Radiations.

[11] ICRU Report 47:1992 外部(外来)光子和电子辐射的剂量当量的测量方法.

前　　言

本标准等同采用国际电工委员会 IEC 60601-2-18:1996《医用电气设备——第 2-18 部分:内窥镜设备安全专用要求》。

与本标准相配使用的国际标准有 IEC 60601-1《医用电气设备——第一部分:安全通用要求》,该标准现已转化为国家标准 GB 9706.1—1995;IEC 60601-1-1《医用电气设备——第一部分:安全通用要求——1:并列标准:医用电气系统的安全要求》,已通过审定。

附录 L 是标准的附录。

本标准附录 AA 是提示的附录。

本标准由国家药品监督管理局提出。

本标准由全国医用光学和仪器标准化分技术委员会归口。

本标准起草单位:国家药品监督管理局杭州医疗器械质量监督检验中心。

本标准主要起草人:何涛、文燕、甄辉。

IEC 前言

本专用标准涉及内窥镜设备的安全，与 1.3 条所解释的 IEC 60601-1(包括补充件)和并列标准相关。

第二版的本标准文本包括以下内容：

1）新的内窥镜定义；

2）内窥镜附件互连条件相关的内容。

中华人民共和国国家标准

医用电气设备
第2部分:内窥镜设备安全专用要求

GB 9706.19—2000
idt IEC 60601-2-18:1996

Medical electrical equipment—Part 2:
Particular requirements for the safety of endoscopic equipment

本专用标准等同采用IEC 60601-2-18:1996《医用电气设备——第2-18部分:内窥镜设备安全专用要求》,并与GB 9706.1—1995《医用电气设备 第一部分:安全通用要求》共同使用。

第一篇 概 述

除下述外,通用标准的本章条款和分类款适用。

1 适用范围和目的

除下述外,通用标准的条款适用。

1.1 适用范围

补充:

本专用标准规定了内窥镜设备和内窥镜附件互连条件的安全要求。

注:当通用标准对不同的医用电气设备的应用部分一起使用不能给出安全要求,本专用标准给出了内窥镜使用时特别是互连条件共同遇到的要求。

1.2 目的

替换:

本专用标准的目的是给出内窥镜的安全专用要求,并使得内窥镜的部件可以在一起或单独被试验。

1.3 专用标准

补充:

本专用标准更改和补充了一系列的国家标准和国际电工委员会出版物,所涉及的标准有:

GB 9706.1—1995《医用电气设备 第一部分:安全通用要求》;IEC 60601-1:1998《医用电气设备——第1部分:安全通用要求 修改件2》;IEC 60601-1-1:1992《医用电气设备——第1部分:安全通用要求——1:并列标准:医用电气系统安全要求及修改件1》;IEC 60601-1-2:1993《医用电气设备——第1部分:安全通用要求——2:并列标准:电磁兼容性要求和试验》。

在本专用标准中,GB 9706.1—1995和IEC 60601-1:1998修改件2称为通用标准,也称为通用要求;IEC 60601-1-1:1992和IEC 60601-1-2:1993称为并列标准。

术语"本标准"覆盖本专用标准,并与通用标准和并列标准一起使用。

本专用标准的篇、条款和分条款编号遵守通用标准,通用标准的内容改变由下述的"词组"来说明:

"替换"是指通用标准的条款或分条款完全由本专用标准的内容所替代。

"补充"是指通用标准的要求中增加本专用标准的内容。

"修订"是指通用标准的条款或分条款被本专用标准指定的内容修订。

通用标准的补充分条款或图表的编号从101开始,补充附录为字母AA,BB等,补充条目为aa),

国家质量技术监督局2000-07-12批准 2000-12-01实施

bb)等。

有标准要求理解说明的条款或分条款带＊号标注，这些标准要求的理解说明在参考的附录 AA 中给出。附录 AA 不是本专用标准的组成部分，仅给出了附加信息，无试验的内容。

本专用标准中无相应的篇、条款和分条款的地方，通用标准的篇、条款和分条款不修订而适用。

本专用标准中给出采用的声明的话，虽然可能不相干，通用标准或并列标准任何部分不适用。

本专用标准所替换和修订的通用标准或并列标准的要求优先于相关的通用标准。

2 术语和定义

除下述外，通用标准的条款适用。

2.1.5 应用部分 applied part

补充：

对于某些内窥镜设备，应用部分是从患者向供电装置看，一直延伸到通用标准所规定（见 17a）的分离点。

补充定义：

2.1.101* 内窥镜 endoscope

一种可插入患者内提供内部观察或图像进行检查、诊断和（或）治疗的医用电气设备的应用部分。

2.1.102* 内窥镜附件 endoscopically-used accessory

一种医用电气设备的应用部分，但不是内窥镜设备，同内窥镜一样通过患者内相同的孔道插入患者体内的附件。

2.1.103 内窥镜设备 endoscope equipment

为达到使用目的，一种与供电装置连接在一起的内窥镜。

2.1.104 高频手术设备 high frequency surgical equipment

按 GB 9706.4 中 2.1.101 的定义。

2.1.105 光出射部分 light emission part

环绕光出射窗的内窥镜插入部分的部件，按下列描述：

三倍于插入部分最大直径的插入部分表面区域，对于直视的内窥镜，在头端（末端的保护盖拿掉）测量。对侧视的内窥镜，在光出射窗中心测量，按光出射窗中心的两个纵向，但在 10 mm 到 25 mm 范围内。

见图 101。

2.1.106* 供电装置 supply unit

与内窥镜直接连接的电气设备部分，为内窥镜产生所需要的观察或图像，为照明或信号处理提供必要的功能。

2.1.107 超声医学诊断和监护设备 ultrasonic medical diagnostic and monitoring equipment

按照 GB 9706.9 超声医学诊断和监护设备专用安全要求中 2.1.124 中的定义。

2.5.101* 电容耦合高频电流 capacitively coupled HF current

不可避免地从内窥镜附件流经到内窥镜上的高频电流。

2.12.101 互连条件 interconnection conditions

一个有能量的内窥镜或有能量的内窥镜附件和内窥镜使用时，其安全使用必须满足的条件。

3 通用要求

除下述外，通用标准的条款适用：

补充：

3.101* 对于内窥镜附件所给出的其他应用的专用标准与本专用标准的互连条件不一致之处，应优先考虑本专用标准的要求。

3.102* 对于也是超声医学诊断和监护设备的内窥镜设备的超声安全条款，为达到超声诊断或监护目的部分应符合 GB 9706.9 的要求，其他部分应符合本专用标准的要求。

3.103* 对于供电装置提供的多种功能，例如：高频电流、喷注、吸引等，相应的部分应符合相关的专用标准。

4 试验的通用要求

除下述外，通用标准的条款适用。

4.1 补充

本条款不适用于互连条件。

5 分类

除下述外，通用标准的本条款适用。

5.2 修订：

删除 B 型应用部分。

6* 识别、标记和文件

除下述外，通用标准的条款适用。

补充：

有照明功能的内窥镜设备，应在灯泡附近提供永久固定、清晰易辨的标记，标注在供电装置的内部或外部给出型号和规格。但对照明灯泡设置在内窥镜末端的情况不适用，此时要在使用说明书中说明。

6.1 设备或设备部件的外部标记

d) 设备和可更换部件上标记的最低要求

替换：

如果 6.1 条所述的设备或应用部分和外壳特征不允许将所规定的标记全部标上时，至少必须标上 6.1e)，6.1f)，6.1g)(永久性安装的设备除外)，如适用的话 6.1 l)，6.1 q)等条款所规定的标记必须在随机文件中完整给出。无法作标记之处，必须在随机文件中详细写明。

e) 生产、供货单位

补充：

制造厂或供货单位的名称和(或)商标，必须标在应用部分上。

f) 型式标记

补充：

型式标记必须标在应用部分上。

aa) 补充标记：

制造厂可以选择特指内窥镜设备功能的符号，但要在随机文件中解释。如果使用符号，优先使用附录 D 中列出的符号指示功能。

6.8 随机文件

6.8.2 使用说明书

补充条款：

aa) 一般建议

内窥镜设备的使用说明书中必须给出涉及到安全使用的下述内容：

1)* 如果内窥镜设备功能失去的话，对其安全性危害的防护。

2) 每次使用之前，必须检查内窥镜和内窥镜附件插入人体内部的部分是否有引起安全性危害的粗糙表面、尖锐边缘或突出物。

3）如果应用部分的表面温度会超过41℃时，必须有警告提示。

4）对内窥镜光出射窗传输高能辐射光时，会引起光出射窗前部的高温危害必须提出警告，并提出将安全性危害降到最小的建议。

5）照明灯泡的更换和对操作者及使用者烫伤和眼伤害，应提出安全性危害防止的建议。

6）应给出由于气栓，例如，过量喷注气体、在高频电切手术以前的隋性气体或激光辅助气体，引起安全性危害的警告。

7）是否适用互连条件的说明。

8）当内窥镜使用了带有能量的内窥镜附件时，应提出患者漏电流会增加的警告。特别重要的是，若使用CF型应用部分的内窥镜，选择使用使总的患者漏电流为最小的CF型内窥镜附件的说明。

bb）* 使用高频手术设备的建议

当内窥镜设备和(或)内窥镜附件使用高频手术设备时，必须给出涉及安全使用的以下内容：

1）内窥镜和内窥镜附件的高频兼容性，对于每一个要使用的模式(见42.101)，要指定内窥镜和内窥镜附件的最大额定重复峰值电压，同时，要说明不得使用更高的重复峰值电压。

2）在使用高频内窥镜附件的区域，避免爆炸气体浓度情况下的安全性危害的说明。

cc）* 使用激光设备时的建议

当内窥镜设备或内窥镜附件使用激光设备时，必须给出涉及安全使用的内容，包括避免对操作者潜在眼睛伤害及配带适宜的防护眼睛，或在内窥镜目镜上配上适宜的滤光片。

dd）应用其他医用电气设备的建议

内窥镜设备与其他医用电气设备使用时，应提出避免由于共同使用所产生的潜在安全性危害的建议。

第二篇　环　境　条　件

通用标准本篇的条款和分条款适用。

第三篇　对电击危险的防护

除下述外，通用标准本篇的条款适用。

20.2*　对有应用部分的设备的要求

替换B-a：

B-a　应用部分(患者电路)和带电部件之间，内窥镜的外表面和内窥镜的任何带电电路之间。

替换B-d：

B-d　F型隔离应用部分(患者电路)和包括信号输入部分和信号输出部分的外壳之间，保护接地端或与内窥镜内带电部件隔离的功能接地端相连的部件和内窥镜的外表面之间。

第四篇　对机械危险的防护

除下述外，通用标准本篇的条款和分条款适用。

21*　机械强度

除下述外，通用标准的条款适用。

补充：

本条款不适用于内窥镜和内窥镜附件。

22 运动部件

除下述外，通用标准的条款适用。

补充：

本条款不适用于内窥镜和内窥镜附件。

25 飞溅物

除下述外，通用标准的条款适用。

补充：

本条款不适用于内窥镜和内窥镜附件。

26 振动与噪声

除下述外，通用标准的条款适用。

补充：

本条款不适用于内窥镜和内窥镜附件。

27 气动和液压动力

除下述外，通用标准的条款适用。

补充：

本条款不适用于内窥镜和内窥镜附件。

28 悬挂物

除下述外，通用标准的条款适用。

补充：

本条款不适用于内窥镜和内窥镜附件。

第五篇　对不需要的或过量的辐射危险的防护

除下述外，通用标准本篇的条款和分条款适用。

36 电磁兼容性

除下述外，通用标准的条款适用。

补充：

下述应按 CISPR 11 第 2 组进行：

超声内窥镜以其供电装置；

与体外碎石相连的内窥镜附件及其医用电气设备；

与组织的超声波吸引相连的内窥镜附件及其医用电气设备。

第六篇　对易燃麻醉混合气体点燃危险的防护

除下述外，通用标准本篇的条款和分条款适用。

第七篇　对超温和其他安全方面危险的防护

除下述外，通用标准本篇的条款和分条款适用。

42 超温

除下述外,通用标准的条款和分条款适用。

42.3* 仅替换要求

不用于给患者提供热量的内窥镜设备,在正常使用状态下,其应用部分所允许的表面温度应符合下列要求:

a) 操作者短时间内手握的部分不得超过通用标准表 10a 中规定的手柄、旋钮、控制杆等类似物的最大温度。

b) 操作者连续手握住的部分不得超过通用标准中表 10a 中规定的手柄、旋钮、控制杆等类似物的最大温度。

c) 插入部分的温度,除光出射部分外,不得超过 41℃。但与内窥镜附件一起使用时,仅在短时间内,该表面温度可以超过 41℃,最大温度不得超导体过 50℃。在此情况下,内窥镜附件的使用说明书应给出适当的警告和避免对患者的安全危害的方法建议。

光出射部分可以超过 41℃,但在使用说明书中应给出适当的警告和避免对患者和操作者的安全危害的方法建议。应包括该表面温度所引起的潜在的临床后果的描述(例如,永久的组织伤害或灼伤)(见 6.8.2 aa) 3))。

在环境温度为 25℃时,检查 b)、c)是否符合要求。

42.5 防护件

补充:

光源的照明灯泡不用工具就可以更换,但必须在更换盖上或附近标注标记(采用 GB 5465.2 的 5041 符号),并且必须在使用说明书(见 6.8.2aa) 5))中给出警告。

补充分条款:

42.101* 高频手术设备应用部分的内窥镜附件和内窥镜使用时所产生的伤害

高频手术设备应用部分的内窥镜附件和内窥镜共同使用时,相互之间必须提供有效的隔离和(或)绝缘,以防止对患者和操作者由于热量的释放产生的安全性伤害。

隔离和(或)绝缘可由内窥镜附件或内窥镜或两者提供。

高频手术设备的应用部分是内窥镜附件时的互连条件,本条款替换 GB 9706.4 中的 101.3.2 条。

按下述通过检查:

1) 高频手术应用的互连条件的试验:

试验必须采用使用说明书(见 6.8.2 bb)中内窥镜和内窥镜附件制造厂规定的额定高频重复峰值电压相近的试验电压来完成,详细的试验方法如下:

试验的目的是检查内窥镜和内窥镜附件的绝缘部分在一起使用时,其高频电介质强度。

试验样品必须进行预处理,浸没于生理盐溶液中至少 12 h,不超过 24 h,预处理后,立即进行试验。

预处理和试验期间,试验样品上不绝缘的部分,必须避免与生理盐溶液接触。

在生理盐溶液中加入少量的变压器油,使得生理盐溶液表面刚好有一层可见的连续油膜,以减少容器内生理盐溶液表面的曲度。

必须按照上述的步骤以及内窥镜和(或)内窥镜附件的使用说明书中的规定,对每个主要的工作模式进行试验。

对内窥镜、内窥镜附件或两者的绝缘施加 30 s,按使用说明书中的要求的试验电压。如果试验设备不能保持试验电压,则可以试验被试验样品上较短具有代表的部分,以使试验电压恢复,如绝缘手柄。

电切模式

使用近似正弦波,频率 400 kHz±100 kHz,内窥镜或内窥镜附件的制造厂规定的电切模式下 150% 额定重复峰值电压。

混合模式

使用近似正弦波，频率 400 kHz±100 kHz，内窥镜和内窥镜附件的制造厂规定的混合模式下 110% 额定重复峰值电压，混合/暂停的时间为 1∶1 和每个烧灼 10 个高频周期。

电凝模式

使用脉宽为 1.25 μs±25%，重复频率 40 kHz±10 kHz，内窥镜或内窥镜附件制造厂规定的模式的 110% 的额定重复峰值电压。

在所有模式下，绝缘可以出现电晕现象(通常不浸没于生理盐溶液中)，不得击穿和闪烁现象。

2) 目镜

当使用高频手术设备应用部分的内窥镜附件时，其内窥镜的目镜必须被有效隔离，以防止因高频电容耦合热效应引起对操作者的安全性伤害。

目镜的绝缘不得使用不能提供有效绝缘的非导电覆涂层，比如：油漆等类似物质。

通过下述的检查予以验证：

通过检查目镜是否是：

i) 非导电材料制成，或

ii) 如正常工作和单一故障状态下，从内窥镜附件到目镜不会产生高频电容耦合电流。

如果目镜由导电材料制造的和 ii)条不满足要求，需进行下列试验：

采用图 102 中的电路和布线来测量电容耦合高频电流，其电流不得超过 50 mA。

44 溢流、液体泼洒、泄漏、受潮、进液、清洗、消毒和灭菌

除下述外，通用标准的条款适用。

44.7 清洗、消毒和灭菌

仅替换测试方法：

按照使用说明书规定的方法对设备和设备部件进行 20 次的消毒和灭菌，检验是否满足要求。若没有规定的消毒方法，则用温度为 134℃±4℃的饱和蒸气作 20 次试验，每次持续 20 min(间隔的时间为设备冷却到室温为止)，不得出现可以察觉的变质现象，处理完毕后，经充分冷却和干燥后，互连条件应能承受本专用标准 42.101 条规定的试验，该试验无须浸没于生理盐溶液中 12 h 的预处理。如果内窥镜和内窥镜附件由制造厂规定为“已消毒，一次性使用”，则本分条款不适用。

第八篇 工作数据的准确性和危险输出的防止

通用标准本篇的条款和分条款适用。

第九篇 不正常运行和故障状态；环境试验

通用标准本篇的条款和分条款适用。

第十篇 结 构 要 求

除下述外，通用标准本篇的条款和分条款适用。

57 网电源部分、元器件和布线

57.10 爬电距离和电气间隙

补充分条款：

aa)* 51.10 要求不适用于由双重或加强绝缘和内窥镜设备应用部分或互连条件的次级带电电路。但对加强或双重绝缘，要符合 IEC 60664-1 的要求，污染度 1，过电压类 1。

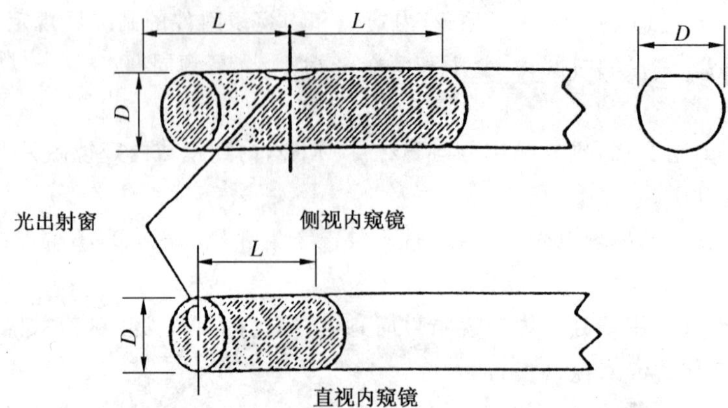

注：阴斜线部分为光出射部分，$L=3\times D$，$L_{min}=10$ mm，$L_{max}=25$ mm。

图 101　光出射部分图

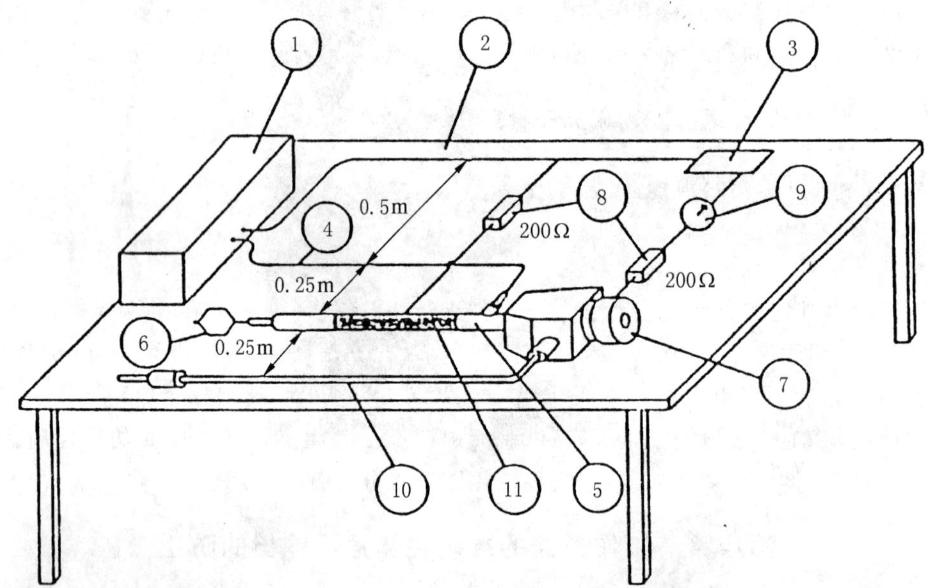

1—按内窥镜的使用说明书中规定的工作模式的最大额定重复峰值电压，并符合 GB 9706.4 工作的高频发生器；

2—用绝缘材料制成的工作台；

3—中性电极；

4—带电电缆；

5—内窥镜；

6—内窥镜附件；

7—目镜；

8—200Ω 无感电阻；

9—高频电流表；

10—导光束(仅对固定连接的)；

11—插入部分的 50%用金属箔以 0.5 N/cm² 的压力贴牢

图 102　流经目镜的电容耦合高频电流的测量

除下述外，《通用标准》附录适用。

附 录 D
标 记 用 符 号

除下述外，《通用标准》的本附录 D 适用。

补充表 D1

补充下述 101 到 110 的符号

表 D1

序号	符号	说明
101	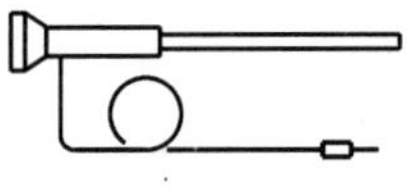	内窥镜
102		供气
103	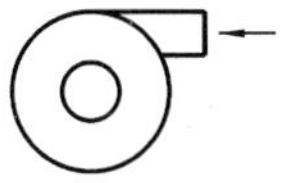	吸引
104		水瓶
105		吸引瓶
106	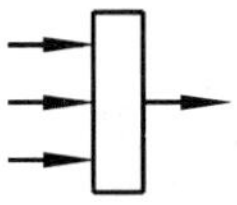	光学滤光片
107	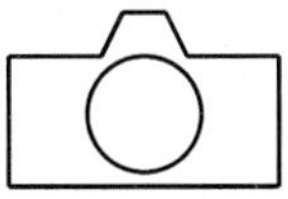	静态摄影
108		点光测量
109		主区测量
110		平均光测量

附　录　AA
（提示的附录）
标准要求的理解说明

本附录提供了本标准重要要求的简要说明，供那些了解本专用标准学科但没有参与本专用标准研究的人使用。本专用标准的重要要求重点考虑它的实用性。而且，临床实践和科学技术的发展，目前版本标准要求的理解说明对开发新版本的标准是有促进作用的。

2　定义

2.1.101　内窥镜　endoscope

与电源装置相连的内窥镜才属于医用电气设备的定义范畴，所以没有电源装置的内窥镜不属本专用标准考虑内容。因此内窥镜是电源装置的应用部分，同时包括应用部分的全部，如导光束、镜鞘等。

“观察”的定义是指这些仪器可通过光学系统或处理系统在电视荧幕上提供可视的物体复制像，可用来直接观察。“成像”的定义是指这些仪器提供的信息不是可视的物体复制像，而需要专业知识解释。该定义包括使用插入探头（不论是否有光系统）的超声诊断和监护设备。但要交叉考虑使用 GB 9706.9（见 3.102）的标准要求。有些内窥镜（例如使用电源装置的直肠镜）可提供观察，甚至整个仪器没有光学系统——它们也包含在本定义之内。

2.1.102　内窥镜附件　endoscopically-used accessory

内窥镜附件可以是其他医用电气设备的应用部分。如果这样，它们要符合有关医用电气设备类型的标准，但对于与内窥镜设备的互连条件要求应符合本专用标准。另外，有时内窥镜通过其他的内窥镜使用，在此情况下，所有内窥镜都必须符合本标准的要求。

2.1.106　供电装置　supply unit

电源装置包括：光源、视频处理器、超声发生器以及类似装置，使内窥镜产生预期功能的医用电气设备。能以电气或机械方式连接到内窥镜的 TV 摄像机，包含在电源装置的定义之内（虽然也可以是应用部分）。但作为制造厂的选择件的处理系统，应符合 GB 9706.1 的要求，而不采用本专用标准的要求。

2.5.101　电容耦合高频电流　capacitively coupled HF current

由于设计和内窥镜细窄的尺寸，任何内窥镜附件都会产生电气上的电容耦合。如果内窥镜附件的能量由高频手术设备供给，部分的高频电流会从内窥镜附件上耦合到内窥镜上，从内窥镜经过患者和（或）操作者返流到高频手术设备。

3　通用要求

3.101　使用内窥镜附件，增加了使用内窥镜的整体数量，从而会因互连条件引起其他专用标准的不适用。该部分的条款，在要求或试验与其他标准有冲突情况下，应优先采用本专用标准。因为内窥镜的结构和医学生理要求，内窥镜作为医用电气设备和（或）应用部分必须考虑到与非内窥镜使用不同之处。

3.102　在内窥镜设备的定义中，包括了采用或不采用组合或分离的观察方式的插入式超声探头和其供电装置。该类型的医用电气设备的电器安全章节应符合本专用标准，其超声功能的安全章节应符合 GB 9706.4。

3.103　在使用内窥镜手术时，为增加医用电气设备的功能，常常将附加的功能组合到供电装置上，与网电源只有一个连接，且此功能与内窥镜无关。在此情况下，产生特殊功能的部件应符合其适用的专用标准。因为专用标准是不可能适用于装置的单一部件的，所以全部装置也必须要符合其他专用标准所规定要求，例如，喷液、吸液、分离等。

6 识别、标记和文件

为避免安装不正确型号的灯泡所产生的安全危害，因此要求注明型号或产品类别，仅表明电压和(或)瓦数会导致使用错误型号的灯泡。

6.8.2 使用说明书

aa) 一般建议

1) 某一功能的失效直接会引起对患者的安全性危害，例如，在使用过程中照明失效。在这种情况下，应建议制造厂，如在供电装置上推荐使用"备用"灯泡，或有一个备用装置。

bb) 使用高频手术设备时的建议

高频手术设备用于内窥镜设备和(或)内窥镜附件时，会对患者和操作者有某些潜在的安全性危害。

在本专用标准的该条款中，建议制造厂必须考虑到下述潜在的安全性危害的避免和其适用之处：

——保持带电电极的工作部分处于操作者的观察范围内，以避免意外的高频烧伤；

——为保证带电电极在手术过程中处于正确的位置，与内窥镜头端要有足够的距离，在高频输出激发之前，应避免接触到内窥镜的金属部件和其他导体，包括可能是导体的液体喷口；

——手术过程中，绝缘的无高频次级附件有可能会接触到带电电极的防护；

——要避免对侧的高频烧伤，使得带电电极激发期间，其高频电流针对病变，而不允许接触正常的粘膜；

——使用非导体的目镜帽，以减少高频烧伤操作者眼睛四周脸部的危险；

——要选择针对预期的手术设置合适的高频输出功率，避免由于设置太低所引起对组织的热损伤，以及由于设置太高引起的不能有效的凝血，其结果是出血太多。

GB 9706.4(IEC 60601-2-2)标准在使用说明书中，对于高频手术设备的使用提及"选择尽可能低的输出功率以达到预期目的"。对于内窥镜的高频电切手术，会因为切割或使用常规的高频手术的带电电极，使凝血时间较长，如果使用的输出功率太低，对患者会有安全性伤害，这样，也会引起周围组织的过热损伤，所以输出功率的设定必须按照临床的经验，参照合适的临床参考书或合适的培训结果。

有时在毫无准备的患者的肠胃治疗中，会存在可以助燃的气体，以及在下消化肠内(G1)内窥镜术前，用于患者准备的某些物质能使甲烷产生，特别是结肠镜术中出现，但在上消化道肠内治疗中也有文献记载，另外，经尿道切除前列腺时，文献中记载有氢气聚集在膀胱内灌洗液的上部，为此，制造厂必须建议如何避免与这些气体关联的安全危害。

cc) 使用激光设备的建议

激光用于内窥镜和(或)内窥镜附件时，会产生其他的潜在的安全性危害。本专用标准的本章节条款中，建议制造厂必须考虑到下述潜在的安全性危害的避免和包括其适用之处：

——经过内窥镜，使用的激光传输光纤的失效相关联的安全性危害，包括光纤失效必须降低激光能量的需要；

——对内窥镜头端部的激光损伤，能够用在激发之前，通过内窥镜能看到激光传输光纤的头端来避免。

20 电介质强度

20.2 具有应用部分的设备的要求

本专用标准的这些要求，只是针对内窥镜采用电介质强度试验，而不连接其供电装置。

21 机械强度

由于患者解剖学和操作者所需的结构要求，在未包装的情况下，难以保证内窥镜和内窥镜附件按照通用标准 21.5 条进行自由落体试验的安全要求。由于软性内窥镜和硬性内窥镜的复杂形状，阻碍试验的再现性。为此极重要的是操作者在每次使用前检查,使设备及其附件处于在患者身上使用不会引起安全性伤害的有效正常状态(见 6.8.2 aa) 2))。

42 超温

42.3 光出射部分的表面温度可以超过 41℃,因为内窥镜的临床要求在细小的尺寸内需要高亮度的光的传播,高光强度的光能和光出射窗周围的材料立即吸收光能,会产生较高的局部温度。在完成内窥镜术的过程中,光出射部分不经常接触组织,并且该部分的低热容积部分的偶然接触不会引起对患者的伤害。

较大的对患者潜在安全性危害是光出射窗口所发出的光能辐射的吸收,会直接作用组织。要求的特定最大表面温度达不到潜在的最大危害参量。与光辐射相关联的温度,由制造厂所控制的外部因素决定,包括供电装置中灯泡的型号和功率,以及光出射窗的条件。

基于上述的理由,因为实验室测试与实际的准确使用有出入,不适宜考虑规定出光射部分的最大允许温度。但在使用说明书中要提出警告和建议。保证操作者的操作能使患者受到的伤害程度最小。

在本条中的 b)和 c)要求,在环境温度为 25℃时检查是否符合要求,因为从相关部分所辐射的部分热能会被操作者的手或患者所吸收,并立即从患者组织周围流经的血液循环系统将热量带走。

42.101 在内窥镜术过程中,其他的医用电气设备应用部分与内窥镜和内窥镜附件的组合使用会引起热效应,例如,没有电流绝对值电容耦合高频电流强度,更会产生热伤害。

由于内窥镜附件是通过内窥镜孔道插入的,附件的部件是按预期目的接触到患者,也接触到内窥镜。较可行的方案是,操作者在通过内窥镜看到附件的工作部分以前,高频电流不被触发。

另外,因为既非内窥镜又非内窥镜附件的制造厂确定了所用高频手术设备参数,试验的要求不同于 GB 9706.4(IEC 60601-2-2)中所给出的要求,单一组件必须独立地或与内窥镜和(或)内窥镜附件的额定电压一起被测试,但不采用高频手术设备的最大开路高频电压。

在内窥镜附件的操作手柄和操作者之间的使用时,必须考虑互连条件的存在。

本专用标准的工作组下一步的工作是考虑电晕放电热效应在测试方法和比较测试数据,工作组的目的是在调查工作完成后,在专用标准中用补充文本来增加对电晕放电热效应的要求和测试规范。

57 网电源部分、元器件和布线

57.10 爬电距离和电气间隙

aa) 因为内窥镜的结构必须要满足临床使用要求,所以内窥镜设备的应用部分不可能达到通用标准表 16 的要求。若能达到 IEC 60664-1 的适用要求,则可认为该部分提供了足够的安全性防护水平。

因为内窥镜为密封器件,在内窥镜中的任何电流都在次级面上,污染级 1 和过电压类 1 对测量正确的电气间隙和爬电距离是适用的。

若能证明安全等级相同,可采用互换结构(见通用标准条款 3.4 和 54)。

附 录 L
本标准涉及的参考标准

除下述外,通用标准的附录 L 适用:

补充:

1. GB 5465.2—1996 电气设备用图形符号

(idt IEC 60417:1994 Graphical symbols for use on equipment -index, survey and compilation of the single sheets supplements)

2. GB 9706.4—1992 医用电气设备 高频手术设备专用安全要求

(idt IEC 60601-2-2:1990,Medical electrical equipment—Part 2:particular requirements for the safety of high frequency surgical equipment)

3. GB 9706.9—1999　医用电气设备　第二部分:超声诊断和监护设备安全专用安全要求

(idt IEC 60601-2-37:1991,Medical electrical equipment—Part 2:particular requirements for safety of Ultrasonic diagnostic and monitoring equipment)

4. IEC 60601-1:1988, Medical electrical equipment—Part 1:General requirements for safety Amendment 2(1995)

5. IEC 60664-1:1992,Isulation co-ordination for equipment within low-voltage systems—Part 1: Principles and tests

6. CISPR 11:1990,Limits and metheds of measurement of electromagnetic disturbance characteristics of industrial, scientific and medical (ISM) radiofrequency equipment

前言

本标准等同采用国际电工委员会 IEC 60601-2-22:1995《医用电气设备——第2部分:诊断和治疗激光设备安全专用要求》。

本标准与 GB 9706.1—1995 配套使用。

本标准引用 GB 7247—1995。

本标准的编排格式与 IEC 60601-2-22:1995 一致。

本标准的附录 D 是标准的附录。

本标准的附录 L 和附录 AA 是提示的附录。

本标准由国家药品监督管理局提出。

本标准由全国医用光学和仪器标准化分技术委员会归口。

本标准起草单位:国家药品监督管理局杭州医疗器械质量监督检验中心。

本标准主要起草人:韩坚城、齐伟明、黄丹。

IEC 前言

1）IEC（国际电工委员会）是由各国家电工委员会组成的一个世界性的标准化组织，其目的就是为促进电工和电气领域及其相关活动领域的所有问题的国际间的合作。同时出版 IEC 国际标准。其拟定准备工作将由技术委员会承担。对所有感兴趣的问题，任何一个国家的技术委员会都可以参与。另外，同 IEC 有联系、协作关系的国际性的，政府部门的以及非政府部门的任何组织，也可以参与标准的准备工作。IEC 将根据两大国际组织（IEC 与 ISO）之间所确定的约定，同 ISO 保持紧密的合作。

2）在技术问题上，IEC 的正式草案或协定是由对此有特别兴趣的各国家委员会承担，在其草案或协定中，他们将尽可能的把各国对这一问题的见解和意见充分的给予体现和表述。

3）IEC 标准是以推荐的形式在国际上使用，以标准、技术报告或导则的形式出版，这种认识，已被各国家委员会所接受。

4）为了促进国际间的统一，IEC 各国家委员会已明确表示，同意在他们的国家和地区的标准中最大程度地采用国际标准。当国家和地区标准同 IEC 相应标准存在分歧时，则应在国家和地区标准中给予清楚的说明。

国际标准 IEC 60601-2-22 已经由 IEC 76 技术委员会（光学辐射安全和激光设备）与 IEC 62 技术委员会（医用电气设备）的 62D 分技术委员会（医用电气安全）密切合作而准备就绪。

第二版取消并代替 1992 年出版的第一版，作为技术修订版。

本标准的内容由下列文本组成：

DIS	表决报告
76/104/DIS	76/121/RVD

表决赞同本专用标准的所有资料可在上表所示的表决报告中找到。

附录 AA 仅供参考。

IEC 引言

本专用标准是 IEC 60601-1:1988《医用电气设备——第一部分:安全通用要求》的补充,并参考其第 1 号修订(1991)、第 2 号修订(1995)及其并列标准 IEC 60601-1-1 和 IEC 60601-1-2(见 1.3)。

本标准也参考了 IEC 60825-1(1993)。

本标准要求须作为应用的最低要求,以达到在医用电气设备的工作和应用中合理的安全和可信任水平。

附件 AA 基本原理中有注释的条款以星号 * 标记。

应该指出,这些要求的原理知识不仅将促进本标准的使用,同时会加快因临床实践的变化而必需对其进行的修订,或者导致技术的发展。但是,本附件并不是本标准要求的组成部分。

中华人民共和国国家标准

医用电气设备　第2部分：诊断和治疗激光设备安全专用要求

GB 9706.20—2000
idt IEC 60601-2-22:1995

**Medical electrical equipment—
Part 2: Particular requirements for the safety of diagnostic and therapeutic laser equipment**

第一篇　概　　述

除下列条款外，通用标准本篇均适用。

1　适用范围和目的

除下列条款外，通用标准本章适用。

1.1　适用范围

补充：

本专用标准适用于2.1.111条定义的，按照GB 7247—1995中3.12和3.13分类为3B类或4类激光产品的医用激光设备，以下简称激光设备。

注：分类为1类、2类和3A类激光产品的医用激光设备，应符合GB 9706.1和GB 7247。

1.2　目的

本专用标准的目的是规定分类为3B类或4类激光产品的医用激光设备的安全专用要求。

1.3　专用标准

补充：

本专用标准参照GB 9706.1—1995、IEC 60601-1第2号修订，也参照了IEC 60601-1的并列标准IEC 60601-1-1和IEC 60601-1-2。

为了简便，第一部分和上述提及的并列标准，在本标准中称为“通用标准”或“通用要求”。

本专用标准中的篇、章、条的序号和通用标准中一致，通用标准中修改的内容用下述文字进行规定：

“替换”指通用标准中的章或条被本专用标准中的内容完全取代。

“补充”指本专用标准的内容是对通用标准的补充。

“更改”指通用标准中的章或条被修改成本专用标准所示的内容。

对通用标准增加的章条或图表，从101开始编号，增加的附录以字母AA,BB等排列，增加条款的项目以aa)，bb)等排列。

“本标准”一词用于指同时提及的通用标准和本专用标准。

当本专用标准无相应篇、章或条时，可不加修改地应用通用标准的篇、章或条，不过也可能不适用。通用标准中有意不采用，不过可能适用的部分在本专用标准中给出相应的说明。

涉及激光设备的激光辐射安全，除本专用标准中规定、改变和修正的相关要求外，GB 7247适用。

通用标准和GB 7247中对医用激光设备不适用的章和条，不一定以“不适用”标出。

1.5　并列标准

国家质量技术监督局2000-12-13批准　　　　2001-05-01实施

补充：

并列标准 IEC 60601-1-1 和 IEC 60601-1-2 适用。

2 术语和定义

除下列条款外，通用标准本章适用。

补充定义：

2.1.101 可达发射极限 accessible emission limit(AEL)

1(2,3A,3B)类激光器的可达发射极限，见 GB 7247—1995 的 3.2 和表Ⅰ至表Ⅳ。

2.1.102 瞄准光束 aiming beam

产生可见瞄准光点的光辐射光束，用来指示工作光束预定的作用点。

2.1.103 瞄准光点 aiming beam sport

在工作区域内瞄准光束的作用区。

2.1.104 瞄准激光器 aiming laser

发射瞄准光束的激光器。

2.1.105 窗口 aperture

见 GB 7247—1995 的 3.6。

2.1.106 光束传输系统 beam delivery system

引导激光辐射从激光源到激光窗口的光学系统。

2.1.107 1(2,3A,3B,4)类激光产品 class 1(2,3A,3B,4) laser product

安装有 GB 7247—1995 中的 3.10 至 3.13 和 3.29 所定义的激光器的医用激光设备。

2.1.108 紧急激光终止器 emergency laser stop

在紧急情况下用于立即终止激光输出的手动或脚动装置。

2.1.109 激光发射指示器 laser emission occurring indicator

可见的和/或听得到的信号，用来指示工作激光器的激光输出正通过窗口发射。

2.1.110 激光能量 laser energy

作用在工作区域上工作光束的激光辐射能量，见 GB 7247—1995 的 3.55。

2.1.111 (医用)激光设备 laser equipment (for medical application)

在 GB 7247—1995 的 3.34 中被定义为激光产品的医用激光设备，它将激光辐射用于生物组织的诊断和治疗。

2.1.112 激光输出 laser output

激光功率或激光能量。

2.1.113 激光功率 laser power

作用于工作区域上工作光束的激光辐射功率，见 GB 7247—1995 的 3.57。

2.1.114 激光准备指示器 laser ready indicator

指示激光设备处于准备状态的可见装置。

激光准备指示的目的，是使在激光辐射区域内所有在场人员都要警惕激光辐射的危害，详见 6.8 随机文件(使用说明书)。

2.1.115 操作者防护滤光器 operator protective filter

一个可移动或固定的滤光器，它使操作者不致受到超过 1 类 AEL 值的激光辐射。

2.1.116 光闸 shutter

控制照射时间的电子和/或机械式装置。

2.1.117 待机/准备 stand-by/ready

待机状态：电源电线已连接，电源开关已闭合，但即使接通激光控制开关也不能发射工作激光光束。

准备状态：当接通激光控制开关，激光设备即能发射激光输出。

2.1.118 **目标指示装置 target indicating device**

指示工作光束将进行治疗或诊断点的瞄准装置。

2.1.119 **工作区域 working area**

接受激光功率或激光能量照射的人体的部位。

2.1.120 **工作光束 working laser beam**

工作激光器发射的激光辐射光束。

2.1.121 **工作激光器 working laser**

诊断、治疗或手术过程中，发射激光输出的激光设备部件。

3 通用要求

除下列条款外，通用标准本章均适用。

3.6 单一故障状态

补充条款：

aa）可能引起激光辐射危险状态的电气、机械或光学元件故障。

6 识别、标记和文件

除下列条款外，通用标准本章适用。

6.1 激光设备或设备部件的外部标记

补充条款(见 GB 7247—1995 的第 3 章和第 5 章)：

aa）通用要求

激光设备必须具有符合 GB 7247—1995 的 5.5、5.6、5.8、5.9、5.10、5.11 要求的标记。

bb）* 窗口标记

激光设备必须在尽可能靠近每一激光窗口处设置标记。标记必须与 GB 7247—1995 中图 14 规定的激光危险符号相似，尺寸大小可适当调整，或与 GB 7247—1995 的 5.7 中所述标记相似，两者选一。这些要求对手持部件和其他应用器除外。在这种情况下，标记应加在一明显位置，并且：

——说明激光窗口位于该光纤/应用器的末端，或者

——标上表 D1 中 116 号符号。

注：如果要加标记处的面积合适，所要求的内容可组合在单个标记内。

6.3 控制器件和仪表的标记

补充：

6.3 g）不适用瞄准光束。

6.8 随机文件

6.8.2 使用说明书

a）一般内容

第二破折号(内容是：使用说明书必须向使用者……)，第二段补充：

如果部件需要进行定期检查，使用说明书必须给出时间间隔，说明要做的工作及规定检查人员需要的资质。

使用说明书必须包含下列附加的内容：

——充分说明合理的安装、使用者的维护和安全的使用，包括有关注意避免可能出现的有害激光辐射清楚的警告。

——对配备每一适用附件的激光设备，要给出正常使用时标称眼危害距离(NOHD)数据，该数据应该从 GB 7247—1995 附录 A4 导出。

——以SI单位表述的激光辐射的光束发散角、脉宽及最大激光输出值,并说明累积测量不确定度的大小,和出厂后任一时间测量时附加到出厂时测量值上的预计增值。

——要有加在激光设备上所有必需的激光标记和危险警告标记的清晰的复制品,颜色可任意。

——要有依据本标准50.2定期校准激光输出的资料和指导手册,资料必须包含对测量设备、校准频次和有关激光输出定期校准的明确要求的规定。

——要清楚指明所有激光窗口的位置。

——要列出控制器件、调整器件的清单及使用者操作和维护的程序,包括警告:"注意:如不按规定方法使用控制器件、调节器件或进行操作,会产生危险的辐照量。"

——要说明包括激光输出特征在内的光束传输系统。

——要有一提示,说明激光设备在不使用时应该妥为保管,以防止不恰当的使用,例如:不使用激光设备时要从钥匙开关上取走钥匙。

——对眼睛防护的详细说明

参见GB 7247—1995的10.8。

——使用排烟和排尘装置时,在合适的位置要有详细说明,包括警示性说明:"注意:激光器(排出的)烟尘可能含有生物组织微粒"。

——要有关于光纤在插入、极度弯曲或不恰当固定时引起的潜在危害的资料,说明不按制造者规定操作会导致光纤或传输系统的损坏和(或)对患者或使用者造成伤害。

——要有如下的建议:检查传输系统完整性的良好方法是让瞄准光束如工作光束般通过相同的传输系统。如果瞄准光束的光点不位于传输系统末端,或其强度降低,或看起来不会聚,这可能说明传输系统被损坏或工作不正常。

——对使用者要有如下资料:必须避免使用易燃麻醉剂或氧化性气体如氧化亚氮(N_2O)和氧气。某些材料如棉毛物,在富含氧气时会被正常使用的激光设备产生的高温点燃。用于清洗和消毒的溶剂和可燃溶液应该在使用激光设备前使其挥发。应该注意内部气体点燃的危险。

第二篇　环境条件

通用标准本篇适用。

第三篇　对电击危险的防护

除下列章条外,通用标准本篇适用。

19　连续漏电流和患者辅助电流

除下列条款外,通用标准本章适用。

19.3*　容许值

e) 见表4的注3)。

补充:

如果激光设备通过电源插头连接到网电源上,该插头从机械上保证不会误脱开,电源软电线是不可拆卸的且其铜质连接器的横截面积不小于2.5 mm^2,则该激光设备被认为是永久性安装设备。

第四篇　对机械危险的防护

通用标准本篇适用。

第五篇　对不需要的或过量的辐射危险的防护

除下列章条外,通用标准本篇适用。

32 光辐射(包括激光)

替换:

注:本标准文本中的"光"辐射应理解为覆盖 GB 7247 中所规定的光学辐射。

为了保护患者、使用者和激光设备附近的其他人员,必须遵守下列要求:

a) 遥控联锁连接器(GB 7247—1995 的 4.4)

本要求不适用于电池驱动的手持式医用激光设备。

b) 钥匙开关(GB 7247—1995 的 4.5)

c) 光学观察器(GB 7247—1995 的 4.9)

此外,激光设备必须具备:

d)* 激光准备指示器

激光设备必须具备如 GB 7247—1995 中 4.6 所述的可见信号的激光准备指示器。当可能接触超过 1 类 AEL 值的辐射发射时,激光准备指示器必须点亮,并且至少持续 2 s 后超过 3A 类 AEL 的辐射才能发射,以便采取适当的安全防护措施。400 nm~700 nm 波长范围内不超过 2 类 AEL 值 5 倍的 3B 类激光设备除外。

e) 激光辐射发射指示器

除激光准备指示器外,激光设备必须配备一可见的或有声的信号,以指示除 400 nm~700 nm 波长范围内不超过 2 类 AEL 值 5 倍的 3B 类外的超过 3A 类 AEL 值的激光辐射正在发射。如果激光设备工作时会发出一个唯一的声信号,则不要求具有激光辐射发射指示器。可见的激光辐射发射指示器必须设计成如 GB 7247—1995 的 4.6 所述。有声的激光辐射发射指示器必须产生频率为 2 kHz~5 kHz,1 m 处最大声级为 65 dBA 的声音。当音量可控制时,其声级必须不能降低到小于 45 dBA。

如果激光辐射发射指示器采取唯一有声信号从激光设备输出的方式,2 kHz~5 kHz 输出的声级必须在 1 m 远处不小于 45 dBA。

注:当医用激光设备采用双重警告,该警告不一定是失效保护的或冗余的。

f)* 目标指示装置(见 59.101 和基本原理)

如果目标指示装置采用由瞄准激光器发出,从激光窗口射出的瞄准光束,或是工作激光的衰减光束,它在 400 nm~700 nm 波长范围内必须不超过小于 2 类 AEL 值 5 倍的 3B 类 AEL 值。下列情况除外:

对于眼科的瞄准激光器,瞄准光必须不超过 2 类 AEL 值。如果瞄准光点在工作区域不能清晰可辨,允许使用不超过 5 mW 的 3A 类或 3B 类瞄准激光。如果采取措施可使功率增至 5 mW,必须仅在操作者采取谨慎和积极的措施后方可进行。

36 电磁兼容性

并列标准 IEC 60601-1-2 本章适用。

第六篇 对易燃麻醉混合气点燃危险的防护

通用标准本篇适用。

第七篇 对超温和其他安全方面危险的防护

除下列章条外,通用标准本篇适用。

45 压力容器和受压部件

通用标准本章不适用。

49 供电电源的中断

除下列条款外，通用标准本章适用。

49.2

补充：4类激光设备必须具有一手动复位装置，以便能在因使用遥控联锁装置而造成发射中断，或由于未预料到的供电网电源中断而造成持续1 s以上的发射中断后，恢复激光辐射的发射。

第八篇　工作数据的准确性和危险输出的防止

除下列章条外，通用标准本篇适用。

50 工作数据的准确性

除下列条款外，通用标准本章适用。

50.2 控制器件和仪表的准确性

替换：

激光设备必须具有用于指示辐照到人体的工作光束输出预置值的装置。

指示值必须采用SI单位。

工作面上测得的激光输出实际值与设定值的偏差必须不大于±20%。当激光设备用瓦(W)标定并装有一定时控制的照射系统时，激光能量的偏差必须不大于±20%。

通过检查和测量来检验是否符合要求。

51 危险输出的防止

除下列条款外，通用标准本章适用。

51.2* 有关安全的参数的指示

补充：

激光设备发射的激光输出与预置值的偏差必须不大于±20%，直接与激光功率有关的电气或光学的被测量，必须在工作期间进行监测。监测必须在小于故障容限时间的间隔内进行(见基本原理)。

典型的解决办法是：

——采用闭环系统；

——采用开环系统(见51.5)。

符合性试验：激光设备在正常状态下使用时，检查激光输出是否在容许的偏差范围内，或是否给出如51.5中所要求的警告。

要在规定的周期内，对照实际发射在工作区域上的激光功率(或激光能量)对系统的校准进行检查。必须按照6.8.2在使用说明书中说明合适的检查方法。

51.5 不正确输出

补充：

对开环系统，当发射功率对设置值的偏差大于±20%，必须给出一可见的和/或听得到的警告信号。

本要求对下列600 nm～1 400 nm波长范围内非手术或非眼科用的3B类激光器除外：

a) 发射小于皮肤MPE值5倍且平均功率不超过50 mW；或

b) 发射不超过皮肤MPE值。

通过检查和测量来检验是否符合要求。

补充条款：

51.101 紧急激光终止器

紧急激光终止器必须尽可能快地终止激光输出的发射，以防止对人体的危害。紧急激光终止器必须设计成相对独立于所有其他激光终止系统。其开关必须是红色按钮,并装在醒目的和操作者从操作位置容易迅速触及的位置。"激光终止"或根据表D1序号101的符号必须标在按钮上或其附近。

如果激光设备具有一符合IEC 60947-3要求的紧急终止器,则不要求具有紧急激光终止器。

本要求对下列600 nm~1 400 nm波长范围内的非手术或非眼科用的3B类激光器除外:

a) 发射小于皮肤MPE值5倍且平均功率不超过50 mW;或

b) 发射不超过皮肤MPE值。

通过检查和测量来检验是否符合要求。

第九篇 不正常的运行和故障状态;环境试验

除下列章条外,通用标准本篇适用。

52 不正常的运行和故障状态

除下列条款外,通用标准本章适用。

补充条款:

52.4.101 必须考虑下列安全方面的危险

a) 大于设定值2倍的激光功率的发射,其持续时间超过100 ms;

b) 脉冲式激光能量的发射;其前一个脉冲激光能量超过设定值的2倍;

c) 重复脉冲激光能量的发射;其脉冲激光能量接连超过设定值的2倍,且持续发射时间超过100 ms;

d) 工作光束的误发射;

e) 工作激光器的关断功能失效。

上述a)、b)、c)要求对下列600 nm~1 400 nm波长范围内的非手术或非眼科用的3B类激光器除外:

——如果通过设计,发射小于皮肤MPE值的5倍且平均功率不超过50 mW;或

——不超过皮肤MPE值。

52.5.9 元件的故障

补充(在第一句后):

例如,必须认为下列元件的可靠性是有限的:

——光闸和/或其驱动装置;

——包括操作者防护滤光器镜及其机构的光学衰减器;

——激光辐射控制开关;

——激光辐射定时器;

——监测电路的元件。

本要求和相关试验对下列元件故障不适用:

——被认为是失效保护和经过预防性维修的元件故障;

——在激光设备每一次启动过程中被检查的监测电路的元件故障。

第十篇 结构要求

除下列章条外,通用标准本篇适用。

55 外壳和罩盖

除下列条款外,通用标准本章适用。

55.3 调节孔盖

替换：

GB 7247 下列要求适用。

4.1　一般要求；

4.2.1　防护罩——一般要求；

4.2.2　防护罩——检修；

4.3　挡板和安全联锁。

56　元器件和组件

除下列条款外，通用标准本章适用。

56.11　有电线连接的手持式和脚踏式控制装置

b）机械强度

补充：

脚开关必须满足下列要求：

脚踏式外露的控制开关必须用罩遮盖起来，以防止误动作。开启开关需要的力，施加于脚开关工作表面任一部位 625 mm^2 的面积上，必须不小于 10 N，且不大于 50 N。

通过开启力的测量来检验是否符合要求。

补充条款：

56.101　待机/准备

激光设备必须具有一待机/准备装置，该装置必须能关断工作光束。

通过检查来检验是否符合要求。

注：用该待机/准备装置代替根据 GB 7247—1995 的 4.7 光束终止器的要求。

56.102　使用定时器终止照射时，必须提供安全装置对单一故障状态进行防护。该装置与定时器分开，并当超过设置时间 20%时动作。该安全装置终止激光输出，防止设备继续工作。

注：采用第二个定时器可以作为符合本要求的一个装置。

本要求对下列 600 nm～1 400 nm 波长范围内非手术或非眼科用的 3B 类激光除外：

a）发射低于皮肤 MPE 值 5 倍且平均功率不超过 50 mW；或

b）不超过皮肤 MPE 值。

通过检查和测量来检验是否符合要求。

56.103　如果软件用于控制系统，预计到由于软件错误可导致安全方面的危险，必须仔细分析潜在的危害。

注：要求正在考虑中。

57　网电源部分、元器件和布线

除下列条款外，通用标准本章适用。

57.10*　爬电距离和电气间隙

补充：

必须根据 IEC 60664-1 和 IEC 60664-3 确定爬电距离和电气间隙。

可能在电路中出现的瞬时过电压必须作为确定电气间隙的依据。直接与网电源连接的电路必须按过电压Ⅲ类(见表 101 和表 102)设计。

其他电路必须按过电压Ⅰ类(见表 103 和表 104)设计，表中数值适用于海拔高度 2 000 m 以内。如果不存在瞬时过电压，例如高压稳压电路，可减小电气间隙(见表 105)。

额定绝缘电压或工作电压、漏电起痕指数(CTI)和 2 级污染必须作为确定爬电距离的依据。假定仅有非导电性污染。

通过检查和测量来检验是否符合要求。如果不能直接测量距离，表 105 的第 2 栏中给出了可采用的峰值脉冲电压。

补充条款：

57.101　在 I 类电气设备中采用水冷却的场合和水承担对网电源基本绝缘作用的场合，水的导电性必须满足 19.3 中对地漏电流值不超过正常状态下的允许值的要求。

制造者必须详细说明定期维修的内容和测量方法。

通过检查和测量来检验是否符合要求。

59　结构和布线

除下列条款外，通用标准本章适用。

补充条款：

59.101　目标指示装置(见基本原理中对 32f)条)

工作激光发射之前，在激光输出作用的部位必须有一清晰可见的指示。

可采用的解决方法有：

a) 使用可见的瞄准光束，该光束通过激光防护镜仍能被识别；

b) 在手持部件上装有一个指示器，指示工作光束的入射点；

c) 采用光学瞄准装置；

d) 接触使用。

目标指示装置指明的作用点必须与工作光束作用点重合，重合误差必须小到足以防止由于瞄准不当造成的错误治疗。

瞄准光束和工作光束的作用点必须重合，重合误差必须在下述范围内：在工作区域中两光点中心最大横向距离必须不超过其中较大光点直径的 50%。另外，瞄准光点直径必须不超过工作光点直径的 1.5 倍。

通过检查和测量来检验是否符合要求。

表 101　基本绝缘或辅助绝缘

额定绝缘电压 或 工作电压 有效值或直流值 V	污染 2 级　过电压Ⅲ类					
	电气间隙 mm	爬电距离，mm				
		设备内			印刷电路板	
		材料类别			无涂层 CTI≥175	有涂层 CTI≥100
		Ⅰ CTI≥600	Ⅱ CTI≥400	Ⅲ CTI≥100		
≤50	0.2	0.6	0.85	1.2	0.2	0.1
≤100	0.5	0.7	1.0	1.4	0.5	0.5
≤150	1.5	1.5	1.5	1.6	1.5	1.5
≤300	3.0	3.0	3.0	3.0	3.0	3.0
≤600	5.5	5.5	5.5	6.0	5.5	5.5
≤1 000	8.0	8.0	8.0	10.0	8.0	8.0
≤1 500	11.0	11.0	11.0	15.0		
≤2 000	14.0	14.0	14.0	20.0		
≤2 500	18.0	18.0	18.0	25.0		

表 102　双重绝缘或加强绝缘

额定绝缘电压或工作电压有效值或直流值 V	污染 2 级　过电压Ⅲ类					
	电气间隙 mm	爬电距离,mm				
		设备内			印刷电路板上	
		材料类别			无涂层 CTI≥175	有涂层 CTI≥100
		Ⅰ CTI≥600	Ⅱ CTI≥400	Ⅲ CTI≥100		
≤50	0.4	1.2	1.7	2.4	0.4	0.4
≤100	1.6	1.6	2.0	2.8	1.6	1.6
≤150	3.3	3.3	3.3	3.3	3.3	3.3
≤300	6.5	6.5	6.5	6.5	6.5	6.5
≤600	11.5	11.5	11.5	12.0	11.5	11.5
≤1 000	16.0	16.0	16.0	20.0	16.0	16.0
≤1 500	21.0	22.0	22.0	30.0		
≤2 000	26.0	28.0	28.0	40.0		
≤2 500	34.0	36.0	36.0	50.0		

表 103　基本绝缘或辅助绝缘

额定绝缘电压或工作电压有效值或直流值 V	污染 2 级　过电压Ⅰ类					
	电气间隙 mm	爬电距离,mm				
		设备内			印刷电路板上	
		材料类别			无涂层 CTI≥175	有涂层 CTI≥100
		Ⅰ CTI≥600	Ⅱ CTI≥400	Ⅲ CTI≥100		
≤50	0.2	0.6	0.85	1.2	0.2	0.1
≤100	0.2	0.7	1.0	1.4	0.2	0.1
≤150	0.2	0.8	1.1	1.6	0.35	0.22
≤300	0.5	1.5	2.1	3.0	1.4	0.7
≤600	1.5	3.0	4.3	6.0	3.0	1.7
≤1 000	3.0	5.0	7.0	10.0	5.0	3.2
≤1 500	5.5	7.5	10.0	15.0		
≤2 000	8.0	10.0	14.0	20.0		
≤2 500	11.0	12.0	18.0	25.0		

表 104 双重绝缘或加强绝缘

额定绝缘电压或工作电压有效值或直流值 V	污染 2 级 过电压 I 类					
	电气间隙 mm	爬电距离,mm				
		设备内			印刷电路板	
		材料类别			无涂层 CTI≥175	有涂层 CTI≥100
		Ⅰ CTI≥600	Ⅱ CTI≥400	Ⅲ CTI≥100		
≤50	0.2	1.2	1.7	2.4	0.4	0.1
≤100	0.2	1.4	2.0	2.8	0.4	0.2
≤150	0.4	1.6	2.2	3.2	0.7	0.45
≤300	1.6	3.0	4.2	6.0	2.8	1.6
≤600	3.3	6.0	8.5	12.0	6.0	3.4
≤1 000	6.5	10.0	14.0	20.0	10.0	6.5
≤1 500	11.5	15.0	21.0	30.0		
≤2 000	16.0	20.0	28.0	40.0		
≤2 500	21.0	25.0	36.0	50.0		

表 105 减小的空气间隙

工作电压有效值或直流值 kV	试验峰值脉冲 1.2/50 μs kV	基本绝缘 mm	双重绝缘或加强绝缘 mm
1.1	2.0	1.0	2
1.3	2.5	1.5	3
1.6	3.0	2.0	4
2.1	4.0	3.0	6
2.7	5.0	4.0	8
3.3	6.0	5.5	11
4.3	8.0	8.0	15
5.4	10.0	11.0	19
6.5	12.0	14.0	25
8.1	15.0	18.0	32
10.0	20.0	25.0	44
13.0	25.0	33.0	60
16.0	30.0	40.0	78
21.0	40.0	60.0	98
27.0	50.0	75.0	130
32.0	60.0	90.0	162
43.0	80.0	130.0	234
54.0	100.0	170.0	306

附　录　D

（标准的附录）

标记用符号

表D1增加下列符号：

表D1

序　号	符　　号	IEC出版物	含　　义
101	STOP		紧急激光终止
102		417-5007-a	接通总电源
103		417-5008-a	断开总电源
104		417-5266-a	待机/准备
105		417-5264-a	待机/准备
106		417-5265-a	断开（仅用于设备的一个部分）
107			连续工作。激光设备预置的一种工作方式，在这种方式下，照射持续时间由操作者踩动与释放脚踏开关来限定
108			单次照射。激光设备预置的一种工作方式，在这种方式下踩动脚踏开关时，按给定的持续时间照射一次
109			重复照射。激光设备预置的一种工作方式，在这种方式下踩动脚踏开关，便按给定的持续时间与给定的时间间隔进行一系列的照射
110			照射持续时间
111			重复照射的时间间隔
112			特定的脉冲工作方式。这种脉冲工作方式下的激光，与CO_2激光的情况一样，增强了切割组织的能力，而且可以取代连续工作方式下的激光

表 D1(完)

序　号	符　　号	IEC 出版物	含　　义
113			瞄准光束
114			瞄准光束,闪络
115			遥控联锁连接器,按 GB 7247—1995 中 3.59 的定义
116			光学纤维应用器件
117	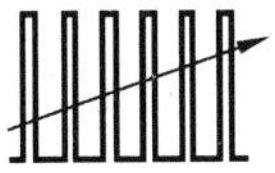		PRF,脉冲重复频率(速率)

附　录　L
(提示的附录)
参考资料——本标准涉及的出版物

GB 9706.1—1995　医用电气设备　第 1 部分:安全通用要求(idt IEC 60601-1:1988)

IEC 60601-1:1988　第 2 号修订(1995)

GB 9706.15—1999　医用电气设备　第 1 部分:安全通用要求——并列标准　1:医用电气系统的安全要求(idt IEC 60601-1-1:1992)

IEC 60601-1-2:1993　医用电气设备　第 1 部分:安全通用要求——并列标准　2:电磁兼容性——要求与试验

IEC 60664-1:1992　低压系统内设备的绝缘配置　第 1 部分:原理、要求与试验

IEC 60664-3:1992　低压系统内设备的绝缘配置　第 3 部分:印刷电路板为达到绝缘配置而使用的涂层

GB 7247—1995　激光产品的辐射安全、设备分类、要求和用户指南(idt IEC 825:1984)

IEC 60947-3:1990　低压开关设备与控制机构　第 3 部分:开关、断路器、非接触开关与保险组合单元

附　录　AA
(提示的附录)
基　本　原　理

对 6.1bb)条

医用激光设备通常包含一光束传输系统,它可以是关节臂,也可以是光纤,直接与主激光相联。该光束传输系统被看作是防护罩的一部分,必须使用工具才能打开,并具有联锁装置。在这种情况下需要贴标记。一般使用包括手持件、微控制器、波导之类的附加应用部件,该部件与光束传输系统相连接。有时

光纤本身构成一应用部件，如当用它作为所谓“裸光纤”时。在后一种情况下，光纤同时被看作防护罩和应用部件。这样，所有合适的要求包括窗口标记均适用。一般光纤末端无法放置窗口标记，在这种情况下，标准允许将带有适当内容的标记贴于一醒目之处。

对 19.3 条

如果保护接地导体失效使通过人体的漏电流高达 5 mA，就会出现危险状态。因此必须特别注意电源电缆与其连接部位的牢固性。

对 32 d)条

在可以发射工作激光前，激光设备需要完成两个或三个开关顺序。这三步顺序的过程是：电源开关“接通”，待机/准备状态被设置成“准备”状态和脚踏开关启动。在两步顺序中电源开关“接通”和待机/准备状态被合并。特别是现代设备，可能在所有人员采取安全防护之前就快速通过开关顺序并发生辐射。

本要求采用在开关顺序列中延迟 2 s，以使激光准备指示器在操纵脚踏开关(或最终开关元件)之前点亮 2 s。

当可能使用瞄准光束时，不需要 2 s 延迟。一些瞄准光束属于 3B 类，并规定可见光的上限为 5 mW。

对 32 f)条

本条所表述的包括当前所有的方法。术语“瞄准激光”已由“瞄准光束”代替，因为冷光源也适合作为瞄准光。必须要求瞄准光通过安全镜直接或间接地可分辨。然而当瞄准光是通过对工作激光功率作大幅度的衰减而产生时，就带来了问题。在过去 CO_2 激光器和现在 Nd:YAG 激光器的情况下，用一安装在手持部件上的针状物来指示辐射的入射点，其末端附近就是治疗区域。对接触式激光手术刀来说瞄准光束是多余的，也可能由于它产生的光效应构成一种干扰。接触式激光手术刀能转用在非接触式手术中，也可允许不用接通瞄准光就使用工作激光。

对 51.2 条

尽管希望连续测量照射在患者上的激光功率或激光能量，但在某些情况下并不可行，因为这可能会使手持部件或其他光束传输附件末端无法消毒，或因为没有合适的测量方法。因此可以监测激光设备实际产生的激光功率。用于这种方法的探测器仅根据元件(如光电二极管)之间的相对变化发出一个相应的信号或这些探测器反应慢(热探测器)。如果用被发射激光功率间接测量方法的测量值取代上述方法监测，且这些测量值能被快速而简单地测量到，则设备的安全性将得到改善，例如，这些测量值是放电电流或灯管电流。使用数字控制系统，连续或快速重复监测意味着以一定时间间隔读取测量值。该重复周期必须短于某个时间间隔，在这个时间间隔内，满功率有故障工作的激光器会引起危险的组织效应(如重要部位穿孔)。这个时间间隔是系统的故障容限时间。

光束传递系统失调或损坏会引起照射在患者上的激光功率与实际产生的激光功率产生相当的偏差。因此有必要在激光设备的常规检查期间，用一校准的激光功率或激光能量计检查照射至组织上的激光输出，激光设备应允许操作者随时检查传输的激光输出。如果必要可使用附加设备。必须注意随机文件中的本要求。

对 57.10 条

医用激光设备可以使用放电管，放电管所需电压大大超过交流 1 000 V 或直流 1 200 V。在有可能时，可以使用通用标准表 16，但该表仅涉及电压交流至 1 000 V 或直流至 1 200 V，对更高的电压，留在今后工作考虑。所以，有必要增加表 101 至表 104 中的数据，这也包括过电压 Ⅰ 类和 Ⅲ 类(IEC 60664-1)。

前　　言

本标准等同采用国际电工委员会 IEC 60601-2-9:1996《医用电气设备　第2部分:用于放射治疗与患者接触且具有电气连接辐射探测器的剂量计的专用安全要求》。

本标准与通用标准 GB 9706.1—1995《医用电气设备　第一部分:安全通用要求》共同组成我国用于放射治疗与患者接触且具有电气连接辐射探测器剂量计的安全标准(在本专用标准中简称本标准)。本标准中,如遇本专用标准中的某一条款代替或修改了该通用标准中的某些条款时,则按前者优先于后者的顺序处理。本标准引用了 GB 9706.1—1995、IEC 60601-1(1988)的修正案 2(1995);IEC 60601-1-1(1992)及其修正案 2(1995);IEC 60601-1-2(1993);IEC 60731(1997);IEC 60788(1984);GB 4793.1—1995、IEC 61010-1(1990)的修正案 2(1995)。这些标准中凡是没有被转化为我国标准的国际标准,在实施本标准中可直接使用。本标准所引用的标准在标准出版时所示版本均为有效,如若修订,在使用本标准时应探讨使用最新版本的可能性。

本标准为放射治疗用剂量计的制造厂家以及使用者提供制造和验收的标准。

本标准的附录 L 是规范性附录。

本标准的附录 AA 是资料性附录。

本标准由国家药品监督管理局提出。

本标准由全国医用电器标准化技术委员会放射治疗、核医学和放射剂量学设备标准化分技术委员会归口。

本标准起草单位:中国计量科学研究院。

本标准主要起草人:张辉、陈靖。

IEC 前 言

1） IEC国际电工委员会是一个拥有所有国家电工委员会（IEC国家委员会）的全世界标准化组织。IEC的目的是促进在电气与电子领域中所有标准化问题上的国际合作。IEC除了开展其他活动外，还发布国际标准，其准备工作委托给各技术委员会，任何对该主题感兴趣的IEC国家委员会都可以参与准备工作。IEC根据与国际标准化组织ISO之间协议所确定的条件进行紧密地合作。

2） IEC关于技术问题的正式决议或协定，由对这些问题特别关心的各国家委员会的代表组成的技术委员会拟定。这些决议或协定尽可能表达国际上对于所涉及的这些问题的一致意见。

3） 这些决议或协定的标准技术报告或导则的形式发布，推荐国际上使用，并在此意义上被各国家委员会接受。

4） 为了促进国际上的统一，IEC各国家委员会同意在其国家和地区标准中以最大限度采用IEC国际标准。IEC标准与相应的国家和地区标准之间如有分歧，必须在国家和地区标准中清楚的加以说明。

IEC 60601-2-9国际标准是由IEC第62技术委员会（医用电气设备）第62C分委员会（放射治疗核医学和放射剂量学设备）制定的。

IEC 60601-2-9的这个再版作为技术修订版取消和代替了1987年发行的第一版。

本标准正文以下列文件为基础：

FDIS	表决报告
62C/158/FDIS	62C/175/RVD

有关本标准投票表决的全部情况，可查阅上表中所指出的表决报告。

附录AA仅是作为信息给出。

引　　言

当在放射治疗中使用具有电气连接的辐射探头的剂量计时，如果辐射探头与患者有身体接触且剂量计的设计不能满足电气和机械安全标准，可能导致患者发生危险。

1） 多数放疗用剂量计在使用中并非特意与患者相接触：这些剂量计应该符合 GB 4793.1—1995 中对于电子测量仪器的一般安全要求。

2） 在放射治疗过程，如果剂量计的探测器组件需要在使用中接触患者，须遵循本专用标准中更加严格的要求，以保证电气安全、健康以及消毒的需要。

3） 因为测量组件与辐射探头存在电气连接，它的设计应符合 GB 9706.1—1995 有关患者允许漏电流的要求。

4） 如果探头组件和测量组件是单独销售或者可以分开的，并且在使用中需接触患者的，须告诉使用者使用符合本专用标准要求的探头组件与测量组件之间的特殊连接。

例如，一个探头组件与之相匹配的组件连接时符合所有要求，但是在与一个不相匹配的测量组件连接时，可能无意中会使其可触及的导电部件与极化电压相连接。由于极化电压通过患者的身体接地的可能性极大，因此，这种连接是不安全的，并会由此造成读数错误。

设计、组装与患者身体有接触的放疗用剂量计的生产者应遵照执行本专用标准的要求。

中华人民共和国国家标准

医用电气设备
第2部分：用于放射治疗与患者接触且具有电气连接辐射探测器的剂量计的安全专用要求

GB 9706.21—2003
idt IEC 60601-2-9:1995

**Medical electrical equipment—
Part 2: Particular requirements for the safety of patient contact dosemeters used in radiotherapy with electrically connected radiation detectors**

第一篇 概 述

除下列内容外，通用标准中相应的条款适用。

1 适用范围和目的

除下列内容外，通用标准中相应的条款适用。

1.1 范围

补充：

本专用标准规定了在放疗过程中患者环境下用于医学操作，由2.104条定义的剂量计安全专用要求。

注：不用于患者环境的剂量计不包括在此标准范围内，其应符合GB 4793.1—1995的要求。

本标准中有关电气安全、健康和消毒需要的条款，适用于任何一种与患者身体接触（非电气接触），并具有电气连接辐射探测器的剂量计。

IEC 60731报告中的性能要求仅适用于以电离室作辐射探测器的剂量计。

本专用标准不涉及放疗设备中的剂量监测系统。

1.3 专用标准

补充：

本专用标准应与GB 9706.1—1995《医用电气设备 第一部分：安全通用要求》IEC 60601-1的修正案2(1995)一并理解。

为简单起见，本专用标准称第一部分GB 9706.1—1995为"通用标准"或"通用要求"。

本专用标准中的某些要求优先于其所代替或修改的通用标准中的相应要求。

本专用标准条款的编号与通用标准相对应，对通用标准的修改用以下名词标注。

"代替"表示通用标准的相关条款完全由专用标准中的文字代替。

"补充"表示专用标准的文字是对通用标准要求的补充。

"修改"表示通用标准中的相关条款由专用标准中的文字进行修正。

作为对通用标准补充的条款或图从101开始编号；补充的附录以字母AA、BB标注；补充项由aa)、bb)等标注。

中华人民共和国国家质量监督检验检疫总局2003-04-14批准 2003-12-01实施

“本标准”一词指通用标准和专用标准的共有部分。

本专用标准中没有涉及的地方，可以直接引用通用标准中的相应条款（尽管该条款可能不相关）；本专用标准对于没有引用的通用标准中的相关条款给出了相应的声明。

补充：

1.5 并列标准

本标准只与标准 IEC 60601-1-1 和 IEC 60601-1-2 并列。

2 术语和定义

除下列内容外，通用标准中相应的条款适用：

2.1.5 应用部分 applied part

代替：

剂量计的一部分，包括辐射探测器（如电离室）以及厂家提供的可与患者身体接触（非电气接触）的附加防护套（例如用于内腔）。

附加定义：

2.101 测量组件 measuring assembly

一种能将辐射探测器的输出信号转换成某种适当的形式并显示、控制或存贮的设备，其转换形式为吸收剂量、吸收剂量率以及其他与剂量相关的量，其中包括与患者接触时所使用的全部电路及隔离装置。

2.102 探测器组件 detector assembly

辐射探测器以及所有与之永久连接的部分。

2.103 辐射探测器 radiation detector

本标准中，它被定义为可以将吸收剂量、吸收剂量率或者其他与剂量相关的量直接转换为可测量的电信号的一种电气功能单元。

2.104 （与患者接触的）剂量计 (patient contact)dosemeter

用于测量患者体表及内部的吸收剂量、吸收剂量率以及其他电离辐射中与剂量相关的量如照射量或比释动能的辐射仪表，这种设备通常由一个或多个辐射探测器组件（例如电离室组件）和一个测量组件组成。

2.105 可触及的导电部件 accessible conductive part

不借助任何工具即可以触及的仪器的导体部分。

2.106 可消毒的装置 disinfectable equipment

正常使用中与患者接触的部分和按照厂家说明书应消毒的部分。

2.107 可灭菌的装置 sterilizable equipment

正常使用中与患者接触的部分和按照厂家说明书应灭菌的部分。

5 分类

除下列内容外，通用标准中相应的条款适用：

5.3 修改：

仅对于应用部分，只保留防浸设备。除另外声明，测量组件不具备防止进液的特殊保护。

5.6 修改：

仅保留连续运行。

6 识别、标记和文件

除下列内容外，通用标准中相应的条款适用：

6.1 设备或设备部件的外部标记。

补充项：

aa) 需清晰标记在探测器组件或粘贴牢固的铭牌上的信息。

——产地；

——型式或型号；

——序号；适用的测量组件的特殊型式应在警告性说明中提及。

bb) 在测量组件上应清楚地标明下列附加信息。

——与测量组件构成一套符合本标准要求的装置的探测器组件的型号或型式的指示。

6.8 随机文件

6.8.2 使用说明书

补充项：

aa) 使用说明书应有以下内容

——如果测量组件与应用部分组成一套完整装置时，须强调错误使用剂量计会造成危险。(声明其适合某种用途的除外)

——适用于5.2中规定的专用测量组件的应用部分的信息。

——探测器组件的漏电流(或漂移)值

——应用部分是防浸设备的指示，另外如果探测器组件是电离室，应指出其灵敏体积是否与大气相通。

——如果探测器有可触及的导电部件，则应有剂量计在使用中不得与患者相接触的警告性说明。但当其与专门设计的测量组件连接组成一套完整装置并满足B、BF或CF型设备的要求时除外。

第二篇 环境条件

通用标准中相应部分的所有条款适用。

第三篇 对电击危险的防护

除下列内容外，通用标准中相应的条款适用：

15 电压和(或)能量的限制

除下列内容外，通用标准中相应的条款适用：

补充项

aa) 与应用部分正常连接的供电端子(例如供给电离室的极化电压)的输出不得超过通用标准中表4规定的患者漏电流(单一故障状态)的允许值。另外，允许电流不超过0.5 mA。

通过测量检验是否符合要求。

第四篇 对机械危险的防护

除下列内容外，通用标准中相应的条款适用：

21 机械强度

除下列内容外，通用标准中相应的条款适用：

21.5 补充：

对手持部件的要求也适用于应用部分。另外：

1) 试验后，应用部分的响应变化不得超过±1%。

通过测量应用部分在试验前后的响应，检验是否符合要求。

2） 试验后，漏电流（漂移）应保持在厂家确定的值之内。

通过测量试验前后的漏电流（漂移），检验是否符合要求。

第五篇 对不需要的或过量的辐射危险的防护

通用标准中相应部分的所有条款适用。

第六篇 对易燃麻醉混合气点燃危险的防护

通用标准中相应部分的所有条款适用。

第七篇 对超温和其他安全方面危险的防护

除下列内容外，通用标准中相应的条款适用：

44 溢流、液体泼洒、泄漏、受潮、进液、清洗、消毒和灭菌

除下列内容外，通用标准中相应的条款适用：

44.7 清洗、消毒和灭菌

补充：

应用部分必须是可消毒的设备和可灭菌的设备。

代替通用标准中试验要求内容的最后两句：

按通用标准规定的相关过程，消毒和灭菌后：

1） 应用部分的响应变化不得超过±1%。

测量应用部分在试验前后的响应检验是否符合要求。

2） 漏电流（或漂移）应保持在厂家指定的值之内。

测量试验前后的漏电流（或漂移）检验是否符合要求。

第八篇 工作数据的准确性和危险输出的防止

除以下内容外，通用标准中相应的条款适用：

50 工作数据的准确性

除以下内容外，通用标准中相应的条款适用：

50.1 控制器件和仪表的标记

补充：

用于与患者接触的电离室剂量计应完全符合 IEC 60731 报告中，关于高能辐射部分第 4、5、6、7 章对于工作级仪器的性能要求。厂家应在随机文件中对不符合这些性能要求的部分加以说明。

第九篇 不正常的运行和故障状态；环境试验

通用标准中相应部分的所有条款适用。

第十篇 结构要求

通用标准中相应部分的所有条款适用。

除下列附录外，还应采用通用标准中的附录：

补充：

附　录　L
（标准的附录）
参考书目——本标准中涉及到的出版物

除下列内容外，IEC 60601-1：1988《医用电气设备　第一部分：安全通用要求》中附录 L 的内容适用：

补充：

GB 9706.1—1995，医用电气设备　第一部分：安全通用要求

IEC 60601-1：1988，医用电气设备　第一部分：安全通用要求的修正稿 2(1995)

IEC 60601-1-1：1992，医用电气设备　第一部分：安全通用要求　第 1 节并列标准：医用电气系统的安全要求

修正稿 1(1995)

IEC 60601-1-2：1993，医用电气设备　第一部分：安全通用要求　第 2 节并列标准：电磁兼容性——要求和试验

IEC 60731：1997，医用电气设备　用于放射治疗的电离室剂量计

IEC 60788：1984，放射医学　术语

GB 4793.1—1995，测量、控制和实验室用的电气设备的安全要求　第 1 部分：通用要求

附 录 AA
（提示的附录）
术语定义索引

参考出处

吸收剂量 …… (60788) rm-13-08
吸收剂量率 …… (60788)rm-13-09
可触及的导电部件 …… 2.105
附件 …… (GB 9706.1—1995)2.1.3
随机文件 …… (GB 9706.1—1995)2.1.4
应用部分 …… (GB 9706.1—1995)2.1.5

电离室组件 …… (60731)3.1.1
连续运行 …… (GB 9706.1—1995)2.10.28

探测器组件 …… 2.102
可消毒的设备 …… 2.106
显示 …… (60788)rm-84-01
剂量监测系统 …… (60788)rm-33-01
剂量计 …… (60788)rm-50-02

设备 …… (GB 9706.1—1995)2.2.15
照射量 …… (60788)rm-13-14

工作级仪器(剂量计) …… (60731)3.22

电离室 …… (60788)rm-51-03
电离辐射 …… (60788)rm-11-02

空气比释动能 …… (60788)rm-13-10

漏电流 …… (GB 9706.1—1995)2.5.3

制造厂 …… (60788)rm-85-03-
测量组件 …… 2.101
医用电气设备 …… (GB 9706.1—1995)2.2.15

患者 …… (GB 9706.1—1995)2.12.4
与患者接触的剂量计 …… 2.104
患者环境 …… (60601-1-1)2.204
患者漏电流 …… (GB 9706.1—1995)2.5.6

ICS 11.040.01
C 39

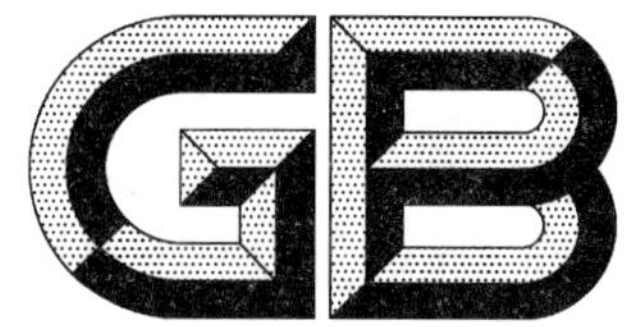

中华人民共和国国家标准

GB 9706.22—2003

医用电气设备
第2部分:体外引发碎石设备
安全专用要求

Medical electrical equipment—
Part 2:Particular requirements for the safety of equipment
for extracorporeally induced lithotripsy

(IEC 60601-2-36:1997,MOD)

2003-06-24 发布　　　　2003-12-01 实施

中华人民共和国
国家质量监督检验检疫总局　发布

前　　言

本部分的全部技术内容均为强制性的。

本部分修改采用 IEC 60601-2-36:1997《医用电气设备　第 2 部分:体外引发碎石设备安全专用要求》,并合并了 IEC 60601-1 修订 2(1995)的内容。该标准的制定将提高国内生产体外引发碎石设备的技术水平,尤其是使该产品在医用电气安全方面将达到国际水平。

本部分与 IEC 60601-2-36:1997 的差异如下:

——36 电磁兼容性:本部分无通用要求;IEC 60601-2-36 在压力脉冲触发和发生期间应符合 IEC 60601-1-2。

GB 9706 在《医用电气设备》总标题下,包括两部分:第 1 部分　安全通用要求(GB 9706.1 对应 IEC 60601-1)及其并列标准(对应 IEC 60601-1-××)、第 2 部分　安全专用要求(对应 IEC 60601-2-××)。

本部分是 GB 9706(IEC 60601)第 2 部分的体外引发碎石设备安全专用要求。

与部分准配套使用的是 GB 9706.1—1995《医用电气设备　第一部分:安全通用要求》。

本部分的附录 D、附录 K 是规范性附录。

本部分附录 A、附录 AA 是资料性附录。

本部分由全国医用电器标准化技术委员会提出。

本部分由全国医用电器标准化技术委员会归口。

本部分由国家医疗器械质量监督检验中心上海市医疗器械检测所负责起草。

本部分主要起草人:俞及、俞西萍、张荣昌。

IEC 前言

1) IEC(国际电工委员会)是一个从事标准化的由所有国家电工委员会(IEC 国家委员会)组成的世界性组织。IEC 的目标是促进国际在电气和电子领域内所有涉及标准化方面问题的合作。为了这个目的和其他活动,IEC 出版国际标准。他们的准备工作委托给技术委员会;任何 IEC 国家委员会对涉及的主题有兴趣,都可以参与这项工作。与 IEC 保持联系的国际的、政府的和非政府的组织也可以参加这样的准备工作。IEC 与 ISO(国际标准化组织)依据两组织之间协议确定的标准是密切合作的。
2) IEC 在技术方面的正式决议或协议表示了它在国际上对相关主题的意见已最大可能地达到一个多数一致,因为各技术委员会有来自所有感兴趣国家委员会的代表。
3) 形成的文件为国际使用的推荐格式,以标准、技术报告和导则方式出版。并在此意义上被国家委员会采纳接受。
4) 为了促进国际上一致,IEC 国家委员会们承担着明晰地、尽可能地最大范围内在他们国家和地区的标准中应用国际标准。任何 IEC 标准与相应的国家或地区标准存在的分歧应清楚地在国家或地区的标准中表明。
5) IEC 没有标识程序用来表示她的认可,也不能给声明与她的标准相符的任何设备承担责任。
6) 可能引起注意是本国际标准中一些内容会涉及到专利权,IEC 不应有责任辨别任何或所有这样的专利权。

国际标准 IEC 60601-2-36 由分委员会 62D 准备:电子医疗设备(IEC 电工委员会 62 的:在医疗方面的电气设备。)

本专用标准的文本基于下列文件:

FDIS	表决报告
62D/211/FDIS	62D/231/RVD

本专用标准的投票表决的全部信息都能在上述表中指明的表决报告中找到。

附录 AA 仅是参考资料。

IEC 引言

本专用标准补充 IEC 60601-1(第二版,1988)医用电气设备　第 1 部分:安全通用要求,加上修改件 1(1991)和修改件 2(1995),以后简称通用标准(见 1.3)。

要求后面是相应的测试方法。

在由分委员会 62D 在 1979 年华盛顿会议上做出的决议之后,“总指导和编制说明”一篇合适地给出一些有关较重要要求(包括在附录 AA 中)的解释性说明。

在附录 AA 中有解释性说明的章或条款用星号标记。

考虑到理解这些要求的成因,不仅推动正确地应用标准,而且会及时地由于临床实践的变化或技术发展的结果,加速推出必要的新版本。然而,这个附录不是本标准的要求部分。

医用电气设备
第 2 部分:体外引发碎石设备
安全专用要求

第一篇 概述

本部分修改采用国际标准 IEC 60601-2-36:1997《医用电气设备 第 2 部分:体外引发碎石设备安全专用要求》。

除下述部分外,通用标准中本篇的章、条款适用:

1 适用范围和目的

除下述部分外,通用标准的本章适用:

1.1 适用范围

增补:

本专用标准适用于体外引发碎石设备(按 2.1.101 的定义)的安全。

本专用标准的适用性限于直接涉及碎石医疗的部件。例如(不仅限于),压力脉冲发生器,患者支撑设备和与它们有关的成像及监视设备。其他设备例如患者治疗所使用的程控计算机,X 射线和超声设备不包括在本部分中。因为它们有其他适用的标准。

由于本专用标准已发展成为应用于碎石设备的标准,所以只要其他治疗性体外压力脉冲设备无有效标准,本部分可作指导。

1.2 目的

增补:

本专用标准规定了体外引发碎石设备的安全要求。

1.3 专用标准

增补:

本专用标准引用 GB 9706.1—1995《医用电气设备 第一部分:安全通用要求》。

为简便起见,在本专用标准中第一部分被称为"通用标准"。

本专用标准的篇、章和条款的编号对应于通用标准。通用标准的文本的更改规定使用下述词汇:

"替换"意为通用标准的章或条款被本专用标准的文本完全替换。

"增补"意为本专用标准的文本补充于通用标准的要求。

"修订"意为通用标准的章或条款由本专用标准的文本所修订。

增补于通用标准的条款或插图将从 101 开始编号,增补的附录为 AA,BB 等,增补项为 aa),bb)等。

术语"本标准"用来作为通用标准和本专用标准的合称。

本专用标准的要求优先于通用标准的要求。

本专用标准对应通用标准空缺的篇、章或条款的地方,通用标准的篇、章或条款无变动地适用。

对体外引发碎石设备不引用通用标准的部分(尽管可能适用),在本专用标准中予以指明。

如果体外引发压力脉冲设备使用(例如)激光或爆炸剂,在应用专用标准要参照其他的适用的专用标准。

2 术语和定义

除下述部分外,通用标准的本章适用:

2.1 设备部件、辅件及附件

替换：

2.1.5*

应用部分 applied part

正常使用的设备的一部分：

——为了行使设备的功能而必须与患者有身体接触的部分；或

——可能用来接触患者的部分；或

——需要患者触摸的部分。

2.1.7

F型隔离(浮动)应用部分 F-type isolated(floating) applied part(以下简称F型应用部分)

与设备其他部分相隔离的应用部分，其绝缘应达到在应用部分与地之间出现源于与患者相连的外部设备的意外电压时，没有电流能高于在单一故障状态时患者漏电流的允许值。

F型应用部分为BF型应用部分或CF型应用部分。

2.1.15*

患者电路 patient circuit

包含有一个或更多患者连接部分的任何电气电路。

患者电路包括所有与患者连接部分的绝缘未达到电介质强度要求的导电部分(见20章)或与患者连接部分的隔离未达到爬电距离和电气间隙要求的导电部分(见57.10)。

增补定义：

2.1.23*

患者连接 patient connection

在正常状态或单一故障状态下，电流可通过其在患者与设备之间流动的应用部分的每一个独立部分。

2.1.24*

B型应用部分 type B applied part

符合本标准中规定的对电击的防护，尤其是关于漏电流允许值要求的应用部分，用附录D中表D2符号1来标记。

注：B型应用部分不适用于直接用于心脏。

2.1.25*

BF型应用部分 type BF applied part

符合本标准中规定的要求，对电击防护的程度比B型应用部分高一等级的F型应用部分，用附录D表D2符号2来标记。

注：BF型应用部分不适用于直接用于心脏。

2.1.26*

CF型应用部分 type CF applied part

符合本标准中规定的要求，对电击防护的程度比BF型应用部分高一等级的F型应用部分，用附录D表D2符号3来标记。

2.1.27*

防除颤应用部分 defibrillation-proof applied part

对患者心脏除颤放电效应具有防护的应用部分。

2.1.101

体外引发碎石设备 equipment for extracorporeally induced lithotripsy(以后称作设备)

由体外引发压力脉冲来治疗的设备。

2.2.7

直接用于心脏　direct cardiac application

在文中用“应用部分”替换“设备”。

2.2.9

防滴设备　drip-proof equipment

删去此定义并由以下内容替换：

2.2.9

不采用。

2.2.15

医用电气设备　medical electrical equipment

在定义中增补第二段：

设备包括那些由制造厂指定的使设备能正常使用所必需的附件。

2.2.20

防溅设备　splash-proof equipment

2.2.24

B型设备　type B equipment

2.2.25

BF型设备　type BF equipment

2.2.26

CF型设备　type CF equipment

2.2.28

防浸设备　watertight equipment

删去这些定义并由以下内容替换：

2.2.20　不采用。

2.2.24　不采用。

2.2.25　不采用。

2.2.26　不采用。

2.2.28　不采用。

2.6.4

功能接地端子　functional earth terminal

在条款号后加星号。

2.9.13

恒温器　thermostat

替换：

温度敏感控制器，用于在正常工作时使温度保持在两特定值之间，并可有由操纵者设定的装置。

2.12　其他

增补定义：

2.12.101

碎石　lithotripsy

结石的粉碎或破碎。

2.12.102

体外引发碎石　extracorporeally induced lithotripsy

由患者体外产生的压力脉冲在患者体内碎石。

2.12.103

压力脉冲　pressure pulse

由碎石设备发射的声波。

2.12.104

压力脉冲耦合　pressure pulse coupling

使压力脉冲从设备传输到患者的任何方法。

2.12.105

聚焦体　focal volume

由压缩声压峰值的－6 dB 等压线定义的表面所包含的空间体积。

2.12.106*

测位装置　localization device

用于确定结石空间(三维)位置的装置。

2.12.107

目标位置　target location

制造商预定给操作者的定位结石的空间位置。

2.12.108

定位装置　positioning device

将结石带到与目标位置相重合的装置。

2.12.109

目标标记　target marker

用于指示目标位置的标记。

3　通用要求

除下述部分外，通用标准的本章适用：

3.6*　下列单一故障状态在本标准中有特定的要求和实验：

替换 e)～j)：

e)　与氧或氧化亚氮混合的易燃麻醉气的外壳的泄漏(见第六篇)；

f)　液体的泄漏(见 44.4 条款)；

g)　可能引起安全方面的危险的电气元件故障(见第九篇)；

h)　可能引起安全方面的危险的机械部分故障(见第四篇)；

j)　温度限制装置的故障(见第七篇)。

4*　试验的通用要求

除下述部分外，通用标准的本章适用：

4.5　环境温度、湿度、大气压

替换 a)：

a)　当被试设备已按正常使用状态准备好之后(按 4.8)，除非制造厂另有规定，按 10.2.1 规定的环境条件范围进行试验。

对于基准试验(如试验结果取决于环境条件)，表 1 中规定的一组大气条件是被承认的。

表 1 规定的大气条件

温度/℃	23±2
相对湿度/%	60±15
大气压力	860 hPa～1060 hPa (645 mmHg～795 mmHg)

4.10* 潮湿预处理

替换第一段：

在进行 19.4 和 20.4 的试验之前，不属于 IPX8 的所有设备，(见 GB 4208—1993《外壳防护等级(IP代码)》)，或设备部件必须进行潮湿预处理。

替换第三段：

仅对那些在受到试验所模拟的气候条件影响易发生安全方面的危险的设备部件才必须进行这一试验。

(也可见相应的编制说明。)

在第六段中用"93%±3%"替换"从 91%～95%"。

在最后，替换两个破折号部分：

——2 d(48 h)标有 IPX0 的设备(未被保护的)；

——7 d(168 h)标有 IPX1 至 IPX8 的设备。

5* 分类

除下述部分外，通用标准的本章适用：

用"设备和其应用部分必须采…"替换"设备必须…"。

替换 5.2：

5.2 按防电击的程度分：

——B 型应用部分；

——BF 型应用部分；

——CF 型应用部分。

替换 5.3：

5.3 按在 GB 4208 的现行版本中规定的对进液的防护程度分(见 6.1 l))。

6 识别、标记和文件

除下述部分外，通用标准的本章适用：

6.1 设备或设备部件的外部标记

6.1 l) 分类

第二个破折号中的第一对括号：用"(1～8)"替换"(1,4 或 7)"。

第二个破折号中，删去第二对括号及其内容，以及在附录 D 表 D1 中删去符号 11,12 和 13。

替换第三个破折号的内容：

——对 B、BF 和 CF 型应用部分采用按防电击程度分类的应用部分符号(见附录 D，表 D2，符号 1,2 和 3)。

为与符号 2 清晰区别，符号 1 不得采用将其围在方框内的印记的做法。

若设备具有一个以上对电击防护程度不同的应用部分，在这些应用部分上，相应输出口上或靠近输出口(连接点)处，必须清楚地标上有关标记。

防除颤应用部分必须标以相应符号(见附录 D，表 D2，符号 9,10 和 11)。

增补第四个破折号内容如下：

——若部分患者电缆有对心脏除颤放电效应的防护，在靠近相应输出口处，必须标以附录 D，表 D1 中的符号 14。

6.1 n) 熔断器

在条款号后增补一个星号。

6.1 v) 保护性包装

增补第三段内容如下：

设备或附件的无菌包装必须标以无菌。

6.2 设备或设备内部的标记

a) 第一段最后一行：用“……6.1 条”替换“……6.1 z)条”。

d) 增补新的一段内容如下：

对于不打算由操作者更换的电池和仅在使用工具时才能更换的电池，用一个在随机文件资料说明中提到的识别标记就可以了。

在 e)条款后加一个星号。

6.3 控制器件和仪表的标记

最后一行，在“通过检查来检验……”后，加上“并应用 6.1 条的耐久性试验。”

f) 用以下内容替换：

f) 操作者控制器和指示器的功能必须能识别。

增补新条款 g)：

g) 参数的数字指示必须采用 GB 3100 规定的国际单位制和以下附加内容来表示：

可用于设备上的国际系统外的单位：

——平面角单位：

- 转数，
- 锥度，
- 度，
- 角度的分，
- 角度的秒；

——时间单位：

- 分钟，
- 小时，
- 天；

——能量单位：

- 电子伏特；

——血压和其他体液压力：

- 毫米汞柱。

增补条款：

6.3.101 无线遥控

如果设备提供了无线遥控装置，该装置必须清楚地标明其用途和功能。

6.4* 符号

最后一行，替换为：

通过检查和进行 6.1 的耐久性试验来检验是否符合要求。

6.8 随机文件

6.8.2 使用说明书

a)* 一般内容

增补二个破折号内容，分别排在第一和第三，内容如下：

——使用说明书必须说明设备的功能和计划用途。

——使用说明书必须向使用者或操作者提供关于存在于设备和其他装置之间潜在的电磁或其他干扰的资料以及对于避免这些干扰的建议。

增补：

- 如果设备提供了显示装置（如放电计数器），并且这些显示装置的目的在使用说明书中已有解释，则用于维修目的的时间间隔不必在使用说明书中阐述。

特别是使用说明书必须适当地给予以下忠告：

1） 必须描述用于避免危及安全如由于压力脉冲传送至包含气体的组织而导致的危险的有关安全预防措施。

2） 必须有压力脉冲会引起有害的心脏活动的警告。

3） 当使用心电监护设备去触发压力脉冲的发生时，只能使用设备制造商指定的心电监护仪。

4） 为保证正确地治疗，必须警告操作者要经常性地检查结石位置。

5） 必须描述常规性能检查的时间表和检查方法。

6） 描述压力脉冲耦合的正确方法，包括提示必须没有气泡的警示。

7） 必须有压力脉冲通过肌肉组织被衰减，剩余能量被骨吸收的提示。

8） 即使安装了防冲撞设备，仍要提示操作员必须始终注意任何运动，这会对患者或操作员产生危险。

e） 由网电源供电并带有附加电源的设备

替换倒数第二行：

“……如果外部保护导线在安装布线中有疑问时，设备必须……”

f） 一次性电池的取出

在句子的最后增补：“……，除非不存在产生安全方面的危险的风险。”

增补新条款：

j） 环境保护

使用说明书必须：

——指明有关废物、残渣等的处理以及设备和附件在其使用寿命末期时的任何风险；

——提供把这些风险降到最小的建议。

6.8.3* 技术说明书

a）* 概述

用以下内容替换第一段：

技术说明书必须提供为安全运行必不可少的所有数据，包括：

——在6.1条中提到的数据；

——设备的所有特性参数，包括范围、精度和显示值或能够被看到的指示的精密度。

在条款号后加一星号，并参见相应的新编制说明。

d） 用以下内容替换标题：

运输和贮存的环境条件

将第一行中的“如果……条件”删去，用以下内容作为这一段的开始：

“技术说明书…”。

增补：

设备的技术说明书至少必须包括，例如

aa） 目标标记相对于目标位置的定位精度；

bb） 聚焦体相对于目标位置的位置及大小；

cc） 压缩和膨胀声压峰值；

dd） 每一脉冲的能量。

第二篇　环境条件

除下述部分外，通用标准中本篇的章、条款适用：

8* 基本安全类型

在文中最后，由“A.1.1”替换“A.1.2”。

10 环境条件

除下述部分外，通用标准的本章适用：

10.1 运输和贮存

用以下内容替换现有内容：

在运输或贮存包装状态下，设备必须能暴露于制造厂规定的环境条件下。（见 6.8.3 d））。

10.2 运行

10.2.1 用“环境”（见 4.5）替换标题

替换：

a） 环境温度范围：+10℃～+30℃。

在 10.2 的最后一段修改为：

用本标准中的试验来检验是否符合 10.2 的要求。

第三篇　对电击危险的防护

除下述部分外，通用标准中本篇的章、条款适用：

14 有关分类的要求

除下述部分外，通用标准的本章适用：

14.5 内部电源设备

替换：

a） 不采用。

b）* 具有和网电源相连装置的内部电源设备，当其与网电源相连时必须符合Ⅰ类或Ⅱ类设备的要求，当其未与网电源相连时必须符合内部电源设备的要求。

14.6 B型、BF型和CF型设备

用以下内容替换 14.6：

14.6* B型、BF型和CF型应用部分

a） 不采用。

b） 不采用。

c） 在随机文件中指明适合直接用于心脏的应用部分必须为 CF 型。

d） 不采用。

17 隔离

除下述部分外，通用标准的本章适用：

a） 在符合性一节中，以“如果对 1）的应用部分……”开头的第四段的最后两行“必须……”改为：

必须短接上述 17a)1)中带电部件与应用部分之间的绝缘，上述 17a)2)中带电部件与金属部件之间或上述 17a)3)中带电部件与中间电路之间的绝缘后测量患者漏电流和患者辅助电流。

g) 在符合性一节中，第四段为：

如果对 17g)2)中的保护接地金属部件或 17g)3)中的中间电路的检查表明在单一故障状态时隔离的有效性可疑时，必须短接上述 17g)2)中带电部件与金属部件之间的绝缘，或上述 17g)3)中带电部件与中间电路之间的绝缘来测量外壳漏电流。

增补新的 h)条：

h)* 用于将防除颤应用部分与其他部分绝缘的排布必须设计为：

——在对与防除颤应用部分连接的患者进行心脏除颤放电期间，设备的下述部分不得出现有危险的电能：

- 外壳，包括可触及导线和连接器的外表面，
- 任何信号输入部分，
- 任何信号输出部分，
- 试验用的金属箔。设备放在其上的金属箔，其面积至少与设备底部面积相等的。

——在施加除颤电压之后，经过了随机文件中所规定的任何必要的恢复时间后，设备必须能继续行使随机文件中提到的设备预期功能。

用以下的脉冲电压试验来检验是否符合要求：

——(共模试验)设备按照图 50 所示接入测试电路。测试电压加于所有连在一起的且与地绝缘的患者连接；

——(差模试验)设备按照图 51 所示接入测试电路。测试电压依次加于每一个患者连接，同时其余所有患者连接接地。

注：当应用部分是由单个患者连接组成时，不采用差模试验。

在每次试验期间：

——Ⅰ类设备的保护接地导线接地。能在无网电源情况下运行的Ⅰ类设备，(例如具有内部电池的)，须在断开保护接地连接后再试验一次；

——设备不得接通电源；

——应用部分的绝缘表面被金属箔覆盖或浸在 19.4h)9)中规定的盐溶液中；

——任何与功能接地端子的连接都予断开；当一个部分为了功能目的而内部接地时，这类连接应被当作保护接地连接并必须符合 18 章的要求，或者根据目前文本的目的而必须断开；

——在本条款第一个破折号中指明的未保护接地的部分要连到示波器上。

在进行了 S 的操作后，在 y_1 点和 y_2 点之间的电压峰值不得超过 1 V。

每一试验都应将 V_T 极性相反后重复进行。

在经过了随机文件所规定的任何必要的恢复时间后，设备必须能继续行使随机文件中提到的设备预期功能。

18 保护接地、功能接地和电位均衡

除下列部分外，通用标准的本章适用。

b) 第二行中，将“供电系统的保护接地导线”改为“安装中的保护导线”。

f) 第二段中，将“保护接地点”改为“保护接地连接点”。

第五段中，将以下内容：

“用 50 Hz 或 60 Hz、空载电压不超过 6 V 的电源产生不低于 10 A 也不超过 25 A 的电流，在至少 5 s的时间里…”

替换为：

"用 50 Hz 或 60 Hz、空载电压不超过 6 V 的电源产生在 25 A 或 1.5 倍于设备额定值中较大的一个电流(±10%),在 5 s~10 s 的时间里…"

g) 在 g)条上加一星号。

19 连续漏电流和患者辅助电流

除下列部分外,通用标准的本章适用。

19.1 通用要求

19.1 b)* 增补第三个破折号:

患者漏电流不宜在压力脉冲释放期间测量。

e) 在第三个破折号的开头,将"设备"改为"应用部分"。

增补以下内容作为新条款 g):

g) 在正常状态下,具有多个患者连接的设备必须通过检验,确保当一个或更多患者连接处于以下状态时患者漏电流和患者辅助电流不超过容许值:

——不与患者连接;和

——不与患者连接并接地。

如果对设备电路的检查表明,在上述条件下患者漏电流或患者辅助电流可能会增大至超过容许值时,必须进行试验,且实际测量应限于有代表性的几种组合内。

19.2 单一故障状态

b) 第一个破折号,第一行,删去:"未保护接地"

b) 第一个破折号的 1),整段由以下内容替换:

制造厂规定的信号输入部分或信号输出部分与不存在外部电压风险情况的设备相连时(见 GB 9706.15—1999,对应于 IEC 601-1-1)。

b) 第一个破折号的 2)和 3)由以下内容替换:

2) B 型应用部分,在对其电路及结构安排的检查表明不存在安全方面的危险时;

3) 对 F 型应用部分。

b) 第三个破折号,用以下内容替换 1)和 2):

1) B 型应用部分,在对其电路及结构安排的检查表明不存在安全方面的危险时;

2) 对 F 型应用部分。

c) 第一段,删去"未保护接地"。用以下内容替换第二段:

这一要求仅适用于制造厂规定的信号输入部分或信号输出部分与不存在外部电压风险情况的设备相连时(见 GB 9706.15—1999,对应于 IEC 601-1-1)。

19.3* 容许值

a) 删去"……频率小于或等于 1 kHz 的"

b) 用以下内容替换:

表 4 所列容许值适用于流经图 15 网络并按该图示(或用可测量图 15 规定的电流频率成分的装置)进行测量的电流。

另外,在正常状态或单一故障状态下,不论何种波形和频率,漏电流不得超过 10 mA 真有效值。

表 4 患者漏电流一行,改为:

按注 5)的	d.c.	0.01	0.05	0.01	0.05	0.01	0.05
患者漏电流	a.c.	0.1	0.5	0.1	0.5	0.01	0.05

(参见表 4 患者漏电流编制说明)

删去表 4 中患者辅助电流后的星号,并增补"按注 5)"字样增补表 4 的注 3)：

体外引发碎石设备

- 用工业级接插器件保证设备的电源供给，并且在机械方面能防止无意断开的设备，应该被认作是永久性连接设备。

表 4，增补以下注：

5) 表 4 中规定的患者漏电流和患者辅助电流的交流分量的最大值仅仅是指电流的交流分量。

19.4 试验

c)2) 将第一行修改为：

配有电源输入插口的设备，……连接到测量电路上进行试验。

e) 将 3)替换为：

不采用。

h)* 在 9)中加入以下一段：

这些箔或盐溶液必须被作为相关应用部分的唯一患者连接。

20 电介质强度

除下述部分外，通用标准的本章适用：

20.1 对所有各类设备的通用要求

A-f 在条款后加星号，并用以下内容替换第二行：

这种绝缘必须等同于基本绝缘。

A-k c)用以下内容替换：

上述的应用部分由保护接地屏蔽或保护接地中间电路有效隔离。

A-k d)用以下内容替换：

制造厂规定信号输入部分或信号输出部分与不存在外部电压风险情况的设备相连(见 GB 9706.15—1999，对应于 IEC 601-1-1)。

20.3 试验电压值

将 GB 9706.1 中 20.3 最后两段合并成一段。

在表 5 前，增补以下内容：

对防除颤应用部分，基准电压(U)的确定不考虑除颤电压的存在可能(参见 17h)* 条)。

在表 5 之下，由以下内容替换现有的注：

注：

1 表 6 和表 7，不采用。

2 当正常状态下相应绝缘所受到的电压是非正弦交流电时，可以用 50 Hz 的交流试验电压进行试验。在这种情况下，试验电压应由表 5 确定，基准电压(U)等于测得的电压峰-峰值除以 $2\sqrt{2}$。

增补表 5：

高于 10.000 V 的电压必须以 1.2 倍试验。

第四篇 对机械危险的防护

除下述部分外，通用标准中本篇的章、条款适用：

21 机械强度

除下述部分外，通用标准的本章适用：

21.3 增补

工作台或患者支撑的延伸例如可调节的脚踏板，必须在制造商规定的任何倾斜角下自锁。

通过检查,检验是否符合要求。

增补条款：

21.3.101* 安全系数

安全系数指的是一个极限应力与在运行时最大应力之比值。

安全系数必须等于或大于表1至表3规定的值。

在计算动态负载部件的强度时,所有损害因数如切口、表面质量等均应考虑在内。

安全系数必须根据21.3.101.1所述的部件失效的可能结果来进行选择。

21.3.101.1* 安全系数的确定

安全系数必须根据下述几个方面进行选择：

A级结构:一个部件的失效危及人的生命及健康。

B级结构:一个部件的失效导致系统功能下降,但不会伤害人体。

C级结构:一个部件的失效导致相对的轻微故障。它可被迅速容易地排除。但不会导致系统功能损坏,也不会伤害人体。

此外,在静态应力的情况下,结构A,B,C级可再细分如下：

a) 可确定的应力

注:外力或预期应力的值已知。

b) 不能精确确定的应力

注:外力或预期应力可被估算。

表1 静态应力

加载情况	抗…安全	结构等级的安全系数					
		C		B		A	
		a	b	a	b	a	b
静态	外形变化(Rp0.2或Rp)	1.1	1.3	1.4	1.6	1.7	2.2
	过载断裂(Rm)	1.7	2.0	2.0	2.3	2.5	3.5

表1仅用于金属材料。

根据EN 10002第1部分,外形变化是基于应变极限Rp0.2或弹性极限Rp,过载断裂是基于作为拉伸极限的抗拉强度Rm。

表2 动态应力

加载情况	抗…安全	最大负载的频率/%	结构等级的安全系数		
			C	B	A
振荡	疲劳断裂	100	1.5	2.0	2.3
		75	1.5	1.8	2.1
		50	1.4	1.6	1.9
		25	1.3	1.5	1.7

表2仅用于金属材料。

注:对易碎材料,安全系数应只取“最大加载频率100%”这一栏。

表 3 弯曲、振动和碰撞加载

加载类型	抗…安全	结构等级的安全系数		
		C	B	A
振动/碰撞	过载断裂	4	6	8
弯曲	不稳定	4	6	8

21.3.101.2 **特殊情况**

对由钢制件(如索、链、带)构成的悬挂设备,安全系数由 28 章给出。

21.6 携带式设备或移动式设备,必须能承受由于粗暴搬运而产生的应力。

替换:

由下述试验,检验是否符合要求:施加一个尽可能贴近地面的接触力,使设备以其同常方向向前移动,速度由厂商规定的但不超过 0.1 m/s,滚过一个置于平面上的固定障碍物,其横截面为高 10 mm 宽 80 mm 的矩形。

试验后该设备必须正常工作。

22 运动部件

除下述部分外,通用标准的本章适用:

22.3 **增补**

本条款也适用于这些部件的损坏。

22.4 **增补**

具有动力驱动的系统必须设计成能避免把过多的力施加于患者身上。

必须防止设备移动在施压时危及患者。

22.7 **在第五个破折号后增补:**

- 若设备失灵,必须能释放患者或重新定位患者。
- 对移去附件会造成平衡设备部件的危险移动,这个部件必须予以阻塞以使其安全。仅仅是挚动操作是不够的,必须保证附件在所有的操作位置上都不会掉落。

24 正常使用时的稳定性

除下述部分外,通用标准的本章适用:

增补:

24.101 在运输过程中,当总计为设备重量的 25%的力或 220 N(应用较小的值已足够)的力作用在设备上,该设备不得倾斜。

力的作用点和方向必须选择使设备能最大程度地倾斜,支脚或脚轮必须制动。力必须作用在最高点,但不高于离地面 150 cm 处。

24.102 如果超过 45 kg 的可运输设备装有轮子,轮子必须具有 70 mm 的最小直径。若设备的重量不均衡,只有两个轮子满足上述条件,则它们必须承受设备的主要重量,设备的移动必须可锁定的。

24.103 动力驱动的移动设备的制动装置必须设计成使其自动有效,用一个动作才能解除。

26* 振动和噪声

在正常使用条件下,如果设备产生的噪声超过下述值,必须采取措施来保护患者和操作者。必须采用给出的值,直到被 TC29 制定的 IEC 标准所取代。

90 dB(A) 对每天工作 8 h;

105 dB(A) 对每天工作 1 h;

140 dB(A)　　对峰值工作。

27 气动和液压动力

用"无通用要求"替换"在考虑中"。

28 悬挂物

除下述部分外，通用标准的本章适用：

28.1 概述

增补：

安全系数包括发生在装配时(如绳夹、绳套等)的任何加载。

单一和多重悬挂是等同的。

多重悬挂的一个部件的失效必须能被操作者识别。

在常规使用中若发生较大变化的负载，如限位停止的碰撞或一个高加速度力的结果，必须提供适当的阻尼。

28.3 在第二个破折号后增补

平行运行于其他绳索、链条或皮带的绳索、链条或皮带若在操作中保持空载可认为是抗跌落安全设备。

导线绳若被定期间隔检查，才可用作抗跌落设备。

28.5* 动态负荷

用"无通用要求"替换"不采用"。

第五篇　对不需要的或过量的辐射危险的防护

除下述部分外，通用标准中本篇的章、条款适用：

29 X 射线辐射

29.1　用以下内容替换"不采用"：

——对诊断用 X 射线设备——见并列标准 GB 9706.12；

——对 X 射线疗法用设备——无通用要求，见相关专用要求。

30～34

保留标题，用"无通用要求"替换"在考虑中"。

35* 声能(包括超声)

替换：

测量方法在考虑中。

36 电磁兼容性

无通用要求。

第六篇　对易燃麻醉混合气点燃危险的防护

40 对 AP 型设备及其部件和元件的要求和试验

除下述部分外，通用标准的本章适用：

40.3* **低能电路**

第一个破折号，第二行，将“乙醚的”替换“或乙醚”。

最后一段（符合性），用“确定 U_{max}、I_{max}、R、L_{max} 和 C_{max}……”替换“确定 U_{max}、I_{max}、L_{max} 和 C_{max}……”。

41 对 APG 型设备及其部件和元件的要求和试验

除下述部分外，通用标准的本章适用：

41.1 **概述**

第二段将“……最终……”改为“……热……”。

第七篇 对超温和其他安全方面危险的防护

除下述部分外，通用标准中本篇的章、条款适用：

42 超温

除下述部分外，通用标准的本章适用：

42.3 1) d)

e)和 f)条成为上述 d)条的一部分，用点号替换“e)”和“f)”。

增补：

42.101* **低温**

在厂商规定的预热期后，应用部分的表面温度不得低于环境温度 5℃。

43 防火

除下述部分外，通用标准的本章适用：

将以下标题加在第一段之前：

43.1 **强度和刚度**

增补条款：

43.2* **富氧空气**

无通用要求。

44 标题修订：

44 溢流、液体泼洒、泄漏、受潮、进液、清洗、消毒、灭菌和相容性

44.3 **液体泼洒**

在“用以下试验来检验是否符合要求”之后，用以下内容替换后面的两段：

设备置于 4.6 a)规定的位置。将 200 mL 自来水从不高于设备顶部表面 5 cm 处，在大约 15 s 时间内，匀速地倒在设备顶部表面的任一点。

试验后，在正常状态下设备必须符合本标准的所有要求。

44.4* **泄漏**

在要求的最后“安全方面的危险”后增补“（参见 52.4.1* 条）”。

44.6 **进液**

将符合性段落改为：

通过 GB 4208 的试验来检验是否符合要求。

设备必须能承受 20 章规定的电介质强度试验。检查必须证明可能进入设备的水没有有害的影响；特别是在 57.10 规定的爬电距离的绝缘上没有水迹。

增补以下新条款：

44.8*　设备所用材料的相容性

无通用要求。

48*　与患者身体接触的应用部分的材料

删去星号，将标题改为“生物相容性”。

将“不采用”改为：

打算与生物组织，细胞或体液接触的设备和附件的部分，必须按照 GB/T 16886.1—1997 中给出的指南和原则进行评估和证明。

通过检查制造厂提供的资料来检验是否符合要求。

49　供电电源的中断

在条款号上加一星号。

除下述部分外，通用标准中本章适用：

49.2　供电电源的恢复

当供电电源恢复时，要求一个审慎的动作(比如再按键钮)启动压力脉冲释放。

第八篇　工作数据的精确性和对不正确输出的防止

除下述部分外，通用标准中本篇的章、条款适用：

50　操作数据的准确性

除下述部分外，通用标准中本章适用：

增补：

50.101*　厂商必须提供判定焦点位置和大小的检测规程，包括允许的偏差。

通过检查，检验是否符合要求。

50.102*　厂商必须提供识别会引起增加患者危险的任何物理变量偏差的检测规程。

通过检查，检验是否符合要求。

50.103　厂商必须对始终一致的测试方法负责，它包括对最初的设备质量控制测试方法和对整个寿命期间设备的测试方法。

通过检查，检验是否符合要求。

51　危险输出的防止

除下述部分外，通用标准中本章适用：

51.1　有意地超过安全极限

在条款号后加一星号，并用以下内容替换现有文本(现有内容被加入到编制说明，附录 A 的 A2)：

无通用要求。

51.2　有关安全的参数的指示

在条款号后加一星号，并用以下内容替换现有文本(现有内容被加入到编制说明，附录 A 的 A2)：

无通用要求。

通标增补条款：

51.5*　不正确的输出

无通用要求。

增补条款：

51.101　在压力脉冲释放的单一故障状态下必须保证安全(避免有过失的释放)，在电机定位时的单一故障状态下必须保证安全(避免在压力脉冲释放过程中位置的无意改变和机械危险)。

这些要求可由两个系统的互锁来满足:即锁住压力脉冲释放的单一故障状态来保证定位设备的安全;或锁住定位设备的单一故障状态来保证压力脉冲释放的安全。这种互锁方式在操作者深思熟虑的行为下可被不予考虑。如结石的位置在监视情况下,按一个独立的开关。

通过功能测试和故障分析,检验是否符合要求。

51.102　压力脉冲的释放必须在操作者精心准备和不间断操作控制下实现。

51.103　在单一故障状态下,预防患者处在意外的压力脉冲值时的保护措施必须安全可靠。

51.104　如果压力脉冲控制设备由多个设备控制,这些设备必须互锁。

第九篇　不正常的运行和故障状态;环境试验

除下述部分外,通用标准中本篇的章、条款适用:

52　不正常的运行和故障状态

除下述部分外,通用标准中本章适用:

52.1　将以下内容加到第一段中:

另外,对于包含可编程电子系统的设备的安全,须采用未来的 IEC 并列标准 60601-1-4(见附录 L)中的规则进行检查。

52.4.1*　第一个破折号,用"……有毒或可燃物质……"替换"……有毒或可燃气体……"。

52.5.8　电机驱动的设备的附加试验

在介绍表 12 的文字前,恢复在第一次修订中被误删的句子:

温度按 42.3 中 4)的规定进行测量。

52.5.9　元件的故障

增补以下内容作为新的第三段:

连接在网电源相反极性部分之间的符合 IEC 60384-14 要求的电容(X_1 和 X_2),不含在此要求中。因此,不得模拟这些电容的故障。

注:关于 X_1 和 X_2 的资料,见 IEC 60384-14 中 1.5.3。

第十篇　结构要求

除下述部分外,通用标准中本篇的章、条款适用:

54　概述

除下述部分外,通用标准的本章适用:

54.3　设定值的意外改变

增补:

54.3.101　无线遥控设备

当使用无线遥控设备时,干扰不得引起安全方面的危险。

通过检查,检验是否符合要求。

无线遥控设备必须被清楚地指明所属的设备及它的功能。

56　元器件和组件

除下述部分外,通用标准的本章适用:

56.3　连接——概述

增补以下新条款,并加上星号:

c)* 在与患者有导电连接的导线上的任何连接器应按以下方式构造，即在患者远端的上述连接器部分的导电连接不得接地或连接可能有危险的电压。

通过检查和应用以下试验中适用于上述连接器部分的导电连接的试验来检验是否符合要求：

——所述部分不得接触到直径不小于 100 mm 的导电平面；

——对于单极点连接器，采用与图 7 所示标准试验指直径相同的笔直的、无接缝的试验指，在对可触及开口加以 10 N±2 N 的力时，在最不利的位置上不得与所述部分有电气接触；

——所述部分如果能插入网电源插头，必须通过至少有 1.0 mm 的爬电距离和1 500 V的电介质强度的绝缘方式来防止与带有网电源电压的部分接触。

56.6 温度和过载控制装置

b) 第一个破折号，删去以下文字：

“其温度范围实质上不得超过设备专门功能所需的温度，”

56.7 电池

增补新条款 c)，并加以星号：

c)* 电池状态

无通用要求。

56.8 指示灯

将第一行改为：

除非对位于正常操作位置的操作者另有显而易见的指示，否则必须安装指示灯，用于：

——指示设备已通电(见 6.3 a))。

56.11 有电线连接的手持式和脚踏式控制装置

56.11 b) 机械强度

增补：

使用脚踏开关需要的力必须不小于 10 N。

通过测力检查，检验是否符合要求。

d) 进液

第一个破折号，用“至少达到 GB 4208 的 IPX1”替换“防滴式”。

将第一个破折号的第二段改为：

通过 GB 4208 的试验来检验是否符合要求。

第二个破折号，用“GB 4208 的 IPX8”替换“防浸式结构”。

将第二个破折号的第二段改为：

通过 GB 4208 的试验来检验是否符合要求。

增补条款：

dd) 脚踏控制装置的电气开关部件必须至少是 IPX4(防溅的)。

根据通用标准的 44.6，检查是否符合要求。

e) 连接用电线

第二行，用“电源线”替换“电源软电线”。

57 网电源部分、元器件和布线

除下述部分外，通用标准的本章适用：

57.2 网电源连接器和设备电源输入插口等

将 b)条修订如下：

b)* 结构

无通用要求。

增补以下新条款：

g)* 除了需要提供功能接地的地方，Ⅰ类设备电源输入插口不得用于Ⅱ类设备。

57.4 电源软电线的连接

a) 电线固定用的零件

用以下内容替换倒数第二段、第三段：

为测量纵向位移，在电线承受拉力前，要在电线上距离电线固定用的零件大约 2 cm 或其他适当的位置处作记号。

在试验后，测量在电线承受拉力时，电线护套上的记号对电线固定用的零件或上述其他适当位置的位移。

b) 软电线防护套

用以下内容替换最后三段：

不能通过以上尺寸试验的防护套，必须通过 GB 4706.1—1998《家用和类似用途电器的安全 第 1 部分：通用要求》25.10 的试验。

57.5 网电源接线端子装置和网电源部分的布线

a)* 网电源接线端子的通用要求

第一段，最后一行“用螺钉、螺母或等效的方法。”，改为：

“用螺钉、螺母、焊接、夹子、导线卷曲或其他等效方法”。

b) 网电源接线端子装置的布置

第一行，用“电源线”替换“软电源线”。

57.8 网电源部分的布线

a) 绝缘

将本段改为：

网电源部分某单根导线的绝缘必须至少要与 GB 5023.1 或 GB 5013.1 所要求的电源电线中各单根导线电等效，否则该导线必须被认为是一根裸导线。

通过以下试验来检验是否符合要求：

如果绝缘能承受 2 000 V，1 min 的电介质强度试验，它被认为是电等效。试验电压加在导线和长为 10 cm 的包裹绝缘的铝箔之间的电线样品上。

57.9* 电源变压器

57.9.1 过热

a) 短路

将第一个破折号中的第一句替换为：

——带有限制绕组温度保护装置的网电源变压器，被连接到在最低额定电压的 90% 到最高额定电压的 110% 之间或额定电压范围内最不利的电压上。

（在同一条款中，在最后三段前加上破折号）

b) 过载

用以下内容替换第四个破折号的第五点：

- 对用过电流释放器作保护装置的电源变压器加载，使电路中的试验电流尽可能接近制造厂规定的跳闸电流，但不引起释放动作，继续进行试验直至达到热稳定状态。试验中过电流释放器必须用与可忽略的阻抗的连接代替。

57.10* 爬电距离和电气间隙

在条款号后加一星号；另外删去 a)* 和 d)* 条款上的星号。

a) 数值

增补以下第四个破折号：

——在防除颤应用部分和其他部分之间，爬电距离和电气间隙必须不小于 4 mm。

d) 爬电距离和电气间隙的测量

用以下内容替换第五段：

通过外部部件的缝隙或开口的爬电距离和电气间隙必须用图 7 所示标准试验指来测量。

在表 16 中，第一列，第一行(对应于 A-f)，用“等同于基本绝缘”替换“基本绝缘”。

表 16 中，第八列，第二行，用“400”替换“380”。

增补条款：

aa) 对于固定设备，通用标准表 16 的值应用至 660 V(a. c. r. m. s)或 800 V(d. c.)基准电压。

对更高的基准电压，爬电距离和电气间隙：

- 不得小于那些在通用标准表 16 中给定于 660 V(a. c. r. m. s)或 800 V(d. c.)的值，和
- 必须符合通用标准 20.3 的要求，绝缘强度满足：

基准电压	测试电压
660 V<U≤1 000 V	2U+1 000 V
1 000 V<U≤1 000 V	U+2 000 V
10 000 V<U	1.2U

对绝缘强度的测试必须在通用标准的 20.4 所描述的环境条件下进行。

对密封元器件的要求正在考虑中。

对符合已公认标准的元件，其爬电距离和空气间隙不再作进一步要求。对有公认可靠性的元器件，不需检查。

通过测量，检验是否符合要求。

59 结构和布线

除下述部分外，通用标准的本章适用：

59.1 内部布线

c) 绝缘

第二个破折号，增补以下新段落：

第二个破折号中提到的护套按以下内容来检验是否符合要求：

绝缘必须能承受 1 min 2 000 V 的电介质强度试验。试验电压加在插入护套样品的金属棒和长为 10 cm 的包裹在绝缘外的金属箔之间。

第三个破折号，用“70℃”替换“75℃”。

59.3 过电流和过电压保护

第二个破折号，将“试验方法正在考虑中”改为：

通过检查保护装置的存在以及在必要时对设计数据的检查来检验是否符合要求。

59.4 油箱

用以下内容替换最后一段：

通过对设备和使用说明书的检查和手工试验，来检验是否符合要求。

图

图 11

在标题的最后，用“对地电势”替换“对地”。

图 18

在图的顶部，用“S_9”替换“S_5”(图上以下其他的 S_5 不变)。

图 39 到 47 的图

增补以下条款：

7） 图 43 到 45 中的未粘合连接是为例 5 到 7 的情况提出的。对粘合连接的说明见本标准，第 57.9.4 f)，第二个破折号。

增补新图 50 和 51：

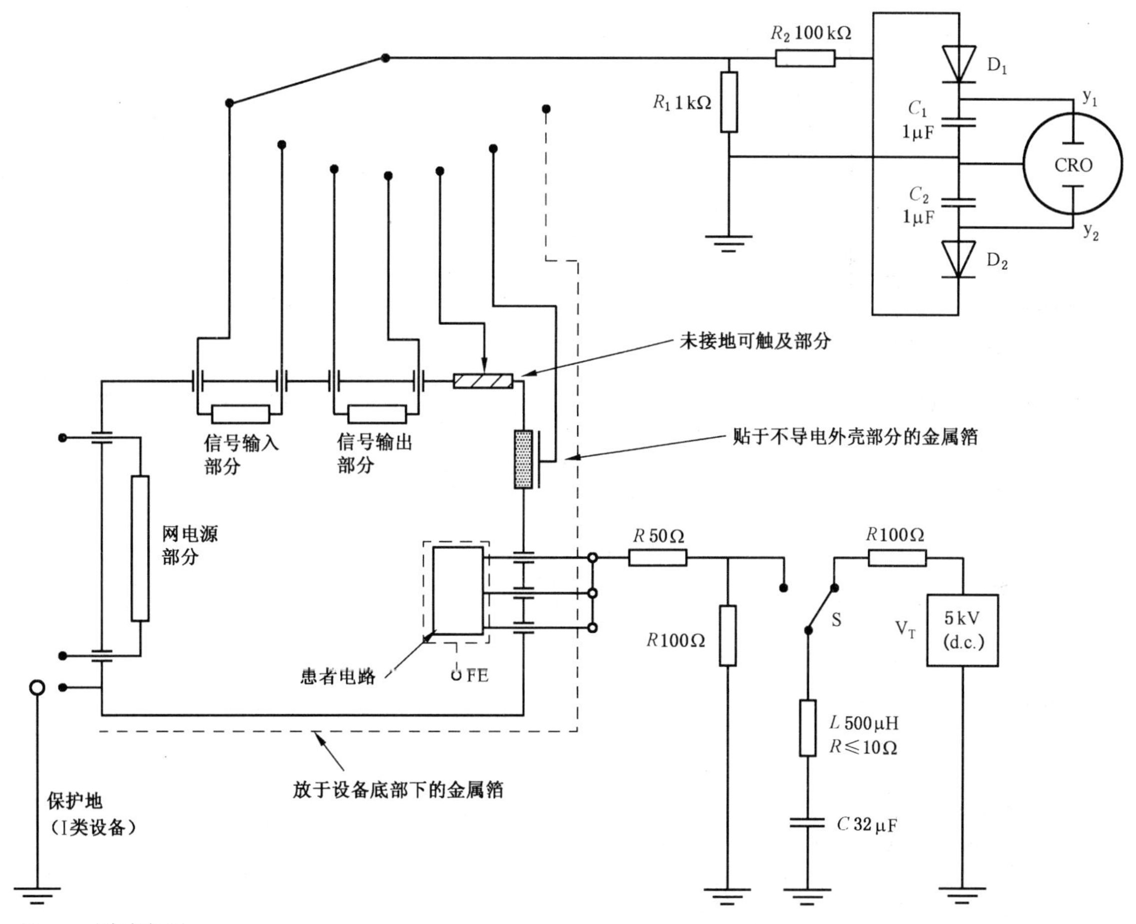

V_T——测试电压；

S——用于提供测试电压的开关；

R_1，R_2——误差 2%，不低于 2 kV；其他元件误差 5%；

CRO——阴极射线示波器（Z_{in}≈1 MΩ）；

D_1，D_2——小信号硅二极管。

图 50 测试电压施加于防除颤应用部分跨接的患者连接处（见 17 h）*）

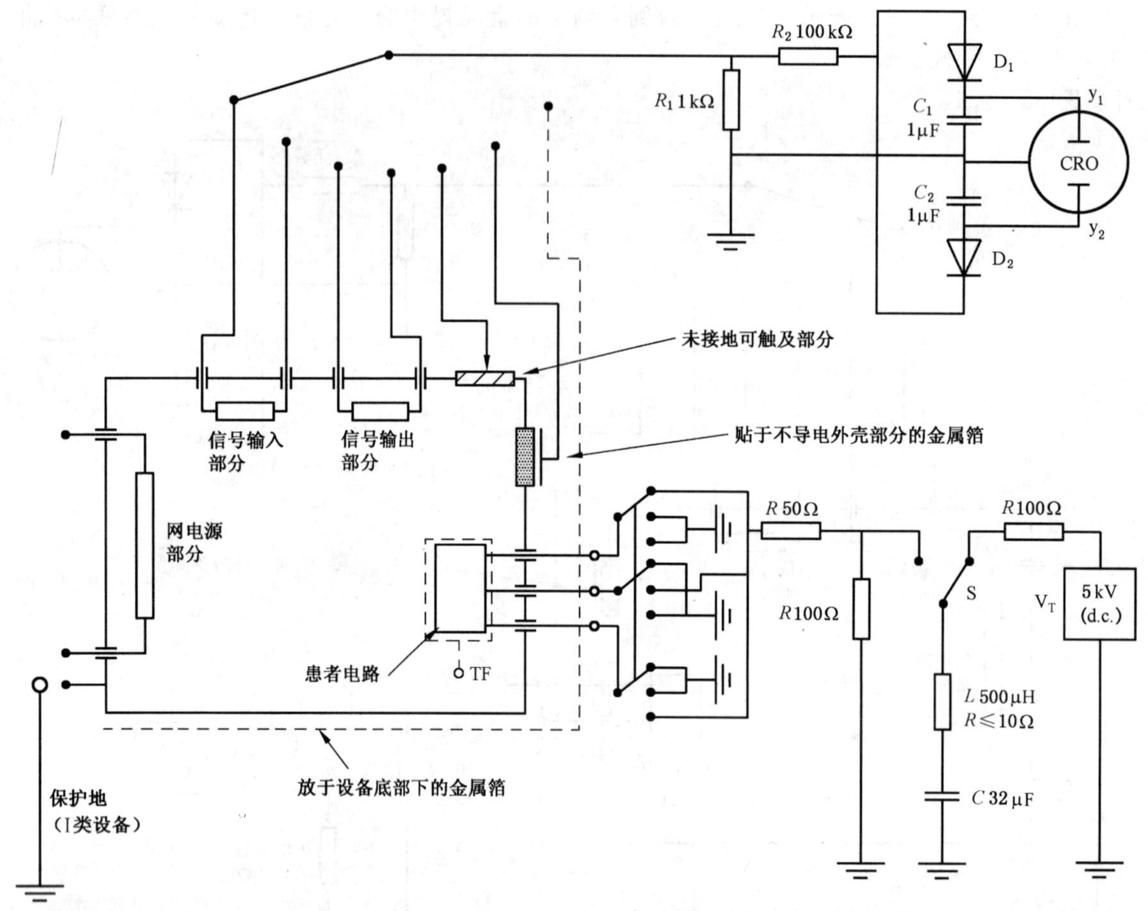

V_T——测试电压；

S——用于提供测试电压的开关；

R_1,R_2——误差 2%，不低于 2 kV；其他元件误差 5%；

CRO——阴极射线示波器($Z_{in}\approx 1$ MΩ)；

D_1,D_2——小信号硅二极管。

图 51 测试电压施加于防除颤应用部分的单个患者连接处(见 17 h)*)

附 录 A
（资料性附录）
修订 2 的总导则和编制说明

A.1 总导则

A.1.2 第二版的指南

用“有 CF 型应用部分的设备”替换“CF 型设备”。

A.1.3 对电击危险的防护

在第 100 页的第二段，用以下内容替换：

人体或动物对电流的敏感性，取决于与设备接触的程度和性质，并导致对应用部分按其提供的防护的程度和质量来分类（分为 B 型、BF 型和 CF 型）。B 型和 BF 型应用部分一般适用于与患者除心脏之外的体外或体内的接触。CF 型设备适用于直接用于心脏。

A.1.7 对超温和其他安全方面危险的防护

最后三个破折号，在标题中，将：

“（第 43 章）”，“（第 45 章）”，“（第 49 章）”，分别改为：

“（见第 43 章）”，“（见第 45 章）”，“（见第 49 章）”。

第二个破折号，第一行，将“失火危险”改为“对失火危险的防护”。

增补以下新条款：

A.1.10 应用部分和外壳——概述

打算与患者接触的部分可能比外壳其他部分存在更大的危险，因此这些应用部分就受到更严格要求的控制，例如，对温度限制和漏电流（按 B/BF/CF 分类）的要求。

注：对医用电气设备外壳上的其他可触及部分进行的试验比对其他种类设备外壳部分进行的试验有更高的要求，因为患者可能触及这些部分，或者操作者可能同时触及患者和这些部分。

为了确定哪些要求是适用的，必须区分应用部分与仅被简单当作外壳的部分。但是要做到这一点会有一定的困难，特别是对于那些在某些情况下需要与患者接触，但对于设备实现其功能并非需要如此做的部分。

区分外壳和应用部分有二个准则。首先，如果接触对设备的正常使用是基本的，此部分就要受控于对应用部分的要求。

如果接触对设备的功能实现是偶然发生的，此部分的分类就要依据接触是由患者还是操作者的蓄意活动引起的。如果接触是偶然发生的，且是由患者的动作引起的，在大多数情况下，患者都不比其他人蒙受更大的风险，此时就适用于对外壳的要求。

为了评估哪些部分是应用部分，患者连接和患者电路，要依次采用以下步骤：

a） 判别设备是否有应用部分，如果有，识别应用部分的范围（这些决定是基于不带电的考虑）。

b） 如果没有应用部分，就没有患者连接和患者电路。

c） 如果有一个应用部分，就可能有一个或一个以上患者连接。若应用部分的一个导电部分并未与患者直接接触，但未与患者隔离，且电流可通过此部分流入或流出患者，那么就按照一个独立患者连接来处理。

d） 患者电路就由这些患者连接和所有那些未完全绝缘/隔离的导电部分组成。

注：相关的隔离要求包括与应用部分有关的要求，且必须符合第 20 章中的电介质强度试验和 57.10 的爬电距离和电气间隙要求。

A.2 某些章条的编制说明

增补以下新条款：

2.1.5

本通用标准中包含一个对应用部分的定义，使得在大多数情况下能清楚地确定设备的哪些部分需按应用部分来处理，并遵守相对于外壳来说更严格的要求。

除了那些只可能由于患者的不必要动作而发生接触的部分，例如：

——红外线治疗灯，由于不需与患者进行直接接触，因此没有应用部分；

——X射线台上唯一的应用部分是患者躺着的台面；

——同样的，在MRI扫描仪中，唯一的应用部分是支撑患者的台子和其他必须用来与患者直接接触的部分。

此定义并不总能清楚地确立一种特殊类型设备的一个独立部分是否是应用部分。这类情况需要先在以上编制说明的基础上进行考虑，或参考特殊类型设备中应该对应用部分有明确规定的专用标准。

2.1.15

当应用部分具有患者连接时，需要与设备内的特定带电部分完全隔离，且对于BF和CF型应用部分还要与地完全隔离。对相关的绝缘进行的电介质强度的试验，和对爬电距离和电气间隙进行的评估被用来验证是否符合这些准则。

患者电路的定义是用来确认设备中所有易于向患者连接提供电流，或从患者连接接收电流的部分。

对于F型应用部分患者电路是从患者向设备内部看，一直向内延伸到所规定的绝缘处和/或保护阻抗处为止。

对于B型应用部分，患者电路可以与保护接地连接。

2.1.23

与一个应用部分的使用有关的潜在危险之一，是漏电流可以通过应用部分流经患者这一事实。在正常状态下和各种故障状态下，对这些电流的大小都有专门的限制。

注：在应用部分的不同部分之间流经患者的电流，称为患者辅助电流。流经患者并到地的漏电流称为患者漏电流。

对患者连接的定义是为了确保对应用部分的每一个独立部分的识别，在其之间的电流是患者辅助电流，且患者漏电流可能通过其流至一个接地的患者。

在某些情况下，必须进行患者漏电流和患者辅助电流的测量来确定应用部分中的哪些部分是独立患者连接。

患者连接并不总是可触及的。应用部分中的任何与患者进行电气接触的导电部分，或那些仅通过不符合标准中规定的相关电介质强度试验或电气间隙和爬电距离要求的绝缘或空气沟来防止与患者进行电气接触的部分，是患者连接。

包括以下例子：

——支撑患者的台面是应用部分。床单不能提供足够的绝缘，因此台面的导电部分被划分为患者连接。

——注射控制器的监督套件或针是应用部分。控制器中与(潜在地导通)液柱以不充分的绝缘来隔离的导电部分是患者连接。

当应用部分具有用绝缘材料制成的表面，19.4 h)9)规定要用金属箔或盐溶液进行试验，因此这部分被认为是患者连接。

2.1.24

在所有类型应用部分中B型应用部分提供最低限度的患者防护，但不适用于直接用于心脏。

2.1.25

BF型应用部分比B型应用部分能提供更高等级的患者防护。这种防护是通过对设备的接地部分或其他可触及部分的绝缘来获得的，因此限制了在患者接触其他带电设备时可能流经患者的电流的大小。

但是，BF 型应用部分并不适用于直接用于心脏。

2.1.26

CF 型应用部分提供最高等级的患者防护。这种防护是通过对设备的接地部分或其他可触及部分的进一步绝缘来获得的，进一步限制了可能流经患者的电流。CF 型应用部分适用于直接用于心脏。

2.1.27

防除颤应用部分仅能防止按照 IEC 60601-2-4 设计的除颤器的放电。有时其他结构的除颤器会在医院中使用，例如更高电压和脉冲的除颤器。这类除颤器也可能损坏防除颤应用部分。

删去 2.2.24 和 2.2.26。

增补以下新条款：

2.6.4

在医用电气设备中，功能接地连接可能是由操作者可触及的功能接地端子的方式产生的。另外标准也有选择地允许经由电源线中的绿黄导线的Ⅱ类设备的功能接地连接。在这种情况下，相关部分应当与可触及部分绝缘(见第 18 章 l))。

4.10

b)段，将第一行改为：

b) 按照 IEC 529，标明 IPX8 的设备的外壳，防止…

在最后，增补以下新段落：

对湿度敏感的部分，通常用于受控制的环境内且不影响安全的，不需进行此试验。例如：计算机的系统中的高密度存储介质，磁盘和磁带驱动器等。

增补以下新条款：

6.1 n)

对于符合 IEC 60127 的熔断器，类型和功率的标识也应符合要求。标识举例：T315L 或T315mAL，F1.25H 或 F1.25AH。

6.1 z)

最后一段，将“C_2H_8O(MW60.1)”改为“C_3H_8O(MW60.1)”。

并将最后一句改为：

其相对密度在 20℃下为 0.785，沸点在 1 013 hPa 下为 82.5℃。

增补以下新条款：

6.2 e)

对于符合 IEC 127 的熔断器，类型和功率的标识也应符合要求。标识举例：T315L 或 T315mAL，F1.25H 或 F1.25AH。

6.4

不要求专用的颜色。

6.8.2 a)

——重要的是要确保设备不被误用于未预期的应用。

——干扰的例子包括：

电源瞬变，磁干扰，机械干扰，振动，热辐射，光辐射。

6.8.3 a)

在通用标准中不可能定义精度和误差。这些概念应当在专用标准中给出。

10.2.1

增补以下段落：

按照此标准，设备在10.2的条件下运作时应该是安全，但仅在符合随机文件中由制造厂所规定的条件时，其功能才是完善的(见正常使用的定义)。

10.2.2

在第四、第五和第六段中，将a)，b)和c)改为破折号。

增补以下新条款：

14.5 b)

如果内部供电设备与隔离的电池充电器或连接网电源的供电装置相连，电池充电器或供电装置被认为是设备的一部分，且这些要求适用。

这些要求不适用于不可能同时连接网电源和患者的设备(包括任何隔离的供电装置或电池充电器)。

14.6

具有一个或更多CF应用部分的，打算直接用于心脏的设备，可以同时采用一个或更多附加的B型或BF型应用部分(参见6.1 l))。

类似的设备可以是B型和BF型应用部分的混合体。

17 h)

在实际的临床应用中，一个或其他的除颤极板，可以接地或至少以地为基准。

当患者使用除颤器时，高压可能加在设备的一个与另一个部分之间，也可能加在这些部分与地之间，因此可触及部分或者能与患者电路充分绝缘，或者在应用部分的绝缘由电压限制装置保护时，被保护接地。

而且，尽管即使在误使用中也不可能危及到安全，在没有专用标准时，通常希望被标以防除颤的应用部分能符合除颤电压，且对设备在随后的保健使用中不会有任何负面的影响。

试验确保了：

a) 设备，患者电线，电线连接器等的任何未保护接地的可触及部分，不会由于除颤电压的闪络而带电；且

b) 在经过除颤电压后设备应能继续工作。

正常使用包括以下情况，患者在与设备连接时被除颤，且同时，操作者或其他人在接触外壳。这种情况作为不完全的保护接地的单一故障状态在同时发生的可能性微乎其微，因此可忽略。然而，不符合第18章要求的功能接地的中断可能性较大，因此需要进行这些试验。

当一个人在除颤器放电时与可触及部分接触，他所接收的电击限制在一个可以被感觉到，且令人不愉快，但不危险的值内(对应于100 μC的充电)。

信号输入部分和信号输出部分也包括在其中，因为设备的信号线可能带来有危险的能量。

本部分中图50和图51的试验电路通过结合穿过试验电阻(R_1)的电压来简化试验。

在图50和图51的试验电路中的电感L值的选择需能提供比正常短的上升时间以便充分测试结合的保护方式。

脉冲试验电压的编制说明

当除颤电压加在患者的胸部上，通过外部的应用极板(或除颤电极)，患者的身体组织处在极板附近且在极板之间形成了电压区。

电压分配可用三维场理论进行粗略的规定，但要通过各不相同的自身组织导电性来修正。

如果另一类医用电气设备的电极大致在除颤器极板范围内应用于患者，电极电压取决于其位置，但通常要小于负载中的除颤电压。

不幸的是，不可能说出小多少，因为上述电极可能放在此区域中的任何位置，包括在其中一个除颤器极板的附近。在没有相关专用标准的情况下，必须要求这些电极和与其连接的设备应能承受全部除颤电压，且这必须是未负载电压，因为除颤器极板可能未与患者良好连接时。

因此本通用标准修订本规定了在没有专用标准的情况下,5 kV 为适当的值。

18 a)

在图上,增补以下标题:

18 g)

19.3 和表 4

分标题外壳漏电流

a) 将“CF 型设备”和“B 型和 BF 型设备”分别改为:

“有 CF 型应用部分的设备”和“有 B 型和 BF 型应用部分的设备”。

b) 删去第一段。

c) 第三段,将“B、BF 和 CF 型设备”改为:“有 B 型、BF 型和 CF 型应用部分的设备”。

19.3 和表 4

分标题患者漏电流

在第 1,3 和 10 段中,将“CF 型设备”改为:“有 CF 型应用部分的设备”。

在第 7 段中,将“B 型和 BF 型设备”改为:“有 B 型和 BF 型应用部分的设备”。

在第 11 段中,将“BF 型设备”改为:“BF 型应用部分”。

在最后增补以下两段:

当外部电压应用于 BF 型应用部分上时,在单一故障状态下允许 5 mA 的患者漏电流,因为有害的生理影响较小,且网电源电压出现在患者身上的情况是微乎其微的。

因为存在患者接地是正常状态,不仅患者辅助电流,而且患者漏电流都会造成流过时间延长。在这种情况下,需要一个低值的直流电流以避免组织坏死。

增补以下条款 20.1,第 A-f 项:

与定义 2.3.2*“基本绝缘:用于带电部件上对电击起基本防护作用的绝缘”相反,绝缘 A-f 不提供这类防护,但如果试验是必须的,就要采用与基本绝缘相同的试验电压值。

20.3

增补以下内容:

在表 5 中规定的电介质强度试验电压适用于在一般情况下符合连续基准电压 U 和瞬变过电压的绝缘。

对防除颤应用部分,在基准电压的基础上推算出的试验电压等同于除颤峰电压,但这对于在正常使用中只可能偶尔受到电压脉冲的绝缘来说太高了,此脉冲通常小于 10 ms 且没有附加过电压。

在第 17 h)* 条中描述的专用试验是用于确保对承受除颤脉冲的足够防护,不需要另外的电介质强度试验。

20.4 b)

第一段,第二句,删去以下短语:

“……电感减小而……”。(注:此处原译稿有误)

增补以下新条款:

43.2

富氧空气的存在增加了许多物质的易燃性,尽管其不是易燃混合物。

预期富氧空气中操作的设备在设计时应将易燃材料着火的可能性降至最低。

如适用,专用标准应规定相关要求。

44.8

设备、附件和它们的部件应设计成能安全使用那些在正常使用中需要接触的物质。

如适用,专用标准应规定相关要求。

第 48 章删去。

增补以下新条款：

第 49 章

对于患者安全依赖于供电连续性的设备，专用标准应包括供电故障报警或其他预防措施的要求。

51.1

如果设备的控制范围可导致一个部件的传送输出与无危险的输出有显著的差异，应提供防止这类设置的方法或向操作者指出（例如通过当设置控制时有明显的附加阻力，或通过连锁装置，或通过附加的专用或声音信号的方法）所选择的设置超过了安全的限制。

如适用，专用标准应规定安全输出水平。

51.2

任何向患者传送能量或物质的设备应指出可能的危险输出，最好是预先指出，例如能量，比率或量值。

如适用，专用标准应规定相关要求。

51.5

任何向患者传送能量或物质的设备应提供能警告操作者与指定传送水平有任何有影响偏离的警报。

如适用，专用标准应规定相关要求。

增补以下新条款：

56.3 c)

有两种情况需要防护：

——首先，对于 BF 和 CF 型应用部分，必须没有患者偶然通过任何可能与设备连接的导线接地的可能性；即使对 B 型应用部分来说，多余的接地也可能对设备的操作带来负面效应。

——其次，对于所有类型的应用部分，必须没有患者偶然与任何带电部件或危险电压的连接的可能性。

"可能的危险电压"指的既可能是医用电气设备的带电部件，也可能是超过允许漏电流的电流流经附近的导电部件上的电压。

连接器所用绝缘材料的强度通过用试验指按压连接器来检查。

此要求也能防止连接器插入网电源出口或可分离的电源电线末端的插座。

患者与网电源连接器的组合有可能会在不经意中将患者连接器插入网电源插座。

这个可能性不能通过尺寸的要求来合理地解决，因为如果这样做会使单极连接器过大。对于这种事故，保障安全是靠要求患者连接器的绝缘的爬电距离至少为 1.0 mm，及其电介质强度至少为1 500 V 来实现的。单独采用 1 500 V 的防护要求是不够的，因为这种要求只要用薄塑料层就可轻易地达到，而它是不能承受日常磨损或可能反复出现的插入电网插座的动作的，基于这个原因，不难理解为何要求绝缘应当是耐久，坚固的。

"任何连接器"应理解为包括多触点连接器，若干个连接器和串联连接器。

100 mm 直径的尺寸并不重要，仅仅用于指出平面的规模。任何大于此要求的导电材料片均适用。

56.7 c)

如果由于电池耗尽可能引起安全方面的危险，应提供预警这种情况的方法。

如适用，专用标准应规定相关要求。

57.2 b)

当不经意的断开可能引起危险时，可能需要带有锁定装置的联接器。

57.2 g)

此要求用于避免电源电线误使用的可能性（参见第 18 章 l)）。

57.5 a)

删去本条最后一行。

57.10

增补以下内容：

防除颤应用部分

从 IEC 60664 表 2 可以看到，4 mm 的距离对于持续时间短于 10 ms 的 5 kV 的脉冲就足够了，而这类电压正是由除颤器的使用产生的典型电压，这是合理的安全界限。

能确保设备通过除颤器试验，以及保持以后的安全和正常功能，其界限的有效性来自于三个因素：

——IEC 60664 中的值已经有了一个内在的安全界限；

——在实践中，因除颤器将有负载，并且有一个可观的内部阻抗和一系列电感线圈增加其阻抗，加在患者胸部的电压也远小于假设的 5 kV 的开路电压；

——只要医用电气设备的内表面干净，IEC 60664 允许其有严重污染的表面。

附 录 D
（规范性附录）

在表 D1 中，删去符号 11(见 6.1 l))。

在表 D1 中，删去符号 12 和 13(见第 6.1 l))。

在表 D2 中，修改符号 1,2 和 3 的含义。在同一表中，加入三个新的符号 9,10 和 11。

序号	符号	IEC 出版物	GB 编号	含义
1		60417-... 60878-02-02		B 型应用部分
2		60417-5333 60878-02-03		BF 型应用部分
3		60417-5335 60878-02-05		CF 型应用部分

注 1：符号 1 将在今后的 IEC 417 中介绍，符号 1,2 和 3 的含义将在 IEC 60878 中修改。

序号	符号	IEC 出版物	GB 编号	含义
9		60417-... 60878-...		防除颤 B 型应用部分
10		60417-5334 60878-02-04		防除颤 BF 型应用部分
11		60417-5336 60878-02-06		防除颤 CF 型应用部分

注 2：符号 9 将在今后的 IEC 60417 和 IEC 60878 中介绍，符号 10 和 11 的含义将在 IEC 60878 中修改。

附 录 K
（规范性附录）

在图的标题中，将：

“B 型设备”，“BF 型设备”，“CF 型设备”，“B、BF、CF 型设备”

分别改为：

“有 B 型应用部分的设备”，“有 BF 型应用部分的设备”，“有 CF 型应用部分的设备”，“有 B、BF、CF 型应用部分的设备”。

附 录 AA
(资料性附录)
专标的总导则和编制说明

2.12.106 指当前适用的,包括X射线、荧光检查器和超声设备。

6.8.2 a) 5参阅50和51章的内容。

6.8.3 条款a)和b)的测试方法由厂商决定。条款c)和d)是TC87(超声压力脉冲-场特性)的工作内容。

10.2.1 a) 因为设备在正常工作条件下会产生热以及引起应用部分的温度超过+41℃

19.1 b) 压力脉冲释放期间,测量患者漏电流在技术上是不可行的。

21.3.101 厂商需要提供测试场所并有文件证明A级结构的分支是与表1、表2和表3的安全要求一致。如果文件内容不充分,将根据厂商推荐的测试场所进行机械测试。

21.3.101.1 表2断裂耐久性是基于根据DIN 50 100/02.78定义的作为拉伸极限的耐久强度。

26 这些噪声电平由美国职业安全和健康管理局制定的。超过组织承受的噪声传播可被由正确的设计降到最小。

35 测量方法的可行性TC87在考虑中。但注意在本国际标准中定义的参数,以现今知识水平,不允许作有关有效性和可能危险的定量陈述。特别是关于这些作用的限定做出陈述是不可能的。

36 在触发和发生压力脉冲期间,仍执行EMC在技术上不可行的。因为本设备有高电压放电。

42.101 本条款已被插入到患者的温度冲击防护的内容中。

50.101 由于在不同的发生器技术和测试技术的局限性存在差异,此时规定一个测试方法使所有情况都适用是不可能的。因此,让厂商使用适合他设备的测试方法。

51.102 为了确保治疗始终处在操作者控制之下这个意愿促使这个要求。

57.10 对具有保护接地导线的永久性安装设备,认为保护接地连接的可靠性是安全的。基于同样原因,领会表4的注3和4。